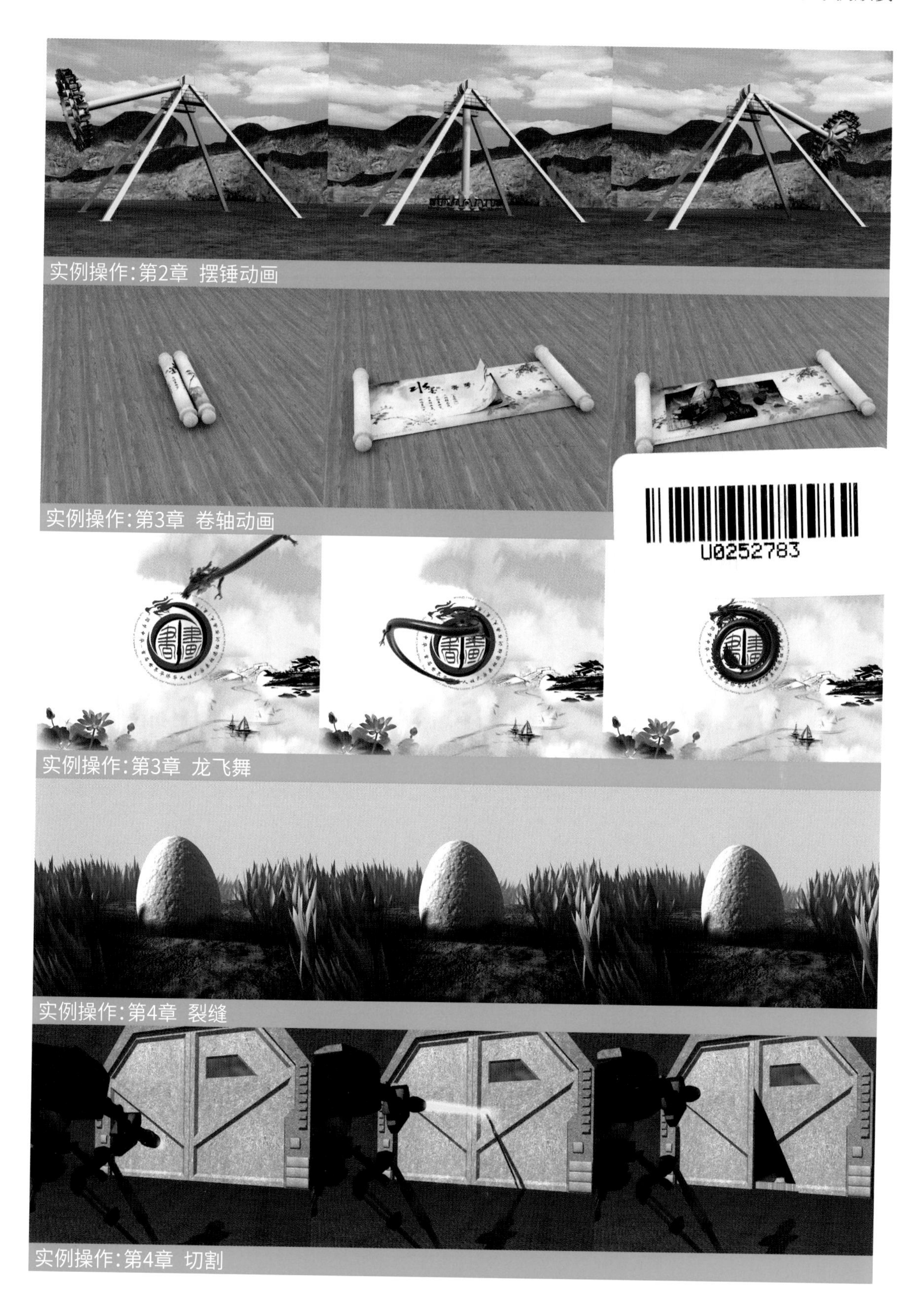

实例操作：第2章 摆锤动画

实例操作：第3章 卷轴动画

实例操作：第3章 龙飞舞

实例操作：第4章 裂缝

实例操作：第4章 切割

实例操作:第4章 树木生长

实例操作:第5章 飞机起飞

实例操作:第5章 开炮

实例操作:第5章 遮阳板

实例操作:第6章 地球材质变化

实例操作:第6章 天道酬勤

实例操作:第6章 水下焦散效果

实例操作:第7章 下雪

实例操作:第7章 瀑布

实例操作:第8章 骷髅渐现

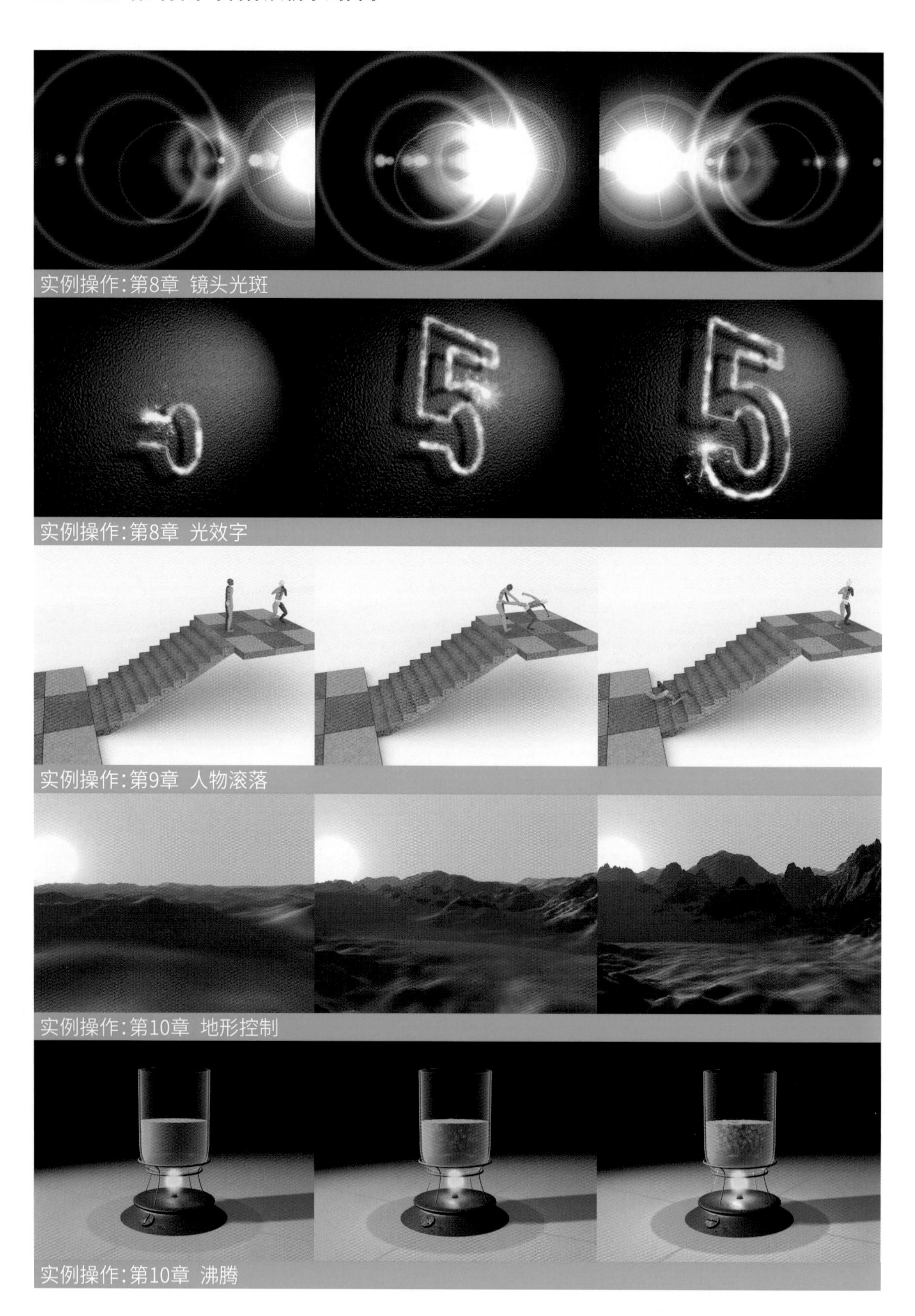

实例操作：第8章 镜头光斑

实例操作：第8章 光效字

实例操作：第9章 人物滚落

实例操作：第10章 地形控制

实例操作：第10章 沸腾

成健 / 编著

3ds Max 动画设计与制作 从新手到高手

清华大学出版社
北京

内 容 简 介

本书通过作者精心挑选的多个实例，全面、系统地介绍了 3ds Max 的动画制作技巧。

全书分为 12 章。第 1 章讲解了 3ds Max 动画方面的基本知识，第 2~12 章通过分门别类的方式，详细讲解了 3ds Max 各个类别的动画制作技术，其中包括简单的对象动画、修改器动画、复合对象动画、约束和控制器动画、材质贴图动画、粒子与空间扭曲动画、环境效果与视频后期处理动画、MassFX 动力学动画、连线参数与反应管理器动画、IK 解算器动画和角色骨骼动画等。

本书内容丰富、结构清晰、章节独立，读者可以逐页通读，也可以直接阅读自己感兴趣或与工作相关的章节。本书附赠素材中，包括本书所有案例的源文件和贴图文件，还提供了由作者录制的各个实例的教学视频，视频和图书结合学习，可极大地降低学习难度。

本书非常适合 3ds Max 培训机构学员、自学人员及广大三维动画从业人员学习和使用。

对于新技术的应用，本书采用了 3ds Max 2016 版，建议读者采用 3ds Max 2016 进行学习。

图书在版编目（CIP）数据

3ds Max 动画设计与制作从新手到高手 / 成健编著 . -- 北京 : 清华大学出版社 , 2020.7（2025.1重印）
（从新手到高手）
ISBN 978-7-302-55574-2

Ⅰ . ① 3… Ⅱ . ①成… Ⅲ . ①三维动画软件 Ⅳ . ① TP391.414

中国版本图书馆 CIP 数据核字 (2020) 第 090801 号

责任编辑：陈绿春
封面设计：潘国文
责任校对：胡伟民
责任印制：丛怀宇

出版发行：清华大学出版社
网　　址：https://www.tup.com.cn，https://www.wqxuetang.com
地　　址：北京清华大学学研大厦 A 座　　**邮　　编：**100084
社 总 机：010-83470000　　**邮　　购：**010-62786544
投稿与读者服务：010-62776969，c-service@tup.tsinghua.edu.cn
质量反馈：010-62772015，zhiliang@tup.tsinghua.edu.cn
印 装 者：北京同文印刷有限责任公司
经　　销：全国新华书店
开　　本：188mm×260mm　　**印　　张：**32.25　　**插　　页：**2　　**字　　数：**870 千字
版　　次：2020 年 8 月第 1 版　　**印　　次：**2025 年 1 月第 7 次印刷
定　　价：99.00 元

产品编号：081801-01

前言

PRAFACE

这是一本介绍3ds Max各类三维动画的思路及操作技巧的专业书籍，以目前最流行的三维动画制作软件3ds Max为基础，从实际工作中的商业案例入手，将软件应用与实用案例有机地融为一体，使读者快速有效地掌握商业三维动画的制作技巧。

笔者自2004年开始在行业内摸爬滚打，至今十几载，先后担任过多家公司的动画师、动作组负责人、技术总监等，在此期间还参与制作了大量的动画外包项目，书中有多个案例就出自笔者制作的真实商业外包项目。本书适合3ds Max初学者，也适合对软件具有一定操作基础，并想使用3ds Max进行三维特效动画制作的读者阅读与学习，也适于高校动画相关专业的学生学习参考。

本书具有以下特点：

（1）目标明确，注重实用。本书严格依照商业三维动画制作的重要规则进行分析和讲解。

（2）个性突出。书中每个案例的构思、风格和实现手法都各具特色，力求用最少的篇幅让读者获得到更多的信息，掌握更多的商业三维动画制作技巧。

（3）教学模式新颖。本书采用循序渐进的解读方式，符合读者学习新知识的规律。

（4）性价比高。本书分为12章，共计47个案例，全方位地向读者展示案例的制作流程，物超所值。

由于作者水平有限，书中难免存在疏漏之处，还请广大读者海涵并雅正。在学习技术的过程中难免会碰到一些难解的问题，笔者衷心希望能够为广大读者提供力所能及的阅读服务，尽可能地帮大家解决一些实际问题。本书的工程文件和视频教学文件请扫描下面的二维码进行下载，如果在下载过程中碰到问题，请联系陈老师，联系邮箱chenlch@tup.tsinghua.edu.cn。

如果在学习过程中碰到技术性的问题，请扫描下面的技术支持二维码，联系相关人员进行处理。

工程文件

教学视频

技术支持

编　者

2020年6月

目录
CONTENTS

第 1 章 感受三维动画艺术

1.1 计算机动画概述

3ds Max 具有非常强大的动画制作能力，用户可以利用 3ds Max 2016 提供的动画功能来满足自己在动画方面的制作要求。但正因为 3ds Max 动画编辑功能丰富强大，所以学习这方面的知识也存在一定的难度。本节将由浅入深地讲解动画方面的基础知识，使读者能够轻松地掌握计算机动画的基本制作技巧。

3ds Max 作为世界上优秀的三维动画软件之一，为用户提供了一套非常强大的动画制作系统，包括基本动画系统和骨骼动画系统。但无论采用哪种方法制作动画，都需要动画师对角色或物体的运动具有细致的观察和深刻的体会，抓住了运动的“灵魂”才能制作出生动、逼真的动画作品。

在 3ds Max 中，设置动画的基本方法非常简单。用户可以设置任何对象的变换参数，以随着时间的不同改变其位置、角度和尺寸，动画作用于整个 3ds Max 系统，用户可以对对象的几乎所有能够影响其形状与外表的参数进行设置。

1.1.1 动画的概念

动画以人类视觉的原理为基础——将多张连续的单幅画面连在一起按一定的速率展示，就形成了动画。人们将组成这些连续画面的单一静态图像称为“帧”。例如，电影是由若干张胶片组成的连续动作，那么就可以把“帧”理解为电影中的单张胶片，如图 1-1 所示。

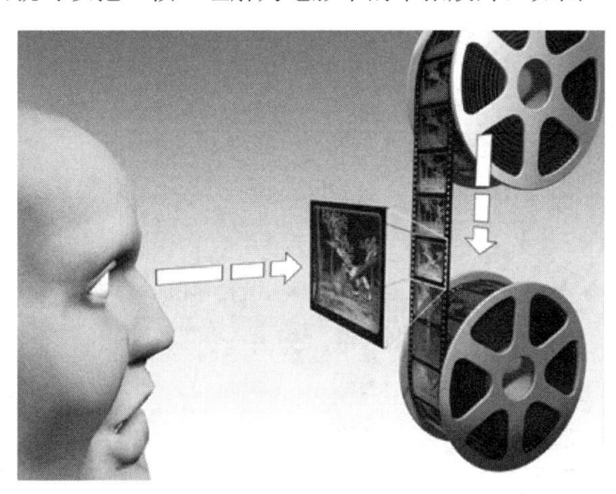

图 1-1

一分钟的动画大概需要 720~1800 个单独图像，如果通过手绘的形式来制作这些图像，那是一项艰巨的任务，因此，出现了一种称为“关键点”的技术。动画中的大多数帧都是相邻的两个关键点的变化过程。传统动画制作为了提高工作效率，只让动画艺术家绘制重要的关键点，然后由其助手再绘制出关键点之间需要的帧，填充在关键点之间的帧称为“中间帧”。如图 1-2 所示，图中 1、2、3 的帧为关键点，其他的帧都是中间帧。

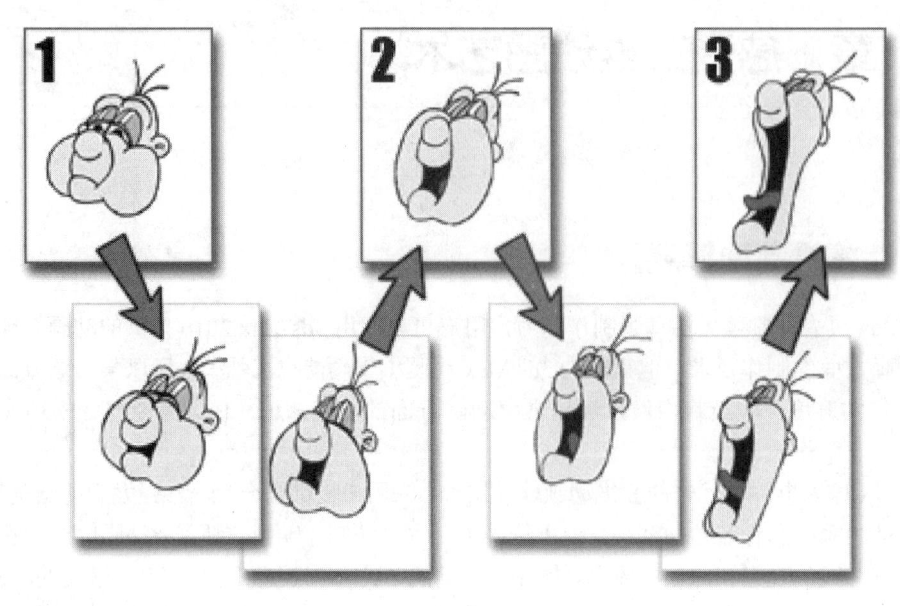

图 1-2

接下来将使用设置关键点的方法，制作一段简单的动画，以加深读者对“关键点”和“中间帧”这两个概念的理解。

01 打开附带素材中的“工程文件 \CH1\ 轮胎 \ 轮胎 .max”文件。

02 在视图中选择“轮胎”对象，然后在动画控制区中单击“设置关键点”按钮设置关键点，进入“手动关键点”模式。接着单击“设置关键点”按钮，此时将在时间滑块所在的第 0 帧位置创建一个关键点，如图 1-3 所示。

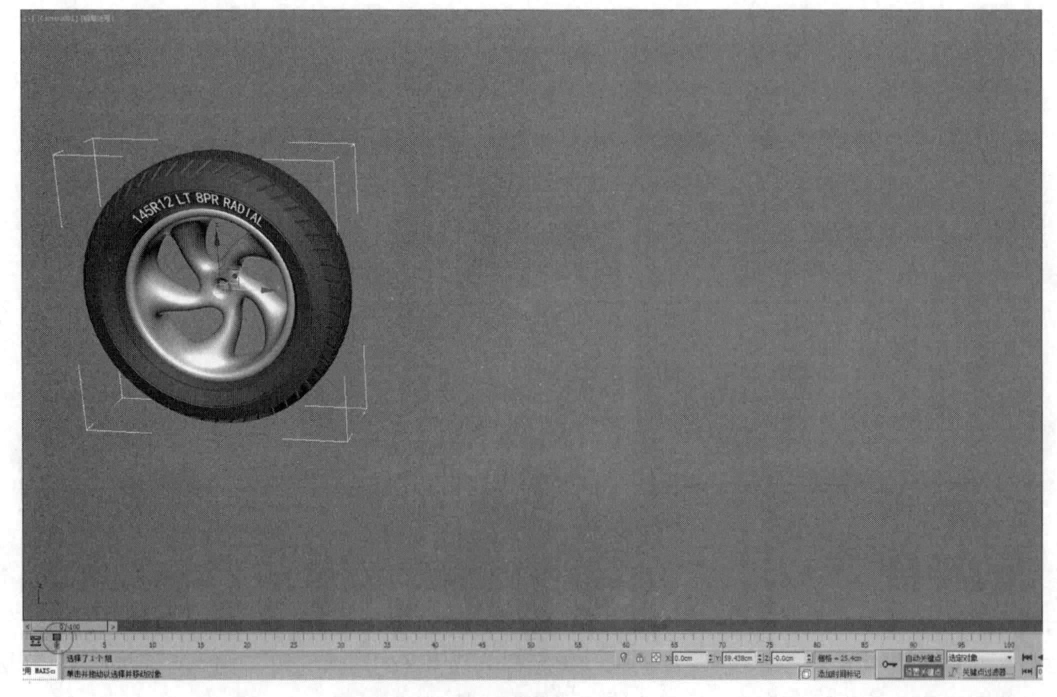

图 1-3

03 拖动时间滑块至 50 帧处，然后使用“选择并移动”工具沿 *X* 轴调整“轮胎”对象的位置，使用“选择并旋转”工具沿 *Y* 轴旋转“轮胎”对象的角度。操作完毕后再次单击“设置关键点”按钮设置关键点，此时将在第 50 帧处创建第 2 个关键点，如图 1-4 所示。

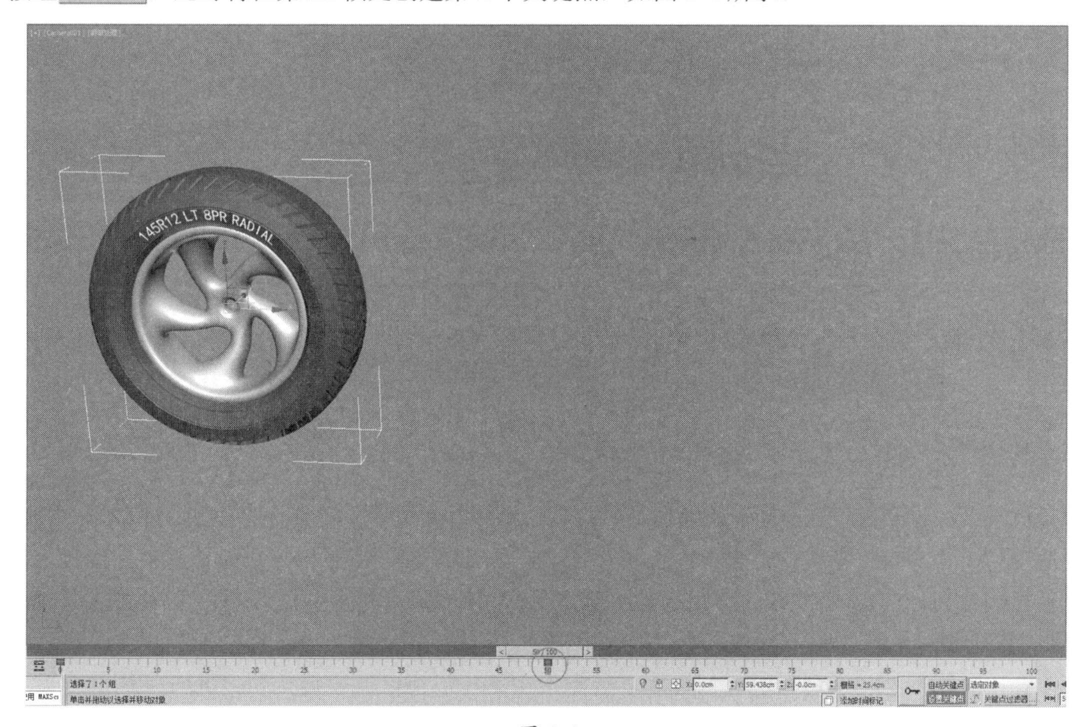

图 1-4

04 再次单击“设置关键点”按钮设置关键点，取消该按钮的激活状态。然后在 0 ～ 40 帧之间手动拖动时间滑块，可以观察到“轮胎”对象的运动状态。0 和 40 这两个关键点之间的动画就是系统自动生成的“中间帧”，如图 1-5 所示。

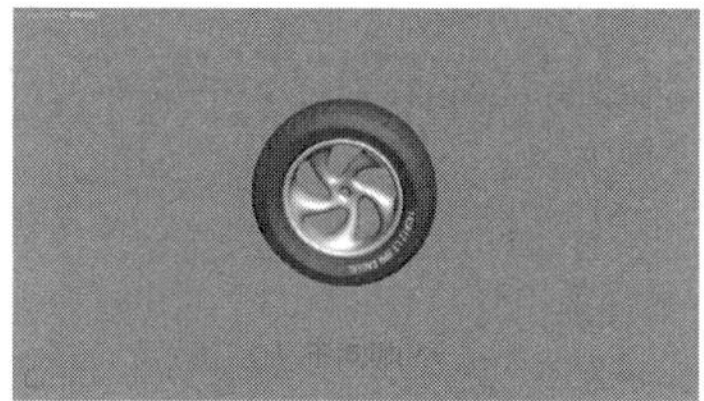

图 1-5

技巧与提示

单击“自动关键点”按钮自动关键点或“设置关键点”按钮设置关键点后，视口活动边框将由黄色变为红色，表示此时系统进入了动画记录模式，现在所做的任何操作都有可能被系统记录为动画。所以，在操作完成后，一定要记得再次单击“自动关键点”或“设置关键点”按钮，退出动画记录模式。

1.1.2　动画的帧和时间

不同的动画格式具有不同的帧速率，单位时间中的帧数越多，动画画面就越细腻、流畅；

反之，动画则会出现抖动和卡顿的现象。动画每秒至少要播放 15 帧才可以形成流畅的动画效果，传统的电影通常每秒播放 24 帧，如图 1-6 所示。

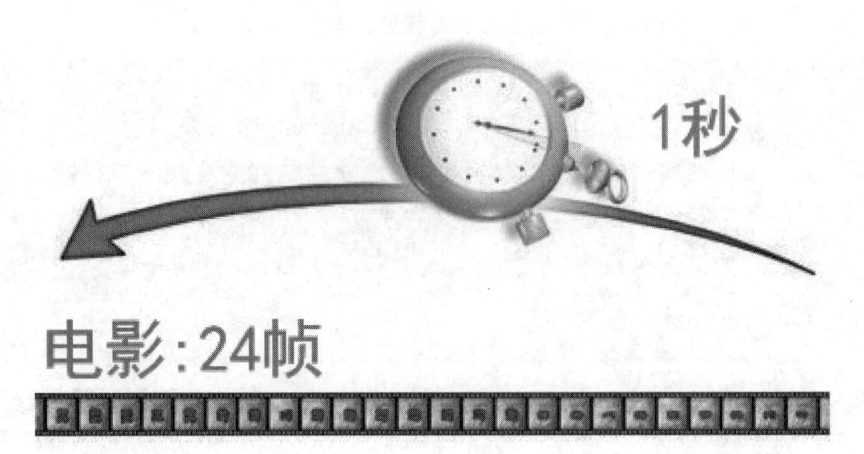

图 1-6

如果读者想要更改一个动画的帧速率，可以通过“时间配置”对话框来完成。系统默认情况下所使用的是 NTSC 标准的帧速率，该动画帧速率为每秒播放 30 帧，当前动画共有 100 帧，所以总时间为 3 秒多 10 帧。在动画控制区中单击“时间配置”按钮，打开的“时间配置”对话框如图 1-7 所示。

在“时间配置”对话框的“帧速率”选项组中选中“电影”单选按钮，此时下侧的 FPS 参数将变为 24，表示该动画帧速率为每秒播放 24 帧，如图 1-8 所示。

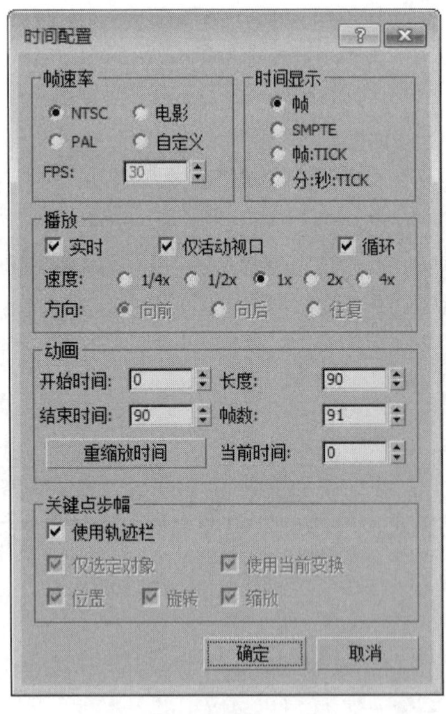

图 1-7

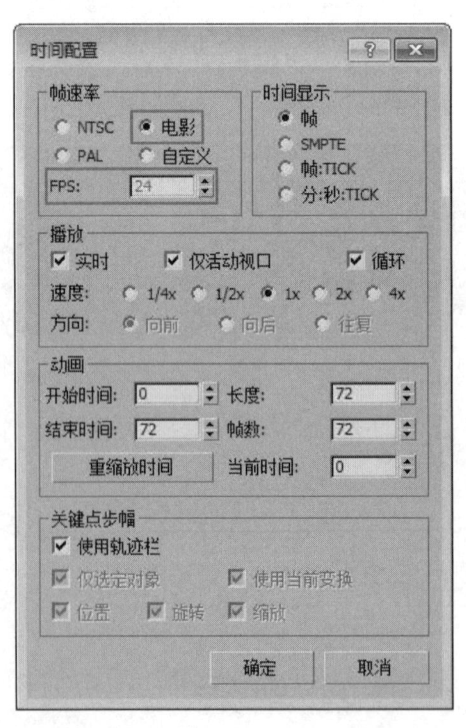

图 1-8

1.2 设置和控制动画

在 3ds Max 2016 中，用于生成、观察、播放动画的工具位于视图的右下角，该区域被称为“动画记录控制区”，这里有一个大图标和两排小图标，如图 1-9 所示。

图 1-9

动画记录控制区内的按钮主要对动画的关键点及播放时间等属性进行控制，是制作三维动画最基本的工具。本节将着重介绍动画记录控制区内按钮的功能，并具体演示怎样利用这些按钮来生成和播放动画。

1.2.1 设置动画的方式

3ds Max 2016 中有两种记录动画的方式，分别为“自动关键点”和“设置关键点”，这两种动画设置方式各有所长，本节将使用这两种动画设置模式来创建不同的动画效果。

1. “自动关键点”模式

“自动关键点”模式是最常用的动画记录模式，通过该模式设置动画，系统会根据不同的时间，调整对象的状态，自动创建关键点，从而产生动画效果。

01 打开附带素材中的“工程文件 \CH1\ 小船动画 \ 小船动画 .max”文件，如图 1-10 所示。

图 1-10

02 设置小船的直线运动动画。单击激活“自动关键点”按钮，并在动画控制区的“当前帧”文本框内输入 50，或者直接拖动时间滑块到 50 帧的位置，如图 1-11 所示。

图 1-11

03 使用“选择并移动”工具，在摄影机视图中沿 *Y* 轴移动小船的位置，此时在第 0 和 50 帧的位置自动创建了两个关键点，如图 1-12 所示。

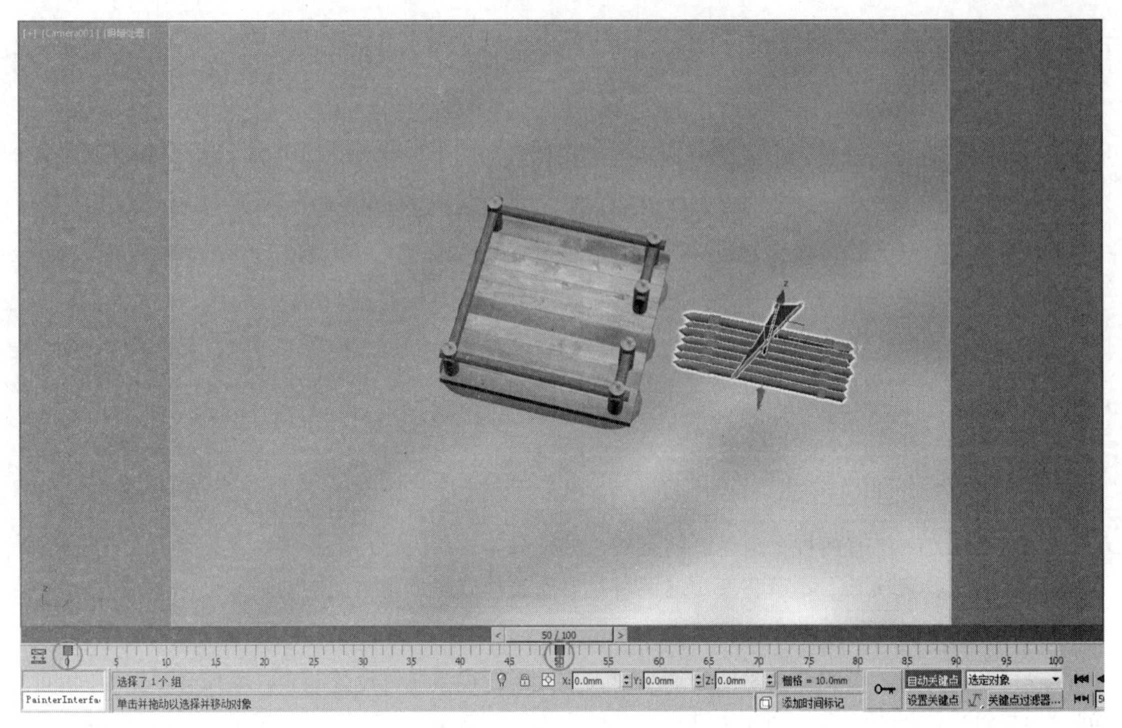

图 1-12

04 单击关闭“自动关键点”按钮，将时间滑块拖至第 0 帧，单击“播放动画”按钮▶，可以看到小船移动的动画效果，如图 1-13 所示。

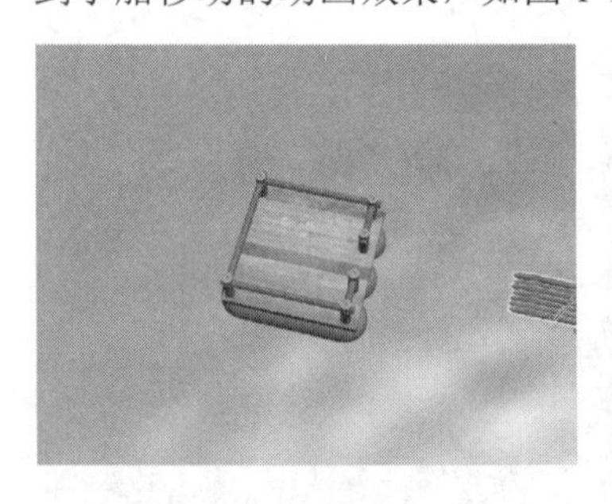
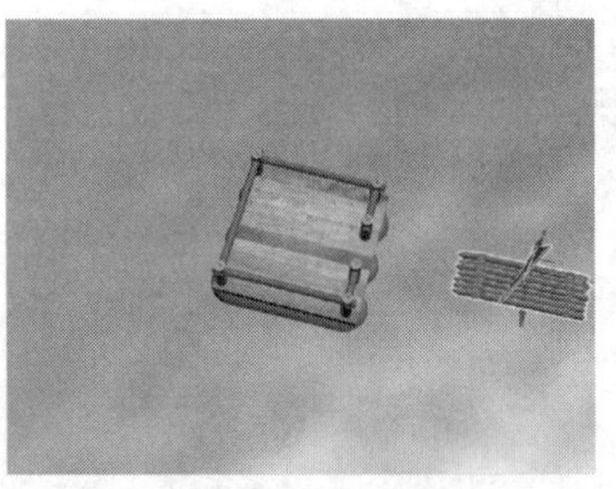

图 1-13

05 可以改变这段动画的起始播放时间，也可以延长或缩短这段动画的时长。在“时间轨迹栏”上框选刚才创建的两个关键点，然后将鼠标指针移至任意一个关键点上，当鼠标指针的形状发生变化后，单击并拖曳鼠标可以调整两个关键点的位置，如图 1-14 所示。

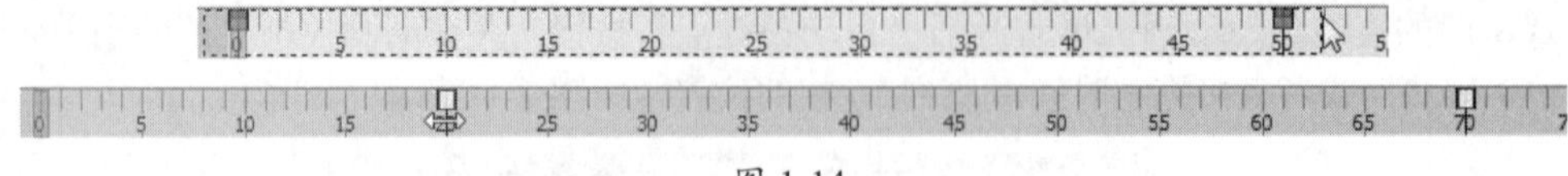

图 1-14

技巧与提示

如果选择其中一个关键点并要改变其位置，则可以更改这段动画的时长，可以按Delete键将当前选中的关键点删除。

06 删除小船的两个关键点。接下来设置小船绕过浮台的动画，如果要使小船绕开浮台，至少需要 3 个关键点。使用“选择并旋转”工具，将小船沿 Z 轴旋转一定的角度，如图 1-15 所示。

图 1-15

07 在主工具栏上改变“参考坐标系”为“局部”，并单击“自动关键点”按钮，拖动时间滑块到 50 帧的位置。然后将小船沿局部 Y 轴移动，并使用旋转工具沿 Z 轴旋转小船，如图 1-16 所示。

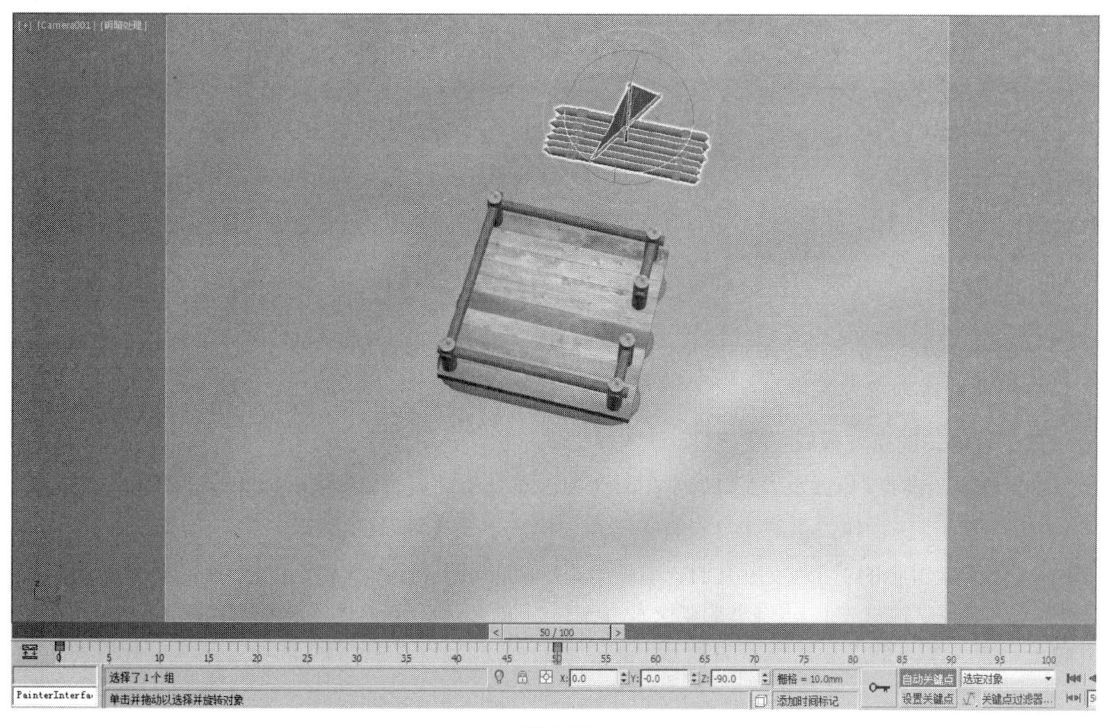

图 1-16

08 设置最后一个关键点，拖动时间滑块至 100 帧，使用移动和旋转工具调整小船的位置和角度，如图 1-17 所示。

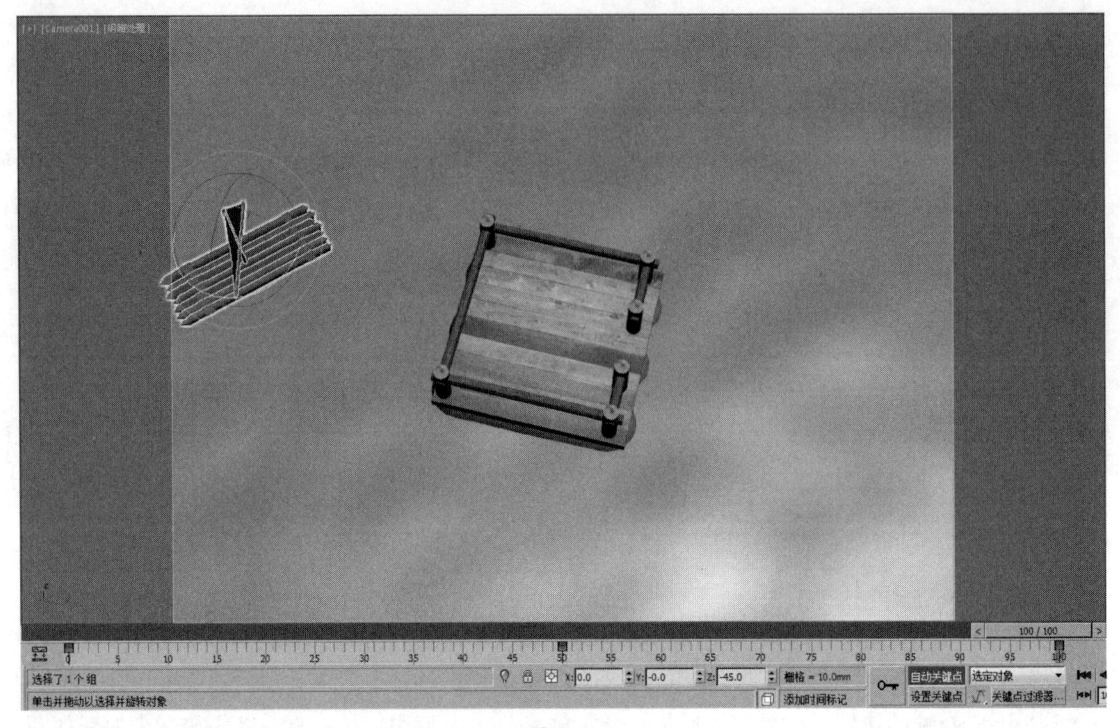

图 1-17

09 单击关闭“自动关键点”按钮并播放动画，可以看到小船绕过浮台的动画效果，如图 1-18 所示。

图 1-18

2.“设置关键点”模式

在“设置关键点”模式下，我们需要在每个关键点处手动设置，系统不会自动记录用户的操作。接下来将通过实例操作，讲解在“设置关键点”模式下设置动画的方法。

01 打开附带素材中的“工程文件\CH1\小船动画\小船动画.max”文件，单击“设置关键点”按钮，使用“选择并旋转”工具将小船沿 *Z* 轴旋转一定的角度，单击“设置关键点”按钮，在第 0 帧处设置一个关键点，如图 1-19 所示。

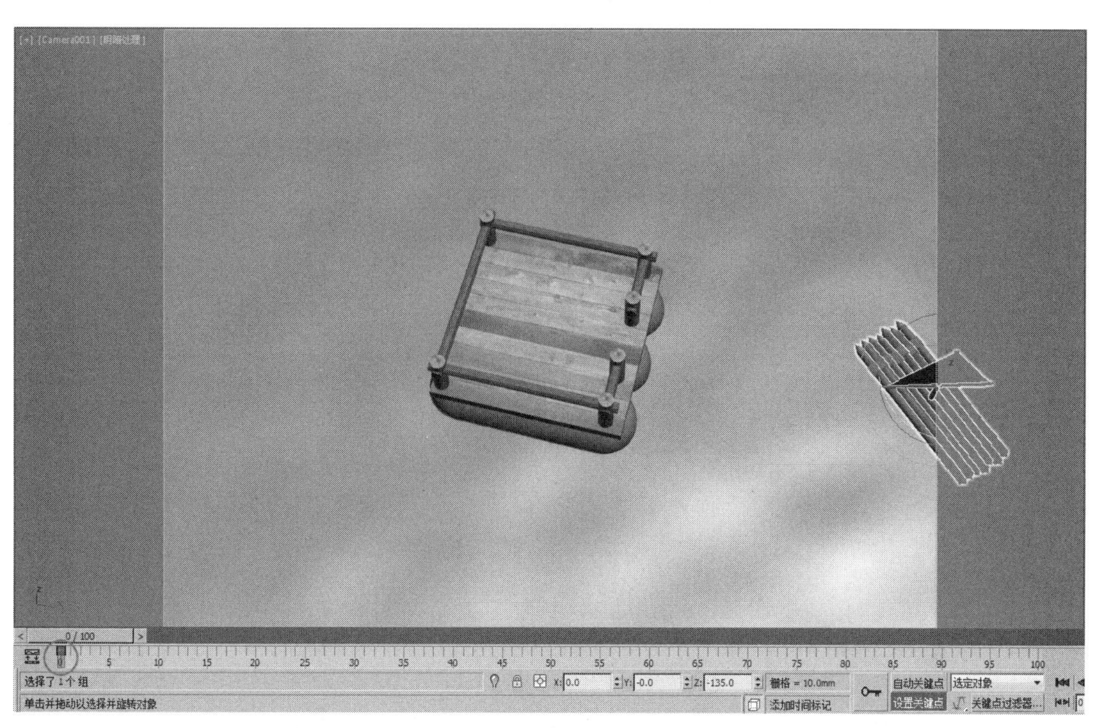

图 1-19

02 在主工具栏上改变“参考坐标系”为“局部”，并拖动时间滑块到第 50 帧。将小船沿局部 *Y* 轴移动，然后使用旋转工具沿 *Z* 轴旋转小船，单击“设置关键点”按钮，在第 50 帧处设置第 2 个关键点，如图 1-20 所示。

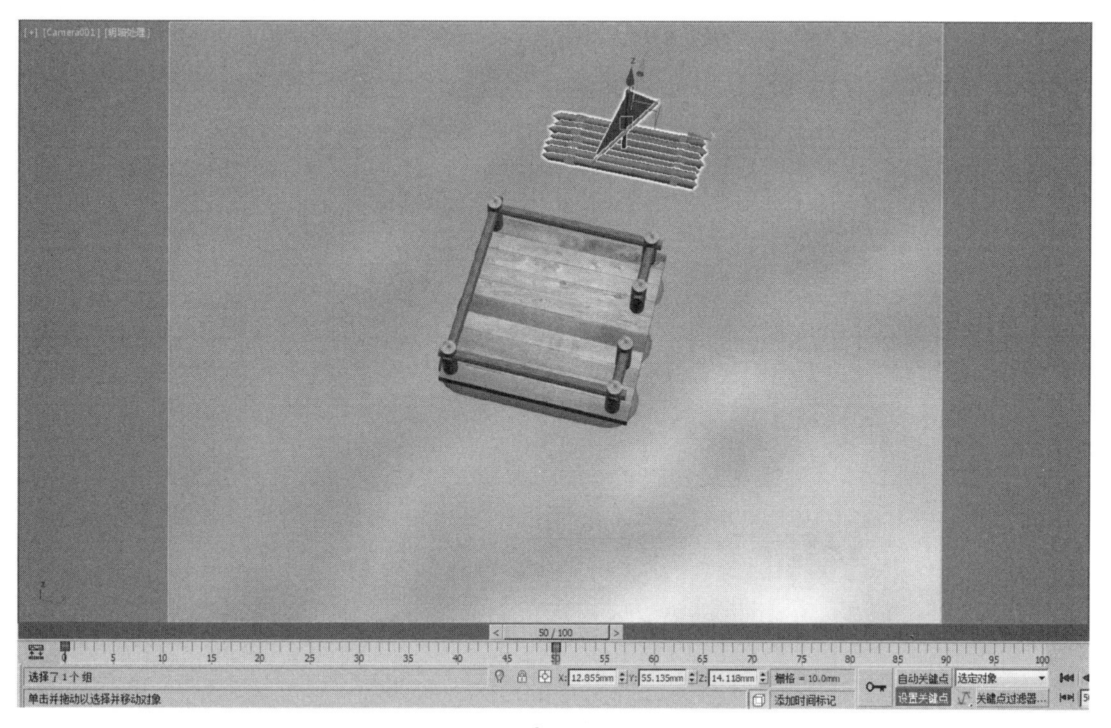

图 1-20

03 拖动时间滑块到第 100 帧，将小船沿局部 *Y* 轴移至如图 1-21 所示的位置，单击“设置关键点”按钮 ⊶，在第 100 帧处设置最后一个关键点。

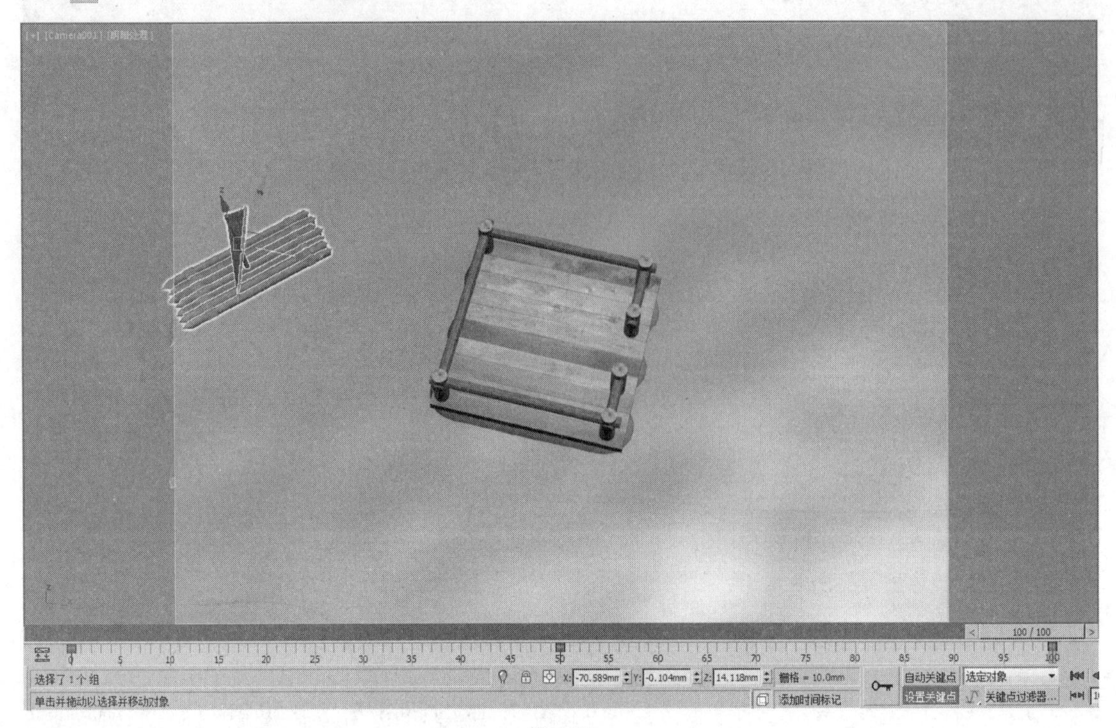

图 1-21

04 单击关闭“设置关键点”按钮并播放动画，可以看到小船绕浮台的位移动画，如图 1-22 所示。

图 1-22

技巧与提示

在“设置关键点”模式下，拖动时间滑块到某一帧，并对物体进行变换操作。如果此时突然不想在当前帧设置关键点了，可以单击并拖动时间滑块，会发现物体直接回到了上一帧的位置，所以，在这种情况下，可以用鼠标右键拖动时间滑块，这样物体就不会回到上一帧的位置了。

1.2.2　查看并编辑物体的运动轨迹

当动画中的物体有空间上的位移时，可以查看物体的运动轨迹。通过该物体的运动轨迹，可以检查对象运动是否合理，如图 1-23 所示。下面将介绍如何查看并编辑物体的运动轨迹。

图 1-23

01 打开上一节制作完成的小船位移的动画文件，在场景中选择小船对象，并在视图任意位置右击，在弹出的四联菜单中选择“对象属性”选项，在打开的“对象属性”对话框的“显示属性”选项组中选中“轨迹”复选框，如图 1-24 和图 1-25 所示。

02 设置完毕后，单击“确定”按钮 确定 ，此时小船对象在视图中出现了一条红色的曲线，这条红色的曲线就是小船对象当前动画的运动轨迹，如图 1-26 所示。

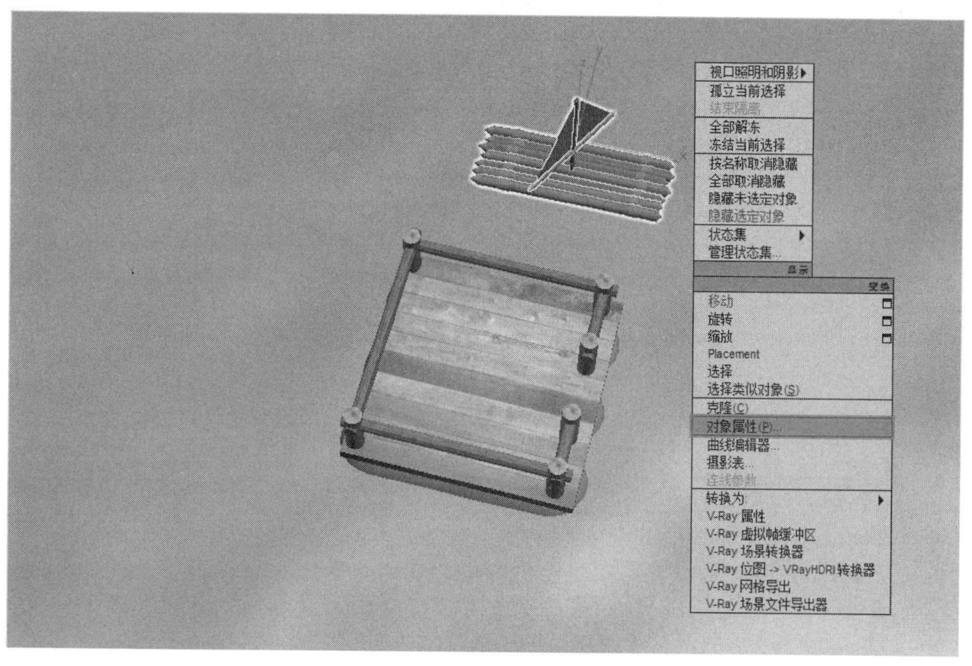

图 1-24

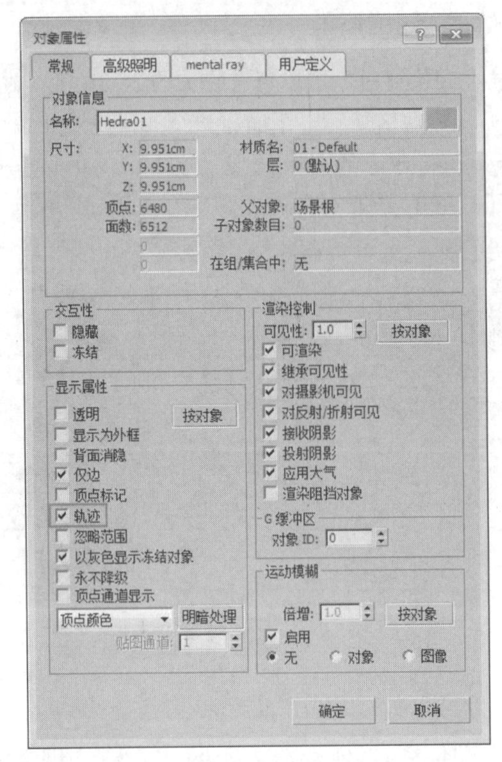

图 1-25

图 1-26

技巧与提示

运动轨迹上白色的大四边形是创建的关键点，而那些小点就是系统自动插补的中间帧。

此外，选择物体后，按住Alt键并在视图中右击，在弹出的四联菜单中选择“显示轨迹切换”选项，可以快速显示当前对象的运动轨迹，如图1-27所示。

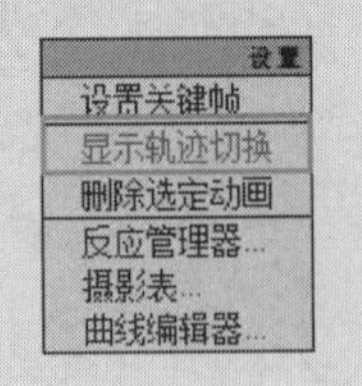

图 1-27

03 如果觉得小船从 0 到 50 帧的运动轨迹不够圆滑，可以单击“自动关键点”按钮，并拖动时间滑块到第 25 帧。使用移动和旋转工具调整小船的位置，此时小船的运动轨迹也发生了变化，同时在第 25 帧处也自动添加了关键点，如图 1-28 所示。

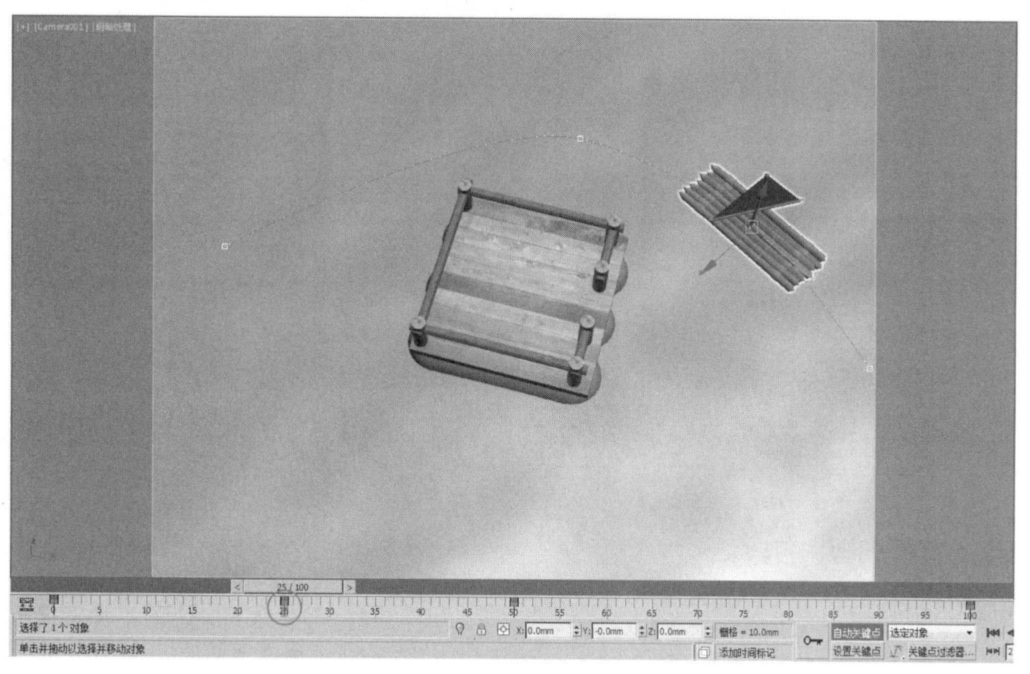

图 1-28

04 设置完成后，单击关闭“自动关键点”按钮。使用移动工具在小船红色的运动轨迹上单击并拖曳，可以移动整条运动轨迹，如图 1-29 所示。

图 1-29

05 为了在视图上的操作更直观，还可以在视图中对小船对象的运动轨迹上的关键点的位置进行实时调整。进入“运动”面板，在“轨迹”次面板中单击激活“子对象”按钮，此时在视图中就可以选择轨迹上的关键点并进行位移操作了，如图 1-30 和图 1-31 所示。

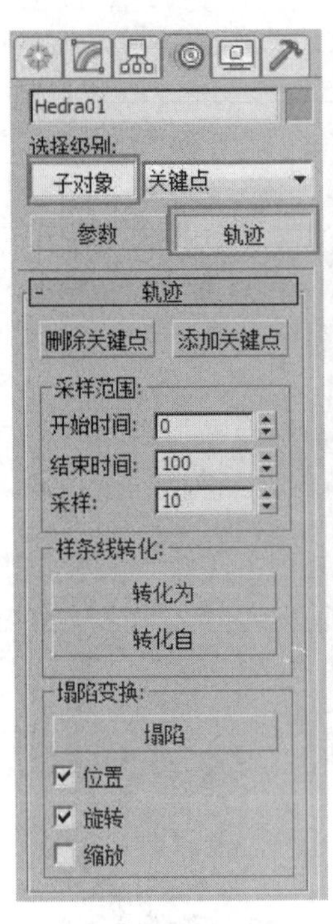

图 1-30

图 1-31

06 在视图中选择运动轨迹上的关键点，单击“轨迹”卷展栏下的“删除关键点”按钮，可以将选中的关键点删除。单击“添加关键点”按钮，然后在视图中的运动轨迹上单击，可以添加一个关键点，同时在轨迹栏上也会相应添加一个关键点。使用移动工具，可以继续调整新添加的关键点的位置，如图 1-32 和图 1-33 所示。

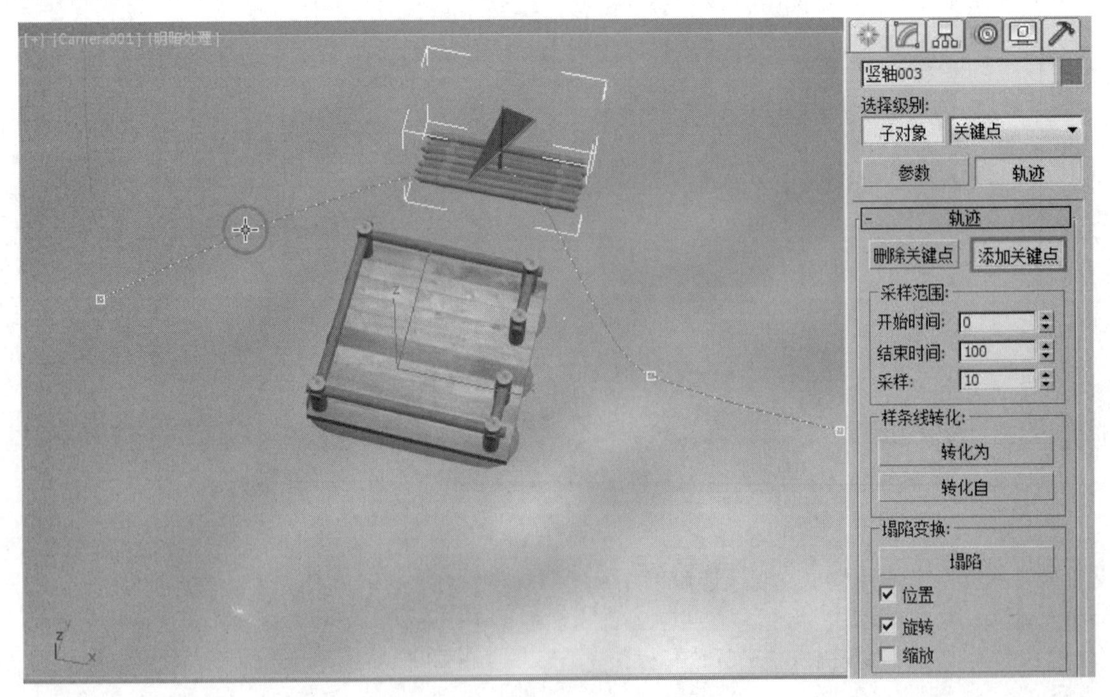

图 1-32

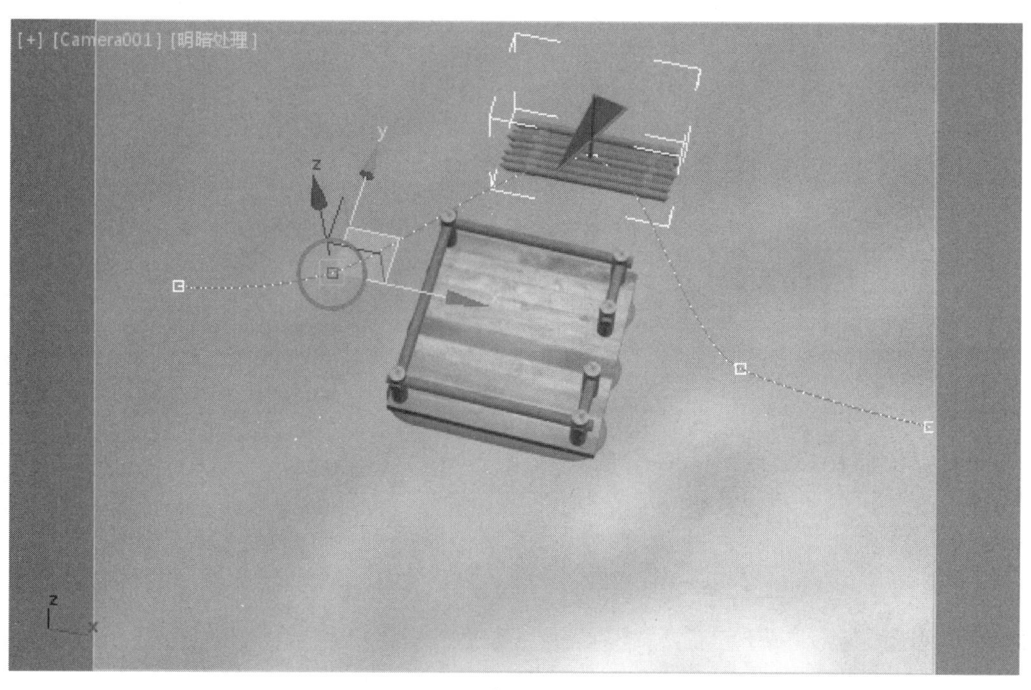

图 1-33

07 将当前的运动轨迹转化为一个二维的样条线对象，以方便其他物体使用。单击“样条线转化”选项组中的“转化为”按钮，此时在视图中就依据当前的运动轨迹创建了一个样条线对象，如图 1-34 所示。

图 1-34

08 在“采样范围”选项组中设置“开始时间”和“结束时间”参数分别为 0 和 100，也就是当前的活动时间段，这样会将整个运动轨迹都转换为样条线，也可以设定为某一个时间段，这样可以将运动轨迹的一部分转换为样条线。“采样”参数为转化的样条线与当前运动轨迹的配合程度，数值越大，生成的样条线与原轨迹的形态越接近，如图 1-35 和图 1-36 所示为设置不同“采样”参数后生成的样条线。

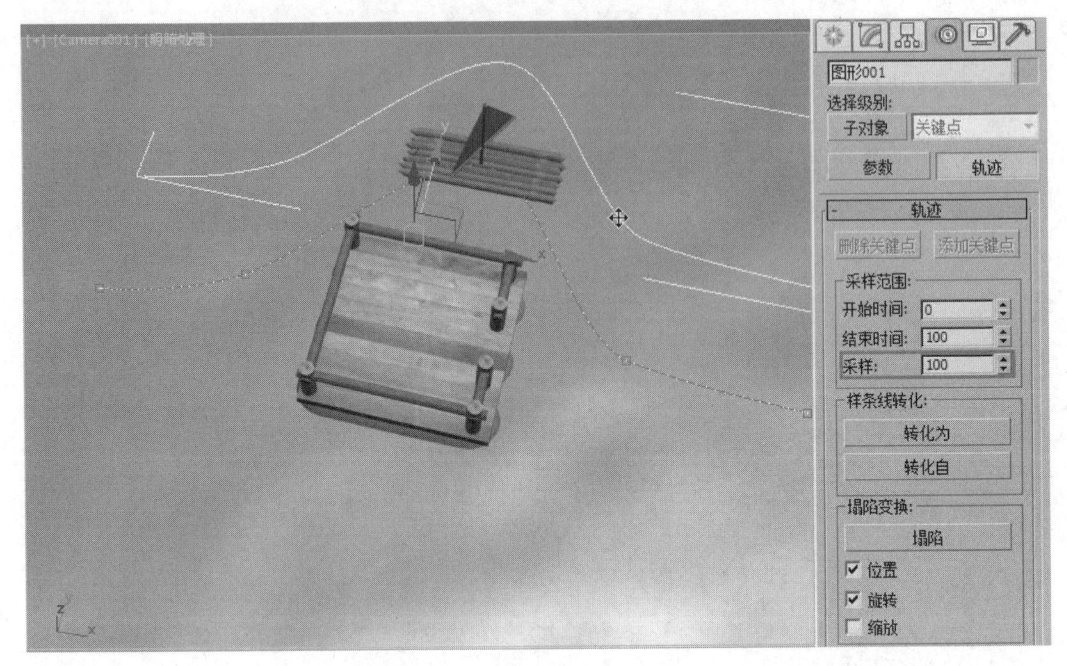

图 1-35

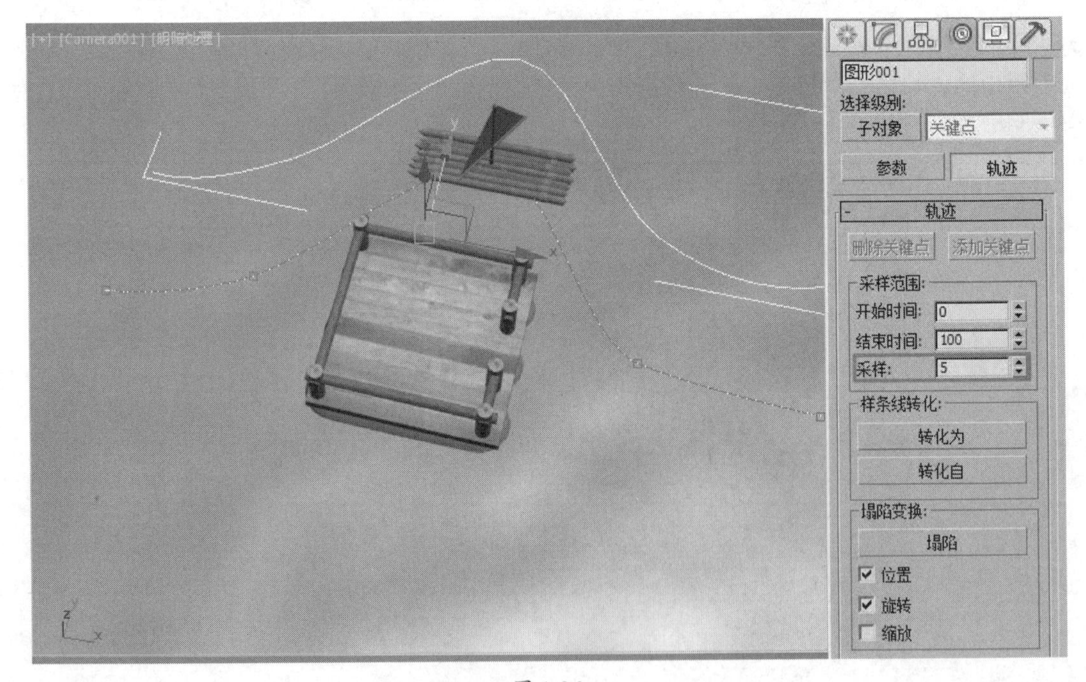

图 1-36

09 此处可以让小船沿着一条样条线的走向生成运动轨迹。在视图中创建一条样条线，并选择小船对象，拖动时间滑块到第 0 帧，在轨迹栏上框选所有关键点，然后按 Delete 键，将小船的全部关键点删除。单击“转化自”按钮，并在视图中拾取刚才创建的样条线。单击“播放动画”按钮▶，此时会发现小船已经按样条线的路径运动了，如图 1-37 和图 1-38 所示。

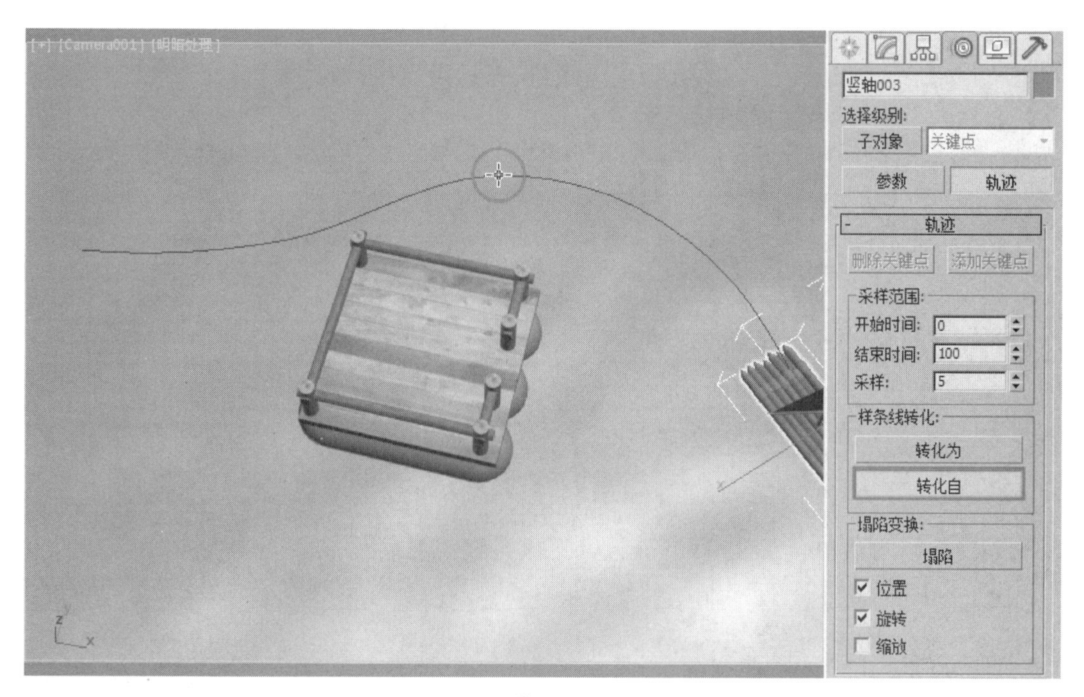

图 1-37

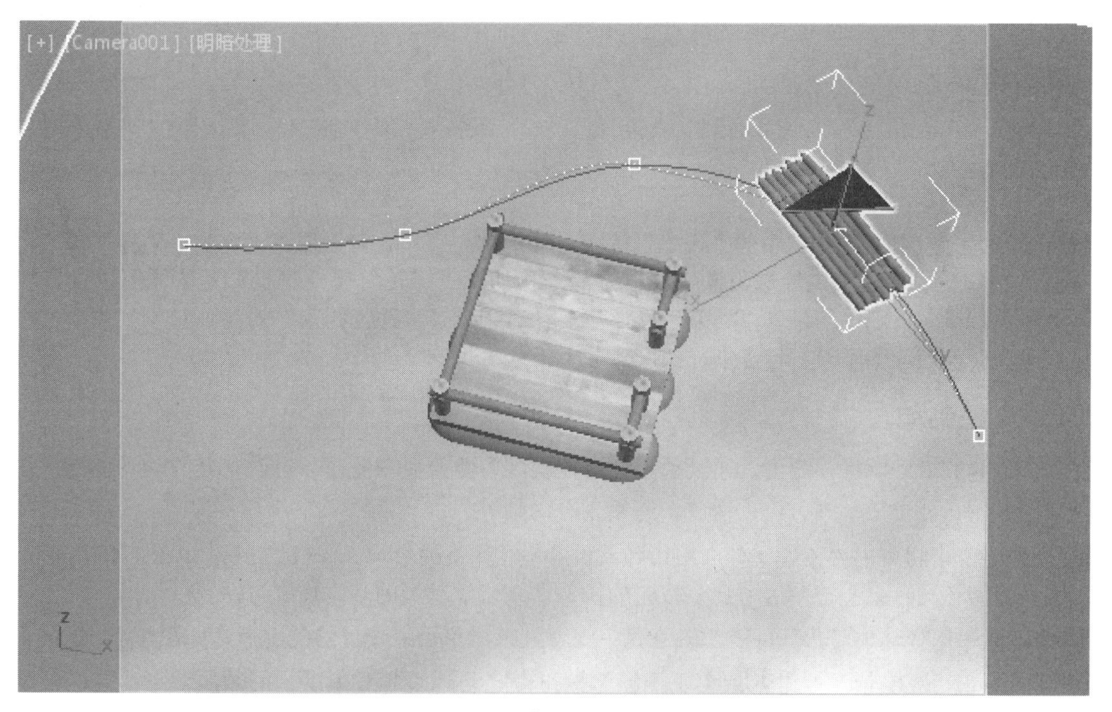

图 1-38

10 此时发现小船的运动轨迹和样条线不太匹配，这是由于“采样范围”选项组中的“采样”参数设置得过低造成的。按快捷键 Ctrl+Z 返回上一处操作，设置“采样”参数为 100，再次单击“转化自”按钮，并在视图中拾取样条线，结果如图 1-39 所示。

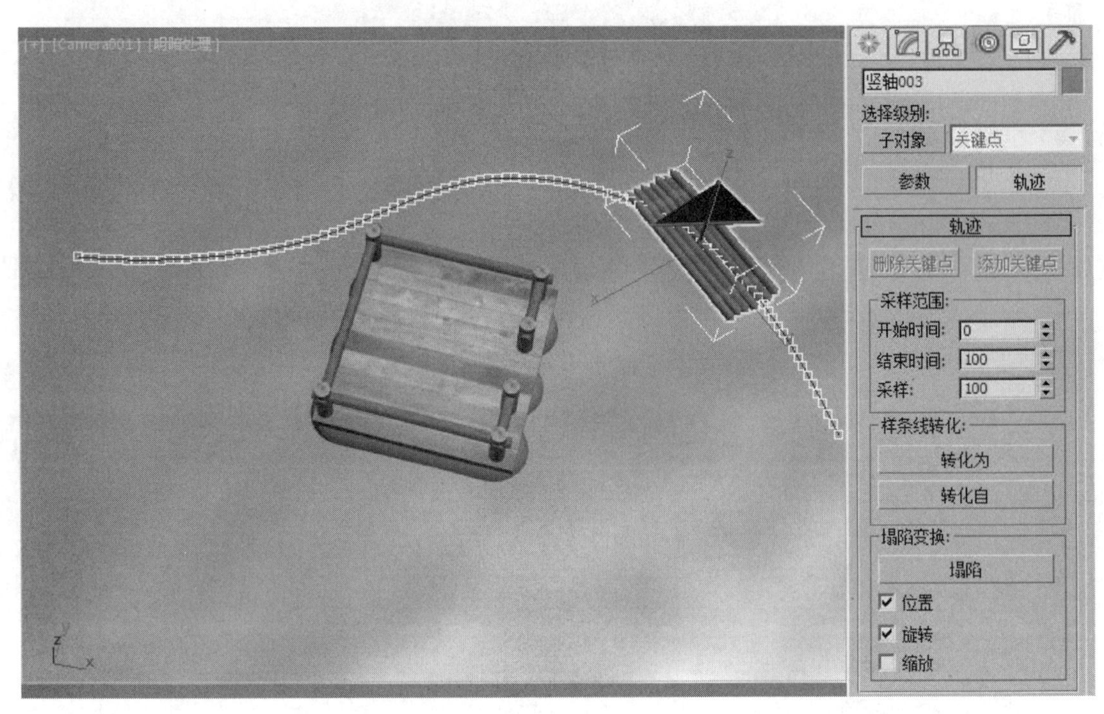

图 1-39

技巧与提示

“采样”参数值也不宜设置得过大，否则在轨迹栏中生成的关键点太多，不方便后期对动画进行进一步调整。

11 单击“塌陷变换”选项组中的“塌陷”按钮 塌陷 ，可以依据设定的“采样”参数，对已经制作完成的动画进行塌陷操作。下方的“移动”“旋转”和“缩放”复选框可以设置塌陷后的关键点包含哪些信息。“塌陷”操作主要针对指定了“路径约束”的动画对象。关于“路径约束”会在后面的章节进行详细介绍。

1.2.3 控制动画

当创建完成动画后，还可以通过动画记录控制区右侧的命令按钮，对设置好的动画进行一些基本的控制，如播放动画、停止播放、逐帧查看动画等。

01 打开附带素材中的“工程文件 \CH1\ 弹跳的小球 \ 弹跳的小球 .max”文件，如图 1-40 所示。下面通过对该文件动画控制区中命令按钮的操作，来讲解动画的基本控制方法。

02 在场景中选择球体对象，可以在轨迹栏中观察到该对象已经设置的关键点，如图 1-41 所示。

03 通过单击“上一帧”按钮或“下一帧”按钮，可以逐帧观察动画的画面效果，这样可以帮助我们观察设置好的动画效果，方便找出问题所在，以便进行动画的修改。

技巧与提示

也可以通过单击时间滑块两端的“上一帧”按钮 < 或“下一帧”按钮 >，或者通过按“，”（逗号）和“。”（句号）键来逐帧观察动画效果。

图 1-40

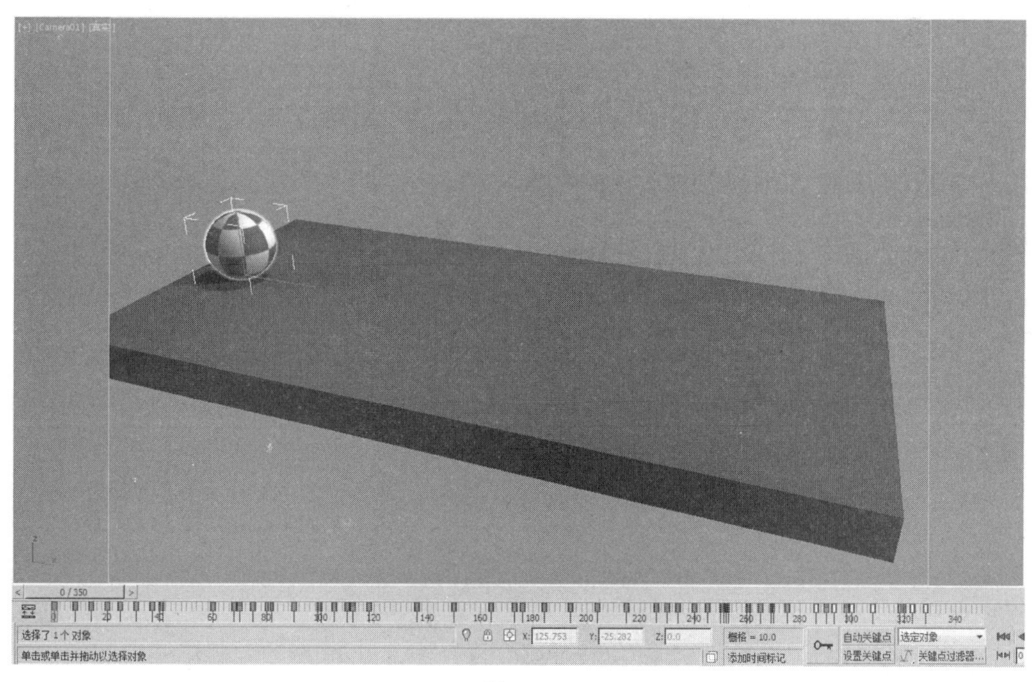

图 1-41

04 单击激活“关键点模式”按钮，此时“上一帧”按钮和“下一帧”按钮将会变成“上一个关键点”按钮和“下一个关键点”按钮。通过单击这两个按钮，即可将时间滑块的位置在关键点之间进行切换。

技巧与提示

当激活“关键点模式”后，同样可以通过单击时间滑块两端的“上一帧”按钮<或“下一帧”按钮>，或者通过按“，”（逗号）和“。”（句号）键，在关键点之间进行切换。

05 单击“转至开头”按钮，可以将时间滑块移至活动时间段的第 1 帧；单击“转至结尾”按钮，可以将时间滑块移至活动时间段的最后一帧，如图 1-42 和图 1-43 所示。

图 1-42

图 1-43

技巧与提示

通过按Home键和End键，也可以快速将动画切换到起始帧（第1帧）和结束帧（最后一帧）。

06 单击“播放动画”按钮▶，可在当前激活视图中循环播放动画。单击“停止播放”按钮⏸，动画将会在当前帧停止播放。

07 在视图中复制球体，并分别调整两个球体的位置，此时场景中就有两个对象，如图 1-44 所示。

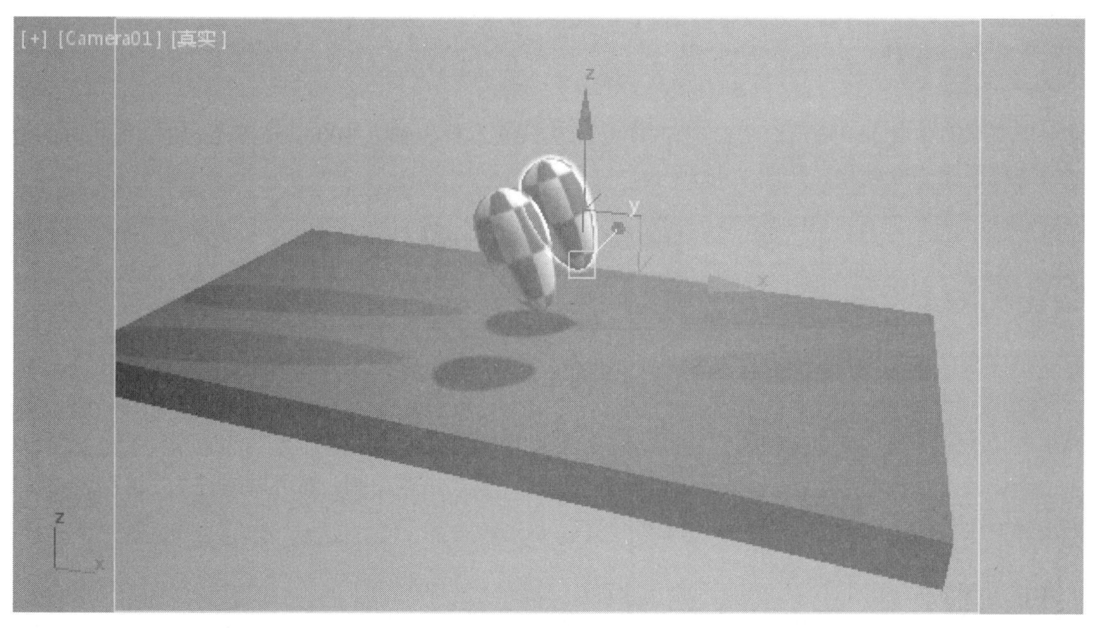

图 1-44

08 在视图中选择其中一个球体对象，并在“播放动画”按钮▶上按住鼠标左键，在弹出的按钮列表中单击“播放选定对象”按钮▷。此时，在当前视图中，系统将只会播放当前选中对象的动画，而其他物体将会被暂时隐藏，如图 1-45 所示。

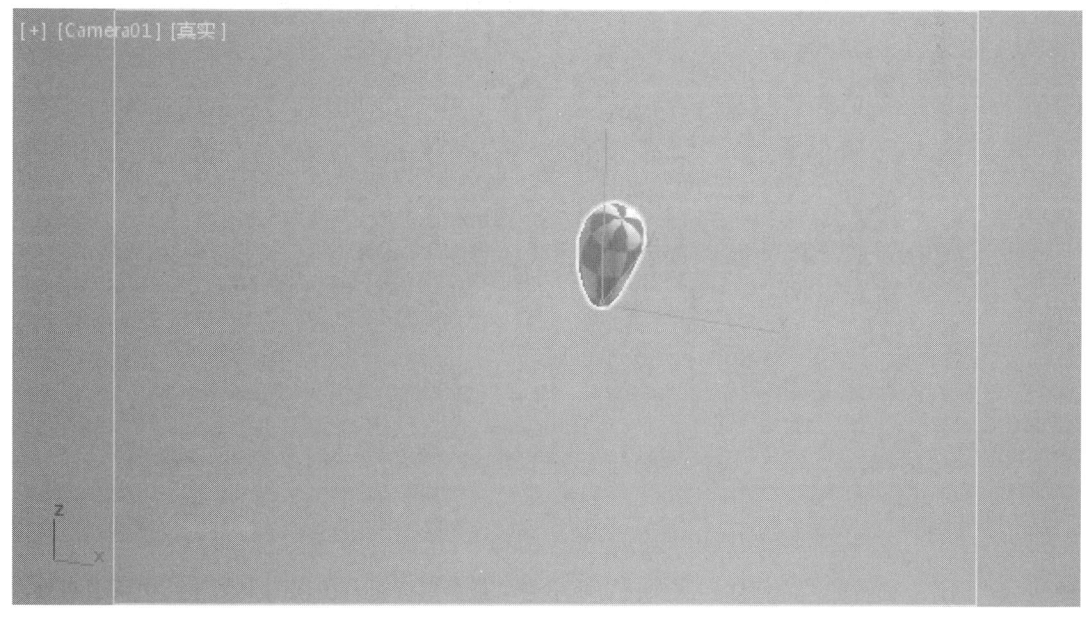

图 1-45

09 单击“停止播放”按钮，可以停止播放动画，同时被隐藏的物体也会在场景中重新显示。

> **技巧与提示**
>
> 通过按/（反斜杠）键，可以播放动画，再次按该键可停止播放动画，也可以通过按Esc键停止播放动画。

10 “当前帧”文本框内显示了当前帧的序号，在该文本框内输入 100 并按 Enter 键，可将时间滑块迅速移至第 100 帧处，如图 1-46 所示。

图 1-46

1.2.4 设置关键点过滤器

无论使用“自动关键点”模式还是“设置关键点”模式设置动画，都可以通过“关键点过滤器”来选择要创建的关键点中所包含的信息。

> **技巧与提示**
>
> 在时间轨迹栏的某一帧处右击，在弹出的快捷菜单中选择“转至时间”，也可以快速将时间滑块移至当前帧处，如图1-47所示。

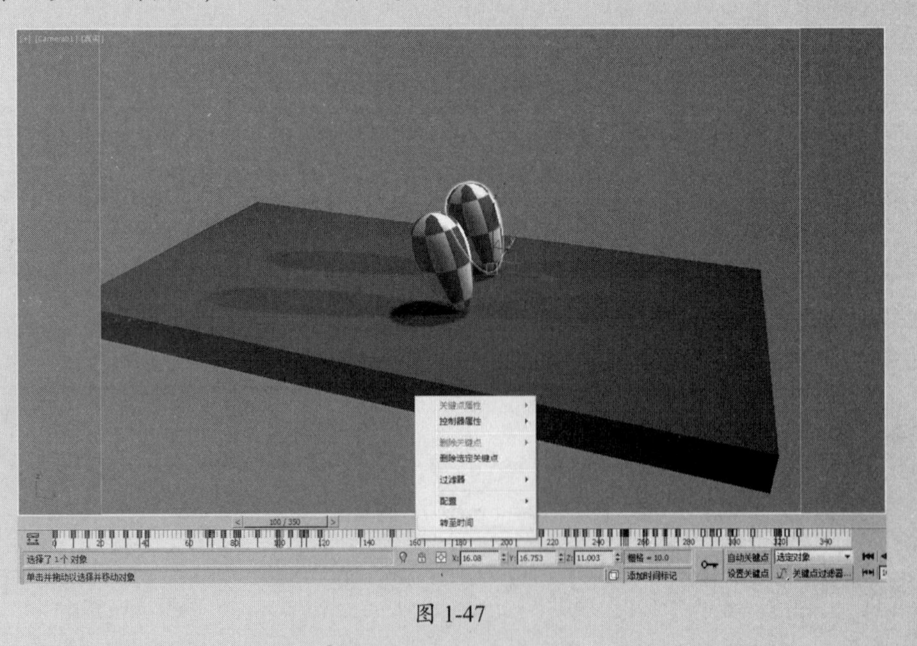

图 1-47

01 进入“创建”面板的“几何体”次面板中，单击“茶壶”按钮，在视图中创建一个茶壶对象，如图 1-48 所示。

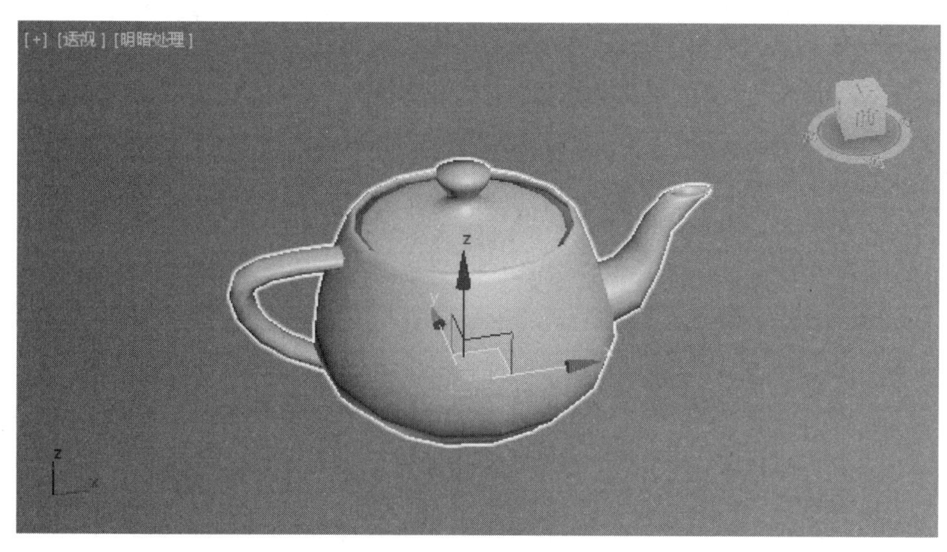

图 1-48

02 选择茶壶对象，并单击激活“设置关键点”按钮，在第 0 帧处单击“设置关键点”按钮，即可在第 0 帧处设置一个关键点，如图 1-49 所示。

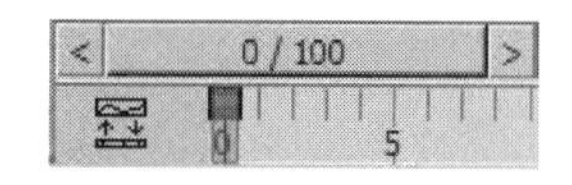

图 1-49

技巧与提示

此时会发现这个关键点是彩色的，从上至下分别为“红色”“绿色”和“蓝色”，这三个颜色分别代表“位移”“旋转”和“缩放”，也就是说在第0帧处设置了一个包含“位移”“旋转”和“缩放”信息的关键点，但是如果只想对物体的“位移”属性制作动画，那么，这里就需要对“关键点过滤器”进行设置，使创建的关键点只带有“位置”信息，因为这样不但可以方便以后对动画进行编辑，还可以节省系统资源。

03 按快捷键 Ctrl+Z 返回上一步操作。单击“动画记录控制”区的“关键点过滤器”按钮关键点过滤器...，弹出“设置关键点”对话框，如图 1-50 所示。

04 该对话框可以设置单击“设置关键点”按钮时，所创建的关键点中包含哪些信息。如果想要对茶壶对象的“高度”参数设置动画，那么，在这里可以取消选中其他的复选框，而只选中“对象参数”复选框，如图 1-51 所示。

图 1-50

图 1-51

05 设置完毕后，单击“设置关键点”按钮，此时在轨迹栏上出现了一个“灰色”的关键点，同时进入“修改”面板，发现茶壶对象的一些基础参数后面的“微调器”按钮被一个红色框包围着，这说明这些数值在当前时间被创建了一个关键点，如图 1-52 所示。

图 1-52

技巧与提示

除了“位移”“旋转”和“缩放”，其他所有关键点的信息都用“灰色”来表示。

06 进入“修改”面板，在“修改器列表”中为茶壶添加一个 Bend（弯曲）修改器。如果想对修改器的一些参数设置动画，那么需要在“关键点过滤器”对话框中选中“修改器”复选框，如图 1-53 和图 1-54 所示。

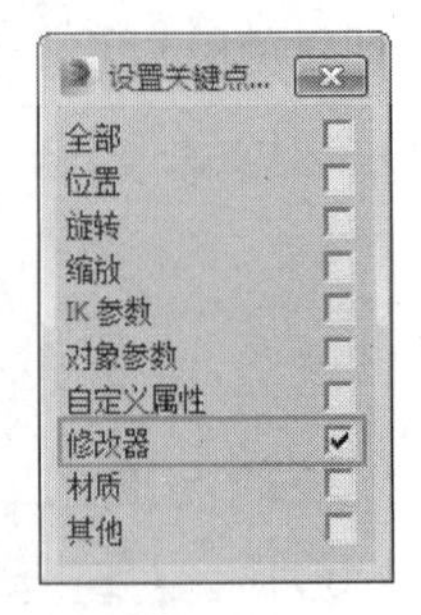

图 1-53

图 1-54

技巧与提示

在对象的一些基础参数或者修改器的参数的“微调器”按钮上右击，这样可以只为当前参数创建关键点。

此外，拖动时间滑块到某一帧，并在时间滑块上右击，在弹出的“创建关键点”对话框中，可以快速创建包含“位移”“旋转”和“缩放”信息的关键点，如图1-55所示。

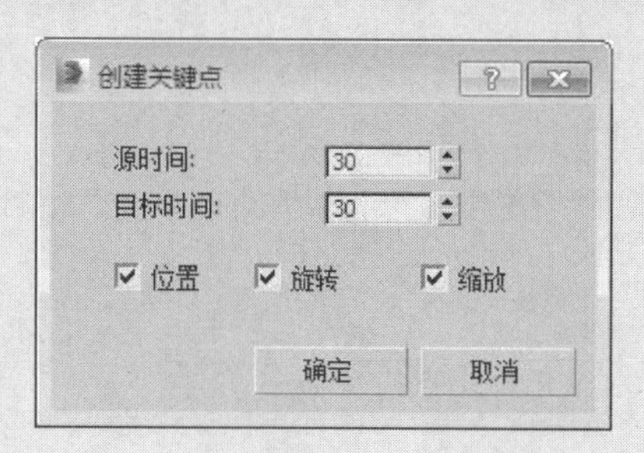

图 1-55

1.2.5　设置关键点曲线

用户可以在创建新动画关键点之前，对关键点曲线的类型进行设置。通过对关键点曲线的设置，可以让物体的运动呈现“匀速”“减速”“加速”等状态。本节将简单介绍关键点曲线的设置方法，具体的设置和编辑方法将在“轨迹视图—曲线编辑器”部分进行详细讲解。

01 打开附带素材中的“工程文件\CH1\飞机\飞机.max”文件，场景中有两个飞机模型，如图 1-56 所示。

图 1-56

02 选择“飞机 01”对象，单击激活“自动关键点”按钮，将时间滑块拖至第 100 帧的位置，然后将“飞机 01”对象沿 *X* 轴调整其位置，如图 1-57 所示。

图 1-57

03 退出“自动关键点”模式并播放动画，此时会发现飞船模型缓慢启动，然后缓慢停止。这是因为关键点曲线默认使用的是“平滑切线”类型。在动画控制区中的“新建关键点的入 / 出切线”按钮上按住鼠标左键，将弹出如图 1-58 所示的按钮列表。

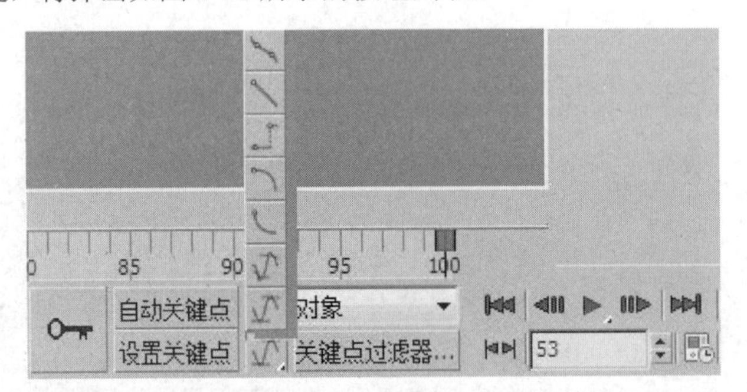

图 1-58

04 在弹出的按钮列表中单击“线性”按钮，在视图中选择“飞机 02”对象，然后单击激活“自动关键点”按钮。将时间滑块拖至第 100 帧的位置，并将“飞机 02”对象沿 *X* 轴调整其位置，如图 1-89 所示。

05 设置完毕后，退出“自动关键点”模式。播放动画可以观察到“平滑”切线类型和“线性”切线类型动画效果的不同。

图 1-59

1.2.6　“时间配置”对话框

通过“时间配置”对话框，可以对动画的制作格式进行设置，这些设置包括帧速率、动画播放速度控制、时间显示格式和活动时间段设定等。单击动画控制区的“时间配置”按钮，可以打开“时间配置”对话框，如图 1-60 所示。

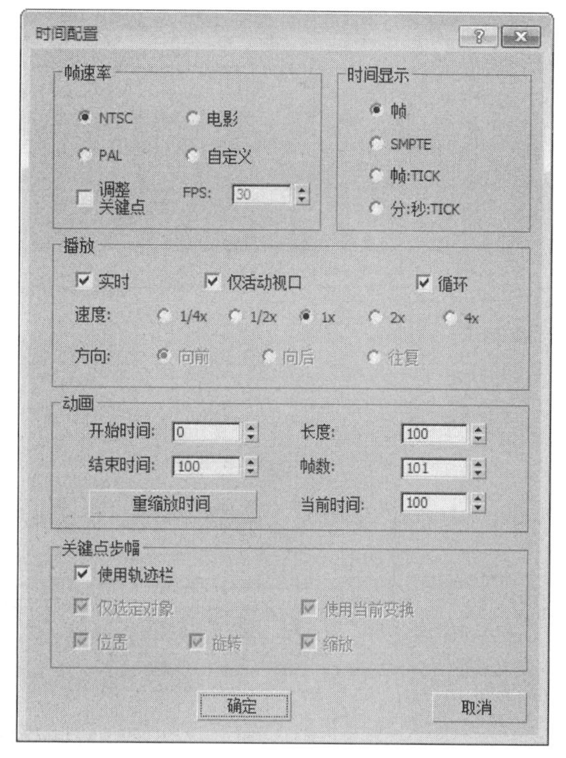

图 1-60

1. 帧速率和时间显示

在“时间配置”对话框的“帧速率”选项组中可以设置动画每秒播放的帧数。默认状态下，所使用的是 NTSC 帧速率，表示动画每秒播放 30 帧画面；选择 PAL 单选按钮后，动画每秒播放 25 帧；选择“电影”单选按钮后，动画每秒播放 24 帧；如果选中“自定义”单选按钮，然后在 FPS 文本框内输入数值，可以自定义动画播放的帧数，如图 1-61 所示。

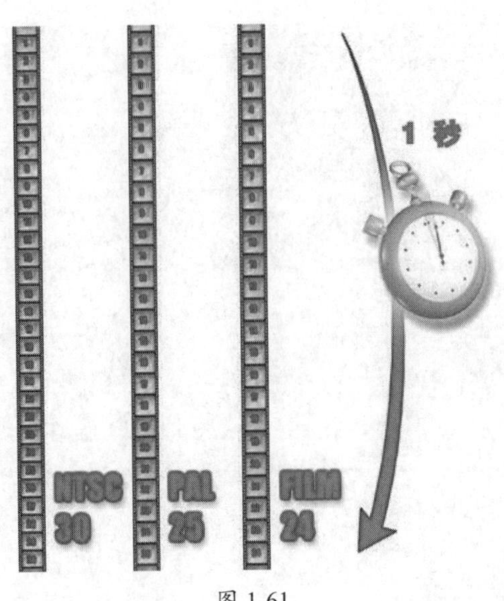

图 1-61

通过“时间显示”选项组中的各个选项，可对时间滑块和轨迹栏上的时间显示方式进行更改，共有 4 种显示方式，分别为“帧”“SMPTE”“帧：TICK”和“分：秒：TICK”，如图 1-62 和图 1-63 所示。

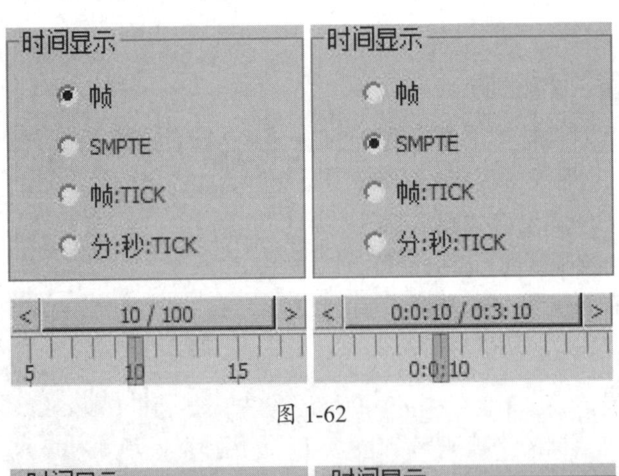

图 1-62

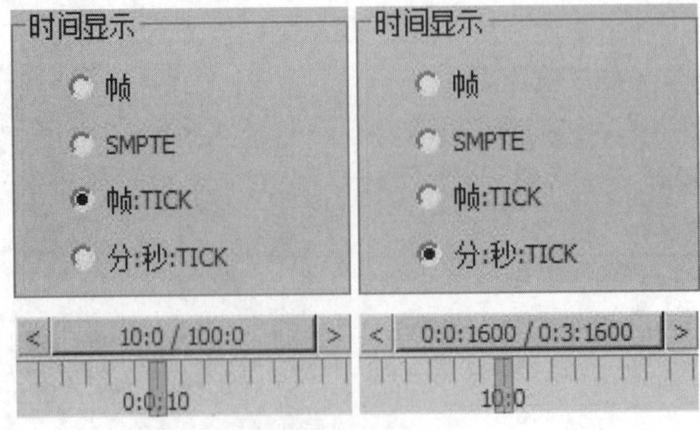

图 1-63

技巧与提示

SMPTE是电影工程师协会的标准，用于测量视频和电视产品的时间。

2. 动画播放控制

01 打开附带素材中的“工程文件\CH1\弹跳的小球\弹跳的小球.max”文件，单击“时间配置”按钮，打开“时间配置”对话框。在“播放”选项组中，“实时”复选框为默认选中状态，表示将在视图中实时播放，与当前设置的帧速率保持一致。选中“实时”复选框后，用户可以通过“速度”选项右侧的单选按钮来设置动画在视图中的播放速度，如图 1-64 所示。

图 1-64

技巧与提示

“速度”默认设置为1x，表示动画在视图中的播放速度为正常播放速度，其他4个单选按钮可以减速或加速动画在视图中的播放速度。但无论选项为减速或加速，则只影响动画在视图中的播放速度，并不影响动画在渲染后的实际播放速度。

02 禁用“实时”复选框，视图播放将尽可能快地进行并且显示所有帧。此时“速度”选项将被禁用，而“方向”选项右侧的单选按钮将处于激活状态，如图 1-65 所示。

图 1-65

03 选中“方向”选项右侧的“向前”“向后”和“往复”单选按钮，分别可将动画设置为向前播放、反转播放和向前然后反转重复播放。

技巧与提示

“方向”选项同样只影响动画在视图中的播放，而不会影响动画的渲染输出。

04 在“播放”选项组中，“仅活动视口”复选框默认为选中状态，表示动画只在当前被激活的视图中播放，而其他视图中的画面保持静止，如图 1-66 所示；如果取消选中“仅活动视口”复选框，则所有视图都将播放动画，如图 1-67 所示。

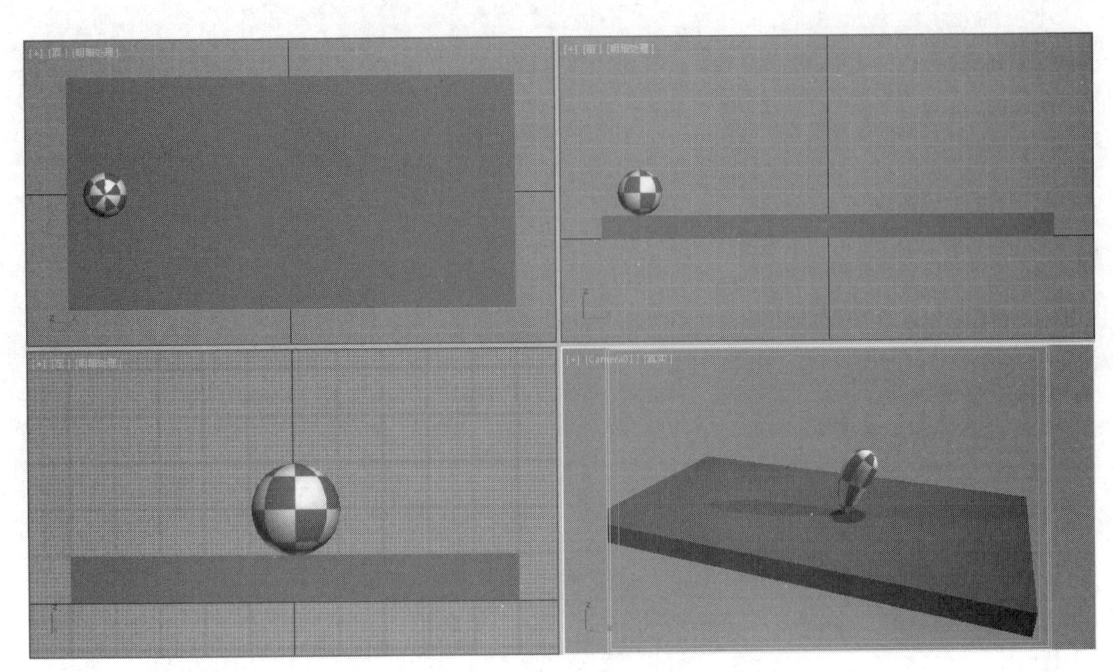

图 1-66

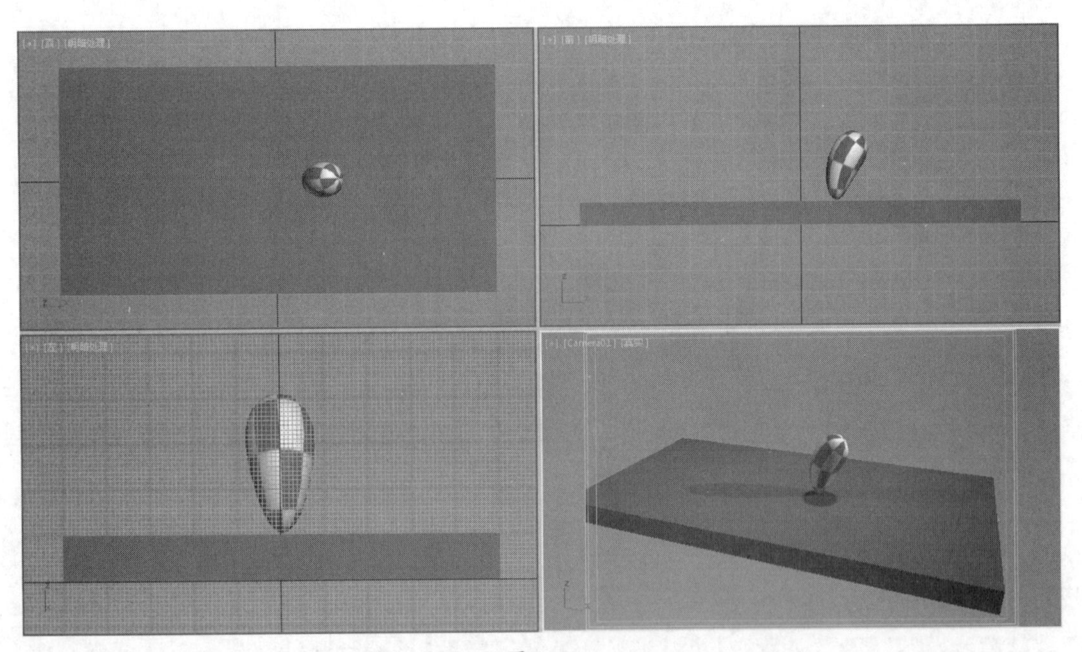

图 1-67

05 默认情况下，在播放动画时动画会在视图中循环播放。取消选中“播放”选项组中的“循环”复选框，单击“播放动画”按钮▶，动画将只播放一遍就会停止，不再继续播放。

06 在“动画”选项组中，可以控制动画的总帧数、开始帧和结束帧等相关参数。将“开始时间”设置为-10，“结束时间”设置为100，接着将“当前时间”设置为50，单击“确定”按钮，观察轨迹栏的变化，如图1-68所示。

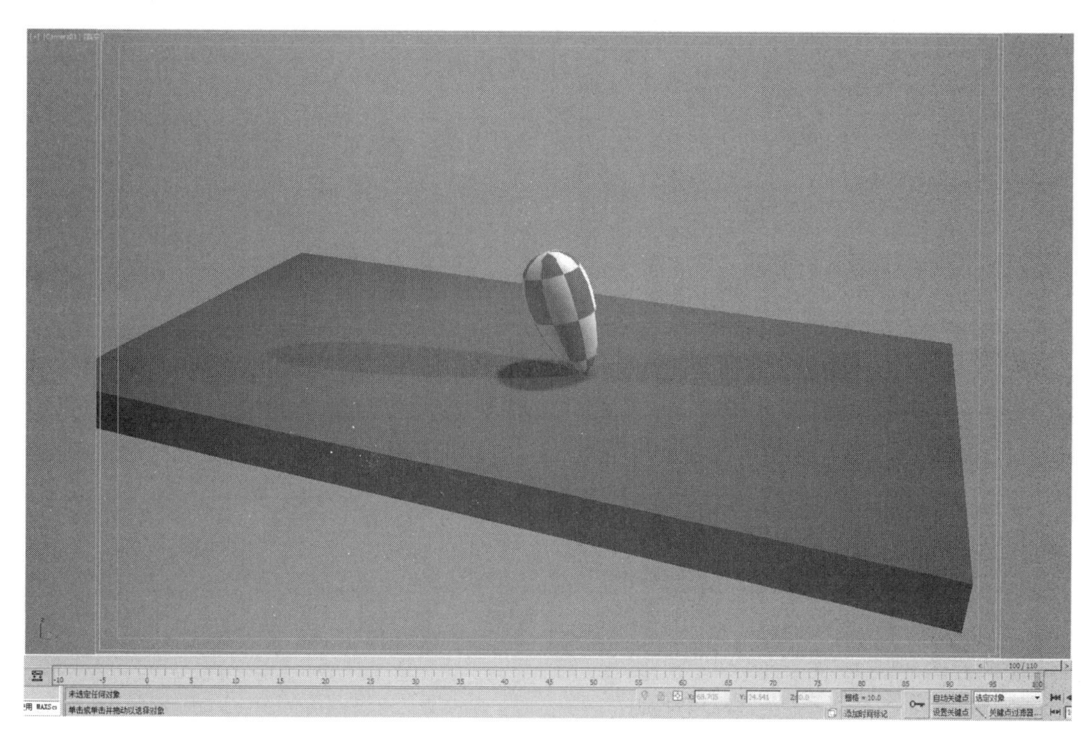

图 1-68

技巧与提示

在时间滑块 < 100 / 110 > 上，前面的数字表示当前所在的帧数，而后面的数字表示当前活动时间段的总帧数。

此外，按住快捷键Ctrl+Alt，在时间轨迹栏处单击并拖动，可以快速设置动画的起始时间，右击并拖动可以快速设置动画的结束时间。

07 单击“重缩放时间”按钮可以打开“重缩放时间”对话框，如图 1-69 所示。

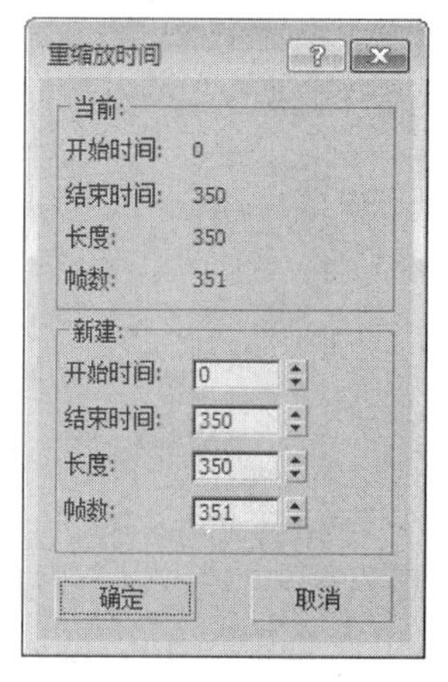

图 1-69

08 通过该对话框，可以拉伸或收缩所有对象活动时间段内的动画，同时时间轨迹栏中所有关键点的位置将会重新排列。例如，设置结束时间为 100，单击“确定”按钮关闭对话框，接着单击“确定”按钮关闭“时间配置”对话框，此时观察时间轨迹栏上关键点的变化，可以发现原来 350 帧的动画变成了 100 帧，动画的节奏变快了，如图 1-70 所示。

3. 关键点步幅

“关键点步幅”选项组可以设置开启“关键点模式”按钮后，单击“上一个关键点”按钮或“下一个关键点”按钮时，系统在时间轨迹栏中会以何种方式在关键点之间进行切换。

例如，当前正在使用“选择并移动”工具，此时，取消选中“关键点步幅”选项组中“使用轨迹栏”复选框，这样再单击“上一个关键点”按钮或“下一个关键点”按钮，系统则只会在包含“移动”信息的关键点之间进行切换，如图 1-71 和图 1-72 所示。

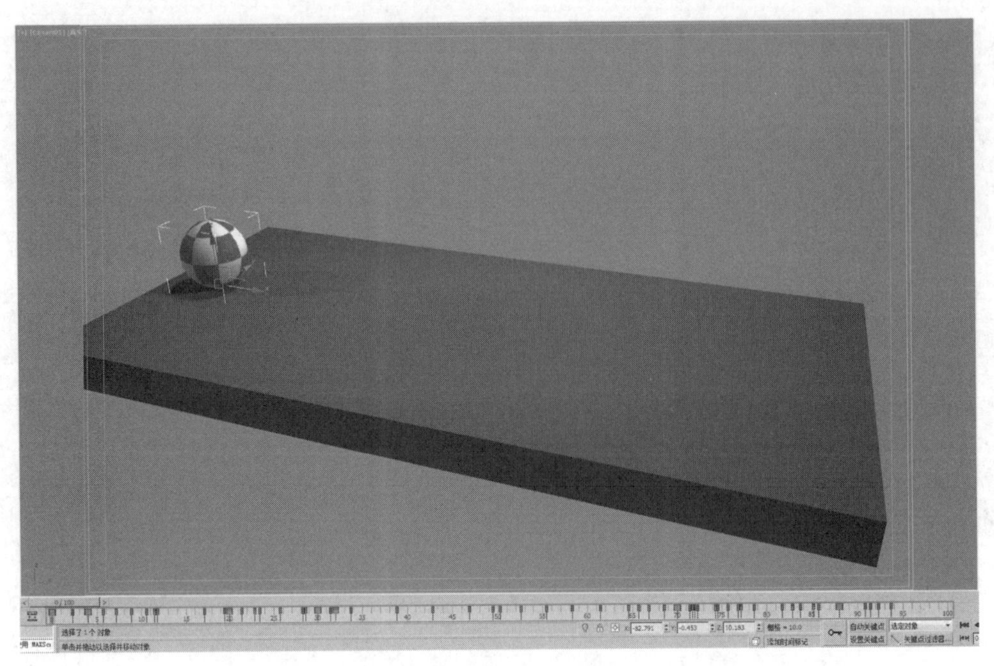

图 1-70

图 1-71

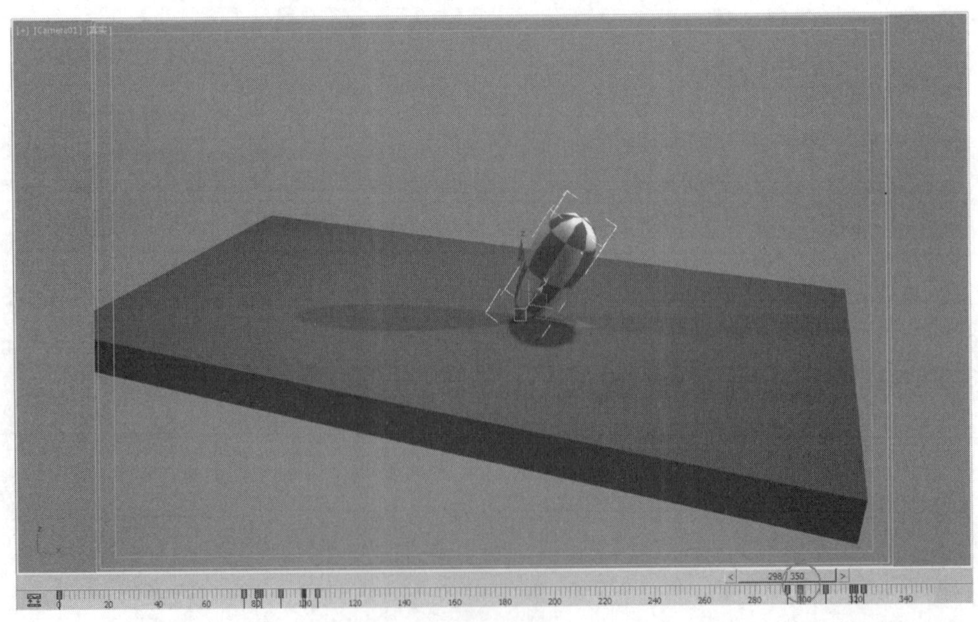

图 1-72

选中“仅选定对象”复选框，此时单击“上一个关键点”按钮或“下一个关键点”按钮，系统将只会在选定对象的变换动画的关键点之间进行切换，如果取消选中该复选框，系统将在场景中所有对象的变换关键点之间进行切换。

选中“使用当前变换”复选框后，系统将自动识别当前正使用的变换工具，此时系统将只在包含当前变换信息的关键点之间进行切换。我们也可以取消选中该复选框，然后通过下面 3 个变换选项（位置、旋转和缩放）来指定“关键点模式”所使用的范围。

1.2.7　制作预览动画

如果场景中的模型量比较大，那么在场景中实时播放动画时，会出现卡顿的现象，这样在场景中将不能准确地判断动画的速度，为了更好地观察和编辑动画，可以为场景生成预览动画。在生成预览动画时，不会考虑模型的材质和光影效果，但可以快速观察动画效果。

执行“工具”→“预览 —抓取视口”→“创建预览动画”命令，可以打开“生成预览”对话框，如图 1-73 所示。

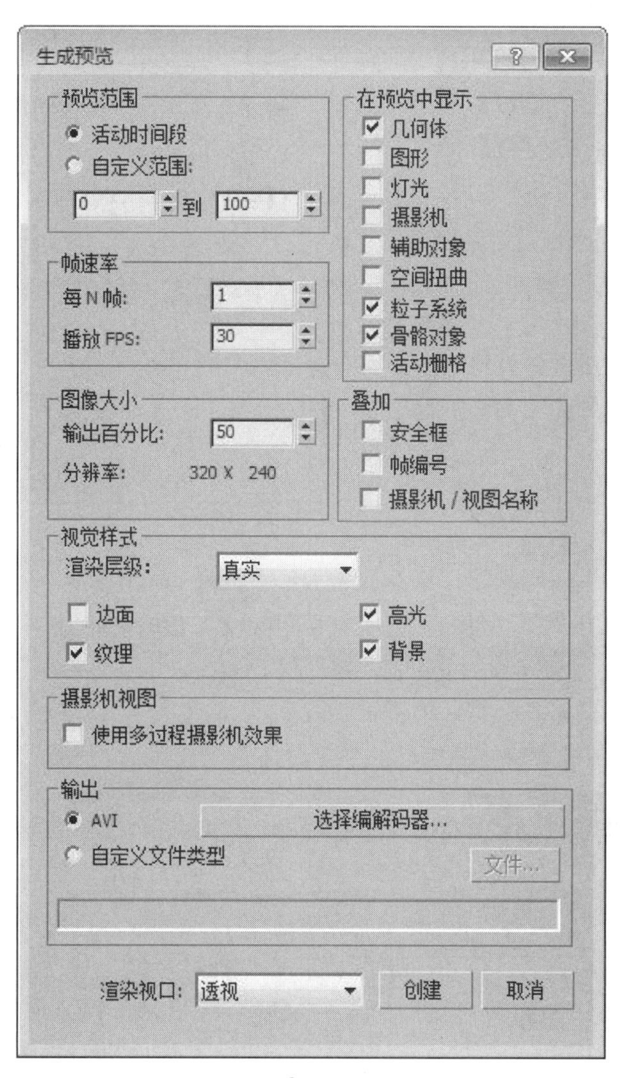

图 1-73

“预览范围”选项组内的设置用于指定预览中包含的帧数，默认选中“活动时间段”单选按钮，将根据时间滑块的长度生成动画，也可以选择“自定义范围”单选按钮，自定义动画范围，如图1-74所示。

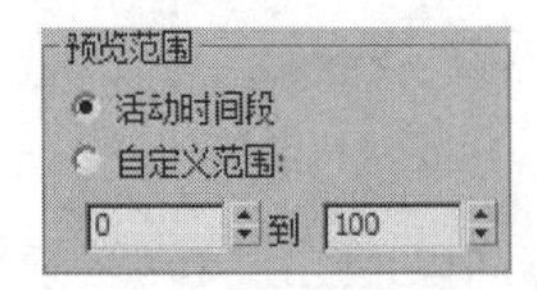

图 1-74

“帧速率”选项组内的设置用于指定以每秒多少帧的播放速率来生成预览动画，如图1-75所示。

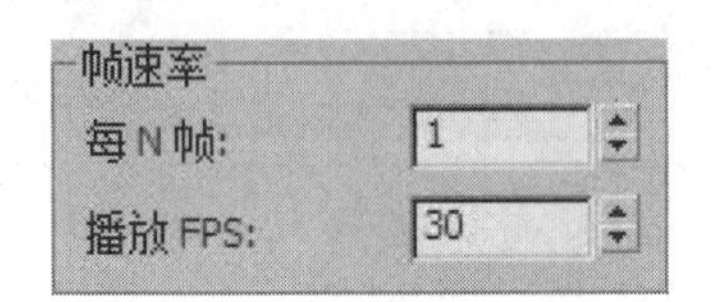

图 1-75

在“图像大小”选项组内可以设置预览动画的分辨率为当前输出分辨率的百分比，例如，在“渲染设置”对话框中，设置渲染输出分辨率为640×480，那么如果将“输出百分比”参数设置为50，则预览动画的分辨率为320×240，如图1-76所示。

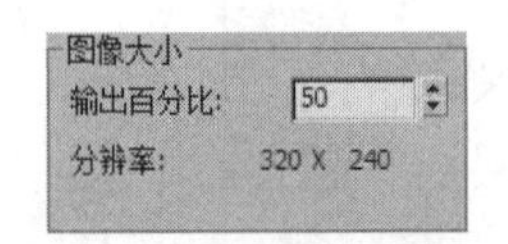

图 1-76

“在预览中显示”选项组内的复选框，用于指定预览中要包含的对象类型，如图1-77所示。

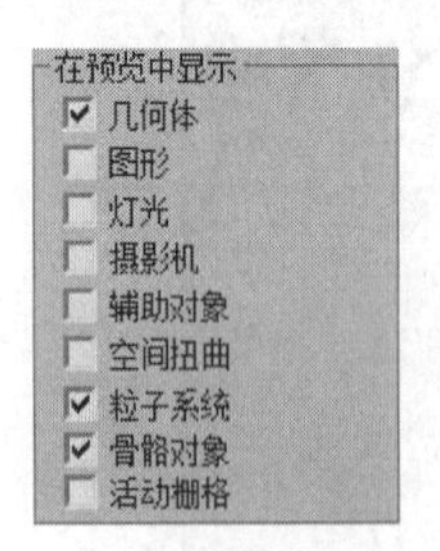

图 1-77

在“叠加”选项组内的复选框，用于指定要写入预览动画的附加信息，如图1-78所示。

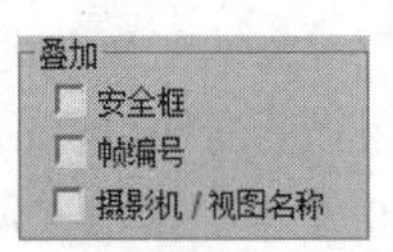

图 1-78

“视觉样式”选项组，可以选择生成预览动画的视觉样式，以及渲染是否包括面边、高光、纹理和背景，如图1-79所示。

图 1-79

“摄影机视图”选项组，用于指定预览动画是否包含多过程摄影机效果，想要显示多过程摄影机效果，首先要开启摄影机的“多过程效果”，如图1-80和图1-81所示。

图 1-80

图 1-81

“输出”选项组，用于指定预览动画的输出格式，如图1-82所示。

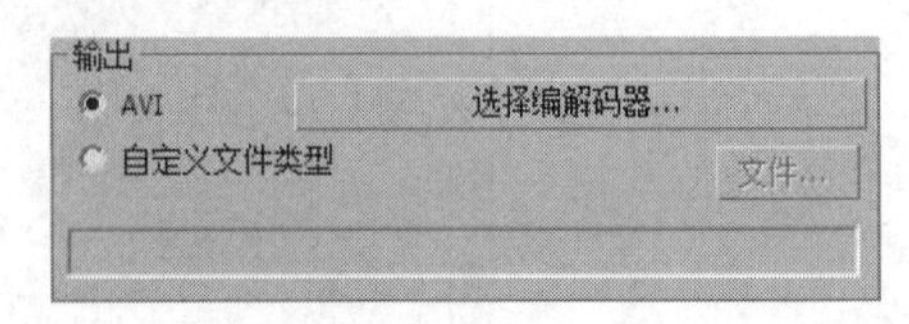

图 1-82

预览动画生成后，会自动弹出媒体播放器并自动播放，也可以执行“工具”→“预览–抓取视口”→“播放预览动画”命令，重复查看生成的预览动画。新生成的预览动画会自动覆盖上次的预览动画，如果想将当前的预览动画保存起来，可以执行“工具”→“预

览 – 抓取视口”→“预览动画另存为”命令保存动画。默认生成的预览动画保存在“C:\Users\Administrator\Documents\3dsmax\previews”文件夹下，也可执行“工具”→“预览 – 抓取视口”→“打开预览动画文件夹”命令，快速打开保存预览动画的文件夹。

1.3 曲线编辑器

在 3ds Max 2016 中，除了可以直接在时间轨迹栏中编辑关键点外，还可以打开动画的“轨迹视图”，对关键点进行更复杂的编辑，例如复制或粘贴运动轨迹、添加运动控制器、改变运动状态等，就需要在“轨迹视图”窗口中对关键点进行编辑。

轨迹视图窗口有两种显示方式，即“轨迹视图—曲线编辑器”和“轨迹视图—摄影表”。“轨迹视图—曲线编辑器”模式可以将动画显示为动画运动的功能曲线，如图 1-83 所示；“轨迹视图—摄影表”模式可以将动画显示为关键点和范围的电子表格，如图 1-84 所示。

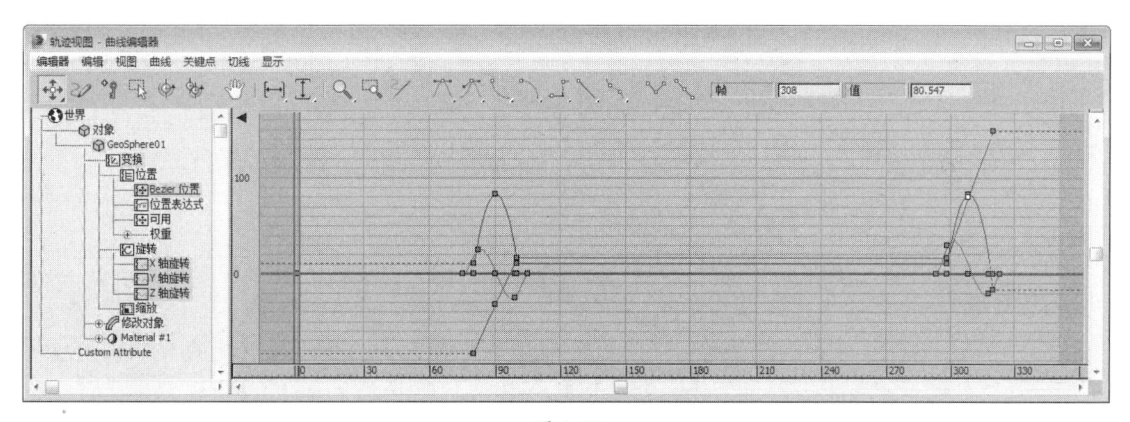

图 1-83

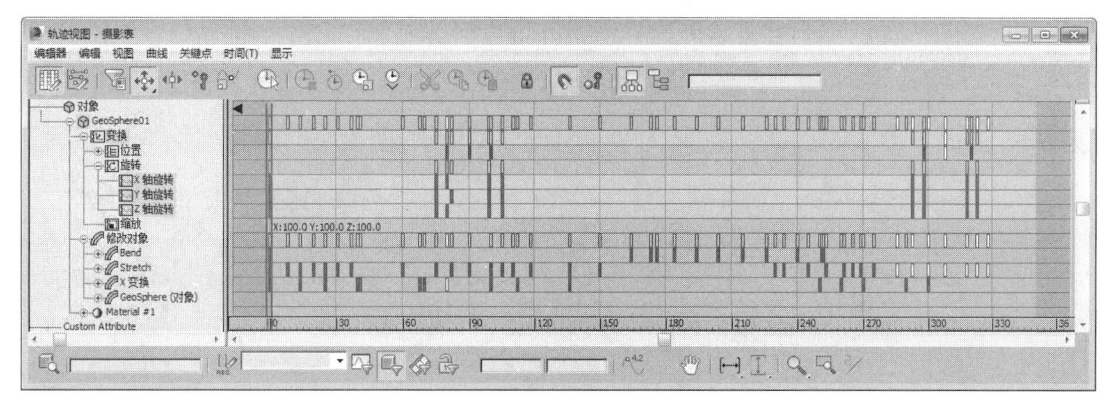

图 1-84

“轨迹视图—曲线编辑器”显示方式为轨迹视图的默认显示方式，也是最常用的一种显示方式，所以本书将以“轨迹视图—曲线编辑器”显示方式为例讲解其使用方法。

1.3.1 “轨迹视图—曲线编辑器”简介

打开“轨迹视图—曲线编辑器”的方法有 3 种，①执行“图形编辑器”→“轨迹视图—曲线编辑器”命令，如图 1-85 所示；②单击主工具栏上的“曲线编辑器”按钮；③在视图中右击，在弹出的四联菜单中选择“曲线编辑器”命令，这也是最常用的方法，如图1-86所示。

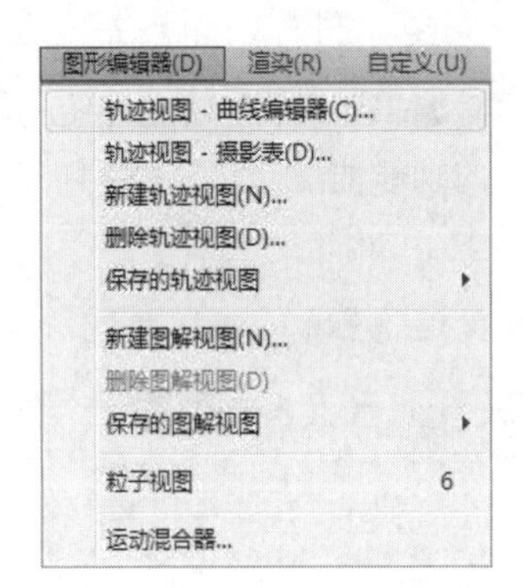

图 1-85

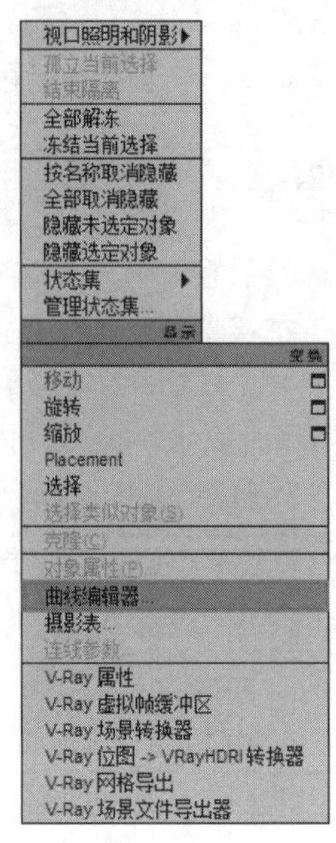

图 1-86

技巧与提示

执行“图形编辑器”→“轨迹视图—摄影表”命令或者在“曲线编辑器”的菜单栏中执行“模式”→“摄影表”命令，都可以打开“摄影表”显示方式。

3ds Max 2016对“曲线编辑器”的界面做了一些精简，把一些常用的工具隐藏了。在打开的“曲线编辑器”的标题栏上右击，在弹出的快捷菜单中选择“加载布局”→“Function Curve Layout（Classic）”命令，这样就可以将一些常用工具显示出来，如图1-87和图1-88所示。

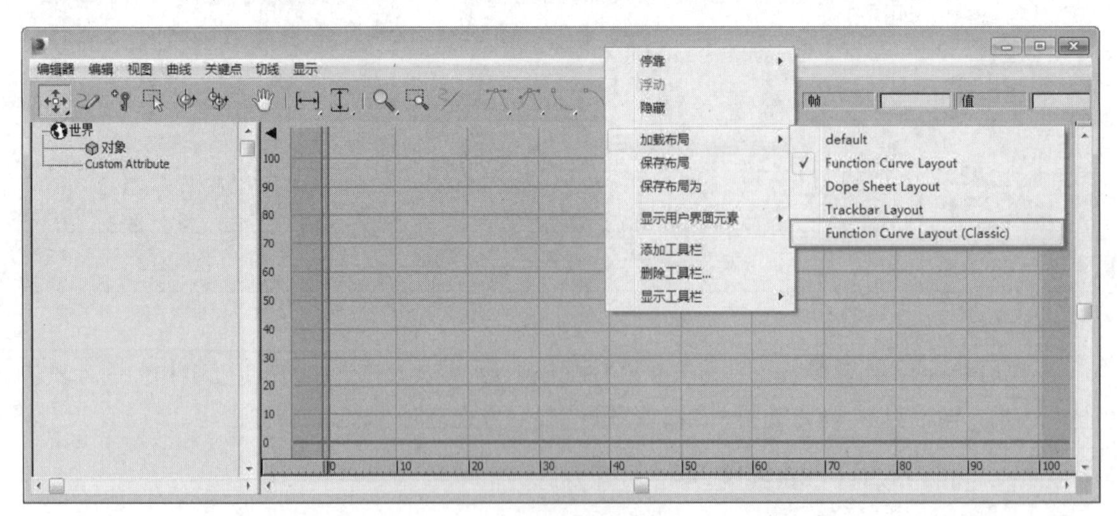

图 1-87

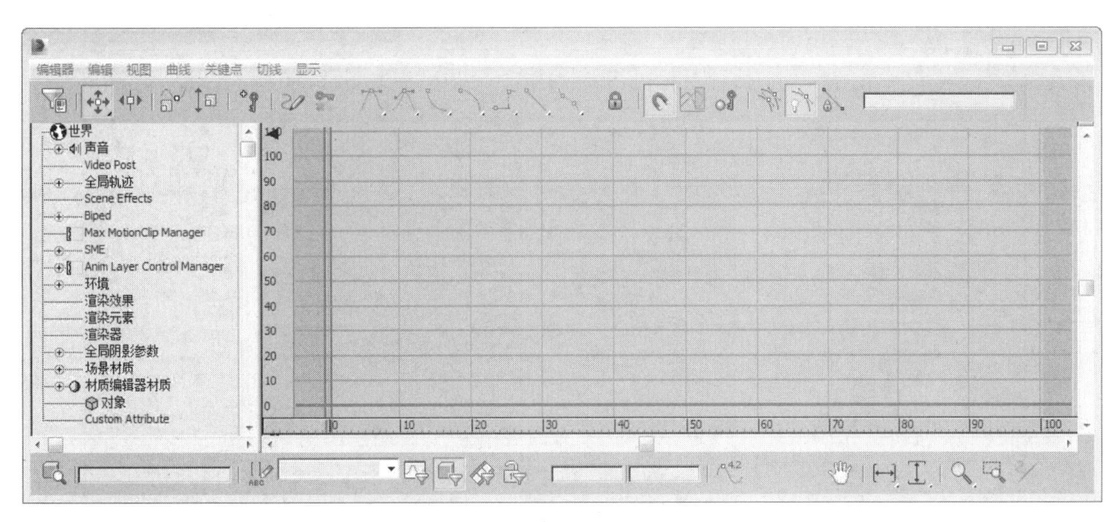

图 1-88

“曲线编辑器”界面由菜单栏、工具栏、控制器窗口和关键点窗口，还有界面底部的时间标尺、选择集和状态工具、导航工具组成，如图 1-89 所示。

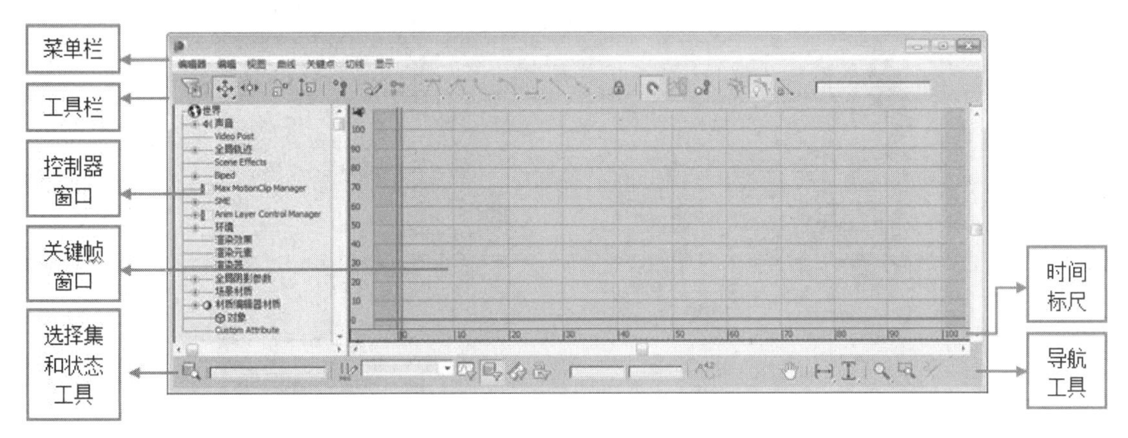

图 1-89

“控制器”窗口用来显示对象名称和控制器轨迹，单击工具栏上的“过滤器”按钮，可以打开“过滤器”对话框，在“显示”选项组中还能设置哪些曲线和轨迹可以用来显示和编辑，如图 1-90 和图 1-91 所示。

接下来将通过实例，简单讲解“曲线编辑器”的用法。

01 在场景中创建一个“茶壶”对象，如图 1-92 所示。

02 选择“茶壶”对象，在视图中右击，在弹出的四联菜单中选择“曲线编辑器”命令，打开“轨迹视图—曲线编辑器”对话框，在左侧的“控制器窗口”中显示了选中的“茶壶”对象的名称和变换等控制器类型，如图 1-93 所示。

技巧与提示

默认状态下，选中的对象会直接显示在左侧的“控制器窗口”中，也可以单击“选择集和状态工具”中的“缩放选定对象”按键，在“控制器窗口”中快速定位选中的对象。

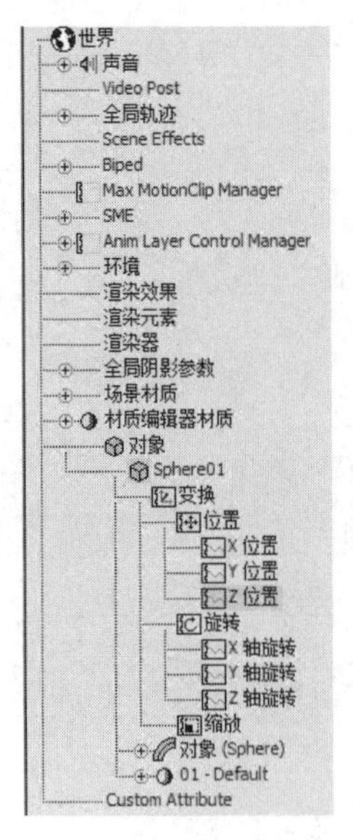

图 1-90

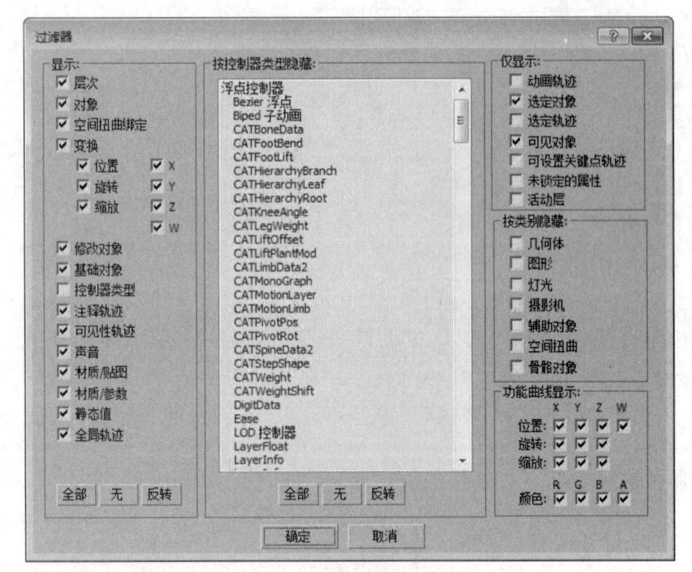

图 1-91

图 1-92

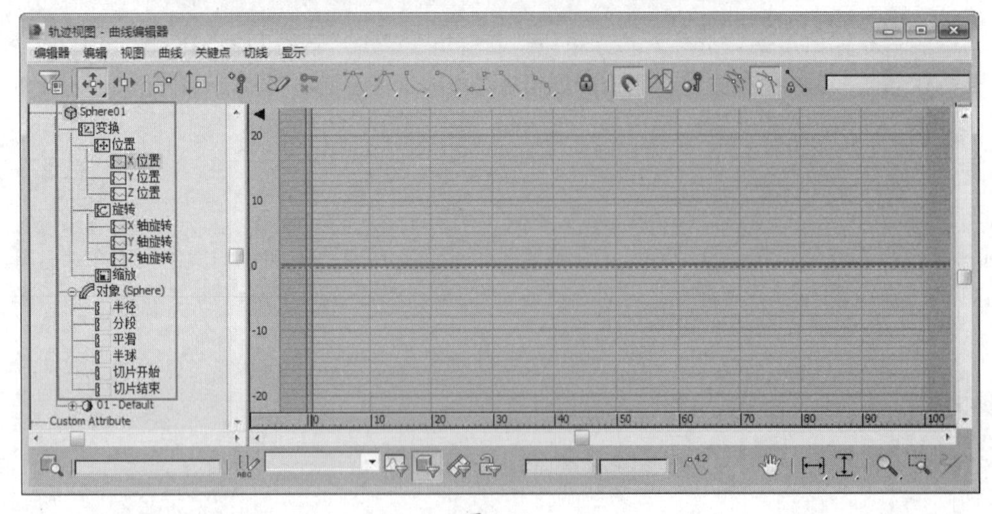

图 1-93

03 在“控制器窗口”中单击“位置”层级下的“Z 位置”选项，此时在右侧的“关键点窗口”中的 0 位置会出现一条蓝色的虚线，如图 1-94 所示。

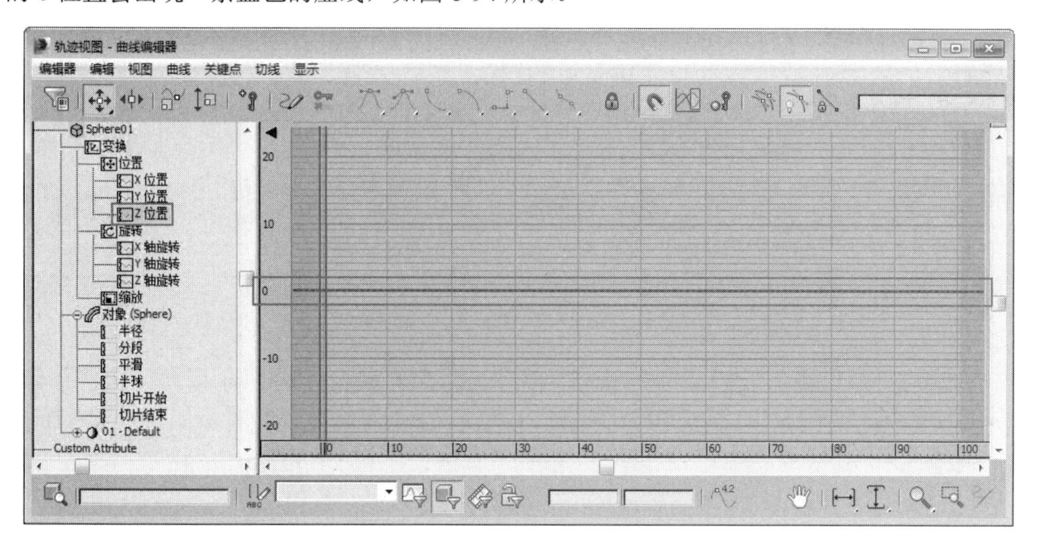

图 1-94

04 在工具栏中单击“添加关键点”按钮，并将鼠标指针移至“关键点窗口”中的蓝色虚线上右击，此时可以在该位置创建一个关键点，如图 1-95 所示。

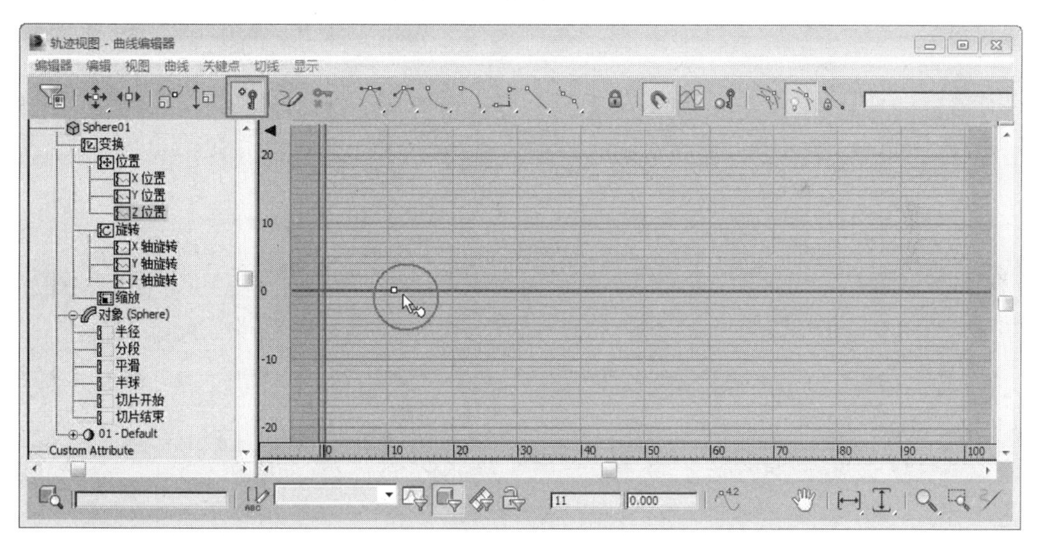

图 1-95

05 用同样的方法，在蓝色虚线的其他位置上再创建两个关键点，单击工具栏中的“移动关键点”按钮，框选创建的第 1 个关键点，然后在选择集和状态工具栏中，参照如图 1-96 所示的状态进行设置。

技巧与提示

在状态工具栏中，前面的数值表示当前选中的关键点所在的帧数，后面的数值表示当前选中关键点的动画值。

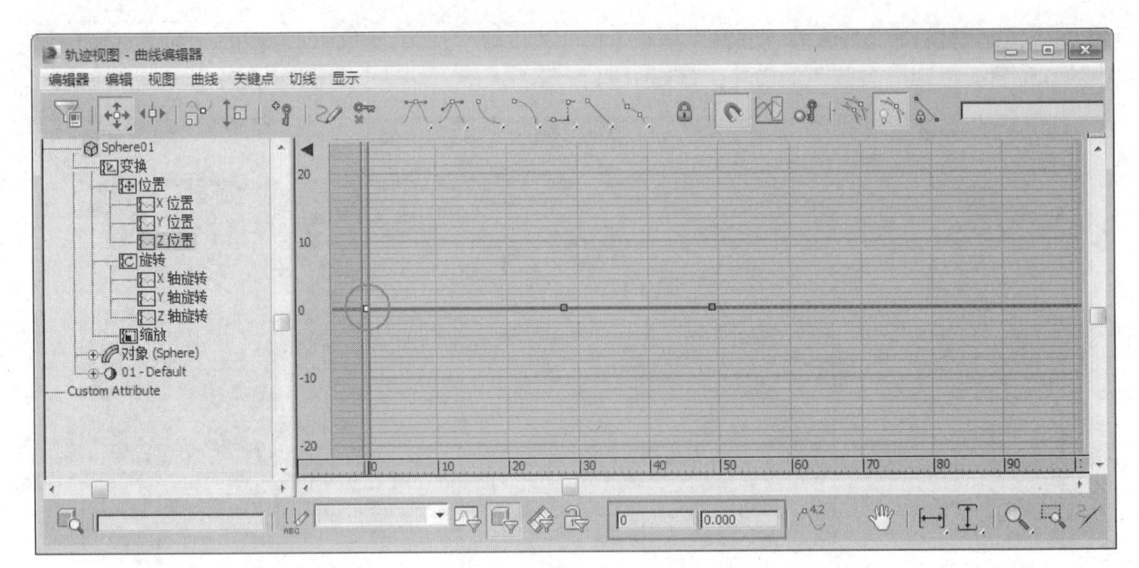

图 1-96

06 用同样的方法，选择中间的关键点，按照如图1-97所示进行参数设置，此时播放动画会发现“茶壶”对象在*Z*轴上产生了一个先升起20个单位再落回原点的动画。

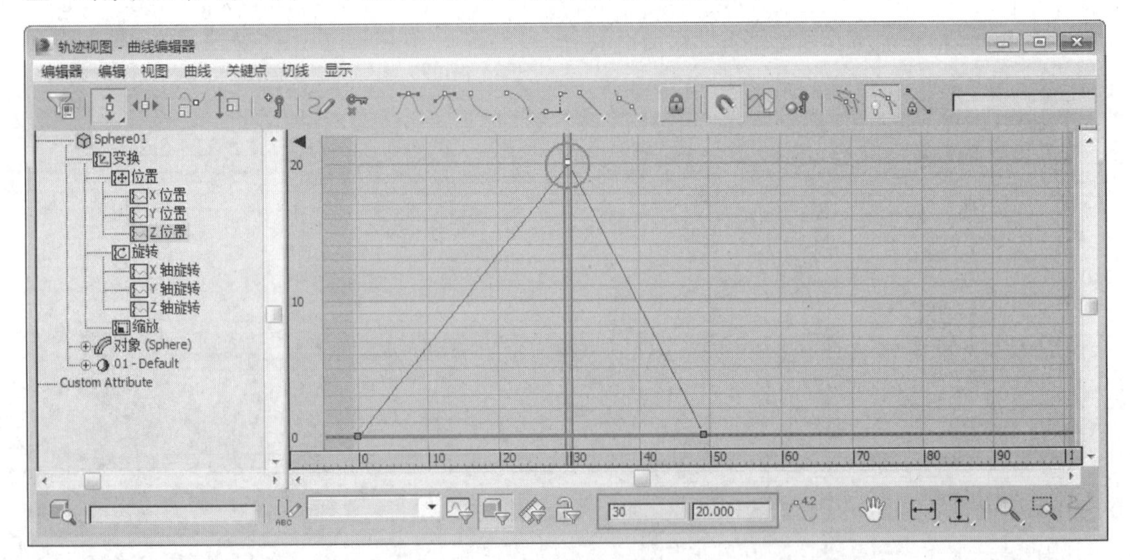

图 1-97

07 在工具栏上单击“移动关键点”按钮并按住不放，在弹出的按钮列表中，选择“水平移动关键点”按钮。在“关键点窗口”中选择第3个关键点，并将其移至第60帧的位置，如图1-98所示。

08 当前“茶壶”对象的动画是从第0帧开始，我们还可以调整整段动画的发生时间。单击工具栏上的“滑动关键点”按钮，将第0帧位置的关键点向右移至10帧的位置，这样，整段动画就从第10帧开始了，如图1-99所示。

09 在“控制器窗口”中选中“Z轴旋转”选项，在工具栏中单击“绘制曲线”按钮，并通过拖动鼠标的方式手动在该层的轨迹曲线上绘制关键点曲线，如图1-100和图1-101所示。

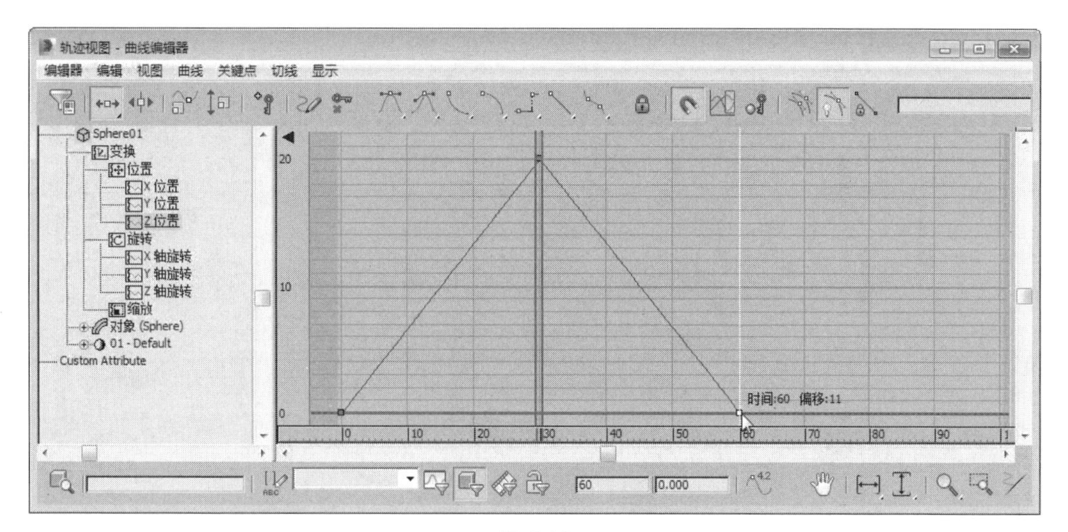

图 1-98

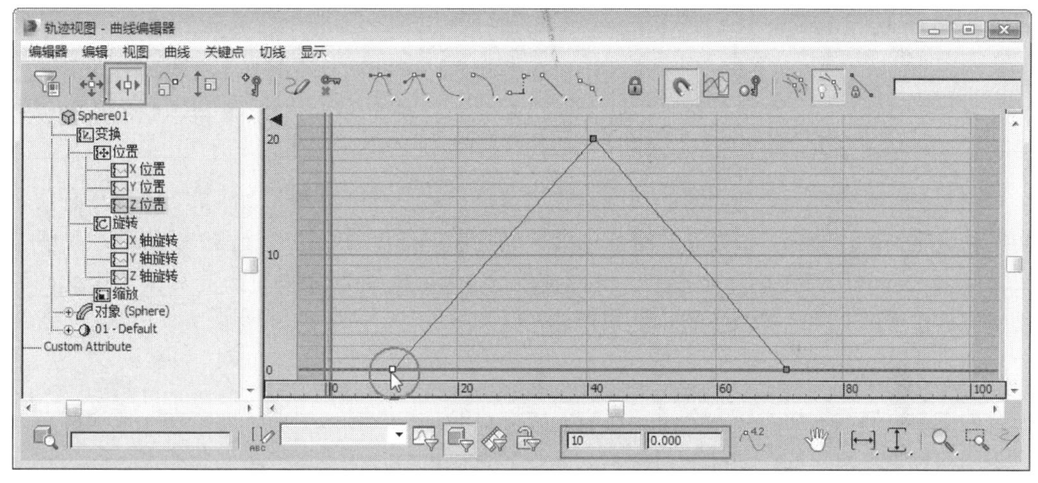

图 1-99

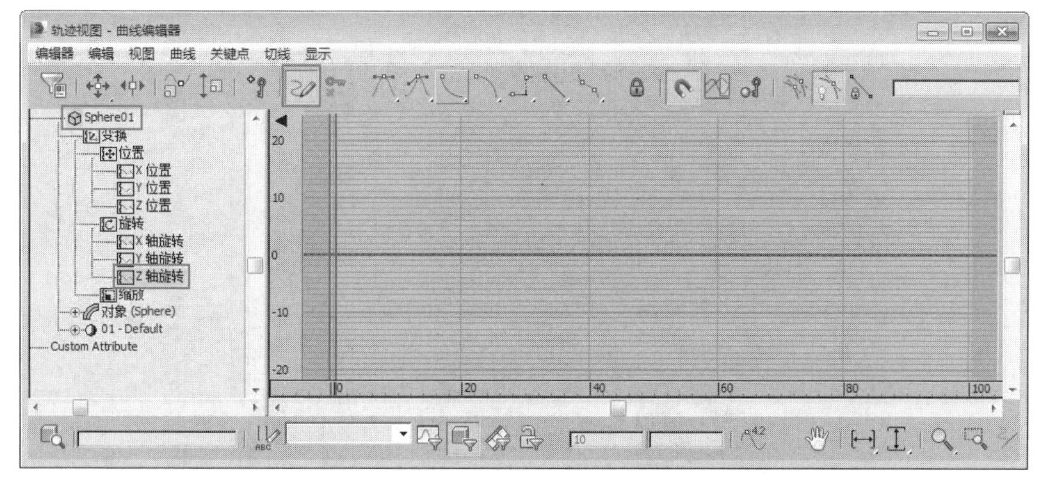

图 1-100

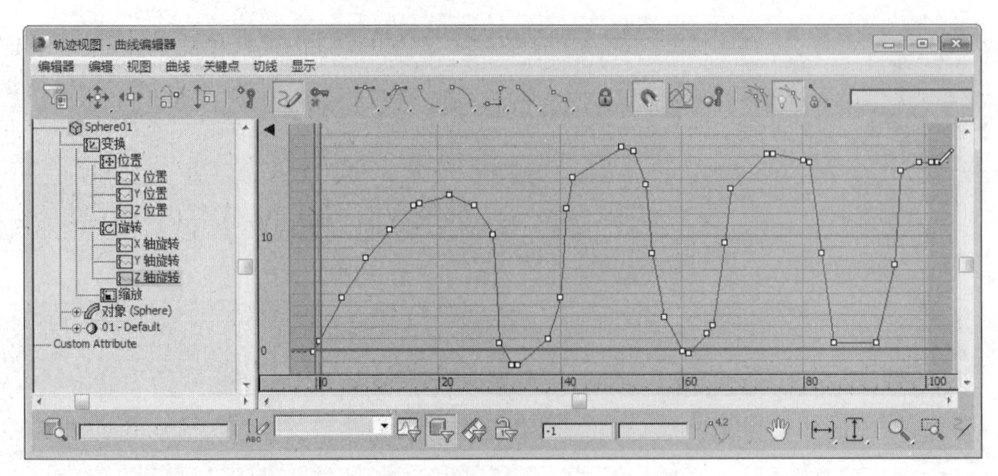

图 1-101

10 播放动画，“茶壶”会沿 *Z* 轴来回转动，而且速度也不均匀。

1.3.2 认识功能曲线

在动画的设置过程中，除了关键点的位置和参数值，关键点曲线也是一个很重要的因素，即使关键点的位置相同，运动的程度也一致，使用不同的关键点曲线，也会产生不同的动画效果。在本节中将讲解关键点曲线的有关知识。

3ds Max 2016 中共有 7 种不同的功能曲线形态，分别为“自动关键点曲线”“自定义关键点曲线”“快速关键点曲线”“慢速关键点曲线”“阶梯关键点曲线”“线性关键点曲线”和“平滑关键点曲线”。用户在设置动画时，可以使用这 7 种功能曲线来设置不同对象的运动。下面通过实例操作讲解有关功能曲线的相关知识。

1. 自动关键点曲线

自动关键点曲线的形态较为平滑，在靠近关键点的位置，对象运动速度略慢，在关键点与关键点之间的位置，对象的运动趋于匀速，大多数对象在运动时都是这种运动状态。

01 打开附带素材中的“工程文件 \CH1\ 认识功能曲线 \ 认识功能曲线 .max”文件，场景中有两架飞机，并且在第 0 到第 50 帧已经设置了一个简单的位移动画，如图 1-102 所示。

图 1-102

02 在场景中选择“飞机 01”对象，并打开“轨迹视图—曲线编辑器”窗口，在左侧的“控制器窗口”中选择“X 位置”选项，如图 1-103 所示。

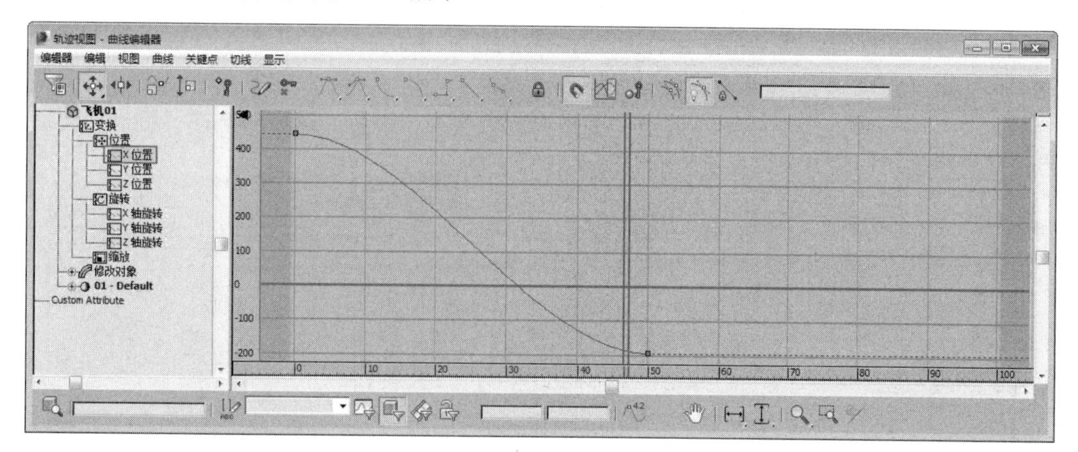

图 1-103

03 在轨迹栏上选择第 0 帧处的关键点，按住 Shift 键单击并拖动，复制一个关键点到第 100 帧的位置，此时在“关键点窗口”中也出现了刚才复制的关键点，如图 1-104 所示。

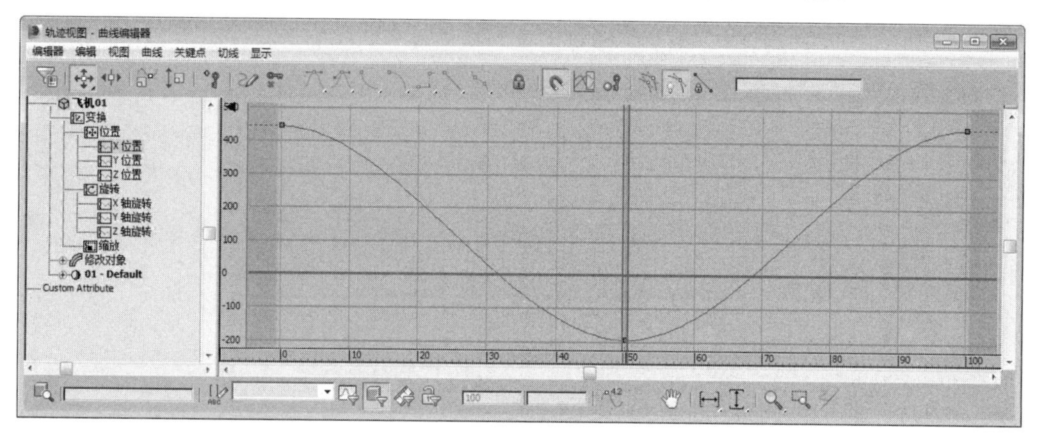

图 1-104

04 选中任意一个关键点，发现关键点上会出现一个蓝色的操纵手柄。默认创建的关键点曲线都是自动关键点曲线，如图 1-105 所示。

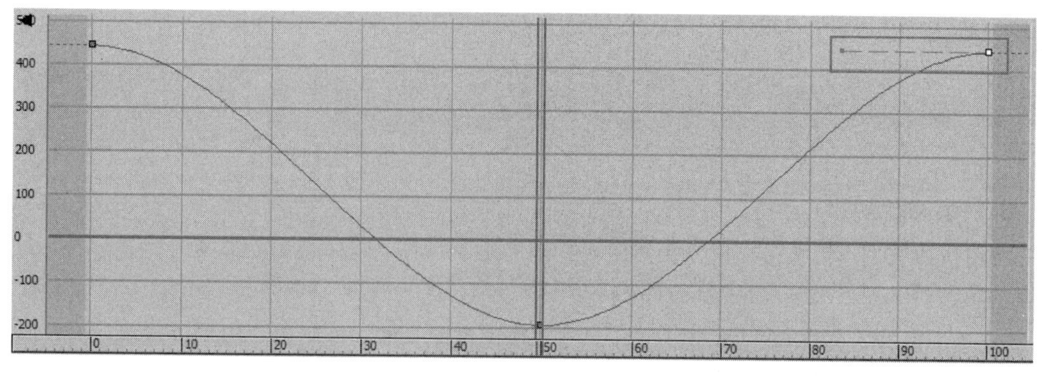

图 1-105

2. 自定义关键点曲线

自定义关键点曲线能够通过手动调整关键点控制手柄的方法，控制关键点曲线的形态，关键点两侧可以使用不同的曲线形式。

01 在“关键点窗口”中选择两边的两个关键点，并在“关键点曲线”工具栏中单击“将曲线设置为自定义”按钮，此时关键点的操作手柄由蓝色变为了黑色，这说明当前关键点由自动关键点曲线转换为了自定义关键点曲线，如图 1-106 所示。

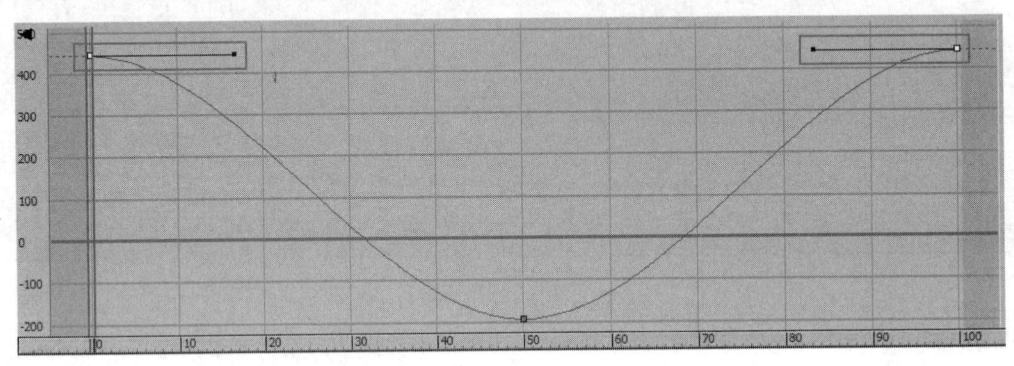

图 1-106

02 使用“移动关键点”工具，调整关键点的控制柄来改变曲线的形状，如图 1-107 所示。

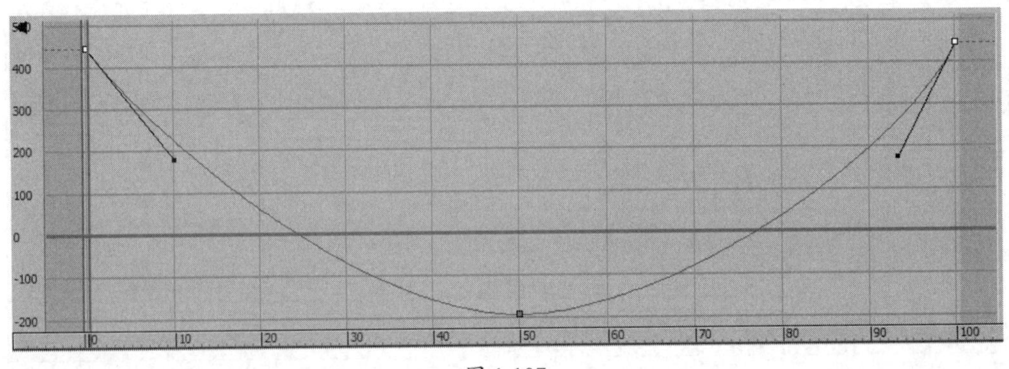

图 1-107

03 播放动画，发现“飞机 01”对象会快速移动，到第 50 帧时缓慢停下，从第 50 帧到第 100 帧又是一个由慢到快的运动过程。

> **技巧与提示**
>
> 3ds Max中的功能曲线其实就是初中物理学过的物体运动的抛物线，通过这些功能曲线，可以调节物体的运动是匀速、匀加速或匀减速等运动状态。

3. 快速关键点曲线

使用快速关键点曲线可以设置物体由慢到快的运动过程。物体从高处掉落时就是一种匀加速的运动状态。

01 在场景中选择“飞机 02”对象，在打开的“轨迹视图—曲线编辑器”窗口中选择“X 位置”下 50 帧处关键点，如图 1-108 所示。

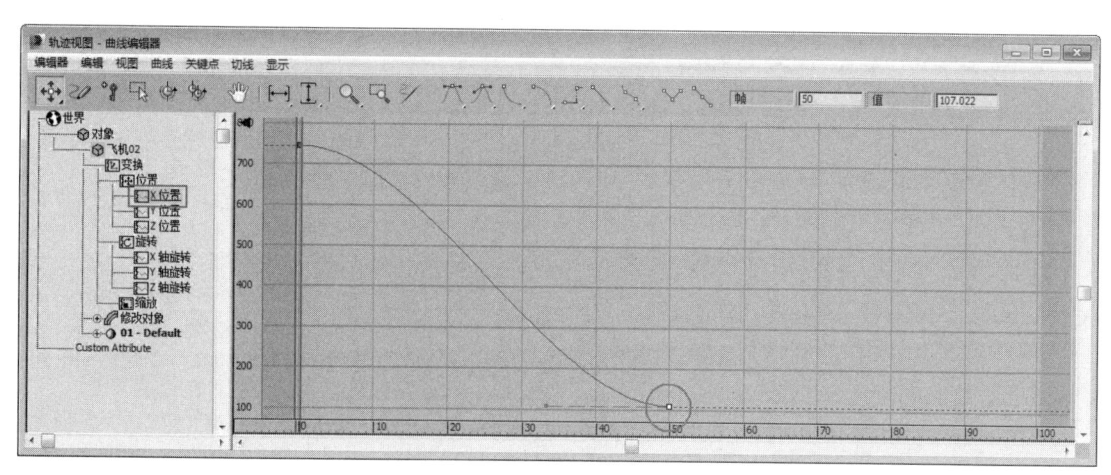

图 1-108

02 单击“关键点曲线”工具栏中的“将曲线设置为快速”按钮，这样自动关键点曲线将被转换为快速关键点曲线，如图 1-109 所示。

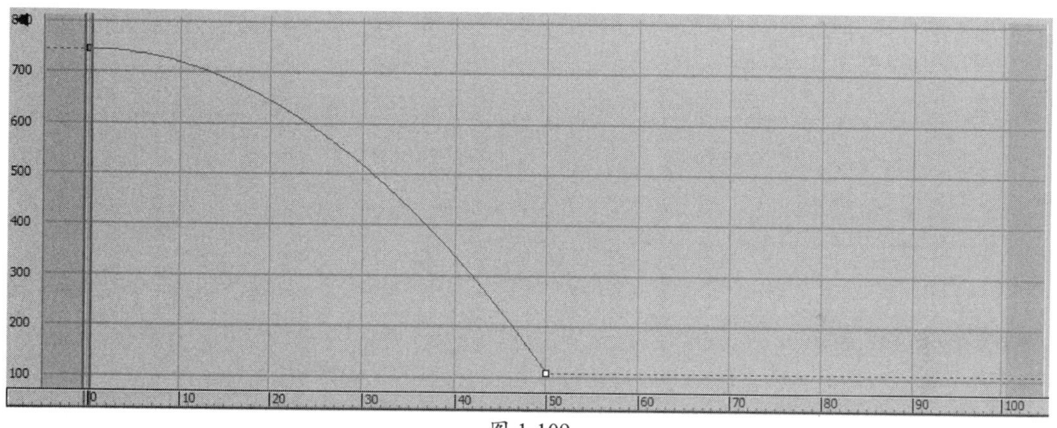

图 1-109

03 播放动画，“飞机 02”对象将缓慢启动，越接近第 50 帧时，运动的速度越快。

4. 慢速关键点曲线

慢速关键点曲线使对象在接近关键点时速度减慢，例如，汽车在停车时，就是这种运动状态。

01 选择“飞机 02”对象第 50 帧处的关键点，单击“关键点曲线”工具栏中的“将曲线设置为慢速”按钮，这样快速关键点曲线将被转换为慢速关键点曲线。用同样的方法，将第 0 帧的关键点更改为快速关键点曲线，如图 1-110 所示。

02 播放动画，“飞机 02”对象刚开始是一个加速运动，越接近 50 帧时运动速度越慢。

5. 阶梯关键点曲线

阶梯关键点曲线使对象在两个关键点之间没有过渡的过程，而是突然由一种运动状态转变为另一种运动状态，这与一些机械运动相似，例如冲压机、打桩机等。

01 选择“飞机 01” 对象，在打开的“轨迹视图—曲线编辑器”的“关键点窗口”中选框 0 ～ 100 帧之间的 3 个关键点，单击“关键点曲线”工具栏上的“将切线设置为阶梯式”按钮，如图 1-111 所示。

02 播放动画，“飞机 01”在第 0 ～ 49 帧之间保持原有位置不变，而到第 50 帧时位置突然发生改变。

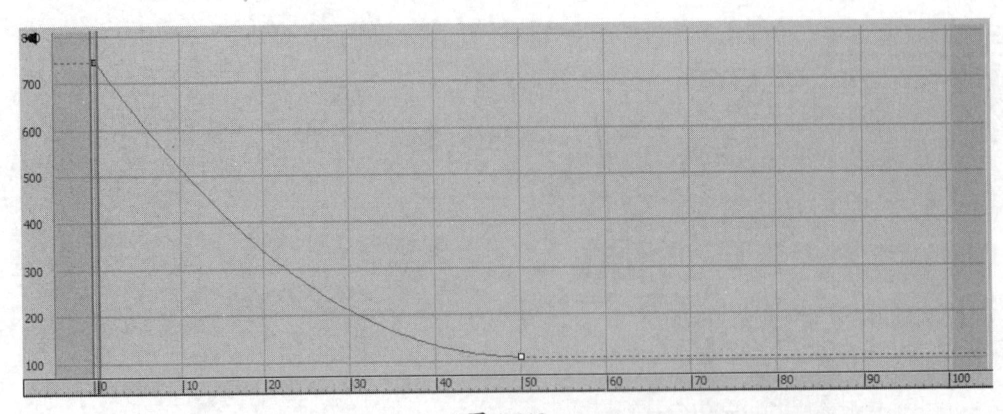

图 1-110

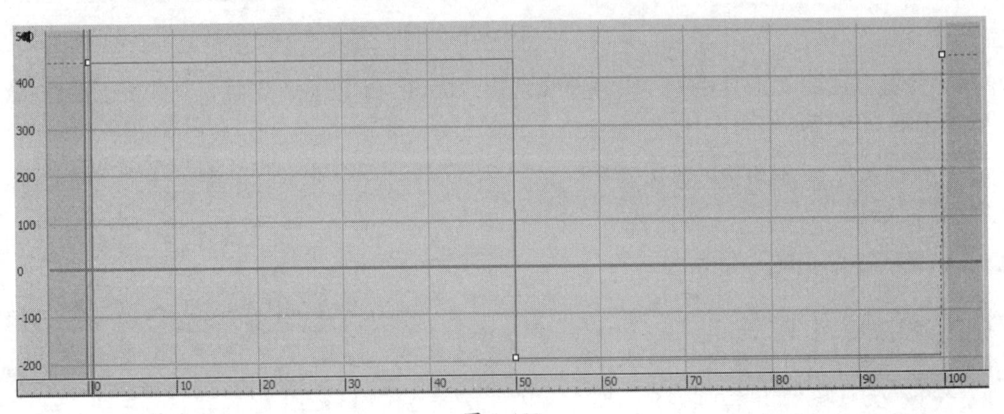

图 1-111

6. 线性关键点曲线

线性关键点曲线使对象保持匀速直线运动，运动过程中的对象，如飞行中的飞机、移动中的汽车通常为这种运动状态，使用线性关键点曲线还可设置对象的匀速旋转，例如螺旋桨、风扇等。

01 选择场景中的“飞机 01”对象，在“关键点窗口”中选择 0 和 50 帧处的关键点，单击“关键点曲线”工具栏中的“将曲线设置为线性”按钮，将这两个关键点的曲线类型都设置为线性，如图 1-112 所示。

02 播放动画，发现“飞机 01”从动画的起始到结束，始终保持着匀速直线运动状态。

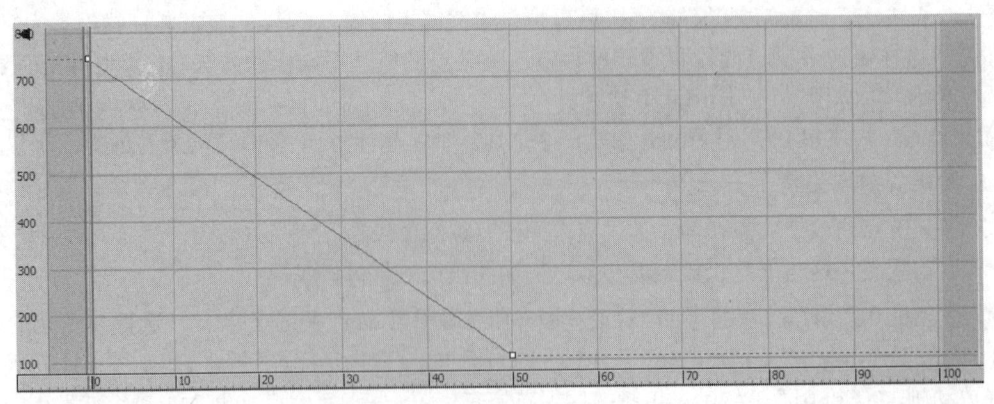

图 1-112

7. 平滑关键点曲线

平滑关键点曲线可以让物体的运动状态变得平缓，关键点两端没有控制手柄，如图 1-113 所示。

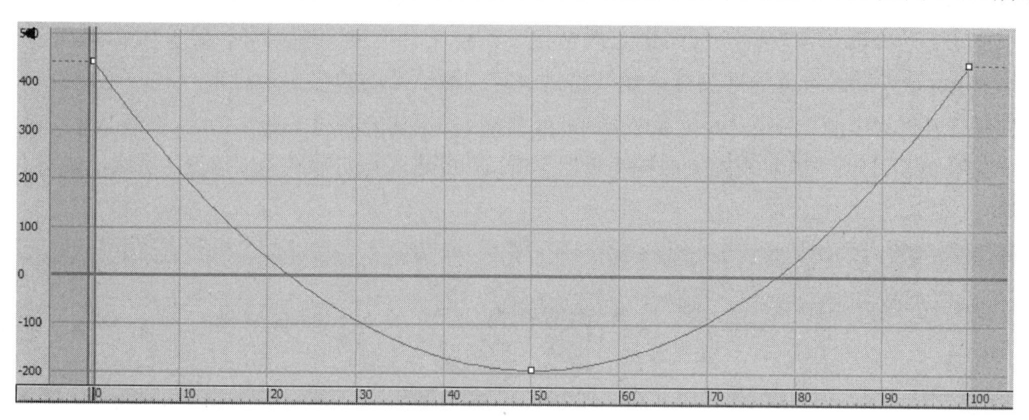

图 1-113

此外，在“关键点曲线”工具栏中的各个按钮内部，还包含了相应的内外曲线按钮，通过单击这些按钮，可以只更改当前关键点的内曲线或外曲线。

01 选择“飞机 02”对象，在“关键点窗口”中选择中间的关键点，并在 “关键点曲线”工具栏中的“将切线设置为阶梯式”按钮上单击并按住鼠标左键，在弹出的按钮列表中单击“将内曲线设置为阶梯式”按钮，如图 1-114 所示。

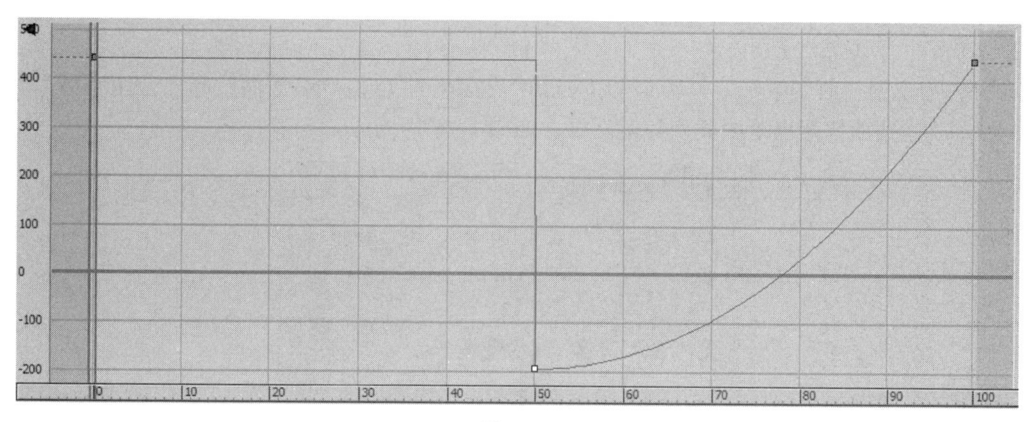

图 1-114

02 播放动画，发现“飞机 02”到第 50 帧突然发生了位置上的变化，但从第 51 帧到第 100 帧又产生了一个匀加速的动画效果。

03 当选择一个关键点后，并在关键点上右击，可以快速打开当前关键点的属性面板，如图 1-115 所示。

04 通过单击面板左上角的左箭头和右箭头按钮，可以在相邻关键点之间切换，通过“时间”和“值”选项可设置当前关键点所在的位置，以及当前关键点的动画数值。在“输入”和“输出”按钮上按住鼠标左键不放，在弹出的按钮列表中可以设置“内曲线”和“外曲线”的类型。

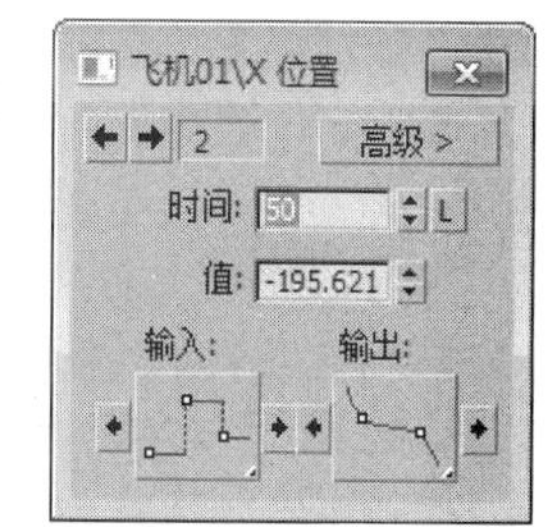

图 1-115

1.3.3 设置循环动画

在3ds Max 2016中，“参数曲线超出范围类型”可以设置物体在已确定的关键点之外的运动情况，用户可以在仅设置少量关键点的情况下，使某种运动不断循环，这样大幅提高了工作效率，并保证了动画设置的准确性。本节将讲解有关循环运动的类型和设置方法。

01 打开附带素材中的“工程文件\CH1\认识功能曲线\认识功能曲线.max”文件，在场景中选择“飞机”对象，然后打开“轨迹视图—曲线编辑器”窗口，并进入该对象的“X位置”层级，如图1-116所示。

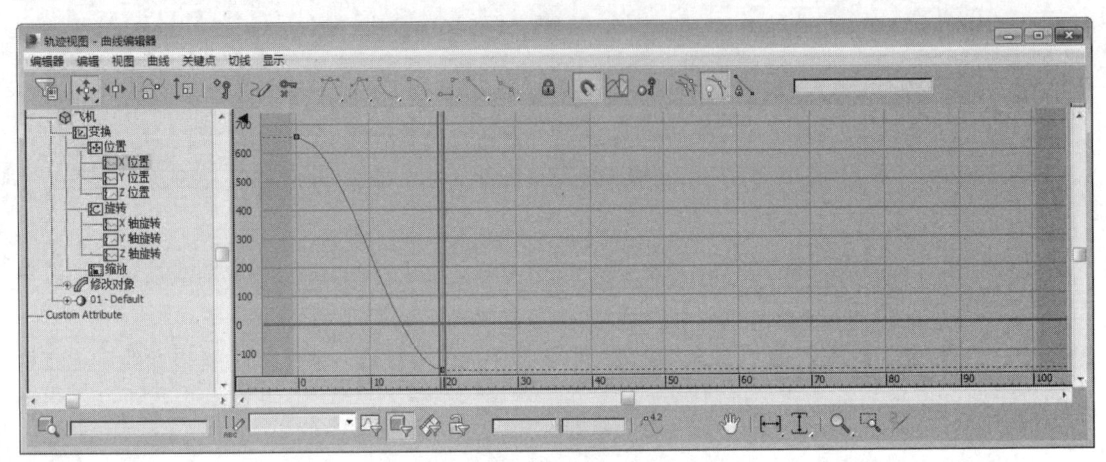

图1-116

02 在“轨迹视图—曲线编辑器”窗口的“曲线”工具栏中单击“参数曲线超出范围类型”按钮，打开“参数曲线超出范围类型”对话框，如图1-117所示。

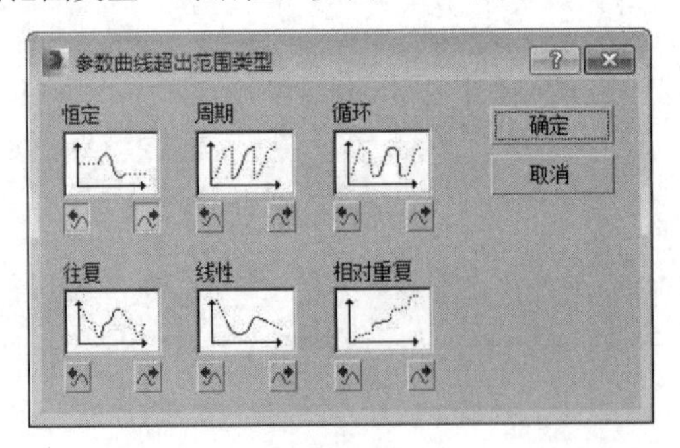

图1-117

03 默认情况下，使用的是“恒定”超出范围类型，该类型在所有帧范围内保留末端关键点的值，也就是在所有关键点范围外不再使用动画效果。

技巧与提示

预览框下的两个按钮，分别代表在动画范围的起始关键点之前还是在动画范围的结束关键点之后使用该范围类型。例如，一段动画从第20帧到第50帧，可以设置动画的20帧之前为“恒定”超出范围类型，从第50帧之后进行循环运动。

04 在“参数曲线超出范围类型”对话框中，单击“周期”选项下方的白色大框，应用“周期”

超出范围类型，该范围类型将在一个范围内重复相同的动画。单击“确定”按钮关闭对话框，曲线形状如图 1-118 所示。

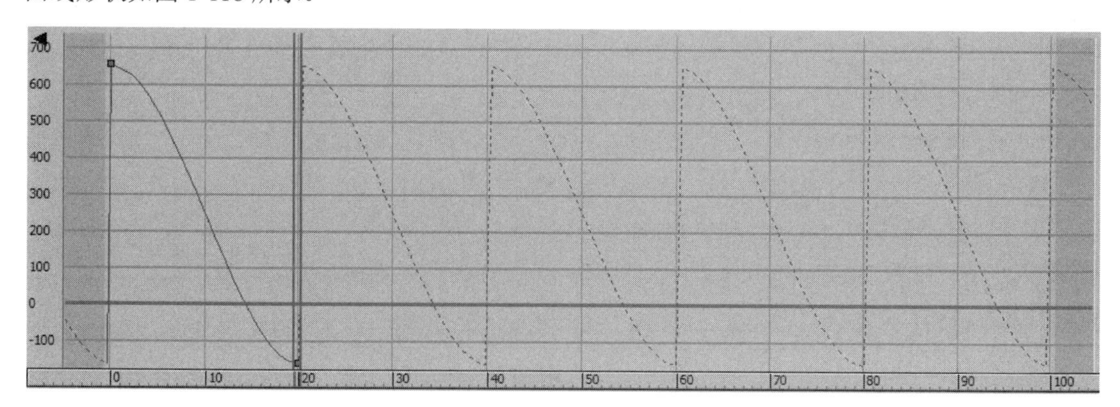

图 1-118

05 播放动画，可以观察“飞机”在活动时间段内一直重复相同的动画。

06 打开“参数曲线超出范围类型”对话框，单击“往复”选项，然后单击“确定”按钮关闭对话框，应用“往复”超出范围类型，该类型将已确定的动画正向播放后连接反向播放，如此反复衔接。如图 1-119 所示为“往复”超出范围类型的曲线形态。

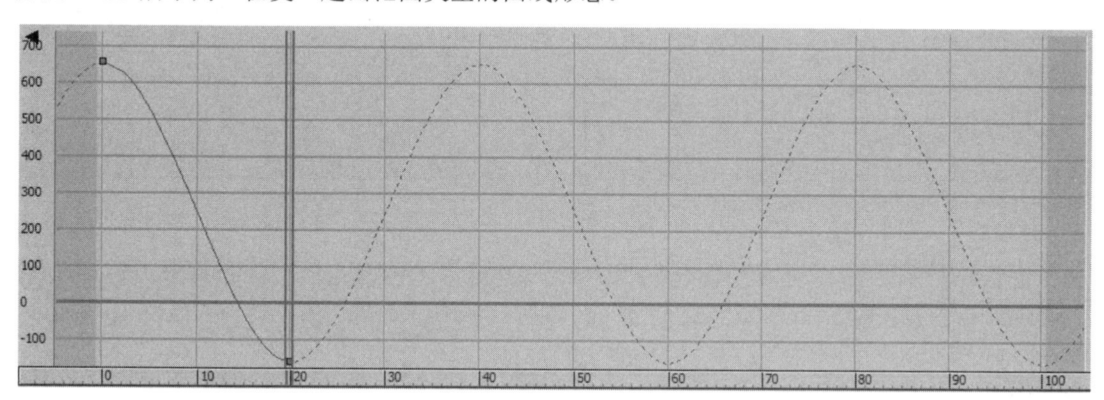

图 1-119

07 播放动画，发现在播放到第 20 帧时，“飞机”将按照先前的运动轨迹原路返回。

08 打开“参数曲线超出范围类型”对话框，单击“线性”选项，然后单击“确定”按钮关闭对话框，应用“线性”超出范围类型，此时发现“轨迹视图—曲线编辑器”窗口中的曲线形态并没有发生变化。在“关键点窗口”中选择最后一个关键点，单击“移动关键点”按钮，并调节蓝色的控制手柄，如图 1-120 所示。

09 播放动画，“飞机”从第 20 帧开始会沿着 X 轴的正方向无限运动下去。“线性”超出范围类型将在已确定的动画两端插入线性的动画曲线，使动画在进入和离开设定的区段时保持平稳。

10 打开“参数曲线超出范围类型”对话框，单击“相对重复”选项，然后单击“确定”按钮关闭对话框，应用“相对重复”超出范围类型，曲线形状如图 1-121 所示。

11 播放动画会发现“飞机”沿着 X 轴的负方向无限运动下去，但是“飞机”在运动过程中有卡顿的现象。在“关键点窗口”中选择“飞机”的两个关键点，单击“关键点曲线”工具栏中的“将曲线设置为线性”按钮，此时再播放动画会发现“飞机”的动画始终保持着匀速直线运动的状态。

如图 1-122 所示为调节后的动画曲线形态。

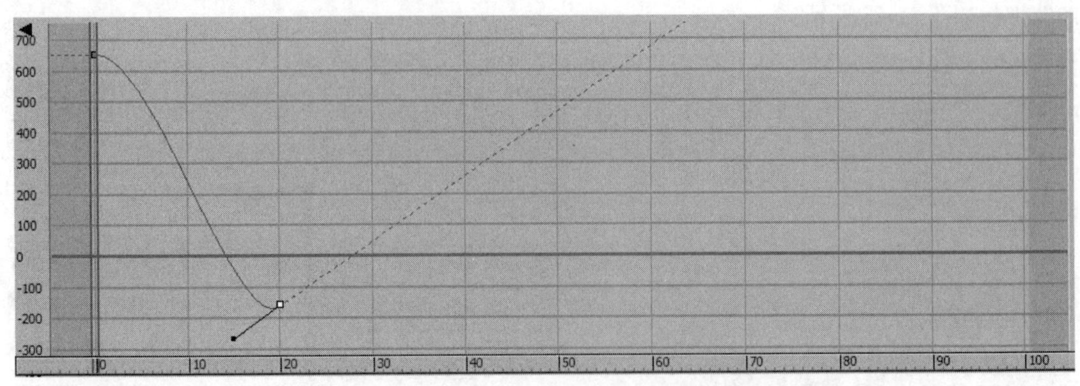

图 1-120

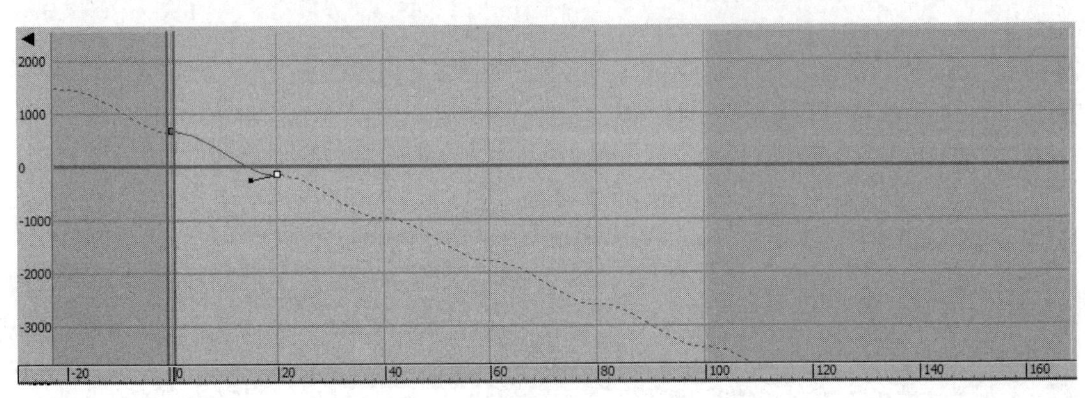

图 1-121

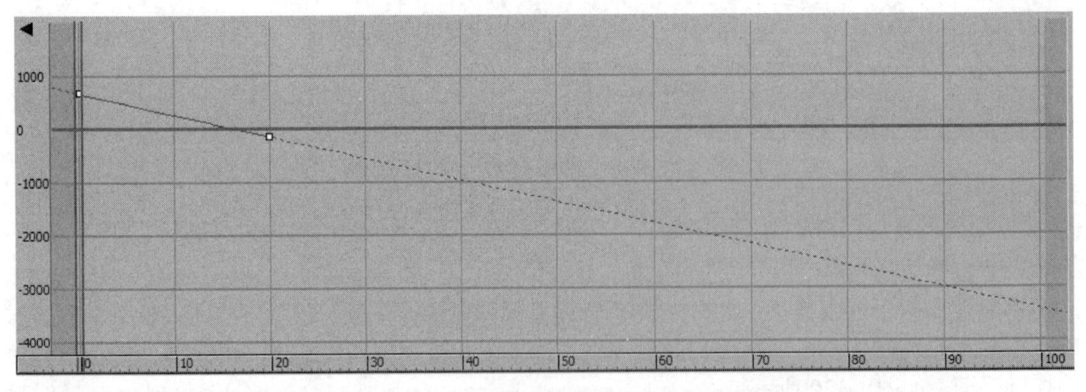

图 1-122

1.3.4 设置可视轨迹

在“曲线编辑器”模式下，可以通过编辑对象的可视性轨迹来控制物体何时出现，何时消失，这对动画制作来说非常有意义，因为经常有这样的制作需要。为对象添加可视轨迹后，可以在轨迹上添加关键点。当关键点的值为 1 时，对象完全可见；当关键点的值为 0 时，对象完全不可见。通过编辑关键点的值，可以设置对象的渐现、渐隐动画。接下来将通过实例，讲解关于物体可视性轨迹的添加及设置方法。

01 打开附带素材中的“工程文件\CH1\设置可视轨迹\设置可视轨迹.max”文件，场景中有一个人物的模型，如图 1-123 所示。

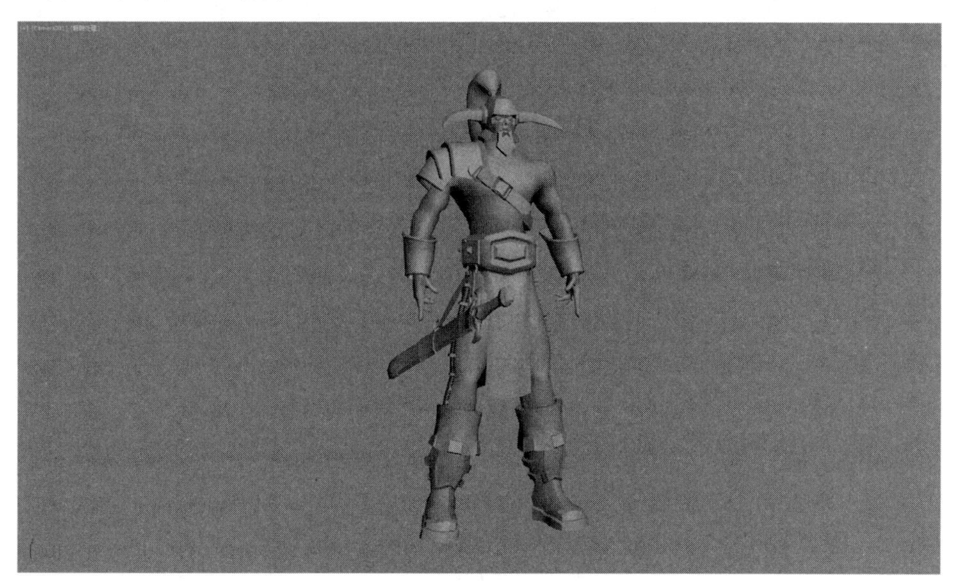

图 1-123

02 在场景中选择“人物”对象，打开“轨迹视图—曲线编辑器”窗口，在“控制器窗口”中选择“人物”层，在“轨迹视图—曲线编辑器”菜单栏中执行“编辑”→“可见性轨迹”→“添加”命令，为对象添加“可见性轨迹”，此时在“人物”层下会出现“可见性”层，如图 1-124 和图 1-125 所示。

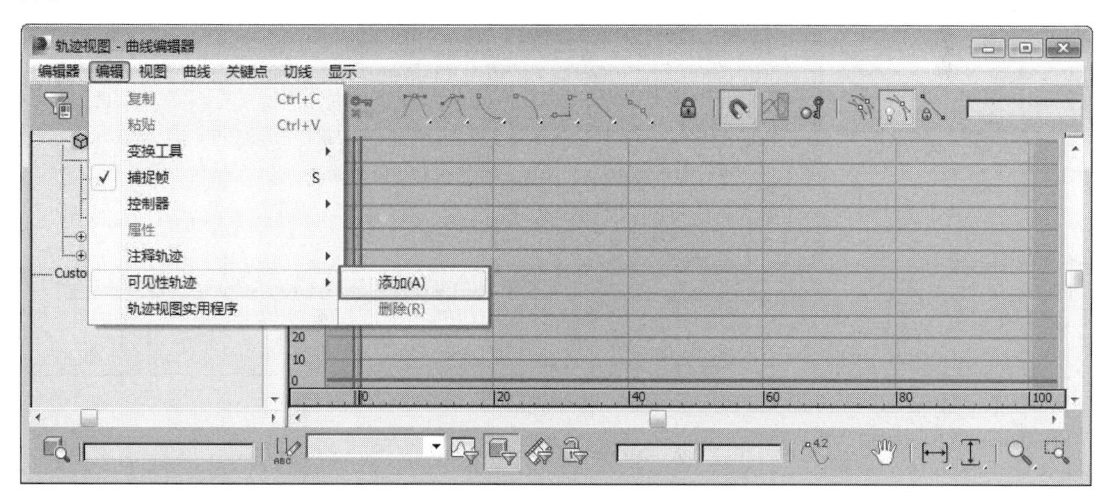

图 1-124

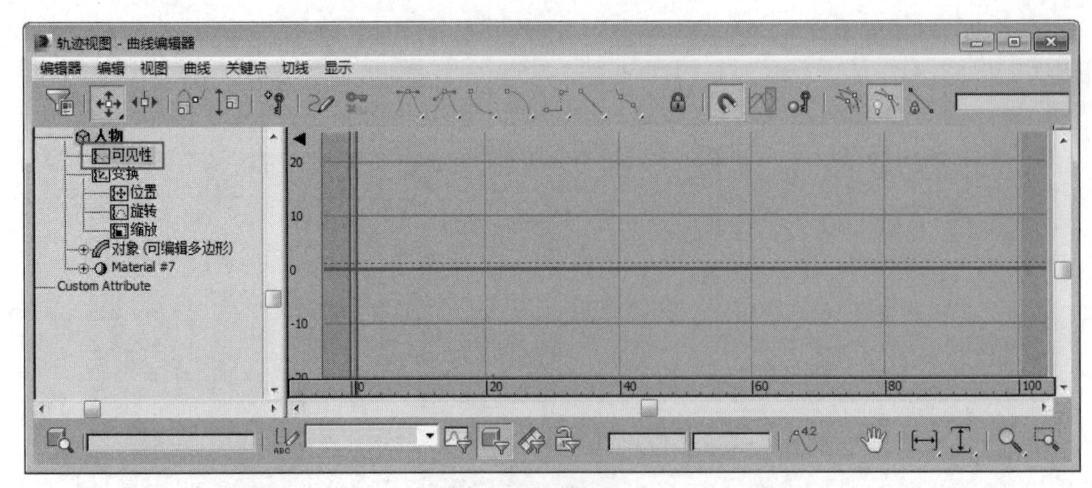

图 1-125

技巧与提示

在添加可见性轨迹时，必须选中对象的根层级，在上一步操作中就选中了“人物”这个根层级。

03 选择“可见性”层，然后在工具栏中单击“添加关键点”按钮，通过单击的方式在关键点曲线上添加两个关键点，如图 1-126 所示。

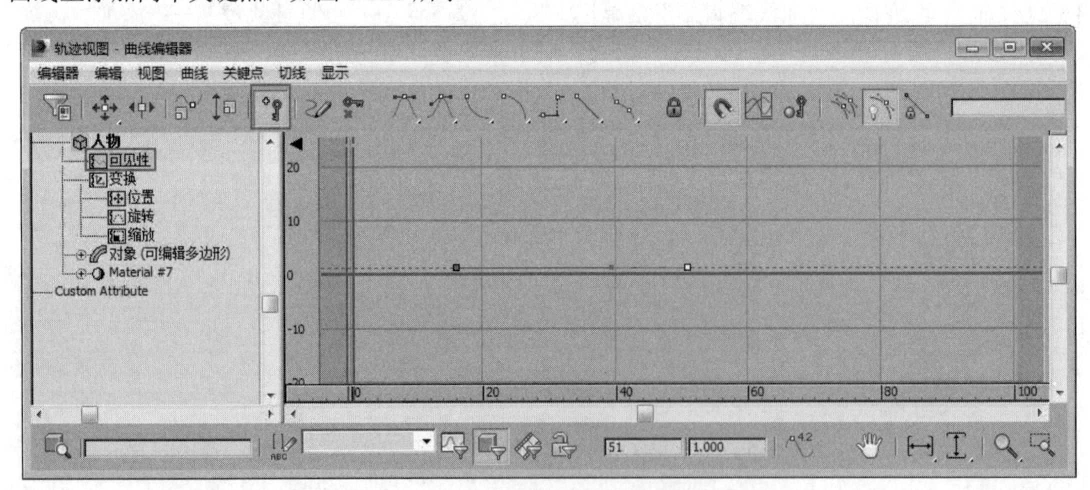

图 1-126

04 使用“水平移动关键点”工具，或者通过在状态工具栏中输入数值的方法，将两个关键点分别移至第 20 帧和第 40 帧的位置，如图 1-127 所示。

05 选择第 20 帧处的关键点，并在状态工具栏中输入 0，让“人物”对象在第 20 帧完全不可见，如图 1-128 所示。

06 播放动画，发现人物从第 20 帧到第 40 帧慢慢地显示出来。选择“可见性”轨迹上的两个关键点，然后单击“关键点曲线”工具栏上的“将曲线设为阶梯式”按钮，如图 1-129 所示为动画的曲线形态。

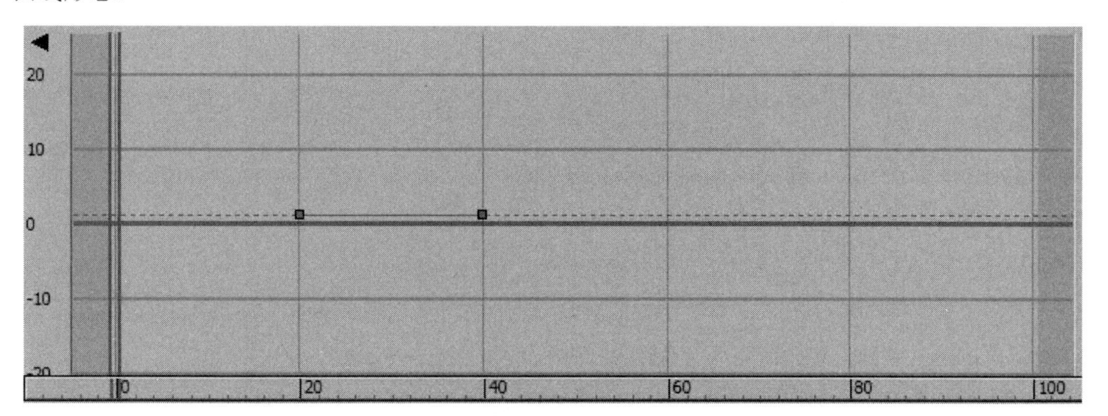

图 1-127

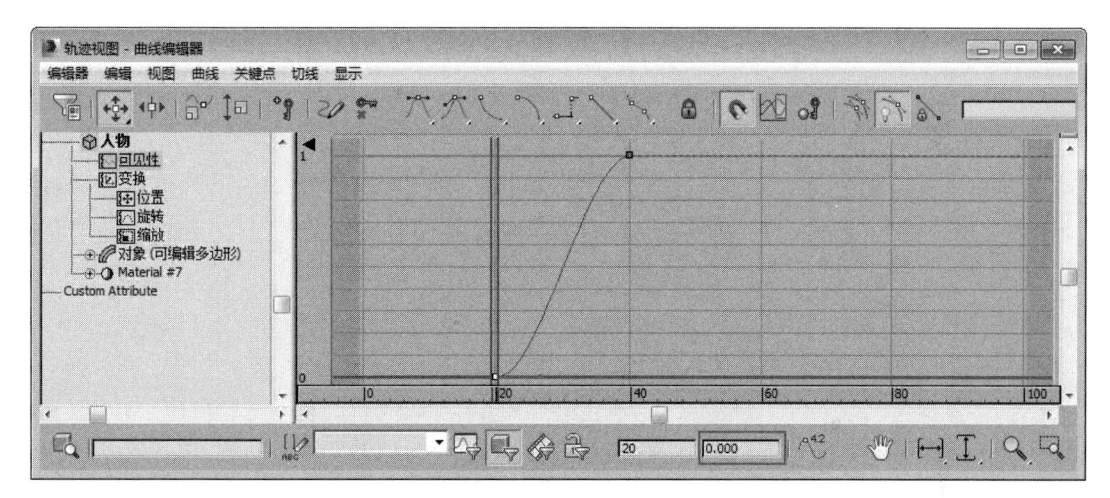

图 1-128

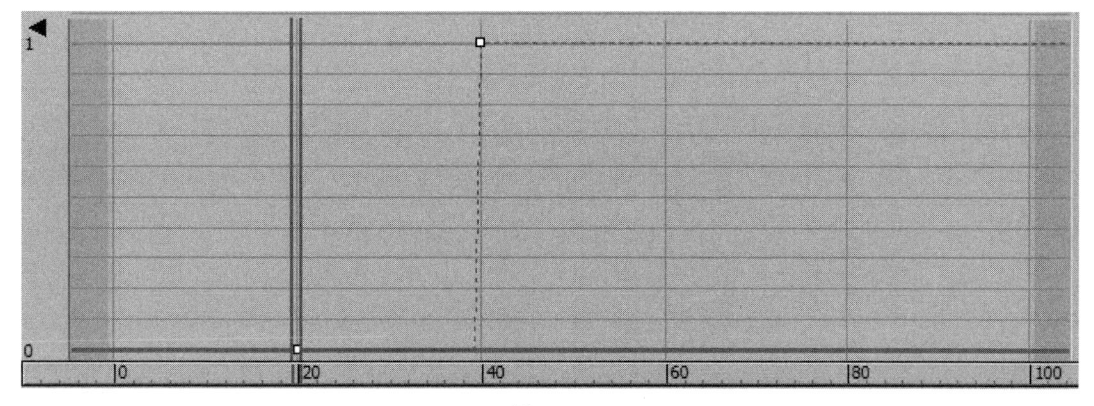

图 1-129

07 播放动画，发现“人物”对象在第 40 帧时突然显示出来了。

08 如果不想要这段物体的可视动画了，可以将“可见性”轨迹上的关键点删除，或者直接将整个“可见性”轨迹删除。选择“可见性”层，并在菜单中执行“编辑”→“可见性轨迹”→“删除”命令，这样就可以将“可见性”轨迹删除了，如图 1-130 所示。

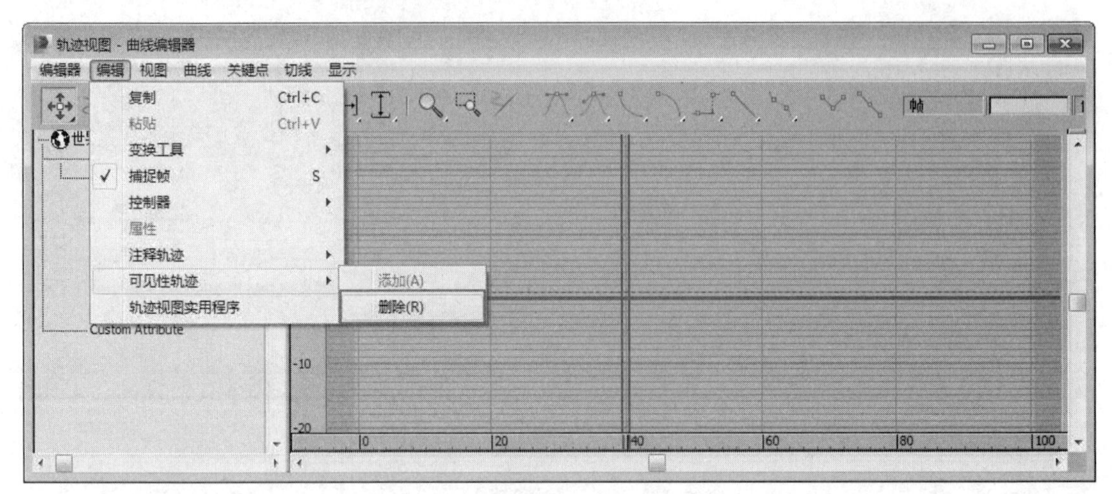

图 1-130

技巧与提示

选择一个物体，在视图上右击，在弹出的四联菜单中选择“对象属性”选项，打开“对象属性”对话框，调整“渲染控制”选项组中的“可见性”数值，可以让物体在场景中以及渲染时，以实体或半透明方式显示。如果开启了“自动关键点”动画记录模式，调节这里的数值也会被记录成动画，如图1-131所示。

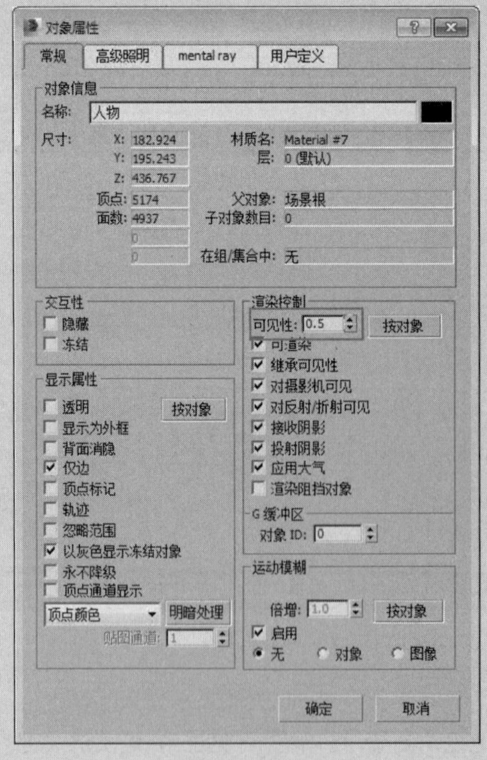

图 1-131

1.3.5　对运动轨迹的复制与粘贴

如果为一个对象制作完成一段动画后，其他的对象也想与当前对象产生同样的动画效果，就可以将当前对象的运动轨迹复制给其他的对象，使之产生相同的动画效果。

01 打开附带素材中的“工程文件 \CH1\ 复制粘贴运动轨迹 \ 复制粘贴运动轨迹 .max”文件，该文件中包含两个“茶壶”对象，其中“茶壶 01”对象包含一段简单的位移和旋转动画，如图 1-132 所示。

图 1-132

02 选择“茶壶 01”对象并打开“轨迹视图—曲线编辑器”窗口，在“控制器窗口”中进入“茶壶 01”对象的“Z 轴旋转”层，在“Z 轴旋转”层上右击，在弹出的快捷菜单中选择“复制”选项，如图 1-133 和图 1-134 所示。

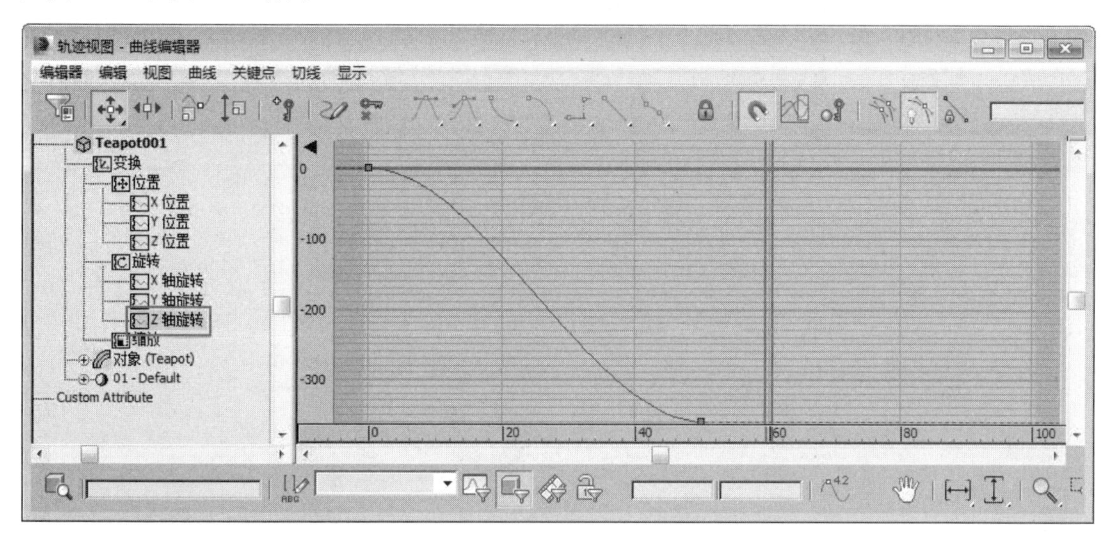

图 1-133

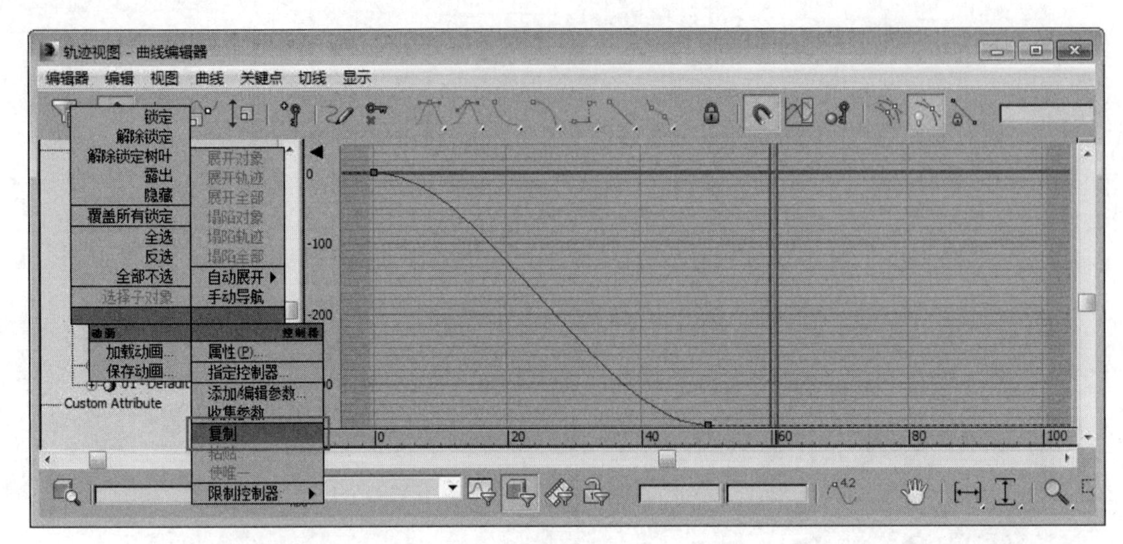

图 1-134

03 在场景中选择“茶壶02”对象，在“控制器窗口”中进入“茶壶02”对象的“Z轴旋转”层，在“Z轴旋转”层上右击，在弹出的快捷菜单中选择“粘贴”命令，在弹出的“粘贴”对话框中选择“复制”方式，单击“确定”按钮，如图1-135～图1-137所示。

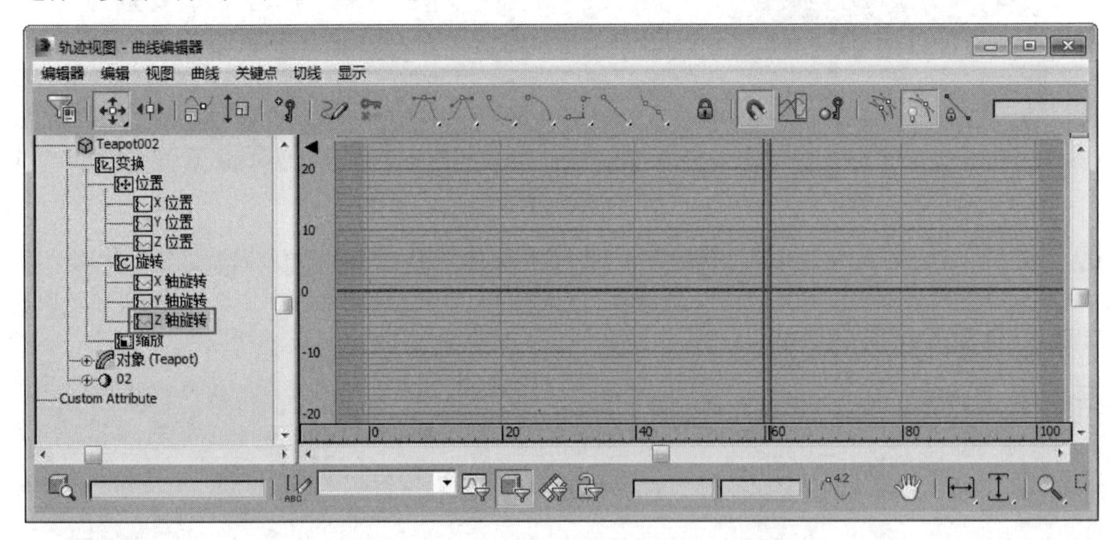

图 1-135

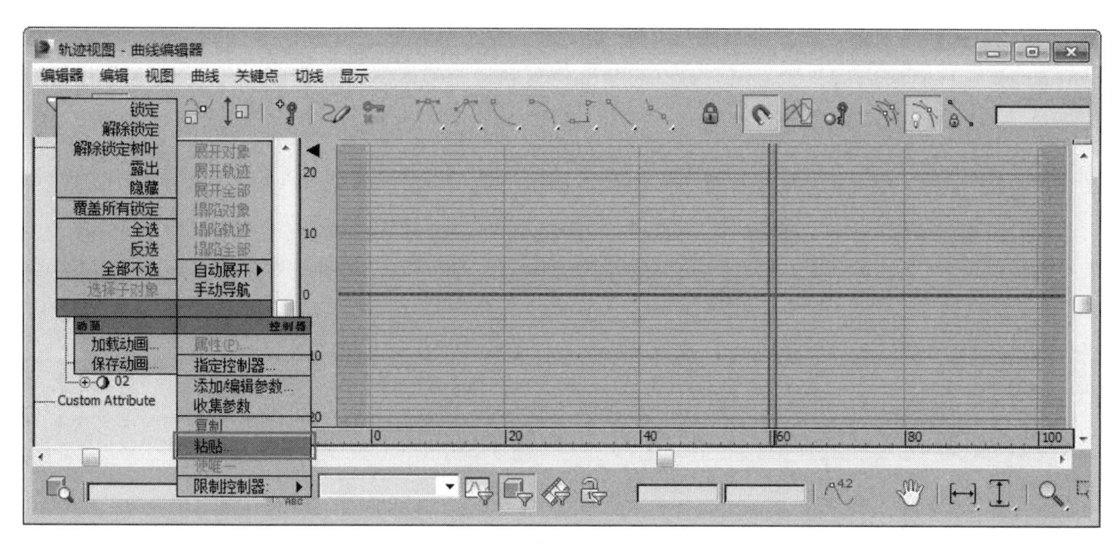

图 1-136

04 播放动画，发现已经将“茶壶 01”对象的旋转运动轨迹复制给了“茶壶 02”对象。

05 用同样的方法，可以将“茶壶 01”对象的位移运动轨迹复制给 “茶壶 02”对象。如果想将“茶壶 01”对象的 *X*、*Y*、*Z* 三个轴向上的运动轨迹都复制下来，可以选择“茶壶 01”对象，然后在“轨迹视图—曲线编辑器”窗口中进入其“位置”层，然后在“位置”层上右击，在弹出的快捷菜单中选择“复制”命令，如图 1-138 所示。

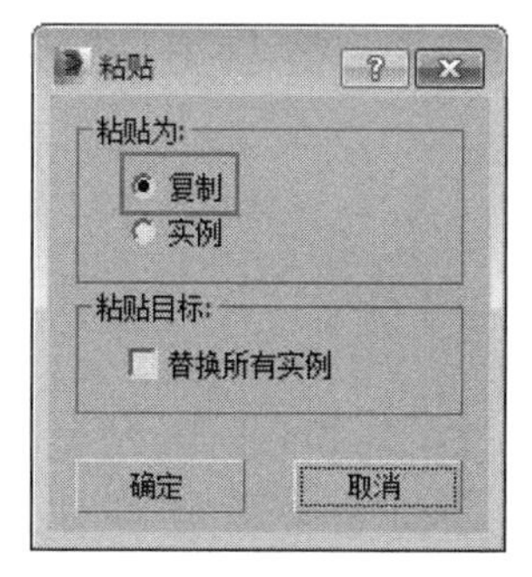

图 1-137

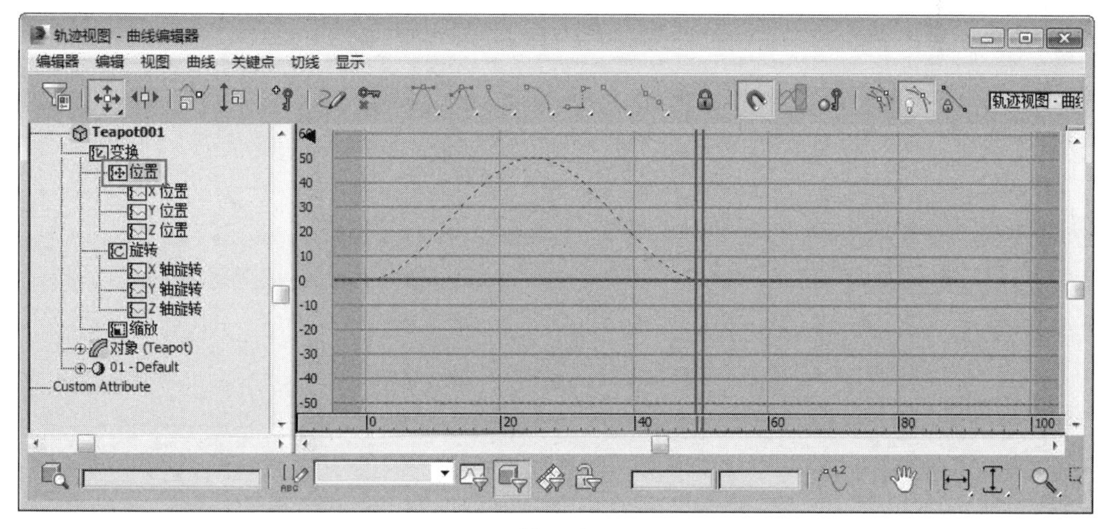

图 1-138

06 选择“茶壶 02”对象，同样进入其“位置”层，在位置层上右击，在弹出的快捷菜单中选择“粘贴”命令，这样就可以将“茶壶 01”对象的全部位置轨迹都复制给“茶壶 02”对象了，如图 1-139 所示。

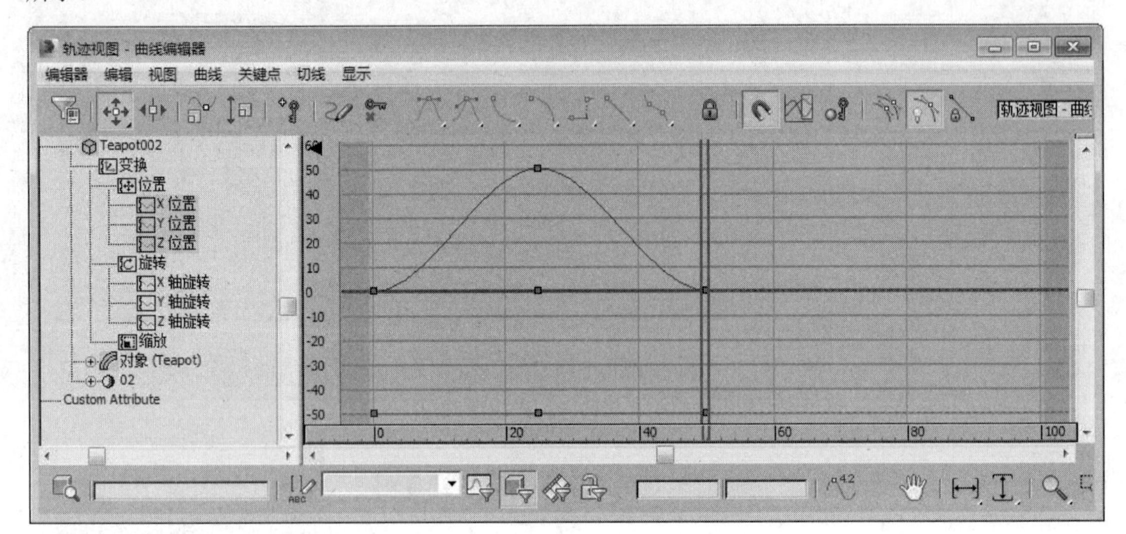

图 1-139

第 2 章 简单的对象动画

首先，3ds Max 是一个三维动画软件，这一点从 3ds Max 几乎所有的参数和操作都可以被记录为动画就可以看出。学习 3ds Max 的动画技术要循序渐进，先从位移、旋转和缩放等简单的动画开始，逐渐掌握修改器和控制器动画，再到角色这类更复杂的动画。学习动画绝对不是一蹴而就的事情，所以从本章开始将带领读者由浅入深地了解 3ds Max 动画方面的有关知识。

2.1 摆锤动画

实例操作：制作摆锤动画	
实例位置：	工程文件 >CH2> 摆锤动画 > 摆锤动画 .max
视频位置：	视频文件 >CH2> 实例：制作摆锤动画 .mp4
实用指数：	★★★☆☆
技术掌握：	熟练使用“自动关键点”技术制作关键点动画

使用“曲线编辑器”的“超出范围类型”命令可以很方便地制作出动画的循环和递增等效果，下面将通过一个实例来讲解这方面的知识。如图 2-1 所示为本例的最终完成效果。

图 2-1

01 打开本书附带素材中的“工程文件 >CH2> 摆锤动画 > 摆锤动画 .max”文件，该场景中已经为模型指定了材质，并设置了基本灯光，如图 2-2 所示。

图 2-2

02 在场景中选择“座椅”对象，将其链接到“转盘”对象上，如图 2-3 所示。

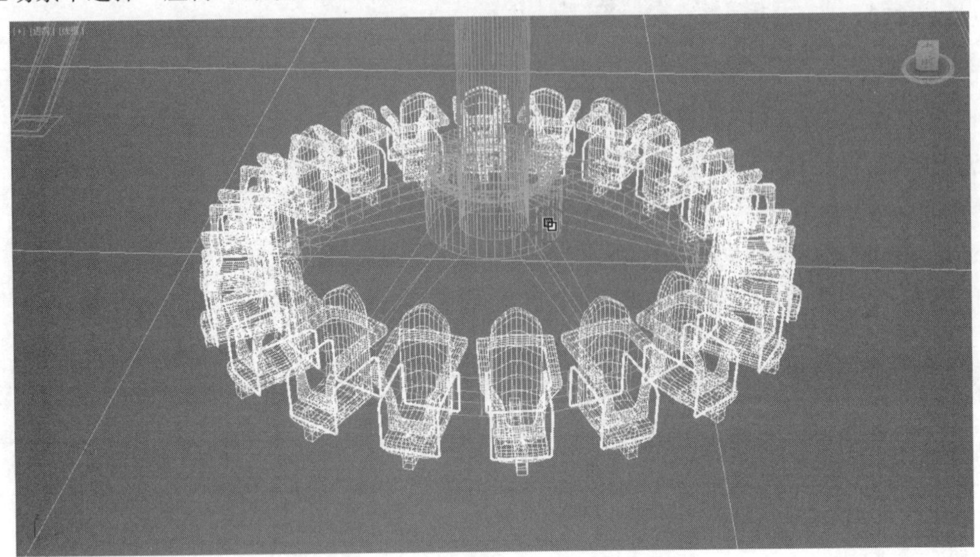

图 2-3

03 选择“圆柱”对象，进入“层次”面板，单击“仅影响轴”按钮，使用移动工具调整轴的位置，如图 2-4 所示。

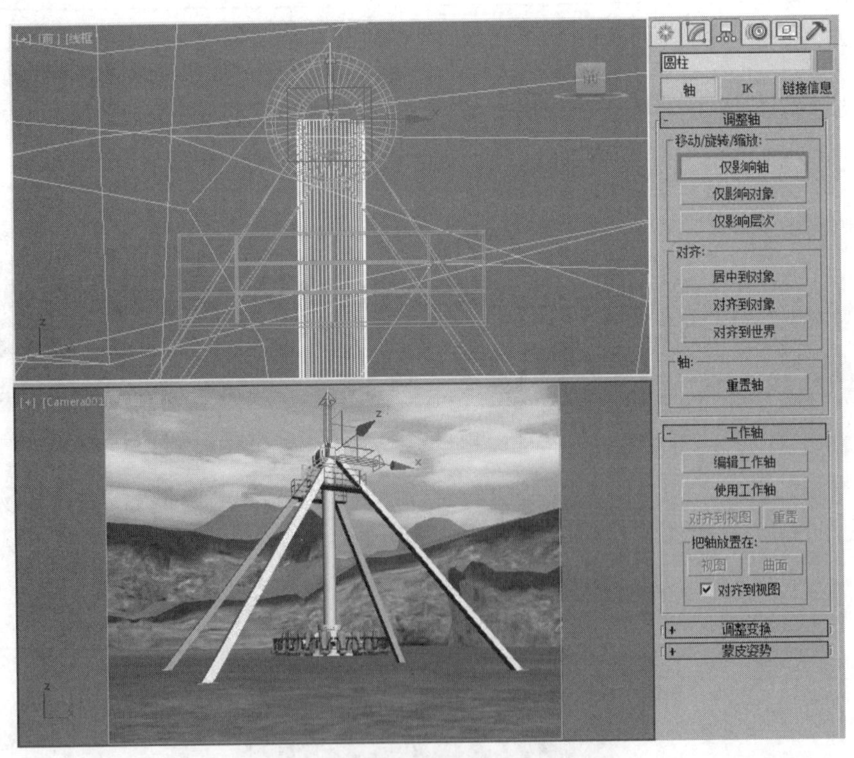

图 2-4

04 在动画控制区中单击“自动关键点”按钮，进入“自动关键点”模式。将时间滑块拖至第 100 帧，并在透视图中使用旋转工具将“转盘”对象沿 Z 轴旋转 360°，如图 2-5 所示。

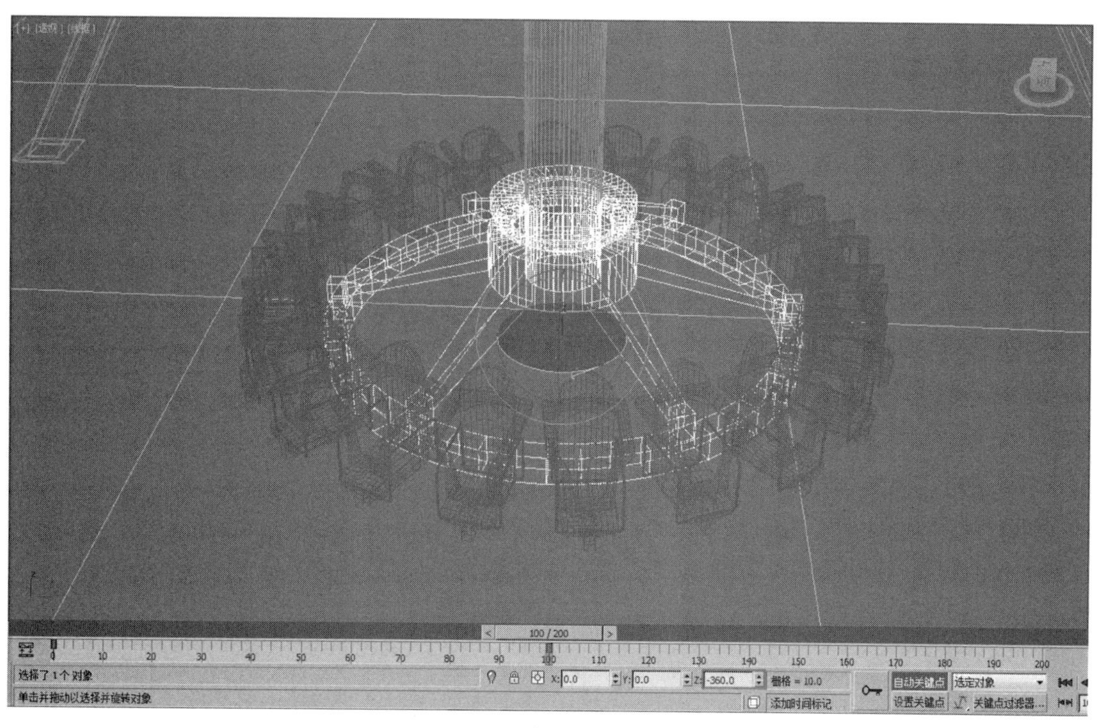

图 2-5

05 打开“轨迹视图 - 曲线编辑器”，在左侧“控制器窗口”中选择“Z 轴旋转”选项，然后选择右侧的动画曲线，单击“将曲线设置为线性”按钮，并在菜单栏中执行“编辑 > 控制器 > 超出范围类型”命令，打开“参数曲线超出范围类型”对话框，在打开的对话框中选择“相对重复”选项，如图 2-6 ～图 2-8 所示。

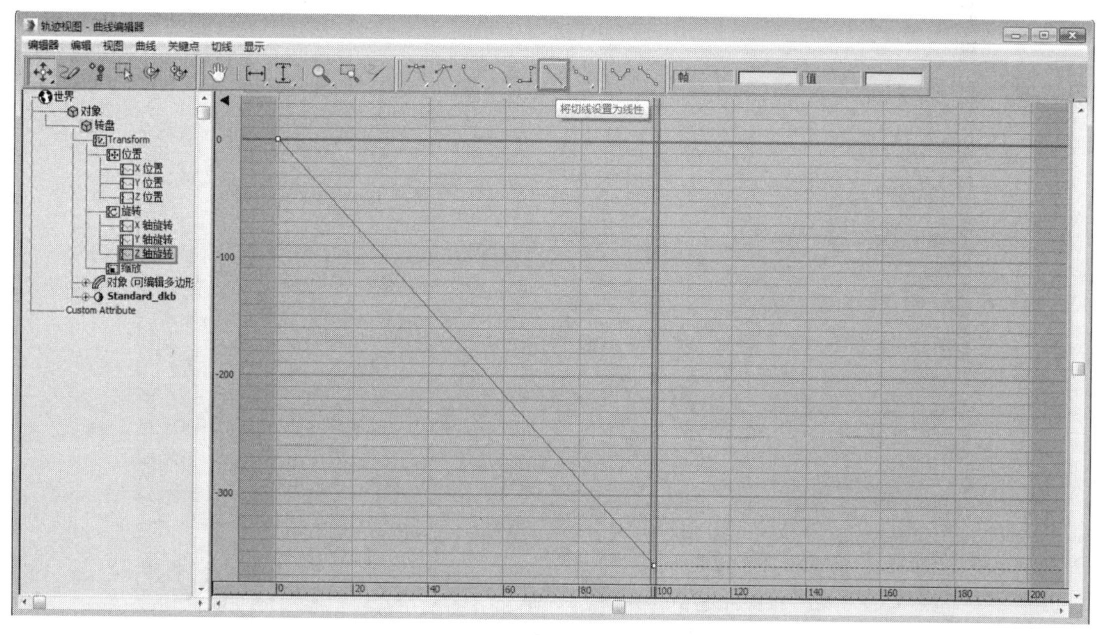

图 2-6

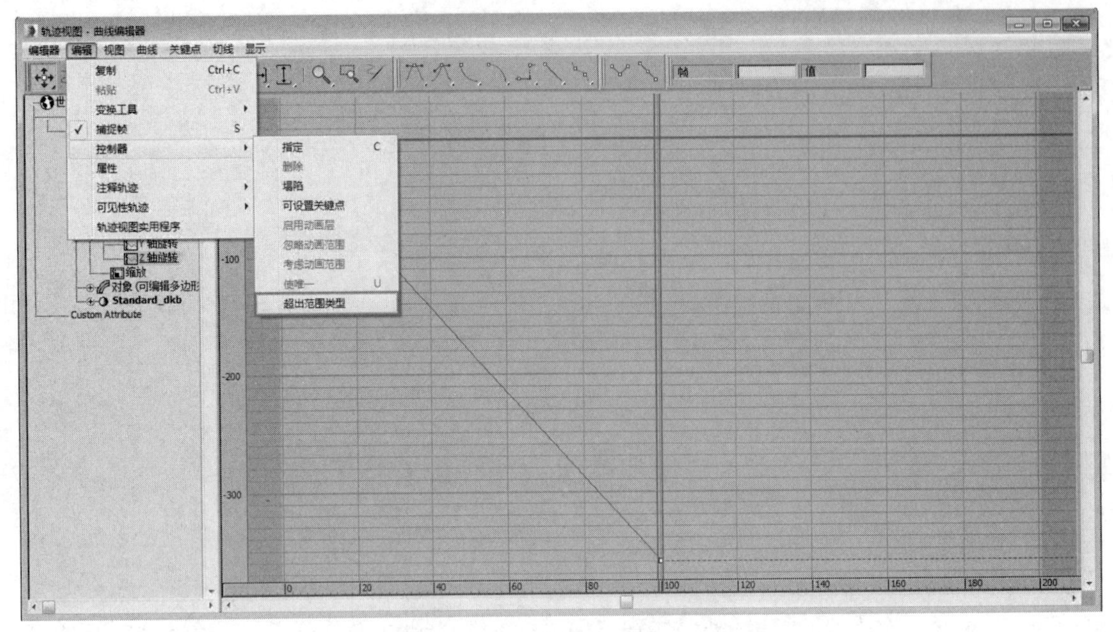

图 2-7

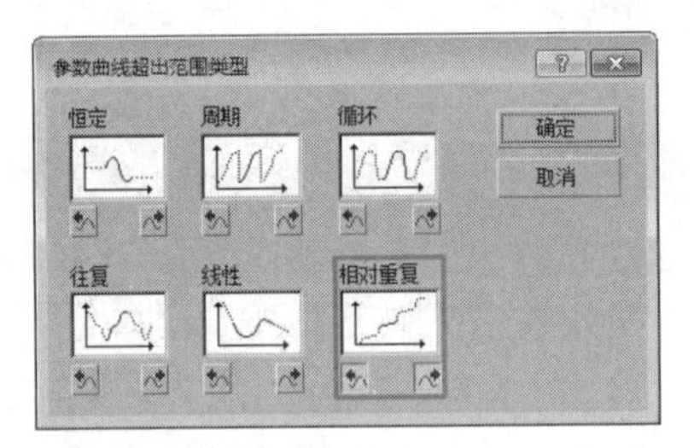

图 2-8

06 选择“圆柱”对象，拖动时间滑块到第 0 帧，使用旋转工具沿 Y 轴旋转 70°，如图 2-9 所示。

图 2-9

07 拖动时间滑块到第 100 帧，使用旋转工具将“圆柱”对象沿 *Y* 轴旋转 140°，如图 2-10 所示。

图 2-10

08 打开“轨迹视图 - 曲线编辑器”，在左侧“控制器窗口”中选择“Y 轴旋转”，然后在菜单栏中执行“编辑 > 控制器 > 超出范围类型”命令，打开“参数曲线超出范围类型”对话框，在打开的对话框中选择“往复”选项，如图 2-11 ～图 2-13 所示。

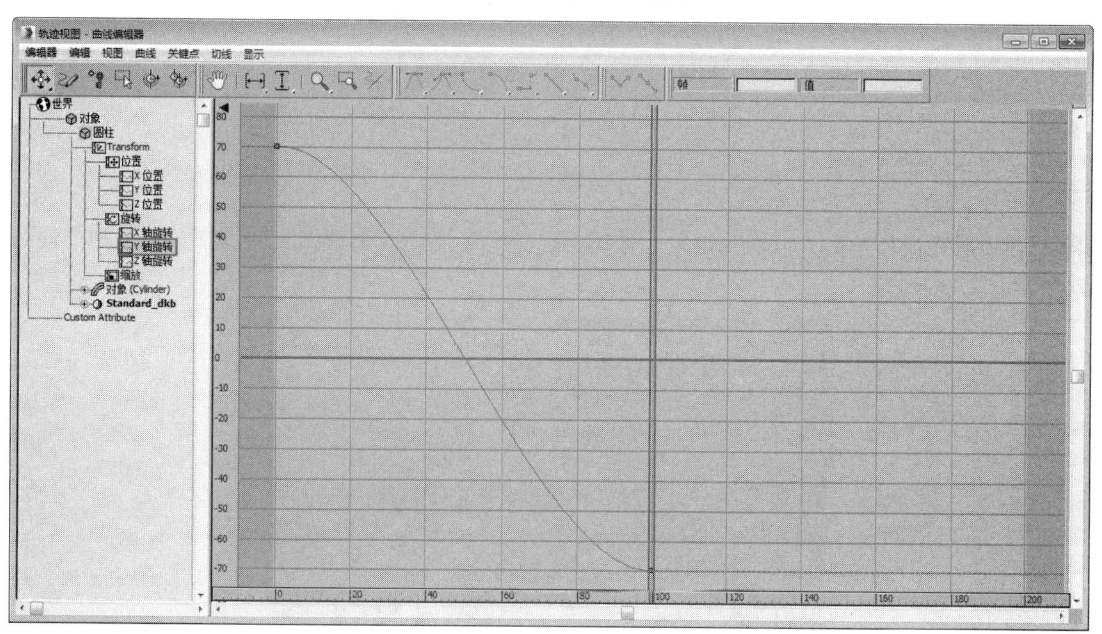

图 2-11

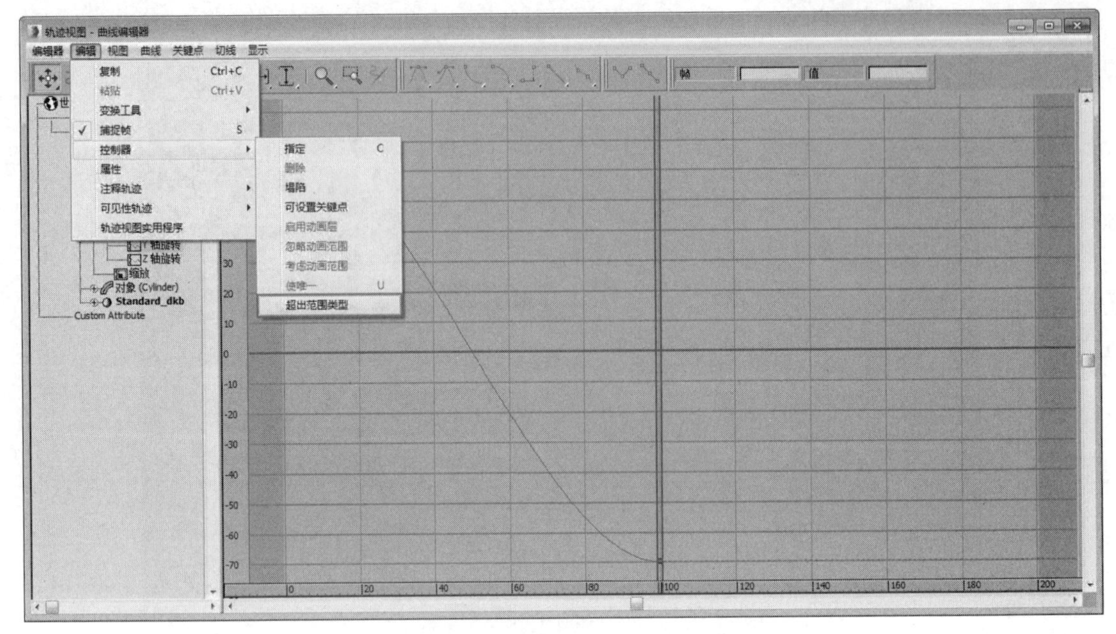

图 2-12

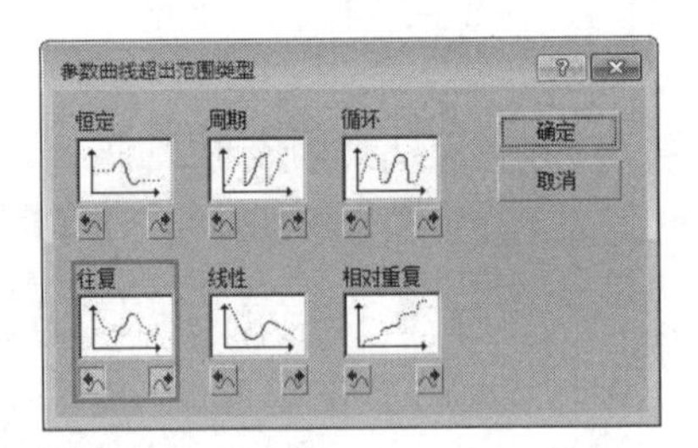

图 2-13

09 动画设置完成后单击“自动关键点”按钮，退出自动关键点记录状态。渲染当前视图，最终效果如图 2-14 所示。

图 2-14

2.2 敲钉子动画

实例操作：制作敲钉子动画	
实例位置：	工程文件 >CH3> 敲钉子动画 > 敲钉子动画 .max
视频位置：	视频文件 >CH2> 实例：敲钉子动画 .mp4
实用指数：	★★★☆☆
技术掌握：	熟悉快速和慢速关键点曲线的使用方法

本例将制作一段锤子敲钉子的动画，该实例将带领读者巩固学习快速和慢速关键点曲线的使用方法。如图 2-15 所示为本例的最终渲染效果。

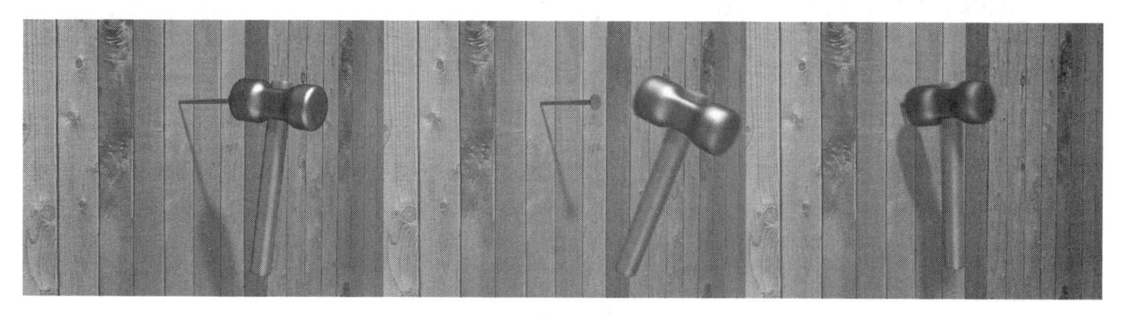

图 2-15

01 打开本书附带素材中的“工程文件 >CH3> 敲钉子动画 > 敲钉子动画 .max”文件，该场景中已经为模型指定了材质，并设置了基本灯光，如图 2-16 所示。

图 2-16

02 在场景中选择“锤子”对象，并在动画控制区中单击“自动关键点”按钮，进入“自动关键点”模式。将时间滑块拖至第 18 帧的位置，使用移动和旋转工具调整“锤子”对象的位置和角度，让“锤子”形成一个抬起的动作，如图 2-17 所示。

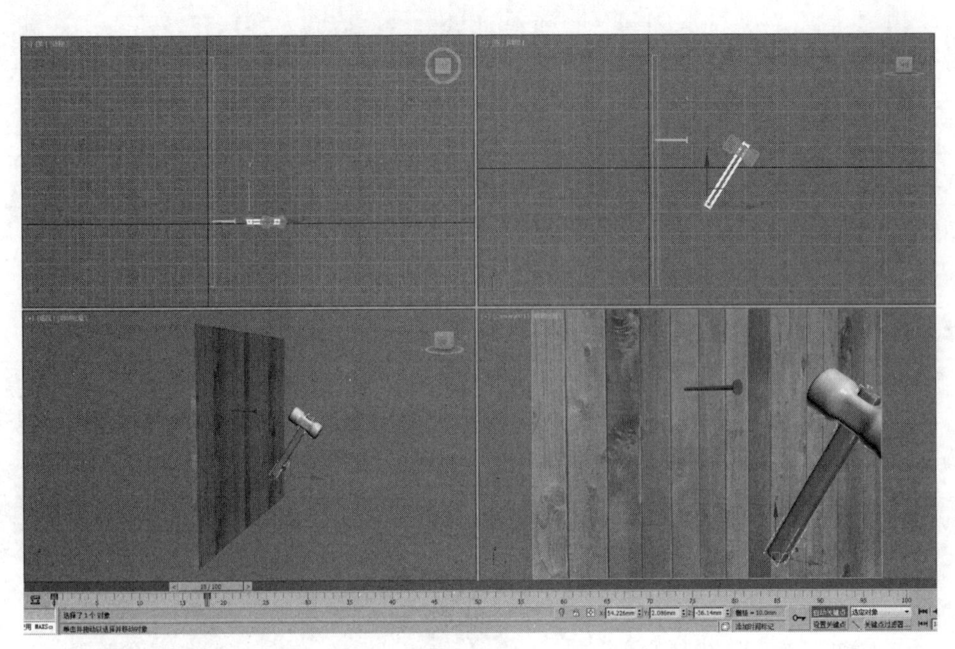

图 2-17

03 将时间滑块拖至第 20 帧的位置，继续调整“锤子”对象的位置和角度，制作出“锤子”敲下去的动作，如图 2-18 所示。

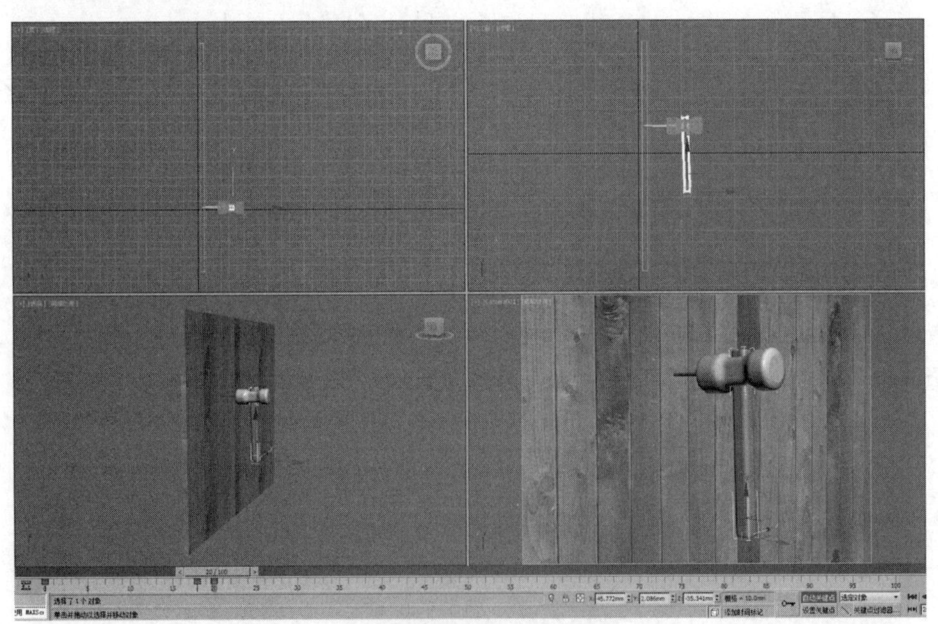

图 2-18

04 此时会发现“锤子”和“钉子”发生了穿插现象，下面来制作“钉子”的动画。在场景中选择“钉子”对象，将时间滑块拖至第 19 帧的位置，并在时间滑块上右击，在弹出的“创建关键点”对话框中，只选中“位置”复选框，然后单击“确定”按钮，这样在第 19 帧的位置上就创建了一个只有位移信息的关键点，如图 2-19 和图 2-20 所示。

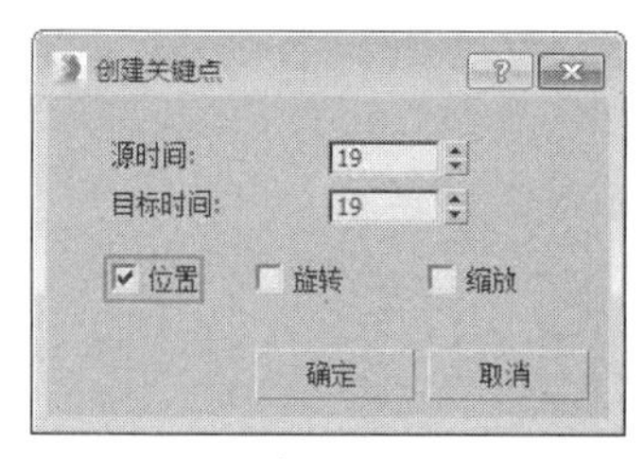

图 2-19

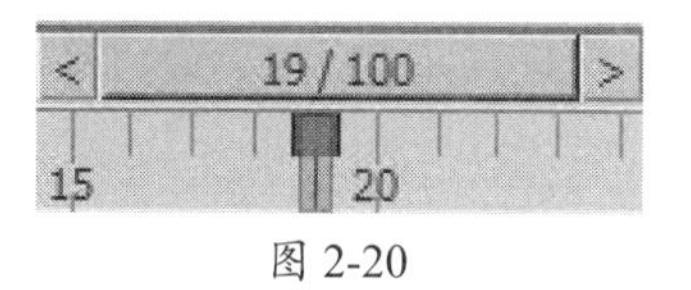

图 2-20

05 将时间滑块拖至第 20 帧的位置，使用移动和旋转工具调整“钉子”对象的位置，如图 2-21 所示。

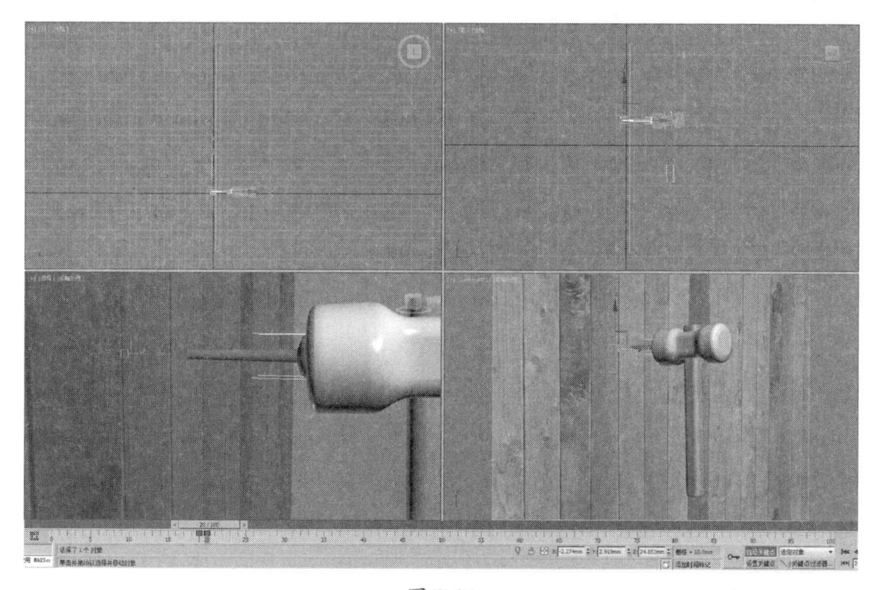

图 2-21

06 使用同样的方法，制作“锤子”第 2 次敲击“钉子”的动画效果，如图 2-22 所示。

图 2-22

07 选择“锤子”对象，并打开“轨迹视图－曲线编辑器”，在左侧的“控制器窗口”中选择“锤柄”对象的“X 位置”和“Z 位置”选项，然后在右侧的“关键点窗口”中选择如图 2-23 所示的关键点，单击“工具栏”中的“将切线设置为快速”按钮，如图 2-24 所示。

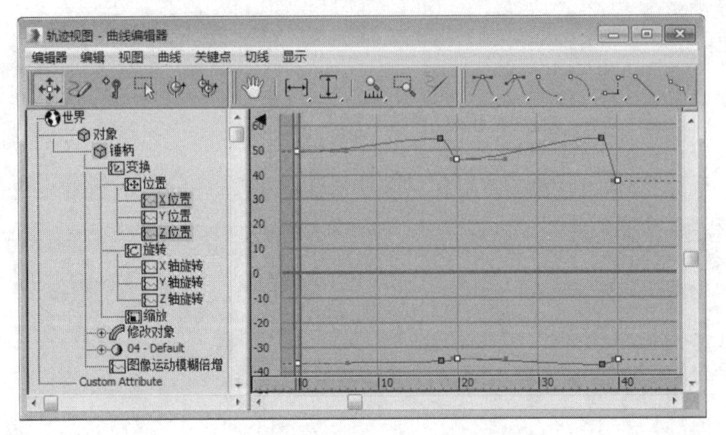

图 2-23

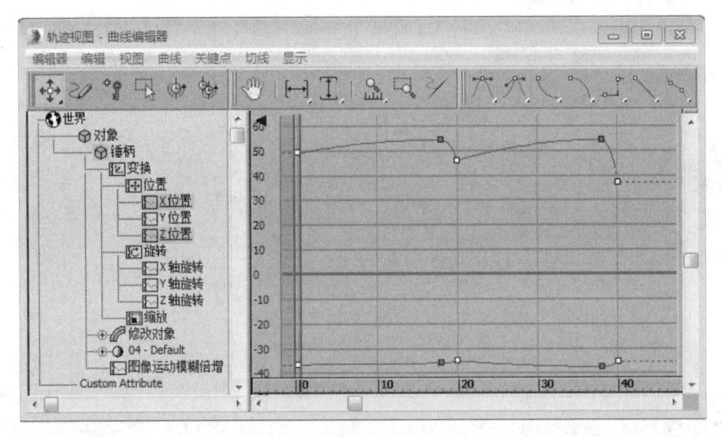

图 2-24

08 采用同样的方法，将“X 轴旋转”上选择的关键点曲线设置为“快速”，如图 2-25 和图 2-26 所示。

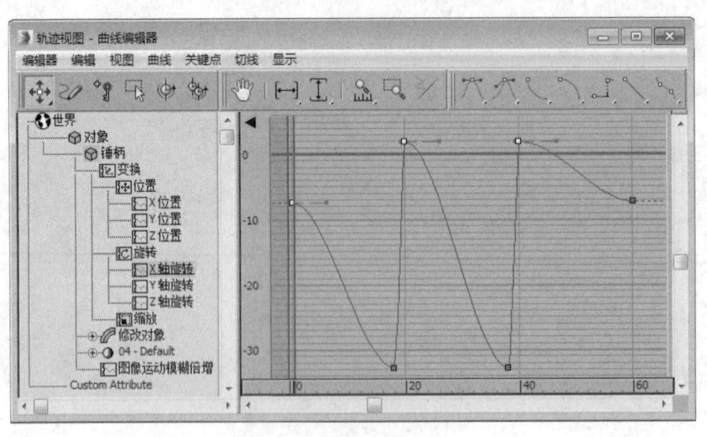

图 2-25

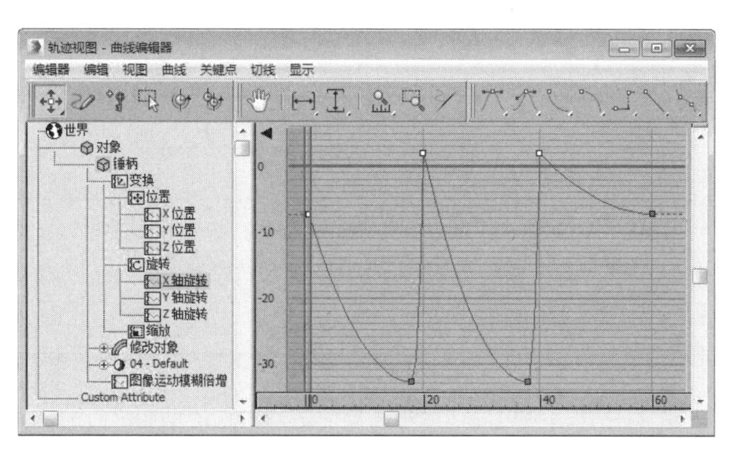

图 2-26

技巧与提示

这里之所以要改变关键点的切线方式，是为了让锤子抬起来的动画是一个变慢的过程，感觉像是在蓄力，而敲击下去的动作是一个加速的过程，体现敲击的一个力量感。

09 动画设置完成后渲染当前视图，最终效果如图 2-27 所示。

图 2-27

2.3 象棋动画

实例操作：制作象棋动画	
实例位置：	工程文件 >CH2> 象棋动画 > 象棋动画 .max
视频位置：	视频文件 >CH12> 实例：制作象棋动画 .mp4
实用指数：	★★☆☆☆
技术掌握：	熟悉物体运动轨迹的编辑方法

在我们为物体制作了位移动画之后，经常需要对之前制作的动画进行修改，而打开物体的运动轨迹无疑为修改动画提供了很大的便利。下面将通过一个实例来巩固上一节学过的知识，本例的最终完成效果如图 2-28 所示。

图 2-28

01 打开本书附带素材中的“工程文件 >CH2> 象棋动画 > 象棋动画 .max”文件，该场景中有一个国际象棋的模型，如图 2-29 所示。

图 2-29

02 选择如图 2-25 所示的棋子，并在动画控制区中单击“自动关键点”按钮，进入“自动关键点”模式。将时间滑块拖至第 10 帧的位置，使用移动工具调整其位置，如图 2-30 和图 2-31 所示。

图 2-30

图 2-31

03 选择如图 2-27 所示的棋子，将时间滑块拖至第 20 帧的位置，在时间滑块上右击，在弹出的“创建关键点”对话框中，只选中“位置”复选框，完成后单击“确定”按钮，如图 2-32~ 图 2-34 所示。

图 2-32

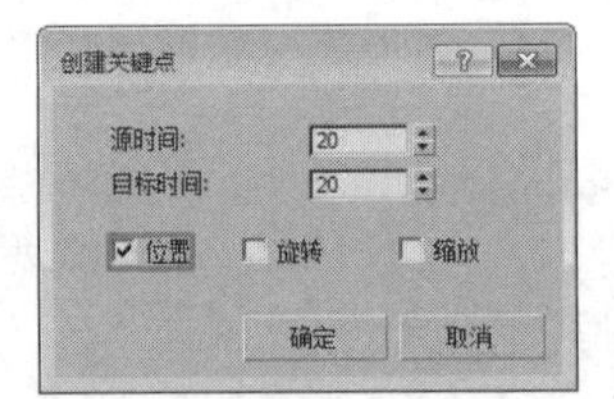

图 2-33

图 2-34

04 拖动时间滑块至第 30 帧，并调整棋子的位置，如图 2-35 所示。

图 2-35

05 选择如图 2-31 所示的棋子，用同样的方法制作 40～50 帧的位移动画，如图 2-36 和图 2-37 所示。

图 2-36

图 2-37

06 选择如图 2-33 所示的棋子，制作第 60 ～ 70 帧的位移动画，如图 2-38 和图 2-39 所示。

图 2-38

图 2-39

07 选择第 70 帧的关键点，按住 Shift 键将其拖至第 80 帧，这样可以复制关键点，保证了两个关键点之间物体不发生任何的位置变化，如图 2-40 和图 2-41 所示。

图 2-40

图 2-41

08 拖动时间滑块到第 95 帧，并调整棋子的位置，如图 2-42 所示。

图 2-42

09 选择如图 2-38 所示的棋子，拖动时间滑块到第 85 帧，在时间滑块上右击，在弹出的“创建关键点”对话框中，选中“位置”和“旋转”复选框，完成后单击“确定”按钮，如图 2-43~ 图 2-45 所示。

图 2-43

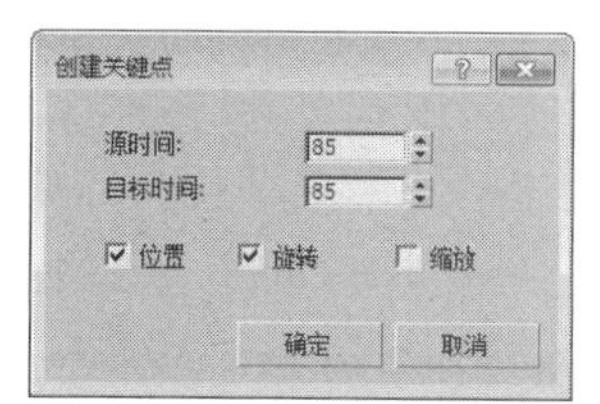

图 2-44

图 2-45

10 拖动时间滑块到第 101 帧，使用移动和旋转工具调整棋子的位置和角度，如图 2-46 所示。

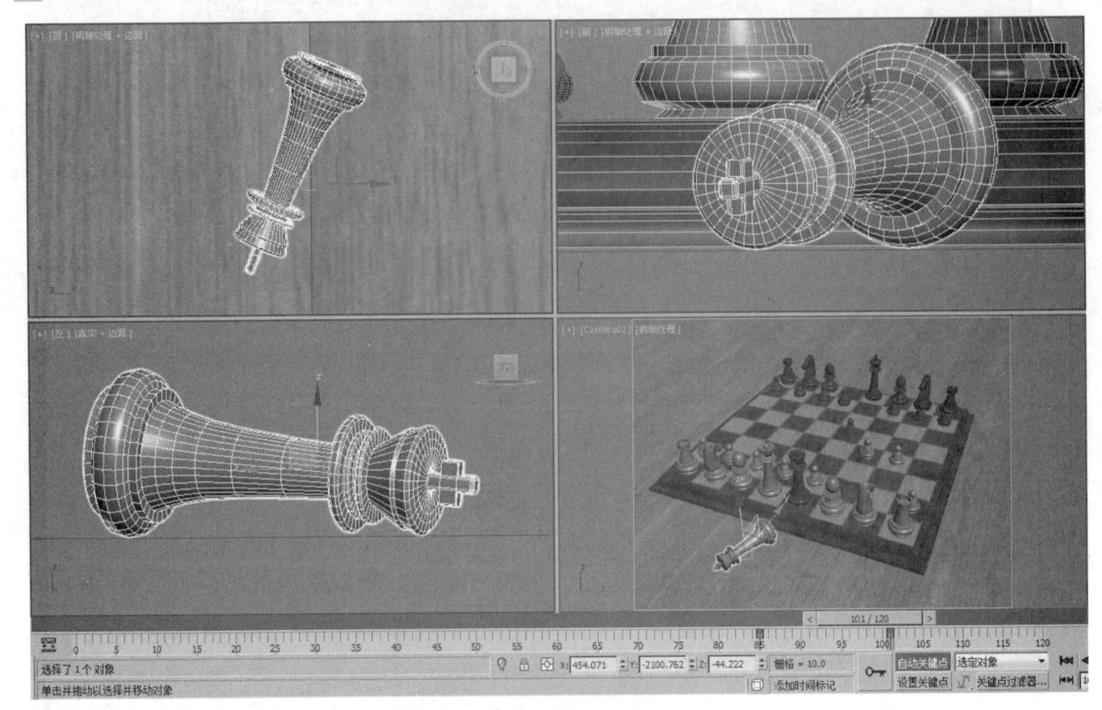

图 2-46

11 播放动画，此时会发现棋子与棋盘产生了“穿插”的现象，如图 2-47 所示。

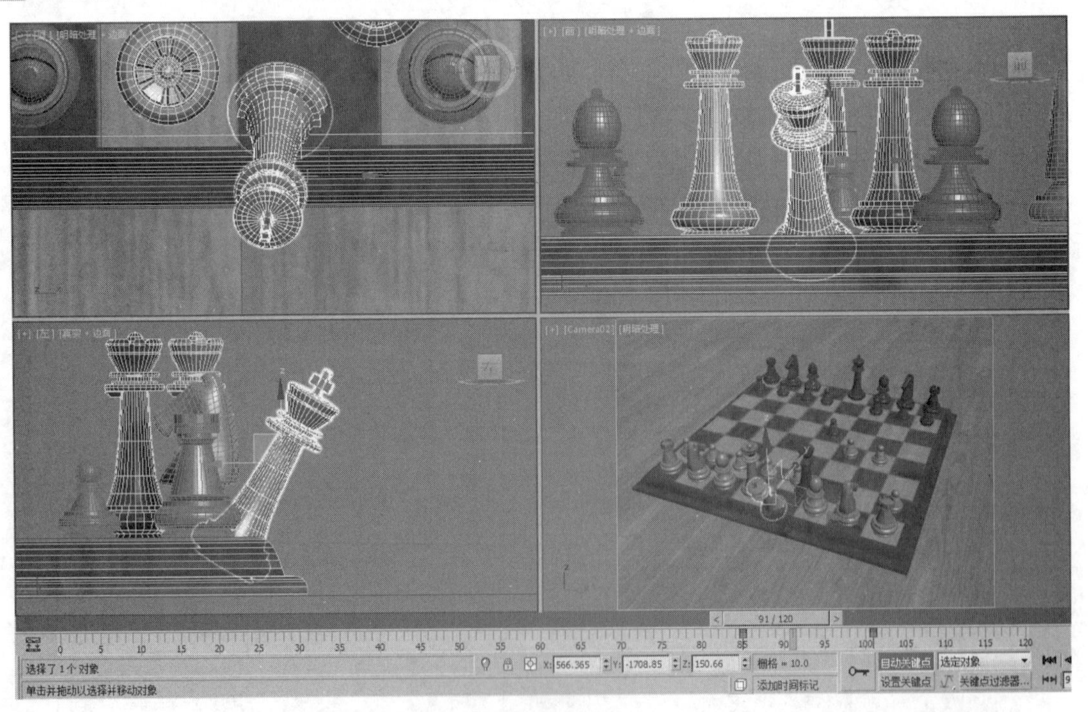

图 2-47

12 显示棋子的运动轨迹，拖曳时间滑块到第 93 帧，并调整棋子的位置和角度，使其不与棋盘“穿插”，如图 2-48 所示。

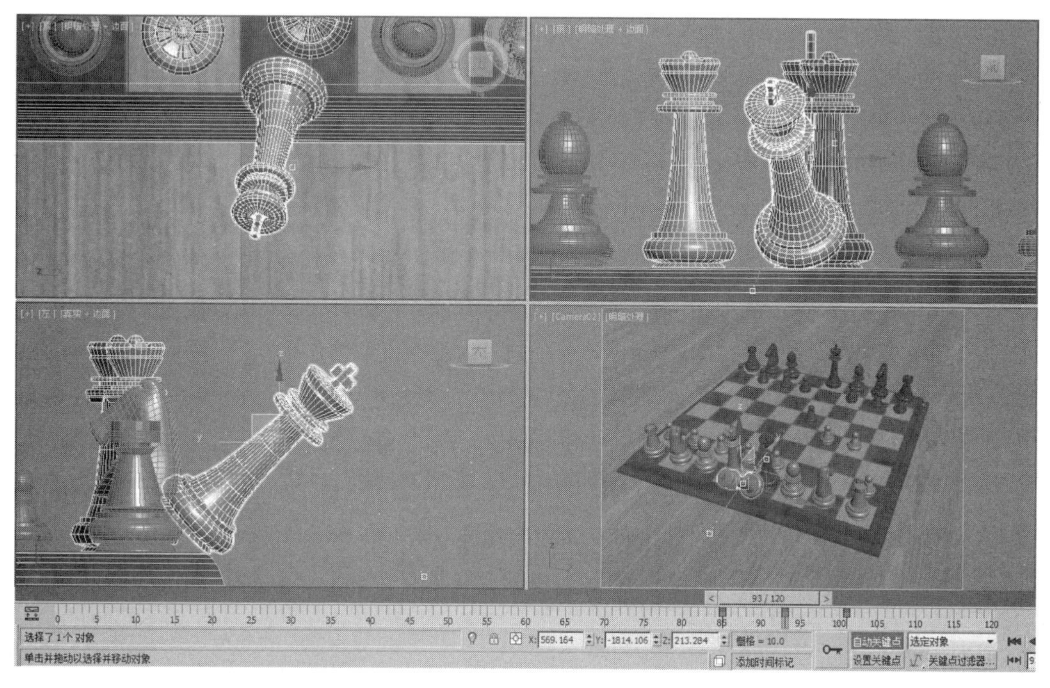

图 2-48

13 拖动时间滑块到第 110 帧，调整棋子的位置和角度，模拟棋子倒地后在滚动的效果，如图 2-49 所示。

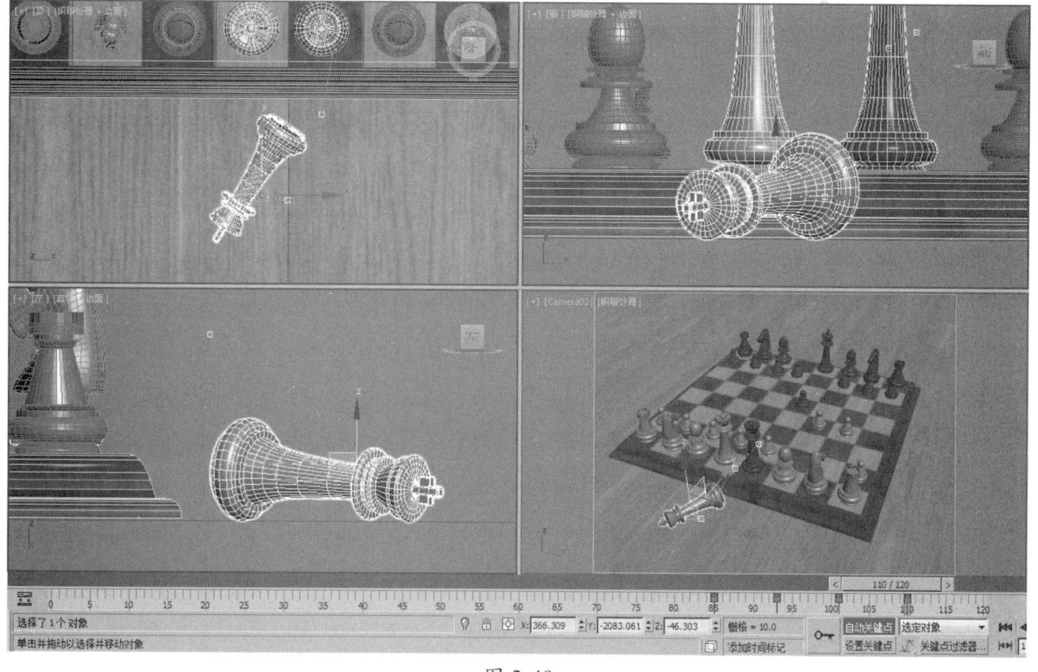

图 2-49

14 动画设置完成后单击“自动关键点”按钮，退出自动关键点记录状态。渲染当前视图，最终效果如图 2-50 所示。

图 2-50

第3章 修改器动画

在制作动画时，经常会使用3ds Max提供的各种修改器来制作对象的动画效果。通过对修改器参数的调整，能够得到不同形状的对象。例如使用Bend（弯曲）修改器制作卡通角色的弯腰动画、书的翻页动画等。本章将介绍在3ds Max中使用修改器制作动画的有关知识。

3.1 卷轴动画

实例操作：卷轴动画	
实例位置：	工程文件\CH3\卷轴动画.max
视频位置：	视频文件\CH3\实例：卷轴动画.mp4
实用指数：	★★★☆☆
技术掌握：	熟练使用Bend（弯曲）修改器制作对象动画

Bend（弯曲）修改器是非常实用的一个修改器，常用来制作一些卡通角色的弯腰动画、书的翻页动画、卷轴的展开动画等。下面将通过实例来介绍Bend（弯曲）修改器的相关知识。如图3-1所示为本例的最终完成效果。

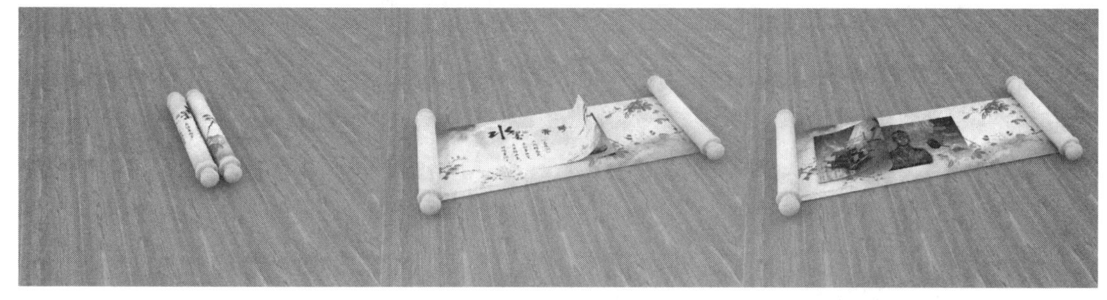

图3-1

01 打开附带素材中的“工程文件\CH3\卷轴动画.max”文件，该场景中已经为模型指定了材质，如图3-2所示。

02 在场景中选择“画卷”对象，进入“修改”面板，在“修改器列表”中为其添加“多边形选择”修改器，并在“顶点”级别下选择左侧的全部顶点，如图3-3所示。

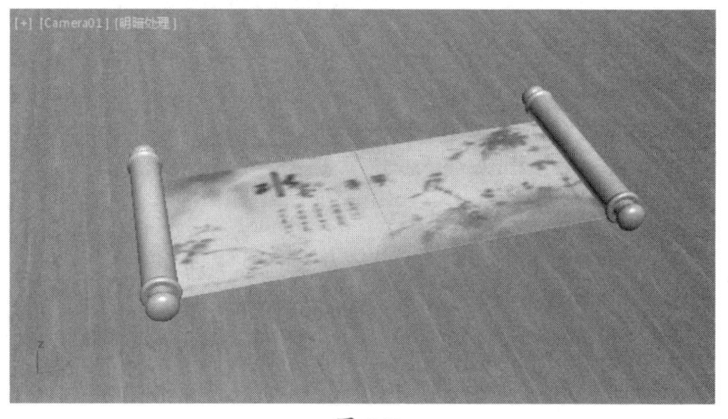

图3-2

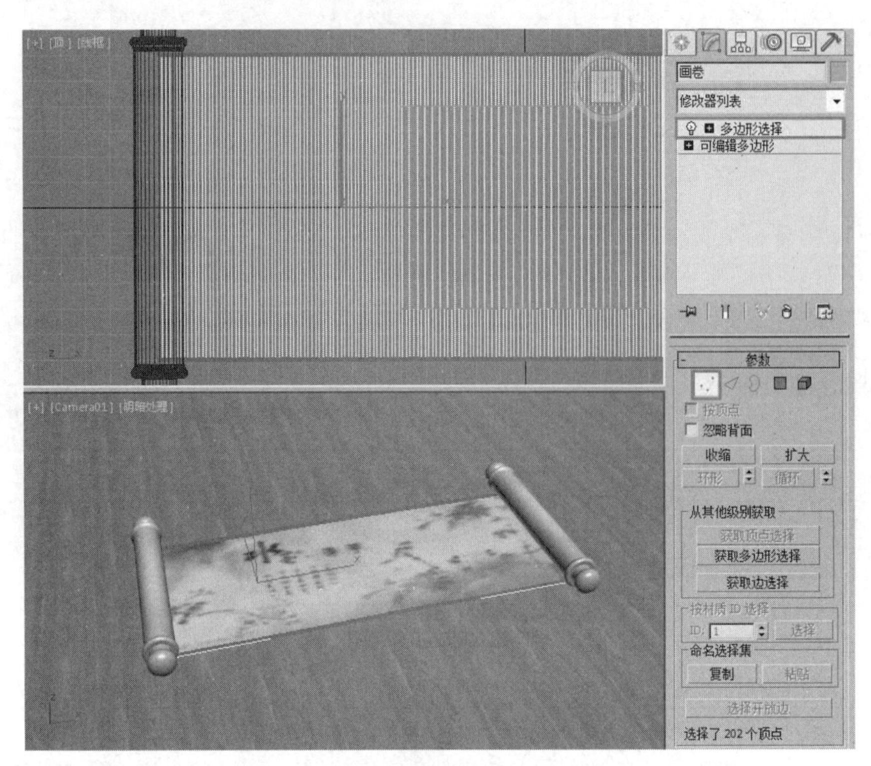

图 3-3

03 在选中“顶点”的情况下，再为其添加“X 变换”修改器， 如图 3-4 所示。

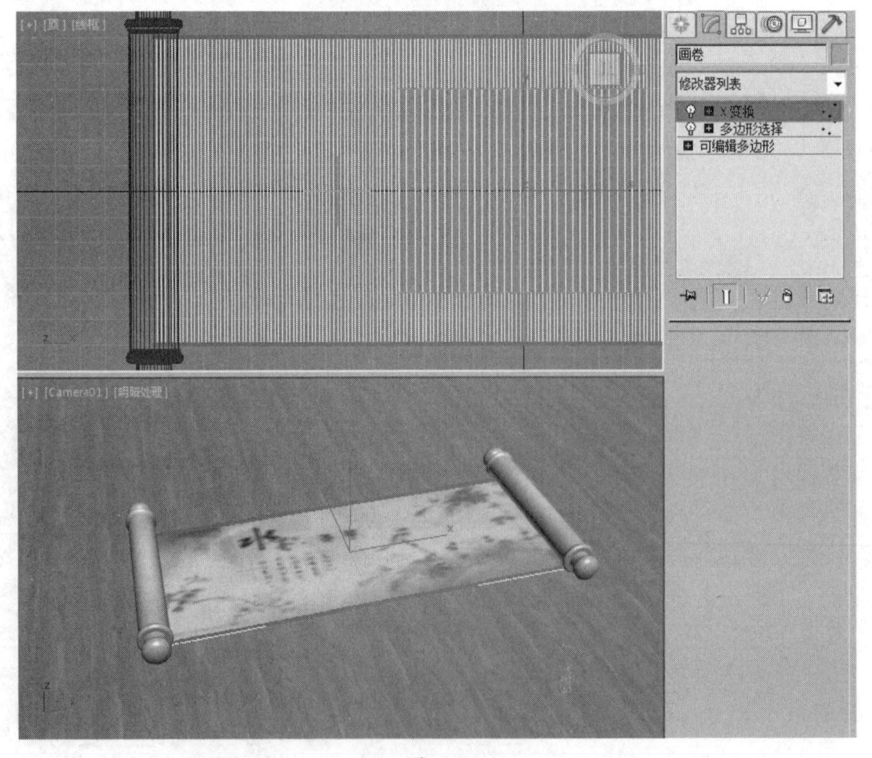

图 3-4

04 进入“X 变换”修改器的“中心”子层级，使用移动工具将其移至右侧。进入 Gizmo 子层级，使用旋转工具，在透视图中沿 Y 轴旋转 0.1°，如图 3-5 和图 3-6 所示。

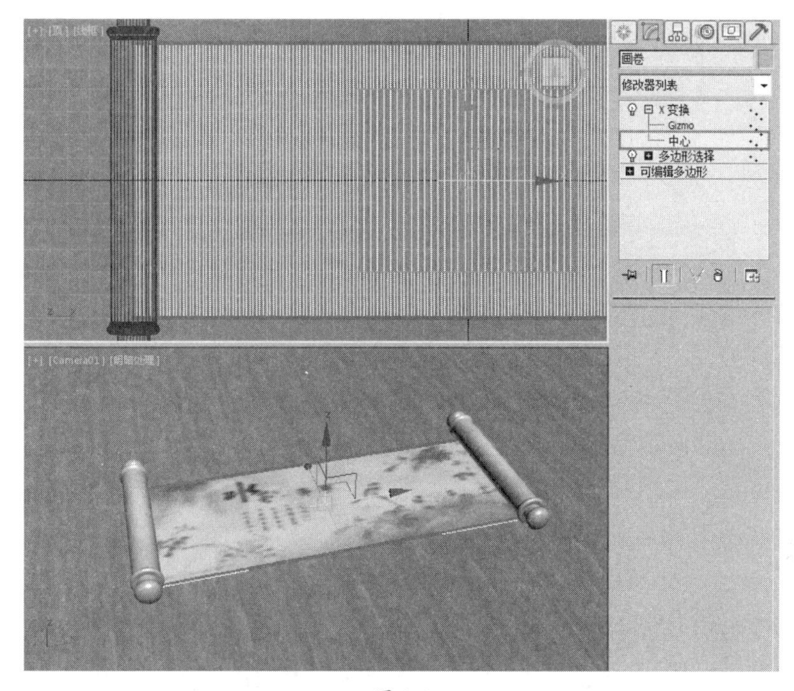

图 3-5

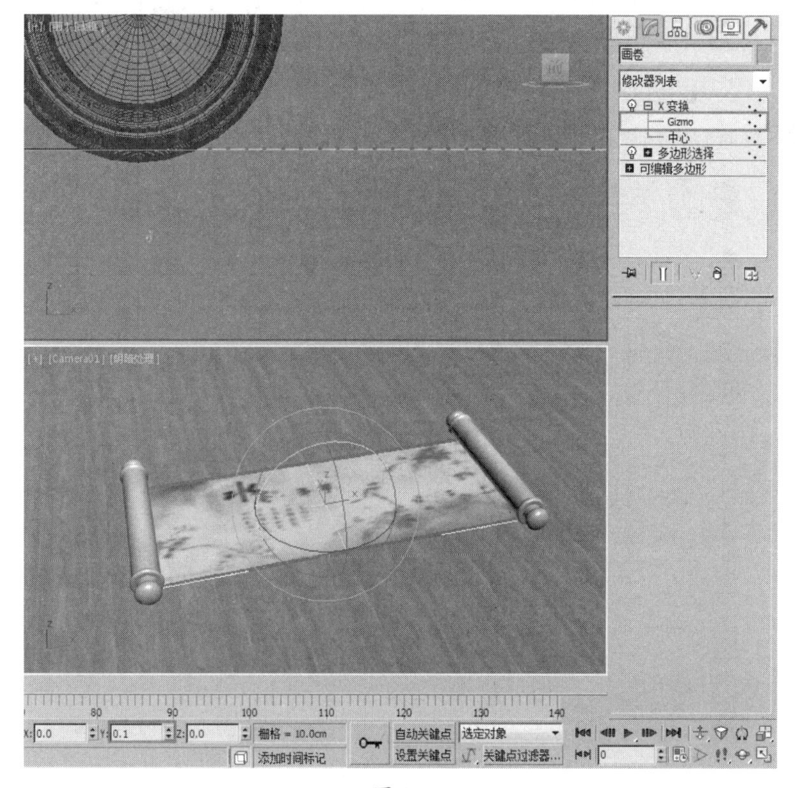

图 3-6

技巧与提示

这里使用“X变换”修改器的目的是因为卷轴卷起来后，卷轴中间能产生缝隙，使其不至于重叠在一起。如果重叠在一起，后期渲染时可能会出现“闪烁”的现象。

05 为“画卷”对象添加 Bend（弯曲）修改器，在“参数”卷展栏中，设置“角度”为 –800，并将“弯曲轴”设置为 X 轴。选中“限制效果”复选框，并设置“上限”为 0，“下限”为 –150，如图 3-7 所示。

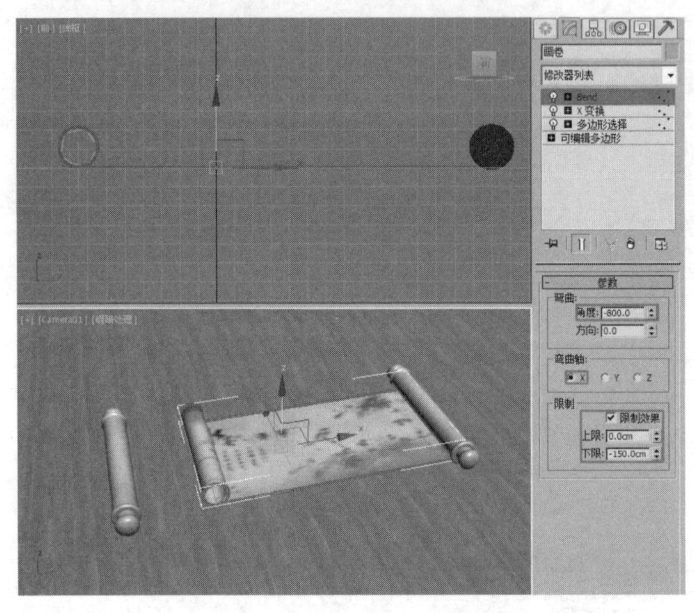

图 3-7

06 进入 Bend（弯曲）修改器的“中心”子层级，使用移动工具将其移至右侧，如图 3-8 所示。

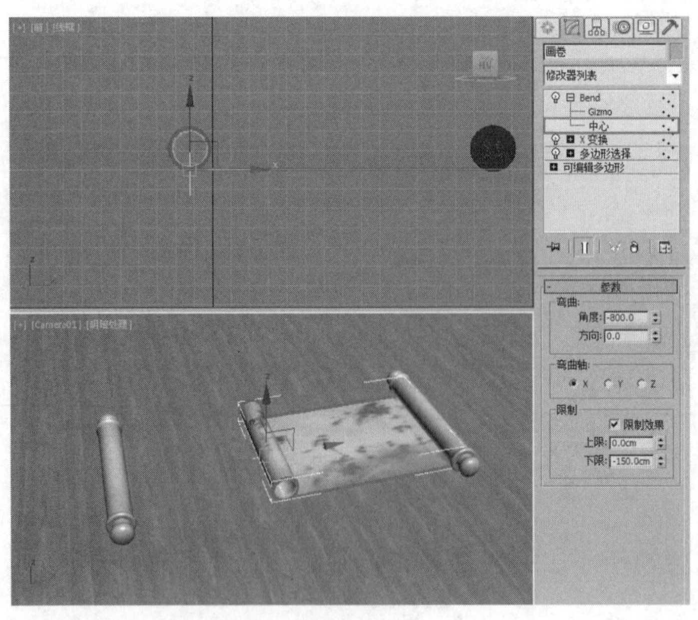

图 3-8

07“画卷”右侧的部分也进行相同的操作，稍有不同的是，右侧的“X 变换”修改器沿 *Y* 轴旋转 -0.1°，Bend（弯曲）修改器中设置“上限”为 150，“下限”为 0，完成后的效果如图 3-9 所示。

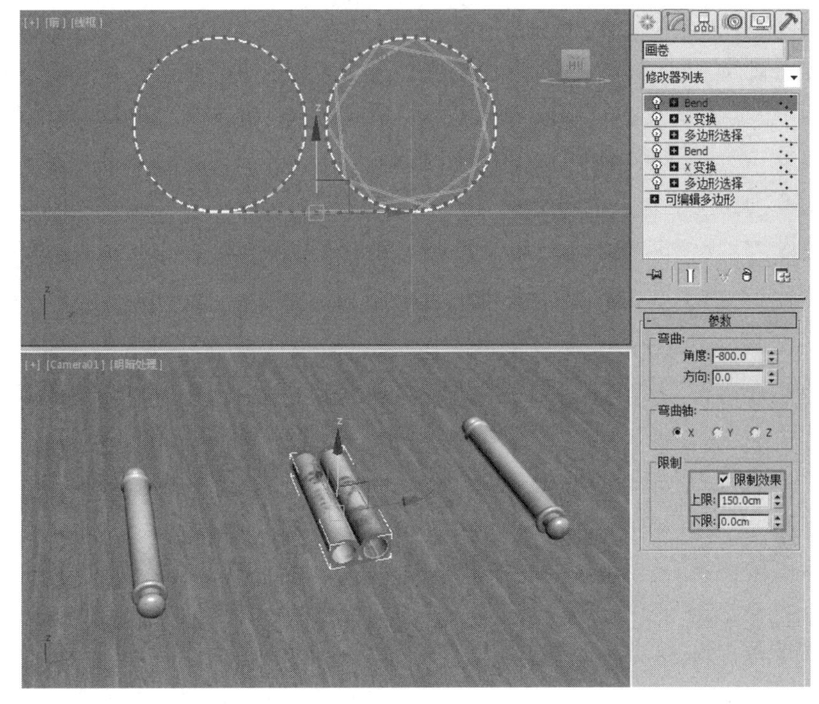

图 3-9

08 在动画控制区中单击“自动关键点”按钮自动关键点，进入“自动关键点”模式。将时间滑块拖至第 65 帧的位置，将第 1 个 Bend（弯曲）修改器的“中心”子层级移至左侧适当的位置，将第 2 个 Bend（弯曲）修改器的“中心”子层级移至右侧适当的位置，如图 3-10 和图 3-11 所示。

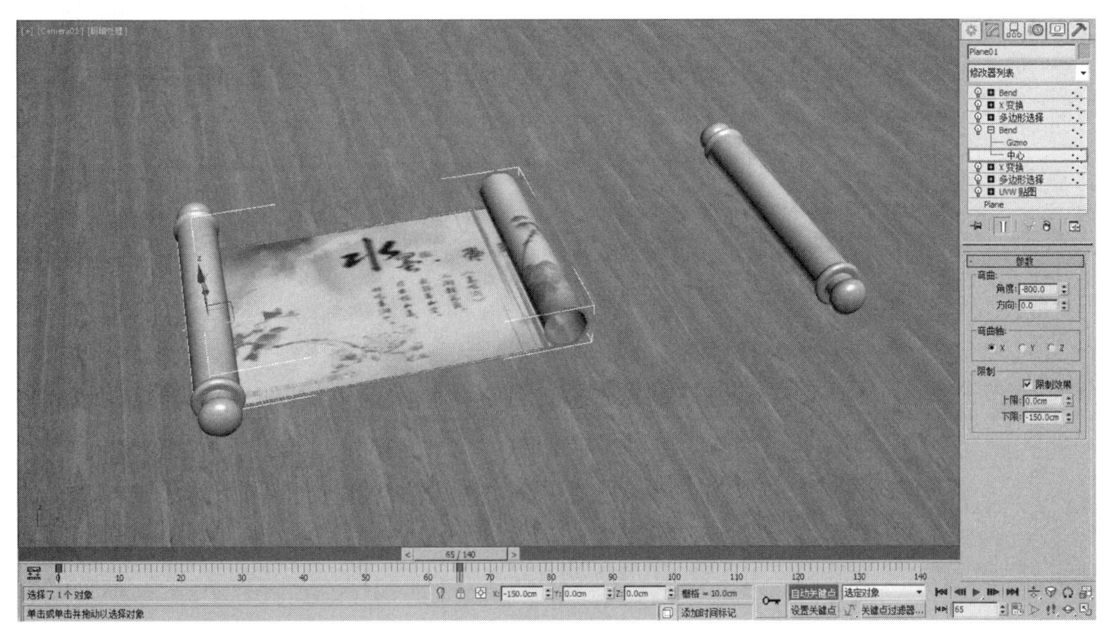

图 3-10

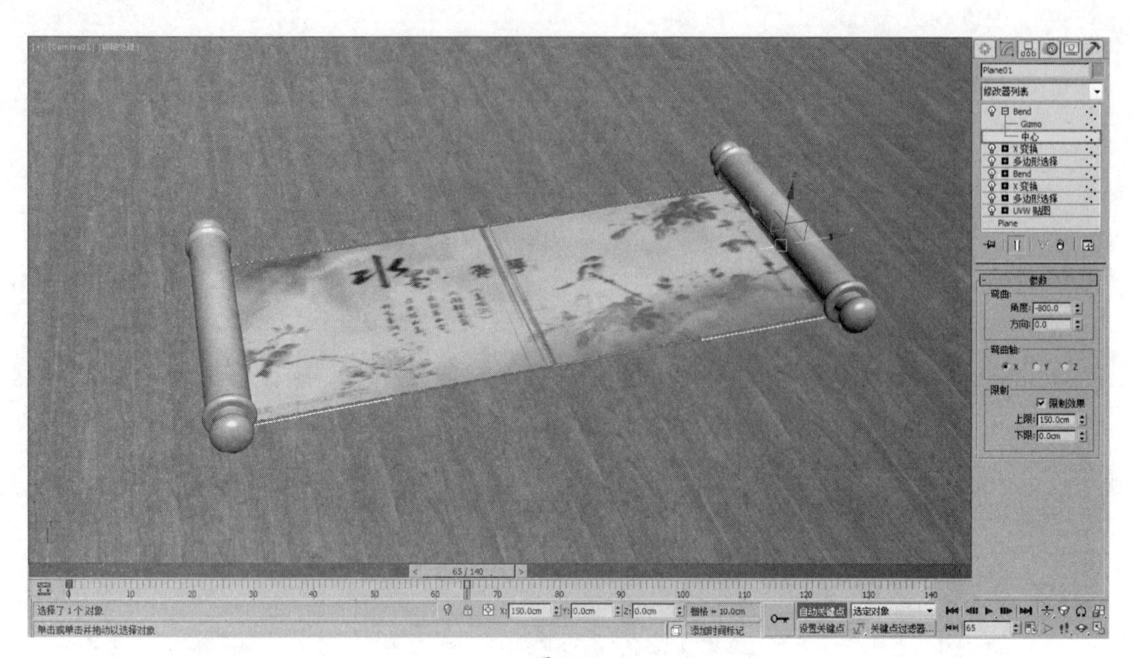

图 3-11

09 将时间滑块拖至第 65 帧，选择两个“卷轴”对象，然后在时间滑块上右击，在弹出的“创建关键点”对话框中，选中“位置”和“旋转”复选框，单击“确定”按钮，如图 3-12 所示。

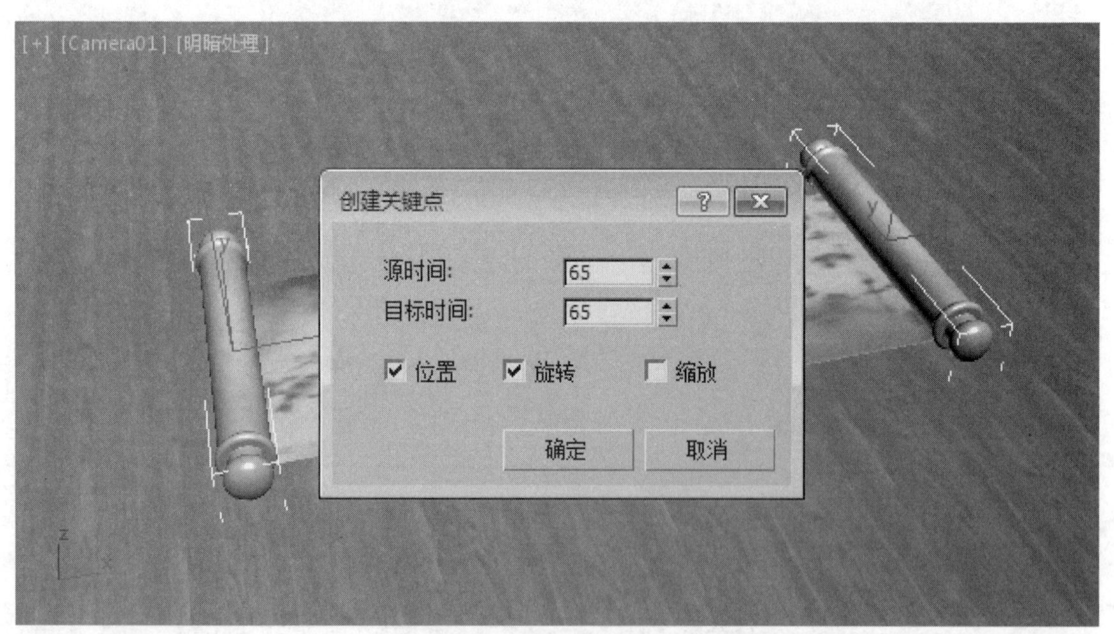

图 3-12

10 拖动时间滑块到第 0 帧，保持“自动关键点”按钮的开启状态，在透视图中将两个“卷轴”对象移至合适的位置，并将左侧“卷轴”沿 *Y* 轴旋转 360°，将右侧“卷轴”沿 *Y* 轴旋转 -360°，如图 3-13 所示。

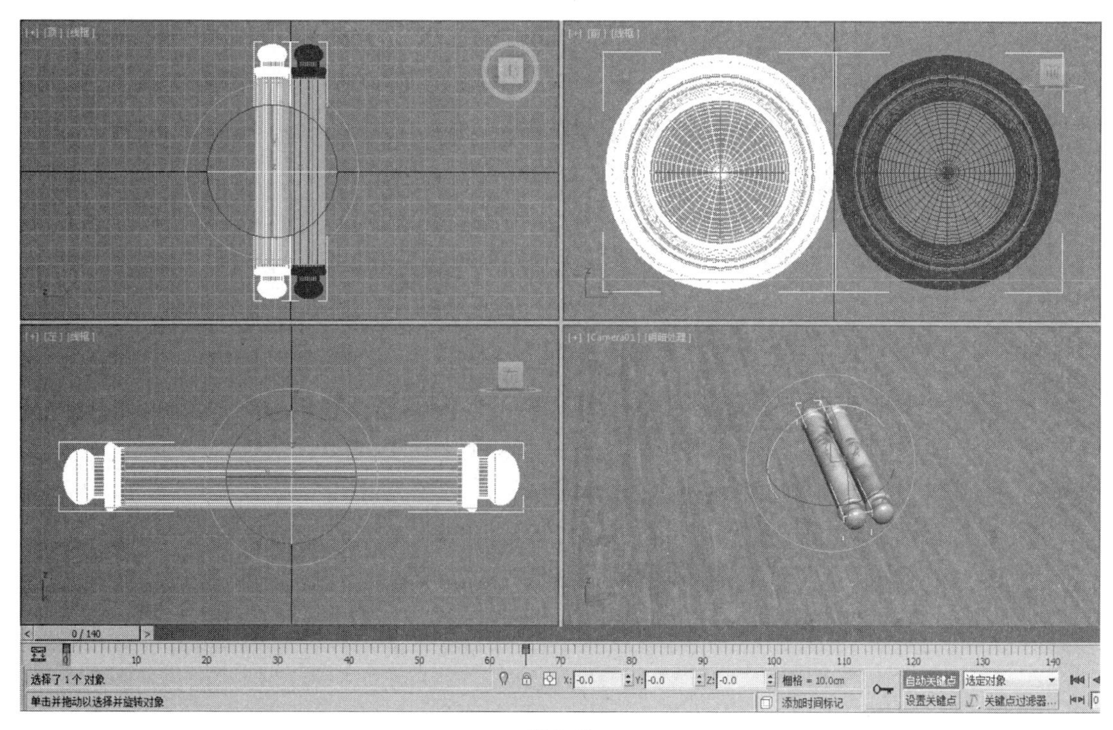

图 3-13

11 选择“画页 01”对象，为其添加 Bend 修改器，在“参数”卷展栏中，设置“弯曲轴”为 X 轴，选中“限制效果”复选框，并设置“上限”为 40，“下限”为 0，接着进入“中心”子层级，在透视图中沿 X 轴调整其位置，如图 3-14 和图 3-15 所示。

图 3-14

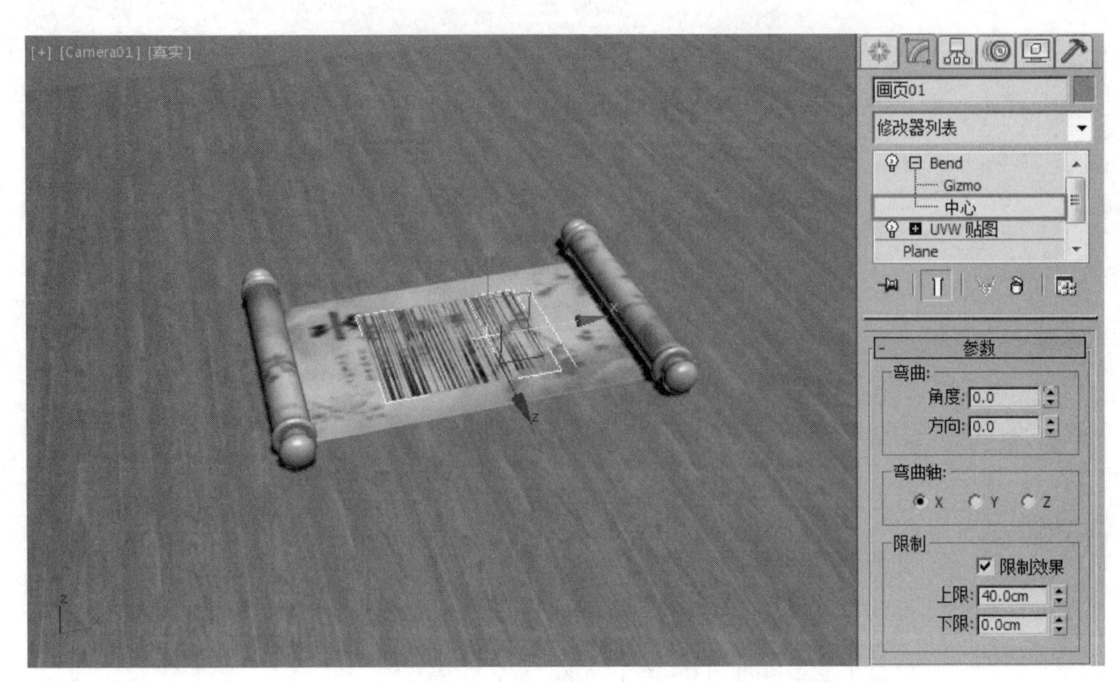

图 3-15

12 再为其添加一个 Bend（弯曲）修改器，在“参数”卷展栏中，设置“弯曲轴”为 *X* 轴，如图 3-16 所示。

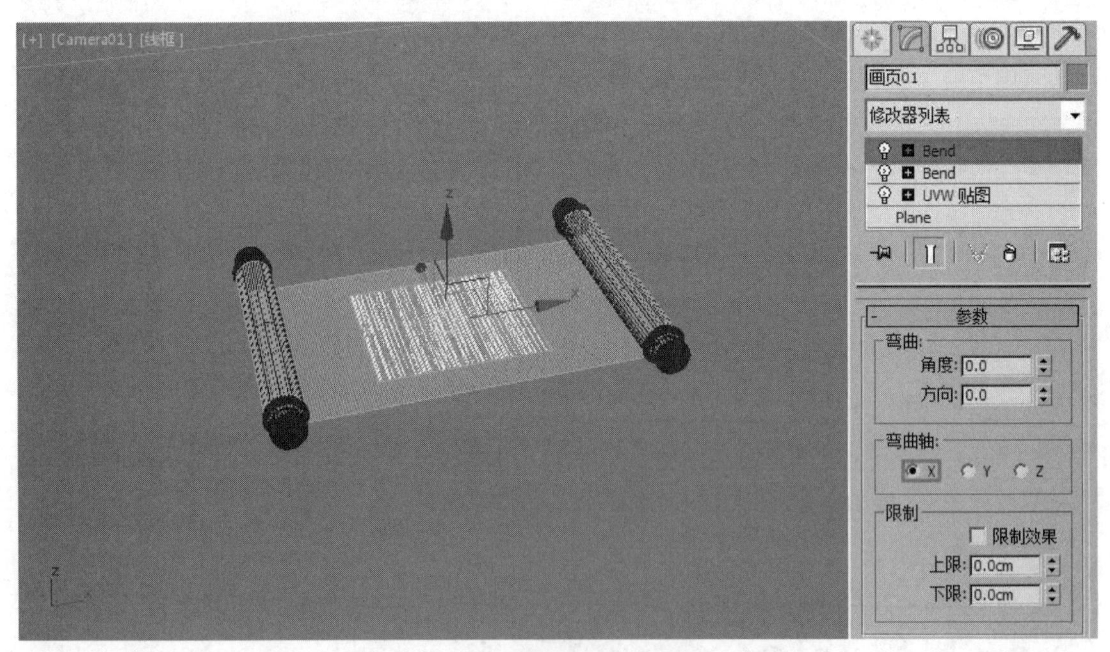

图 3-16

13 在动画控制区中单击“自动关键点”按钮自动关键点，进入“自动关键点”模式。将时间滑块拖至第 40 帧的位置，在第 1 个 Bend（弯曲）修改器的“角度”微调器按钮上，按住 Shift 键并右击记录一个关键点，如图 3-17 所示。

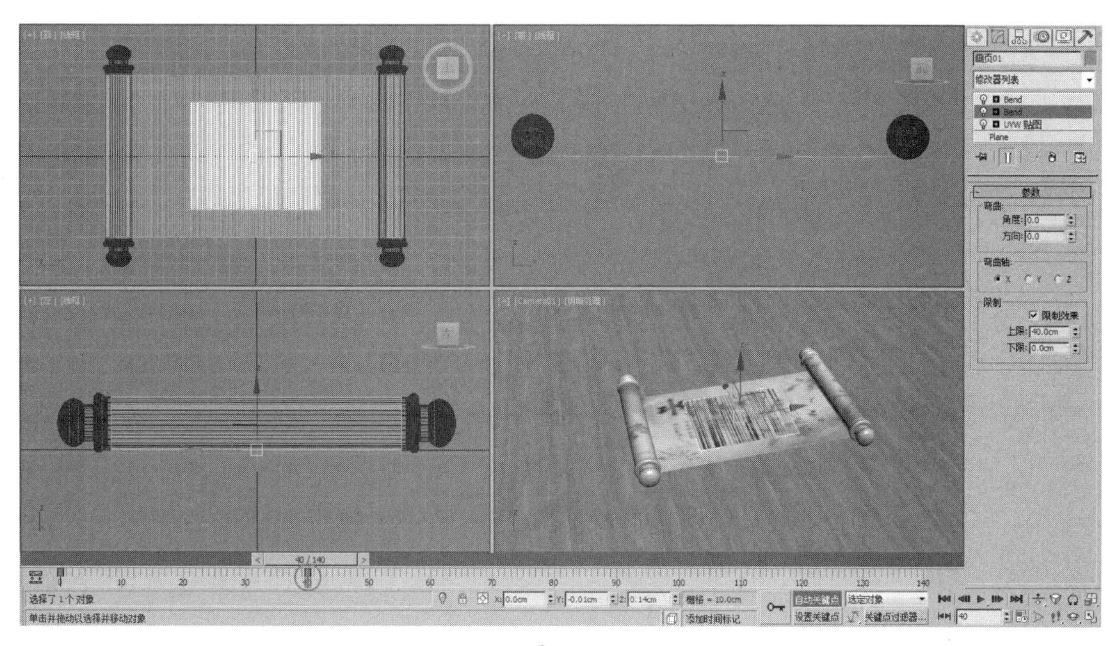

图 3-17

14 拖动时间滑块到第 90 帧，设置“角度”为 -210，如图 3-18 所示。

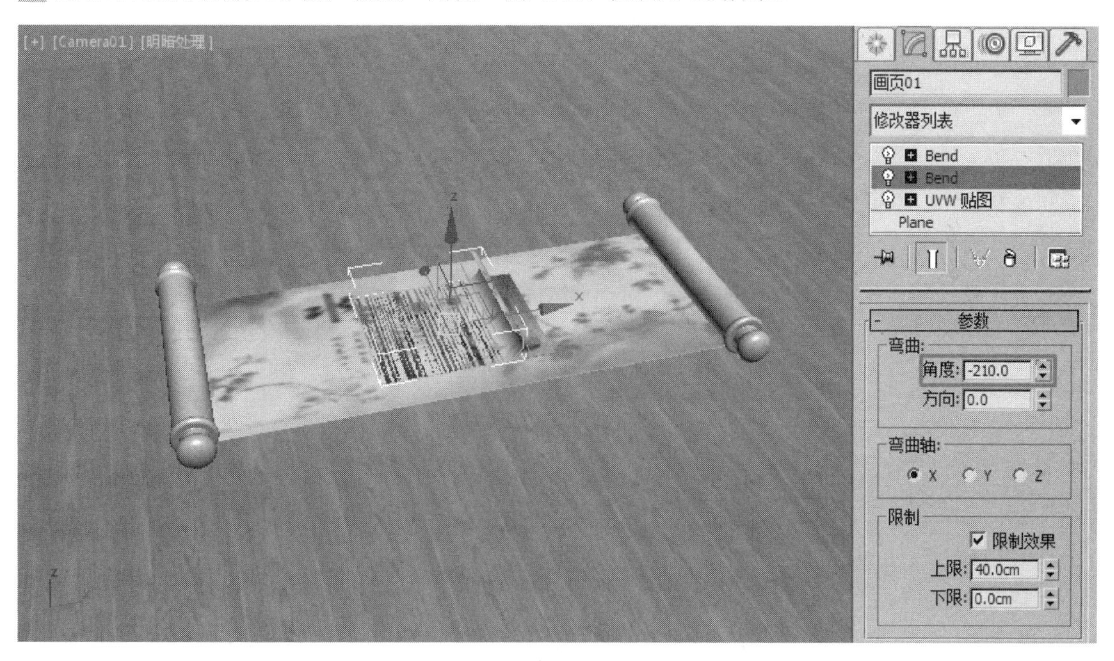

图 3-18

15 拖动时间滑块至第 50 帧，按住 Shift 键在“上限”的微调器按钮上右击记录一个关键点，如图 3-19 所示。

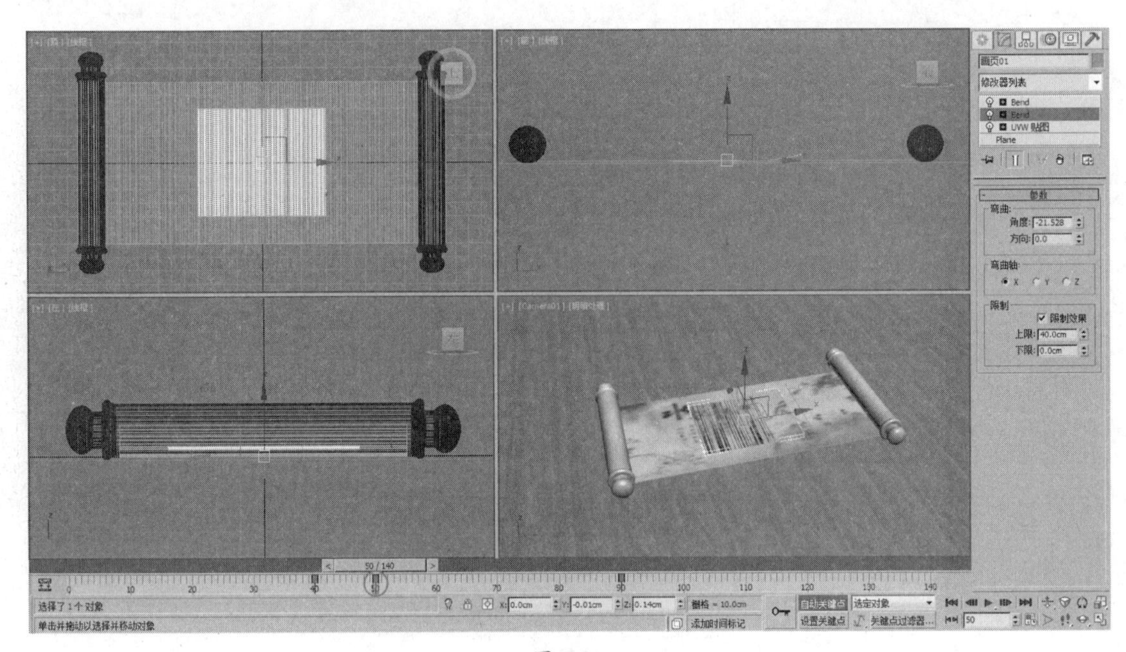

图 3-19

16 拖动时间滑块至第 80 帧，设置“上限”为 30，然后进入“中心”子层级，在透视图中使用移动工具沿 *X* 轴调整其位置，如图 3-20 所示。

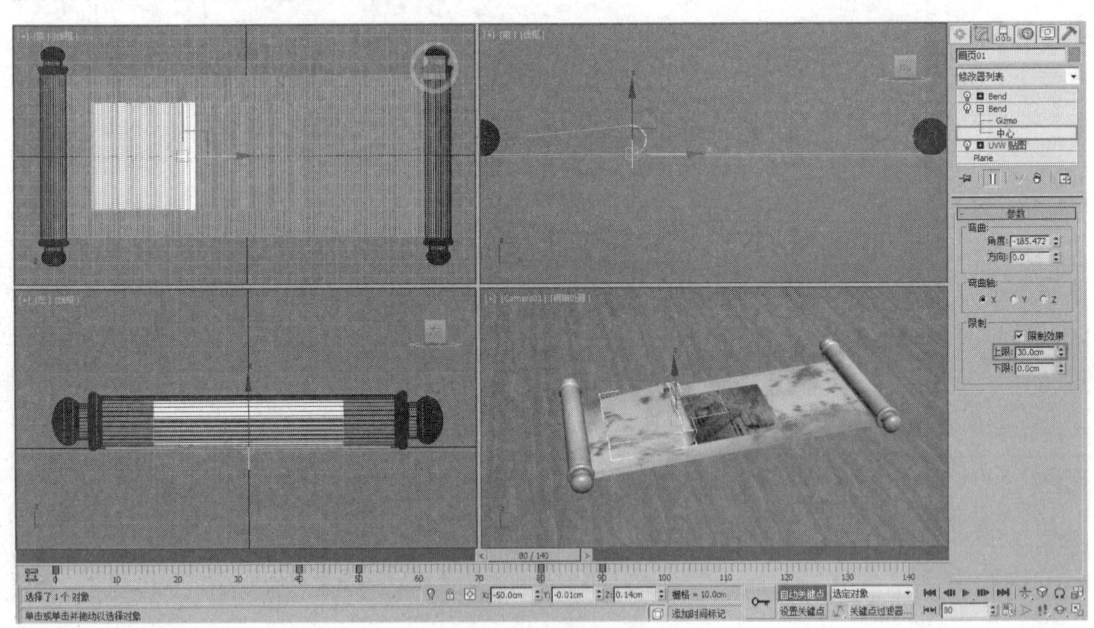

图 3-20

17 打开“轨迹视图—曲线编辑器”窗口，将“中心”子层级的 *X* 位置的起始帧由 0 帧设置为 50 帧，如图 3-21 所示。

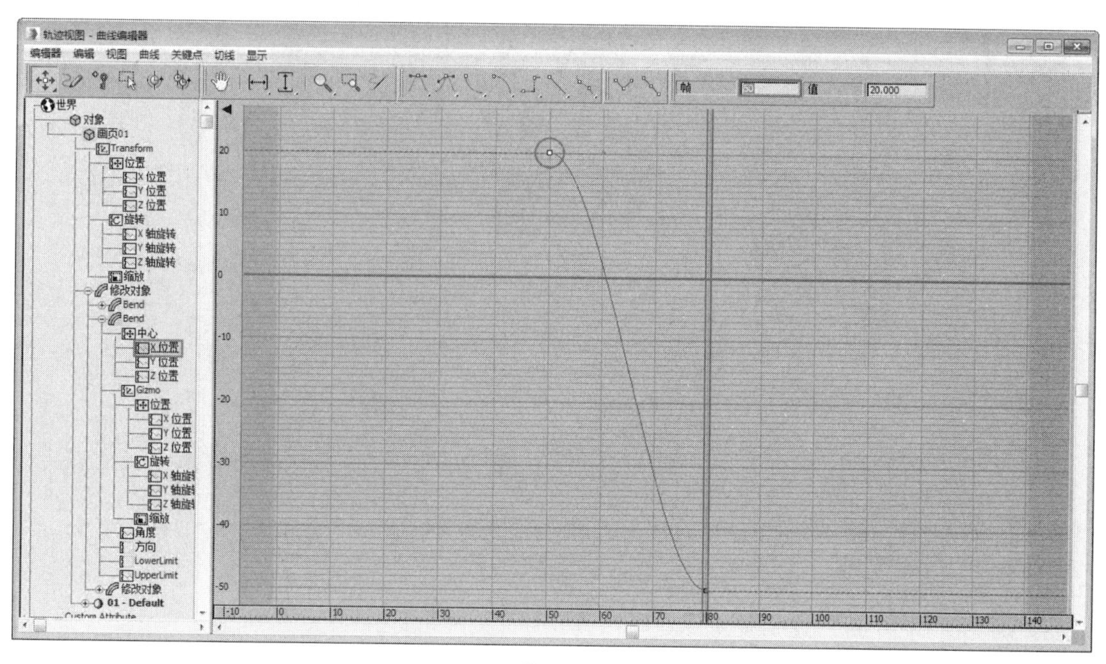

图 3-21

18 拖动时间滑块至第 50 帧，在第 2 个 Bend 修改器的“角度”微调器上，按住 Shift 键右击记录一个关键点，然后拖动时间滑块至第 80 帧，设置“角度”为 -30，如图 3-22 和图 3-23 所示。

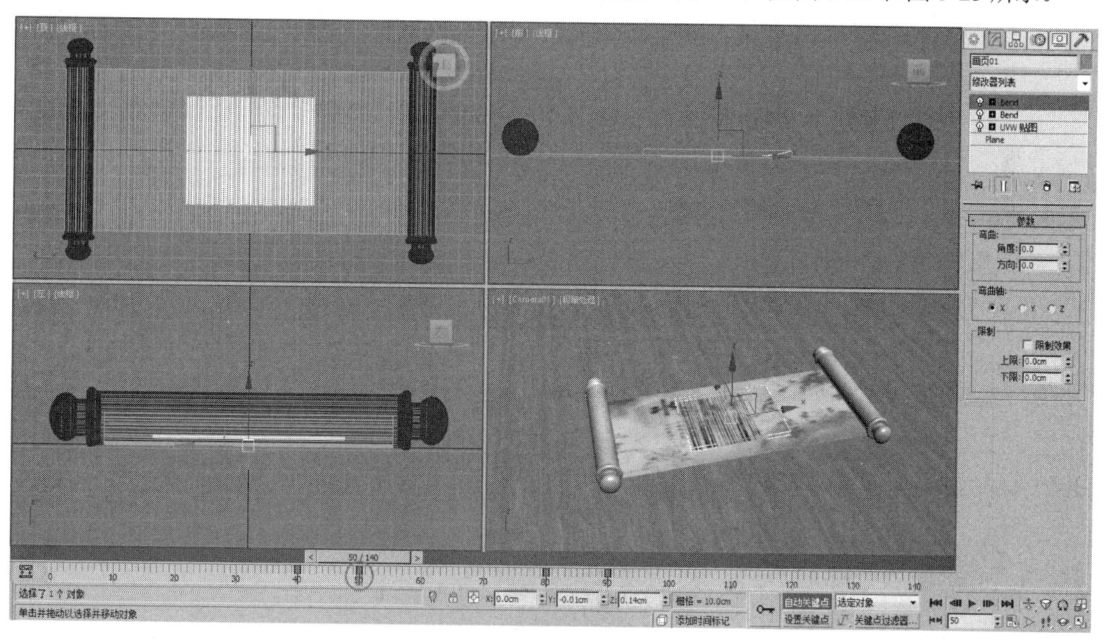

图 3-22

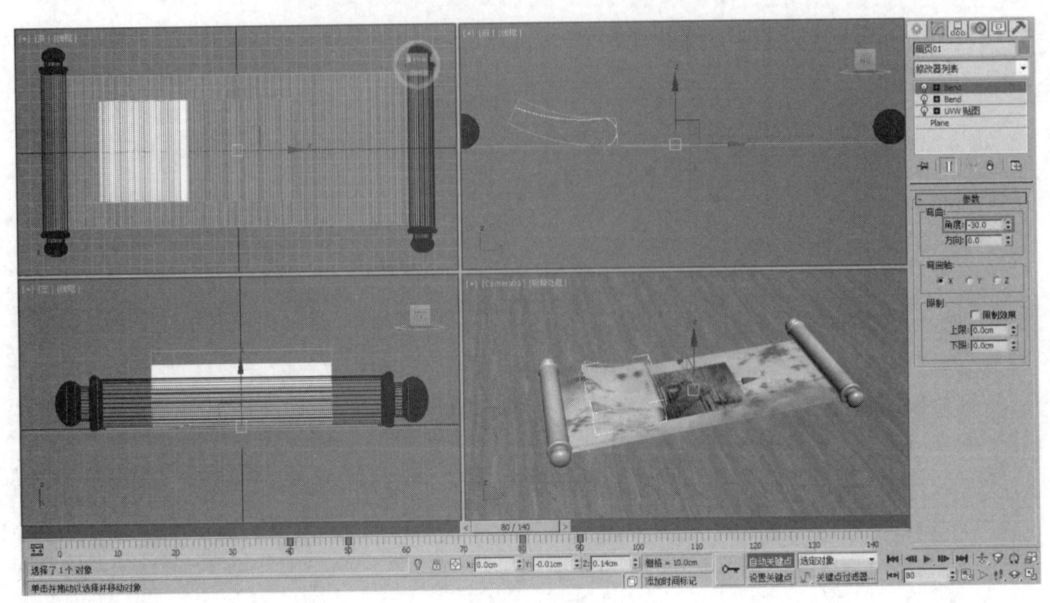

图 3-23

19 在“修改器列表”中，按住 Ctrl 键选择两个 Bend（弯曲）修改器并右击，在弹出的快捷菜单中选择“复制”命令。选择“画页 02”对象，在“修改器列表”中右击，在弹出的快捷菜单中选择“粘贴”命令，如图 3-24 和图 3-25 所示。

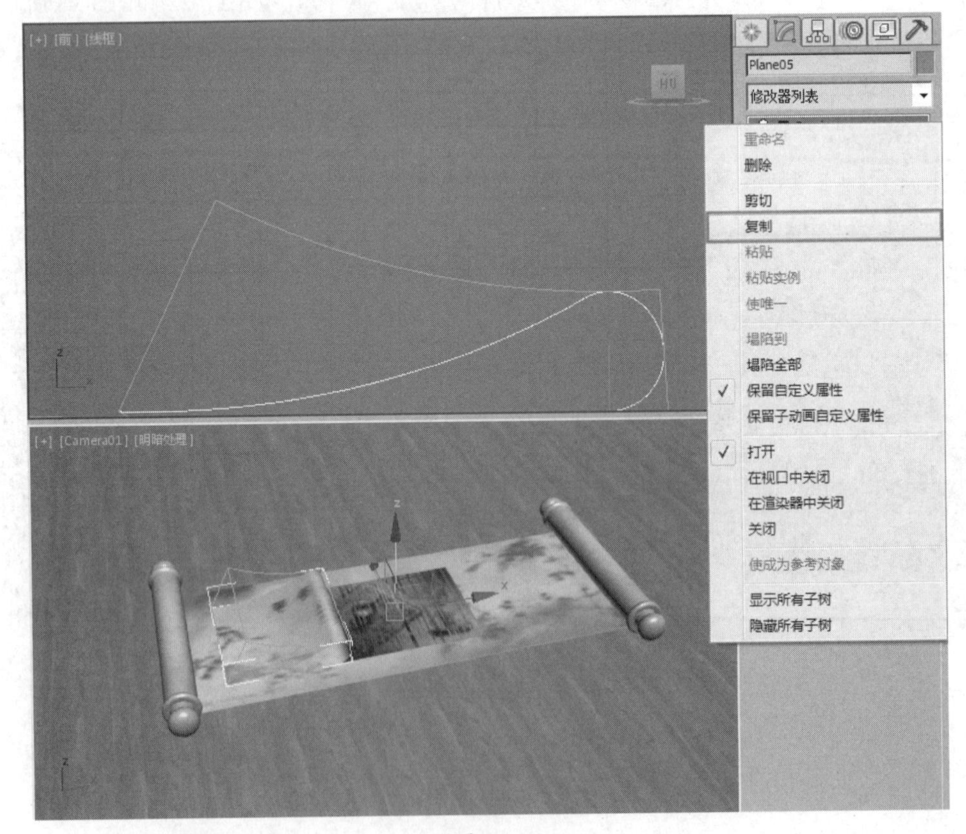

图 3-24

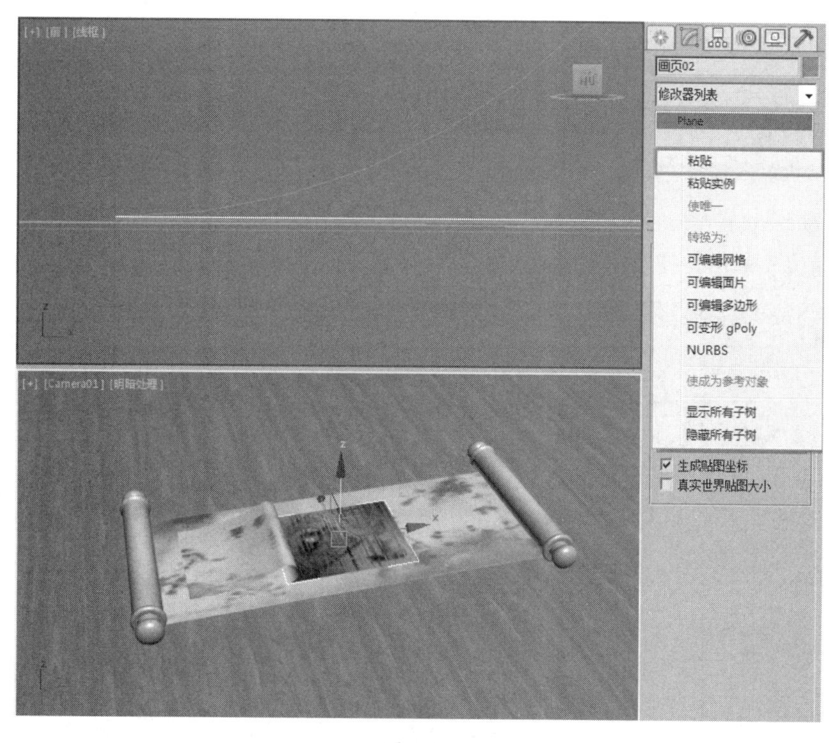

图 3-25

20 用同样的方法，将修改器复制给剩余的几张画页，复制完成后发现所有的画页都是重叠在一起的，如图 3-26 所示。

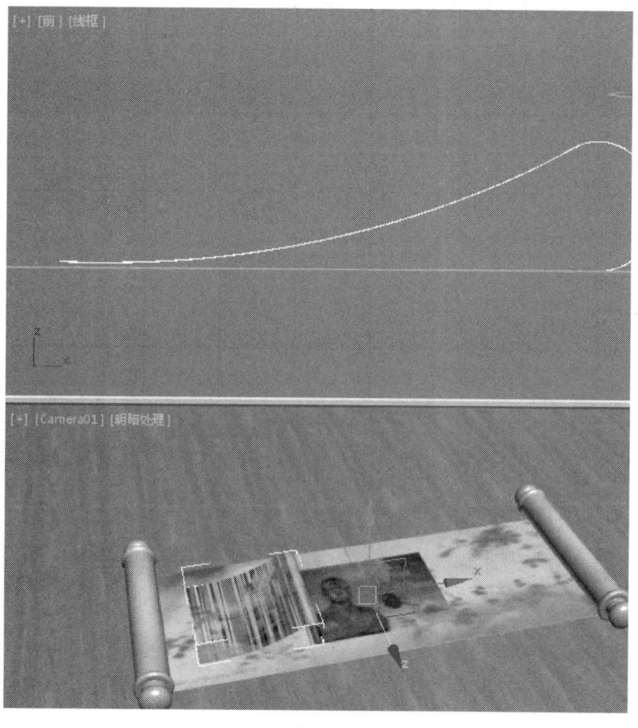

图 3-26

技巧与提示

下面的画页也可以在“画页01”对象动画设置完成后，沿Z轴向下复制，然后再依次更改其贴图来制作。

21 开启“自动关键点”按钮自动关键点，选择后面的几个“画页”对象，微调两个Bend（弯曲）修改器的“角度”数值，使其不重叠在一起，调节完成后效果如图3-27所示。

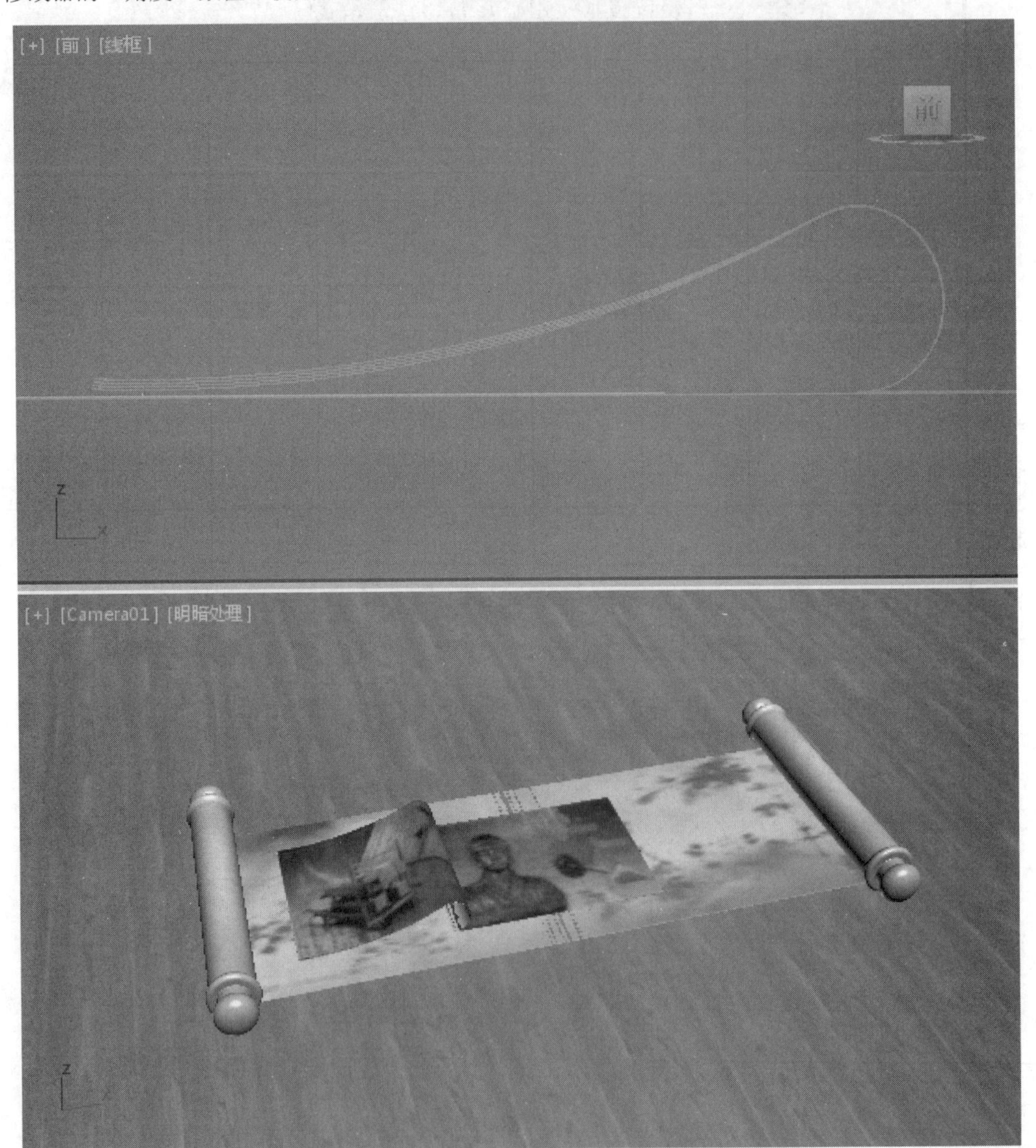

图3-27

22 依次选择后面的“画页”对象，将其所有的关键点往后拖曳，产生错落的动画效果，如图3-28所示。

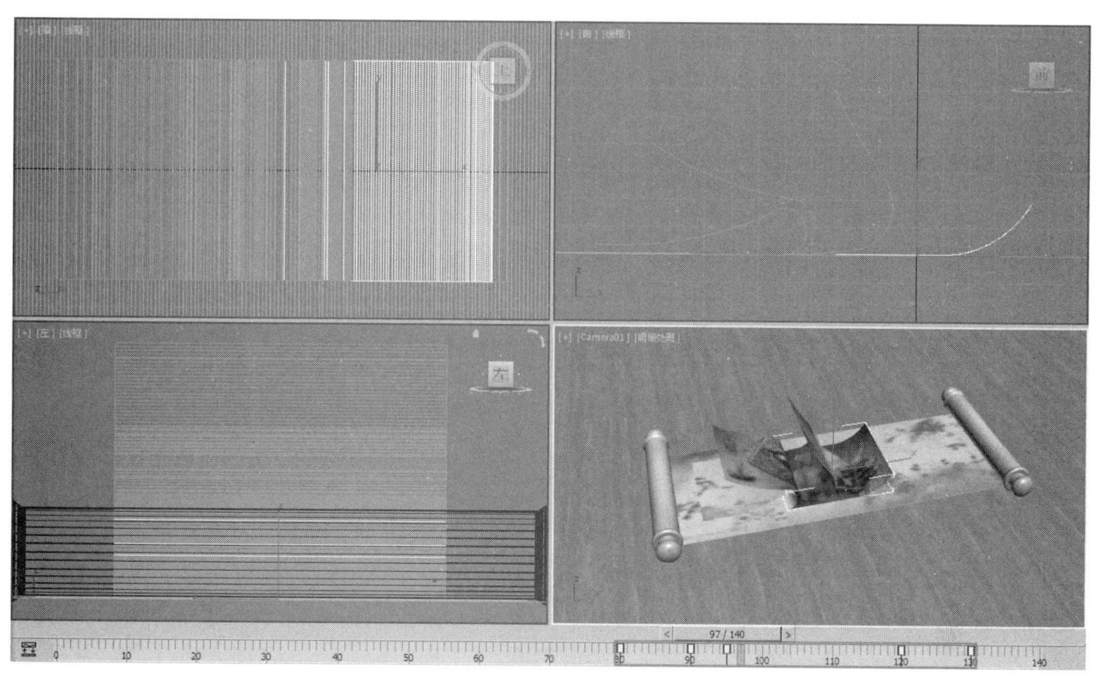

图 3-28

23 选择所有的“画页”对象，执行“组”→“组”命令，在弹出的“组”对话框中为其命名为“画页”，如图 3-29 所示。

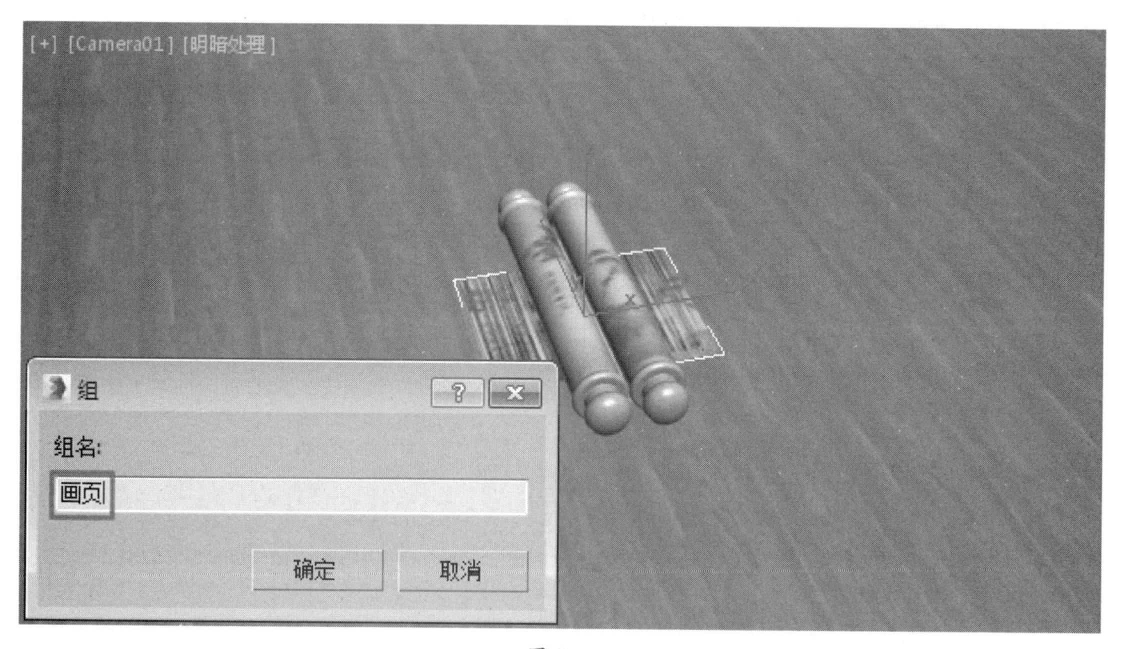

图 3-29

24 选择“画页”组，打开“轨迹视图—曲线编辑器”窗口，并为其添加“可视性轨迹”，如图 3-30 所示。

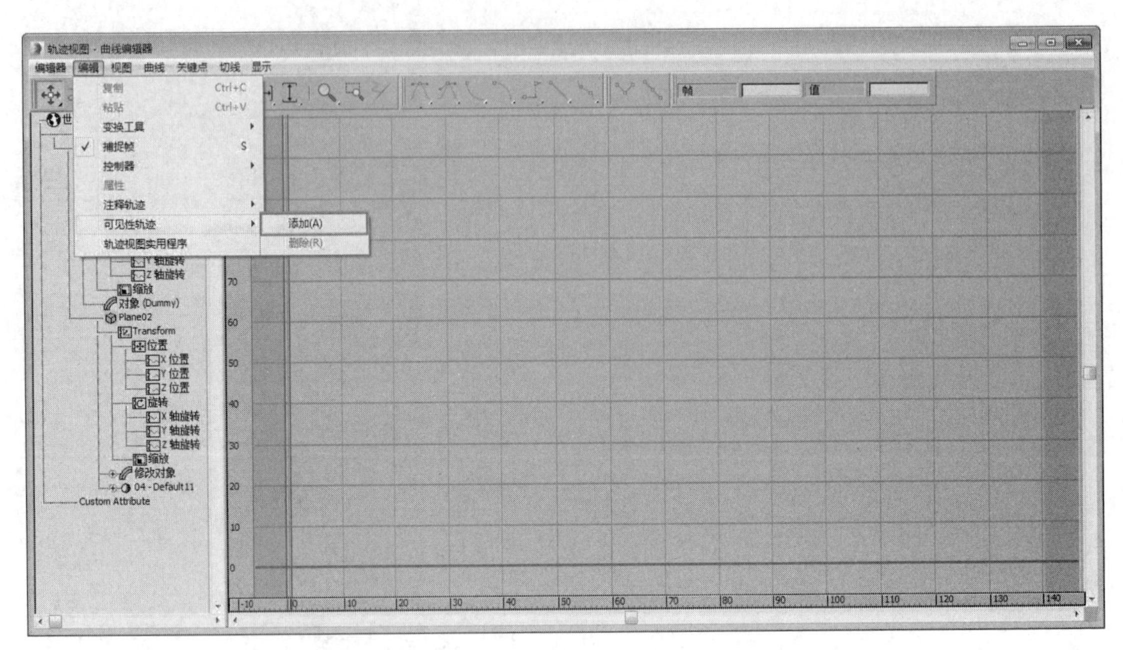

图 3-30

25 单击工具栏上的“添加关键点”按钮，在“可见性”轨迹的第0帧和第50帧添加两个关键点，如图3-31所示。

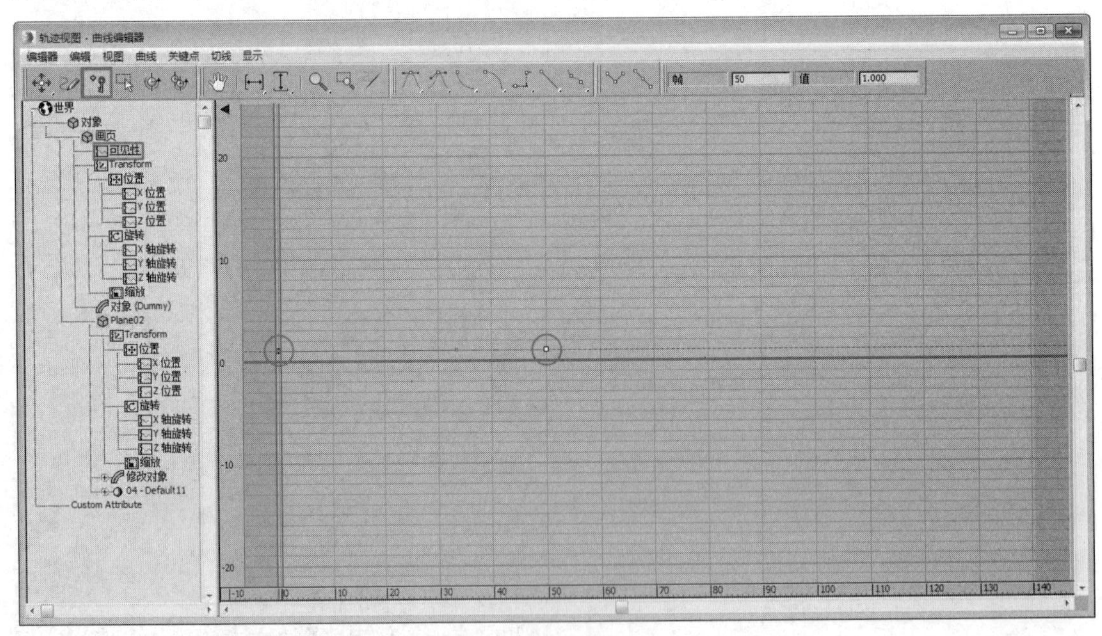

图 3-31

26 选择第0帧的关键点，将“值”设置为0，然后选择两个关键点，接着单击工具栏上的“将切线设置为阶梯式”按钮，如图3-32和图3-33所示。

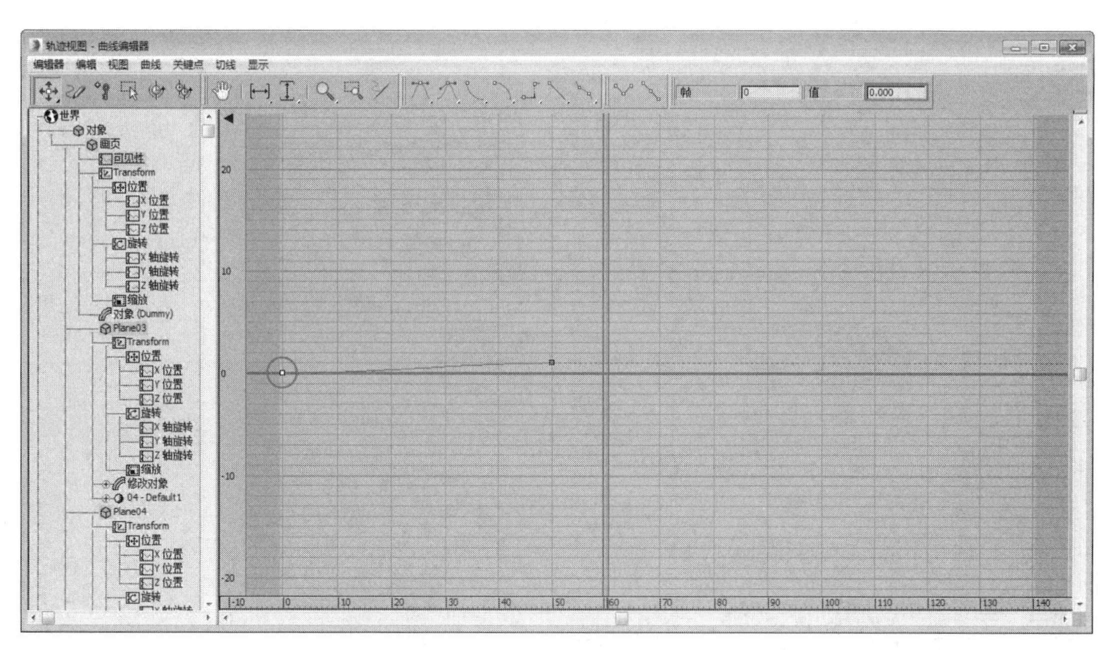

图 3-32

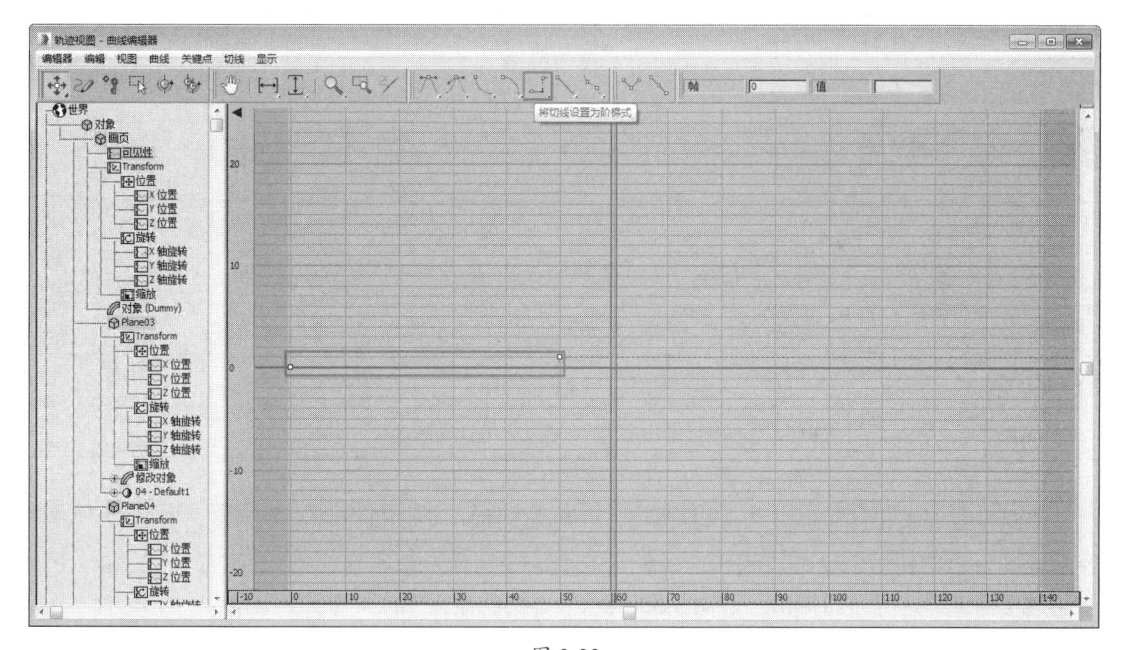

图 3-33

27 设置完成后，渲染当前视图，最终效果如图 3-34 所示。

技巧与提示

为了翻页前看不出痕迹，可以将大画卷的贴图坐标复制给最上面的“画页”对象，并为最上面的“画页”对象赋予与大画卷相同的贴图。

图 3-34

3.2 龙飞舞

实例操作：龙飞舞	
实例位置：	工程文件 \CH3\ 龙飞舞 .max
视频位置：	视频文件 \CH3\ 实例：龙飞舞 .mp4
实用指数：	★★★☆☆
技术掌握：	熟练使用“路径变形绑定（WSM）”修改器制作动画

“路径变形绑定（WSM）”修改器可以让物体依据一个二维路径产生形变，并约束在该路径上运动，通常使用该修改器制作一条龙沿某个路径运动，或者在空间中穿梭的光线等。下面将通过实例讲解这方面的知识。如图 3-35 所示为本例的最终完成效果。

图 3-35

01 打开附带素材中的“工程文件 \CH3\ 龙飞舞 .max”文件，该场景中已经为模型指定了材质，如图 3-36 所示。

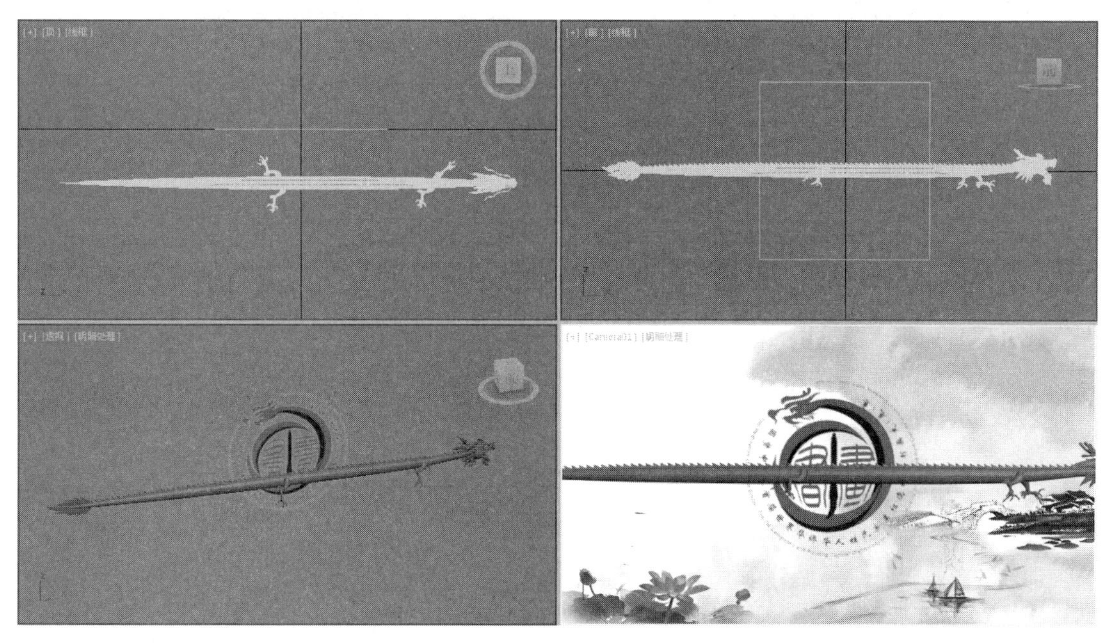

图 3-36

02 在“创建”面板中单击“点”按钮 点 ，在场景中创建一个“点”辅助物体，如图 3-37 所示。

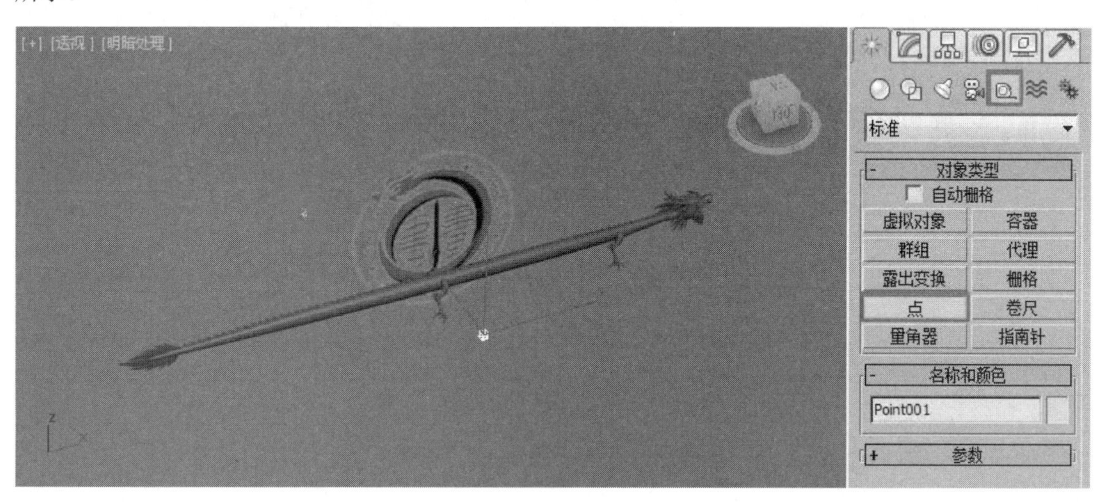

图 3-37

03 在场景中选择“点”对象，执行“动画”→“约束”→“附着约束”命令，此时会从“点”对象上牵出一条虚线，并到场景中拾取龙的身体，如图 3-38 和图 3-39 所示。

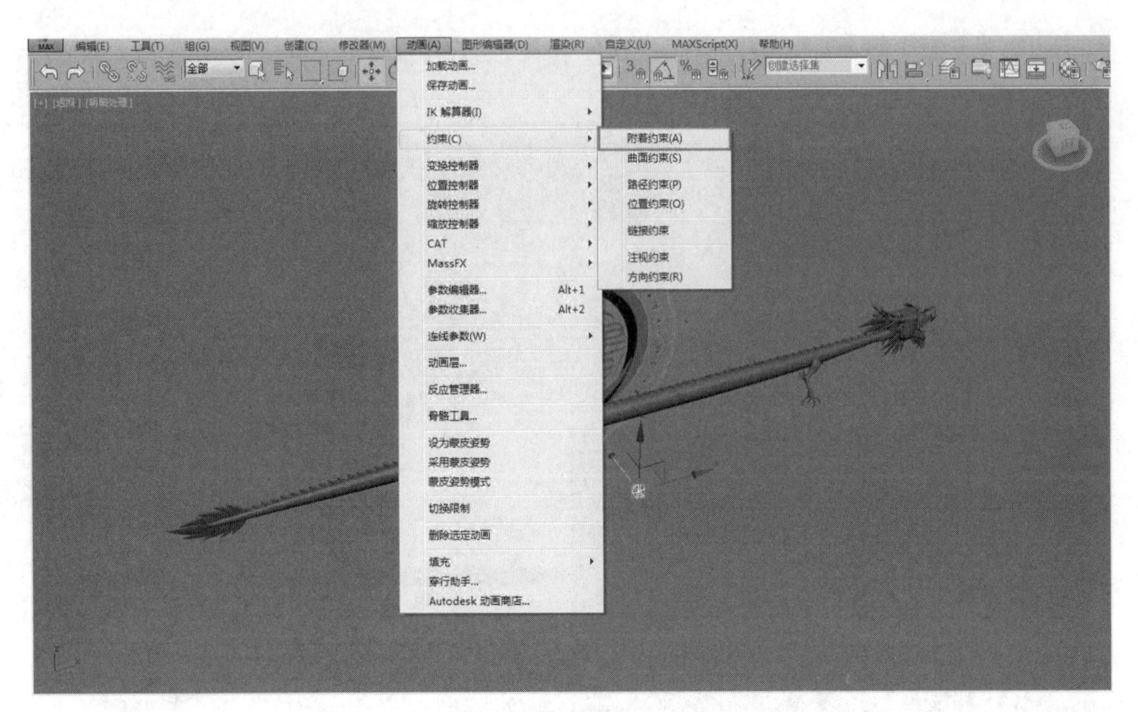

图 3-38

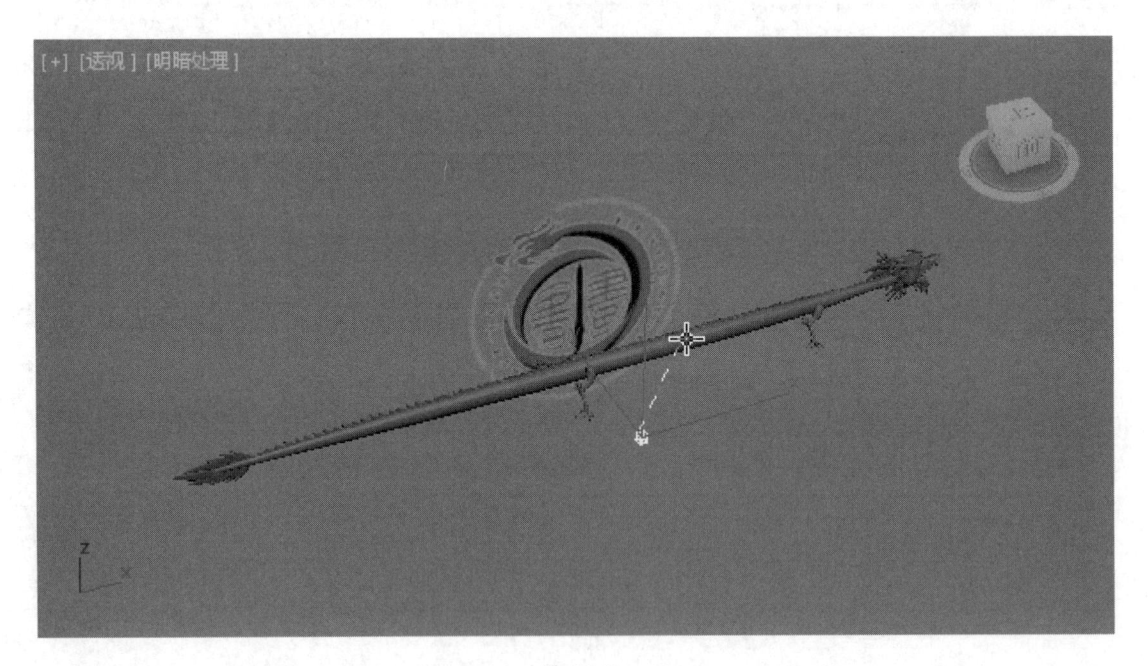

图 3-39

04 选择龙头，使用链接工具将其链接到“点”对象上，如图 3-40 所示。

05 选择“点”对象，按快捷键 Ctrl+V 原地复制一个“点”对象。进入“运动”面板，激活“附着参数”卷展栏下“位置”选项组中的“设置位置”按钮 设置位置 。在视图中的龙身体上，单击并拖动鼠标，将“点”对象定位在龙的右前爪位置上，如图 3-41 所示。

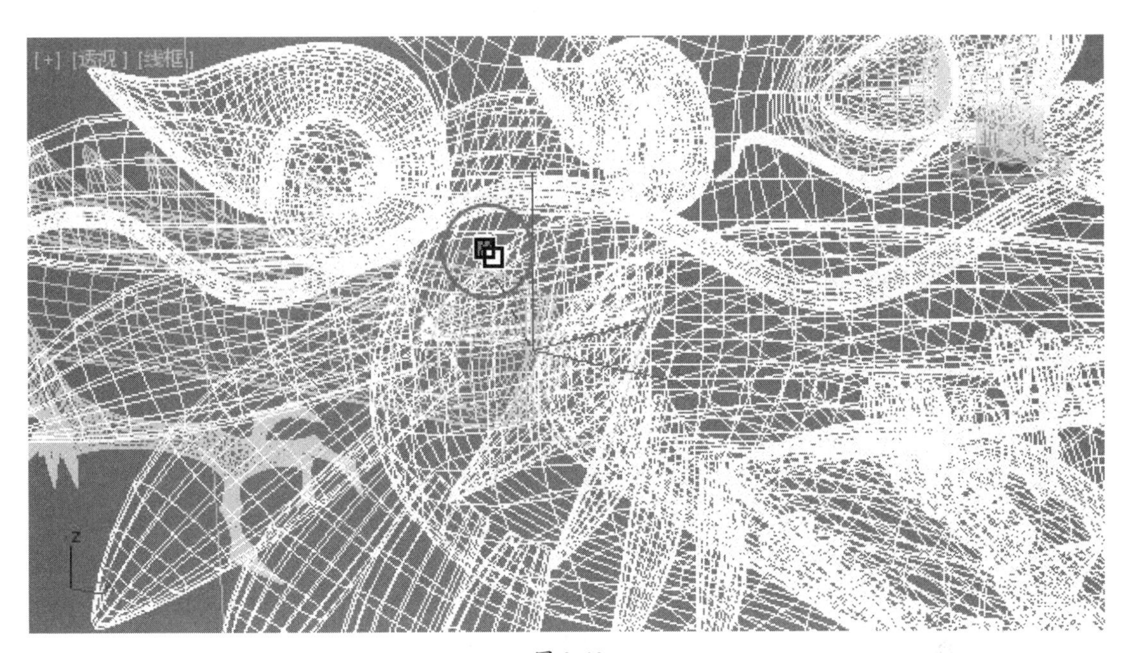

图 3-40

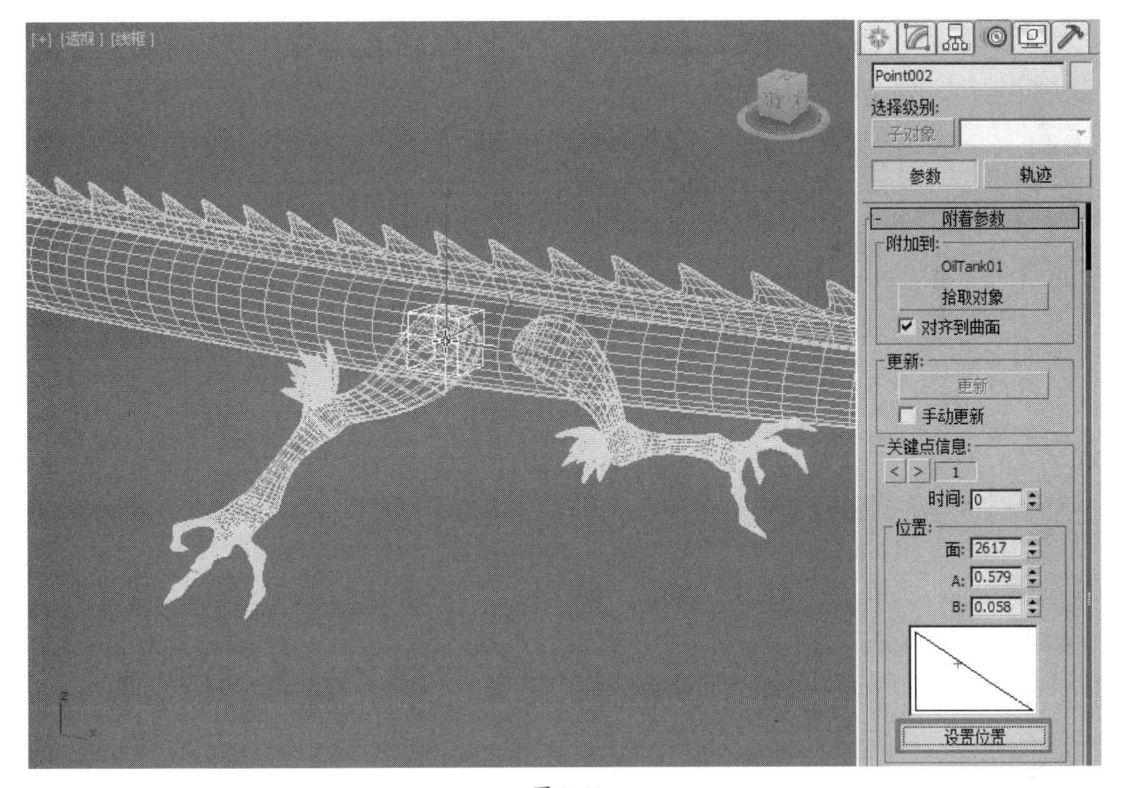

图 3-41

06 再次单击“设置位置”按钮 设置位置 ，退出该命令的操作。在场景中选择“右前爪”对象，使用链接工具将其链接到“点”对象上，如图 3-42 所示。

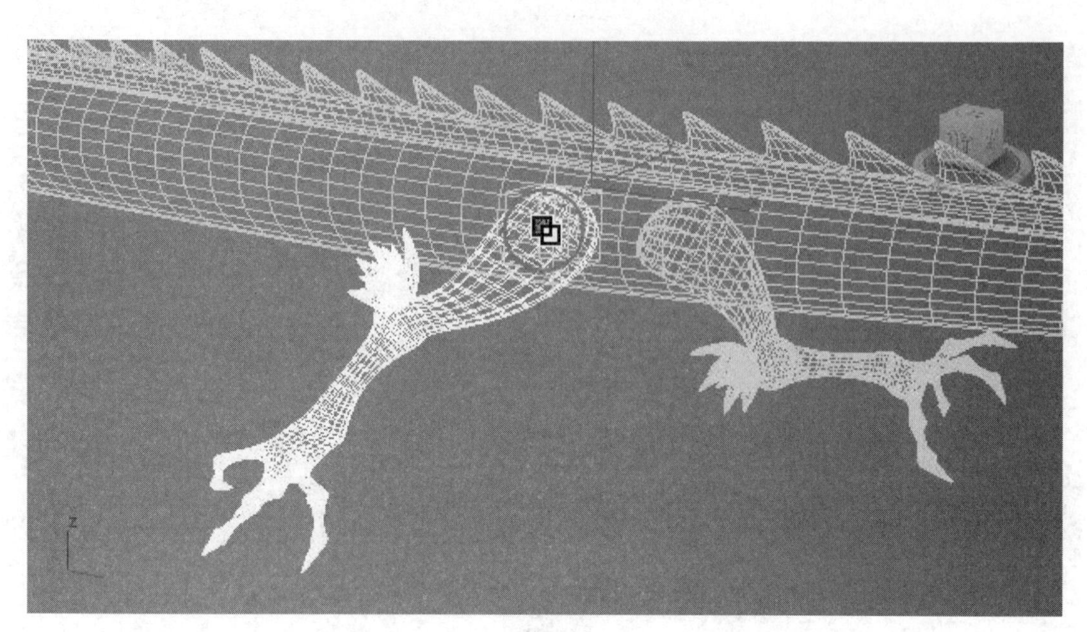

图 3-42

07 使用同样的方法，再复制 3 个“点”对象并调整位置后，用链接工具将龙的其余三个爪子链接到对应的“点”对象上，如图 3-43 所示。

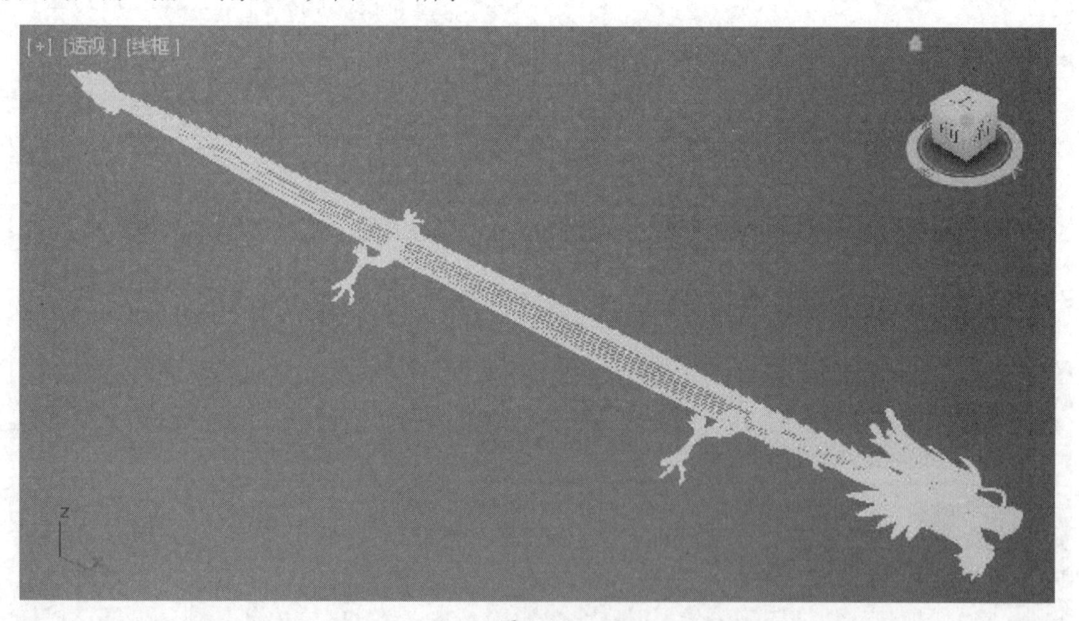

图 3-43

技巧与提示

在本例中，之所以将龙头和龙爪以“链接”的方式“固定”在龙身上，是因为如果将龙头和龙爪与龙身体合并为一个物体后，不但不利于龙头和龙爪单独制作动画，而且将龙约束到路径上后，在一些“拐弯”处，龙头和龙爪也会产生变形，这不符合运动规律也不美观。

08 使用“线”工具在视图中创建一条二维样条线，进入其“顶点”子层级并调节“顶点”的位置和形态，最终效果如图 3-44 所示。

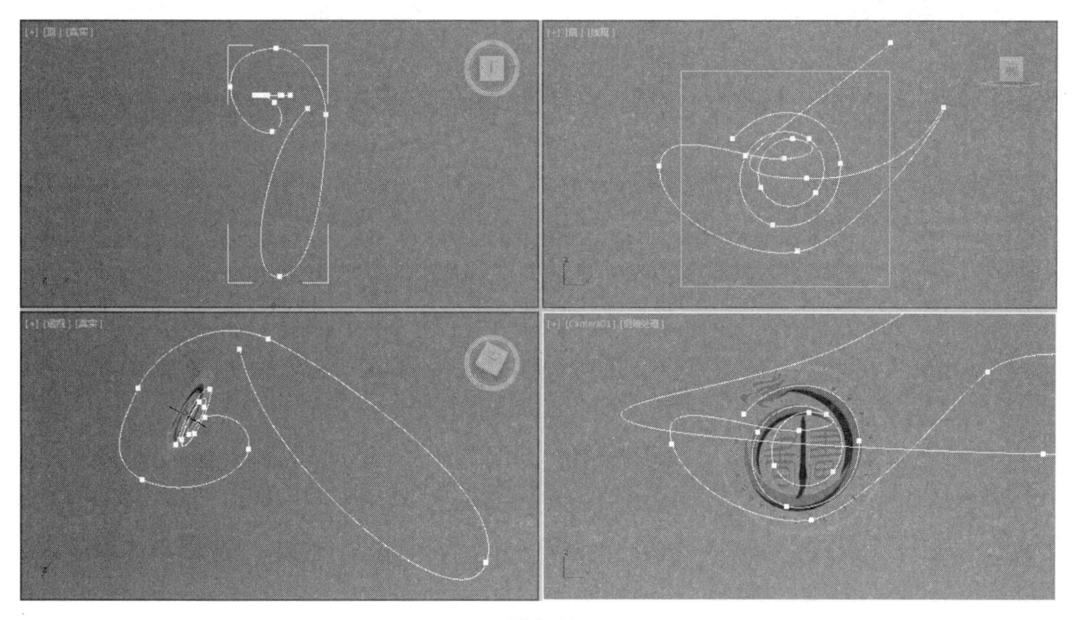

图 3-44

09 选择龙身体，进入“修改”面板，在“修改器列表”中为其添加“路径变形绑定（WSM）”修改器，在“参数”卷展栏中单击“拾取路径”按钮 拾取路径 ，然后在视图中拾取刚才创建的样条线，如图 3-45 所示。

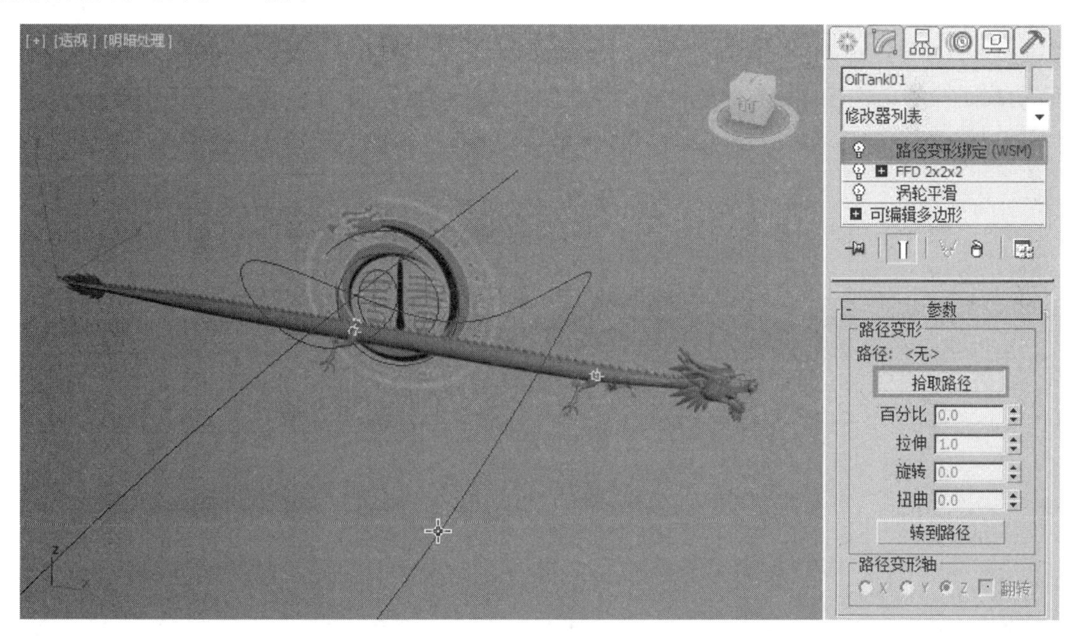

图 3-45

10 单击“转到路径”按钮 转到路径 ，并在“路径变形轴”选项组中设置变形轴为 *Y* 轴，选中“翻转”复选框，如图 3-46 所示。

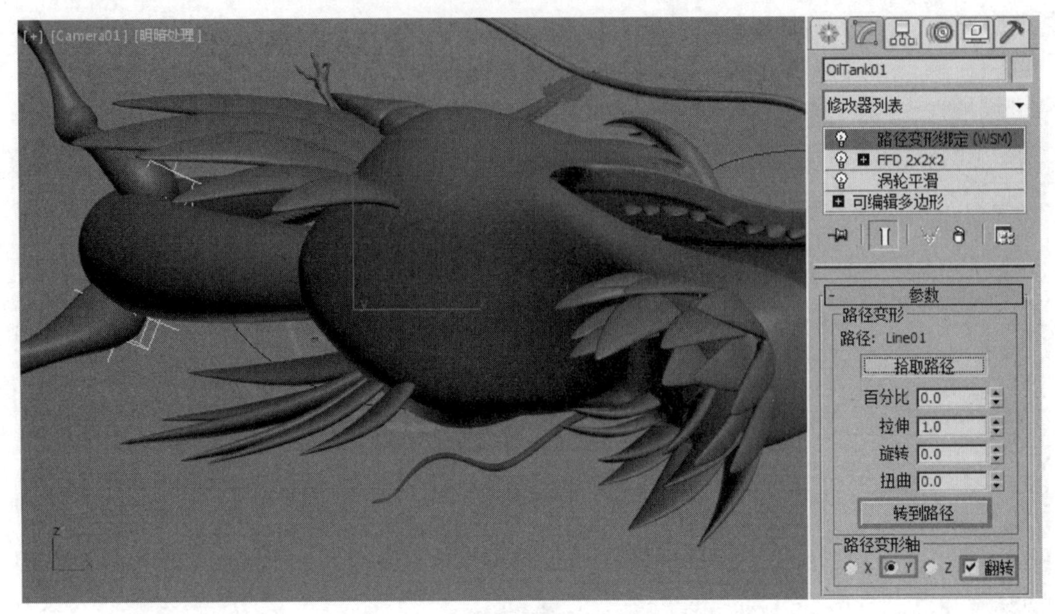

图 3-46

技巧与提示

“路径变形绑定”修改器有两个，一个后面带（WSM），一个不带（WSM）。在本例中选择后面带（WSM）的“路径变形绑定”修改器，因为这是一个带“空间扭曲”属性的修改器，不带（WSM）的“路径变形绑定”修改器不具备“转到路径”的功能。

11 在动画控制区中单击“自动关键点”按钮自动关键点，进入“自动关键点”模式。将时间滑块拖至第 0 帧的位置，在视图中选择龙身体，进入“修改”面板，在“路径变形绑定（WSM）”修改器的“参数”卷展栏中，设置“百分比”为 -22，让龙先出镜，如图 3-47 所示。

图 3-47

12 拖动时间滑块到第 150 帧的位置，设置“百分比”为 78.1，如图 3-48 所示。

图 3-48

13 拖动时间滑块到第 110 帧，按住 Shift 键在“旋转”的微调器按钮上右击记录一个关键点，如图 3-49 所示。

图 3-49

14 拖动时间滑块到第 150 帧，设置“旋转”为 12，让龙最后的姿态与底图的 Logo 更贴合，如图 3-50 所示。

15 设置完成后，渲染当前视图，最终效果如图 3-51 所示。

图 3-50

图 3-51

技巧与提示

“路径”在多数情况下不可能一次就调节到位，可以先画一个大致的路径，在制作完动画后，再根据实际情况微调路径的形态，最后再微调物体的动画效果。

3.3 鱼儿摆尾动画

功能实例：制作鱼儿摆尾动画	
实例位置：	工程文件 \CH3\ 鱼儿摆尾动画 .max
视频位置：	视频文件 \CH3\ 实例：鱼儿摆尾动画 .mp4
实用指数：	★★★☆☆
技术掌握：	熟悉循环动画的制作和设置方法

本例将制作一段鱼儿摆尾的动画效果，如果鱼儿始终在水里游，那么就可以使用设置循环的方法来制作鱼儿摆尾的动画。如图 3-52 所示为本例的最终渲染效果。

01 打开附带素材中的“工程文件 \CH3\ 鱼儿摆尾动画 .max”文件，该场景中已经为模型指定了材质，并设置了基本灯光，如图 3-53 所示。

图 3-52

图 3-53

02 在场景中选择如图 3-54 所示的一个“鱼鳍”对象，在动画控制区中单击“自动关键点”按钮 自动关键点，进入“自动关键点”模式。将时间滑块拖至第 10 帧的位置，进入“修改”面板，在 Bend（弯曲）修改器的“参数”卷展栏中，设置“角度”数值为 50，并选中“限制”选项组中“限制效果”复选框，如图 3-55 所示。

图 3-54

图 3-55

03 用同样的方法，制作其余 3 个“鱼鳍”对象的动画效果，如图 3-56 所示。

图 3-56

04 选择鱼儿的身体，将时间滑块拖至第 100 帧，并在 Wave 修改器的“参数”卷展栏中，设置“相位”数值为 6，如图 3-57 所示。

图 3-57

05 选择其中一个“鱼鳍”对象并打开“轨迹视图—曲线编辑器”窗口，在“控制器窗口”中找到“角度”参数对应的动画曲线，执行“编辑”→“控制器”→“超出范围类型”命令，打开“参数曲线超出范围类型”对话框，在该对话框中选择“往复”选项，如图 3-58 ～图 3-60 所示。

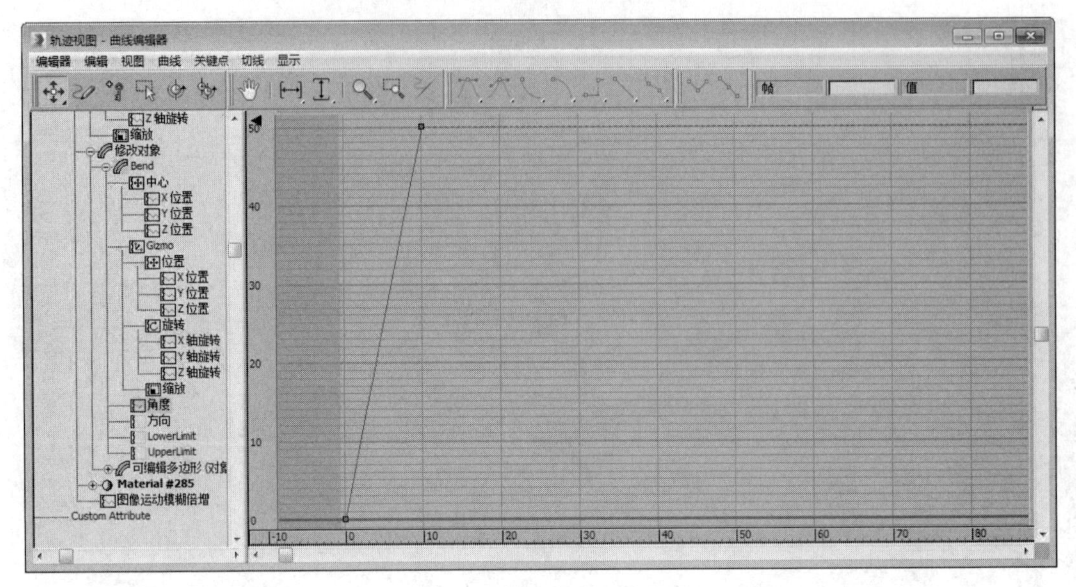

图 3-58

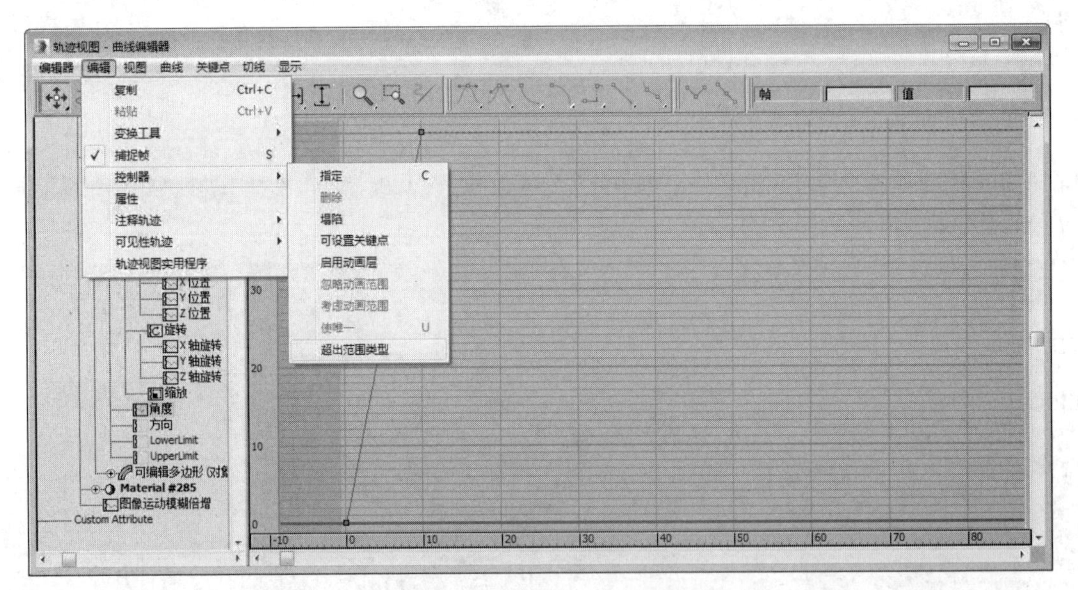

图 3-59

06 用同样的方法，将其余 3 个“鱼鳍”对象的动画曲线超出范围类型也设置为“往复”。

07 将鱼儿身体的“相位”动画曲线的超出范围类型设置为“相对重复”，如图 3-61 和图 3-62 所示。

08 在场景中选择如图 3-63 所示的与鱼儿已经父子链接的点辅助体，使用前面学习过的方法，为其制作位移和旋转动画，如图 3-64 所示。

09 设置完成后，渲染当前视图，最终效果如图 3-65 所示。

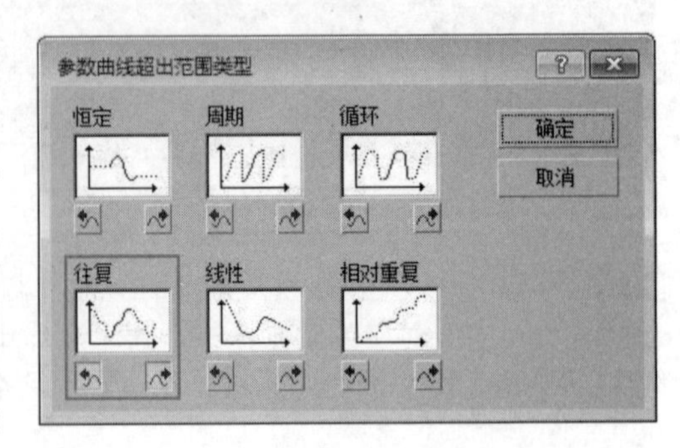

图 3-60

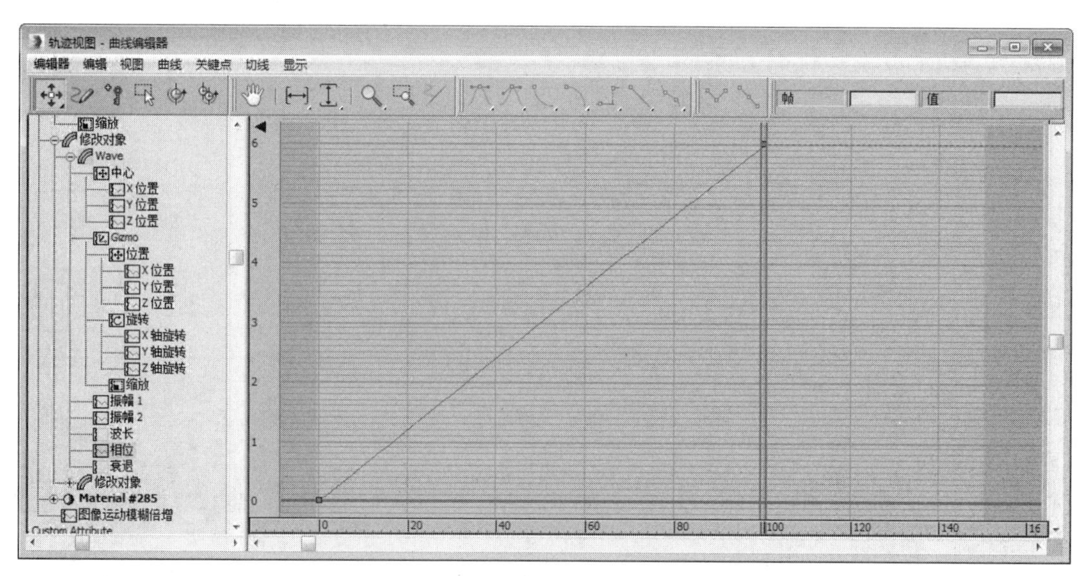

图 3-61

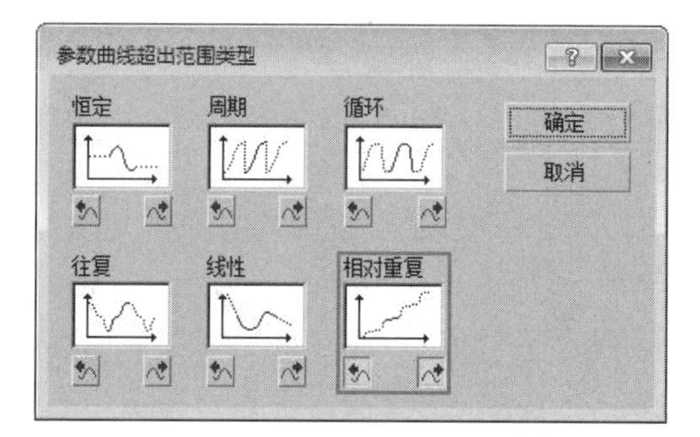

图 3-62

图 3-63

图 3-64

图 3-65

第 4 章　复合对象动画

复合对象建模是一种特殊的建模方法，该建模方法可以将两个或两个以上的物体通过特定的合成方式合并为一个物体，以创建出更复杂的模型。对于合并的过程，不仅可以反复调节，还可以记录为动画，实现特殊的动画效果。本章将学习使用复合对象制作动画的有关知识。

4.1 树木生长

实例操作：树木生长	
实例位置：	工程文件 \CH4\ 树木生长 .max
视频位置：	视频文件 \CH4\ 实例：树木生长 .mp4
实用指数：	★★★☆☆
技术掌握：	熟练使用“散布”命令制作对象动画

对复合对象使用“散布”命令能够将选定的源对象通过散布控制，分散、覆盖到目标对象的表面，通常用来制作一些杂乱的碎石、草地等效果。而通过“修改”面板可以设置对象分布的数量和状态，也可以制作散布对象的动画。接下来将通过实例讲解“散布”复合对象的创建及设置方法，如图 4-1 所示为本例的最终完成效果。

图 4-1

01 打开附带素材中的“工程文件 \CH4\ 树木生长 .max”文件，该场景中已经为物体指定了材质，并设置了灯光，如图 4-2 所示。

02 在场景中选择“树干”对象，进入“修改”面板，在修改堆栈中为其添加“多边形选择”修改器，并进入“多边形”次层级，在场景中选择所需要的面，如图 4-3 所示。

技巧与提示

选择树干上的面，目的在于让树枝只散布到选择的面上，也就是树枝只生长在树干的上半部分，否则树枝会生长在整个树干上。

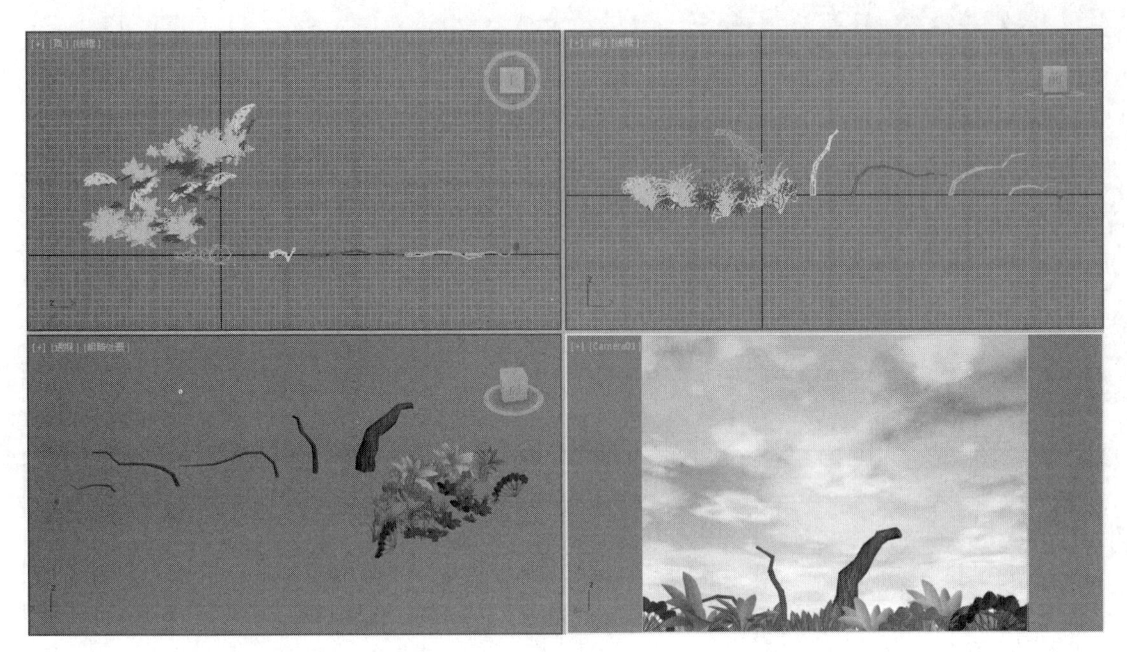

图 4-2

[+] [前] [线框]
树干
修改器列表
多边形选择
Bend
Twist
编辑网格
Noise
编辑网格
UVW 贴图
Cone
参数
按顶点
忽略背面
收缩
扩大
环形
循环
从其他级别获取
获取顶点选择
获取多边形选择
获取边选择
按材质 ID 选择
ID: 1
选择
命名选择集
复制
粘贴
选择开放边
选择了 25 个多边形
软选择

图 4-3

03 选择“树枝 01”对象，进入“复合对象”面板，单击“散布”按钮 散布 ，在“拾取分布对象”卷展栏中选中“移动”单选按钮，并单击“拾取分布对象”按钮 拾取分布对象 。在场景中单击“树干”对象，将“树枝 01”对象散布到“树干”对象上，如图 4-4 和图 4-5 所示。

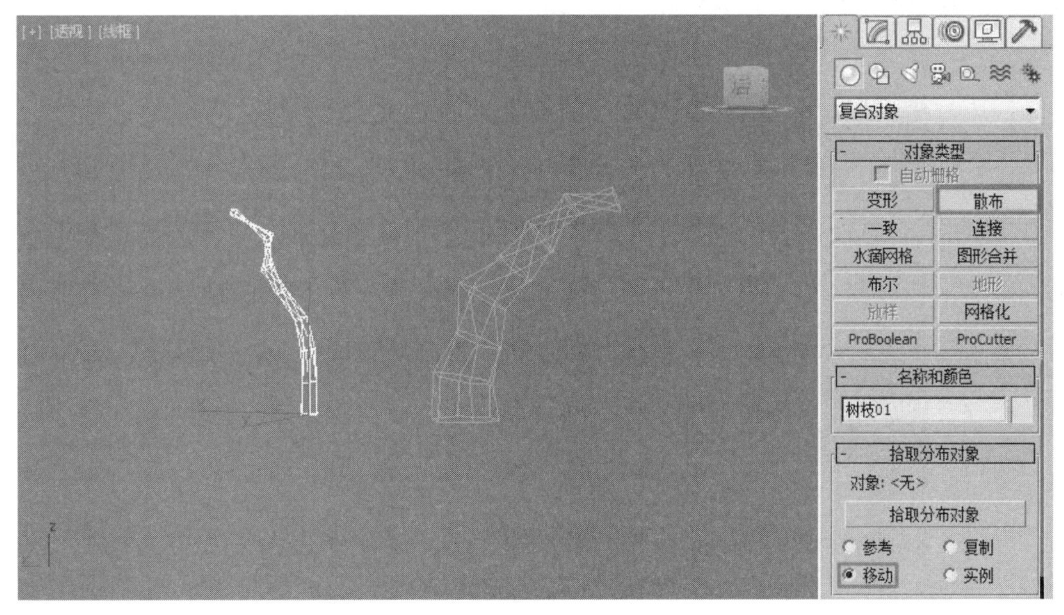

图 4-4

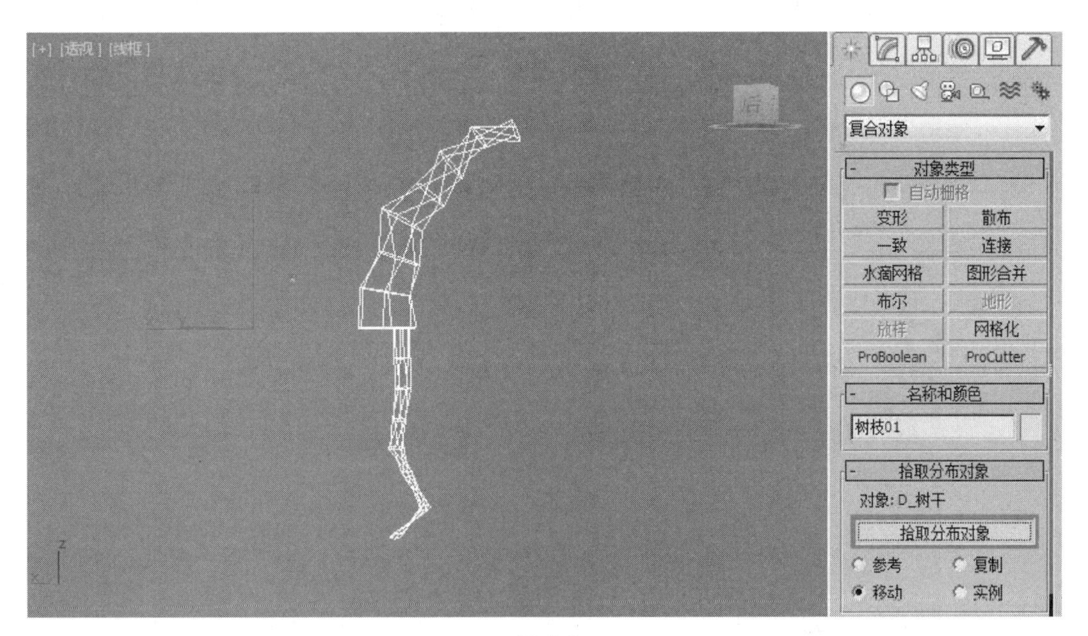

图 4-5

04 进入“修改”面板，在“散布对象”卷展栏中设置“重复数”为 2，取消选中“垂直”复选框，选中“仅使用选定面”复选框，最后选中“跳过 N 个”单选按钮并设置参数为 46，如图 4-6 所示。

图 4-6

05 在“变换”卷展栏的“旋转”选项组中，设置 Z 的数值为 285.0。在“比例”选项组中，选中“使用最大范围”和“锁定纵横比”复选框，然后设置 X 的数值为 95.0。在“显示”卷展栏中，设置“种子”为 5，如图 4-7 和图 4-8 所示。

图 4-7

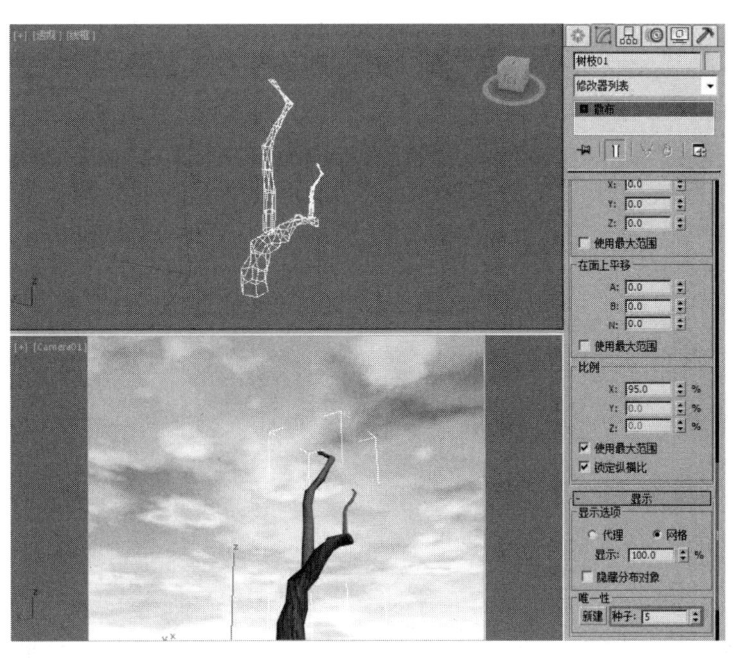

图 4-8

技巧与提示

“种子”参数可以在相同参数的情况下，设置一些不同的随机效果。

06 在“修改器列表”中为散布的物体添加“多边形选择”修改器，并在“元素”级别下选择如图 4-9 所示的元素。

图 4-9

07 用同样的方法，将“树枝 02”对象散布到“树枝 01”对象上，并进入“修改”面板，在“散布对象”卷展栏中，设置“重复数”为 8，“基础比例”为 75.0，取消选中“垂直”复选框并选中“仅使用选定面”复选框，最后选中“跳过 N 个”单选按钮并设置数量为 105，如图 4-10 所示。

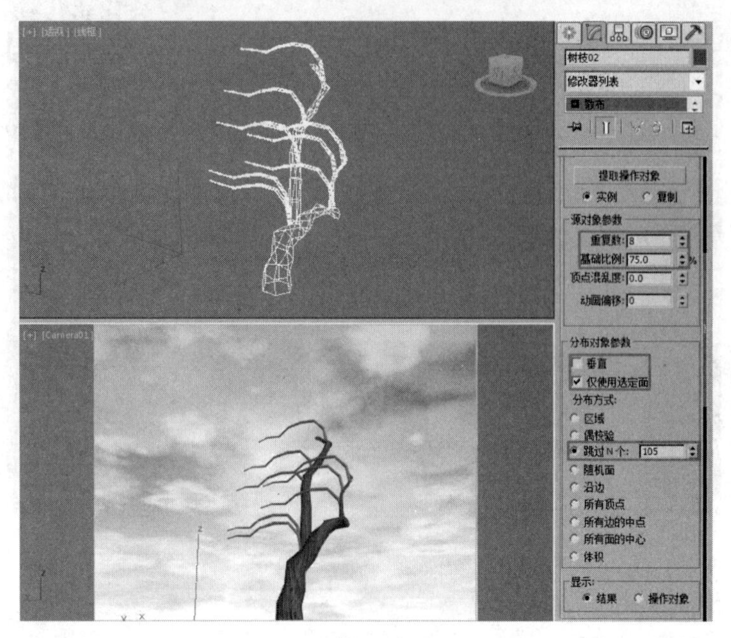

图 4-10

08 在“变换”卷展栏的“旋转”选项组中，设置 Z 的数值为 285.0。在“比例”选项组中，选中“使用最大范围”和“锁定纵横比”复选框，然后设置 X 的数值为 85.0。在“显示”卷展栏中，设置“种子”为 34，如图 4-11 和图 4-12 所示。

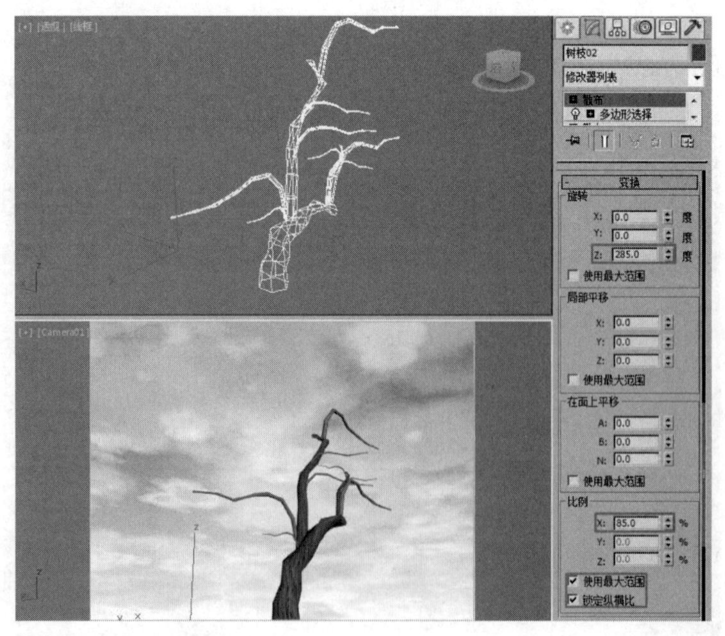

图 4-11

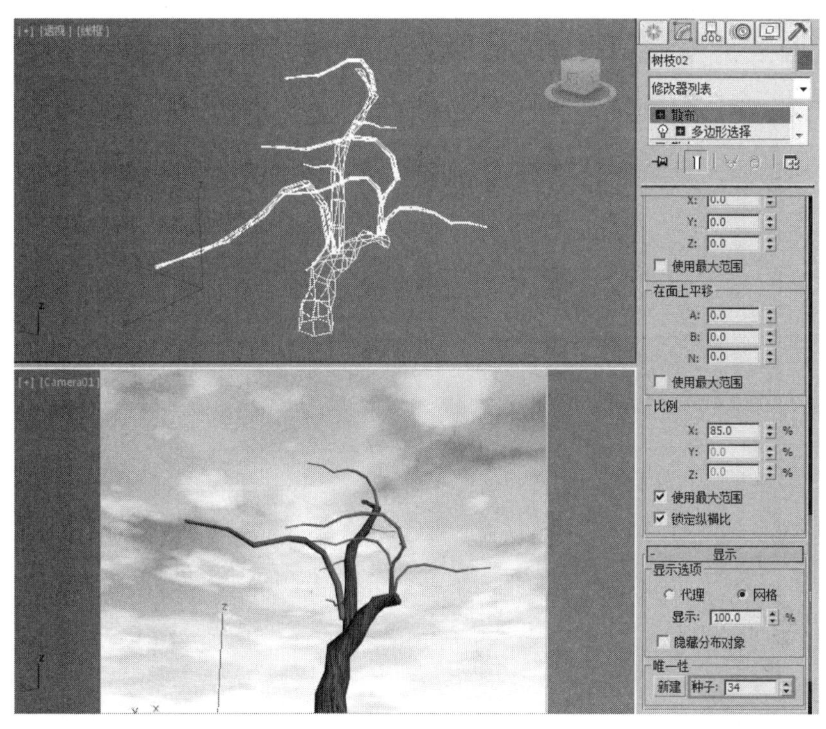

图 4-12

09 在“修改器列表”中为散布的物体添加“多边形选择”修改器，并在“元素”级别下选择如图 4-9 所示的元素，如图 4-13 所示。

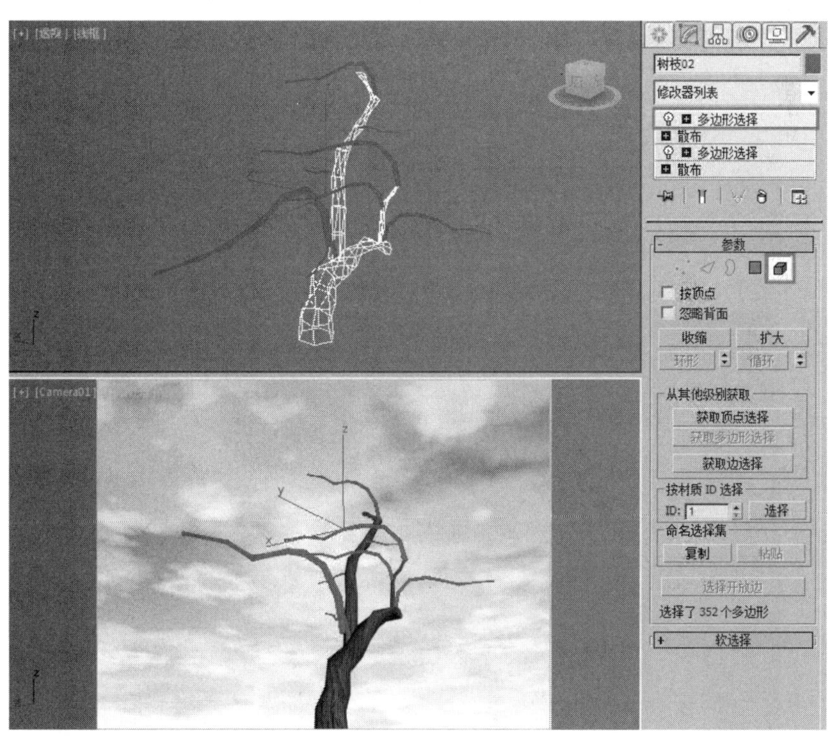

图 4-13

10 用同样的方法，将“树枝 03”对象散布到“树枝 02”对象上，并进入“修改”面板。在“散布对象”卷展栏中，设置“重复数”为 43，“基础比例”为 35.0，取消选中“垂直”复选框并选中“仅使用选定面”复选框，如图 4-14 所示。

图 4-14

11 在“变换”卷展栏的“旋转”选项组中，设置 X 的数值为 75.0，Z 的数值为 285。在“比例”选项组中，选中 “使用最大范围”和“锁定纵横比”复选框，最后设置 X 的数值为 60，如图 4-15 所示。

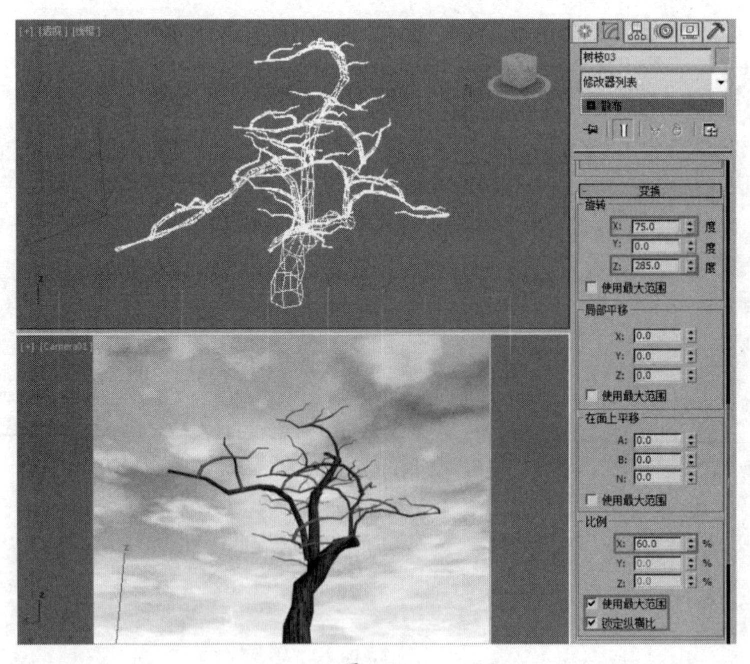

图 4-15

12 在“修改器列表”中为散布的物体添加“多边形选择”修改器，并在“元素”级别下选择如图 4-16 所示的元素。

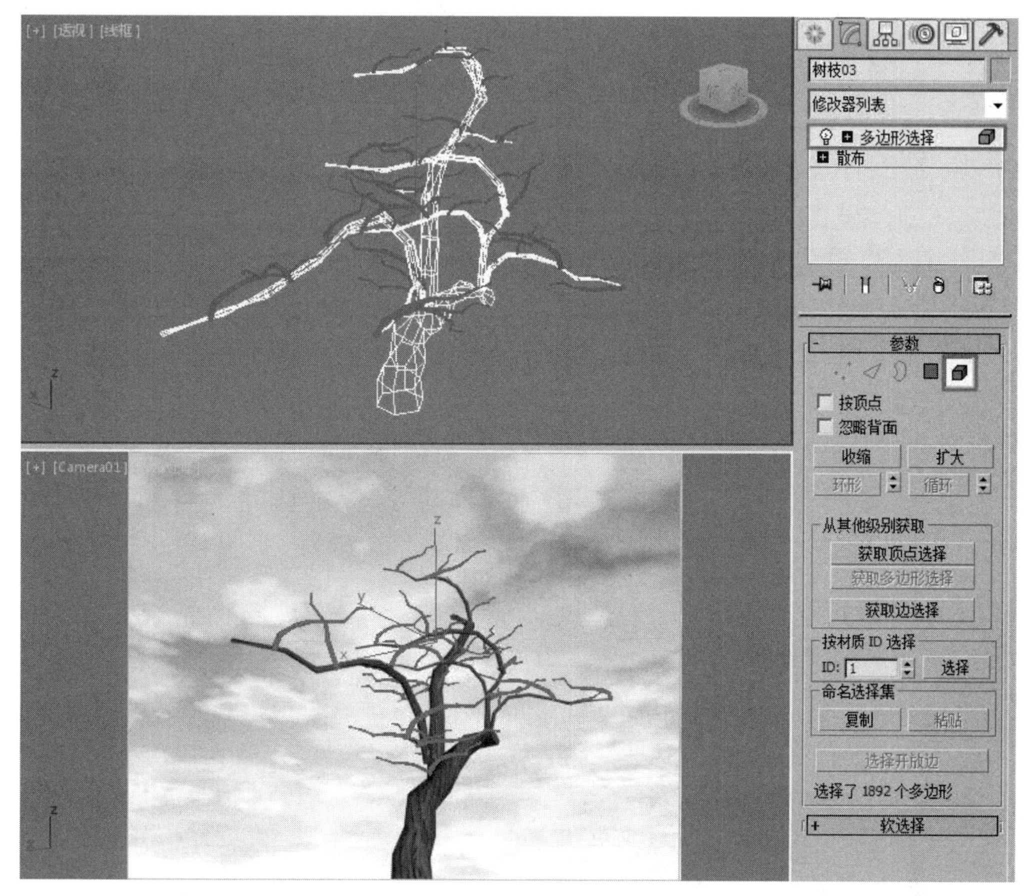

图 4-16

技巧与提示

为了选择“元素”时更方便，可以先取消选中“散布”对象“显示”卷展栏中的“隐藏分布对象”复选框，在选择所需“元素”后，再选中该复选框，如图4-17所示。

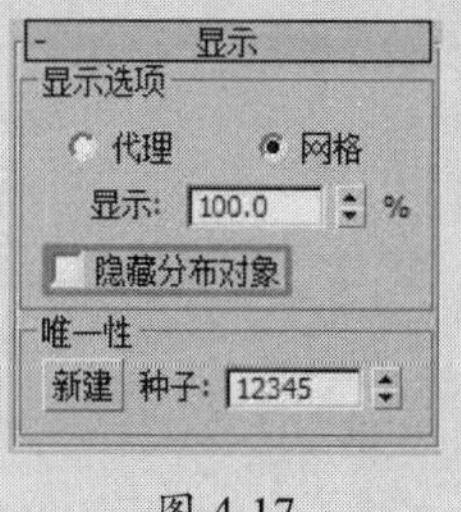

图 4-17

13 用同样的方法，将“树枝 04”对象散布到“树枝 03”对象上，并进入“修改”面板，在“散布对象”卷展栏中，设置“重复数”为 230，“基础比例”为 30.0，取消选中“垂直”复选框并选中“仅使用选定面”复选框，如图 4-18 所示。

图 4-18

14 在“变换”卷展栏的“旋转”选项组中，设置Z的数值为285.0。在“比例”选项组中，选中“使用最大范围”和“锁定纵横比”复选框，最后设置X的数值为75.0，如图4-19所示。

图 4-19

15 在“修改器列表”中为散布的物体添加“多边形选择”修改器，并在“元素”级别下选择如图 4-20 所示的元素。

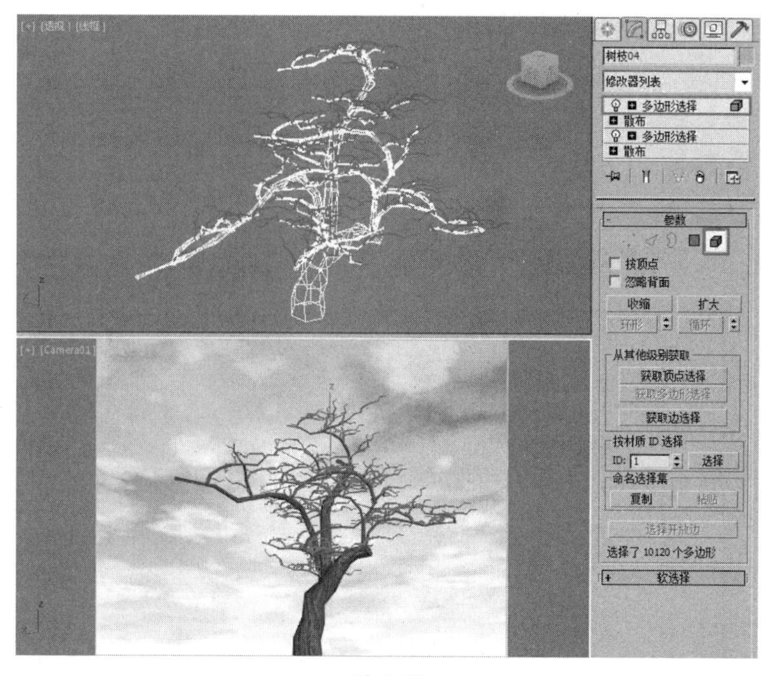

图 4-20

16 用同样的方法，将“树叶”对象散布到“树枝 04”对象上，并进入“修改”面板。在“散布对象”卷展栏中，设置“重复数”为 1000，取消选中“垂直”复选框并选中“仅使用选定面”复选框，如图 4-21 所示。

图 4-21

17 在“变换”卷展栏的“旋转”选项组中，设置 Y 的数值为 285.0。在“比例”选项组中，选中“使用最大范围”和“锁定纵横比”复选框，最后设置 X 的数值为 30.0，如图 4-22 所示。

图 4-22

18 选择最终散布得到的“树叶”对象，在“修改器列表”中，单击“散布对象”卷展栏中的“分布：D_树枝 04”，此时下一级的“散布”命令会出现在“修改器列表”中，通过依次单击每个“散布”命令中的“分布”物体，可以进入每个“散布”的级别进行参数的修改，如图 4-23 所示。

图 4-23

19 在动画控制区中单击“自动关键点”按钮 自动关键点，进入“自动关键点”模式，将时间滑块拖至第 30 帧，单击底层的 Cone。按住 Shift 键在“高度”数值的微调器按钮 上右击，然后再将时间滑块滑到第 0 帧，接着将“高度”设置为 0，如图 4-24 和图 4-25 所示。

图 4-24

图 4-25

20 在“修改器列表”中单击底层的“散布”命令，在“散布对象”卷展栏中单击“源：S_ 树枝 01”，此时“树枝 01”对象的参数会出现在下方的“修改器列表”中，如图 4-26 所示。

图 4-26

21 选择最下方的 Cone，将时间滑块拖至第 40 帧，按住 Shift 键在“高度”数值的微调器按钮上右击，如图 4-27 所示。

图 4-27

22 在“高度”数值的范围框内右击，在弹出的快捷菜单中选择“在轨迹视图中显示”命令，如图 4-28 所示。

图 4-28

技巧与提示

因为层级太多，如果直接打开“曲线编辑器”找到这个参数的动画曲线会比较麻烦，用上面的方法就可以快速找到当前参数的动画曲线了。

23 在打开的“选定对象”窗口中，选择第 0 帧的关键点，将其移至第 10 帧，并设置其数值为 0，如图 4-29 所示。

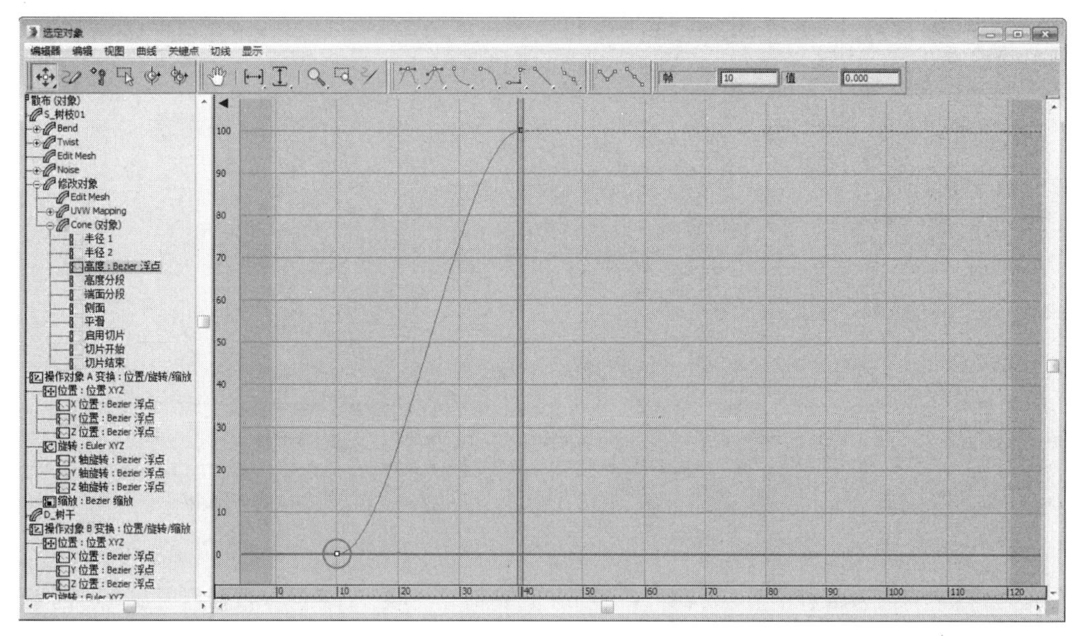

图 4-29

24 用同样的方法，将“树枝 02”“树枝 03”和“树枝 04”分别制作第 20 帧到第 50 帧、第 30 帧到第 60 帧、第 40 帧到第 70 帧的“高度”动画，如图 4-30 所示。

图 4-30

25 选择顶层的“散布”修改器，用同样的方法，在“散布对象”卷展栏中，将“基础比例”参数制作为第 50 帧到第 80 帧，数值由 0 到 100 的动画，如图 4-31 所示。

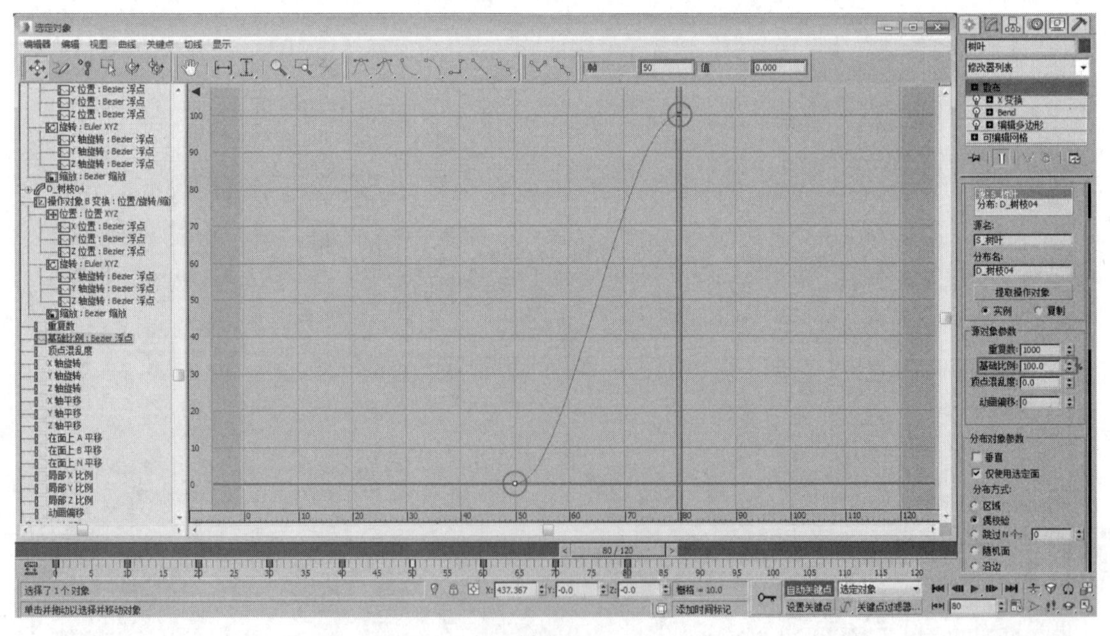

图 4-31

26 在“散布对象”卷展栏中单击“源：S_ 树叶”，此时“树叶”对象的参数会出现在下方的“修改器列表”中，选择 Bend（弯曲）修改器，在动画控制区中单击“自动关键点”按钮 自动关键点 ，退出“自动关键点”模式。将时间滑块拖至第 50 帧，设置“角度”为 -80，按住 Shift 键右击“角度”数值的微调器按钮，如图 4-32 所示。

图 4-32

27 在动画控制区中再次单击“自动关键点”按钮自动关键点，进入“自动关键点”模式。将时间滑块拖至第 80 帧，设置“角度”为 50.0。将时间滑块拖至第 85 帧，设置“角度”为 30.0。将时间滑块拖至第 90 帧，设置“角度”为 40.0，如图 4-33 所示。

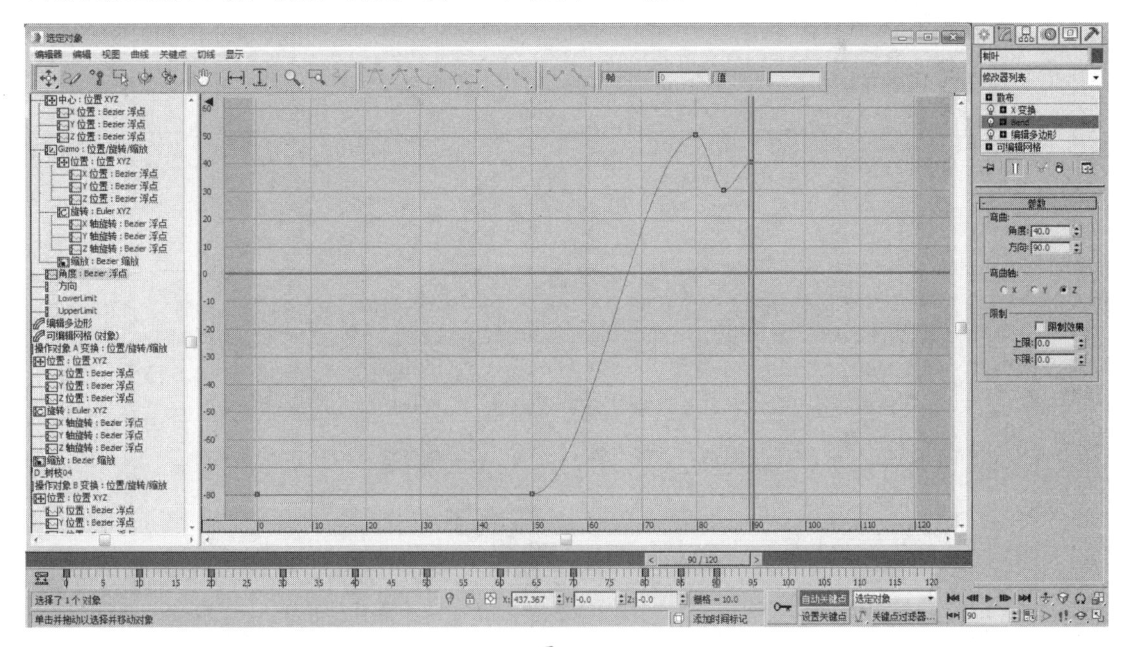

图 4-33

28 在动画控制区中单击“自动关键点”按钮自动关键点，退出“自动关键点”模式。单击顶层的“散布”

修改器，在“散布对象”卷展栏中，设置“动画偏移”为 10，这样可以让叶子的动画有先后顺序，会更自然一些，如图 4-34 所示。

图 4-34

29 设置完成后，渲染当前视图，最终效果如图 4-35 所示。

图 4-35

4.2 裂缝

实例操作：裂缝	
实例位置：	工程文件 \CH4\ 裂缝 .max
视频位置：	视频文件 \CH4\ 实例：裂缝 .mp4
实用指数：	★★★☆☆
技术掌握：	熟练使用“图形合并”命令制作动画

“布尔”命令能够对两个或两个以上的对象进行交集、并集和差集的运算，从而对基本几何体进行组合，创建出新的对象形状。通过“布尔”命令还可以“创建”出一些特殊的选区，为后续动画的制作提供便利。下面将通过实例讲解这方面的知识。如图 4-36 所示为本例的最终完成效果。

图 4-36

01 打开附带素材中的“工程文件 \CH4\ 裂缝 .max”文件，该场景中已经为模型指定了材质，并设置了灯光，如图 4-37 所示。

图 4-37

02 在场景中选择“裂缝”对象，进入“修改”面板，在“修改器列表”中为其添加“挤出”修改器。在“参数”卷展栏中，设置“数量”为10.0，并使用移动工具调整其位置，使之与“蛋”对象完全接触，如图4-38所示。

图 4-38

技巧与提示

这里一定要让两个物体完全接触，否则后面的布尔运算就不能得到正确的结果。

03 选择“蛋”对象并进入“复合对象”面板，单击“布尔”按钮 布尔 ，并在“拾取布尔”卷展栏中选中“移动”单选按钮。在“参数”卷展栏中选中“切割”单选按钮。单击“拾取操作对象 B”按钮 拾取操作对象 B，在场景中拾取“裂缝”对象，如图 4-39 和图 4-40 所示。

图 4-39

图 4-40

04 进入“修改”面板，在“修改器列表”中为其添加“编辑多边形”修改器，进入“多边形”层级后会发现，“裂缝”对象与“蛋”对象相交的“面”被自动选中，如图 4-41 所示。

05 在“多边形：材质 ID”卷展栏中，将选中的多边形的 ID 号设置为 3，如图 4-42 所示。

图 4-41

图 4-42

技巧与提示

其他的多边形默认的材质ID号为2，在这里不要随意改动。

06 在“修改器列表”中为“蛋”对象添加“体积选择”修改器，并在“参数”卷展栏的“堆栈选择层级”选项组中选中“面”单选按钮。在“选择方式”选项组中选中“长方体”单选按钮，如图 4-43 所示。

图 4-43

07 在动画控制区中单击“自动关键点”按钮自动关键点，进入“自动关键点”模式。将时间滑块拖至第 100 帧，选择“体积选择”修改器的 Gizmo 子层级，使用移动工具将 Gizmo 对象沿 *Z* 轴调整其位置，如图 4-44 所示。

图 4-44

08 单击“自动关键点”按钮自动关键点，退出“自动关键点”模式。在“修改器列表”中为“蛋”对象再添加“材质”修改器，并在“参数”卷展栏中设置“材质 ID”为 1，如图 4-45 所示。

图 4-45

技巧与提示

在这里只要不将“材质ID”设置为2或者3，其他数值都可以。

09 在“修改器列表”中为“蛋”对象再添加“体积选择”修改器，并在“参数”卷展栏的“堆栈选择层级”选项组中选中“面”单选按钮，在“选择方式”选项组中选中“材质 ID”单选按钮，并设置“材质 ID”为 3，如图 4-46 所示。

图 4-46

10 在“修改器列表”中为“蛋”对象添加“删除网格”修改器。此时拖动时间滑块，会发现“裂缝”会一点一点地往上蔓延，如图 4-47 所示。

图 4-47

11 在“修改器列表”中为“蛋”对象添加“壳”修改器，在“参数”卷展栏中设置“内部量”为 0.1，“外部量”为 0.0，如图 4-48 所示。

图 4-48

技巧与提示

添加“壳”修改器可以为对象增加厚度，也可以避免物体产生“镂空”现象，也就是从裂缝中看过去会看不到物体的内壁，反而会看到后面的背景。如果对物体的厚度没有要求，也可以将物体的材质设置为“双面”，可以避免“镂空”现象的产生，如图4-49所示。

明暗器基本参数
(B)Blinn　线框　双面　面贴图　面状

图 4-49

12 设置完成后，渲染当前视图，最终效果如图 4-50 所示。

图 4-50

4.3 切割

实例操作：切割	
实例位置：	工程文件 \CH4\ 切割 .max
视频位置：	视频文件 \CH4\ 实例：切割 .mp4
实用指数：	★★☆☆☆
技术掌握：	熟练使用 ProBoolean 命令制作动画

ProBoolena 是 3ds Max 9.0 版本增加的一个工具，在 3ds Max 9.0 之前，ProBoolean 是作为 3ds Max 的一个布尔运算插件存在的，称为 PowerBoolean（超级布尔运算）。在 3ds Max 9.0 版本中，ProBoolean 被植入到了软件中，成为了软件自带的一个工具，可见 ProBoolean 的重要性。ProBoolean 与早期的“布尔”运算工具相比更有优势，甚至可以完全取代传统的布尔运算工具。下面将使用 ProBoolean 来模拟制作一个“激光”切割物体的动画效果。如图 4-51 所示为本例的最终完成效果。

图 4-51

01 打开附带素材中的“工程文件 \CH4\ 切割 .max”文件，该场景中已经制作了“激光”的动画，并使用“粒子”模拟了激光切割物体时产生的火花效果，如图 4-52 所示。

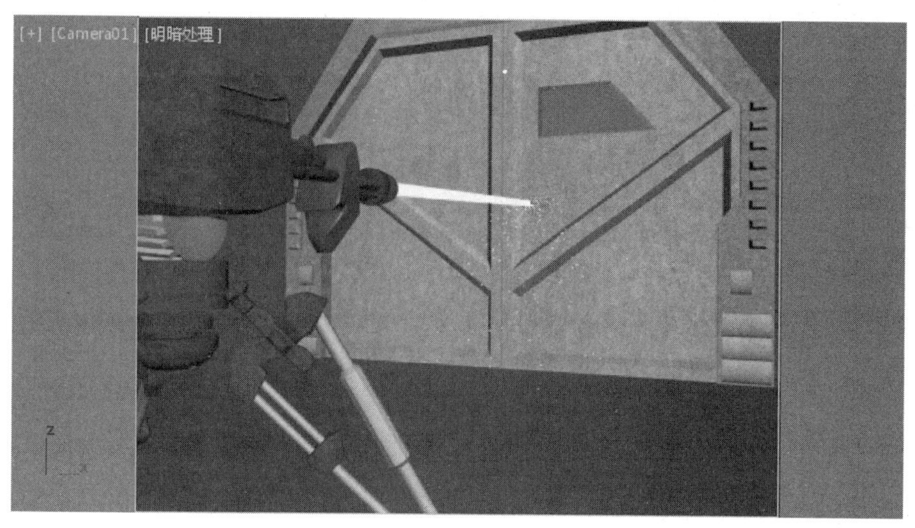

图 4-52

02 在顶视图中创建一个长方体，设置长方体的“长度”为 30.0，“宽度”为 3.0，“高度”为 215.0。使用旋转工具将“长方体”对象沿 *Y* 轴旋转 -25°，并使用移动工具调整其位置，最后将其命名为“切割器”，如图 4-53 所示。

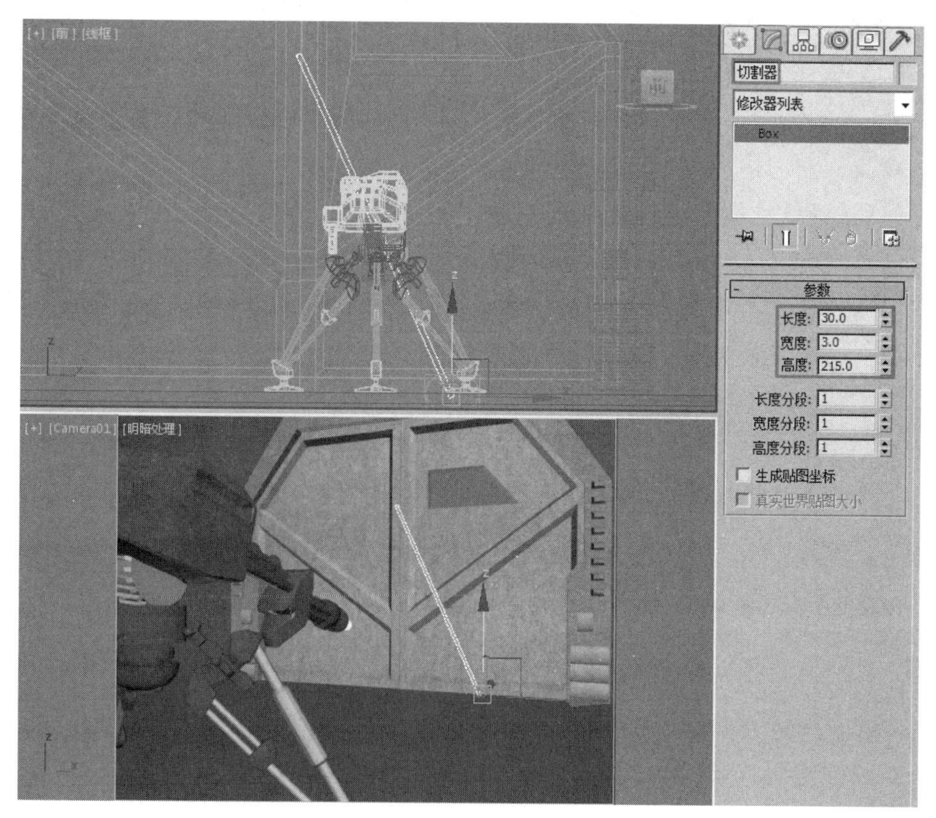

图 4-53

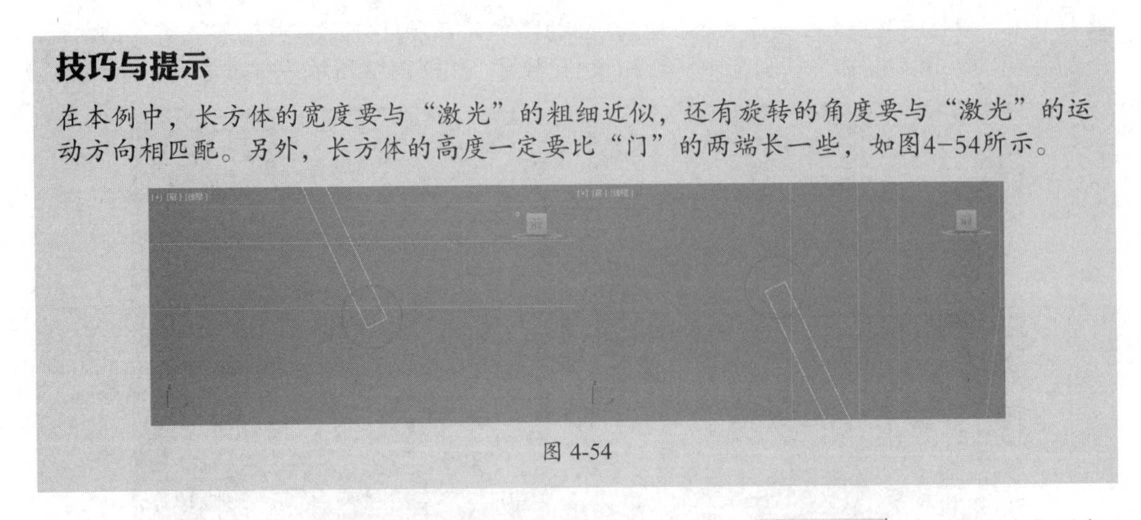

技巧与提示

在本例中，长方体的宽度要与“激光”的粗细近似，还有旋转的角度要与“激光”的运动方向相匹配。另外，长方体的高度一定要比“门”的两端长一些，如图4-54所示。

图 4-54

03 选择“门”对象，进入“复合对象”面板，单击ProBoolean按钮 ProBoolean ，在“拾取布尔对象”卷展栏中，单击“开始拾取”按钮 开始拾取 ，并在视图中单击“切割器”对象，如图4-55和图4-56所示。

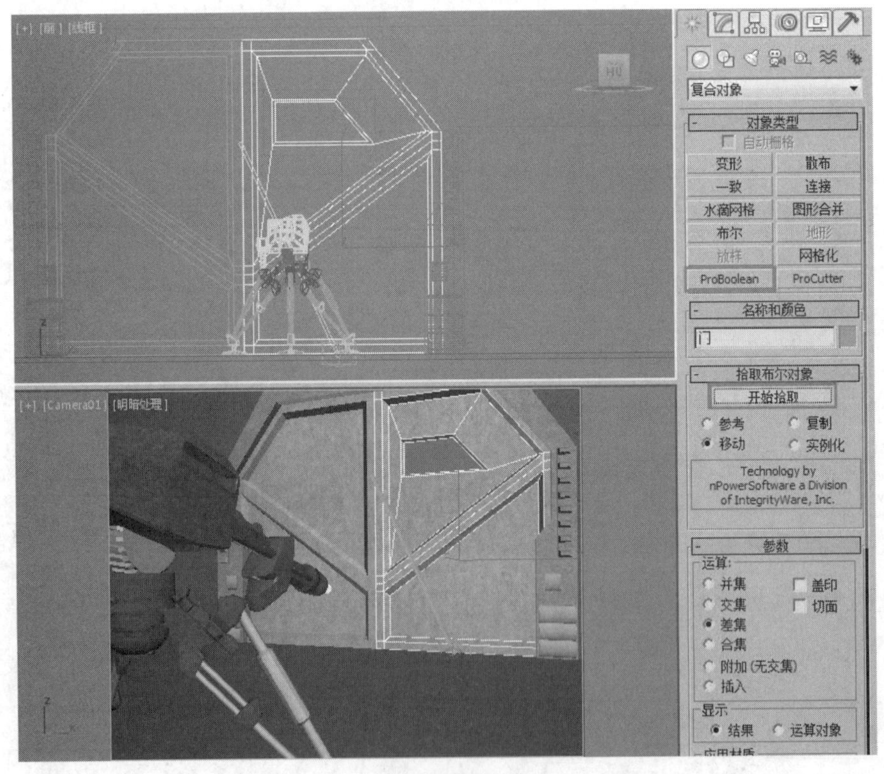

图 4-55

04 进入“修改”面板，在“参数”卷展栏中单击“1：差集 - 切割器”选项，此时长方体对象的创建参数又出现在了修改器列表中，如图4-57所示。

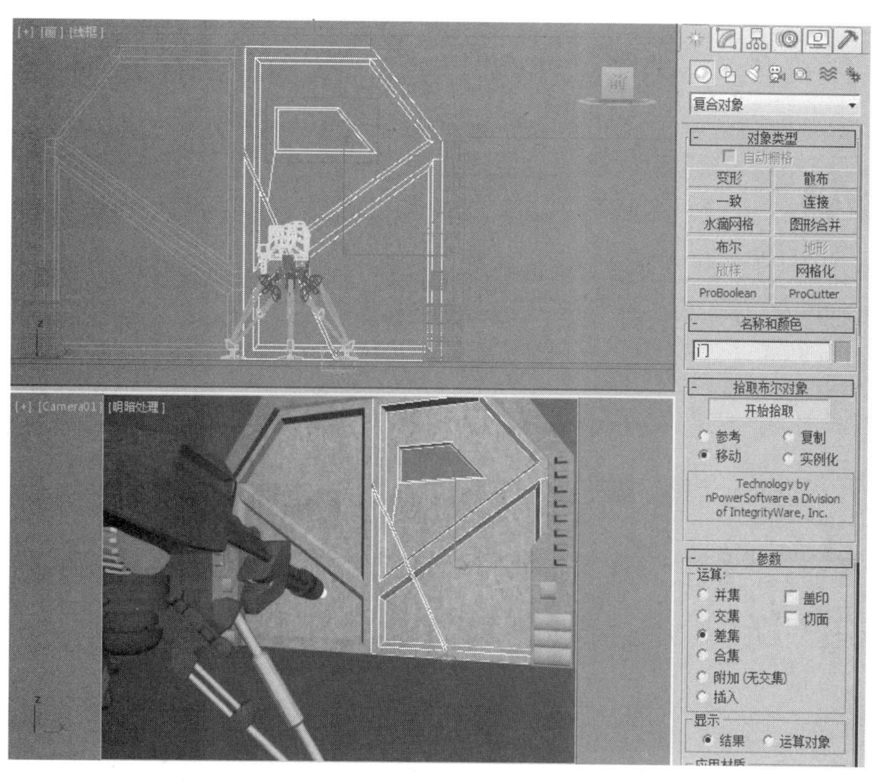
[+] [前] [线框]
复合对象
对象类型
自动栅格
变形
散布
一致
连接
水滴网格
图形合并
布尔
地形
放样
网格化
ProBoolean
ProCutter
名称和颜色
门
拾取布尔对象
开始拾取
参考
复制
移动
实例化
Technology by
nPowerSoftware a Division
of IntegrityWare, Inc.
参数
运算:
并集
盖印
交集
切面
差集
合集
附加 (无交集)
插入
显示
结果
运算对象
[+] [Camera01] [明暗处理]

图 4-56

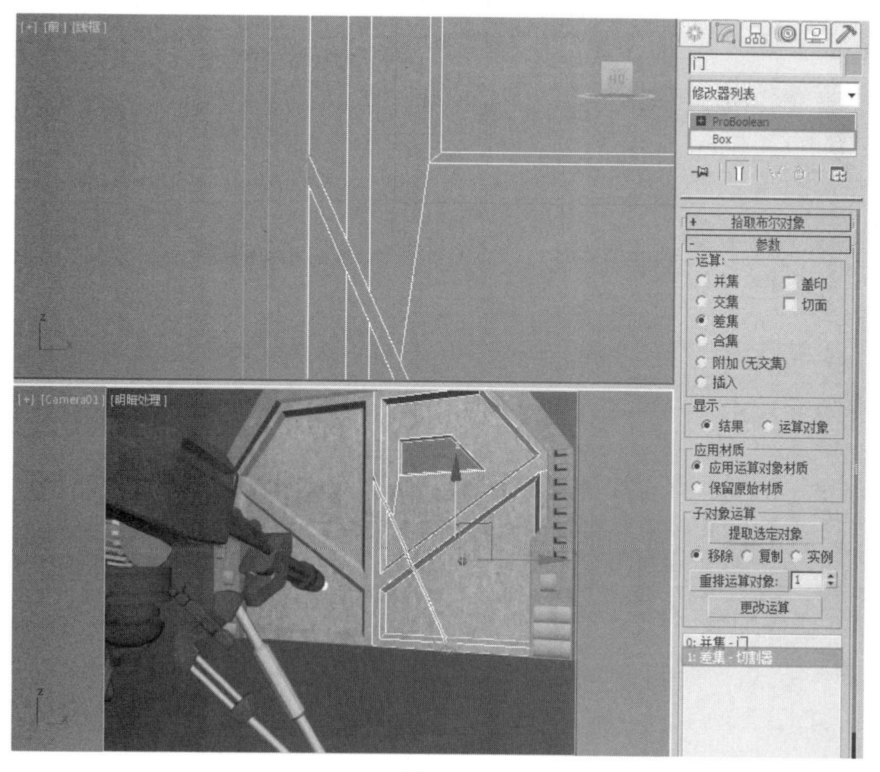
[+] [前] [线框]
门
修改器列表
ProBoolean
Box
拾取布尔对象
参数
运算:
并集
盖印
交集
切面
差集
合集
附加 (无交集)
插入
显示
结果
运算对象
应用材质
应用运算对象材质
保留原始材质
子对象运算
提取选定对象
移除
复制
实例
重排运算对象:
更改运算
0: 并集 - 门
1: 差集 - 切割器
[+] [Camera01] [明暗处理]

图 4-57

05 在动画控制区中单击“自动关键点”按钮自动关键点，进入“自动关键点”模式。将时间滑块拖至第 100 帧，在“修改器列表”中选择 Box，按住 Shift 键在“高度”参数的微调器上右击，如图 4-58 所示。

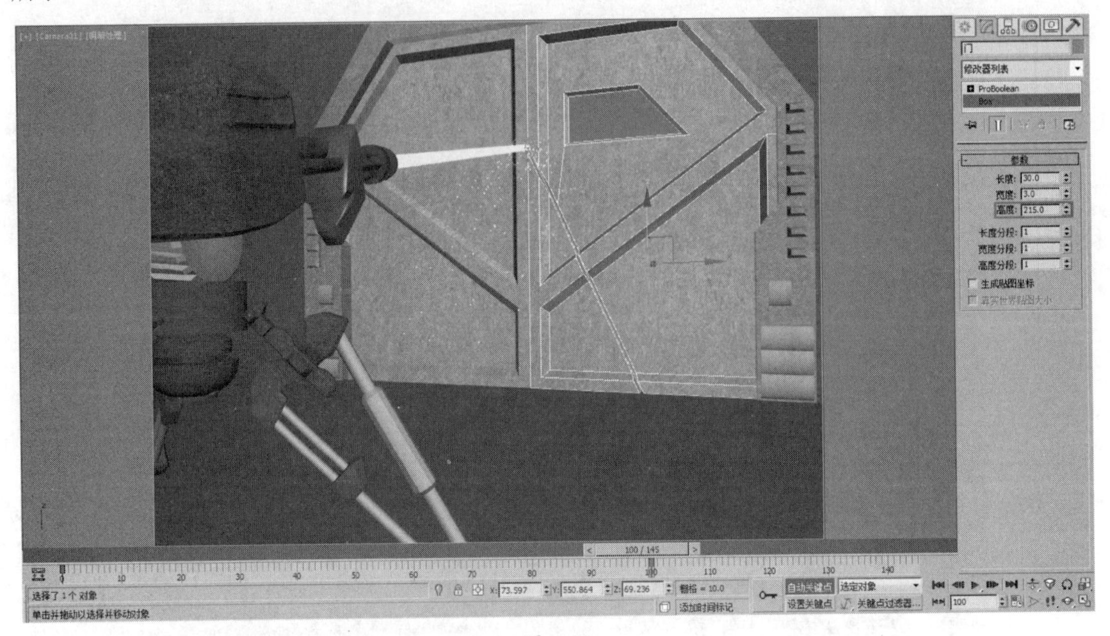

图 4-58

06 将时间滑块移至第 0 帧，并将“高度”值设为 0。将第 0 帧的关键点移至第 15 帧，如图 4-59 和图 4-60 所示。

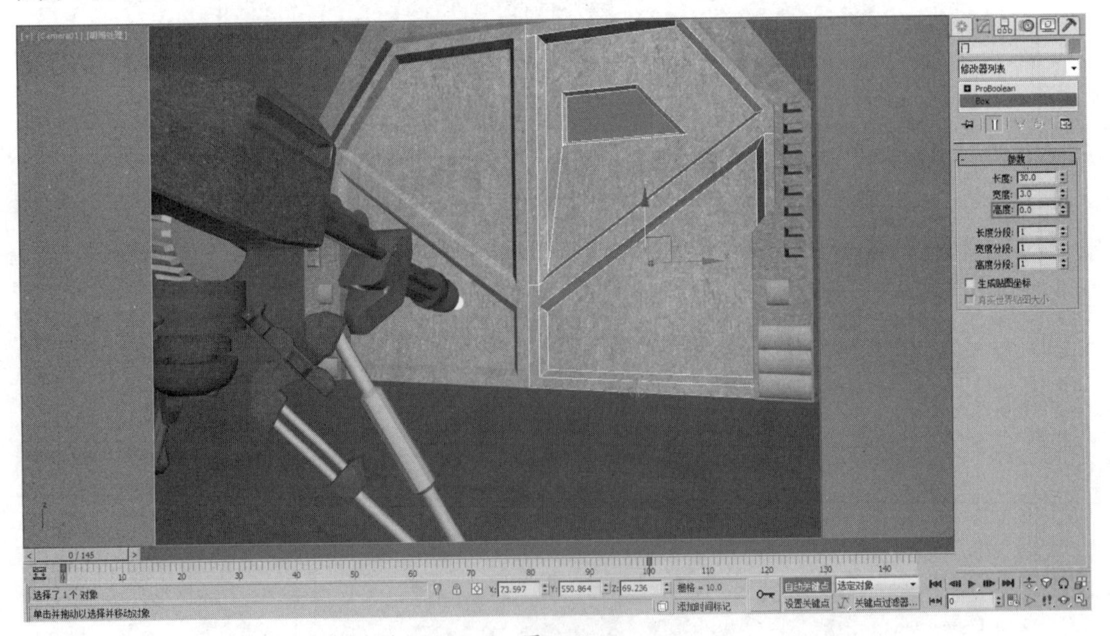

图 4-59

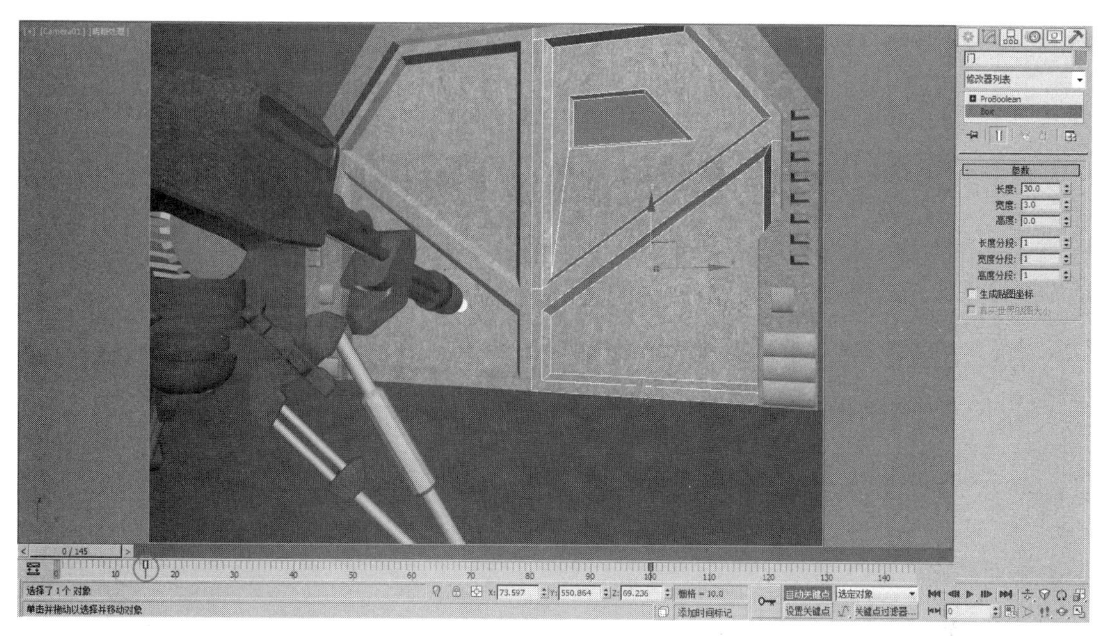

图 4-60

技巧与提示

如果“激光”与“门”的切割动画没有匹配好，还可以继续调节两个关键点的起始和结束位置，以便更好地匹配两段动画。

07 选择“门”对象，按快捷键 Ctrl+V 原地复制一个“门”对象，得到“门 001”对象，如图 4-61 所示。

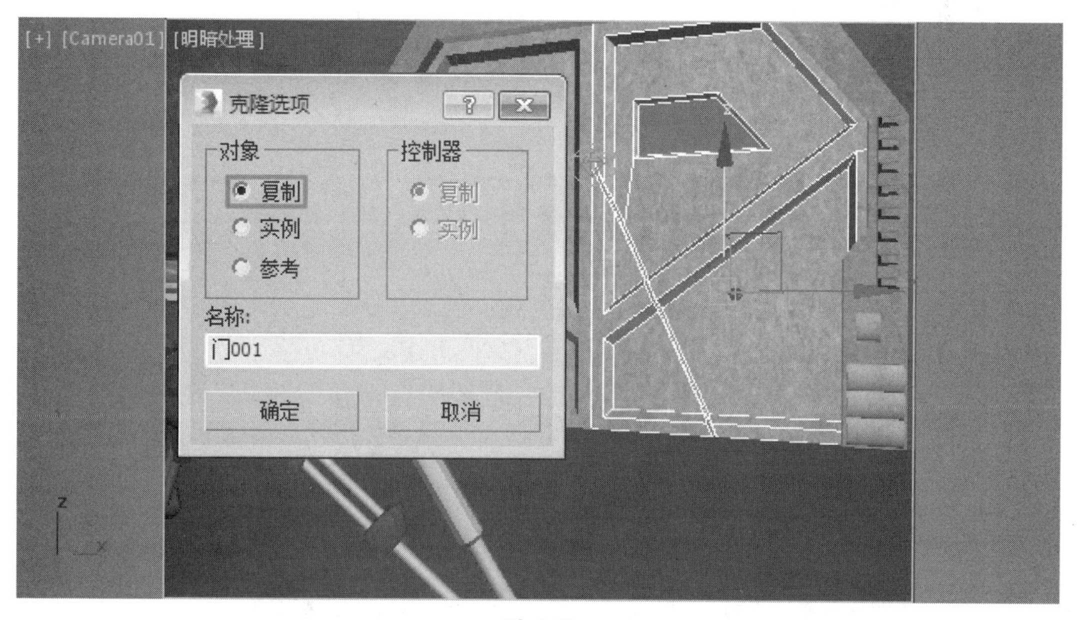

图 4-61

08 将“门 001”对象转换为可编辑的多边形，进入“修改”面板，在“元素”级别下选择如图 4-62 所示的“元素”，并在“编辑几何体”卷展栏中单击“分离”按钮 分离 ，在弹出的“分离”对话框中将其命名为“碎片”。

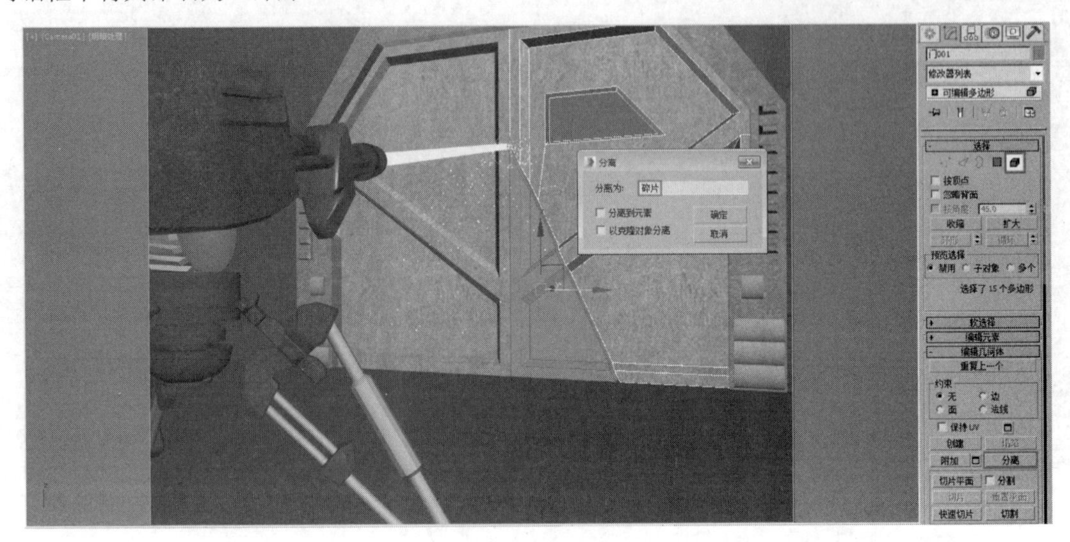

图 4-62

09 选择“碎片”对象，进入“层级”面板，单击“仅影响轴”按钮 仅影响轴 ，并使用移动工具调整轴心的位置，如图 4-63 所示。

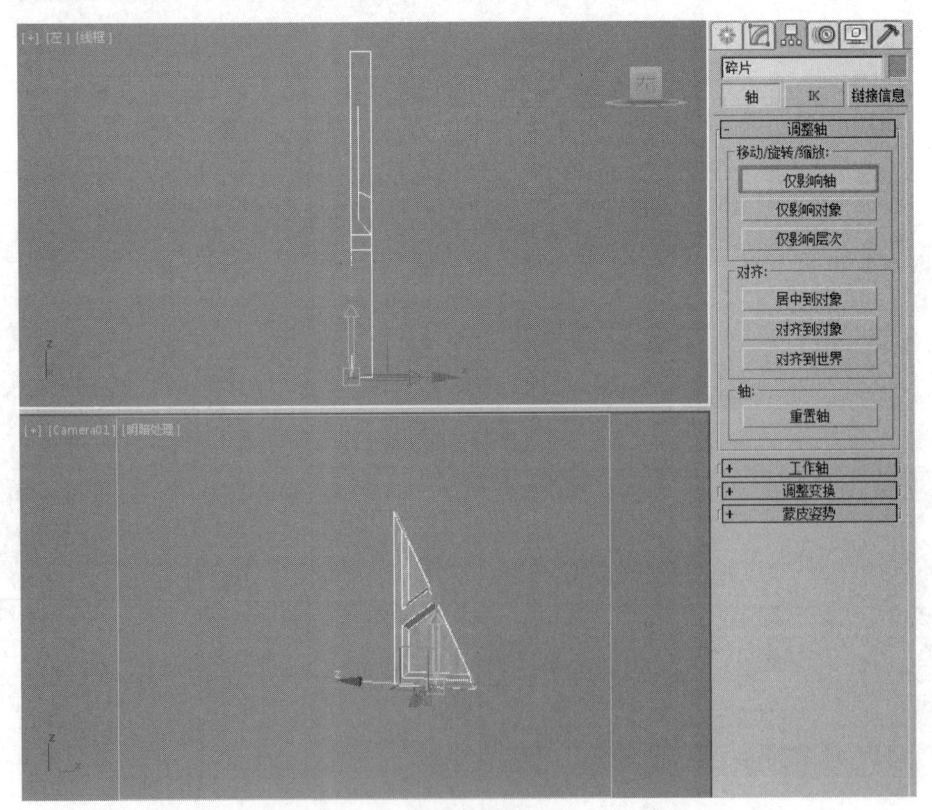

图 4-63

10 选择“门”对象，在动画控制区中单击“自动关键点”按钮自动关键点，进入“自动关键点”模式。将时间滑块拖至第 100 帧，打开“对象属性”对话框，在“常规”选项卡的“渲染控制”选项组中，设置“可见性”为 0.0，如图 4-64 和图 4-65 所示。

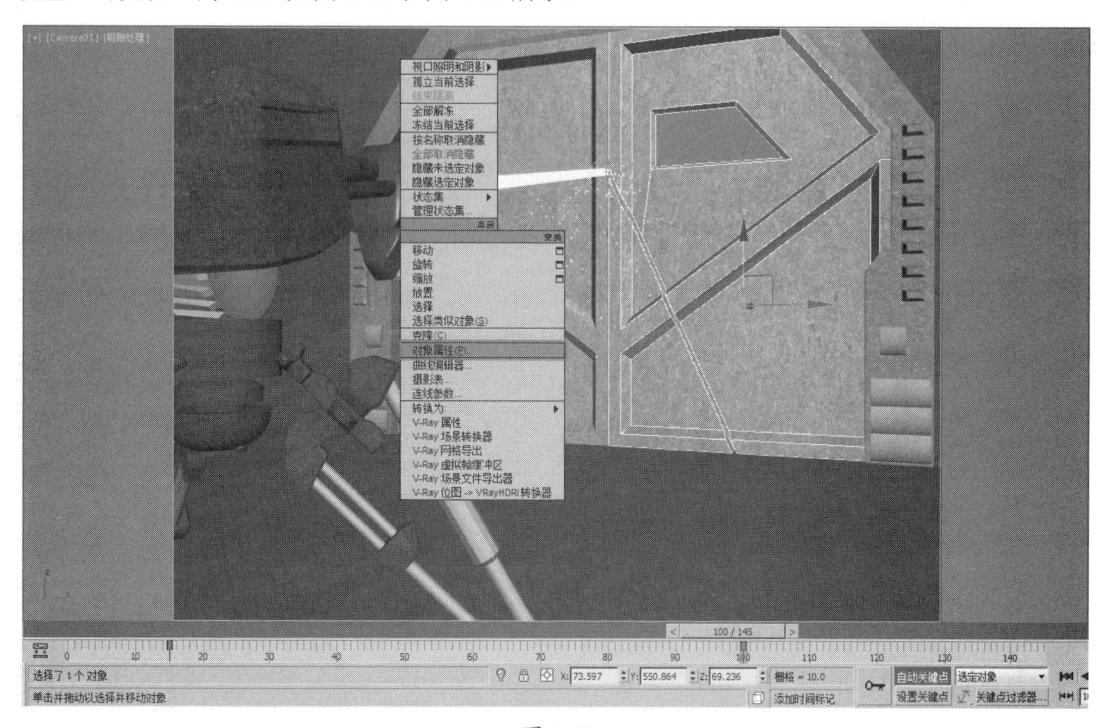

图 4-64

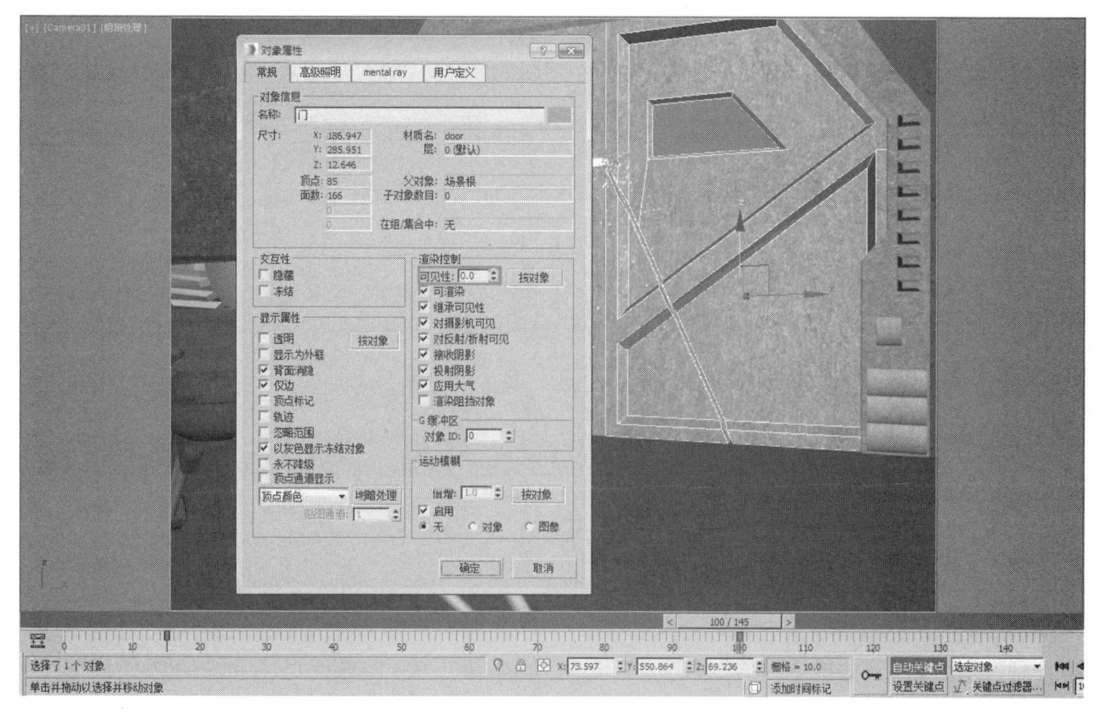

图 4-65

11 打开“轨迹视图—曲线编辑器”窗口，将“可见性”轨迹第 0 帧的关键点移至第 99 帧，如图 4-66 和图 4-67 所示。

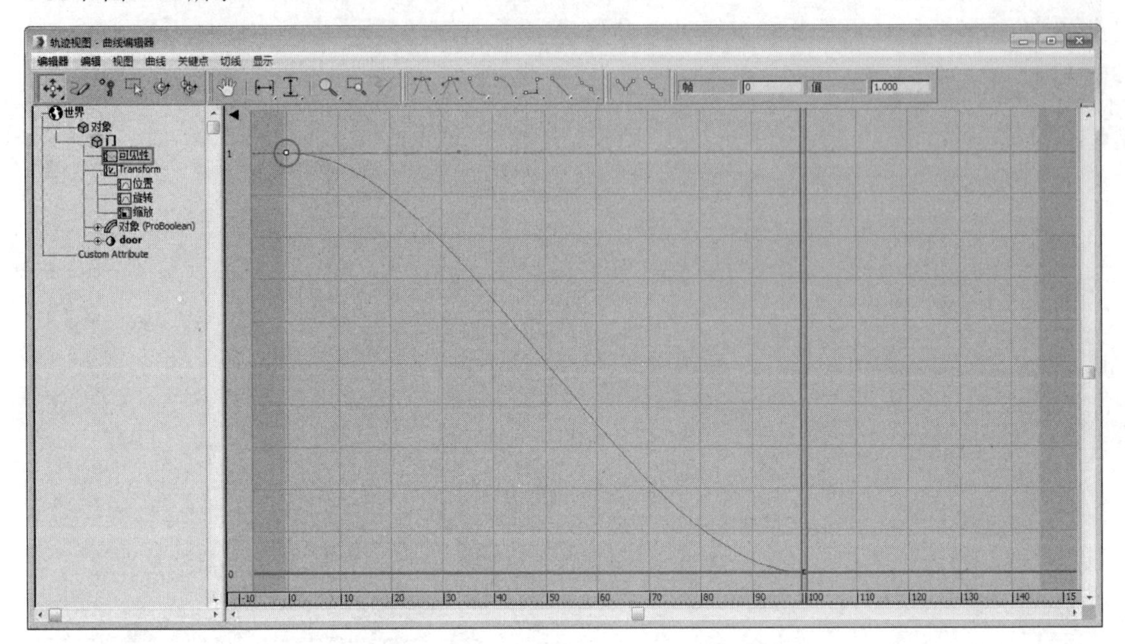

图 4-66

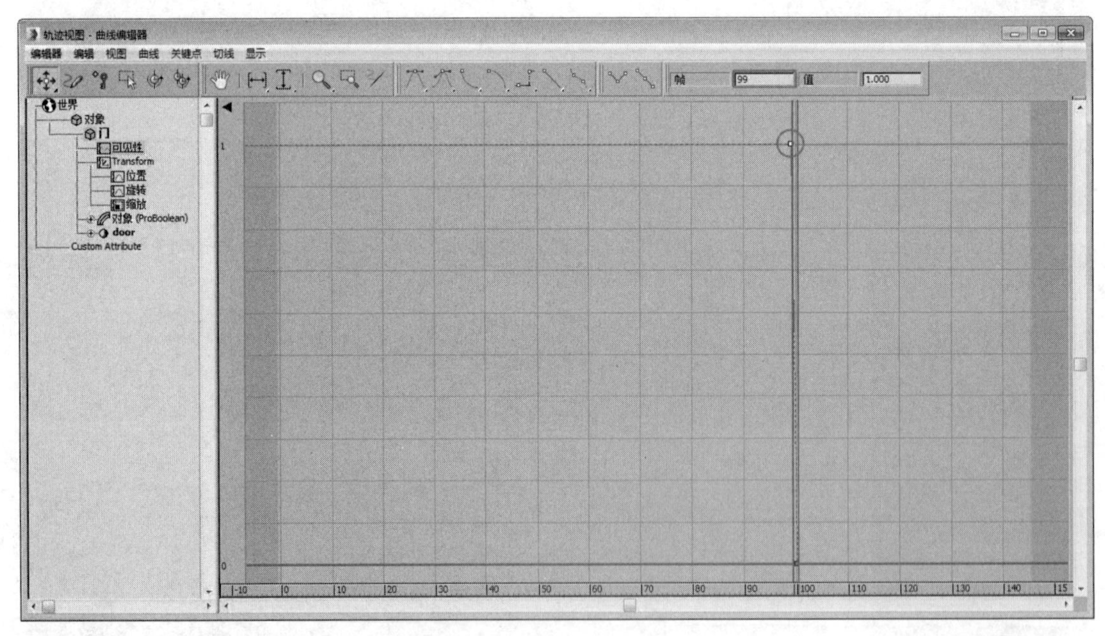

图 4-67

12 选择“门 001”对象，将时间滑块拖至第 99 帧，打开“对象属性”对话框，在“常规”选项卡的“渲染控制”选项组中，设置“可见性”为 0.0，如图 4-68 所示。

13 打开“轨迹视图—曲线编辑器”窗口，将“可见性”轨迹第 0 帧的关键点移至第 100 帧，如图 4-69 所示。

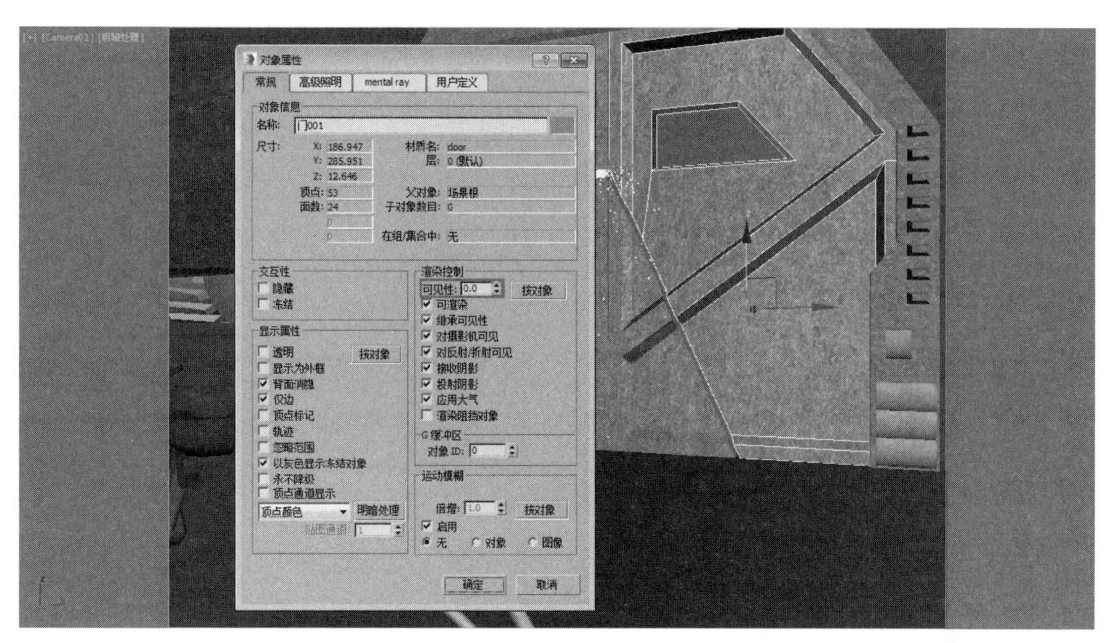

图 4-68

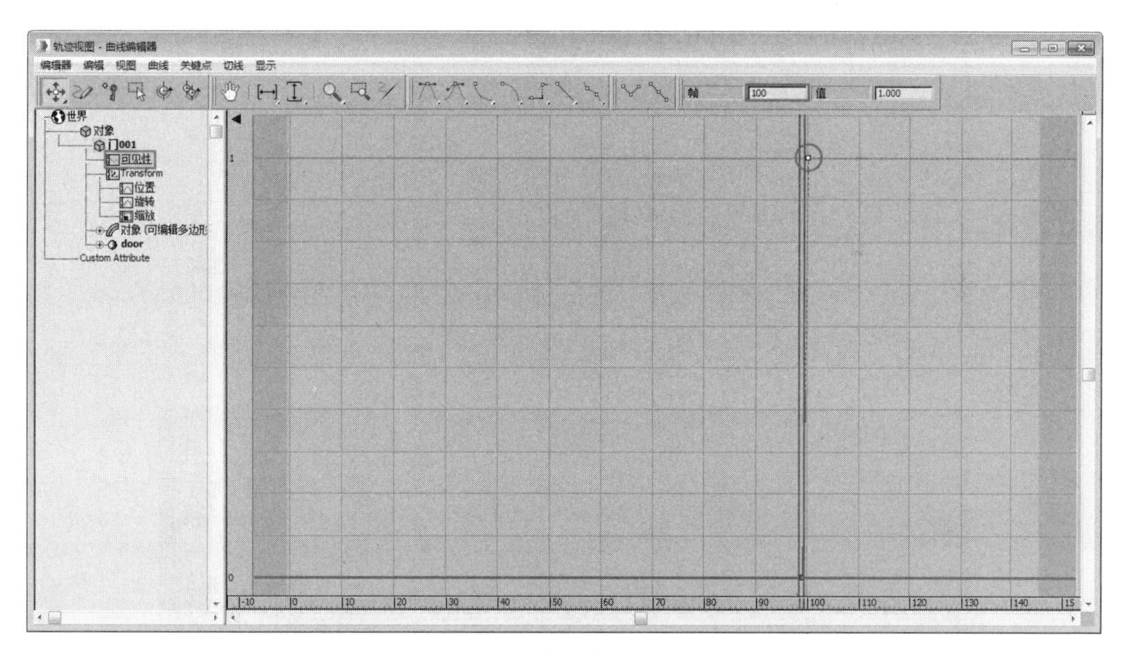

图 4-69

14 选择“碎片”对象，对其进行与“门 001”对象相同的动画设置，如图 4-70 和图 4-71 所示。

15 保持“碎片”对象的选中状态，将时间滑块拖至第 105 帧，并在时间滑块上右击，在弹出的“创建关键点”对话框中，只选中“旋转”复选框，设置完成后单击“确定”按钮，如图 4-72 所示。

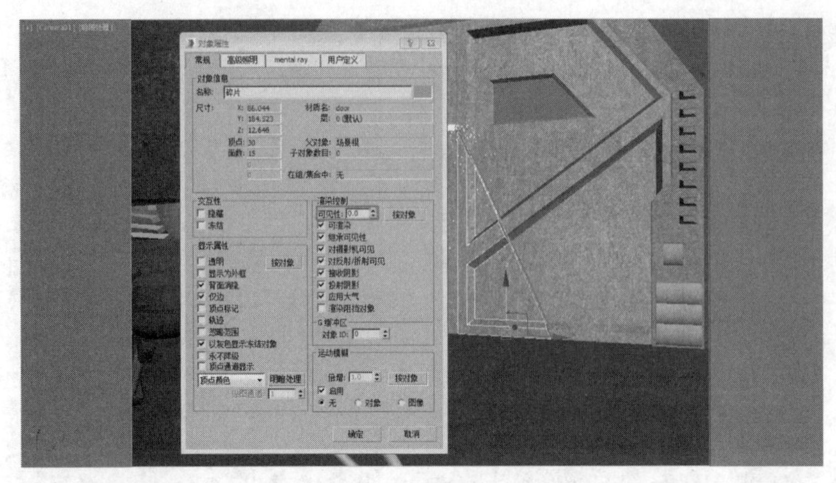

图 4-70

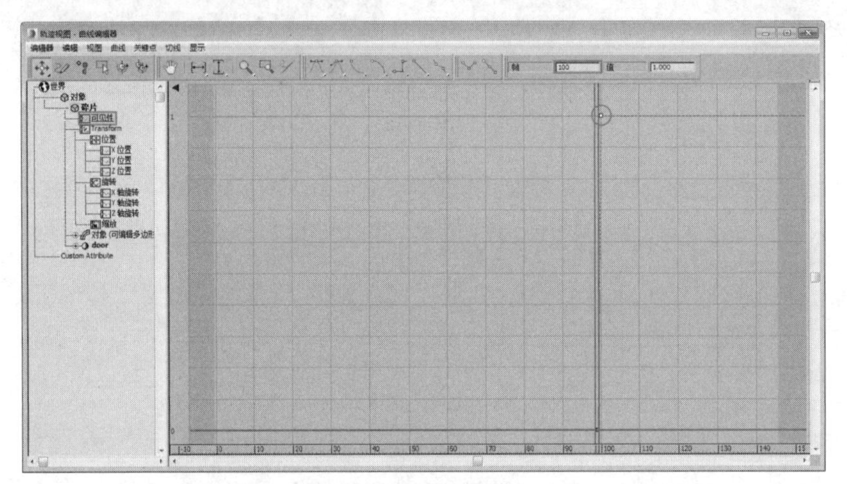

图 4-71

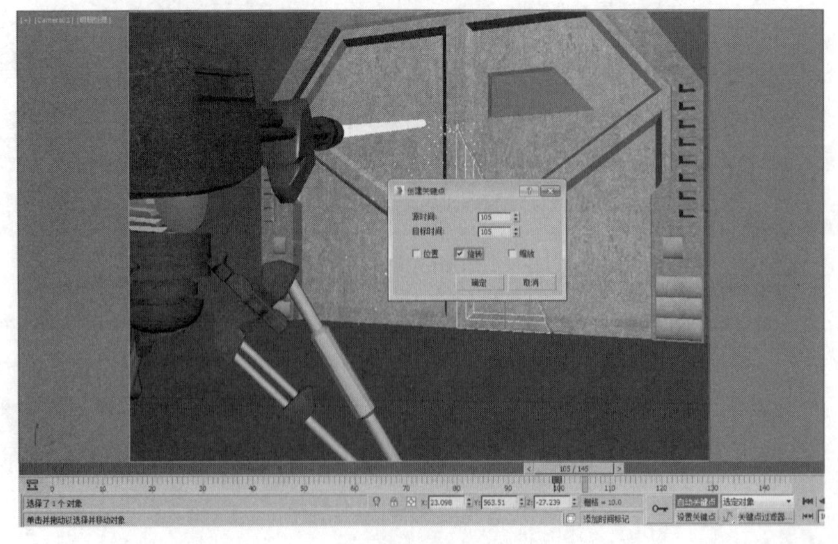

图 4-72

16 将时间滑块拖至第 115 帧，使用旋转工具将其沿 *X* 轴旋转 -90°，如图 4-73 所示。

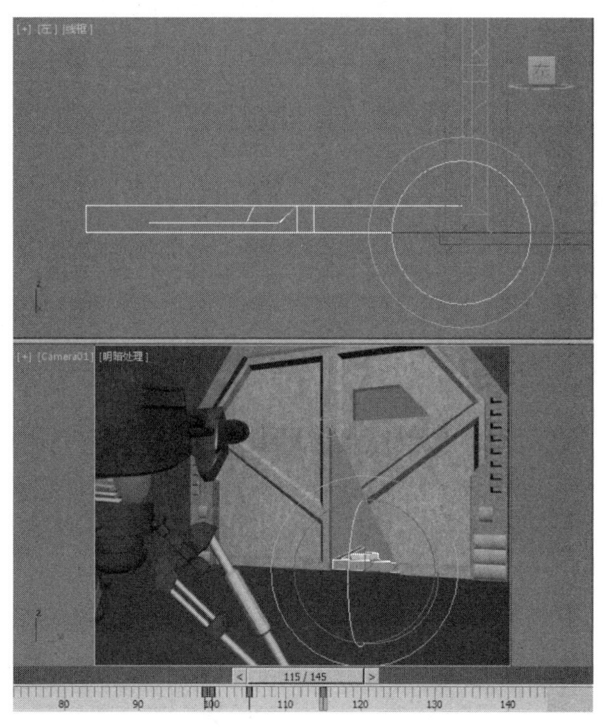

图 4-73

17 将时间滑块移至第 120 帧，使用旋转工具将其沿 *X* 轴旋转 30°，如图 4-74 所示。

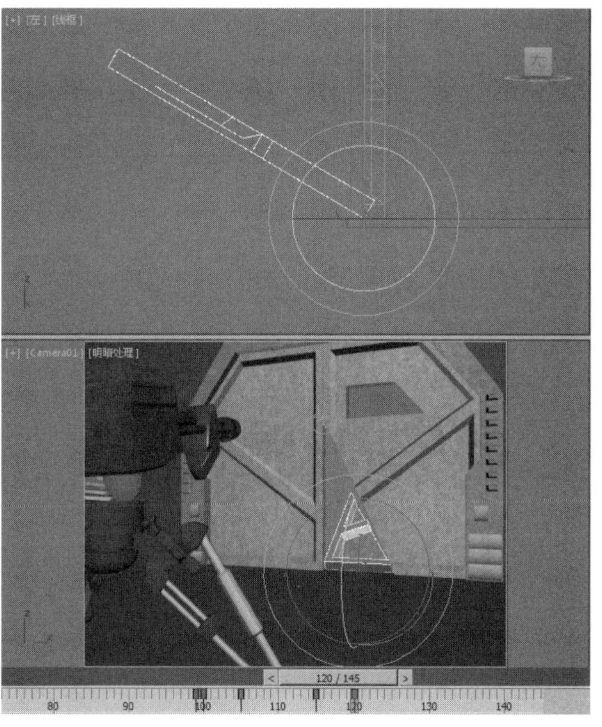

图 4-74

18 将时间滑块移至第 124 帧，使用旋转工具将其沿 *X* 轴旋转 -30°，如图 4-75 所示。

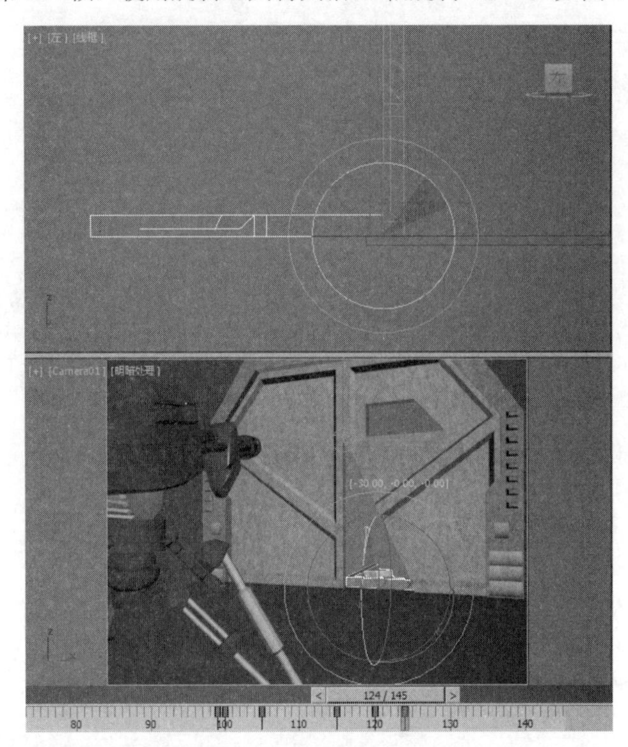

图 4-75

19 将时间滑块移至第 128 帧，使用旋转工具将其沿 *X* 轴旋转 10°，如图 4-76 所示。

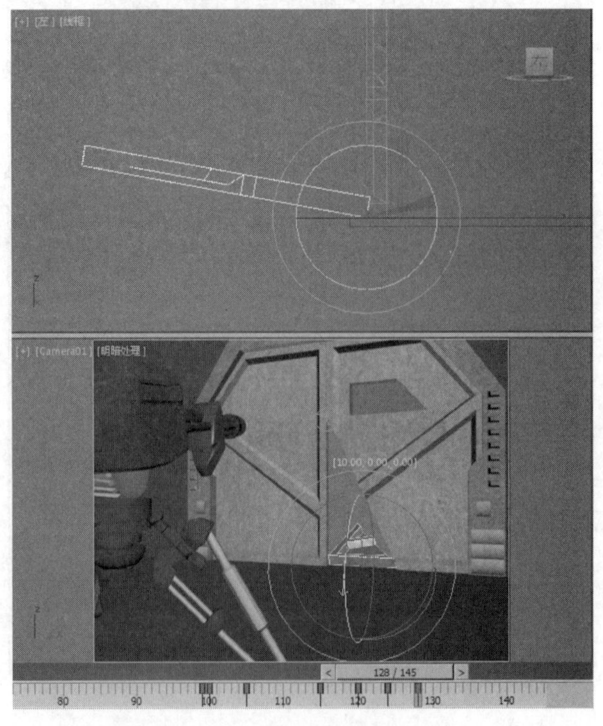

图 4-76

20 将时间滑块移至第 131 帧，使用旋转工具将其沿 *X* 轴旋转 -10°，如图 4-77 所示。

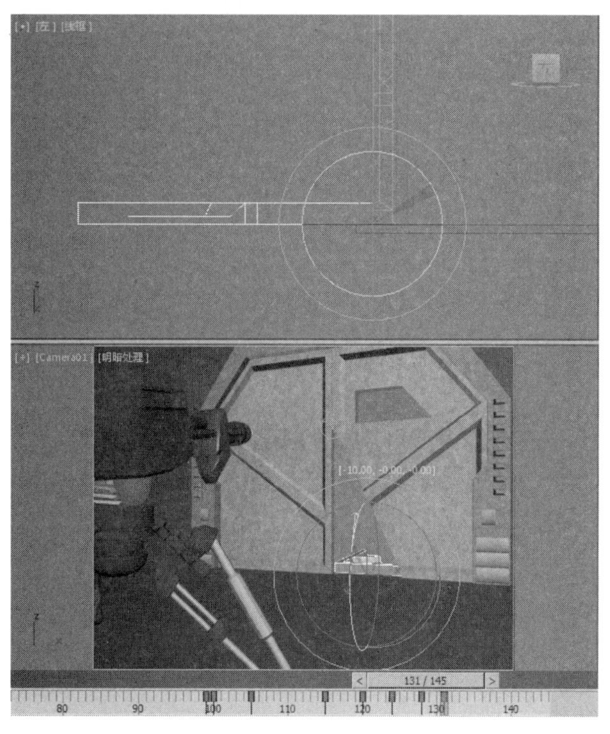

图 4-77

21 将时间滑块移至第 134 帧，使用旋转工具将其沿 *X* 轴旋转 5°，如图 4-78 所示。

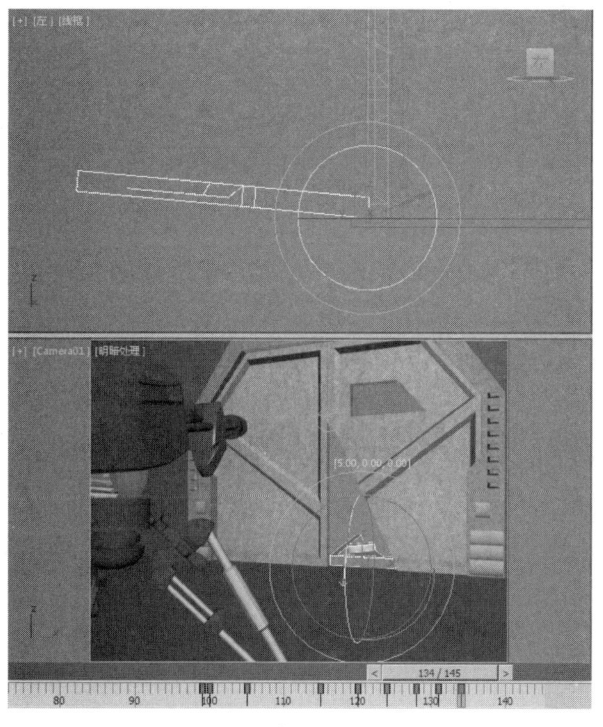

图 4-78

22 将时间滑块移至第 136 帧，使用旋转工具将其沿 *X* 轴旋转 -5°，如图 4-79 所示。

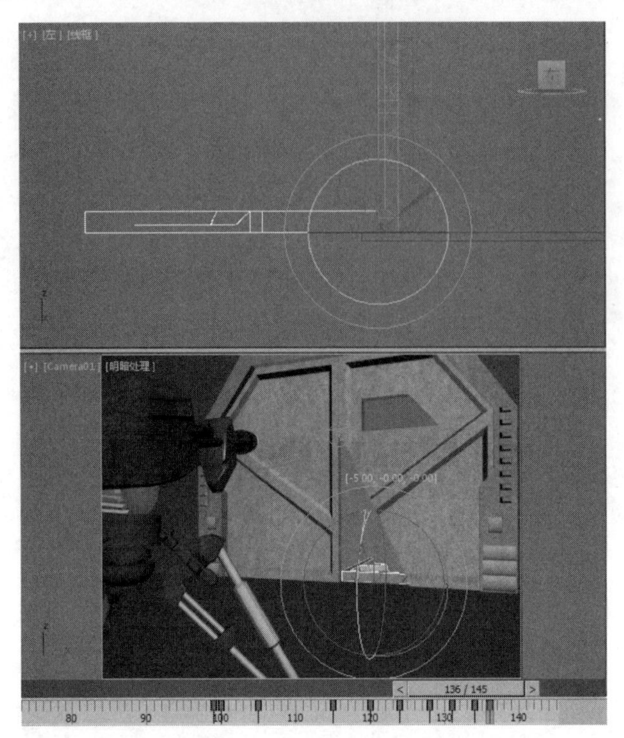

图 4-79

23 打开“轨迹视图—曲线编辑器”窗口，在“X 轴旋转”轨迹中选择如图 4-80 所示的关键点，并单击工具栏上的“将切线设置为快速”按钮，如图 4-81 所示。

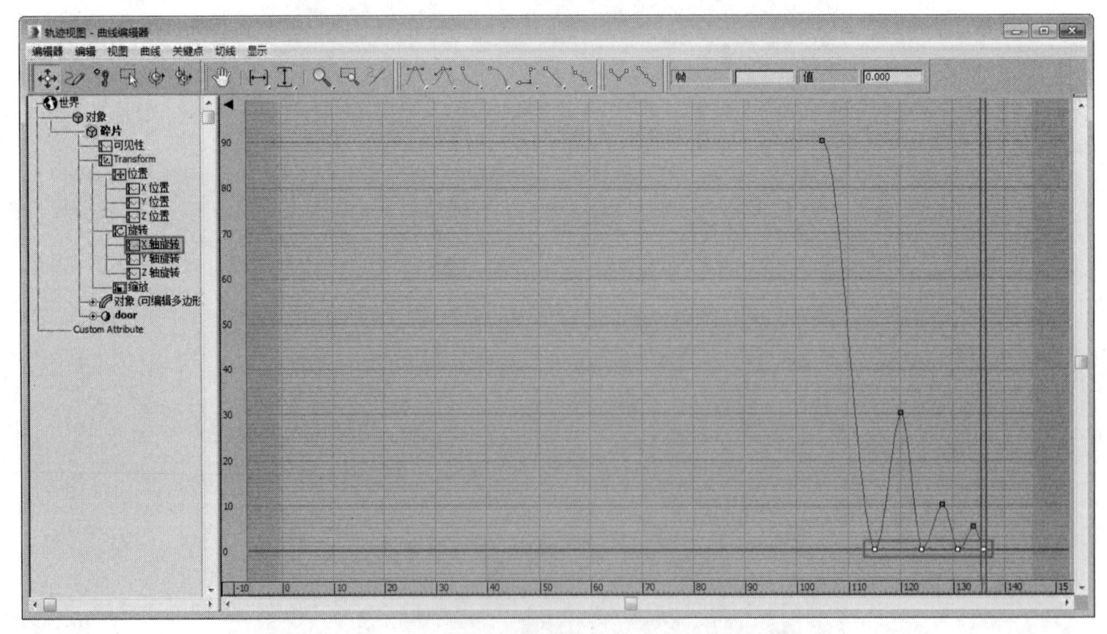

图 4-80

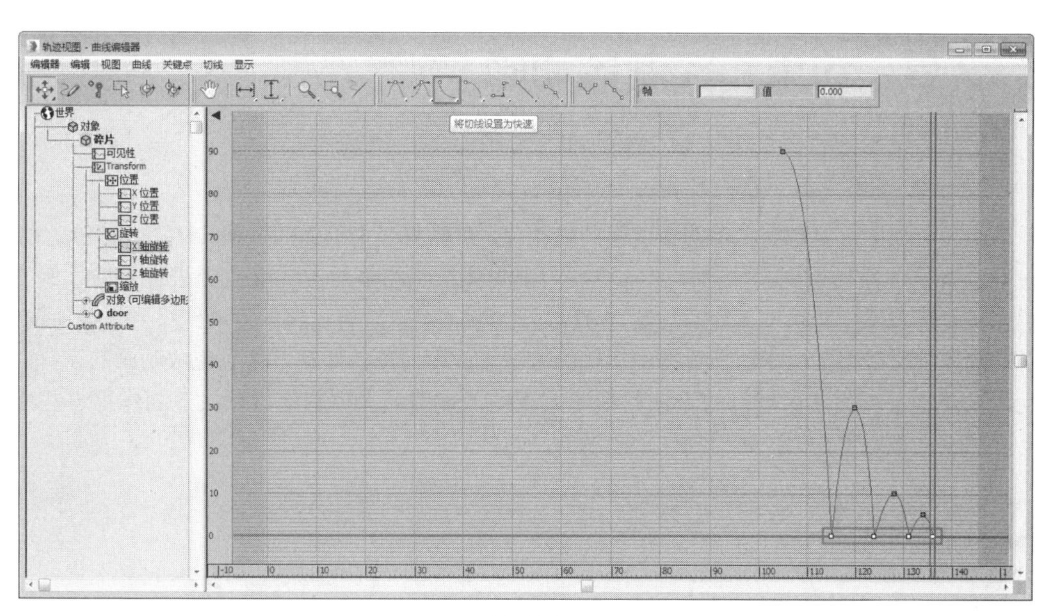

图 4-81

24 设置完成后，渲染当前视图，最终效果如图 4-82 所示。

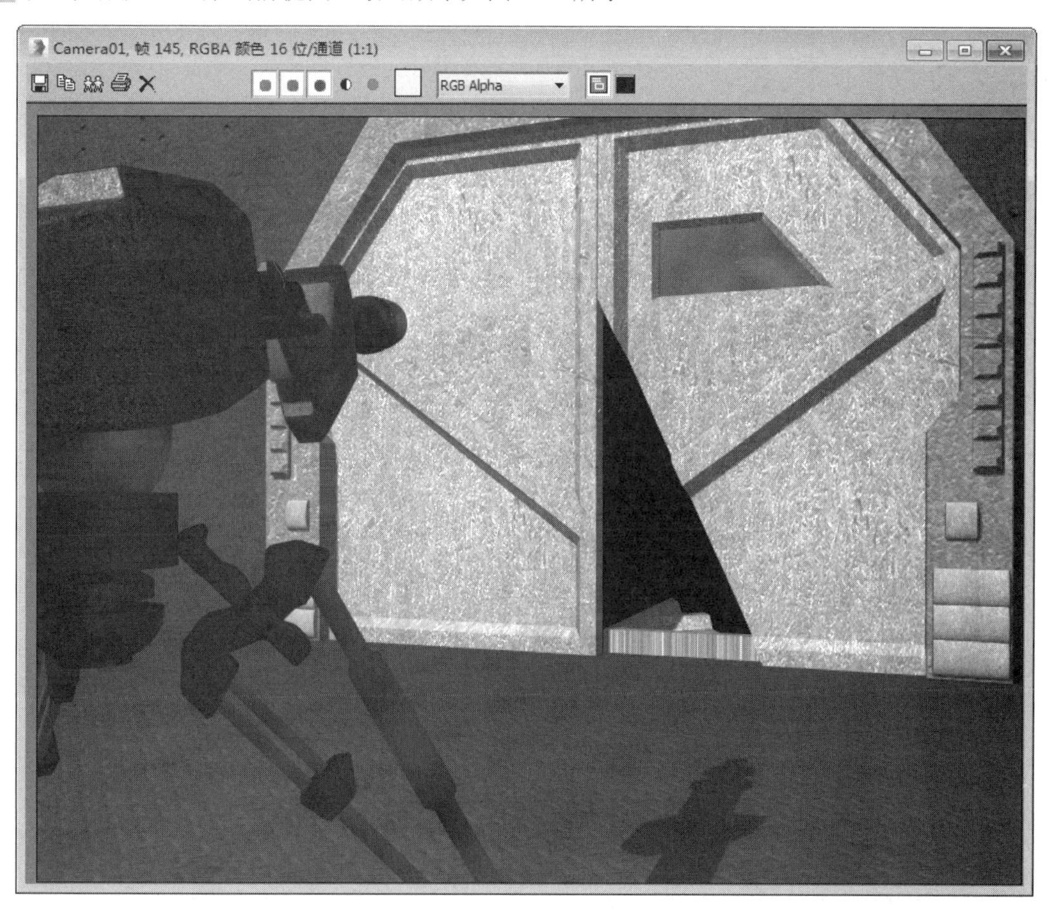

图 4-82

第 5 章　约束和控制器动画

动画约束功能可以帮助实现动画过程的自动化，可以将一个物体的变换（移动、旋转、缩放）通过建立绑定关系约束到其他物体上，使被约束物体按照约束的方式或范围进行运动。例如，要制作飞机沿着特定的轨迹飞行的动画，可以通过“路径约束”将飞机的运动约束到样条曲线上。

动画控制器能够使用在动画数据中插值的方法来改变对象的运动，并且完成动画的设置，这些动画效果用手动设置关键点的方法是很难实现的，使用动画控制器可以快速制作出一些特定的动画效果。本章将介绍这两种制作动画的方法。

5.1　飞机起飞

实例操作：飞机起飞	
实例位置：	工程文件 \CH5\ 飞机起飞 .max
视频位置：	视频文件 \CH5\ 实例：飞机起飞 .mp4
实用指数：	★★★☆☆
技术掌握：	熟练使用“路径约束”命令制作动画

“路径约束”控制器是一个用途非常广泛的动画控制器，它可以使物体沿一条样条曲线或多条样条曲线之间的平均距离运动，如图 5-1 所示。

图 5-1

“路径约束”控制器通常用来制作如飞机沿特定路线飞行、汽车按特定的路线行驶，或者建筑漫游动画中，设置摄影机按特定的路线在小区楼盘中穿梭等。接下来将通过实例，讲解“路径约束”控制器的用法，如图 5-2 所示为本例的最终完成效果。

图 5-2

01 打开附带素材中的“工程文件 \CH5\ 飞机起飞 .max”文件，该场景中已经为物体指定了材质，并设置了灯光，如图 5-3 所示。

图 5-3

02 在“辅助对象”面板，单击“点”按钮，在透视图中创建一个“点”辅助物体，选中“交叉”和“长方体”复选框并设置“大小”为 3.0m，然后使用“对齐”工具将其与飞机的位置对齐，如图 5-4 和图 5-5 所示。

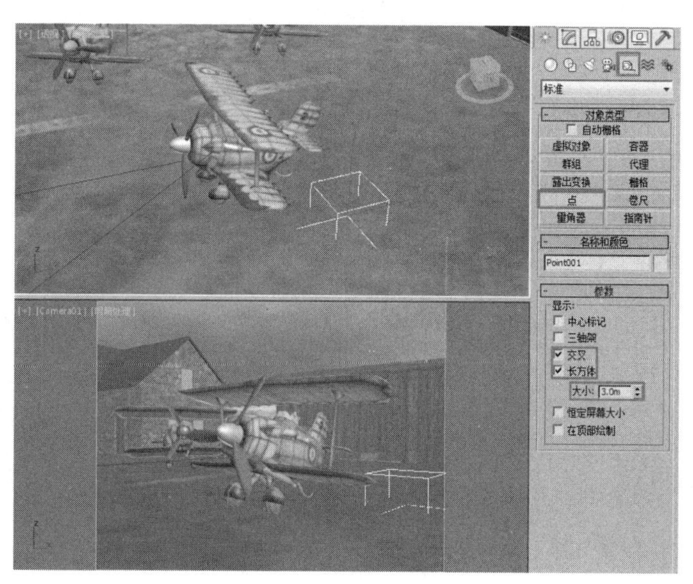

图 5-4

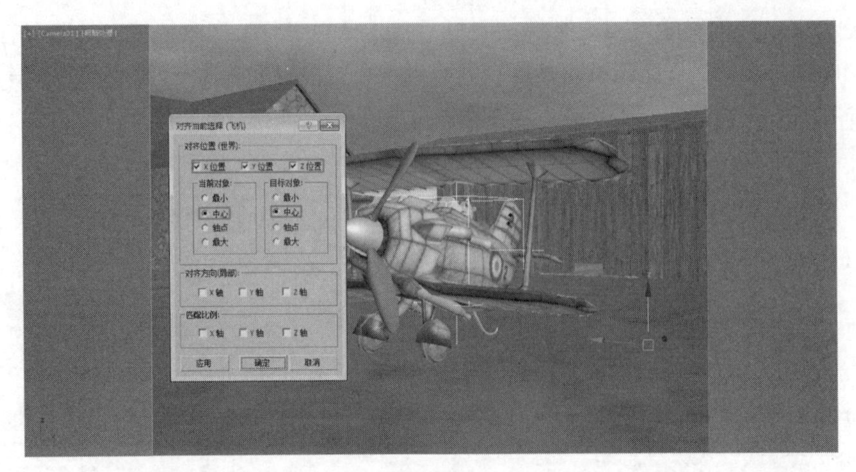

图 5-5

03 在场景中选择“飞机”对象，使用链接工具将飞机链接到“点”辅助物体上。选择“点”辅助物体，执行“动画”→“约束”→“路径约束”命令，并到场景中拾取“路径”对象，如图 5-6 和图 5-7 所示。

图 5-6

图 5-7

04 使用移动工具调整飞机的位置，使其不要与地面“穿插”，并进入“运动”面板，在“路径参数”卷展栏中，选中“跟随”复选框，在“轴”选项组中选中“翻转”复选框，如图 5-8 所示。

图 5-8

05 使用移动工具调整飞机的位置，使其不要与地面“穿插”，并进入“运动”面板，在“路径参数”卷展栏中，选中“跟随”复选框，在“轴”选项组中选中“翻转”复选框，如图 5-9 和图 5-10 所示。

图 5-9

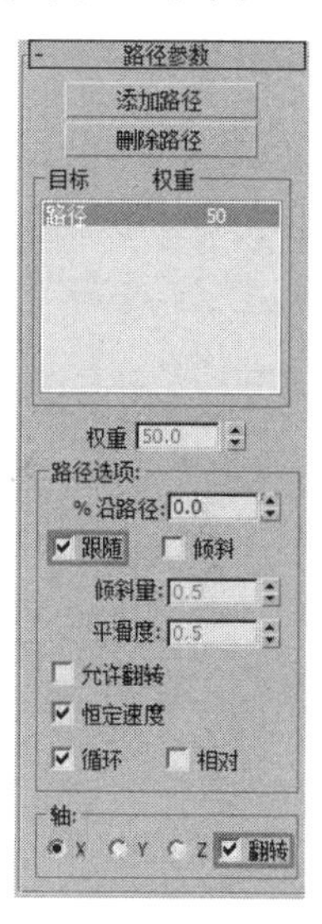

图 5-10

技巧与提示

在实际制作中，如果选中“跟随”复选框后发现方向不正确，可以在“轴”选项组中更改对齐的轴向。

06 打开“轨迹视图—曲线编辑器”窗口，选择“百分比”项目，将第 0 帧的关键点移至第 160 帧，并在“百分比”项目上右击，在弹出的菜单中选择“指定控制器”选项，在弹出的“指定浮点控制器”对话框中选择“Bezier 浮点”选项，如图 5-11 和图 5-12 所示。

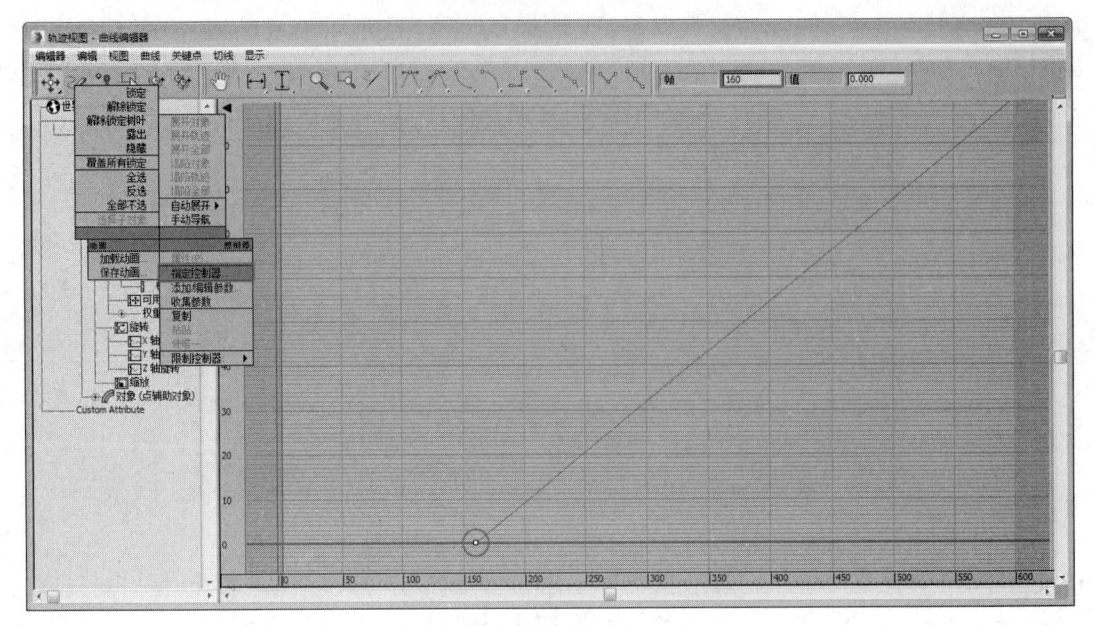

图 5-11

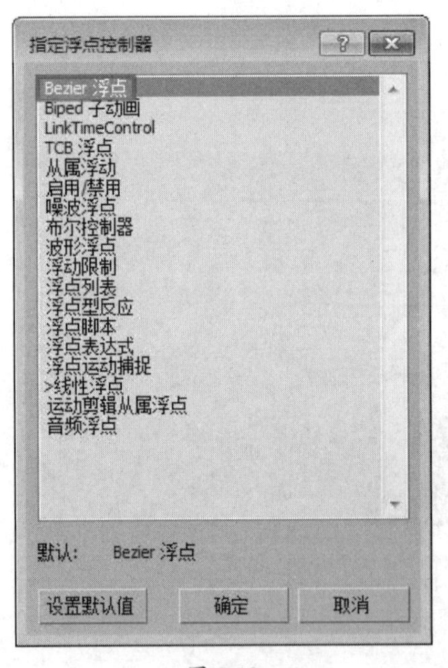

图 5-12

技巧与提示

“路径约束”控制器的“百分比”选项默认的控制器为“线性浮点”控制器，也就是物体的路径动画只能是匀速的，但是只要把控制器更改为“Bezier浮点”，即可调节物体的加速或减速运动了。

07 调节最后一个关键点的手柄，将其设置为一个“加速”状态，如图 5-13 所示。

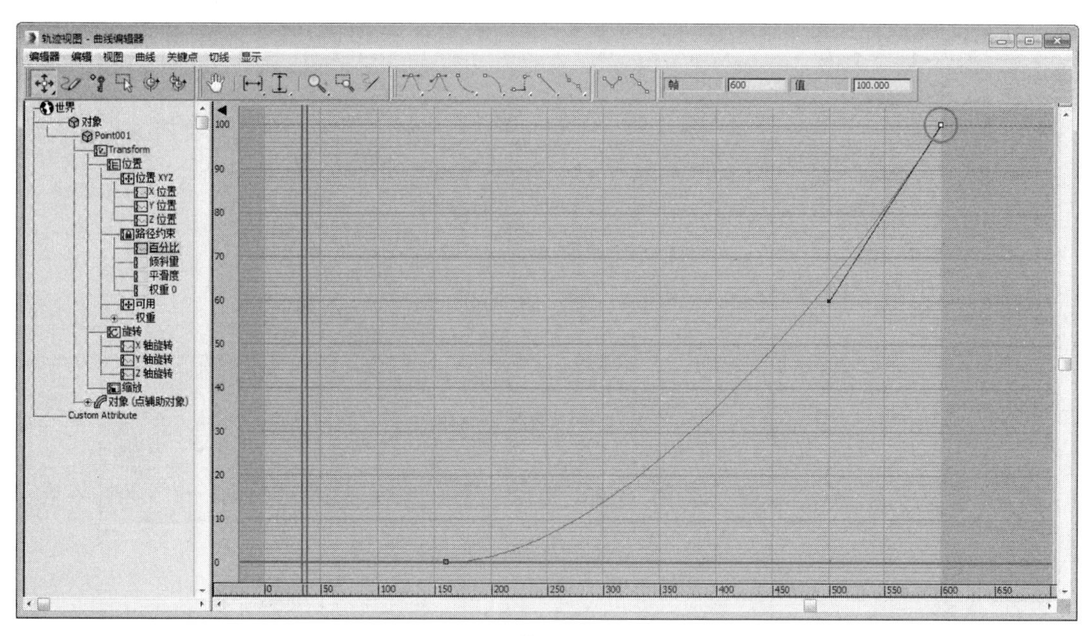

图 5-13

08 在场景中选择“螺旋桨”对象，按住 Alt 键并右击，在弹出的菜单中选择“局部”选项，并在动画控制区中单击“自动关键点”按钮 自动关键点，进入“自动关键点”模式。将时间滑块拖至第 10 帧，并将“螺旋桨”对象沿自身的 *X* 轴旋转 60°，如图 5-14 和图 5-15 所示。

09 打开“轨迹视图—曲线编辑器”窗口，选择“X 轴旋转”的两个关键点，并单击工具栏上的“将切线设置为线性”按钮，执行“编辑”→“控制器”→“超出范围类型”命令，在弹出的对话框中将动画曲线的出点设置为“相对重复”，如图 5-16~ 图 5-18 所示。

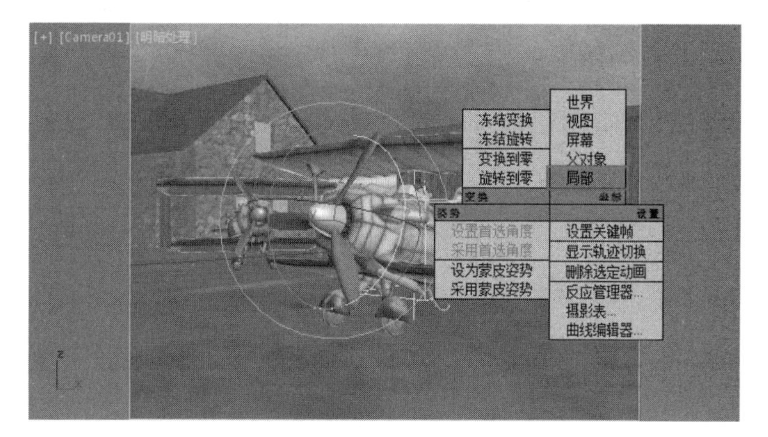

图 5-14

图 5-15

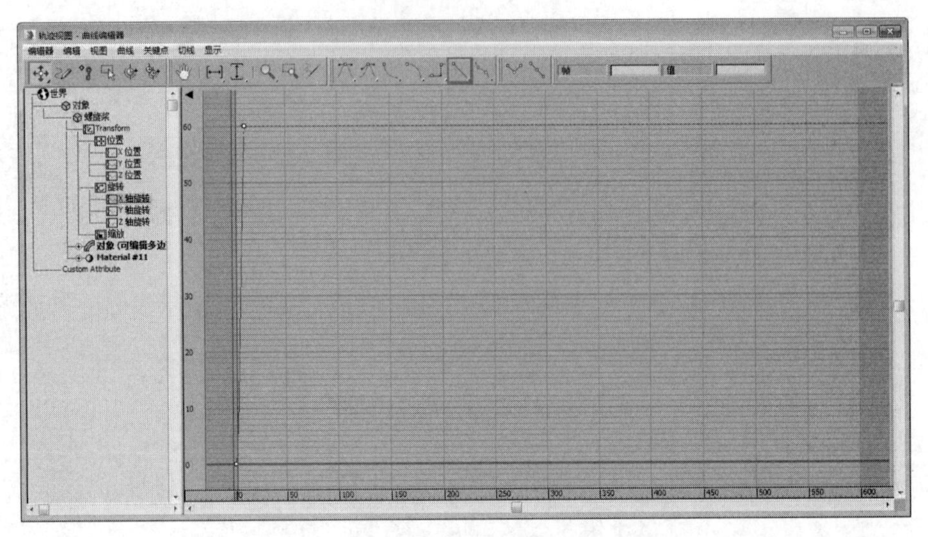

图 5-16

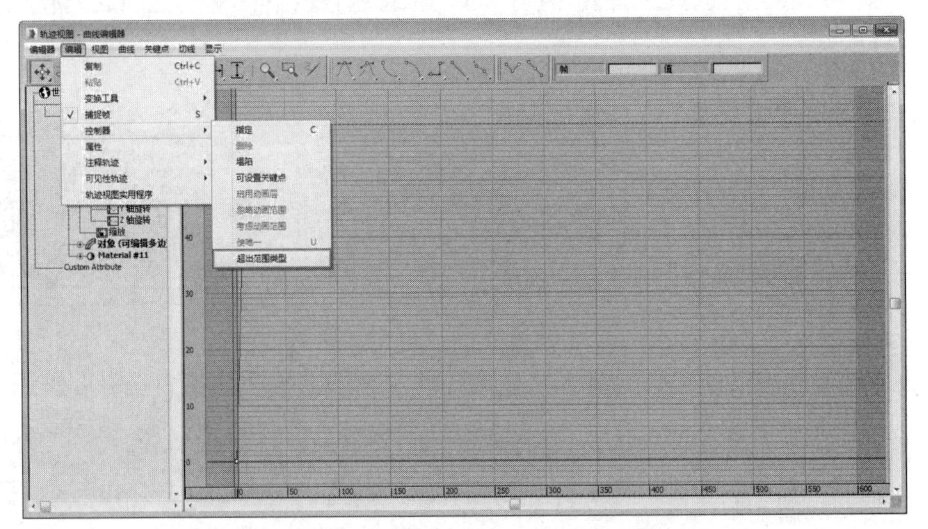

图 5-17

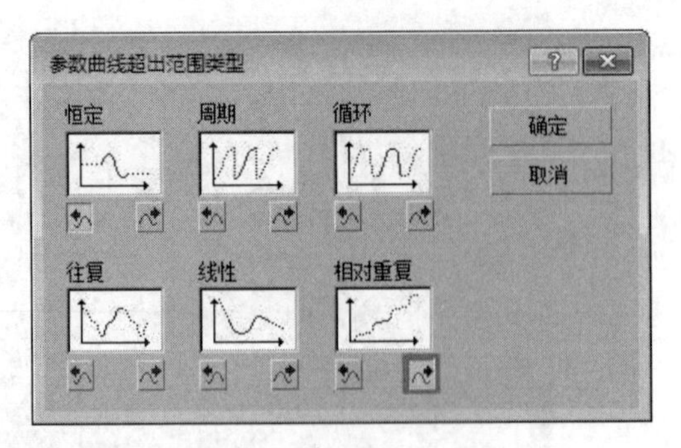

图 5-18

10 执行“曲线”→“应用增强曲线”命令，并单击工具栏上的“添加关键点”按钮，在“增加曲线”的第 90 帧和第 120 帧处各添加一个关键点，如图 5-19 和图 5-20 所示。

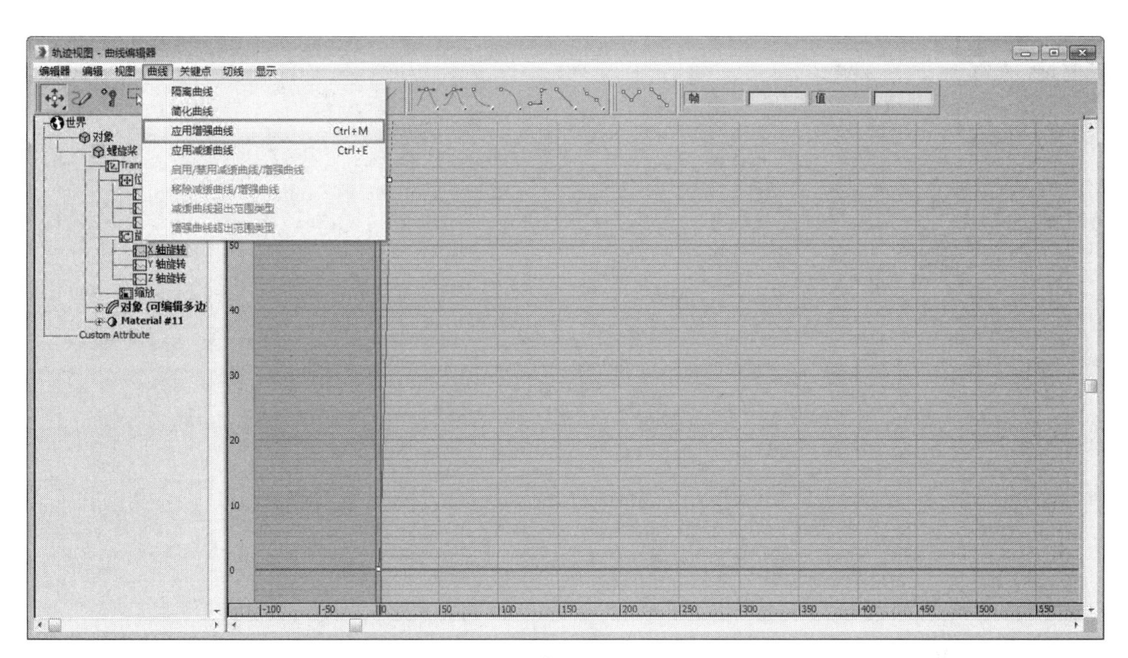

图 5-19

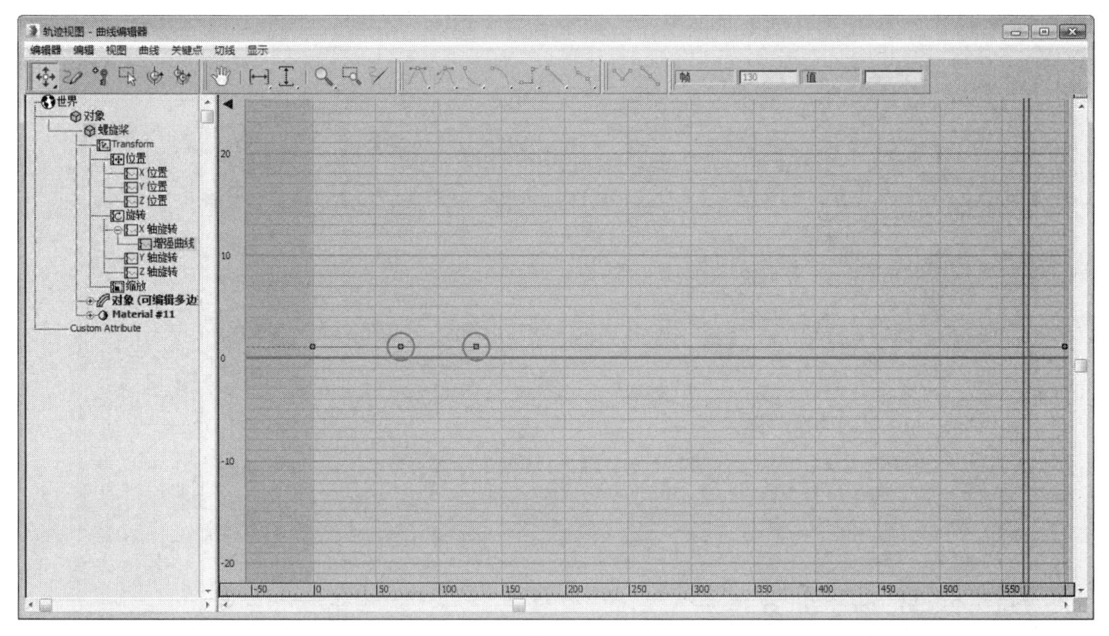

图 5-20

11 将第 0 帧的关键点移至第 10 帧，并将其值设置为 0；将第 70 帧的关键点的数值设置为 0.5；将第 130 帧的关键点的数值设置为 2.0；将第 600 帧的关键点的数值设置为 30.0；并将第 600 帧的关键点设置为“线性”，设置完成后的动画曲线如图 5-21 所示。

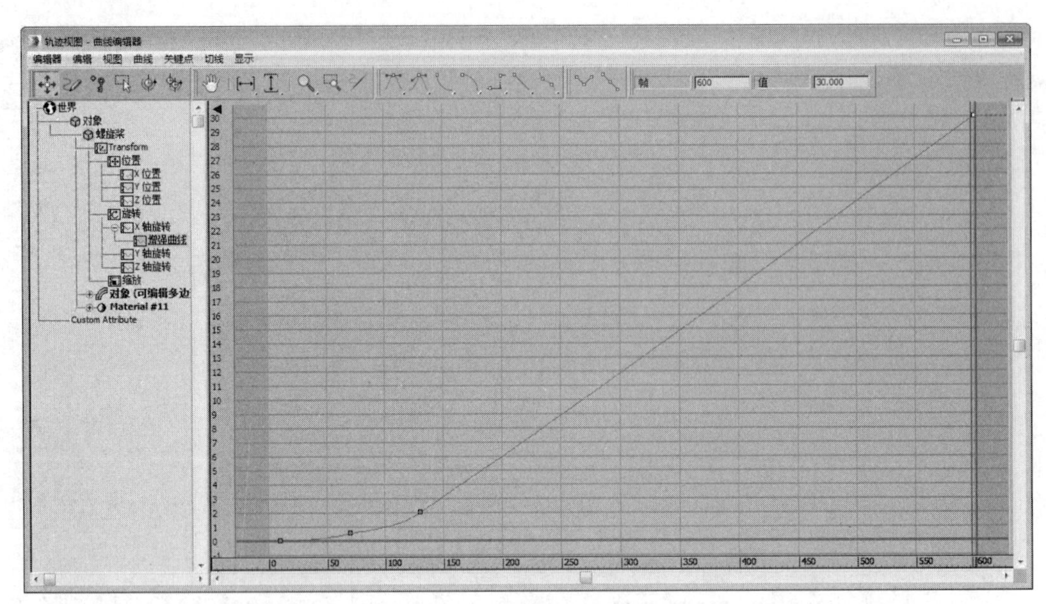

图 5-21

12 选择“飞机”对象，进入“层次”面板，在“调整轴”卷展栏中单击“仅影响轴”按钮 仅影响轴 ，并使用移动工具调整轴心到轮子的中心处，如图 5-22 所示。

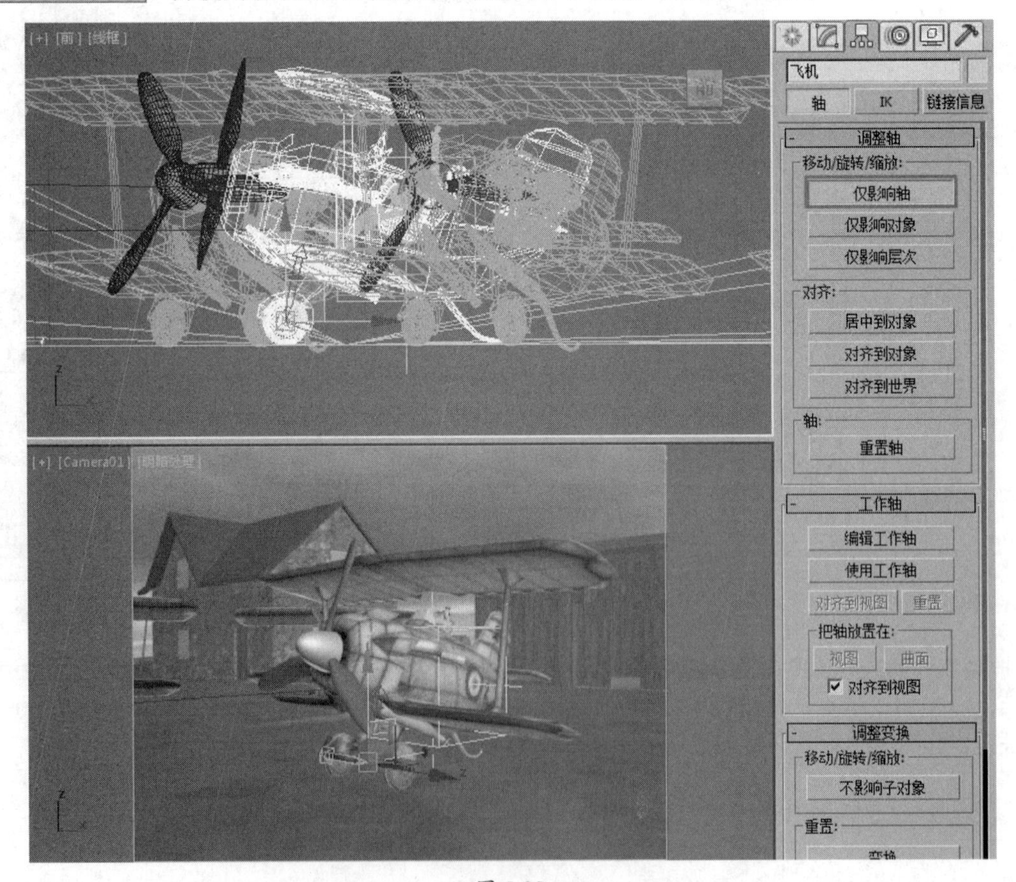

图 5-22

13 打开“轨迹视图—曲线编辑器”窗口，在“Y 轴旋转”动画曲线上，使用“添加关键点”工具，在第 210 帧、第 370 帧、第 440 帧和第 600 帧处添加 4 个关键点，如图 5-23 所示。

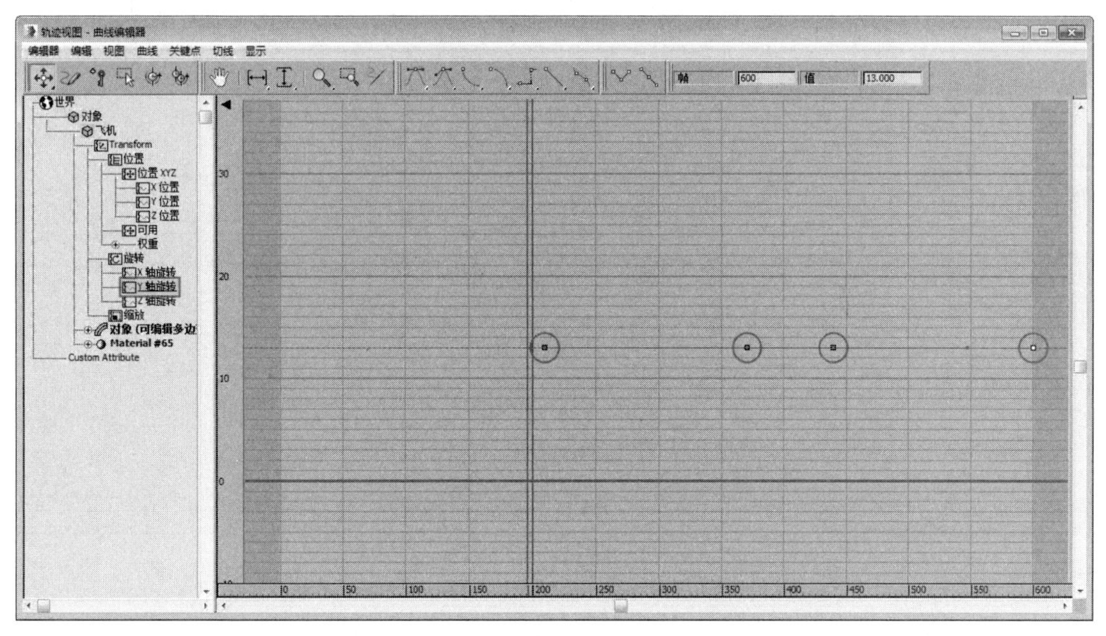

图 5-23

14 将第 370 帧的关键点数值设置为 0.0，第 440 帧关键点的数值设置为 20.0，设置完成后的动画曲线如图 5-24 所示。

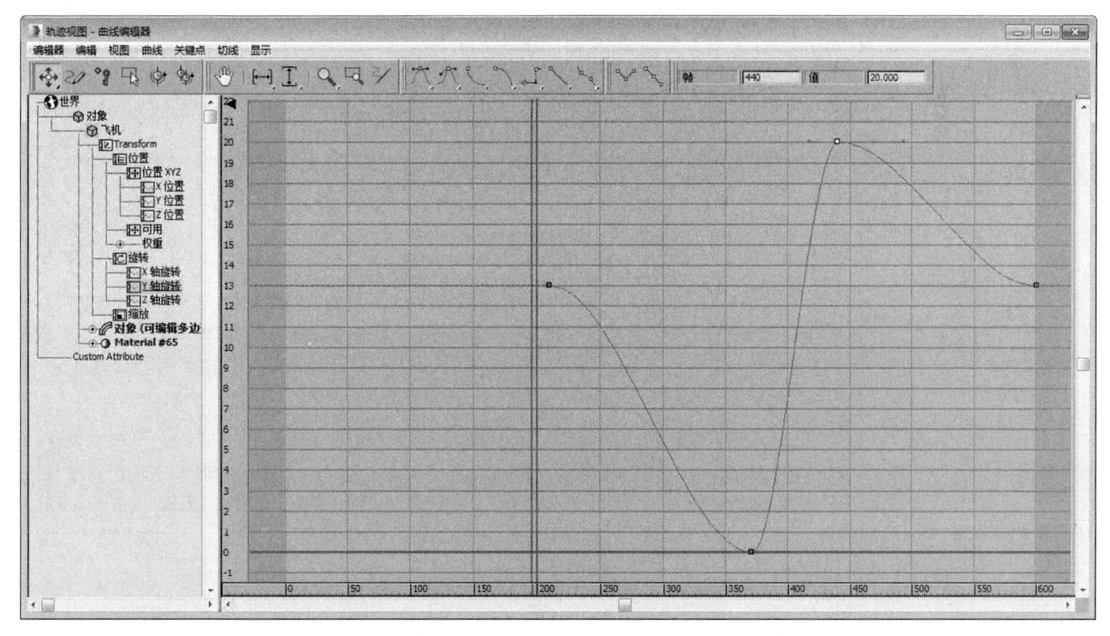

图 5-24

15 在场景中选择“点”辅助物体并打开“轨迹视图—曲线编辑器”窗口，在“X 轴旋转”动画曲线上，分别在第 400 帧、第 450 帧、第 520 帧和第 600 帧添加 4 个关键点，如图 5-25 所示。

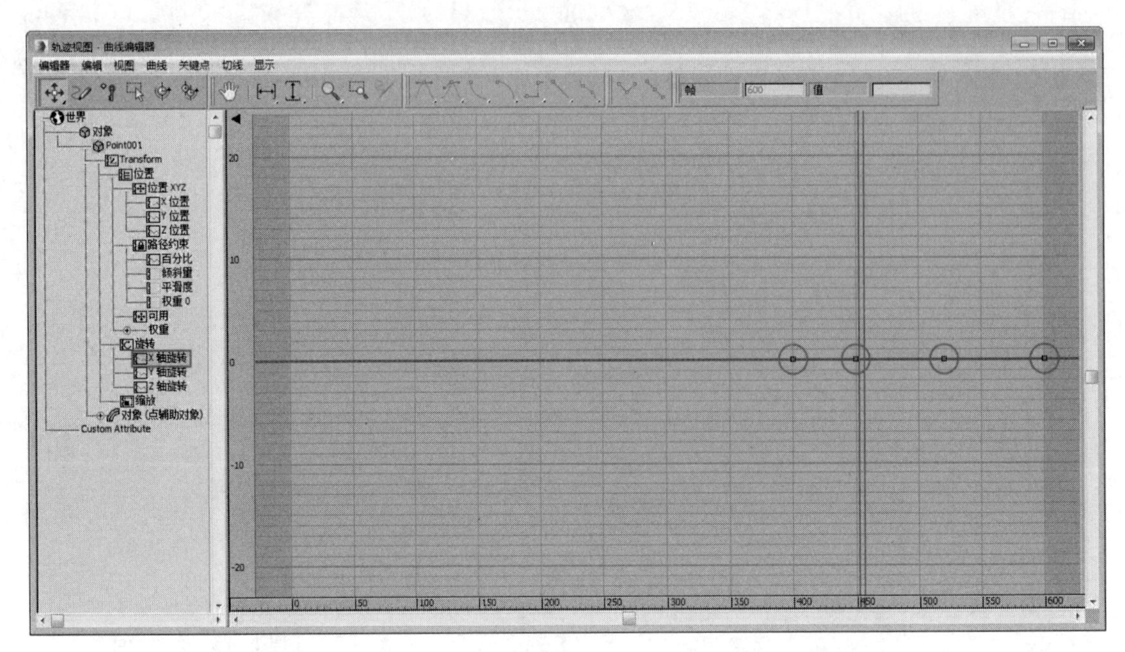

图 5-25

16 将第 450 帧的关键点数值设置为 -35.0，第 520 帧关键点的数值设置为 45.0，设置完成后的动画曲线如图 5-26 所示。

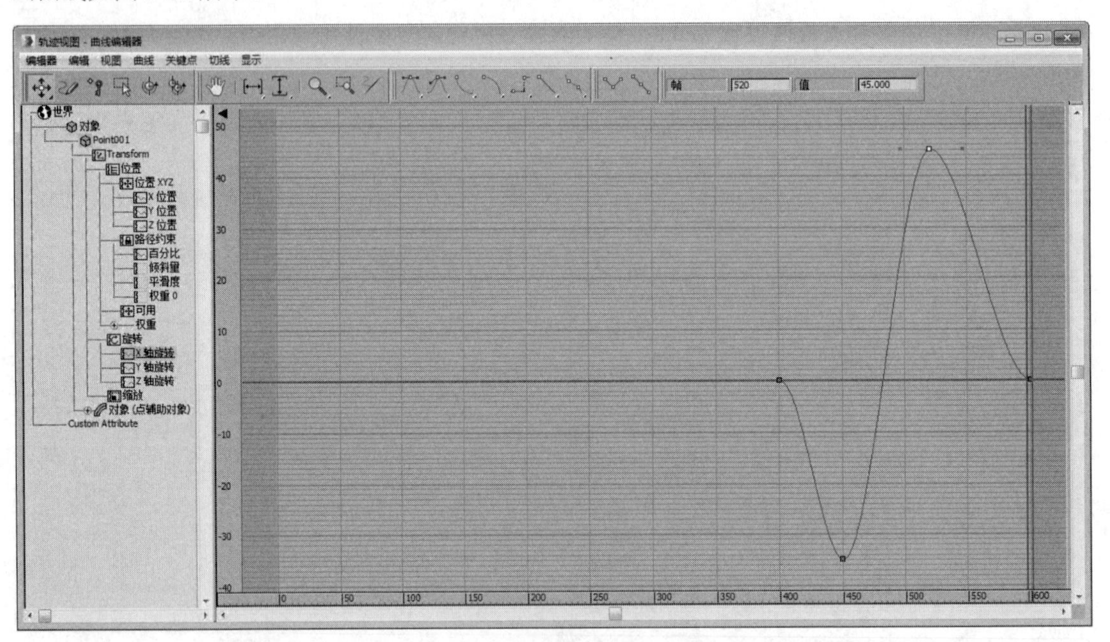

图 5-26

17 设置完成后，渲染当前视图，最终效果如图 5-27 所示。

图 5-27

5.2 叉车动画

实例操作：叉车动画	
实例位置：	工程文件 \CH5\ 叉车动画 .max
视频位置：	视频文件 \CH5\ 实例：叉车动画 .mp4
实用指数：	★★★☆☆
技术掌握：	熟悉使用链接约束调节动画的方法

我们知道如果使用“选择并链接”工具将两个物体进行父子链接，那么，这个子对象只能继承这一个父对象的运动，但如果使用“链接约束”控制器，即可使对象在不同的时间继承不同的父对象的运动，简单来说，就是把左手的球交到右手，如图 5-28 所示。

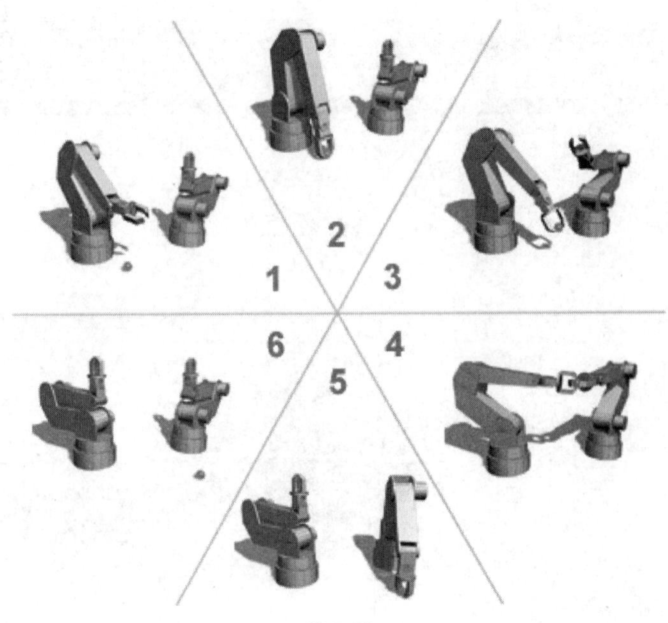

图 5-28

在本例中将使用链接约束来制作一个叉车运输货物的动画效果，如图 5-29 所示为本例的最终完成效果。

图 5-29

01 打开附带素材中的“工程文件\CH5\叉车动画.max”文件，场景中有一个“叉车”对象和一个“木箱”对象，并且“叉车”对象已经制作了基础的位移动画，如图 5-30 所示。

图 5-30

02 在场景中选择“木箱”对象，执行“动画”→“约束”→“链接约束”命令，并到场景中拾取“叉车”对象，如图 5-31 和图 5-32 所示。

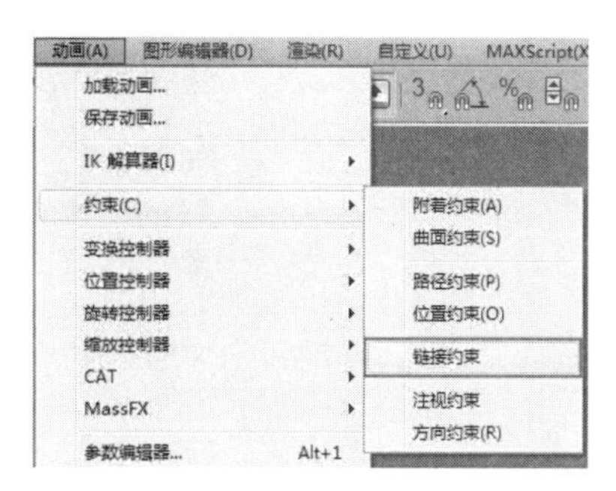

图 5-31

图 5-32

03 此时“链接约束”的参数出现在“运动”面板中，拖动时间滑块，发现木箱已经跟随叉车运动了，如图 5-33 所示。

图 5-33

04 因为最初希望木箱能待在原地，当与叉车接触时才跟随叉车一同运动，所以，拖动时间滑块回到第 0 帧，在“链接参数”卷展栏中选择“叉车”对象，并单击“删除链接”按钮 删除链接 将其删除，如图 5-34 所示。

05 在第 0 帧的位置，单击“链接到世界”按钮，使球体在第 0 帧时链接到世界坐标系，如图 5-35 所示。

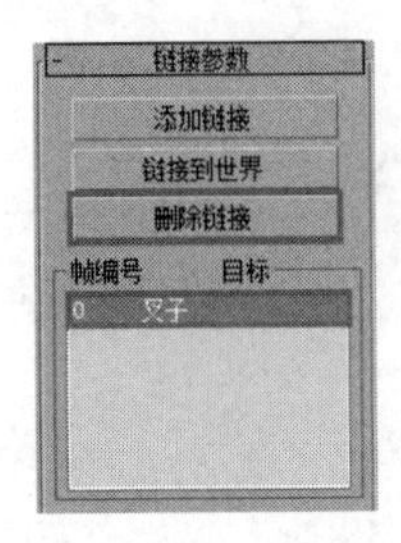

图 5-34

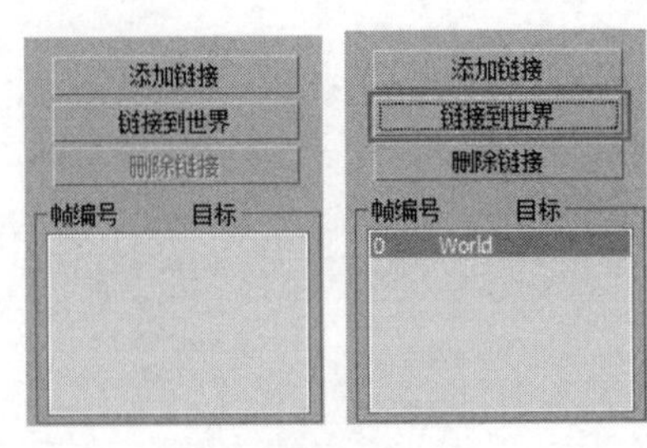

图 5-35

06 拖动时间滑块，发现在第 110 帧时，叉车的叉子准备抬起，那么，在此时单击“添加链接”按钮，并到视图中单击“叉车”对象，最后右击结束该命令的操作，如图 5-36 所示。

图 5-36

07 播放动画，木箱在第 0 至第 110 帧保持原地不动，从第 101 帧开始随叉车一同运动，如图 5-37 和图 5-38 所示。

图 5-37

图 5-38

08 设置完成后，渲染当前视图，最终效果如图 5-39 所示。

图 5-39

技巧与提示

“链接到世界”按钮可以让被约束物体在当前时间点之后的时间内不受任何物体的影响；通过“添加链接”按钮拾取目标物体后，可以让被约束对象在当前时间点之后的时间内一直受到拾取的目标物体的影响。

5.3 掉落的硬币

实例操作：掉落的硬币	
实例位置：	工程文件 \CH5\ 掉落的硬币 .max
视频位置：	视频文件 \CH5\ 实例：掉落的硬币 .mp4
实用指数：	★★★☆☆
技术掌握：	熟练使用“注视约束”和“路径约束”命令制作动画

“注视约束”控制器可以约束一个物体的方向，使该物体总是注视着目标物体，如图 5-40 所示。

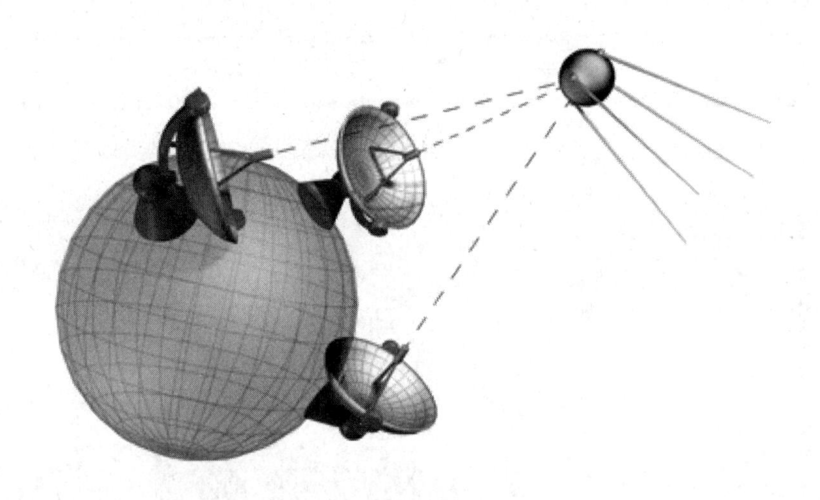

图 5-40

接下来，讲解一个综合实例，实例内容为一枚硬币从空中掉落到地面上，在不借助动力学的条件下，制作逼真的硬币掉落动画。在该动画中使用了设置关键点动画、设置物体可视轨迹、注视约束、路径约束等多种动画制作方法。通过对本例的学习可以全面了解动画设置的相关知识。如图 5-41 所示为本例的最终渲染效果。

图 5-41

01 打开附带素材中的“工程文件 \CH5\ 掉落的硬币 .max”文件，该场景中包含一个“硬币”模型和一个作为平台的“立方体”模型，如图 5-42 所示。

图 5-42

02 在场景中创建一条螺旋线和一个“点”辅助对象，如图 5-43 所示。

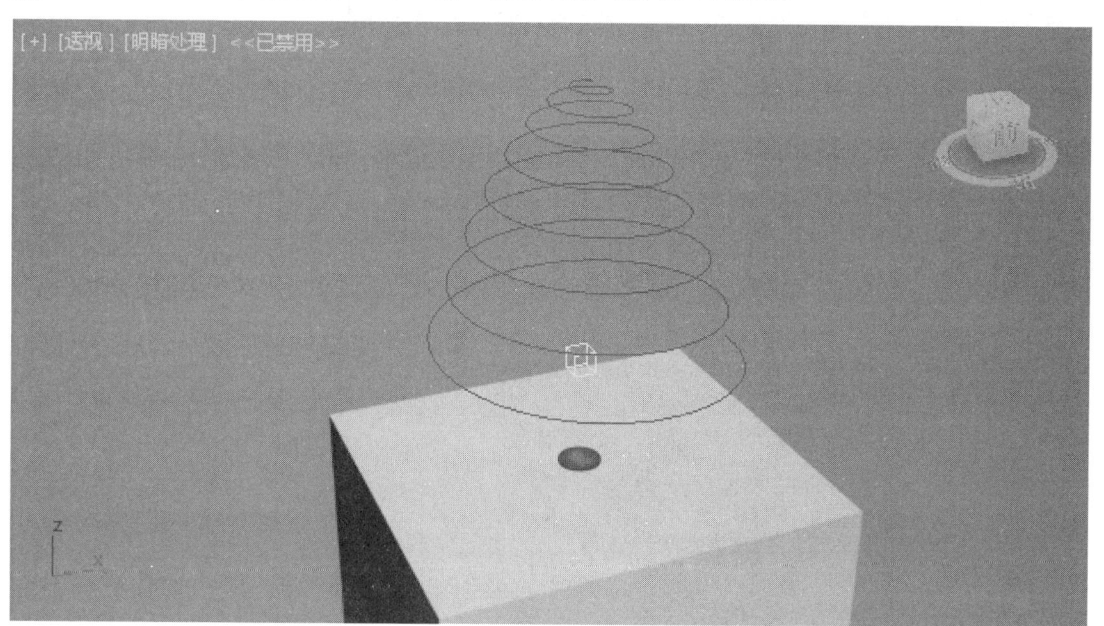

图 5-43

03 选择“点”辅助对象，执行“动画”→“约束”→“路径约束”命令，并到场景中拾取“螺旋线”对象，如图 5-44 和图 5-45 所示。

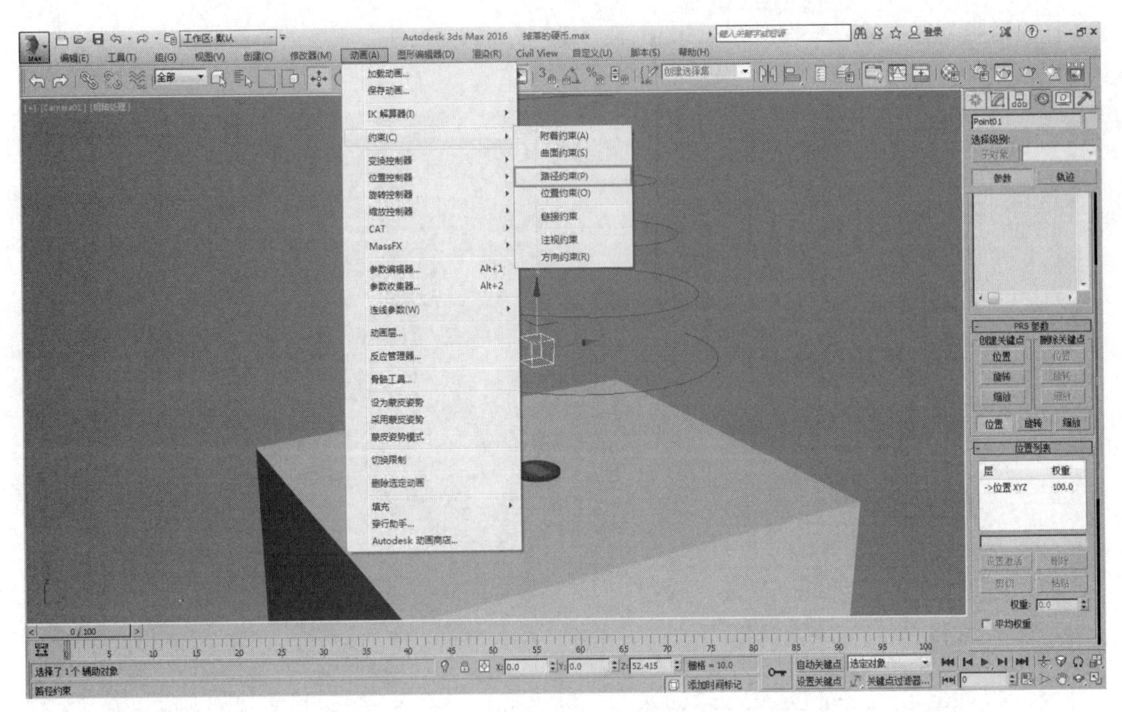

图 5-44

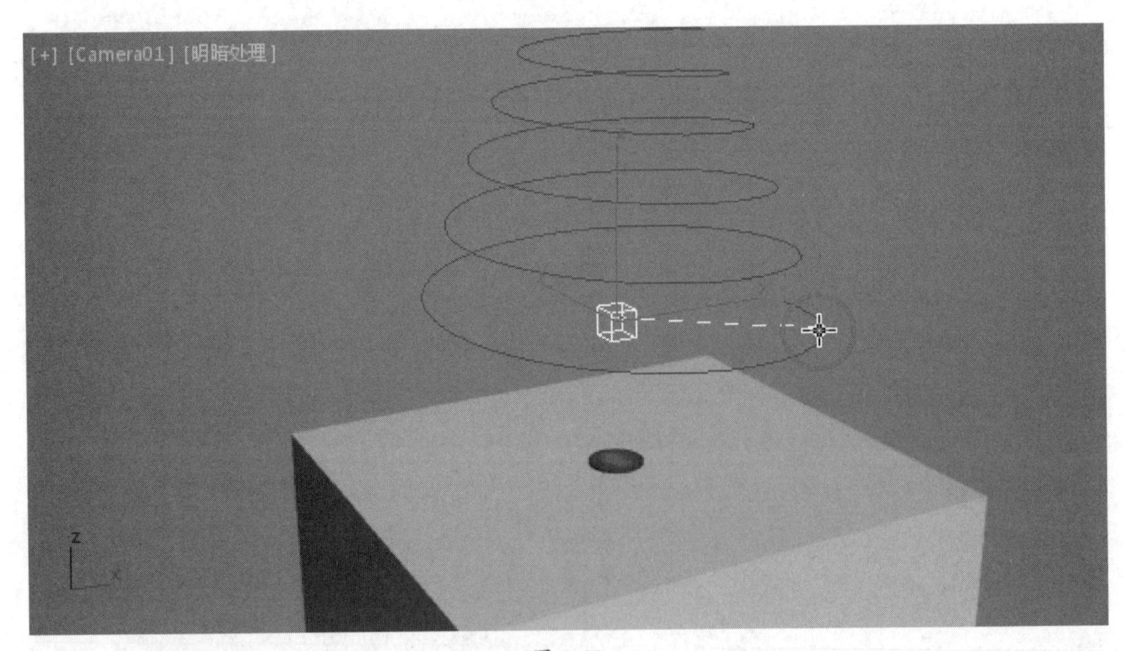

图 5-45

04 调整“点”辅助物体的动画范围为第 10 ～第 50 帧，如图 5-46 所示。

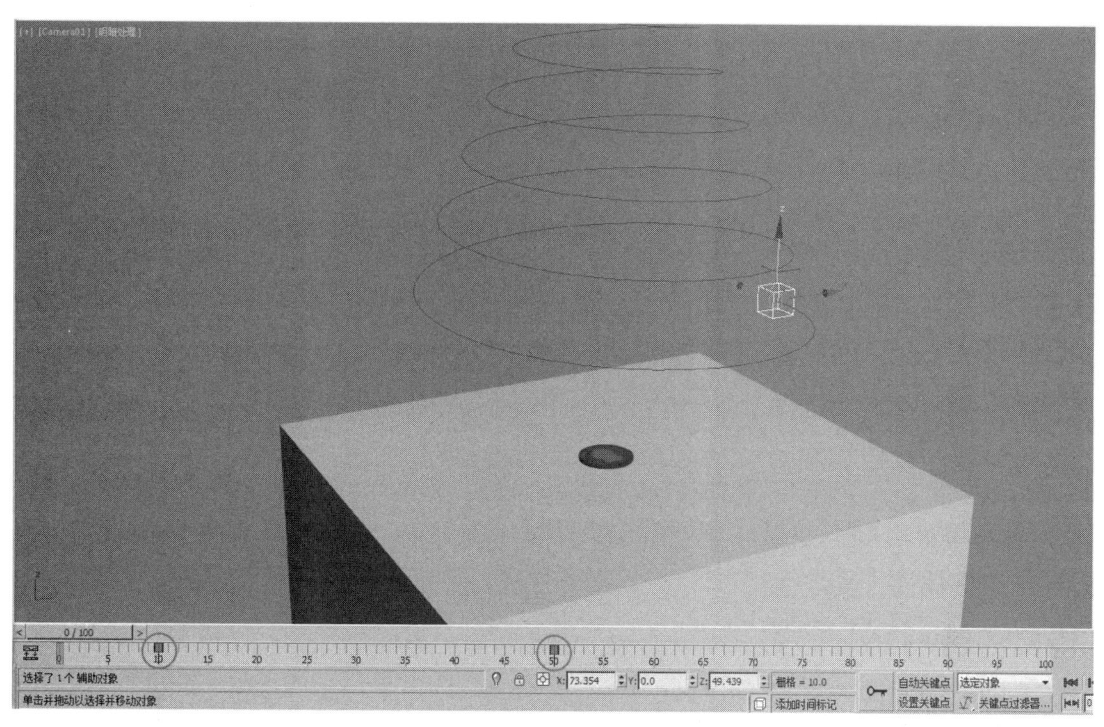

图 5-46

05 选择硬币，按快捷键 Ctrl+V 原地复制一个硬币，并执行“动画”→“约束”→“注视约束”命令，再到场景中拾取“点”辅助物体，如图 5-47 和图 5-48 所示。

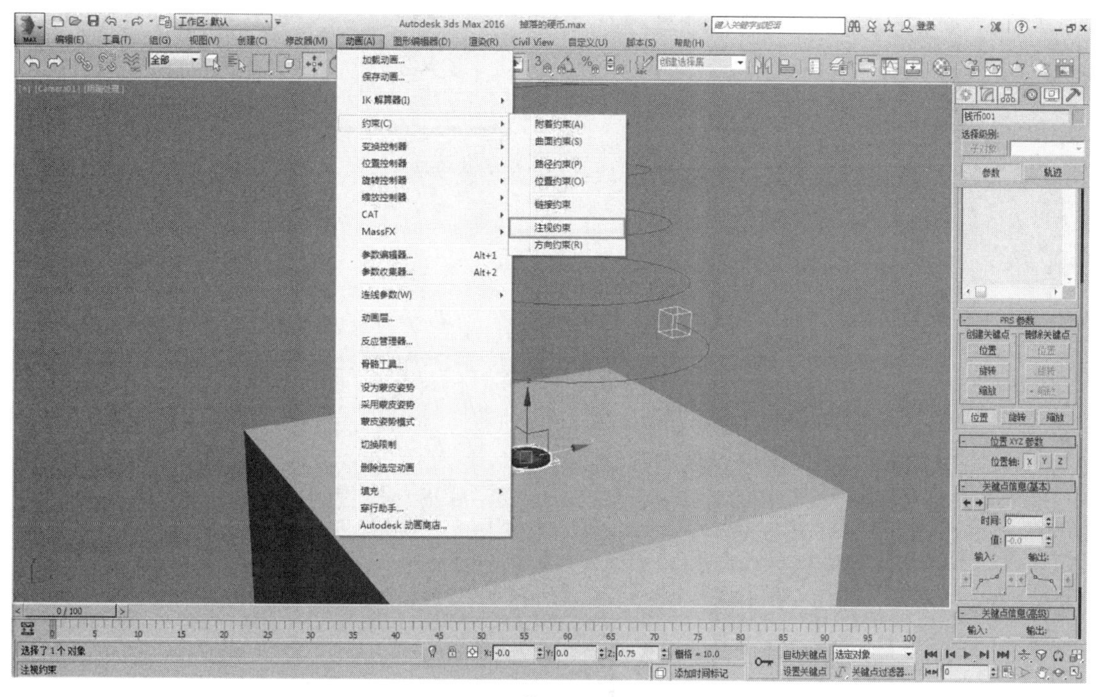

图 5-47

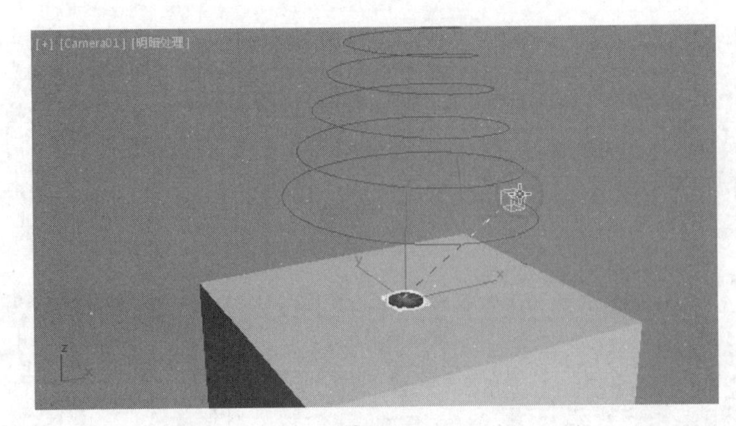

图 5-48

06 进入“运动”面板，在“注视约束”卷展栏中，设置“选择注视轴”为 Z 轴，并调整其位置，使其不要与地面“穿插”，如图 5-49 和图 5-50 所示。

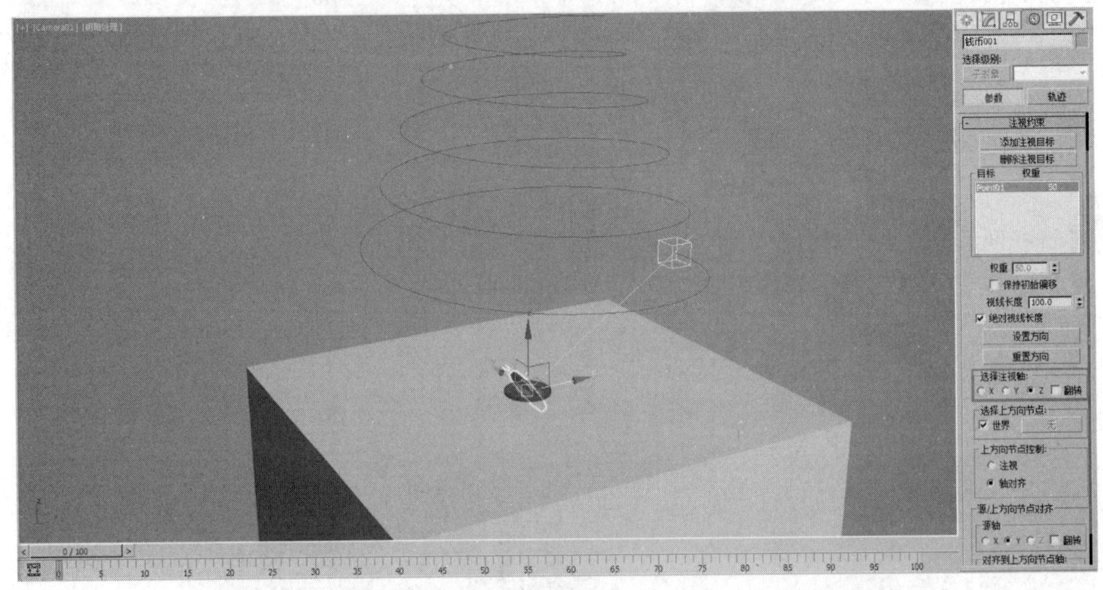

图 5-49

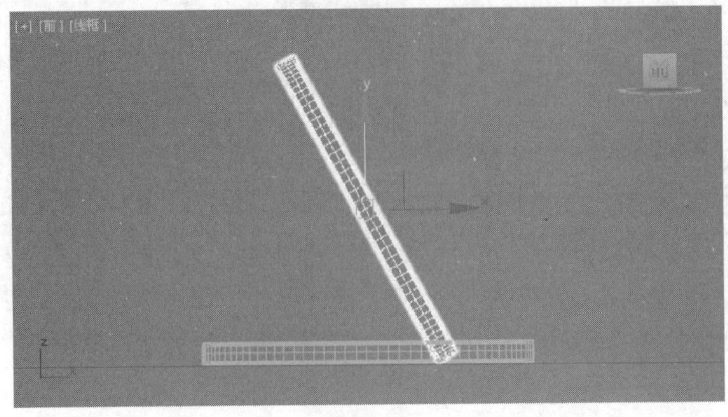

图 5-50

07 选择硬币对象，使用移动和旋转工具调整其位置和角度。单击开启“自动关键点”按钮，拖动时间滑块到第 10 帧，使用“对齐”工具将其与“钱币 001”对象的位置和角度对齐，如图 5-51 和图 5-52 所示。

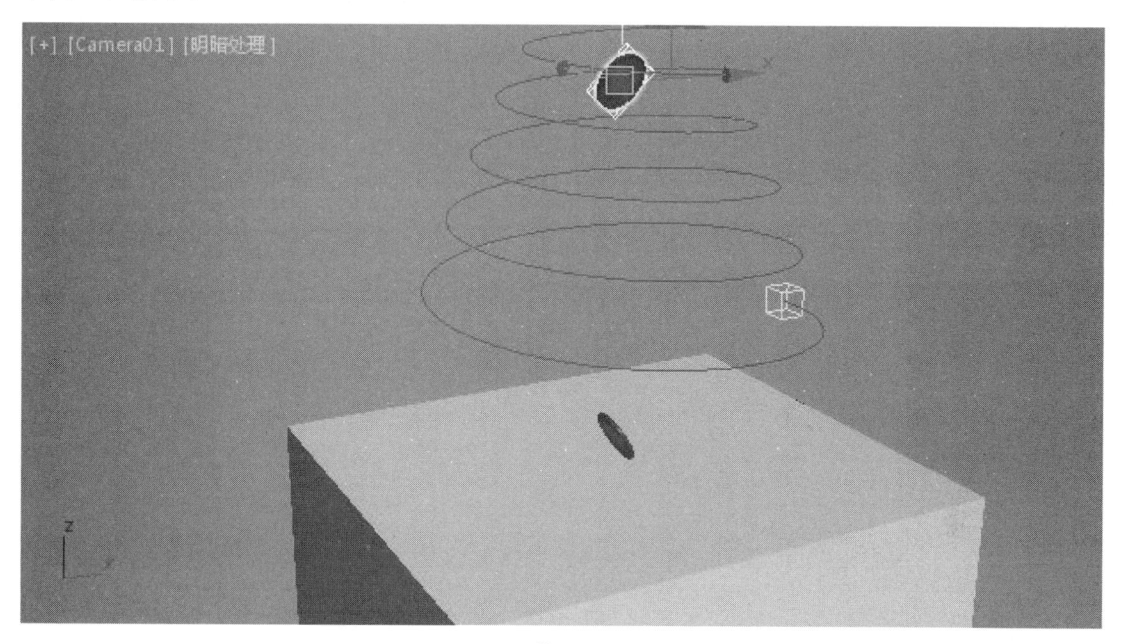

图 5-51

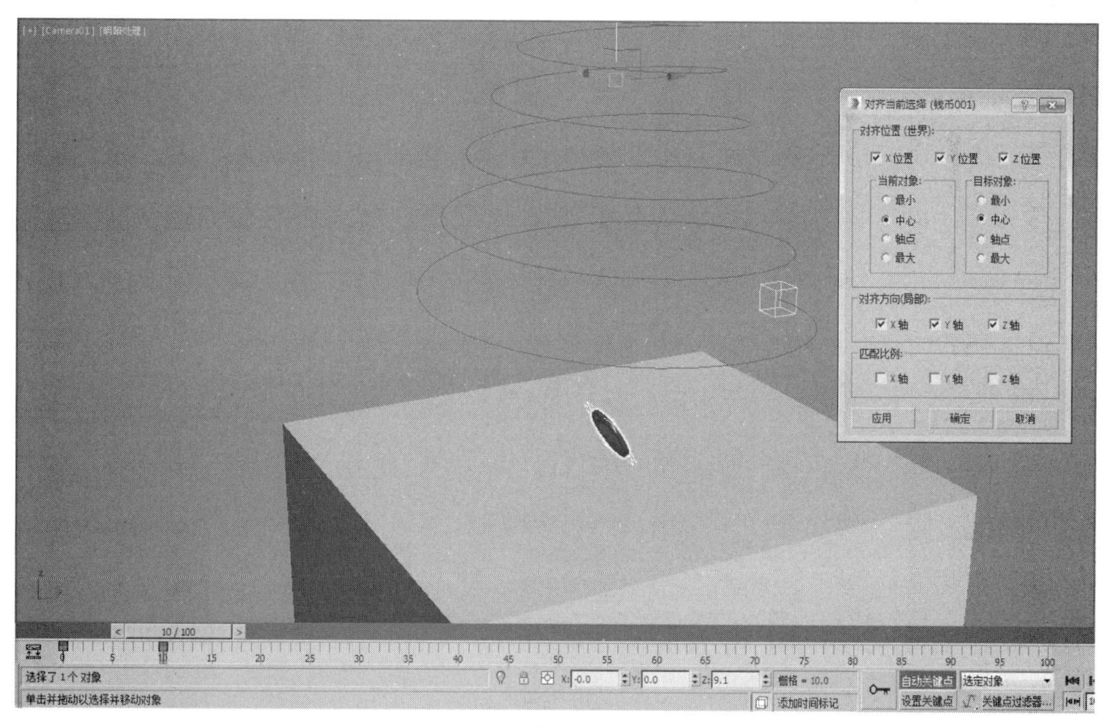

图 5-52

08 打开“轨迹视图—曲线编辑器”窗口，为其添加“可见性”轨迹，并在第0帧和第10帧添加两个关键点，如图5-53所示。

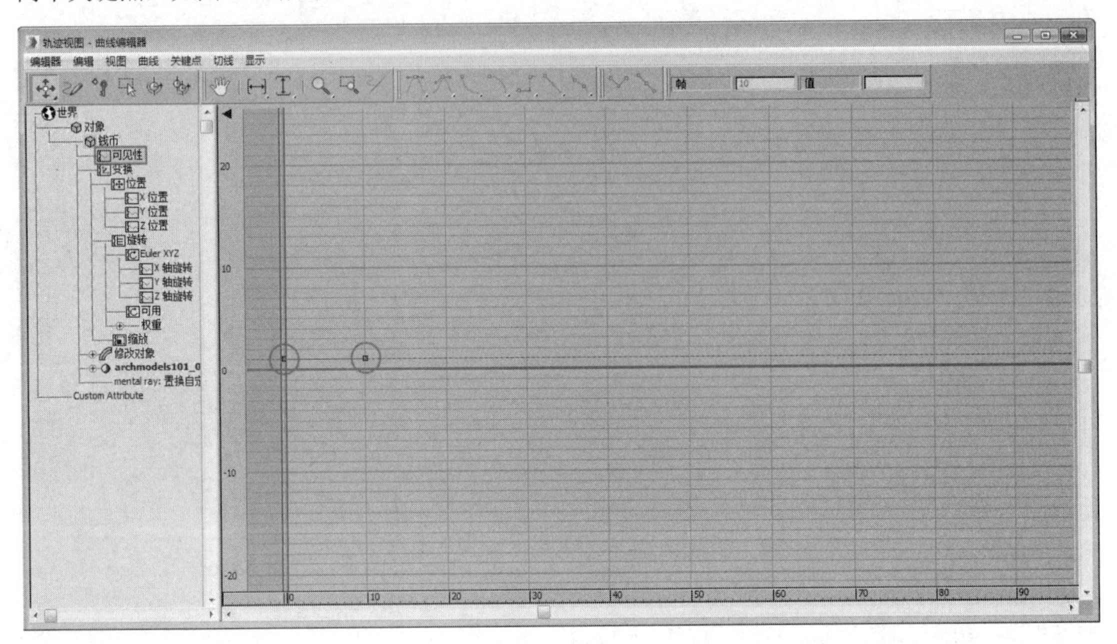

图 5-53

09 设置第10帧的值为0.0，并选择两个关键点，单击“将切线设置为阶梯式”按钮，将动画曲线变为阶梯式，如图5-54和图5-55所示。

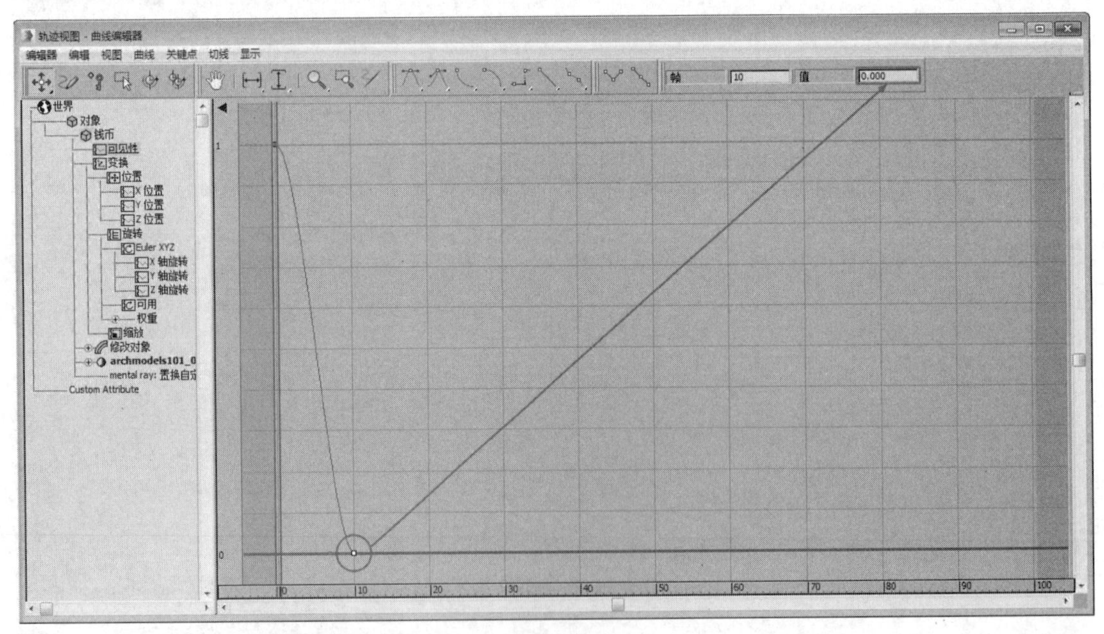

图 5-54

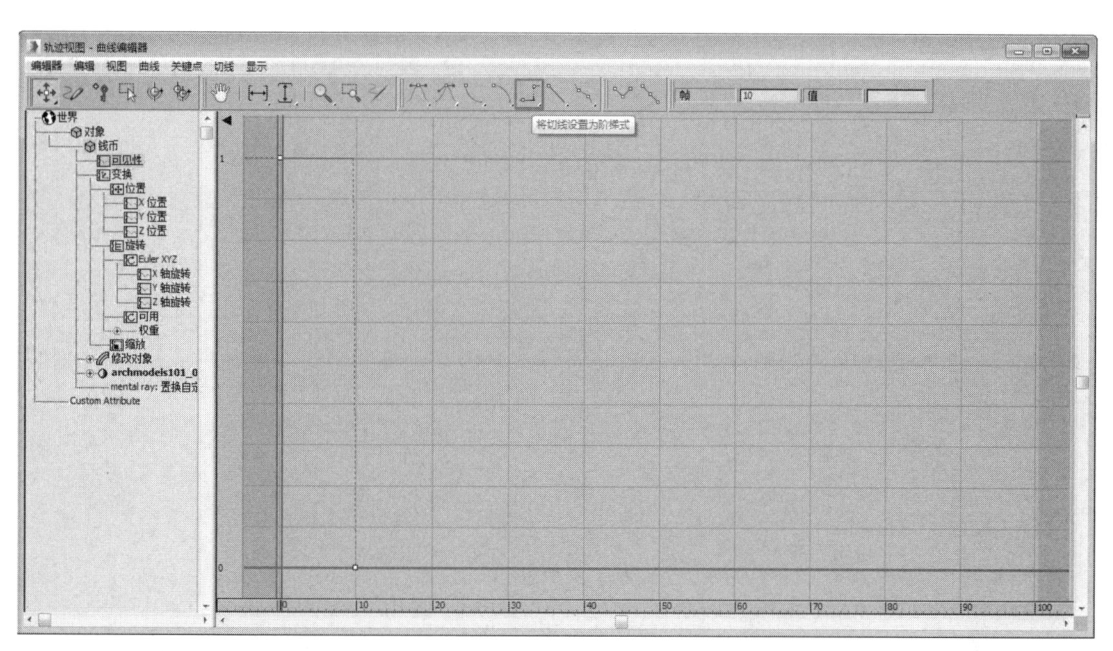

图 5-55

10 用同样的方法，也为“钱币 001”对象添加“可见性”轨迹，并设置第 0 帧的值为 0.0，第 10 帧的值为 1.0，如图 5-56 所示。

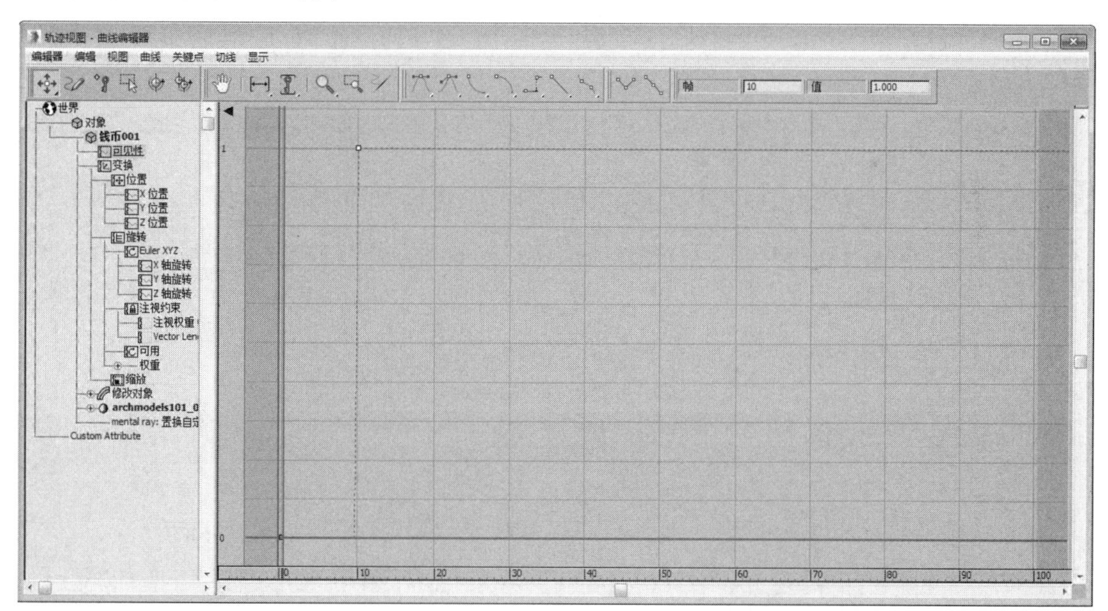

图 5-56

11 在“自动关键点”模式下，将时间滑块拖至第 10 帧，右击时间滑块，为其添加一个“位置”关键点，使用移动工具调整“钱币 001”对象的位置，使其与地面接触，如图 5-57 所示。

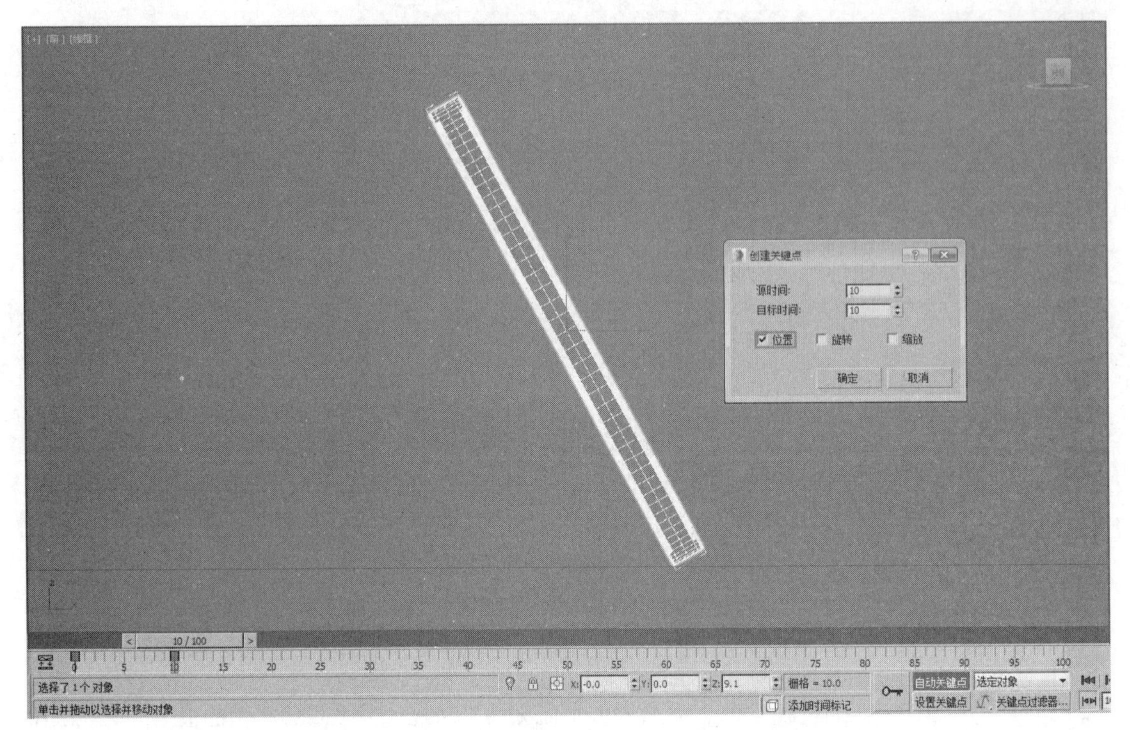

图 5-57

12 将时间滑块拖至第50帧，使用移动工具调整“硬币001”对象的位置，使其与地面接触，如图5-58和图5-59所示。

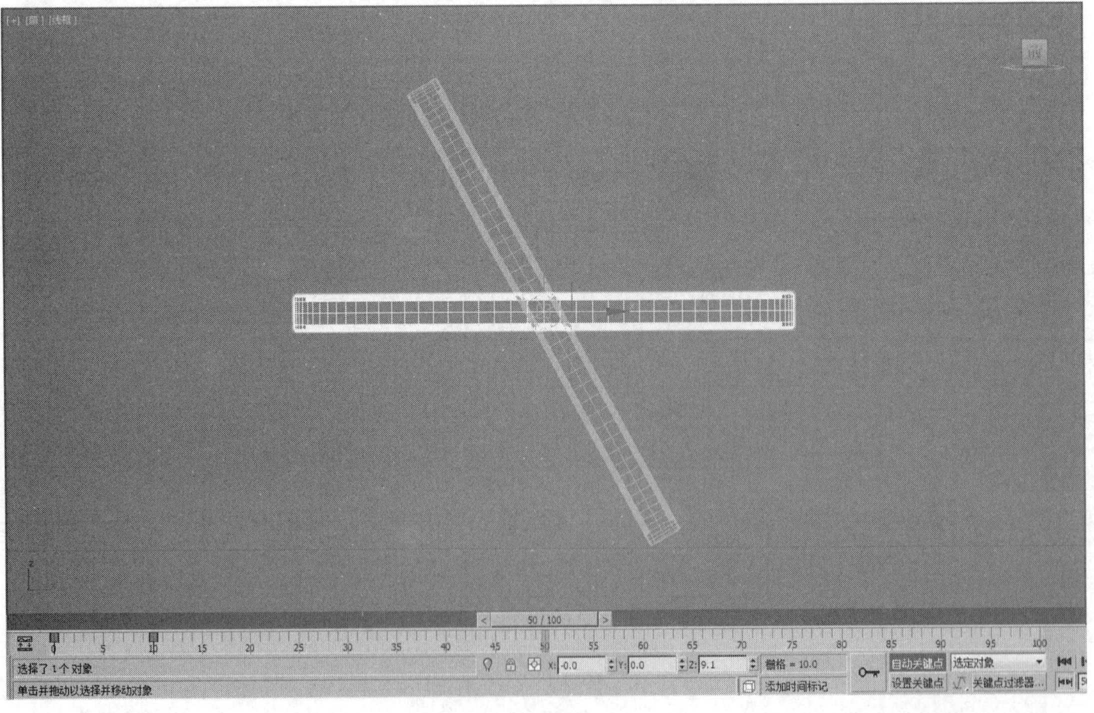

图 5-58

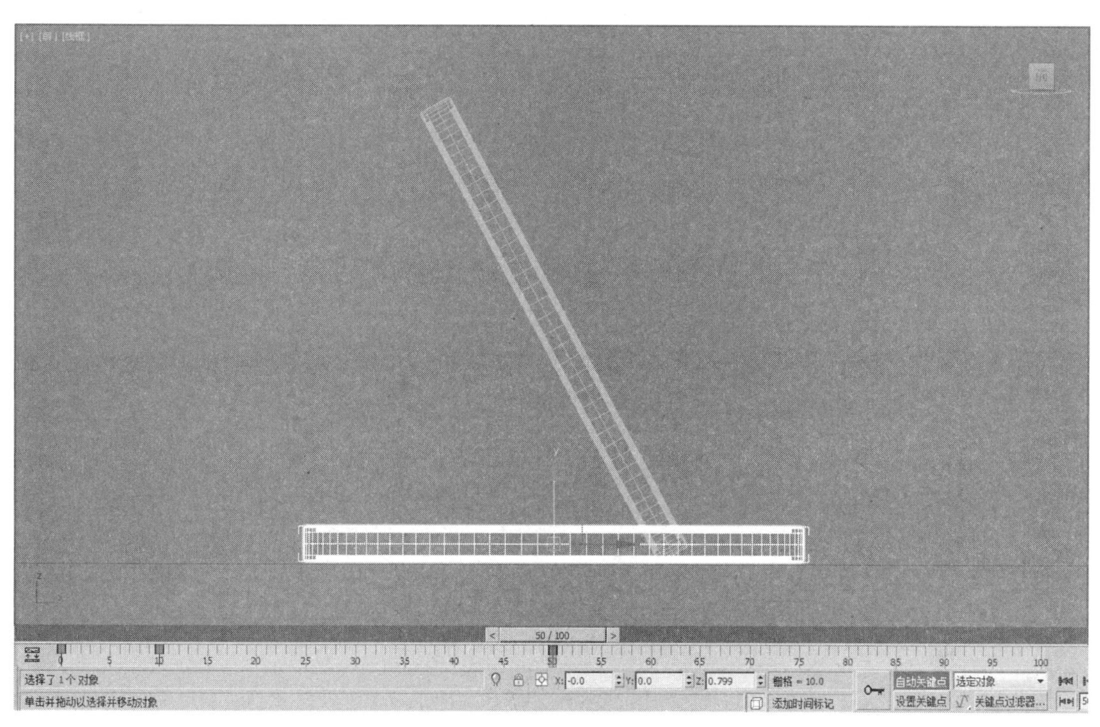

图 5-59

13 设置完成后播放动画，最终效果如图 5-60 所示。

图 5-60

技巧与提示

“注视约束”和“方向约束”都是针对对象的角度进行约束的，所以参数在“运动”面板的“旋转”层中。其他5种约束是针对对象的“位置”进行约束的，所以参数在“运动”面板的“位置”层中。

另外，选中“保持初始偏移”复选框是一种比较“懒”的方法，也可以通过“选择注视轴”选项组中的3个单选按钮来设置被约束物体注视目标物体的坐标轴，如图5-61所示。

选择注视轴:
X Y Z 翻转

图 5-61

5.4 遮阳板

实例操作：遮阳板	
实例位置：	工程文件 \CH5\ 遮阳板 .max
视频位置：	视频文件 \CH5\ 实例：遮阳板 .mp4
实用指数：	★★☆☆☆
技术掌握：	熟练使用“方向约束”命令制作动画

“方向约束”控制器可以将物体的旋转方向约束在一个物体或几个物体的平均方向，如图5-62所示。

在本例中将使用“方向约束”控制器制作一个“遮阳板”的动画效果，如图5-63所示为本例的最终渲染效果。

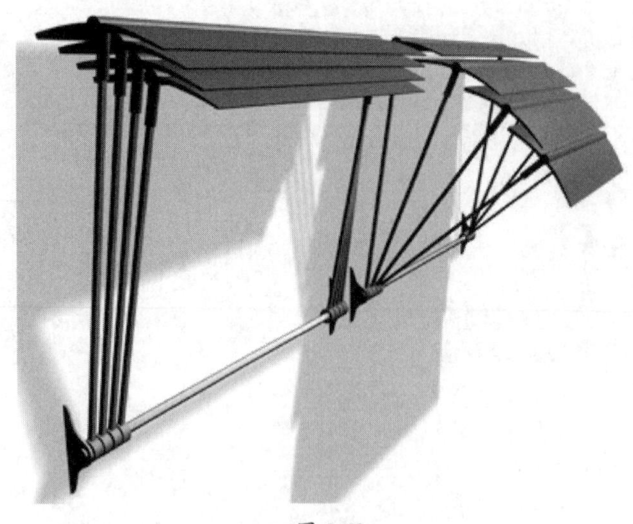

图 5-62

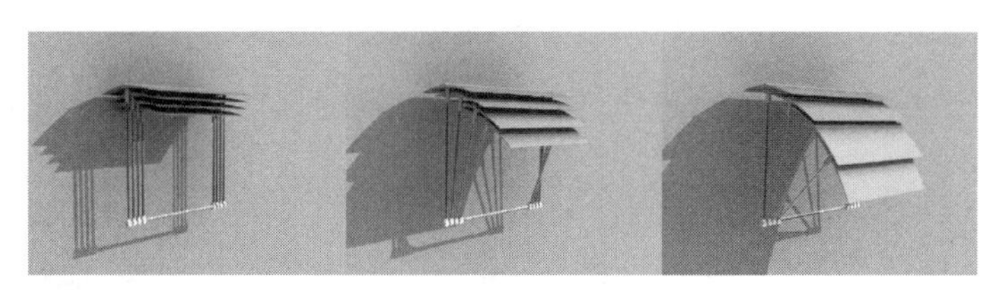

图 5-63

01 打开附带素材中的“工程文件 \CH5\ 方向约束 .max”文件，场景中有一套“遮阳板”模型，并且与 4 个“点”辅助对象指定了父子链接，如图 5-64 所示。

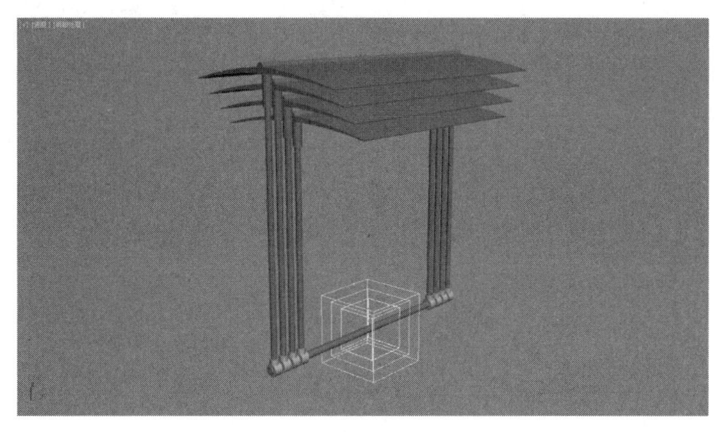

图 5-64

02 单击激活“自动关键点”按钮自动关键点，拖动时间滑块到第 50 帧，分别将红色和蓝色的“点”辅助对象沿 *X* 轴旋转 50° 和 5° ，如图 5-65 和图 5-66 所示。

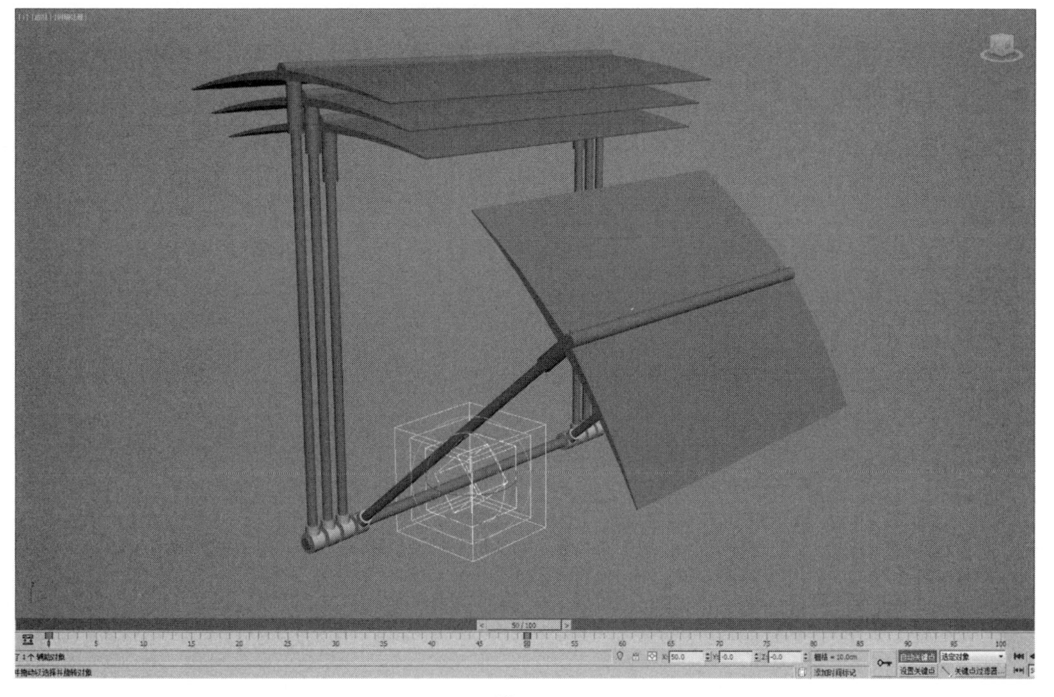

图 5-65

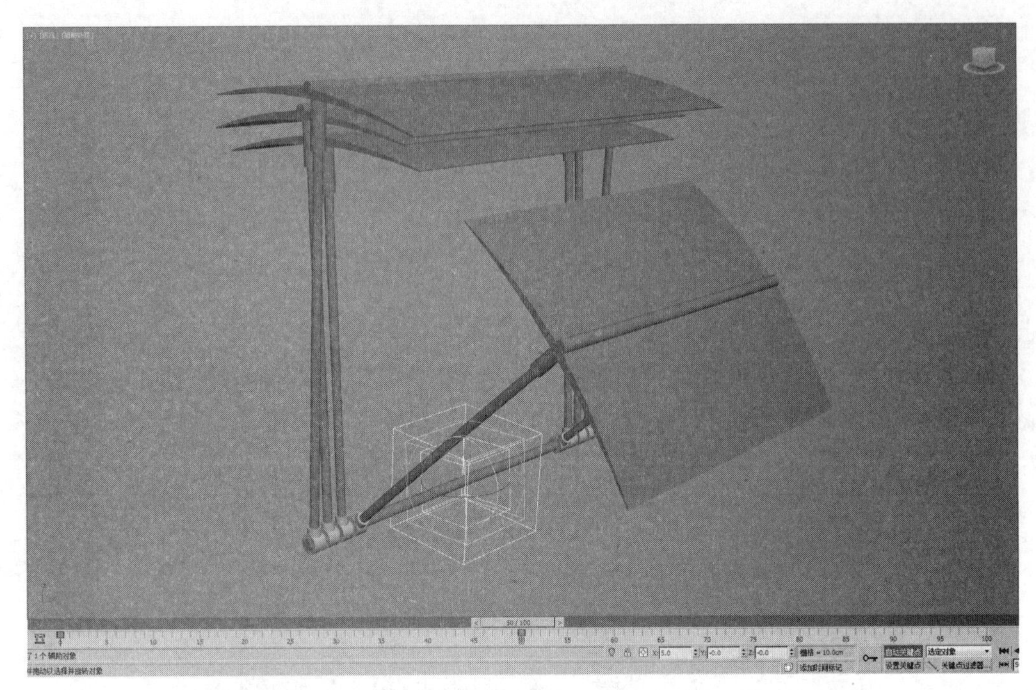

图 5-66

03 设置完成后单击关闭“自动关键点”按钮，在视图中选择黄色的“点”辅助对象，执行“动画”→“约束”→“方向约束”命令，并到场景中拾取红色的“点”辅助对象，如图 5-67 和图 5-68 所示。

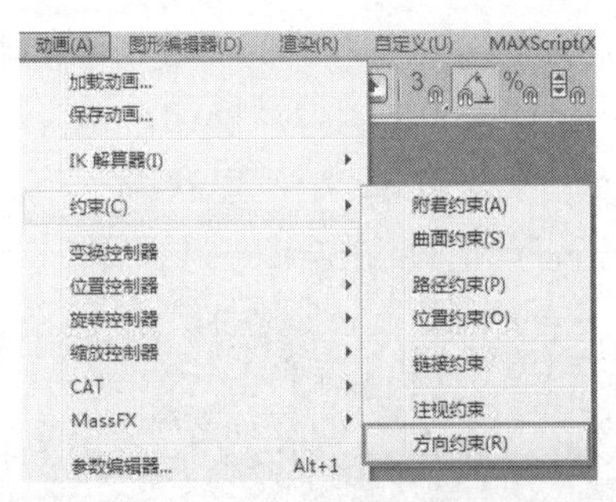

图 5-67

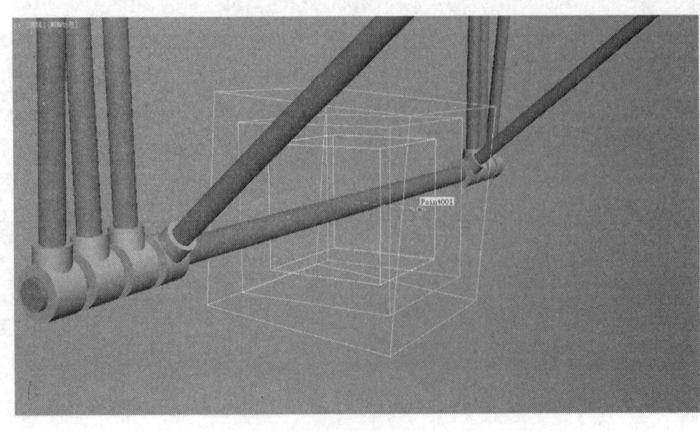

图 5-68

04 此时黄色的“点”辅助对象与红色的“点”辅助对象的旋转角度保持一致，如图 5-69 所示。

图 5-69

05 在“运动”面板中，单击“方向约束”卷展栏下的“添加方向目标”按钮 添加方向目标 ，并到视图中单击蓝色的“点”辅助对象，将其也作为黄色“点”辅助对象方向约束的目标物体，如图 5-70 和图 5-71 所示。

图 5-70

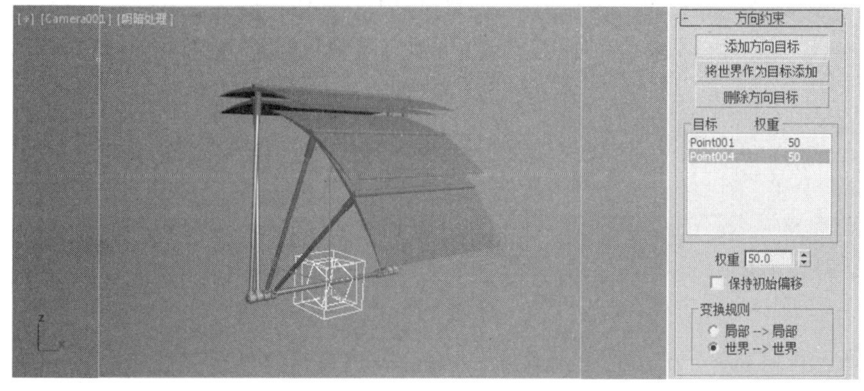

图 5-71

06 在下方的“目标列表”中，选择 Point001 对象，将其权重设置为 70.0，选择 Point004 对象，将其权重设置为 30.0，如图 5-72 和图 5-73 所示。

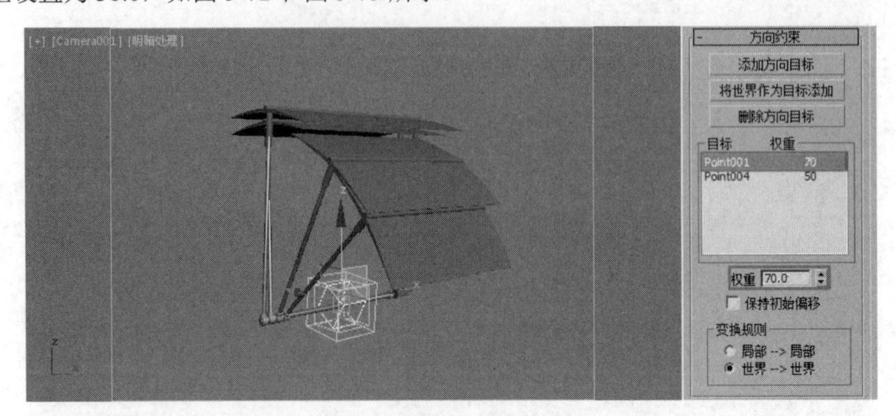

图 5-72

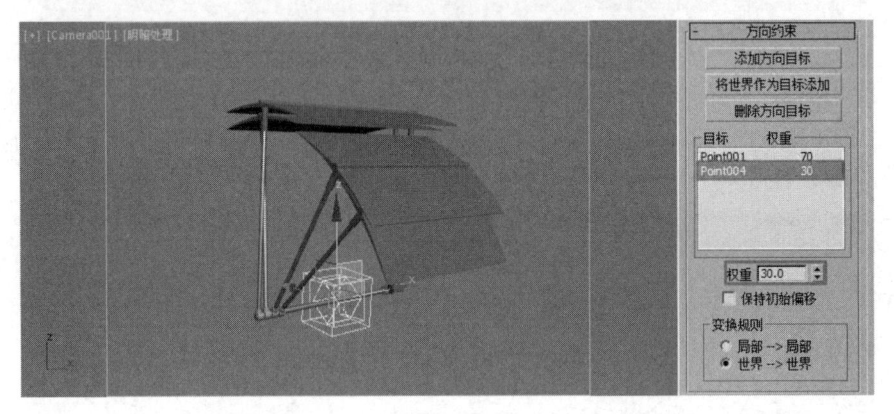

图 5-73

07 在视图中选择绿色的“点”辅助对象，用同样的方法，分别拾取红色和蓝色的“点”辅助对象为方向约束的目标对象，如图 5-74 所示。

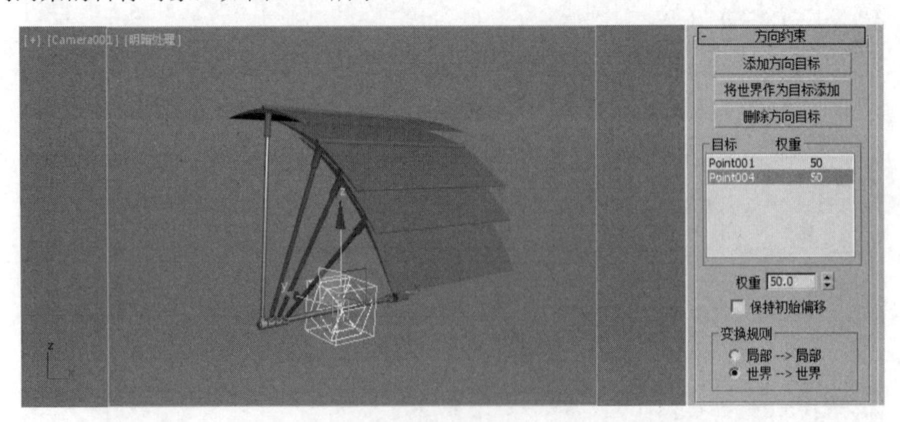

图 5-74

08 在下方的“目标列表”中，选择 Point001 对象，将其权重设置为 30.0，选择 Point004 对象，将其权重设置为 70.0，设置完毕后的效果如图 5-75 所示。

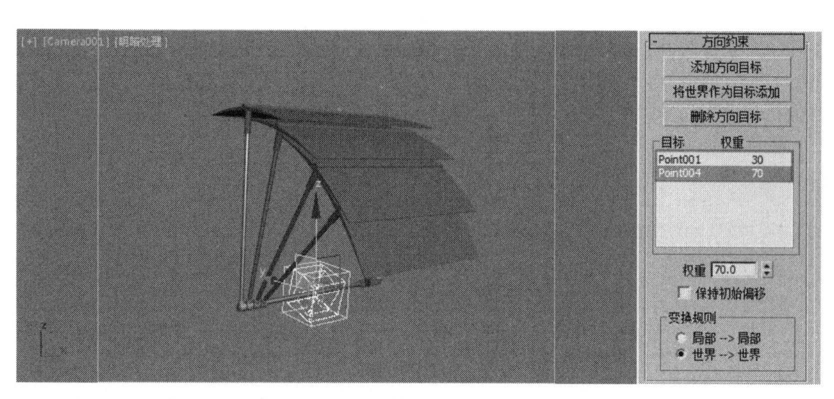

图 5-75

09 设置完成后，渲染当前视图，最终效果如图 5-76 所示。

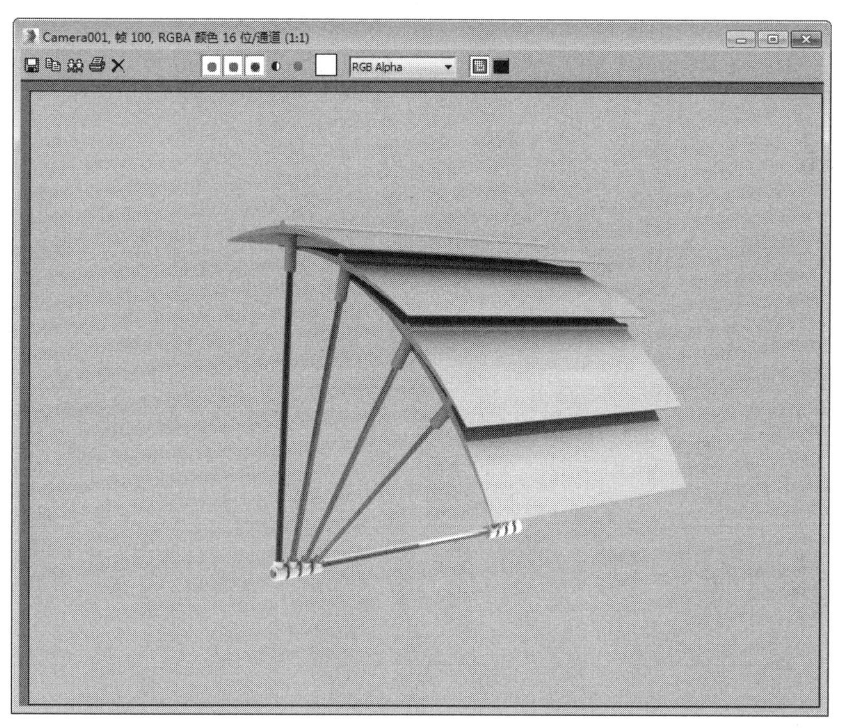

图 5-76

5.5　烛光闪烁动画

实例操作：烛光闪烁动画	
实例位置：	工程文件 \CH5\ 烛光闪烁 .max
视频位置：	视频文件 \CH5\ 实例：烛光闪烁动画 .mp4
实用指数：	★★★☆☆
技术掌握：	熟悉使用噪波控制器调节动画的方法

本节制作一个蜡烛燃烧时光线闪烁的动画，实例中使用了 3ds Max 中噪波控制器的一些功能。如图 5-77 所示为本例的最终完成效果。

图 5-77

01 打开附带素材中的“工程文件 \CH5\ 烛光闪烁 .max”文件，该场景中已经为物体设置了材质，并创建了 3 盏灯光进行照明，如图 5-78 所示。

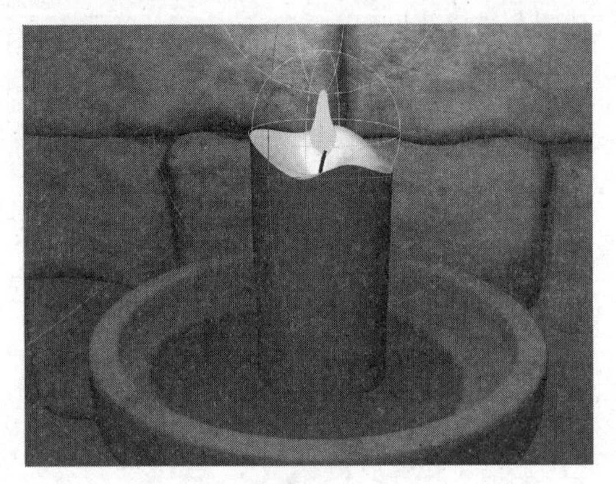

图 5-78

02 在场景中选择“火焰灯”对象，执行“动画”→“约束”→“附着约束”命令，并在场景中拾取“火焰”对象，将灯光附着到火焰上，如图 5-79 和图 5-80 所示。

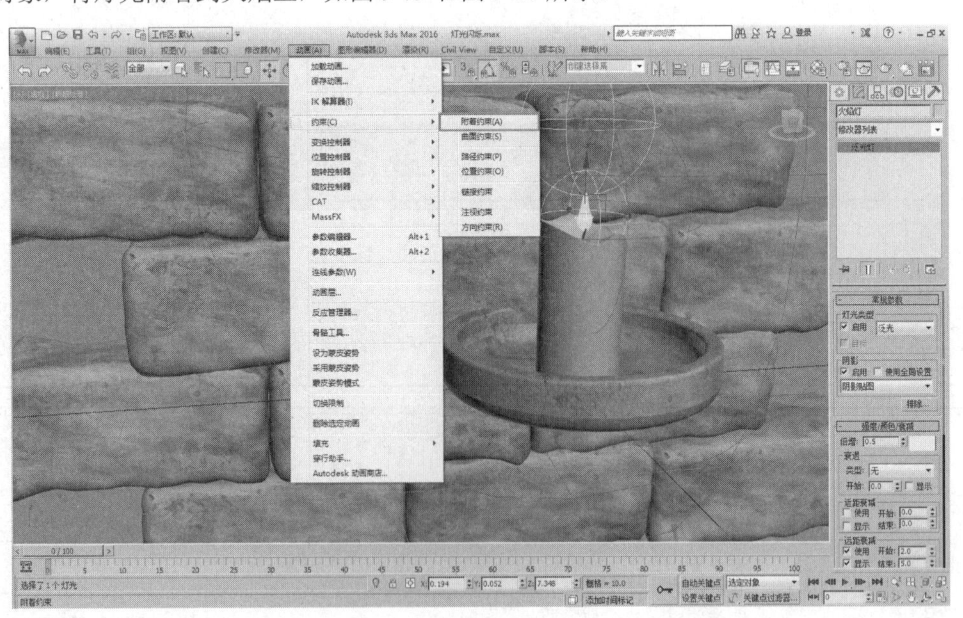

图 5-79

图 5-80

03 进入“运动”面板，单击“设置位置”按钮，并在视图上调灯光的位置到“火焰”的中部，如图 5-81 所示。

图 5-81

04 打开“轨迹视图—曲线编辑器”窗口，在灯光的“倍增”选项上右击，在弹出的四联菜单中选择“指定控制器” 命令，接着在弹出的对话框中选择 “噪波浮点” 选项，如图 5-82~ 图 5-84 所示。

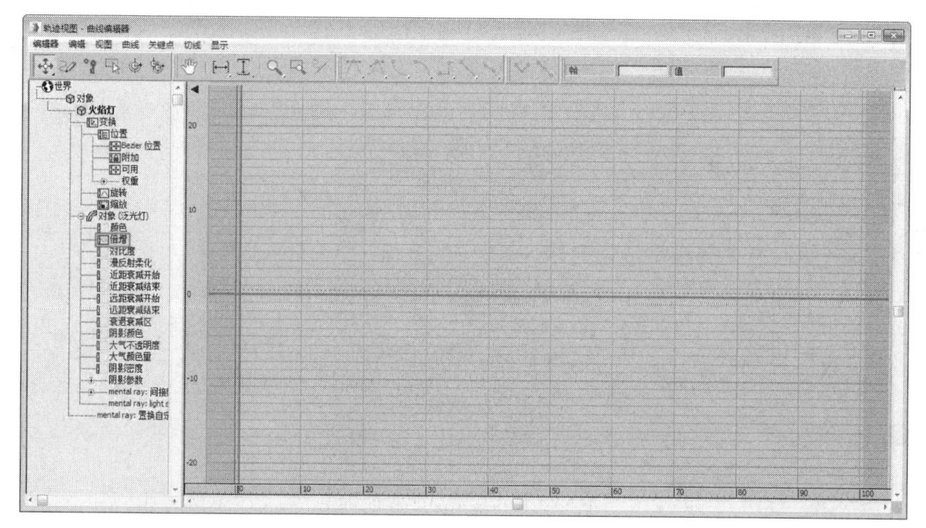

图 5-82

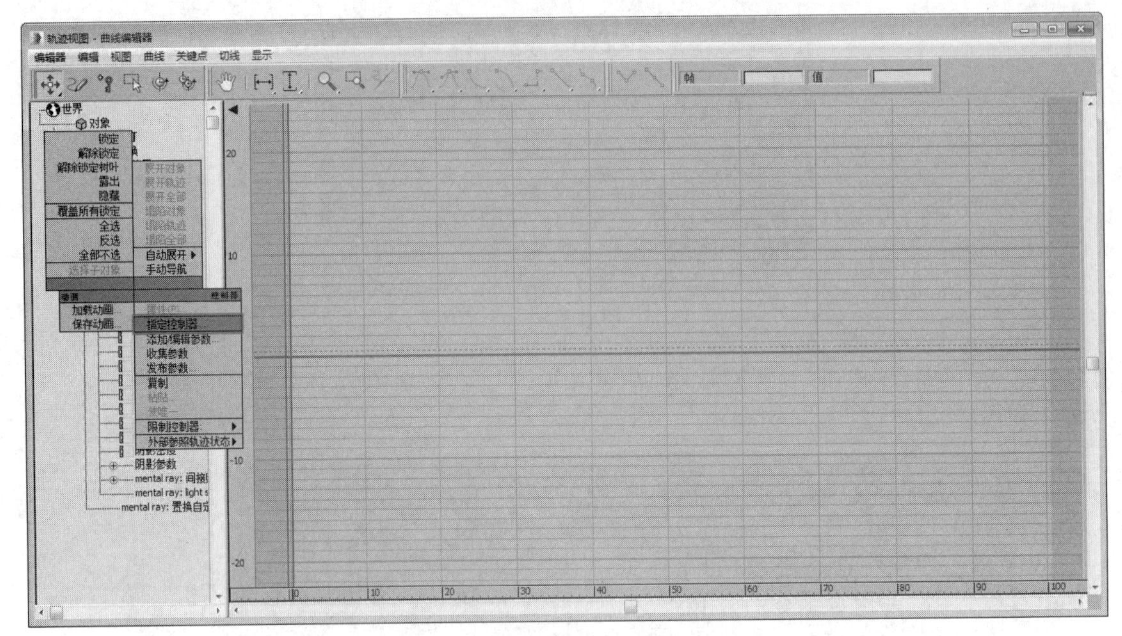

图 5-83

05 在“噪波控制器”对话框中设置“频率”为0.2，“强度”为1.0，并选中>0复选框，取消选中“分形噪波”复选框，如图5-85所示。

06 用同样的方法，为“阴影灯”对象也增加“噪波控制器”，并设置“频率”为0.12，“强度”为2，并选中>0复选框，取消选中“分形噪波”复选框，如图5-86和图5-87所示。

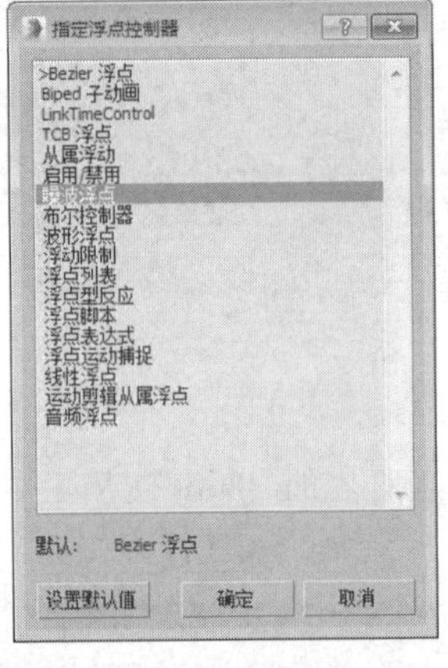

图 5-84

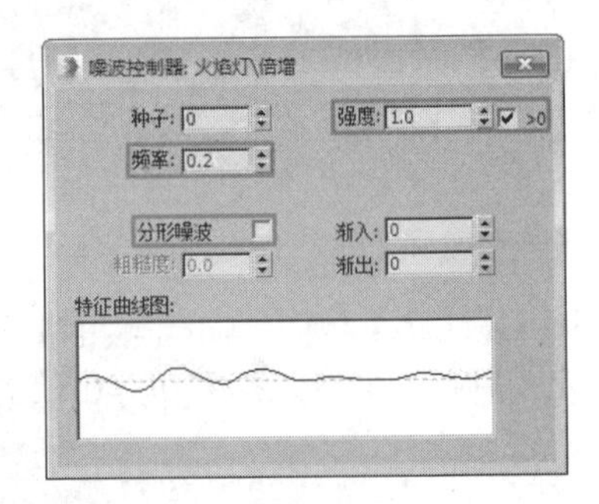

图 5-85

图 5-86

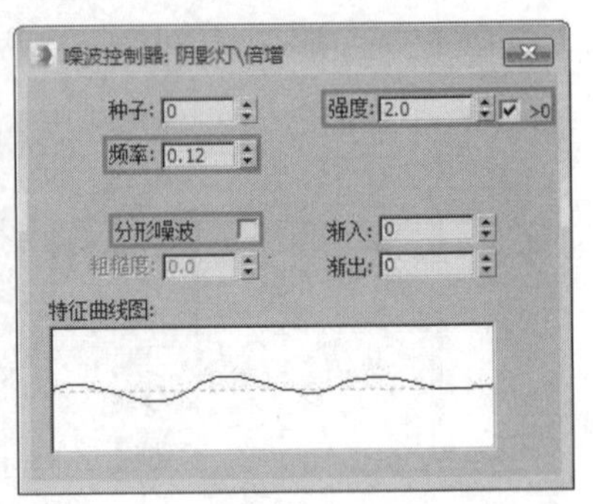

图 5-87

07 播放动画，此时会发现烛光随着火焰的跳动而忽明忽暗，设置完成后渲染当前视图，最终效果如图 5-88 所示。

图 5-88

5.6 镜头震动动画

功能实例：镜头震动动画	
实例位置：	工程文件 \CH5\ 镜头震动动画 .max
视频位置：	视频文件 \CH5\ 实例：镜头震动动画 .mp4
实用指数：	★★★☆☆
技术掌握：	熟悉使用噪波控制器调节动画的方法

经常使用“噪波控制器”制作爆炸产生的气浪对镜头产生的震动效果，下面将通过实例来讲解制作这类镜头震动动画效果的方法。如图 5-89 所示为本例的最终渲染效果。

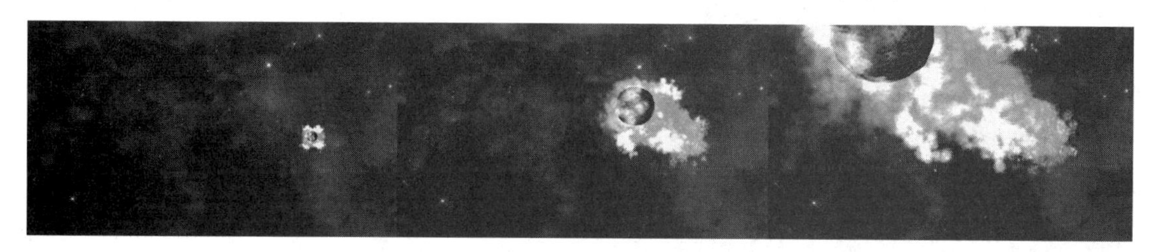

图 5-89

01 打开附带素材中的“工程文件 \CH5\ 镜头震动动画 .max”文件，这是一个用粒子系统制作的陨石拖尾的场景，如图 5-90 所示。接下来要制作陨石掠过镜头时引起的镜头震动效果。

图 5-90

02 在场景中选择摄影机的目标点，并执行“动画”→“位置控制器”→“噪波”命令，如图 5-91 和图 5-92 所示。

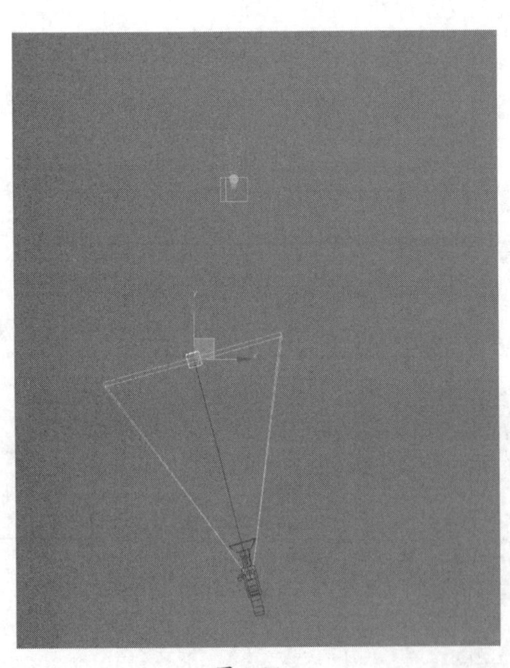

图 5-91

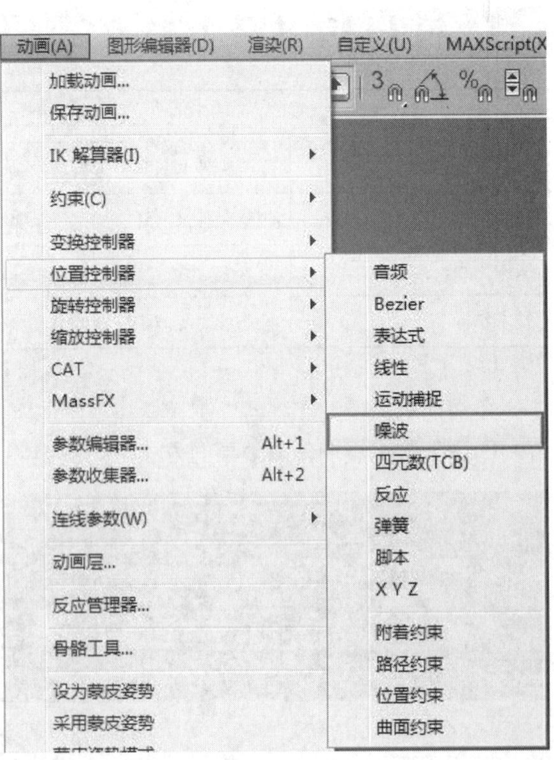

图 5-92

03 单击主工具栏中的“曲线编辑器（打开）”按钮，打开“轨迹视图 - 曲线编辑器”窗口，在窗口左侧的层次列表中选择当前对象的“噪波位置”变换选项，如图 5-93 所示。

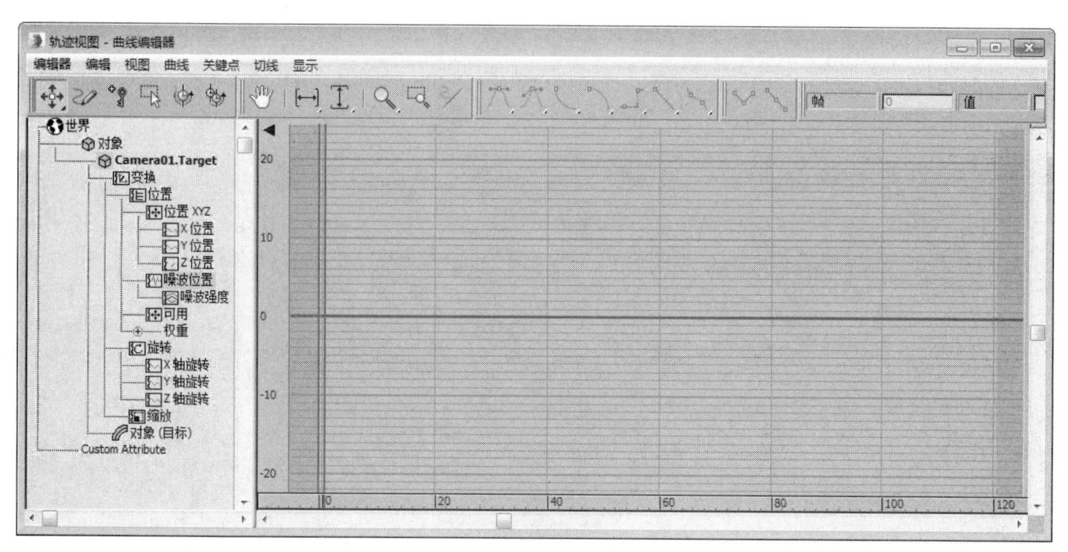

图 5-93

04 在“噪波位置”选项上右击，从弹出的菜单中选择“属性”命令，打开“噪波控制器：Camera01.Target\ 噪波位置”对话框，如图 5-94 和图 5-95 所示。

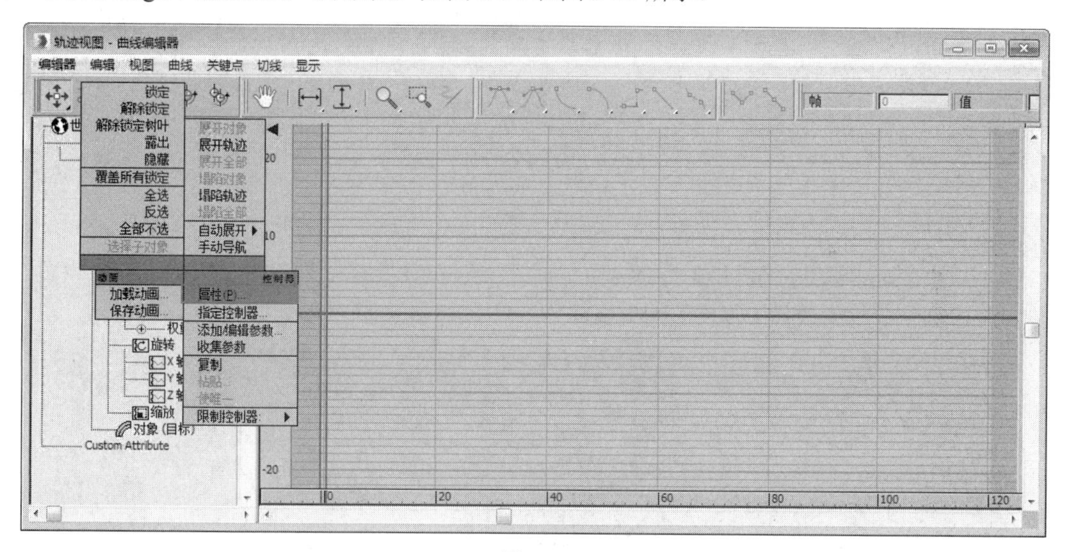

图 5-94

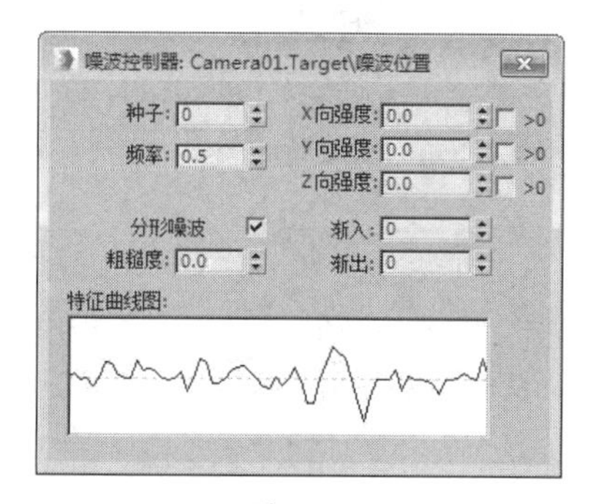

图 5-95

05 在动画控制区中单击“自动关键点”按钮自动关键点，进入“自动关键点”模式，将时间滑块拖至第 50 帧的位置，按住 Shift 键，并在“噪波控制器：Camera01.Target\ 噪波位置”对话框的“X 向强度”的微调器按钮上右击，在第 50 帧处创建一个关键点，如图 5-96 所示。

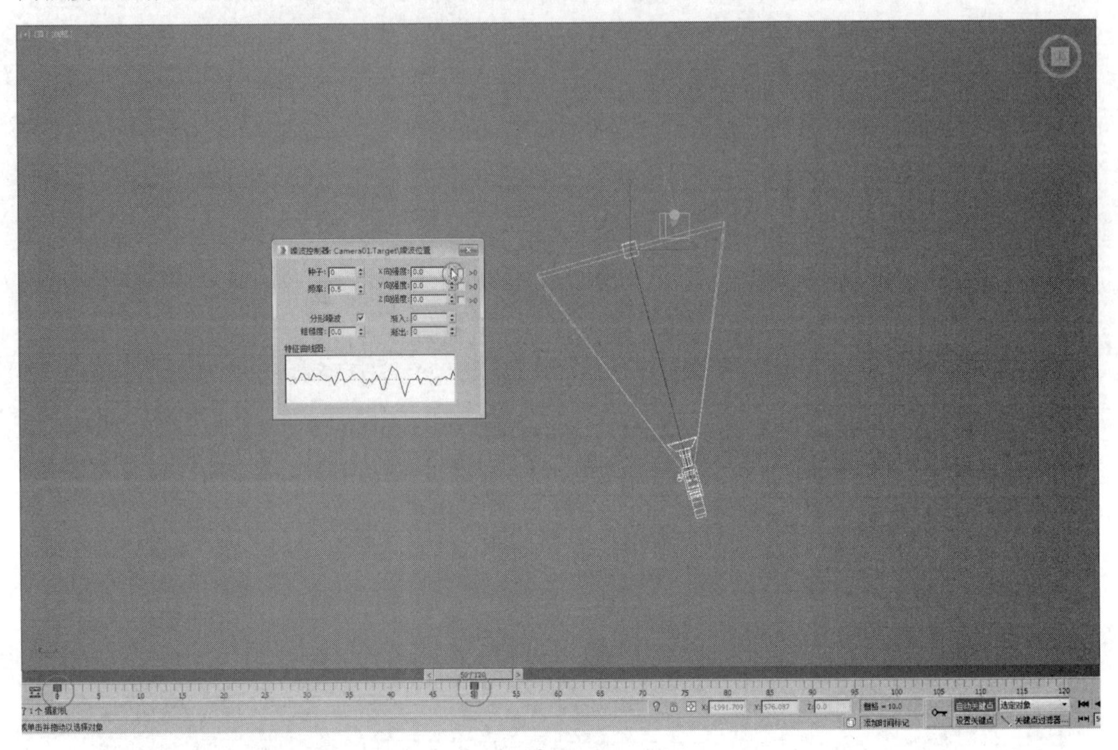

图 5-96

06 将时间滑块拖至第 100 帧，并在“噪波控制器：Camera01.Target\ 噪波位置”对话框中设置“X 向强度”“Y 向强度”“Z 向强度”的数值均为 50.0，如图 5-97 所示。

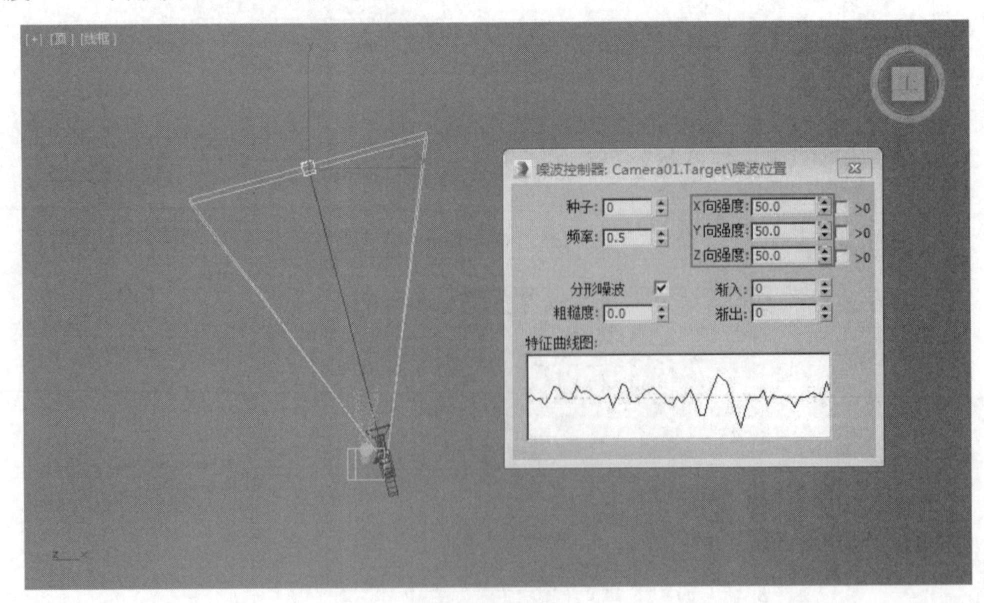

图 5-97

07 设置完成后播放动画，此时会发现陨石从第 50 帧到第 100 帧离镜头越来越近的时候，摄影机会越来越剧烈地震动。最后渲染当前视图，最终效果如图 5-98 所示。

图 5-98

5.7 开炮

实例操作：开炮	
实例位置：	工程文件 \CH5\ 开炮 .max
视频位置：	视频文件 \CH5\ 实例：开炮 .mp4
实用指数：	★★☆☆☆
技术掌握：	熟练使用“运动捕捉”控制器制作动画

“运动捕捉”控制器可以使用外接设备控制物体的移动、旋转和其他动画参数，目前可用的外接设备包括鼠标、键盘、游戏手柄和 MIDI 设备。运动捕捉可以指定给位置、旋转、缩放等控制器，其在指定后，原控制器将变为次一级控制器，同样发挥控制作用。下面将通过实例讲解这方面的知识。如图 5-99 所示为本例的最终完成效果。

图 5-99

01 打开附带素材中的“工程文件\CH5\开炮.max”文件，该场景中已经为物体指定了材质，并设置了灯光，如图 5-100 所示。

图 5-100

02 在场景中选择“左右控制”对象并进入“运动”面板，在“指定控制器”卷展栏中选择“旋转：旋转列表”下的“可用”选项，并单击“指定控制器”按钮，在弹出的“指定旋转控制器”对话框中选择“旋转运动捕捉”选项，单击“确定”按钮，如图 5-101 所示。

图 5-101

03 在弹出的对话框中单击“Z 轴旋转”右侧的“无”按钮 无 ，并在弹出的“选择设备”对话框中选择“鼠标输入设备”选项，单击“确定”按钮。回到上一个对话框，在“鼠标输入设置”卷展栏中，设置“比例”为 0.5，如图 5-102 和图 5-103 所示。

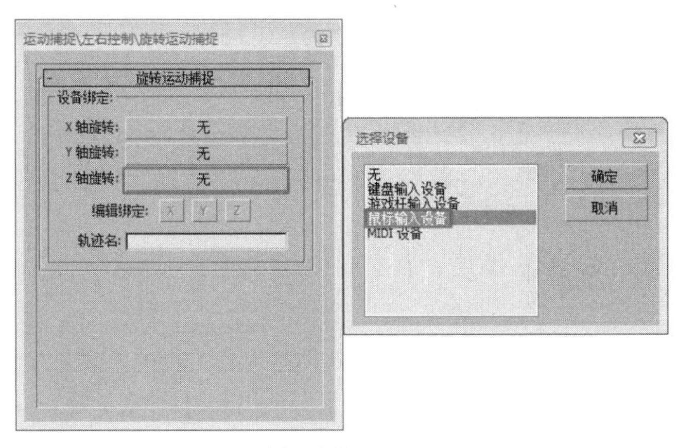

图 5-102

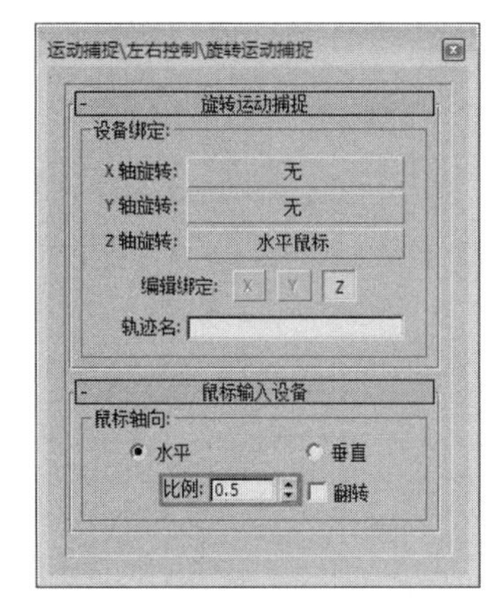

图 5-103

技巧与提示

在本例中，使用了鼠标的水平移动控制物体沿Z轴的旋转角度，而在实际制作中，具体想要控制物体沿哪个轴向旋转，就要将坐标系统切换为“局部”来查看。

“比例”参数可以控制鼠标指针移动相对于响应的效果，例如，将此值设置较大时，当鼠标指针移动很短的距离，被控制的物体就会发生很大的变化；将此值设置较小时，效果相反。

04 在视图中选择“上下控制”对象，用相同的方法也对其指定“旋转运动捕捉”控制器，如图 5-104 所示。

图 5-104

05 弹出的对话框中单击“X 轴旋转”右侧的“无”按钮 无 ，并在弹出的“选择设备”对话框中选择“鼠标输入设备”选项，单击“确定”按钮。回到上一个对话框中，在“鼠标输入设置”卷展栏中，选择“垂直”单选按钮，并设置“比例”为 0.5，选中“翻转”复选框，如图 5-105 和图 5-106 所示。

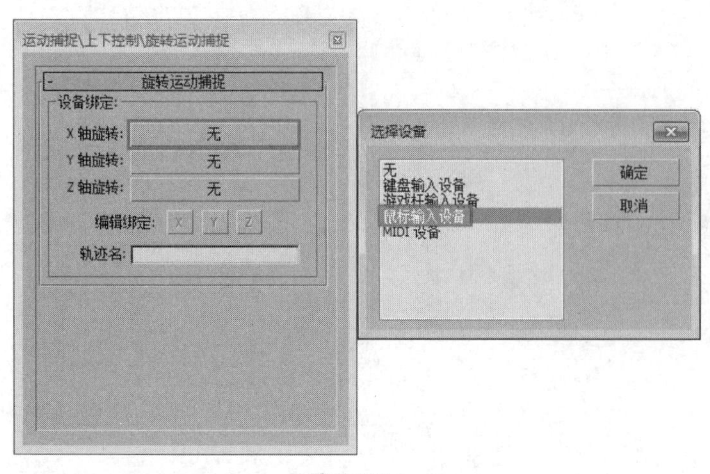

图 5-105

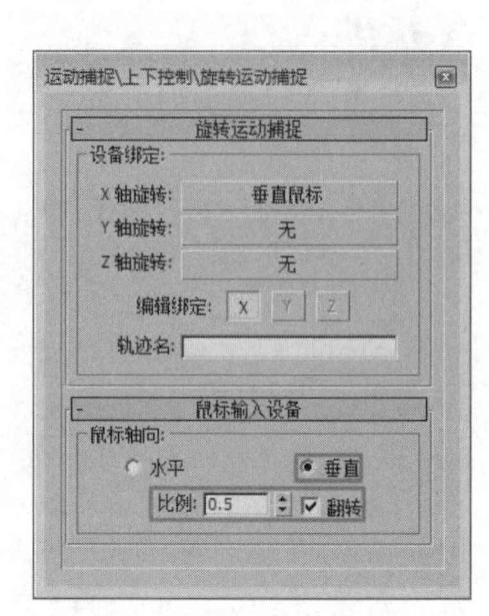

图 5-106

06 在视图中选择“后臂控制”对象，用相同的方法也对其指定“旋转运动捕捉”控制器，如图5-107所示。

图 5-107

07 在弹出的对话框中单击“Z轴旋转”右侧的“无”按钮 无 ，并在弹出的“选择设备”对话框中选择“键盘输入设备”选项，单击“确定”按钮。回到上一个对话框中，在“键盘输入设置”卷展栏中的下拉列表中选择[Space]选项，设置“击打”参数为0.02，“范围”为27.0，如图5-108和图5-109所示。

08 在视图中选择“前臂控制”对象，用相同的方法对其指定“旋转运动捕捉”控制器，如图5-110所示。

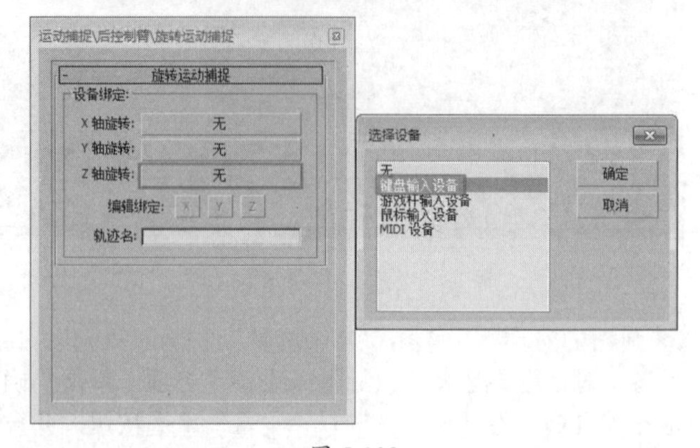

图 5-108

09 在弹出的对话框中单击“Z 轴旋转”右侧的“无”按钮 无 ，并在弹出的“选择设备”对话框中选择“键盘输入设备”选项，单击“确定”按钮。回到上一个对话框中，在“键盘输入设置”卷展栏的下拉列表中选择 [Space] 选项，设置“击打”参数为 0.02，“范围”为 27.0，如图 5-111 和图 5-112 所示。

10 在视图中选择“炮筒”对象，用相同的方法，在其位置上指定“位置运动捕捉”控制器，如图 5-113 所示。

11 在弹出的对话框中单击“Y 位置”右侧的“无”按钮 无 ，并在弹出的“选择设备”对话框中选择“键盘输入设备”选项，单击“确定”按钮。回到上一个对话框中，在“键盘输入设置”卷展栏的下拉列表中选择 [Space] 选项，设置“击打”参数为 0.02，“范围”为 27.0，如图 5-114 和图 5-115 所示。

图 5-109

图 5-110

技巧与提示

在本例中前臂和后臂旋转的角度，以及炮筒移动的距离，笔者在前面是经过测试的，所以在实际制作中，应该先进行测试再进行参数的设置。

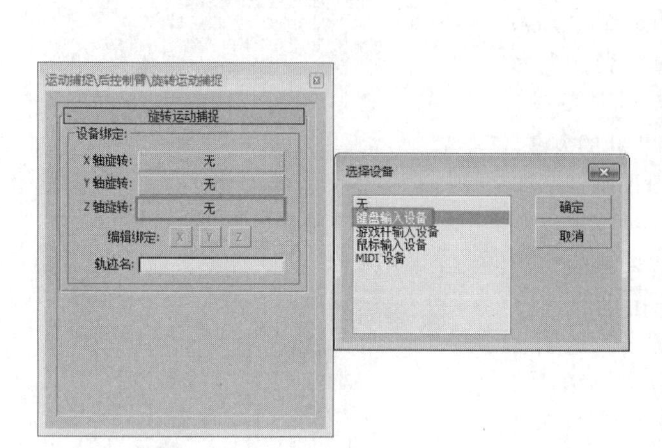

图 5-111

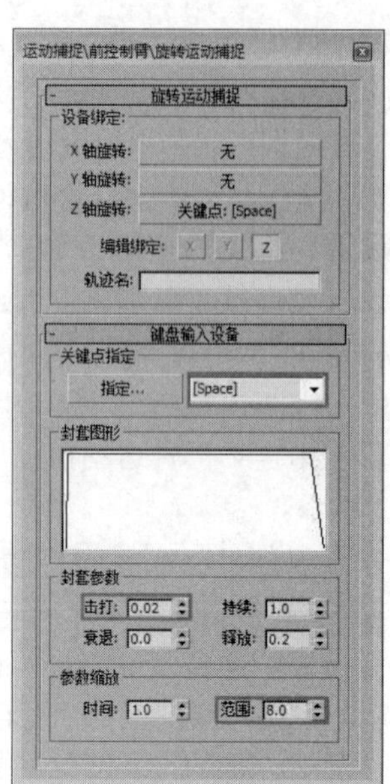

图 5-112

图 5-113

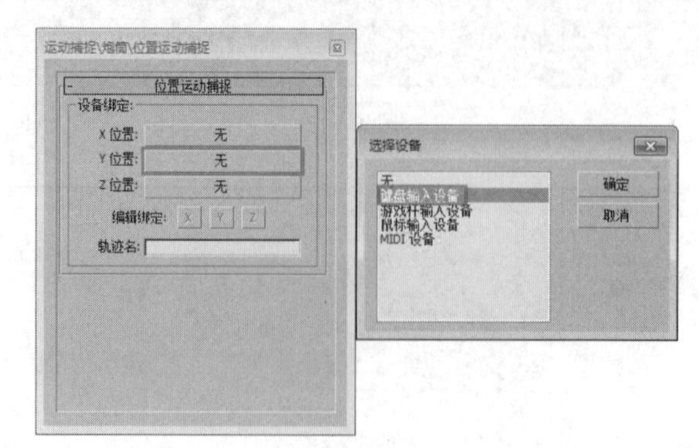

图 5-114

12 在视图中选择“火光”对象，在“运动”面板中，对其“缩放：TCB 缩放”项目指定“缩放运动捕捉”控制器，如图 5-116 所示。

13 弹出的对话框中单击“X 缩放”右侧的“无”按钮 无 ，并在弹出的“选择设备”对话框中选择“键盘输入设备”选项，单击“确定”按钮。回到上一个对话框中，在“键盘输入设置”卷展栏的下拉列表中选择 [Space] 选项，设置“击打”参数为 0.0，“释放”为 0.0，“范围”为 100.0，如图 5-117 和图 5-118 所示。

14 对“Y 缩放”和“Z 缩放”都进行相同的设置，完成后的效果如图 5-119 所示。

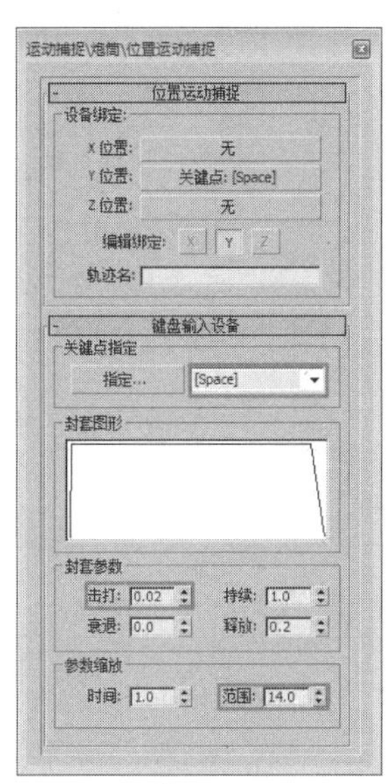

图 5-115

图 5-116

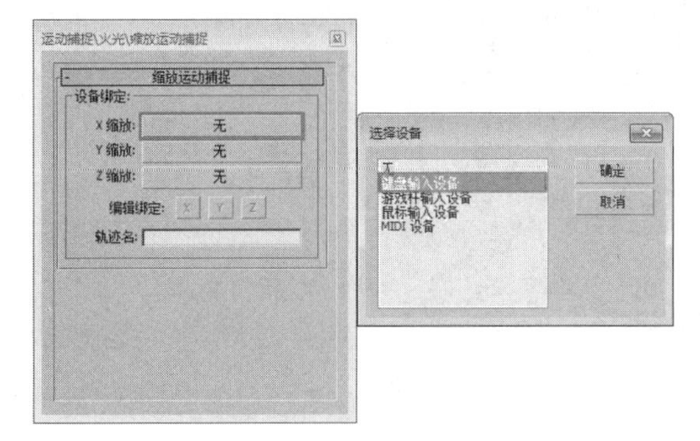

图 5-117

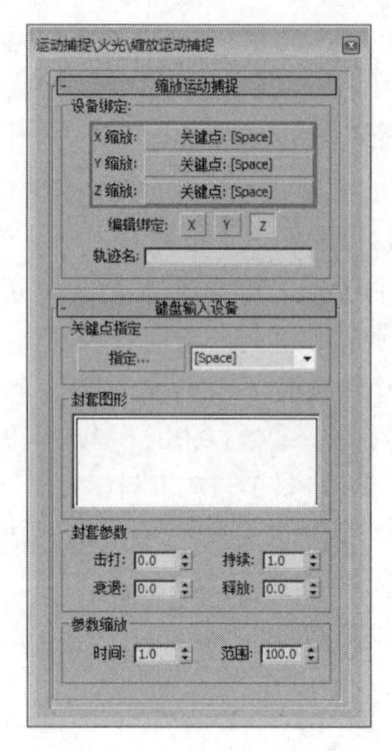

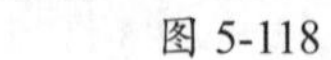

图 5-118　　　　图 5-119

15 使用缩放工具将“火光”对象缩放到 0，如图 5-120 和图 5-121 所示。

图 5-120

图 5-121

16 在场景中选择“闪光”泛光灯对象并打开“轨迹视图—曲线编辑器”窗口，在“倍增”项目上右击，在弹出的四联菜单中选择“指定控制器”选项。在弹出的“指定浮点控制器”对话框中选择“浮点运动捕捉”选项，如图 5-122~ 图 5-124 所示。

图 5-122

图 5-123

17 在弹出的对话框中单击“值”右侧的“无”按钮 无 ，并在弹出的“选择设备”对话框中选择“键盘输入设备”选项，单击“确定”按钮。回到上一个对话框中，在“键盘输入设置”卷展栏的下拉列表中选择 [Space] 选项，设置“击打”为 0，“释放”为 0，“范围”为 1.5，如图 5-125 和图 5-126 所示。

18 选择如图 5-124 所示的物体，单击工具栏上的“镜像”按钮，在弹出的“镜像：世界坐标”对话框中选择 X 单选按钮和“复制”单选按钮，得到另一侧的“炮筒”等物体，如图 5-127 和图 5-128 所示。

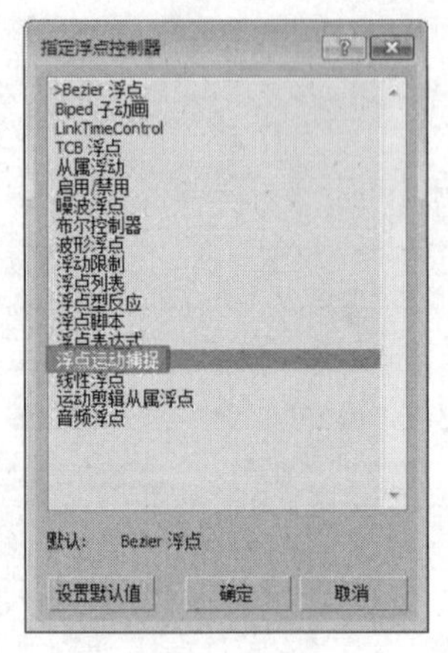

图 5-124

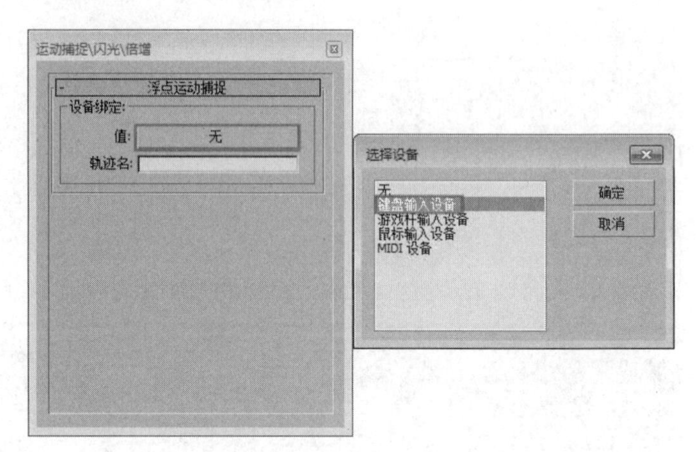

图 5-125

图 5-126

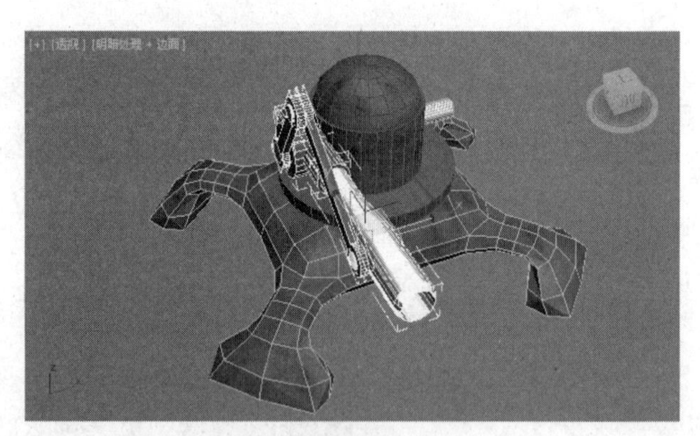

图 5-127

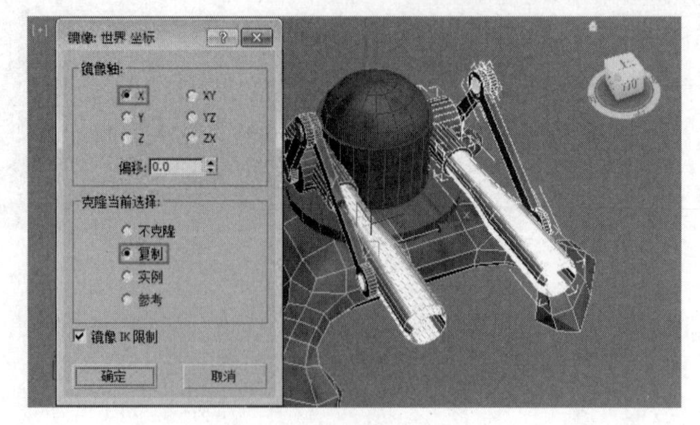

图 5-128

19 进入“实用程序”面板，在“实用程序”卷展栏中，单击“运动捕捉”按钮 运动捕捉 ，并在“运动捕捉”卷展栏的“轨迹”选项组中单击“全部”按钮 全部 ，选择列表中的所有项目，如图 5-129 所示。

图 5-129

20 在“记录控制”选项组中单击“测试”按钮 测试 ，此时移动鼠标指针并按 Space（空格）键，测试之前制作的动画效果，如图 5-130 所示。

图 5-130

21 如果觉得测试没有问题，此时可以单击“开始”按钮，即可在有效的时间内自动记录动画，如图 5-131 所示。

图 5-131

22 设置完成后，渲染当前视图，最终效果如图 5-132 所示。

图 5-132

第 6 章　材质贴图动画

材质主要用于表现物体的颜色、质地、纹理、透明度和光泽度等物理特性，依靠各种类型的材质可以表现出现实世界中的任何物体的质感。简而言之，材质就是为了让物体看起来更真实。

在 3ds Max 中，创建材质的方法非常灵活且自由，任何模型都可以被赋予栩栩如生的材质，使创建的场景更加完美。“材质编辑器”是专门为修改材质而特设的编辑工具，就像画家手中的调色盘，场景中所需的一切材质都将在这里编辑而成，并通过编辑器将材质指定给场景中的对象。当编辑好材质后，还可以随时返回“材质编辑器”，对材质的细节进行调整，以获得最佳的材质效果。

在本章中，将详细讲解如何利用“材质编辑器”，以及材质属性、材质贴图通道等技术，制作出逼真的材质动画效果。

6.1 Logo 定版动画

功能实例：Logo 定版动画	
实例位置：	工程文件 \CH6\ Logo 定版动画 .max
视频位置：	视频文件 \CH6\ 实例：Logo 定版动画 .mp4
实用指数：	★★☆☆☆
技术掌握：	熟悉材质动画的制作方法

本节制作一个东方时空 Logo 的定版动画，实例演示了在 3ds Max 中制作简单的位移、旋转等动画效果的方法。如图 6-1 所示为本例的动画效果。

图 6-1

01 打开附带素材中的“工程文件 \CH6\Logo 定版动画 .max”文件，该场景中已经为模型指定了材质，并设置了基本灯光，如图 6-2 所示。

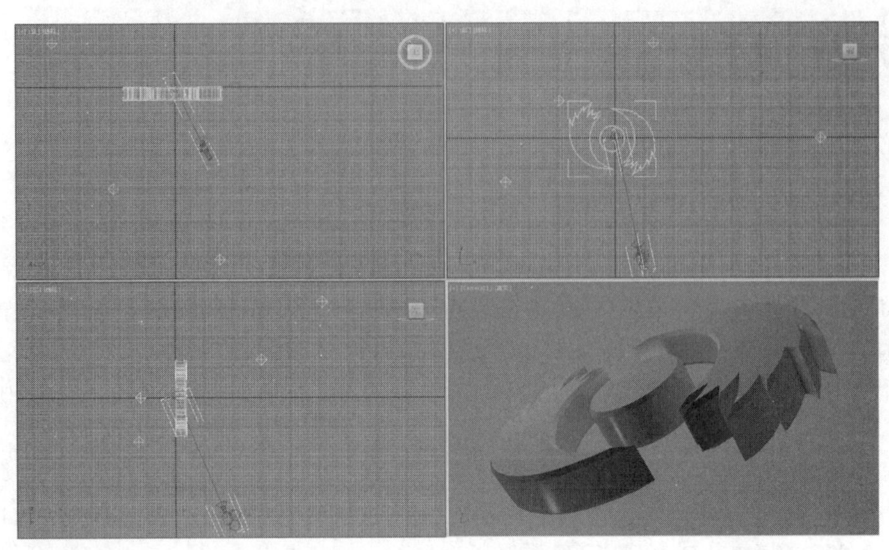

图 6-2

02 在场景中选择摄影机，并在动画控制区中单击“自动关键点”按钮自动关键点，进入“自动关键点”模式。将时间滑块拖至第100帧的位置，并在场景中调整摄影机的位置至如图6-3所示的位置。

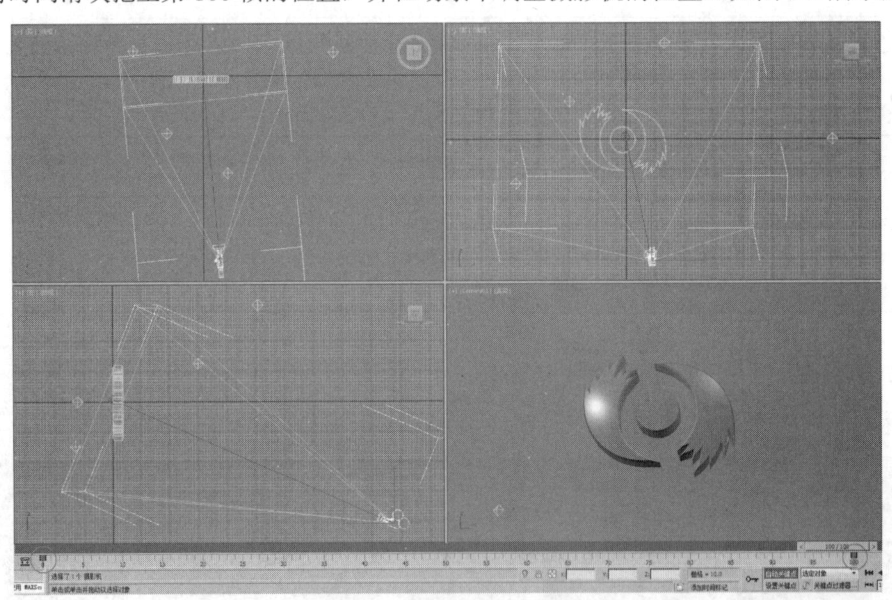

图 6-3

03 下面制作Logo在运动的过程中材质变化的动画效果。打开“材质编辑器”，选择已经指定给Logo的材质球，如图6-4所示。

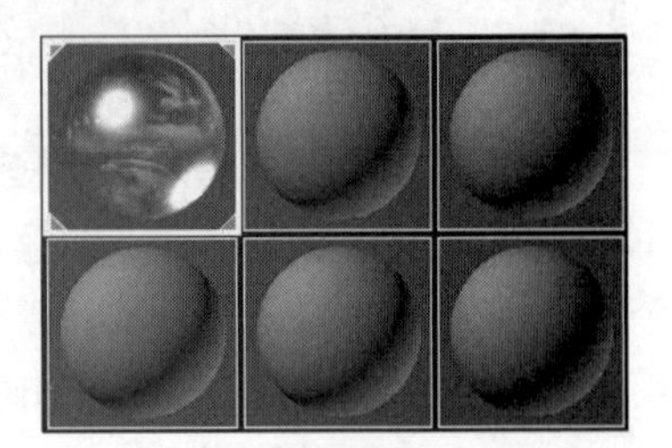

图 6-4

04 这里已经为Logo指定了一个“混合”材质，想要制作材质变化的效果，只需要对“遮罩”贴图进行动画设置即可。单击“遮罩”贴图右侧的按钮，进入“遮罩”贴图，在保持“自动关键点”按钮自动关键点开启的状态下，拖动时间滑块到第100帧的位置，在“噪波参数”卷展栏中，设置“低”为0.8、“相位”为3.5，如图6-5所示。

05 动画设置完成后单击“自动关键点”按钮自动关键点，退出自动关键点记录状态。渲染当前视图，最终效果如图 6-6 所示。

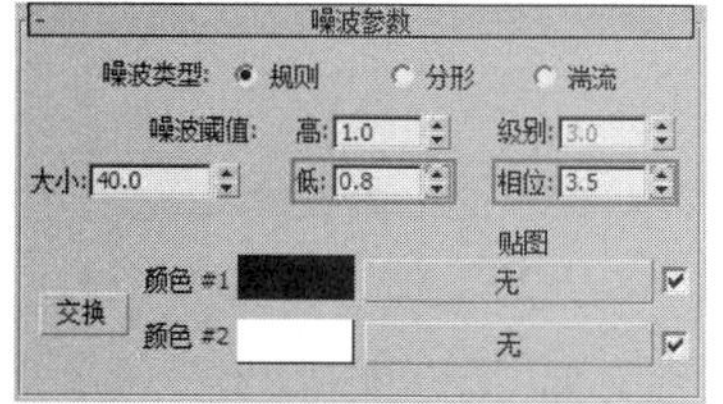

图 6-5

图 6-6

6.2 地球材质变化

实例操作：地球材质变化	
实例位置：	工程文件 \CH6\ 地球材质变化 .max
视频位置：	视频文件 \CH6\ 实例：地球材质变化 .mp4
实用指数：	★★★☆☆
技术掌握：	熟练使用“UVW 贴图”修改器、“混合”材质制作材质动画

“混合”材质可以将两种不同的材质融合在一起，根据不同的整合度，或者使用一张位图或程序贴图作为遮罩，从而控制两个材质的融合情况。而“混合”贴图与“混合”材质的概念相同，只不过“混合”贴图属于贴图级别，只能将两张贴图进行混合。接下来将通过这些功能并配合“UVW 贴图”修改器和“置换”修改器制作一个地球材质变化的动画效果，如图 6-7 所示为本例的最终完成效果。

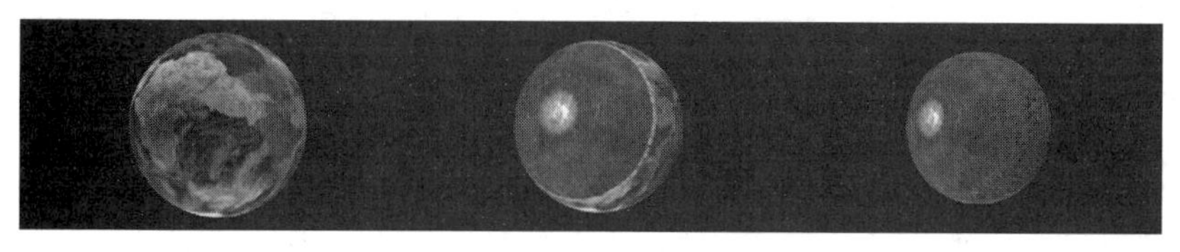

图 6-7

01 打开附带素材中的“工程文件\CH6\地球材质变化.max”文件，该场景中已经为物体指定了材质和灯光，并设置了简单的摄影机动画，如图6-8所示。

图 6-8

02 按M键打开“材质编辑器”并选择“地球”材质，在“遮罩”贴图通道上为其指定一个“渐变坡度”贴图，如图6-9所示。

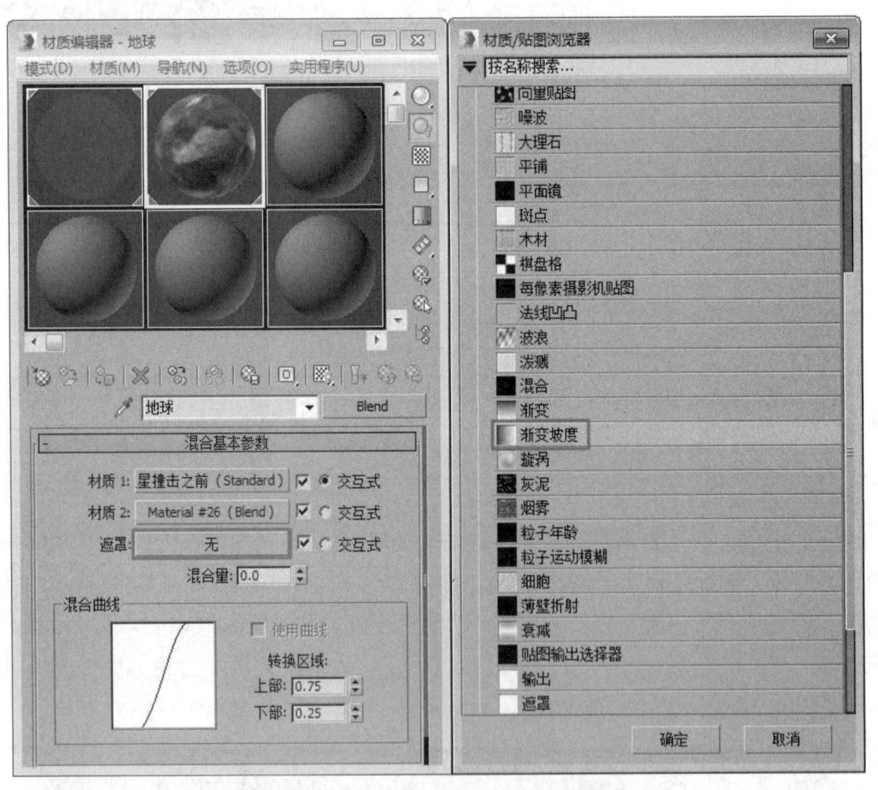

图 6-9

03 在“渐变坡度参数”卷展栏中，为渐变添加两个色块并调整颜色和位置，然后设置“噪波”选项区的“数量”为0.01，“大小”为0.6。在“坐标”卷展栏中，设置W为-90.0，如图6-10和图6-11所示。

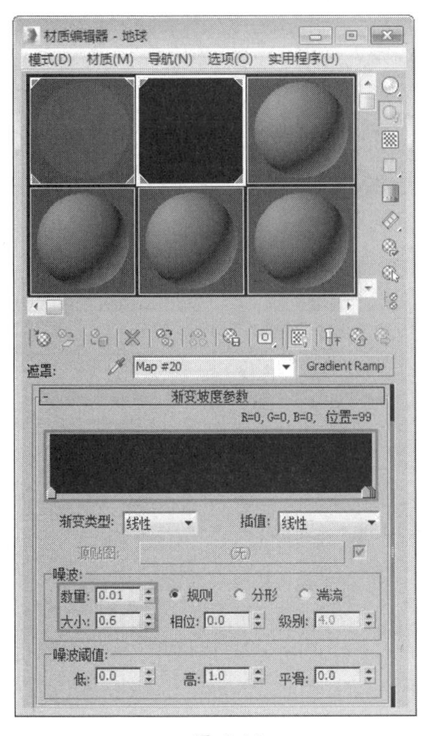

图 6-10

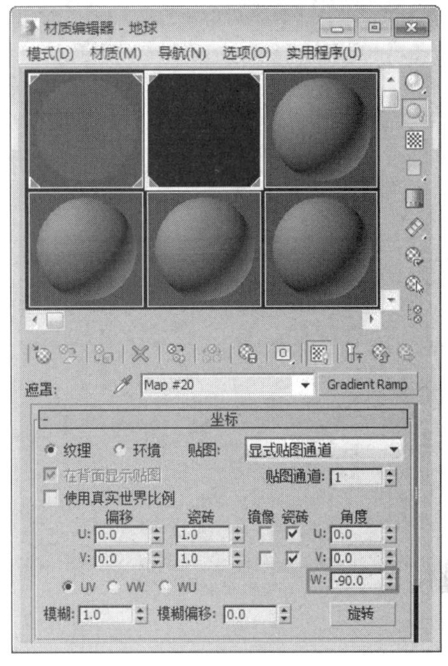

图 6-11

04 在动画控制区中单击“自动关键点”按钮自动关键点，进入“自动关键点”模式，将时间滑块拖至第 10 帧，双击右侧的两个滑块，将其颜色设置为白色，并将时间滑块拖至第 300 帧，接着调整中间两个滑块的位置，如图 6-12 和图 6-13 所示。

图 6-12

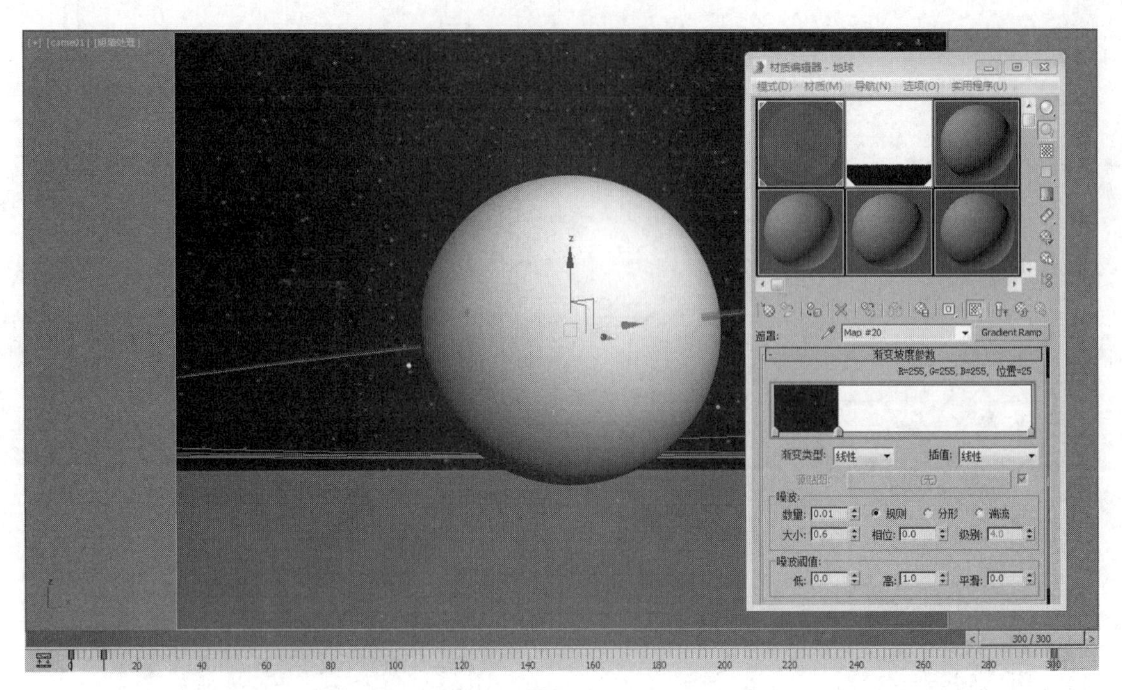

图 6-13

技巧与提示

为了方便观察，可以在视图中显示“遮罩”贴图通道的贴图效果，如图6-14所示。

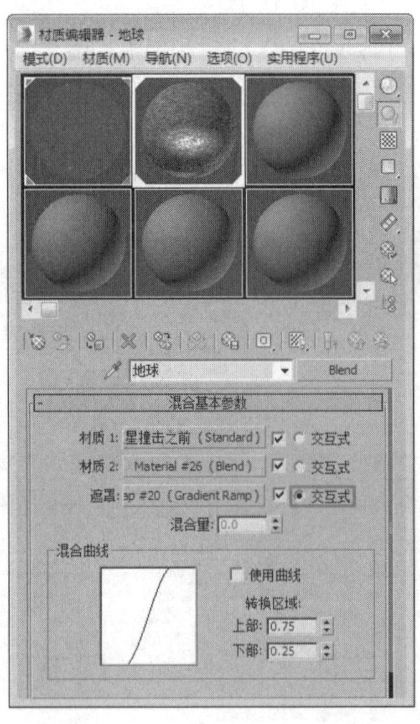

图 6-14

05 在视图中创建一个“球体”对象，设置其“半径”为80.5cm，并将其与“地球”对象进行位置对齐。

打开“材质编辑器”，将一个空白的材质球指定给“球体”对象并命名为“岩浆”，如图 6-15 所示。

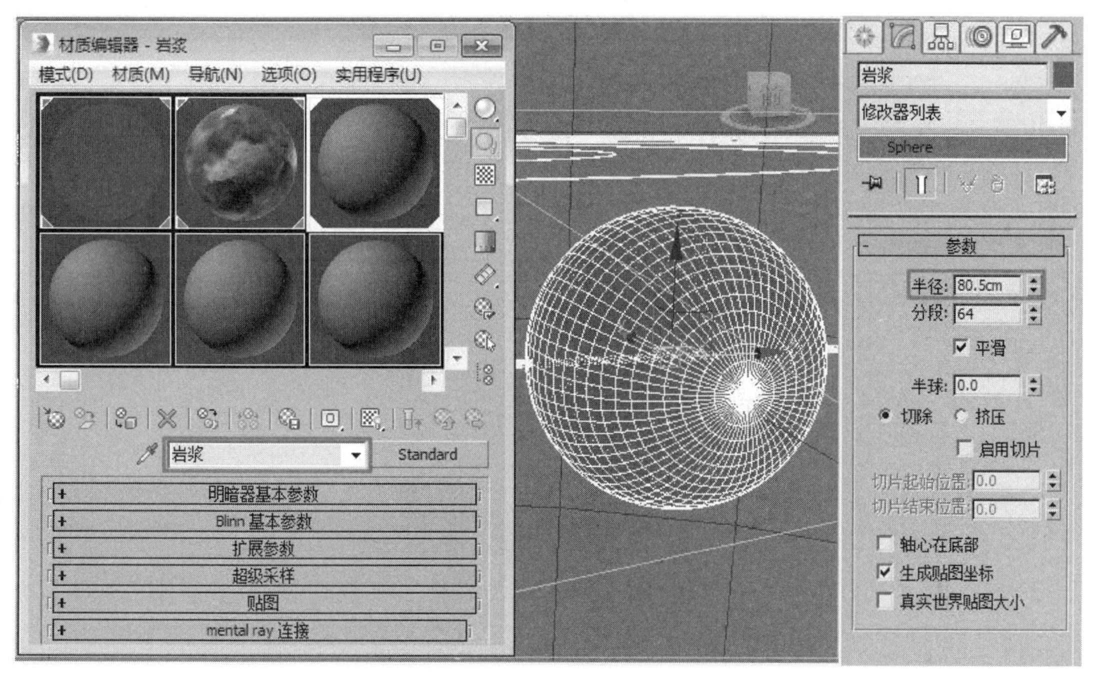

图 6-15

06 在“Blinn 基本参数”卷展栏中，设置“漫反射”的颜色为（红：190，绿：80，蓝：0），选中“颜色”复选框，并将“自发光”的颜色也设置为（红：190，绿：80，蓝：0），如图 6-16 所示。

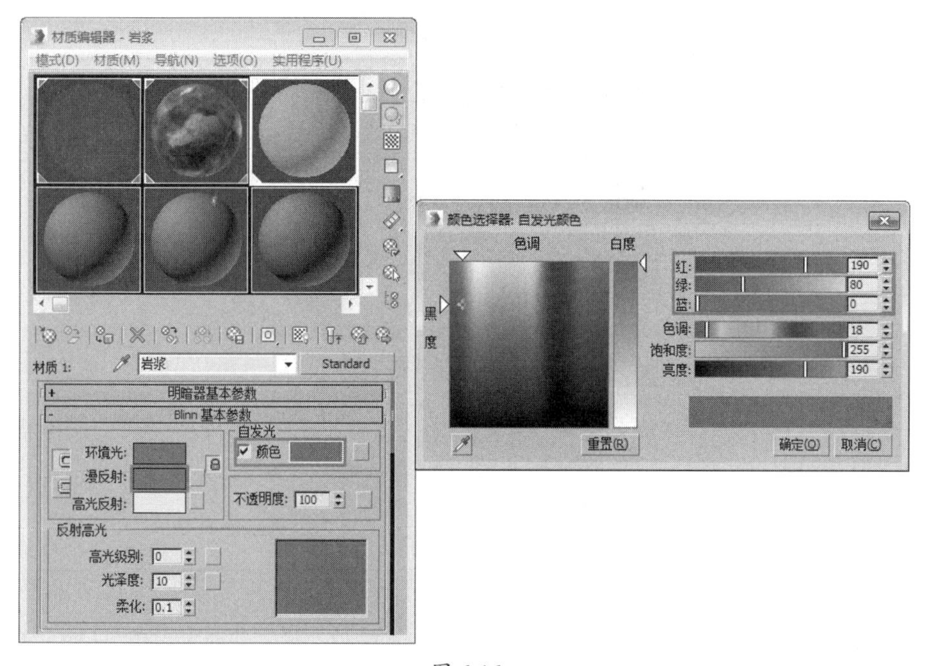

图 6-16

07 单击 Standard 按钮 Standard ，在弹出的“材质 / 贴图浏览器”对话框中选择“混合”材质，并在弹出的“替换材质”对话框中选中“将旧材质保存为子材质？”单选按钮，如图 6-17 和图 6-18

所示。

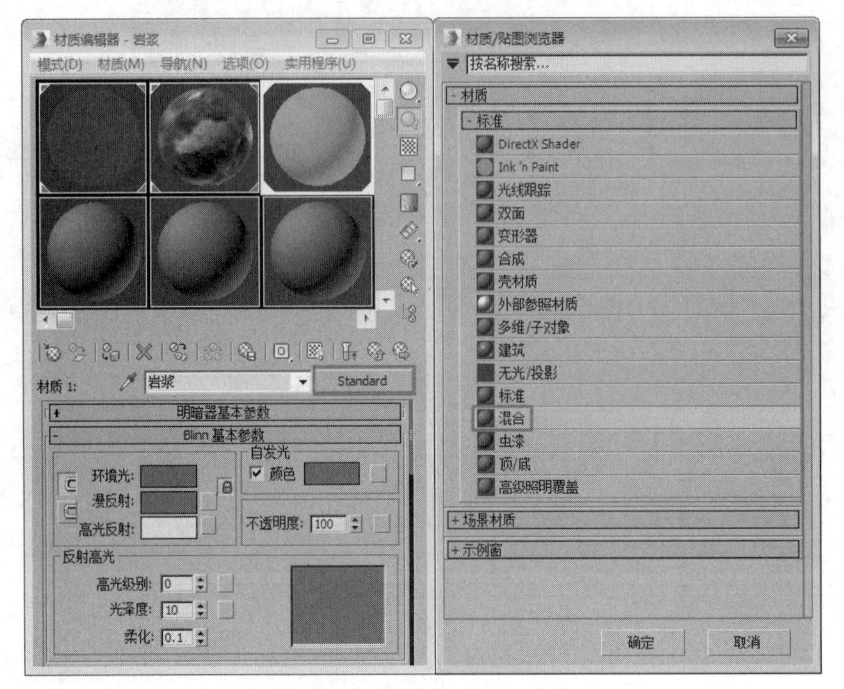

图 6-17

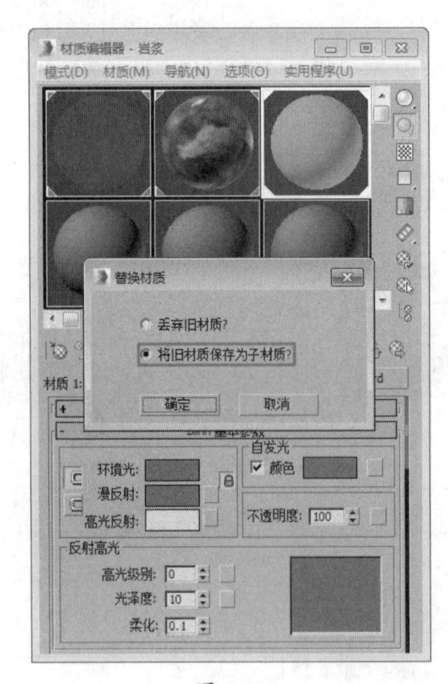

图 6-18

08 进入“材质 2”，在“Blinn 基本参数”卷展栏中将“不透明度”设置为 0.0，如图 6-19 所示。

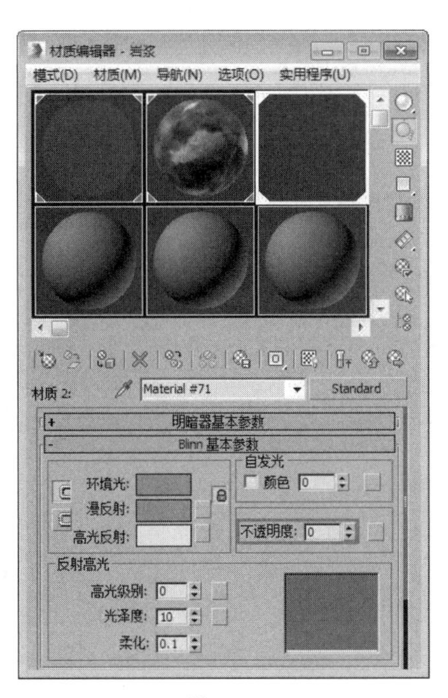

图 6-19

09 在“遮罩”贴图通道上为其指定一个“渐变坡度”贴图，如图 6-20 所示。

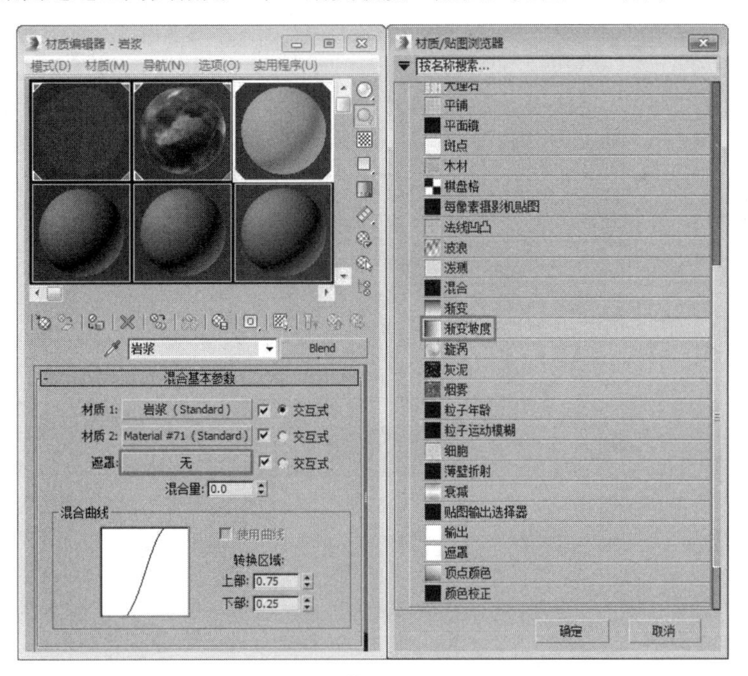

图 6-20

10 在“渐变坡度参数”卷展栏中，为渐变添加 3 个色块并调整颜色和位置，然后设置“噪波”选项区中的“数量”为 0.01，“大小”为 0.6。在“坐标”卷展栏中，设置 W 为 -90.0，如图 6-21 和图 6-22 所示。

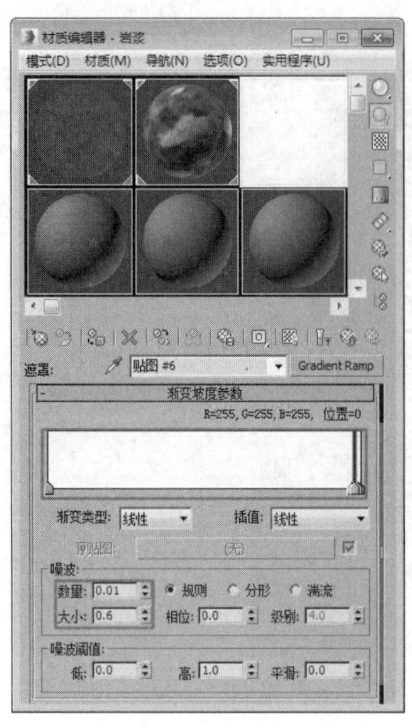

图 6-21

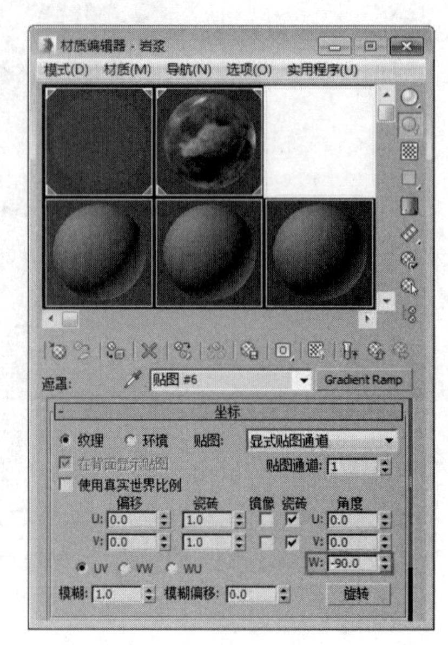

图 6-22

11 在中间的色块上右击，在弹出的菜单中选择“编辑属性”命令，如图 6-23 所示。

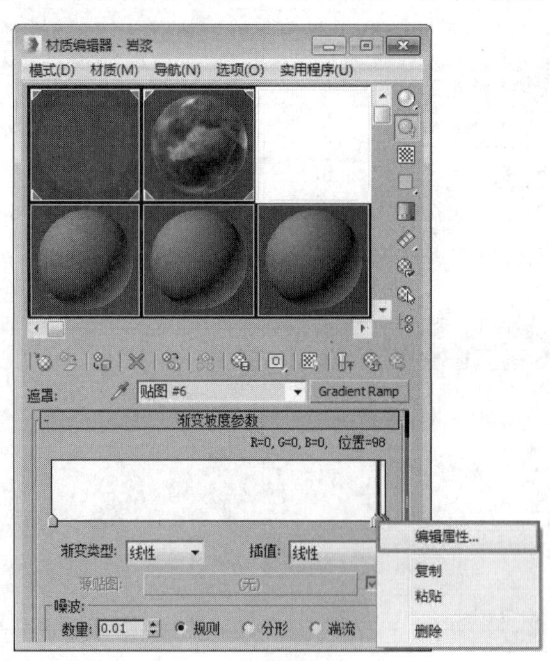

图 6-23

12 在弹出的“标志属性”对话框中，单击“无”按钮，并在弹出的“材质 / 贴图浏览器”对话框中选择“噪波”贴图，如图 6-24 所示。

13 在“噪波参数”卷展栏中，设置“噪波类型”为“湍流”，“噪波阈值”的“高”为 0.15，“级别”为 1.5，“大小”为 6.0，并将“颜色 #1”设置为白色，如图 6-25 所示。

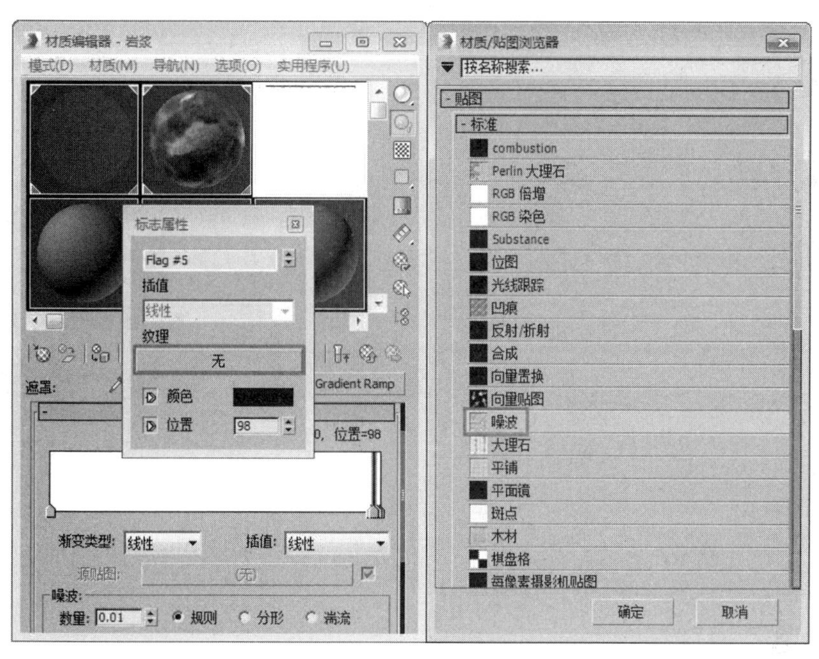

图 6-24

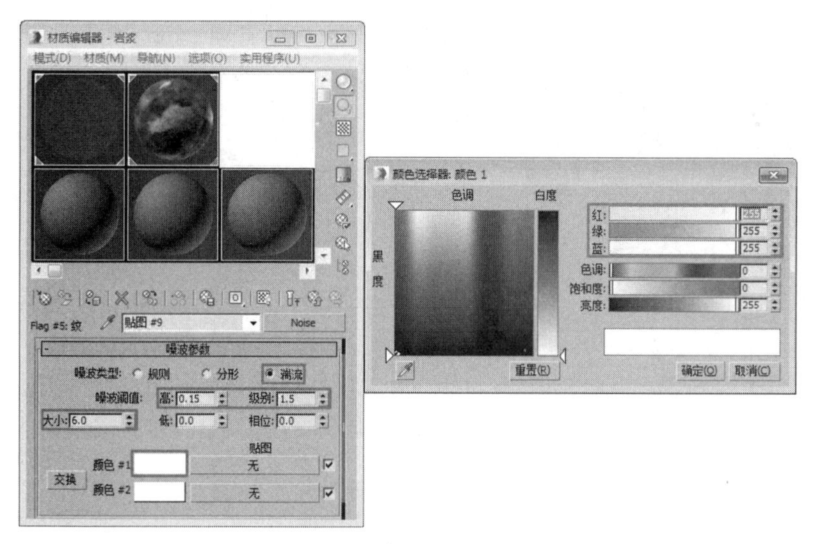

图 6-25

14 在动画控制区中单击“自动关键点”按钮自动关键点，进入“自动关键点”模式，将时间滑块拖至第 10 帧，将“颜色 #2”设置为黑色，如图 6-26 所示。

15 回到“渐变坡度”贴图层级，将时间滑块拖至第 300 帧，调整 3 个色块的位置，如图 6-27 所示。

技巧与提示

色块的位置要与“地球”材质的“渐变坡度”贴图的色块位置相同。

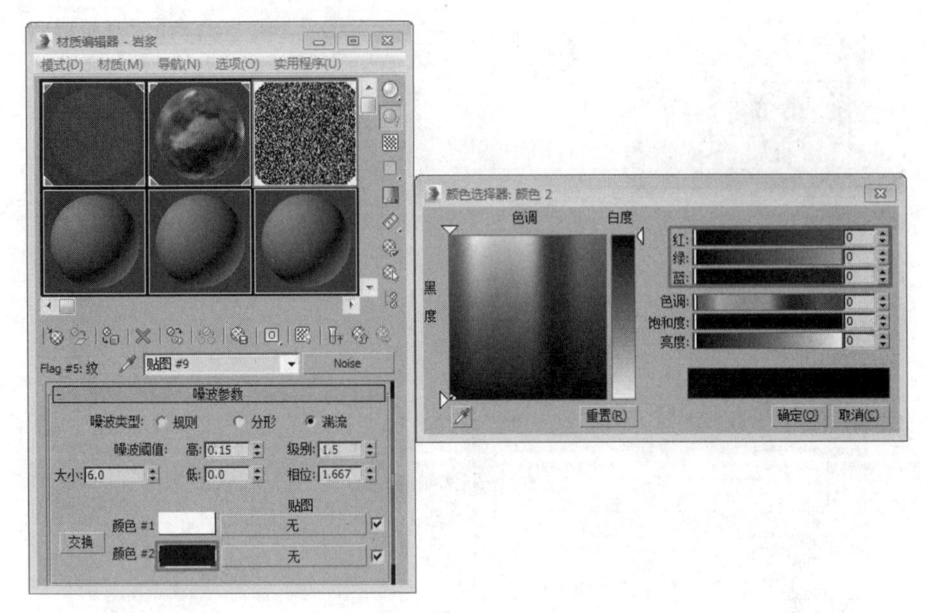

图 6-26

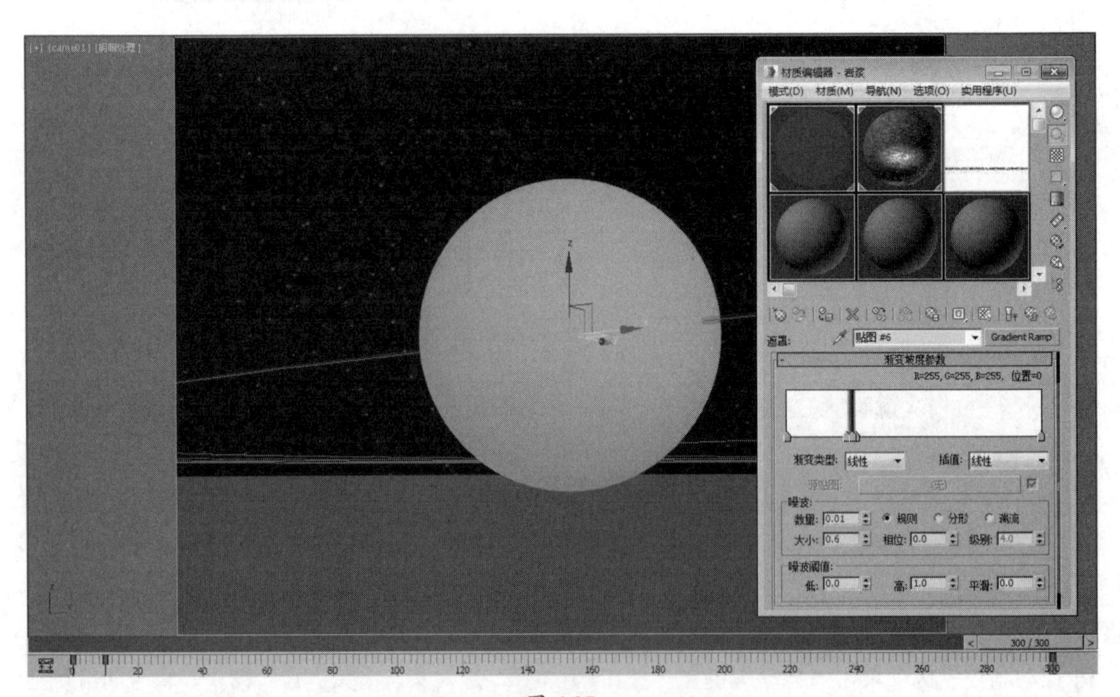

图 6-27

16 在视图中选择“地球”对象并进入“修改”面板，在“修改器列表”中为其添加 Displace 修改器，接着在“图像”选项组中，单击“贴图”下的“无”按钮 无 ，在弹出的“材质 / 贴图浏览器”对话框中选择“混合”贴图，如图 6-28 所示。

17 打开“材质编辑器”，将“混合”贴图拖至一个空白的材质球上，在弹出的“实例（副本）贴图”对话框中选中“实例”单选按钮，如图 6-29 所示。

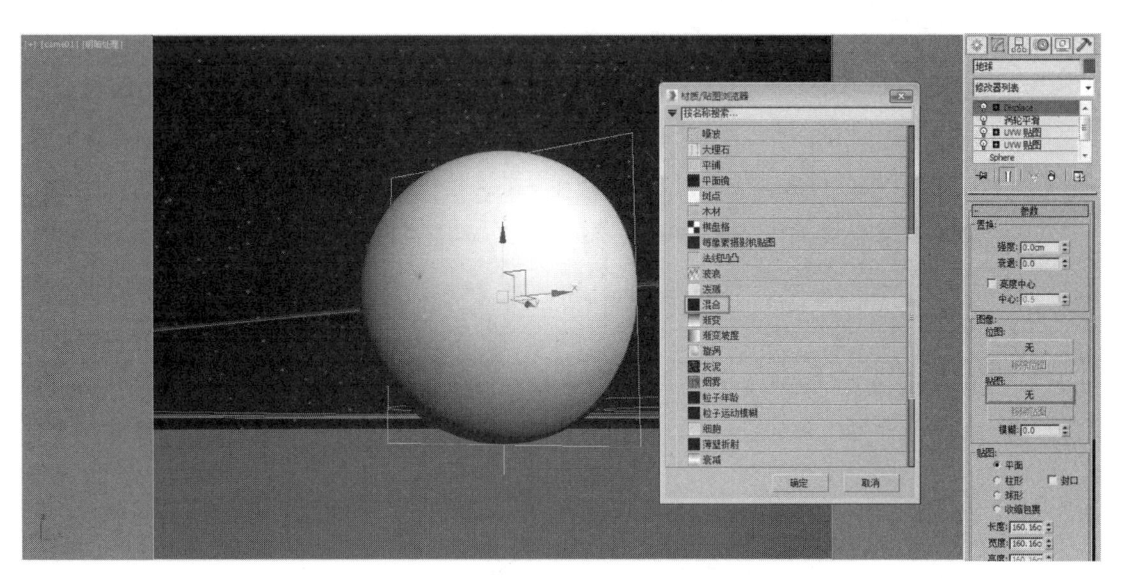

按名称搜索...
噪波
大理石
平铺
平面镜
斑点
木材
棋盘格
每像素摄影机贴图
法线凹凸
波浪
泼溅
混合
渐变
渐变坡度
旋涡
灰泥
烟雾
粒子年龄
粒子运动模糊
细胞
薄壁折射
衰减
确定
取消
地球
修改器列表
Displace
UVW 贴图
UVW 贴图
Sphere
参数
置换:
强度:
0.0cm
衰退:
0.0
亮度中心
中心:
0.5
图像:
位图:
无
贴图:
无
模糊:
0.0
贴图:
平面
柱形
封口
球形
收缩包裹
长度:
160.160
宽度:
160.160

图 6-28

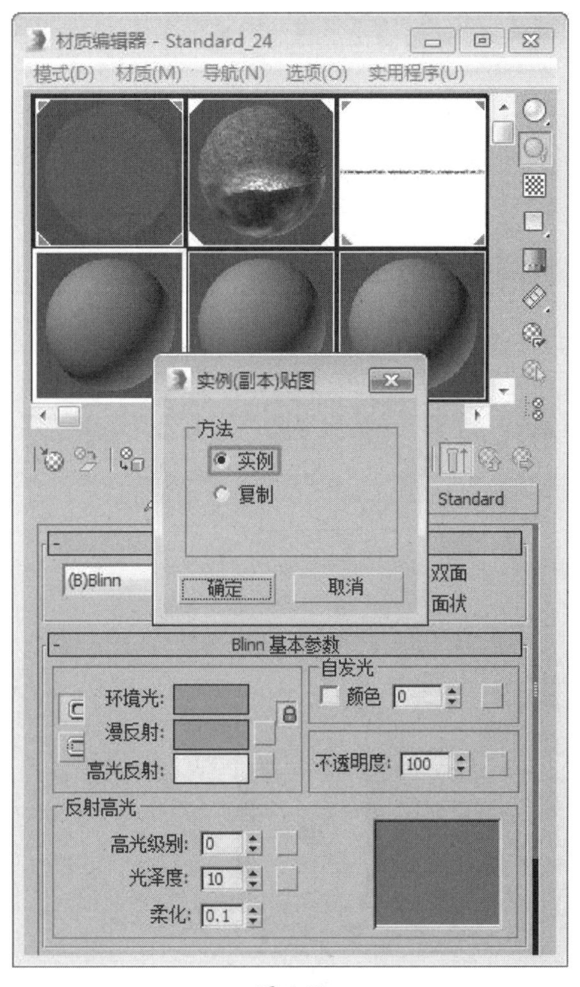

材质编辑器 - Standard_24
模式(D)
材质(M)
导航(N)
选项(O)
实用程序(U)
实例(副本)贴图
方法
实例
复制
确定
取消
Standard
(B)Blinn
双面
面状
Blinn 基本参数
自发光
颜色
0
环境光:
漫反射:
高光反射:
不透明度:
100
反射高光
高光级别:
0
光泽度:
10
柔化:
0.1

图 6-29

18 为“颜色 #1”贴图通道指定一张“位图”作为贴图，并在“输出”卷展栏中选中“反转”复选框，如图 6-30~ 图 6-32 所示。

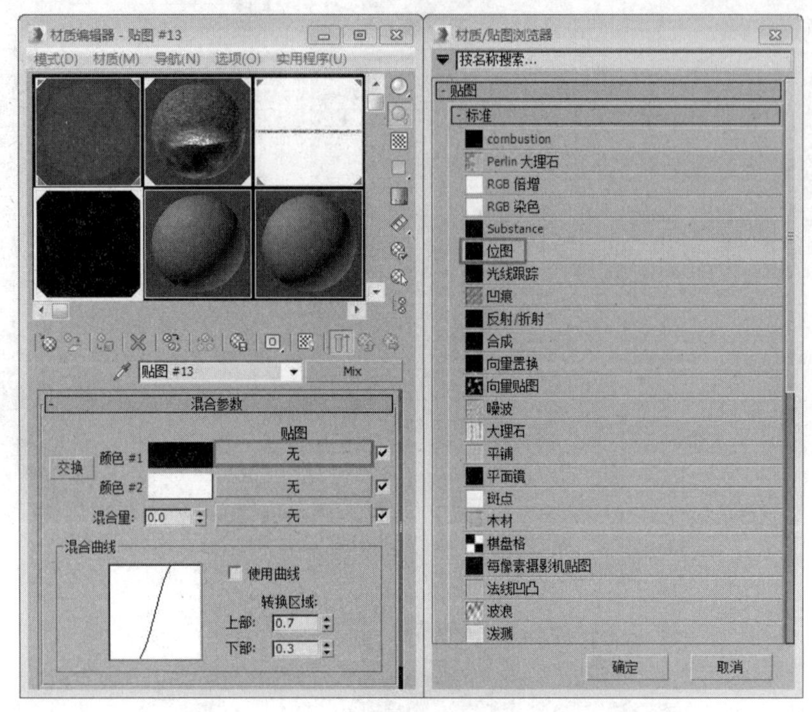

图 6-30

图 6-31

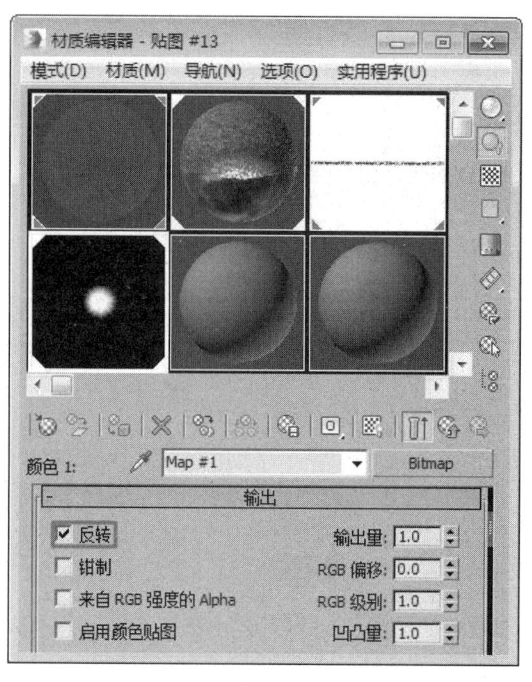

图 6-32

19 回到“混合”贴图层级，为“颜色 #2”贴图通道指定一个“凹痕”贴图，在“凹痕参数”卷展栏中，设置“大小”为 300.0，“迭代次数”为 3，如图 6-33 和图 6-34 所示。

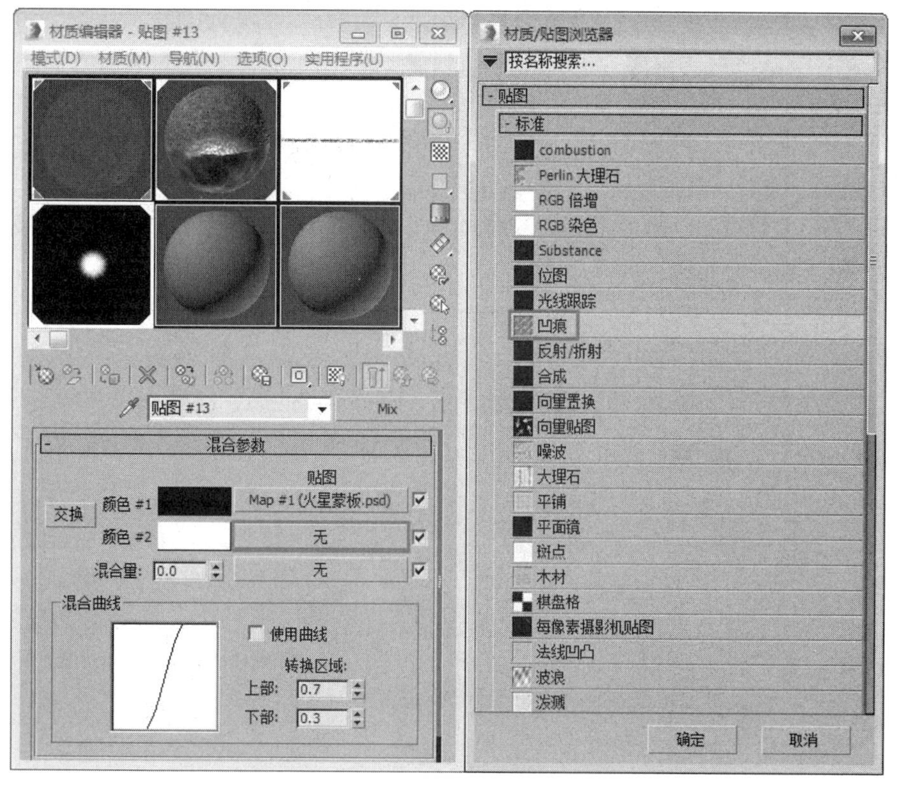

图 6-33

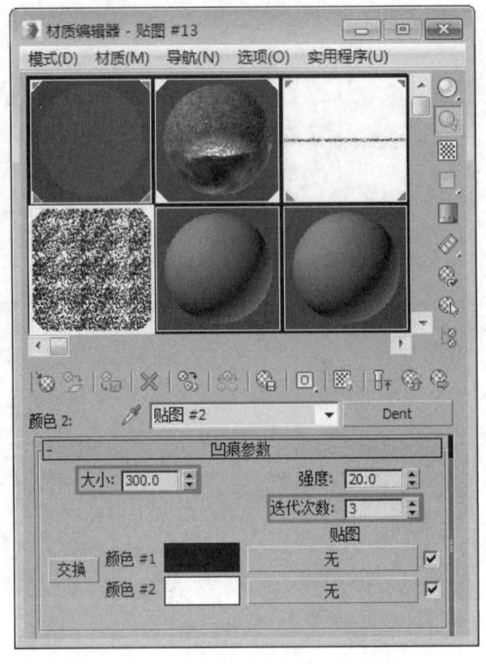

图 6-34

20 再次回到“混合”贴图层级，为“蒙板”贴图通道指定一个“渐变坡度”贴图，如图 6-35 所示。

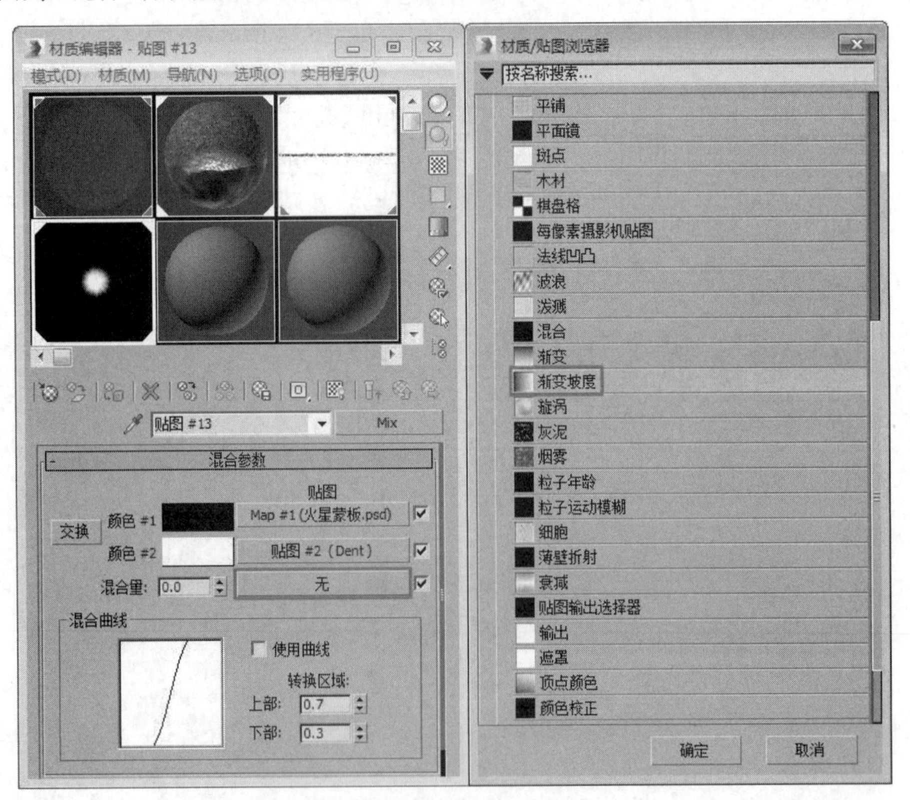

图 6-35

21 在“渐变坡度参数”卷展栏中，为渐变添加 3 个色块并调整颜色和位置，设置“渐变类型”为“径向”，“噪波”选项区的“数量”为 0.05，“大小”为 1.5，设置“噪波”的类型为“分形”，“级别”为 4.0，如图 6-36 所示。

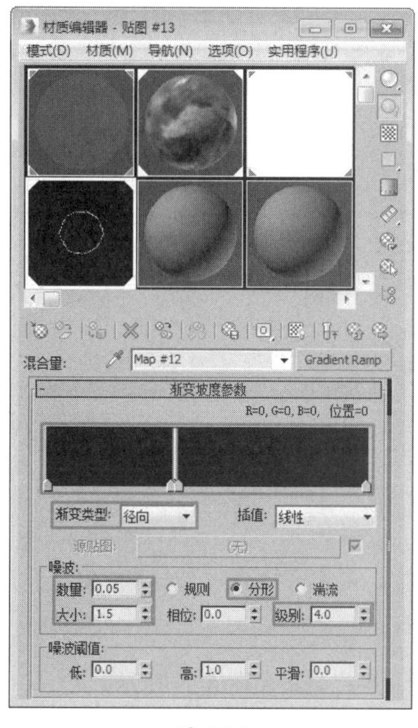

图 6-36

22 在动画控制区中单击“自动关键点”按钮自动关键点，进入“自动关键点”模式，将时间滑块拖至第 80 帧，将“置换”贴图的“强度”设置为 -6.0cm，如图 6-37 所示。

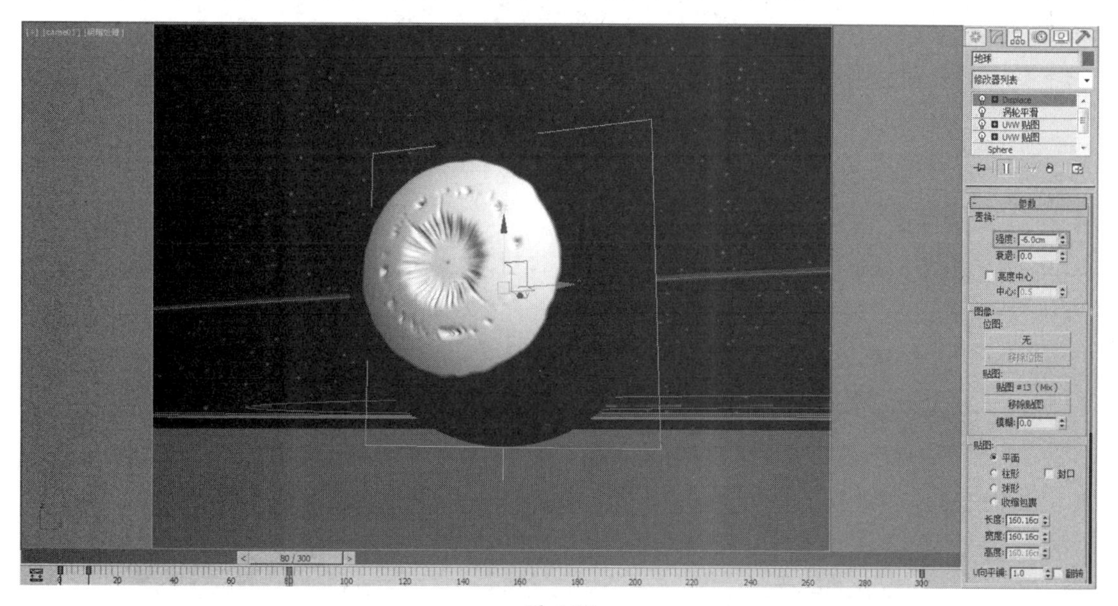

图 6-37

23 在视图中选择“地球”和“岩浆”对象，将其第 0 帧和第 10 帧的关键点移至第 10 帧，如图 6-38 所示。

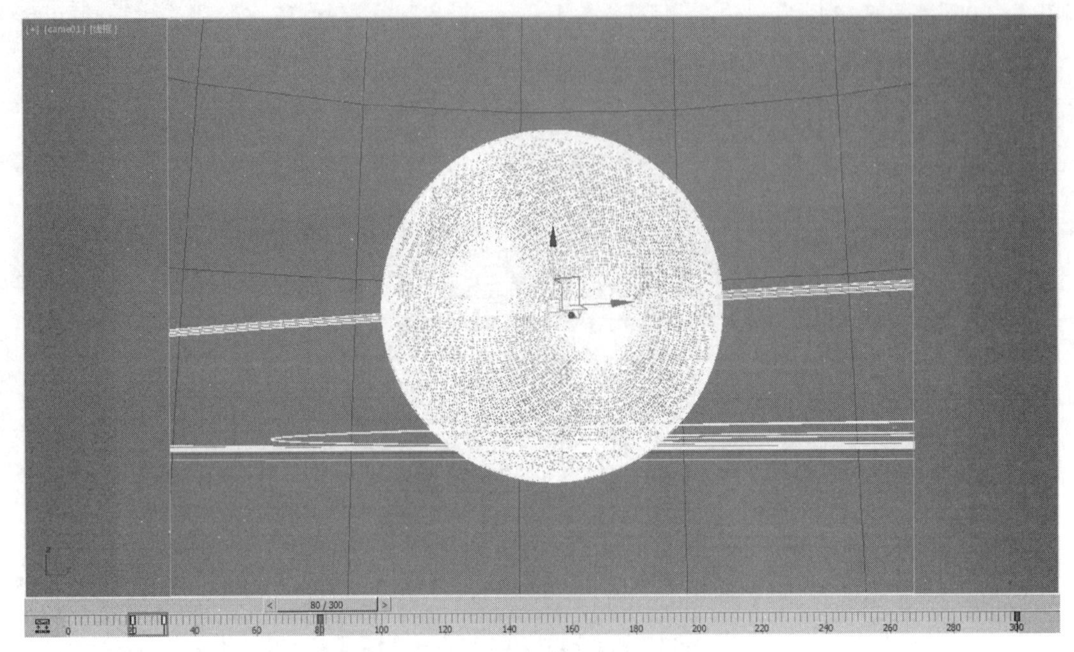

图 6-38

24 设置完成后，渲染当前视图，最终效果如图 6-39 所示。

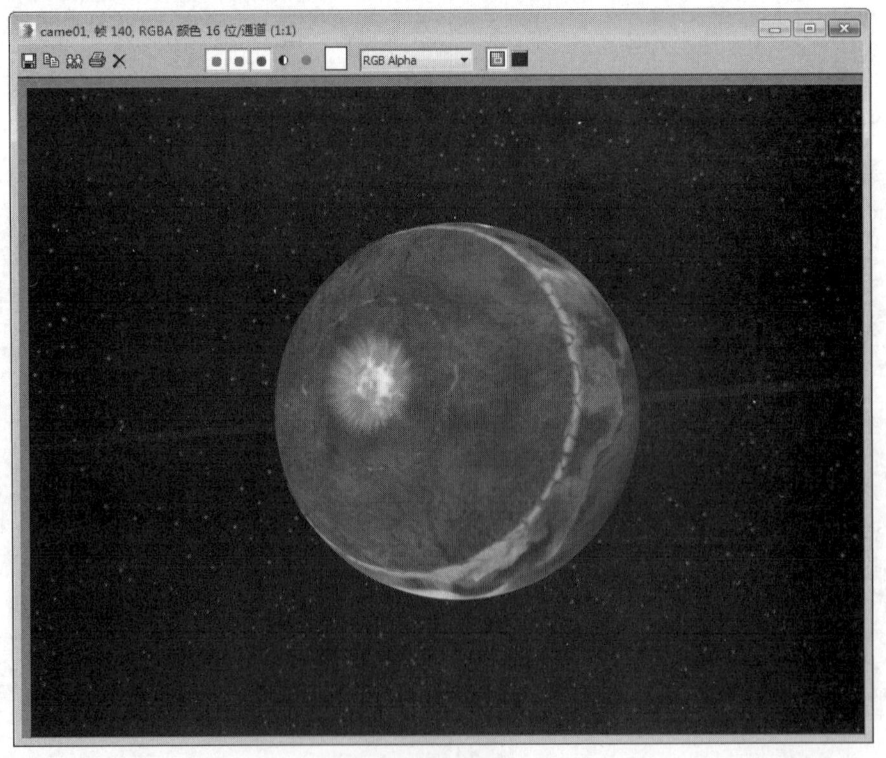

图 6-39

6.3 天道酬勤

实例操作：天道酬勤	
实例位置：	工程文件 \CH6\ 天道酬勤 .max
视频位置：	视频文件 \CH6\ 实例：天道酬勤 .mp4
实用指数：	★★☆☆☆
技术掌握：	熟练使用“噪波”贴图制作动画

“噪波”贴图可以通过两种颜色的随机混合，产生一种噪波效果，它是使用比较频繁的一种贴图，常用于无序贴图效果的制作，该贴图类型常与“凹凸”贴图通道配合作用，产生对象表面的凹凸效果。而当将其与“不透明度”贴图通道配合使用时，可以制作物体随机的“渐变”效果。下面将通过一个实例来讲解这方面的知识。如图 6-40 所示为本例的最终完成效果。

图 6-40

01 打开附带素材中的“工程文件 \CH6\ 天道酬勤 .max”文件，该场景中已经为模型指定了材质，如图 6-41 所示。

图 6-41

02 在“空间扭曲”面板的下拉列表中选择“几何 / 可变形”选项，然后单击“涟漪”按钮 涟漪 ，在前视图中创建一个“涟漪”对象，如图 6-42 所示。

图 6-42

03 将“涟漪”对象与“文字”对象位置对齐，并进入“修改”面板，在“参数”卷展栏中，设置“振幅 1”为 18.0，“振幅 2”为 18.0，“波长”为 70.0，如图 6-43 所示。

图 6-43

04 在动画控制区中单击“自动关键点”按钮自动关键点，进入“自动关键点”模式，将时间滑块拖至第 180 帧，按住 Shift 键并在“振幅 1”和“振幅 2”的微调器按钮上右击记录一个关键点，然后将时间滑块拖至第 200 帧，将“振幅 1”和“振幅 2”均设置为 0.0，设置“波长”为 190.0，“相位”为 4.0，如图 6-44 和图 6-45 所示。

图 6-44

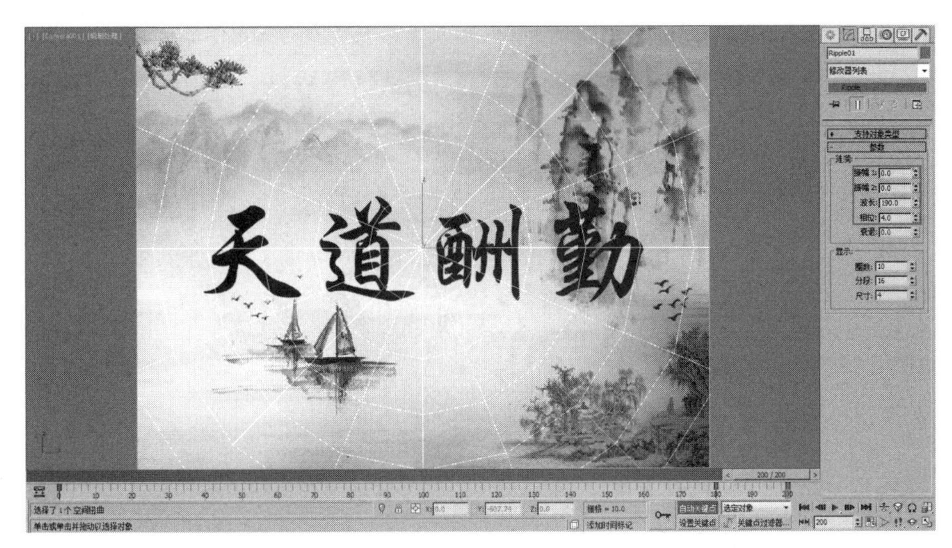

图 6-45

05 单击主工具栏上的“链接到空间扭曲”按钮，将“涟漪”对象空间链接到“文字”对象上，如图 6-46 所示。

图 6-46

06 按 M 键打开“材质编辑器”窗口并选择“文字”对象的材质球，在“贴图”卷展栏中为“不透明度”贴图通道指定一个“噪波”贴图，如图 6-47 所示。

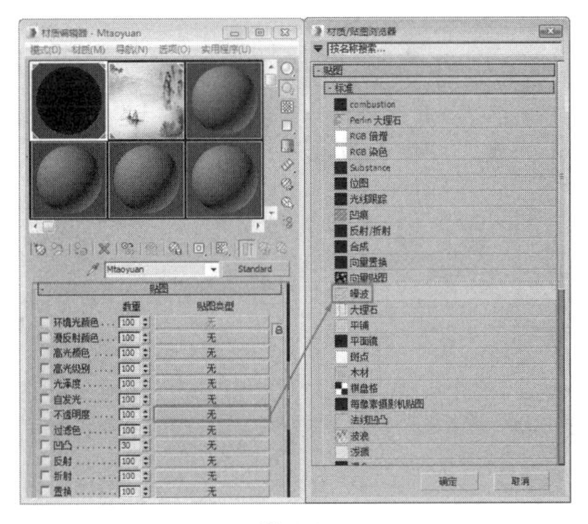

图 6-47

07 在“噪波参数”卷展栏中，设置“高”为0.8，“低”为0.75，如图6-48所示。

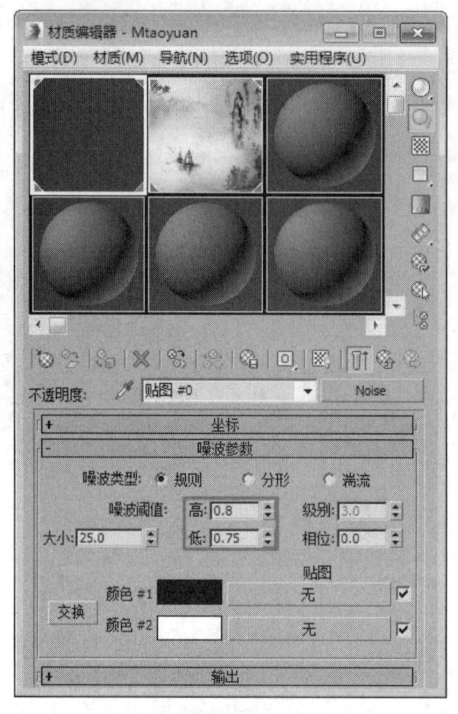

图 6-48

08 在动画控制区中单击“自动关键点”按钮自动关键点，进入“自动关键点”模式，将时间滑块拖至第200帧，设置“高”为0.3，“低”为0.2，“相位”为-4.0，如图6-49所示。

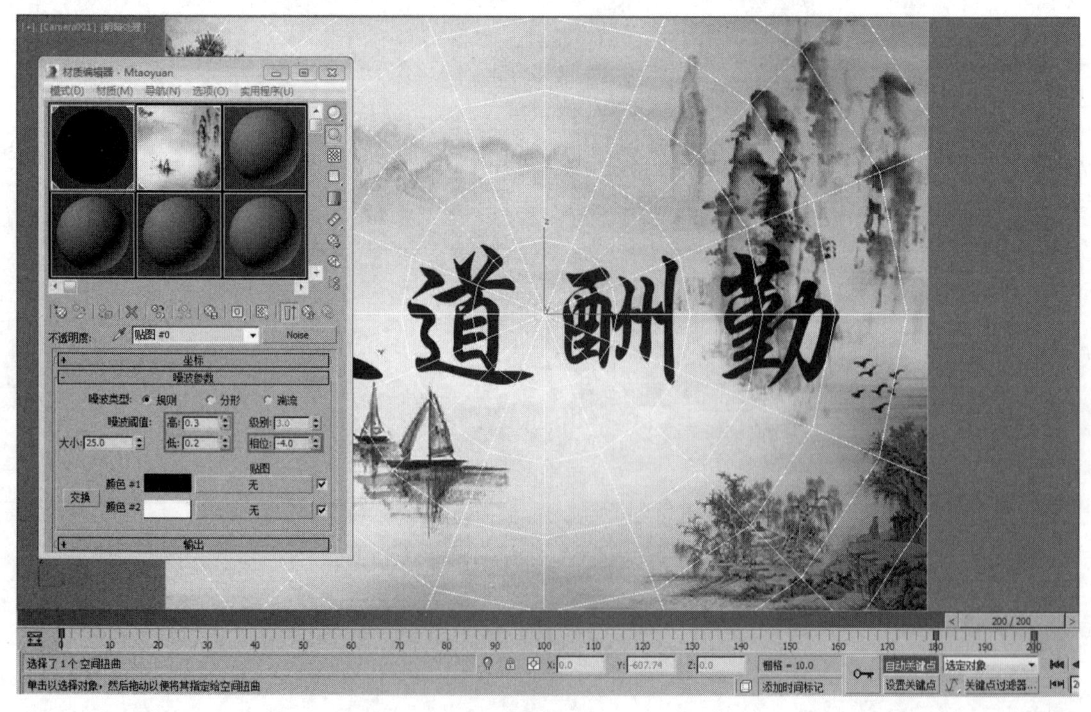

图 6-49

09 设置完成后，渲染当前视图，最终效果如图 6-50 所示。

图 6-50

6.4 水下焦散效果

实例操作：水下焦散效果	
实例位置：	工程文件 \CH6\ 水下焦散效果 .max
视频位置：	视频文件 \CH6\ 实例：水下焦散效果 .mp4
实用指数：	★★★☆☆
技术掌握：	熟练使用灯光的“投影贴图”命令并配合“噪波”贴图制作动画

灯光的“投影贴图”功能可以将一张贴图投射到物体的表面，常用来制作树叶的阴影投射到地面的效果，在本例中将使用灯光的“投影贴图”命令并配合“噪波”贴图制作一个阳光照射水面后，在水下产生焦散的动画效果。如图 6-51 所示为本例的最终完成效果。

图 6-51

01 打开附带素材中的“工程文件 \CH6\ 水下焦散效果 .max”文件，该场景中已经为物体设置了材质和灯光，如图 6-52 所示。

图 6-52

02 选择“摄影机”对象的目标点，使用链接工具将其链接到“点”辅助物体上，如图 6-53 所示。

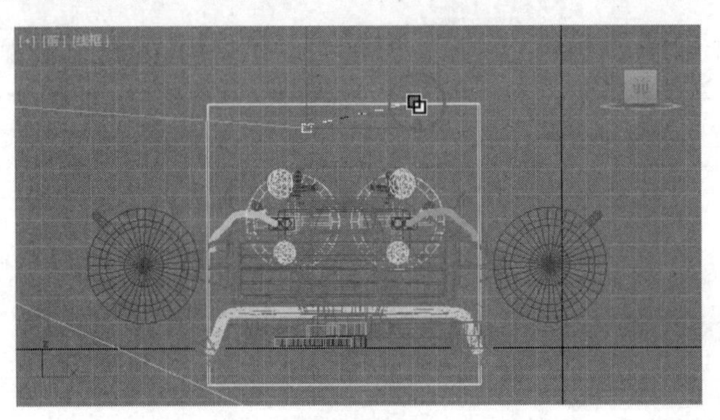

图 6-53

03 在动画控制区中单击“自动关键点”按钮自动关键点，进入“自动关键点”模式，将时间滑块拖至第 200 帧，并使用移动工具调节“点”辅助物体的位置，如图 6-54 所示。

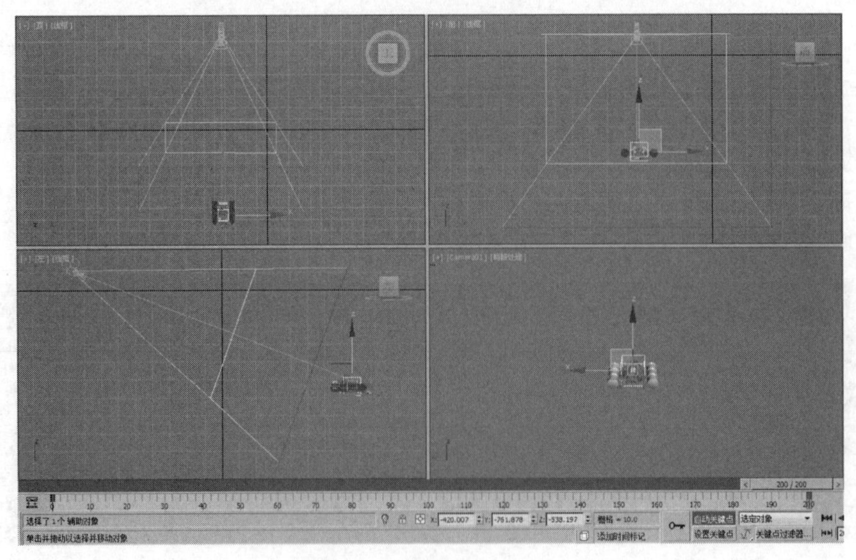

图 6-54

04 进入“粒子系统”面板，单击“超级喷射”按钮，在顶视图中创建一个“超级喷射”粒子，如图6-55所示。

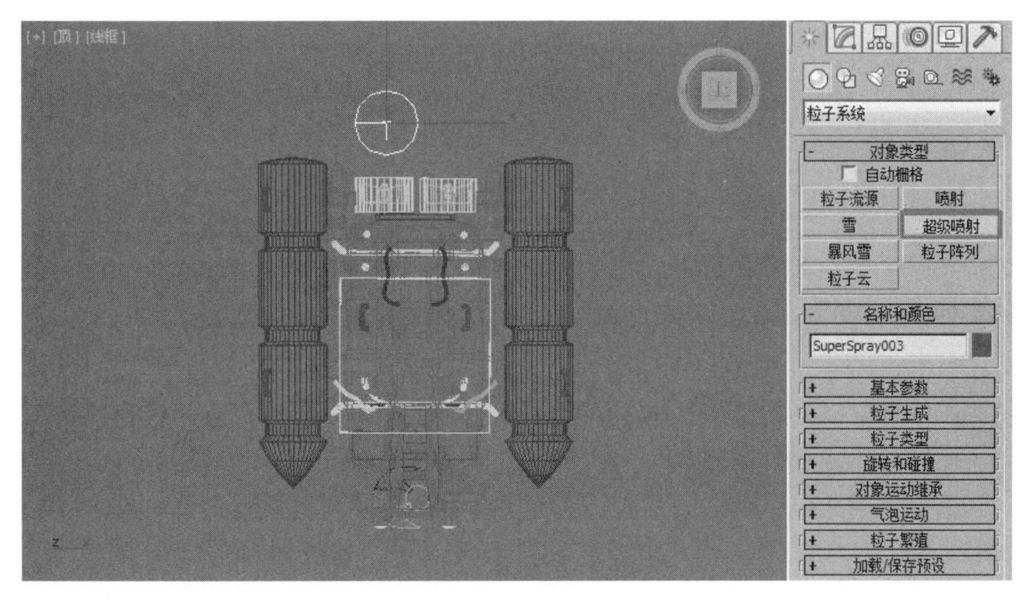

图 6-55

05 使用移动和旋转工具调整“超级喷射”粒子的位置和角度，并进入“修改”面板，在“基本参数”卷展栏中，设置“轴”的“扩散”为 20.0，“平面偏离”为 90.0，“平面”的“扩散”为 90.0，“粒子数百分比”为 100.0，如图 6-56 所示。

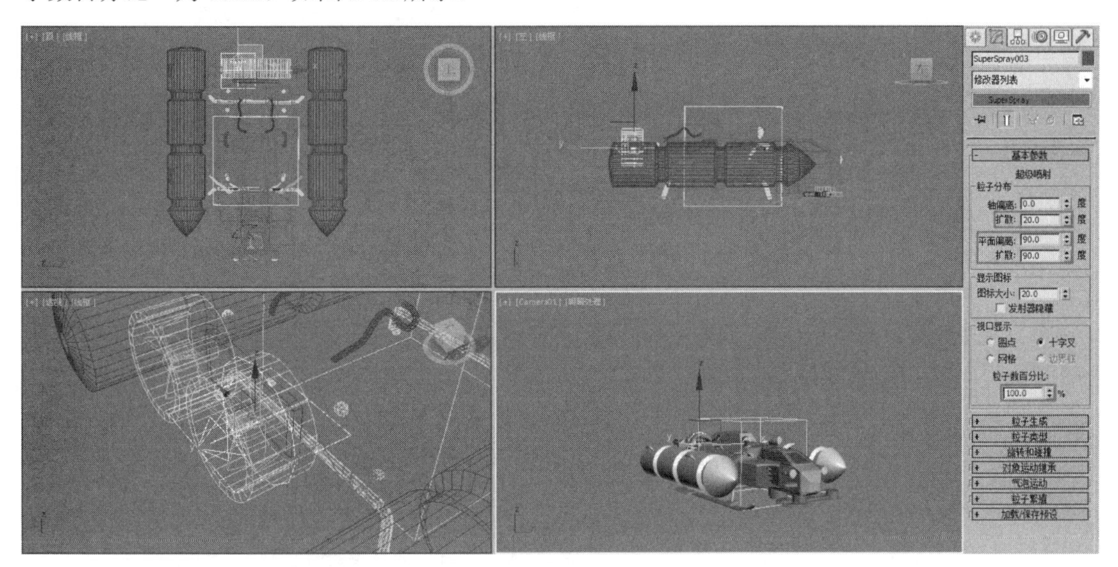

图 6-56

06 在“粒子生成”卷展栏中，设置“速度”为 15.0，“变化”为 5.0，“发射开始”为 -50.0，“发射停止”为 500.0，“显示时限”为 500.0，“寿命”为 300.0，“变化”为 20.0，“大小”为 3.0，“变化”为 60.0，“增长耗时”和“衰减耗时”均为 0.0。在“粒子类型”卷展栏中，选中“面”单选按钮，如图 6-57 和图 6-58 所示。

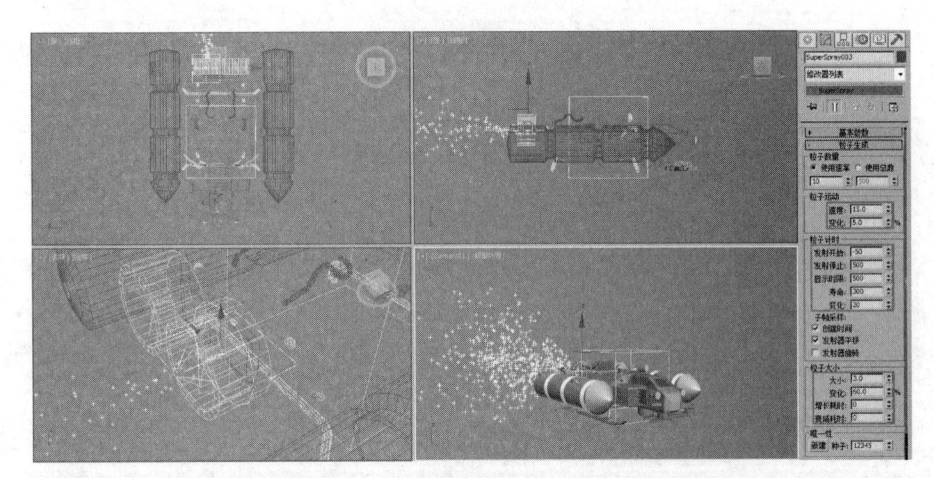

图 6-57

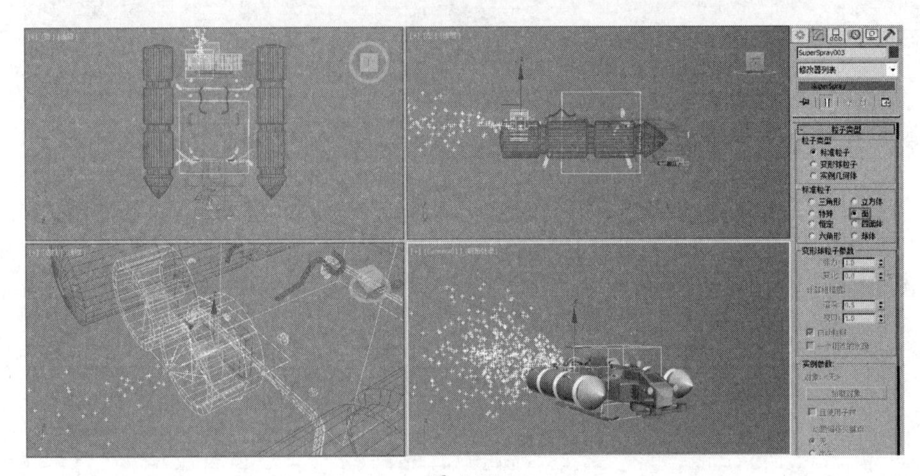

图 6-58

07 选择“超级喷射”粒子，按快捷键 Ctrl+V 原地复制一个粒子，使用移动工具调整其位置，并进入“修改”面板，在“粒子生成”卷展栏的“唯一性”选项组中，单击“新建”按钮新建，如图 6-59 所示。

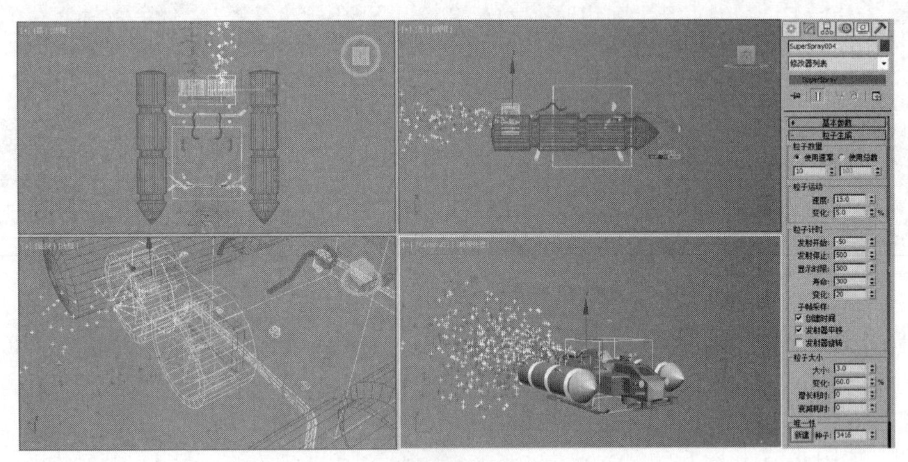

图 6-59

技巧与提示

“种子”可以让粒子在相同的参数下，生成另一个随机的效果。

08 在“空间扭曲”面板中单击“重力”按钮 重力 ，在顶视图中创建一个“重力”对象，如图 6-60 所示。

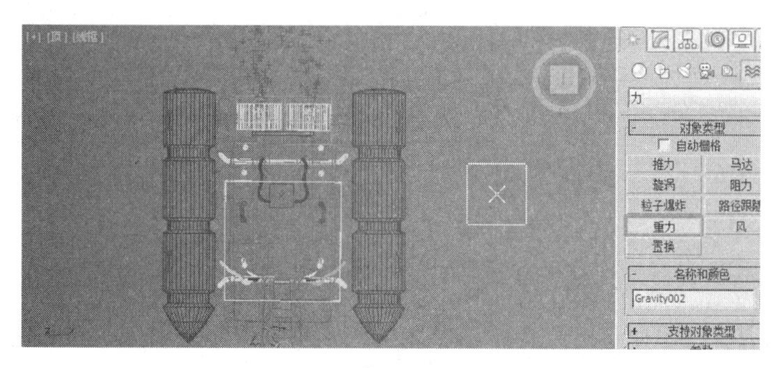

图 6-60

09 使用旋转工具将“重力”对象沿 Y 轴旋转 180°，并进入“修改”面板，在“参数”卷展栏中设置“强度”为 0.05，如图 6-61 所示。

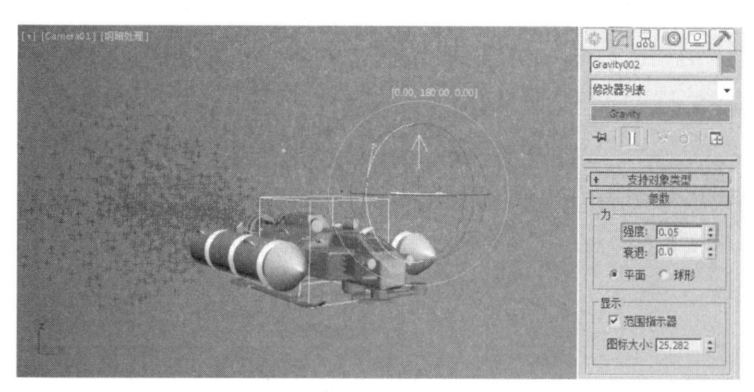

图 6-61

10 单击主工具栏上的“绑定到空间扭曲”按钮，并在视图中将“重力”绑定到两个“超级喷射”粒子上。使用链接工具将两个“超级喷射”粒子父子链接到“点”辅助物体上，如图 6-62 和图 6-63 所示。

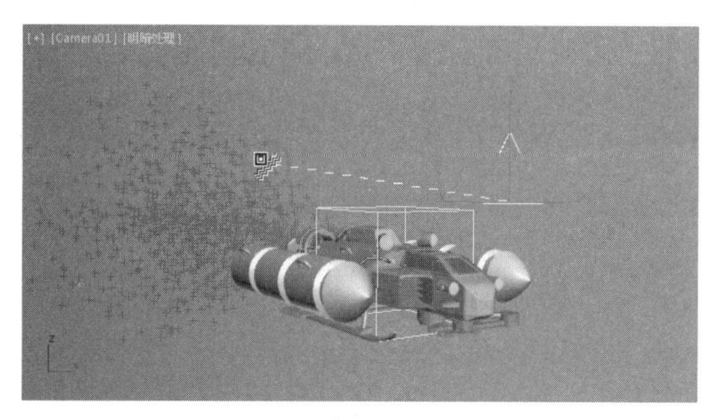

图 6-62

图 6-63

11 按 M 键打开“材质编辑器”窗口，选择一个空白的材质球并将其指定给两个“超级喷射”粒子，然后命名为“气泡”。在“明暗器基本参数”卷展栏中选中“面贴图”复选框，在“Blinn 基本参数”卷展栏中设置“漫反射”的颜色为白色，如图 6-64 所示。

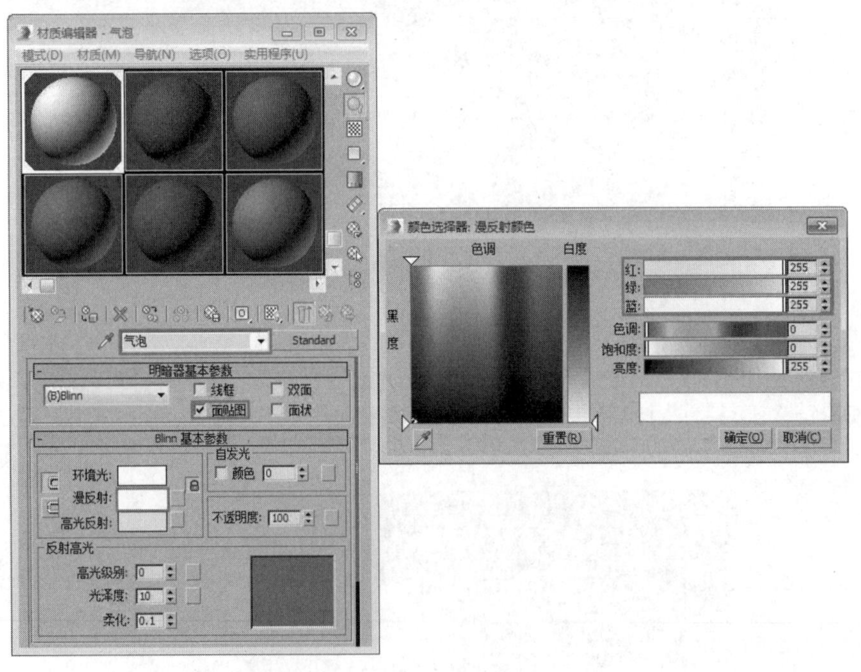

图 6-64

12 在“贴图”卷展栏中，为“不透明度”贴图通道指定一张配套素材中附带的 Bubbles.tif 位图文件作为贴图，如图 6-65 和图 6-66 所示。

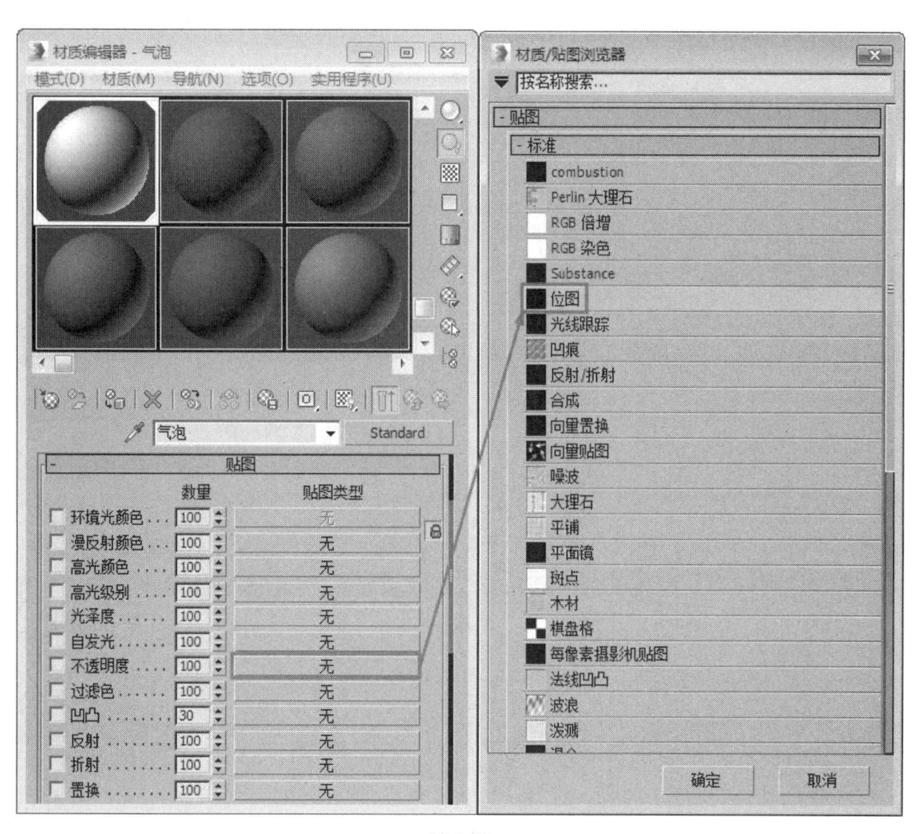

图 6-65

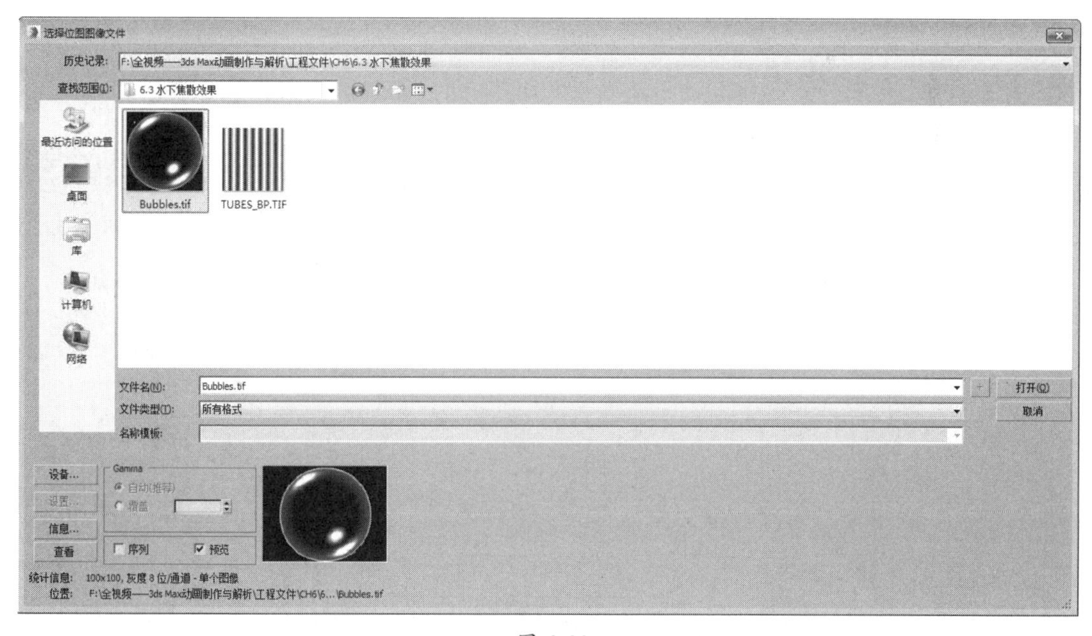

图 6-66

13 在场景中选择“水下焦散”灯光对象，进入“修改”面板，在“高级效果”卷展栏中，单击“投影贴图”选项组中的“无”按钮 无 ，在弹出的“材质 / 贴图浏览器”对话框中选择“噪波”选项，如图 6-67 所示。

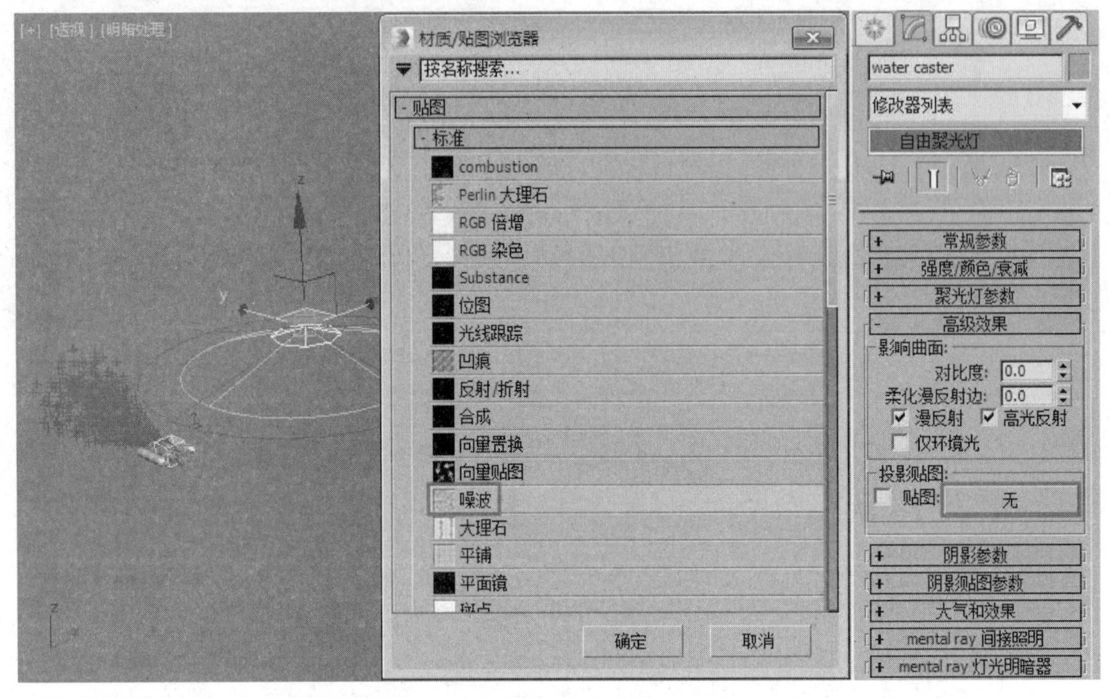

图 6-67

14 按 M 键打开“材质编辑器”窗口，将“噪波”贴图拖至一个空白的材质球上，在弹出的“实例（副本）贴图”对话框中选中“实例”单选按钮，如图 6-68 所示。

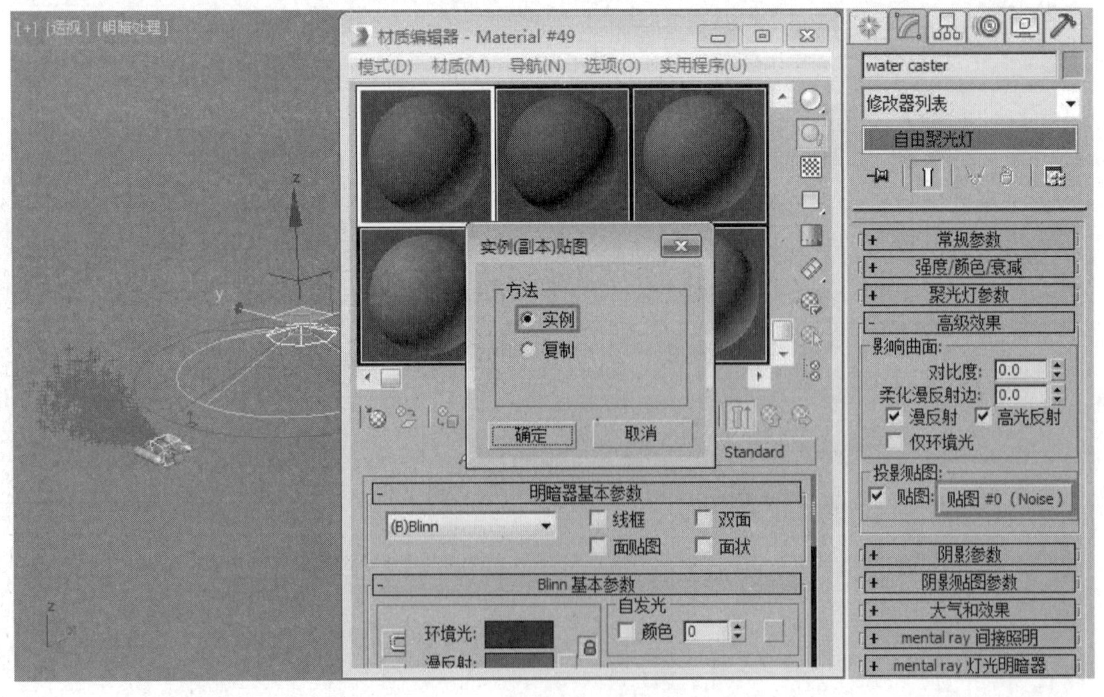

图 6-68

15 在“噪波参数”卷展栏中，选中“湍流”单选按钮，设置“大小”为70.0，“高”为0.5，并单击“交换”按钮 交换 将两个颜色互换，如图6-69所示。

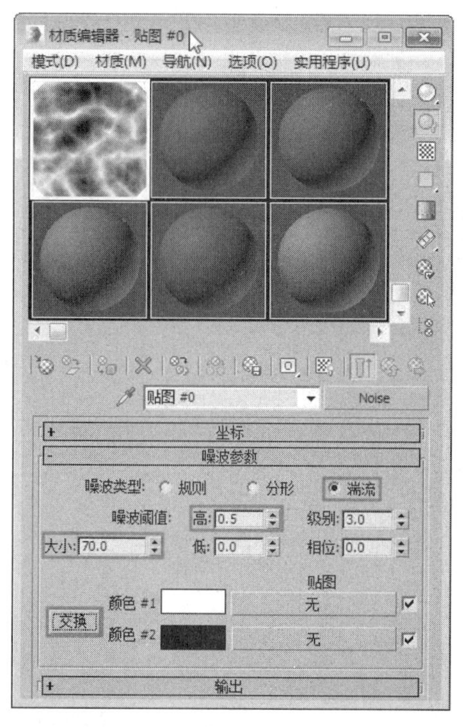

图 6-69

16 最后使用链接工具将“水下焦散”灯光对象链接到“点”辅助对象上，如图6-70所示。

图 6-70

17 设置完成后，渲染当前视图，最终效果如图6-71所示。

图 6-71

第 7 章　粒子与空间扭曲动画

粒子系统是一种非常强大的动画制作工具，通过粒子系统能够设置密集对象群的运动效果，也可以制作云、雨、风、火、烟雾、暴风雪及爆炸等动画效果。在使用粒子系统的过程中，粒子的速度、寿命、形态及繁殖等参数可以随时进行设置，并可以与空间扭曲相配合，制作逼真的碰撞、反弹、飘散等效果。粒子流可以在“粒子视图”对话框中操作符、流和测试等行为，制作更加复杂的粒子效果。本章将介绍有关粒子系统的相关知识，包括基础粒子系统、高级粒子系统、粒子流及空间扭曲 4 部分。

在 3ds Max 2016 中，如果按粒子的类型来分类，可以将粒子分为“事件驱动型粒子”和“非事件驱动型粒子”两大类。“事件驱动型粒子”又称为“粒子流”，它可以测试粒子属性，并根据测试结果将其发送给不同的事件；“非事件驱动型粒子”通常在动画过程中显示一致的属性，例如，让粒子在某一特定时间去做一些特定的事情，“事件驱动型粒子”实现不了这样的结果。

在“创建”面板中单击“几何体”按钮，在“几何体”次面板的下拉列表中选择“粒子系统”选项，进入“粒子系统”面板。3ds Max 2016 包含 7 种粒子，分别是“粒子流源”“喷射”“雪”“超级喷射”“暴风雪”“粒子阵列”和“粒子云”。其中“粒子流源”粒子系统就是所谓的“事件驱动型粒子”，是在 3ds Max 6.0 版本时增加的一种粒子系统，其余 6 种粒子属于“非事件驱动型粒子”，如图 7-1 所示。

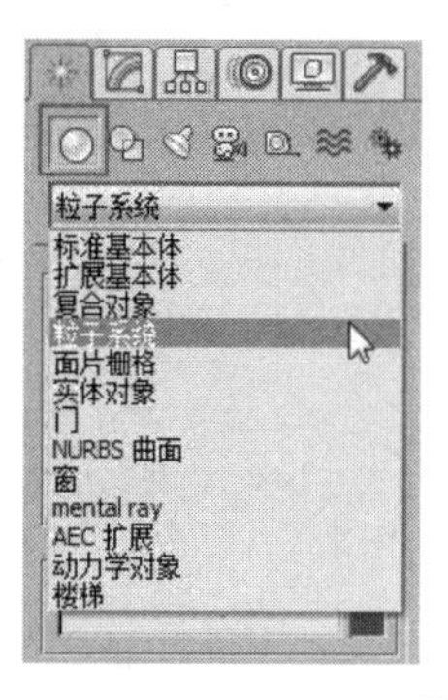

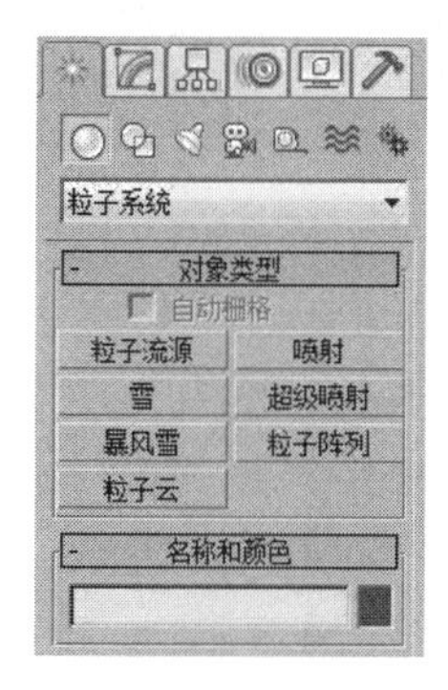

图 7-1

在功能上，粒子流源完全可以替代其他 6 种粒子。但在某些时候，例如，制作下雪或喷泉等一些简单的动画效果，使用“非事件驱动粒子”系统进行设置更为快捷和简便。

空间扭曲物体是一类在场景中影响其他物体的不可渲染对象。空间扭曲能创建使其他对象变形的力场，从而创建出使对象受到外部力量影响的动画。空间扭曲的功能与修改器类似，只不过空间扭曲改变的是场景空间，而修改器改变的是物体空间。

空间扭曲物体的适用对象并不完全相同，有些类型的空间扭曲应用于可变形物体，例如，标准几何体、网格物体、面片物体与样条曲线等。另一些空间扭曲作用于诸如喷射、雪景等粒子系统。

在 3ds Max 2016 中，主要有两种类型的空间扭曲是针对粒子系统的，这两种类型的空间扭曲分别为“力”和“导向器”。本节将介绍这两种类型的空间扭曲的使用方法。

7.1 下雪

实例操作：下雪	
实例位置：	工程文件 \CH7\ 下雪 .max
视频位置：	视频文件 \CH7\ 实例：下雪 .mp4
实用指数：	★★☆☆☆
技术掌握：	熟练使用“雪”粒子系统制作动画

本书将“喷射”和“雪”两种粒子类型定义为基础粒子系统，因为与其他粒子系统相比，这两种粒子系统可设置参数较少，只能使用有限的粒子形态，无法实现粒子爆炸、繁殖等特殊运动效果，但其操作较为简单，通常用于对质量要求较低的动画设置。

“雪”粒子系统不仅可以用来模型下雪，还可以结合材质产生五彩缤纷的碎片下落效果，常用来增添节日的喜庆气氛。如果将粒子向上发射，还可以表现从火中升起的火星效果。接下来将通过实例讲解“雪”粒子系统的基本用法，如图 7-2 所示为本例的最终完成效果。

图 7-2

01 打开本书附带光盘“工程文件 \CH7\ 下雪 .max”文件，该场景中包含一个建筑模型，并且已经设置好了材质、灯光和摄影机，如图 7-3 所示。

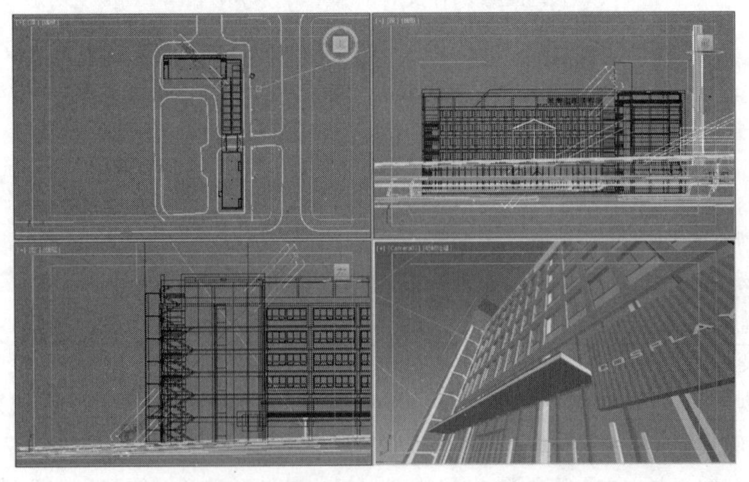

图 7-3

02 单击“雪”按钮 雪 ，在顶视图中创建一个雪粒子，如图 7-4 所示。

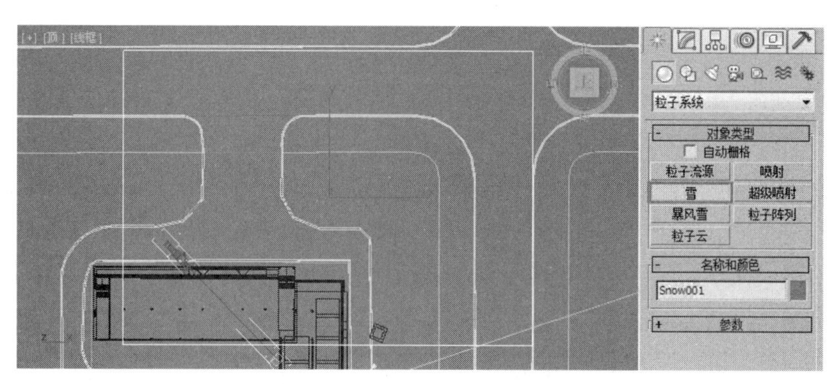

图 7-4

03 在前视图中调整至如图 7-5 所示的位置。

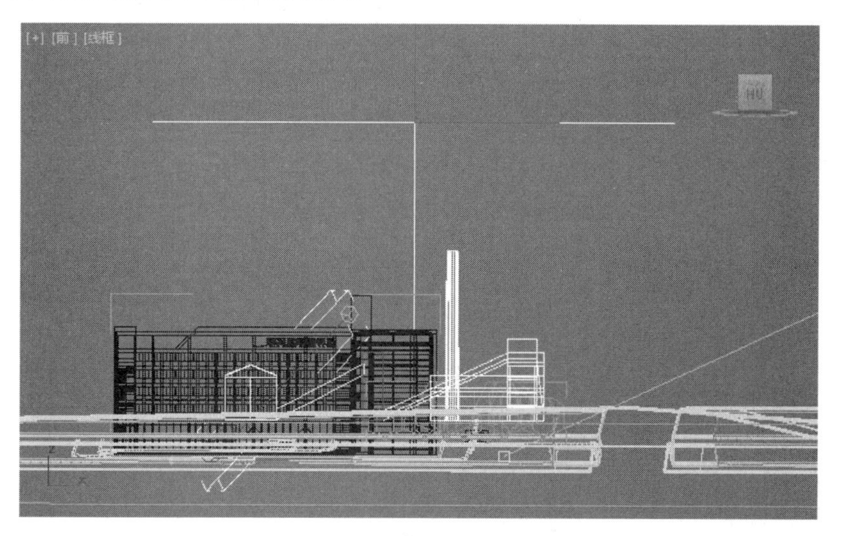

图 7-5

04 在“修改”面板中，设置“视口计数”为 3000，“渲染计数”为 3000，“雪花大小”为 300.0mm，“速度”为 2000.0，“变化”为 600.0，如图 7-6 所示。

图 7-6

05 按 M 键，选择一个材质球并命名为“雪”，将其指定给雪粒子，如图 7-7 所示。

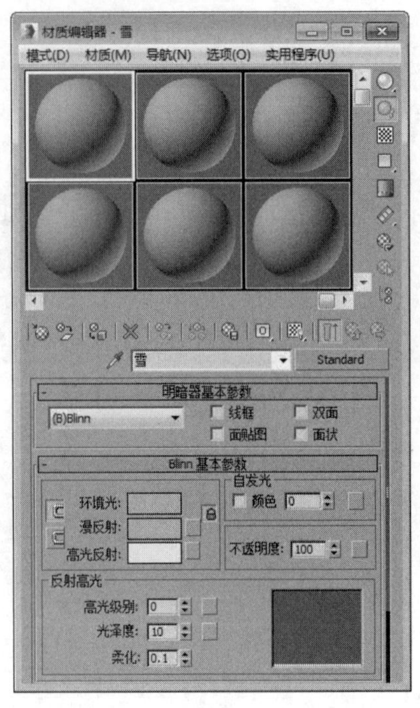

图 7-7

06 设置雪材质的“漫反射”颜色为白色，“不透明度”的贴图为“渐变”贴图，并将其“渐变类型”设置为“径向”，如图 7-8 所示。

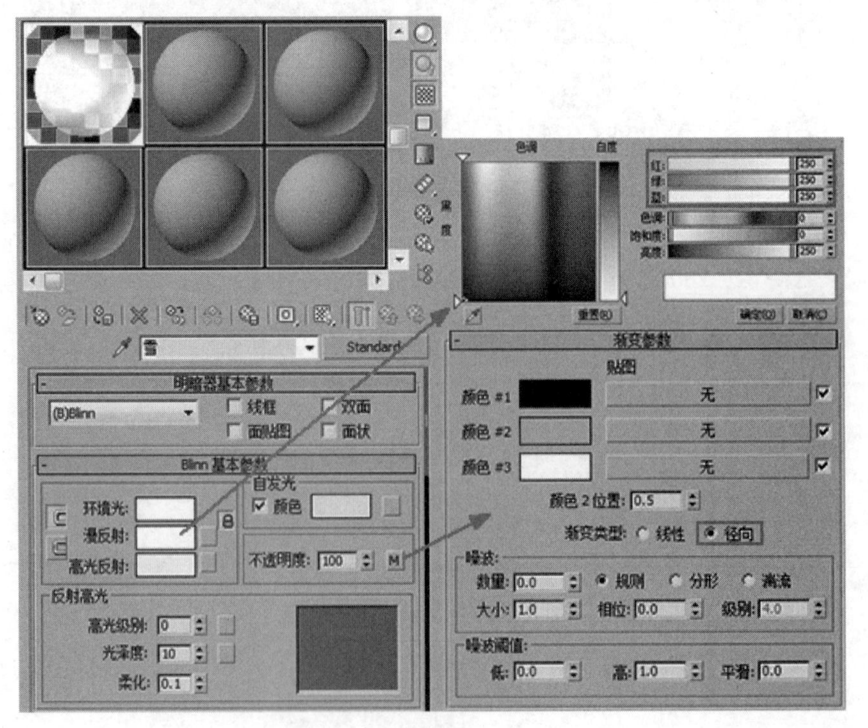

图 7-8

07 渲染场景，即可得到如图 7-9 所示的渲染效果。

图 7-9

7.2 树叶飘落

实例操作：树叶飘落动画	
实例位置：	工程文件 \CH7\ 树叶飘落 .max
视频位置：	视频文件 \CH7\ 实例：树叶飘落动画 .mp4
实用指数：	★★☆☆☆
技术掌握：	熟练掌握暴风雪粒子的使用方法及参数设置

本节通过制作一个树叶飘落的特效来详细讲解暴风雪粒子的使用方法。如图 7-10 所示为本例的最终完成效果。

图 7-10

01 打开附带素材中的“工程文件 \CH7\ 树叶飘落 .max”文件，该场景中包含了楼房和树木的模型，并且已经设置好了材质、灯光和摄影机，如图 7-11 所示。

图 7-11

02 单击“暴风雪”按钮，在顶视图中创建一个暴风雪粒子，并将其移至如图 7-12 所示的位置。

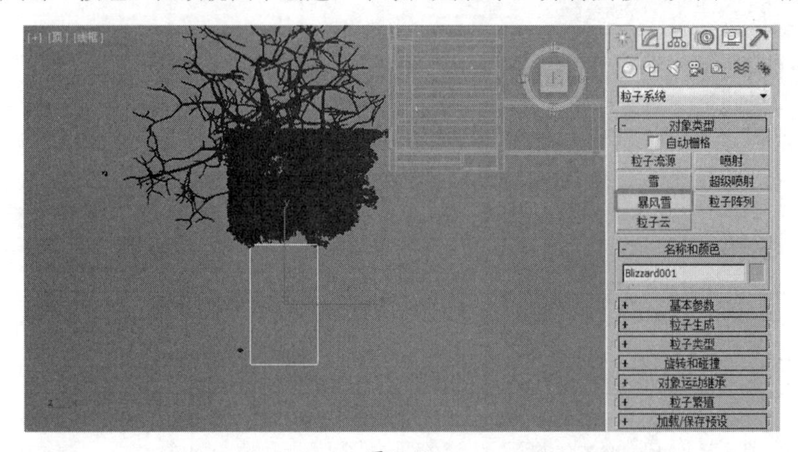

图 7-12

03 按 P 键，在透视图中调整暴风雪粒子的方向至如图 7-13 所示的角度。

图 7-13

04 在“修改”面板中，单击展开“基本参数”卷展栏，设置粒子的“视口显示”为“网格”，“粒子数百分比：”为 100.0%，如图 7-14 所示。

图 7-14

05 单击展开“粒子生成”卷展栏，“粒子数量”选择为“使用总数”，并设置“使用总数”的值为 50，即暴风雪粒子在场景中共发射 50 个粒子，用来模拟掉落的树叶。在“粒子运动”选项组中，设置粒子的“速度”为 50.0。在“粒子计时”选项组中，设置粒子的“发射开始”为 0，使场景在第 0 帧就已经产生粒子，将“显示时限”调整为 200，“寿命”调整为 300，如图 7-15 所示。

图 7-15

06 在“粒子类型”卷展栏中，设置“粒子类型”为“实例几何体”，并单击“拾取对象”按钮 拾取对象 ，拾取场景中的叶子模型，如图 7-16 所示。

图 7-16

07 在“材质贴图和来源”选项组中，设置粒子的“材质来源”为“实例几何体”，如图 7-17 所示，这样即可在视图中观察到暴风雪粒子的形态。

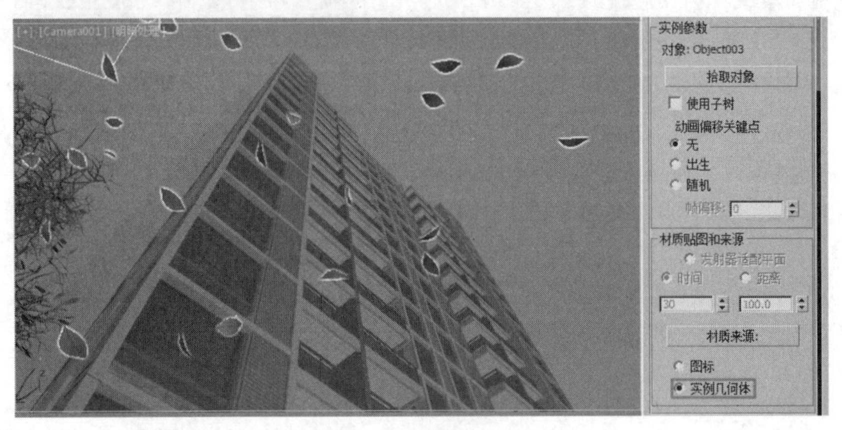

图 7-17

08 单击展开“旋转和碰撞”卷展栏，设置粒子的“自旋时间”为 30，拖动时间滑块，即可观察到叶片一边旋转一边掉落的动画效果，如图 7-18 所示。

图 7-18

09 在摄影机视图按快捷键 Shift+Q，渲染当前视图，渲染效果如图 7-19 所示。

图 7-19

7.3 瀑布

实例操作：瀑布	
实例位置：	工程文件 \CH7\ 瀑布 .max
视频位置：	视频文件 \CH7\ 实例：瀑布 .mp4
实用指数：	★★★☆☆
技术掌握：	熟练使用“喷射”粒子、“全导向器”和“重力”空间扭曲制作动画

“喷射”粒子系统可以模拟下雨、水管喷水、喷泉等水滴效果；“重力”空间扭曲可以模拟自然界地心引力的作用，对粒子系统产生重力影响，粒子会沿着其箭头方向移动，随强度值和箭头方向而不同，也可以产生排斥的效果。当空间扭曲物体为球形时，粒子会被吸向球心。“全导向器”空间扭曲可以拾取场景中的一个几何体当作“导向板”，当粒子碰撞到该“导向板”时会产生反弹、静止等效果。接下来通过实例来讲解这方面的知识。如图 7-20 所示为本例的最终完成效果。

图 7-20

01 打开附带素材中的“工程文件 \CH7\ 瀑布 .max”文件，该场景中已经为物体设置了材质和灯光，如图 7-21 所示。

图 7-21

02 在“粒子系统”面板中单击“喷射”按钮 喷射 ，在顶视图中创建一个“喷射”粒子，如图 7-22 所示。

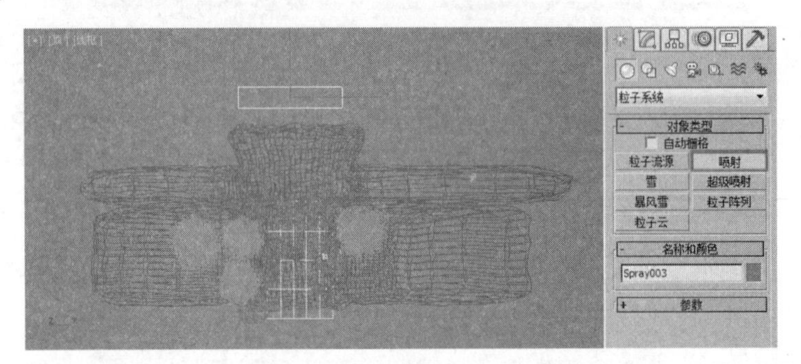

图 7-22

03 使用移动和旋转工具在透视图中调整其位置和角度，并进入“修改”面板，在“参数”卷展栏中设置“视口计数”为 800，“渲染计数”为 8000，“水滴大小”为 8.0，“速度”为 5.5，“变化”为 0.8，在“计时”选项组中设置“开始”为 -70，“寿命”为 100，如图 7-23 所示。

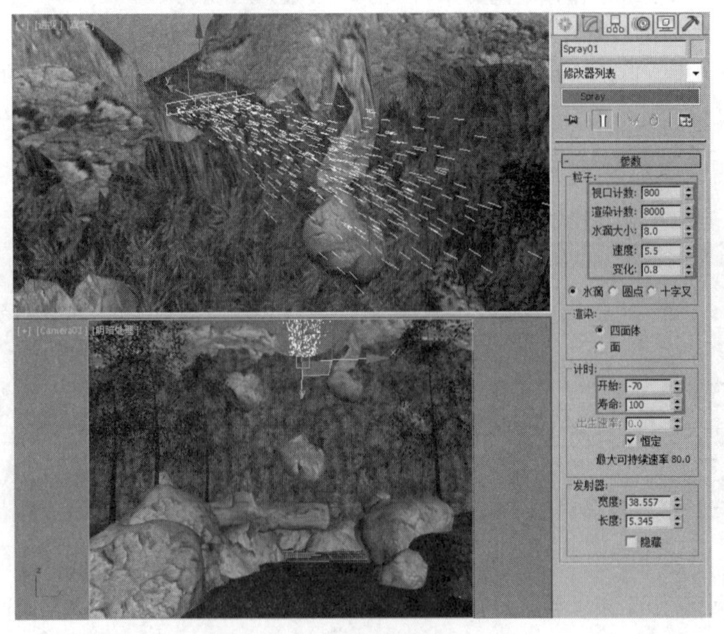

图 7-23

04 在“空间扭曲”面板的下拉列表中选择“导向器”选项，单击“全导向器”按钮 全导向器 ，在顶视图中创建一个“全导向器”空间扭曲，如图 7-24 所示。

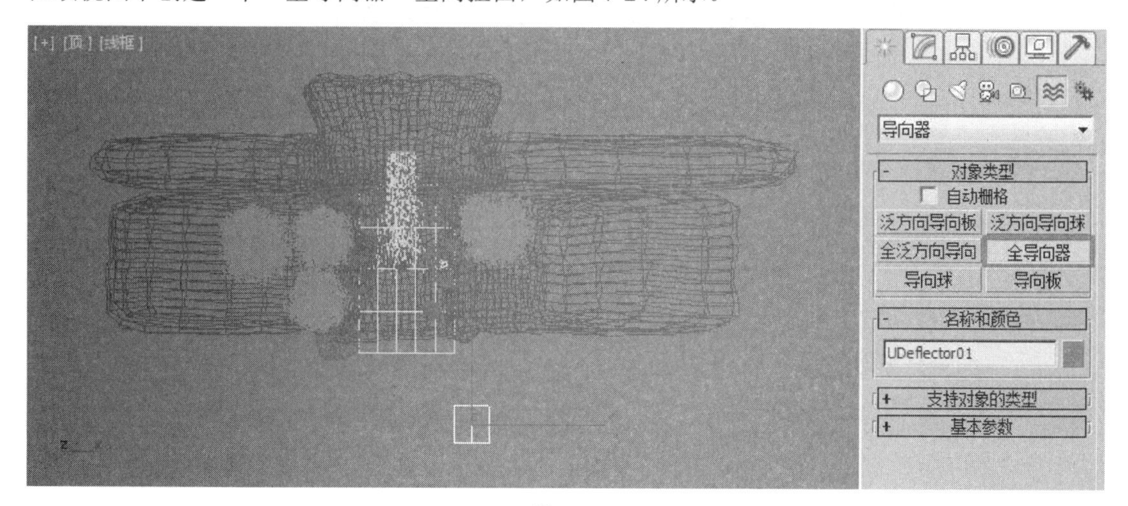

图 7-24

05 进入“修改”面板，在“基本参数”卷展栏中单击“拾取对象”按钮 拾取对象 ，并在视图中拾取“石头 01”对象并设置“反弹”为 0.01，如图 7-25 所示。

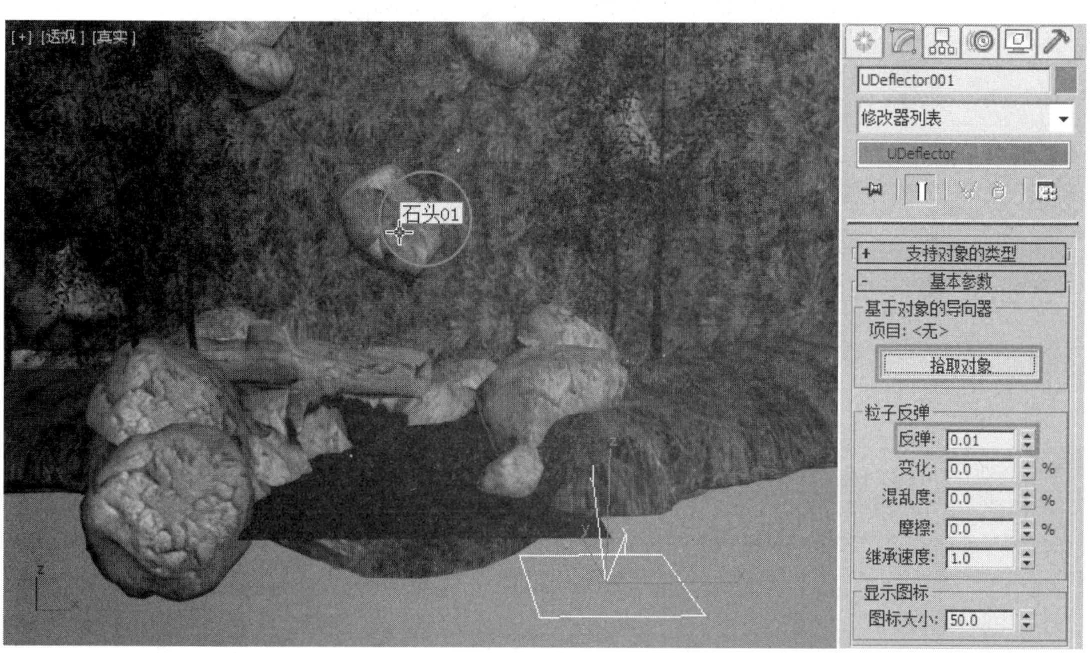

图 7-25

06 按住 Shift 键复制一个“全导向器”空间扭曲，在“修改”面板中单击“拾取对象”按钮 拾取对象 ，并在视图中拾取“石头 02”对象并设置“反弹”为 0.3，如图 7-26 所示。

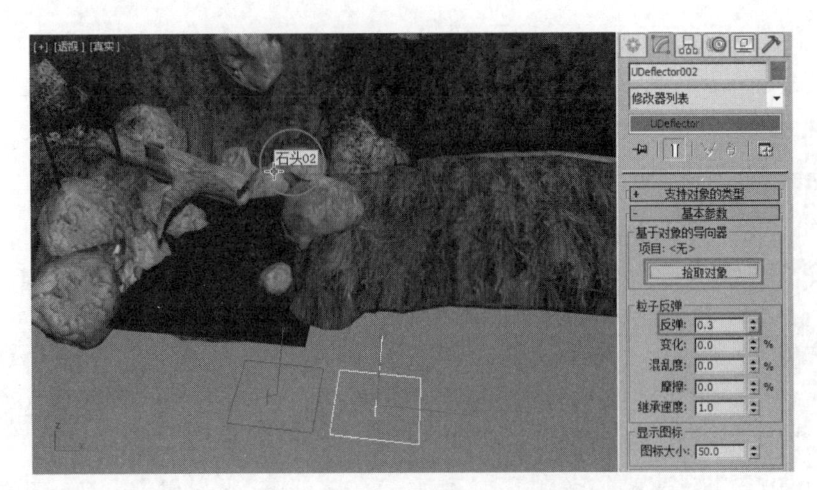

图 7-26

07 用同样的方法再复制一个“全导向器”空间扭曲，拾取“水面”对象并设置“反弹”为0.2，如图 7-27 所示。

图 7-27

08 在“空间扭曲”面板的下拉列表中选择“力”选项，单击“重力”按钮 重力 ，在顶视图中创建一个“重力”空间扭曲，如图 7-28 所示。

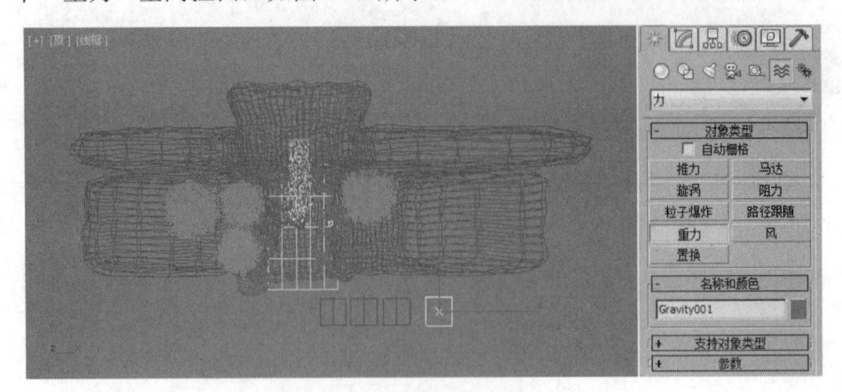

图 7-28

09 使用旋转工具将“重力”对象沿 X 轴旋转 10°，进入“修改”面板，在“参数”卷展栏中设置“强度”为 1.15，如图 7-29 所示。

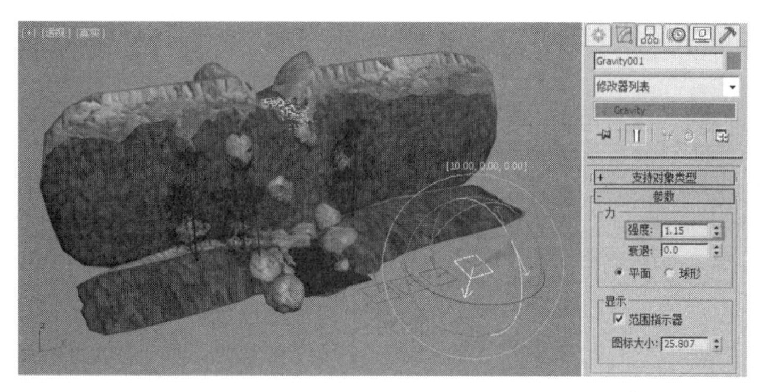

图 7-29

10 单击主工具栏上的“绑定到空间扭曲”按钮，并在视图中将 3 个“全导向器”和 1 个“重力”依次绑定到“喷射”粒子上，绑定完成后的效果如图 7-30 所示。

图 7-30

11 按 M 键打开“材质编辑器”窗口，选择一个材质球并命名为“水”，将其指定给“喷射”粒子，设置水材质的“漫反射”颜色为白色，如图 7-31 所示。

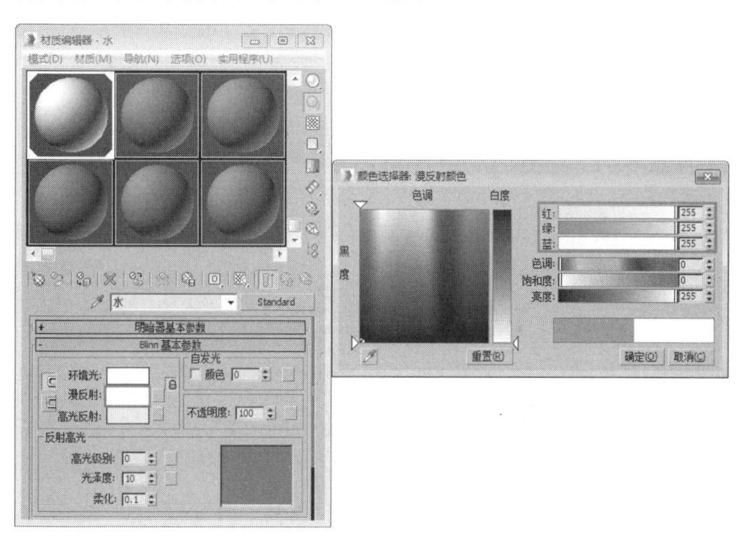

图 7-31

12 在“自发光”选项组中设置“颜色”为 30，在“反射高光”选项组中，设置“高光级别”为 100，“光泽度”为 40，如图 7-32 所示。

13 在“扩展参数”卷展栏中，选中“外”单选按钮并设置“数量”为 100，如图 7-33 所示。

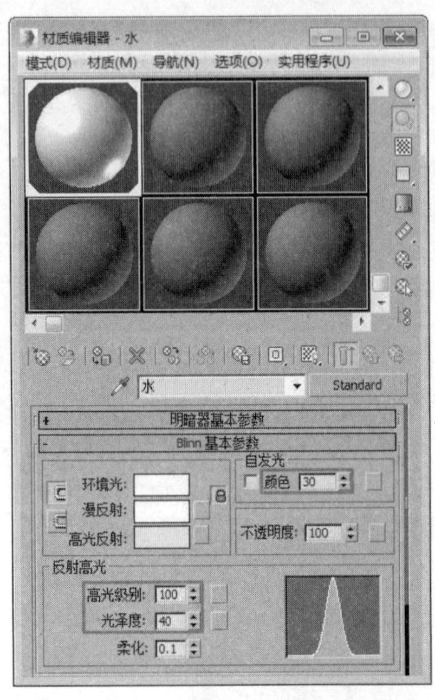

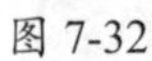
图 7-32

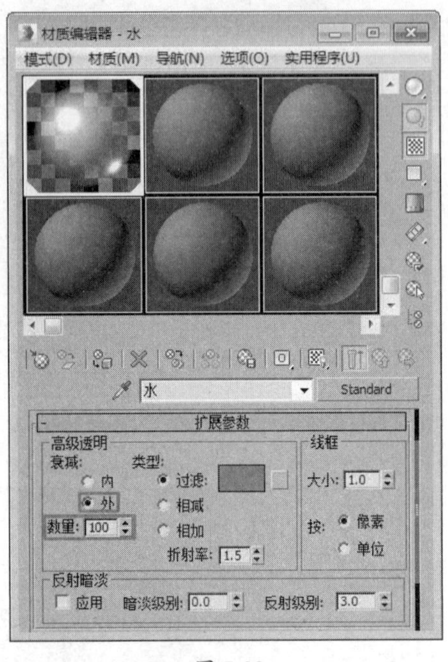

图 7-33

14 选择“喷射”粒子并在视图中右击，在弹出的四联菜单中选择“对象属性”选项，接着在打开的“对象属性”对话框中，选中“图像”单选按钮并设置“倍增”为 2.0，如图 7-34 所示。

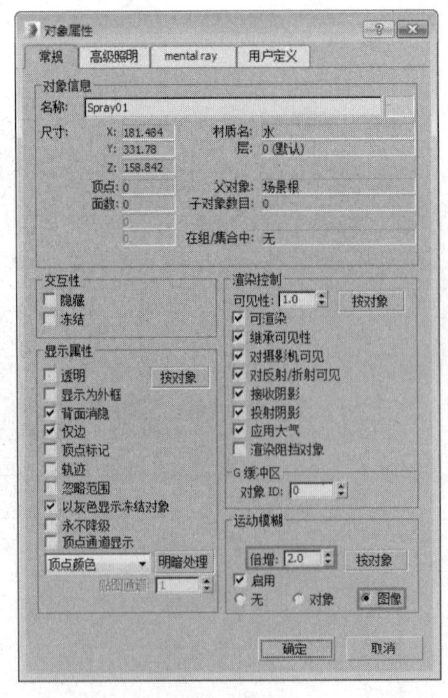

图 7-34

15 设置完成后，渲染当前视图，最终效果如图 7-35 所示。

图 7-35

7.4 烟雾飘散

实例操作：烟雾飘散	
实例位置：	工程文件 \CH7\ 烟雾飘散 .max
视频位置：	视频文件 \CH7\ 实例：烟雾飘散 .mp4
实用指数：	★★★☆☆
技术掌握：	熟练掌握超级喷射粒子的使用方法及参数设置

本例将使用“超级喷射”粒子系统并配合“风”空间扭曲来制作一个烟雾飘散的动画效果，如图 7-36 所示为本例的最终渲染效果。

图 7-36

01 打开附带素材中的“工程文件\CH7\烟雾飘散.max”文件，在该文件中要制作用“风扇”将“香烟”生成的烟雾吹散的效果，如图 7-37 所示。

图 7-37

02 场景中已经制作完成了风扇左右摇摆的动画效果，接下来在视图中创建一个“风”空间扭曲，并将其与风扇的位置和角度对齐，使用“选择并链接”工具，将其链接到风扇上，如图 7-38 所示。

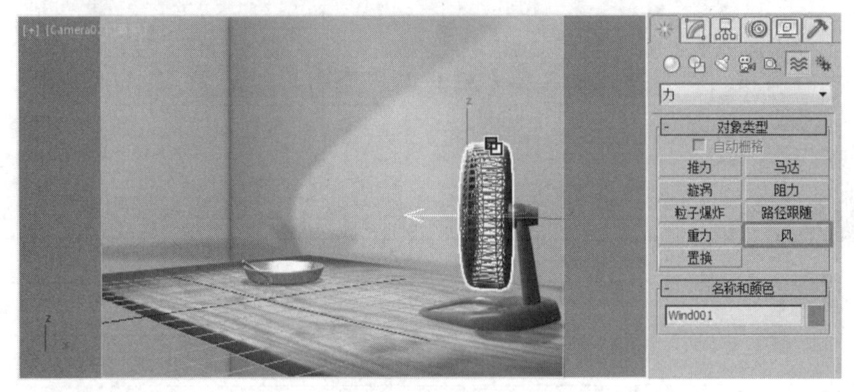

图 7-38

03 使用“绑定到空间扭曲”工具，将粒子与“风”空间扭曲进行空间绑定。播放动画，发现粒子已经受“风力”的影响被吹动了，如图 7-39 和图 7-40 所示。

图 7-39

图 7-40

04 选择“风”空间扭曲并进入“修改”面板，在“力”选项组中，将“强度”设置为 0.05，减小风力对粒子的影响，如图 7-41 所示。

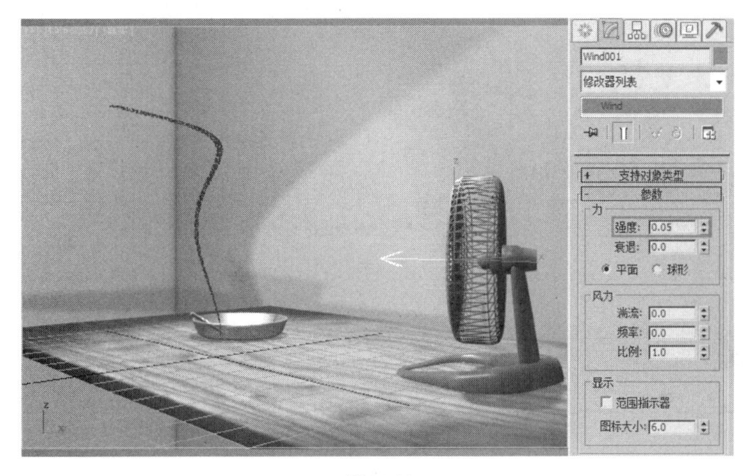

图 7-41

05 在“风”选项组中，设置“湍流”为 0.03，“频率”为 0.15，“比例”为 0.3，设置完成后的效果如图 7-42 所示。

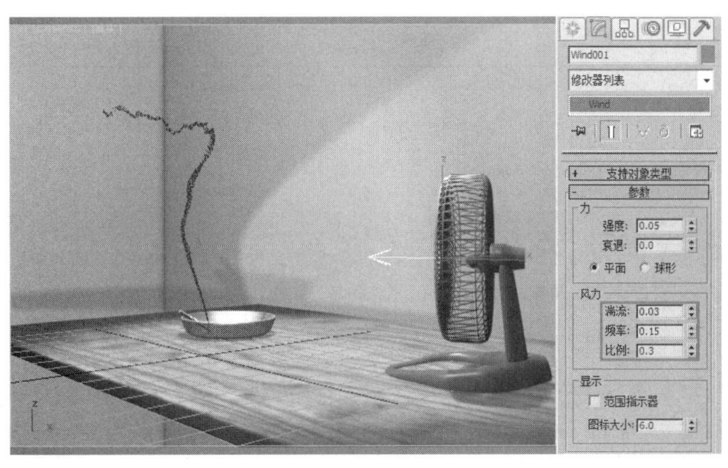

图 7-42

技巧与提示

“湍流”参数可以使粒子在被风吹动的同时随机改变行进路线；“频率”参数可以使粒子随时间变化呈周期性变化；“比例”参数可以改变湍流的影响程度。

06 设置完成后渲染当前视图，最终效果如图 7-43 所示。

图 7-43

7.5 龙卷风

功能实例：龙卷风	
实例位置：	工程文件 \CH7\ 龙卷风 .max
视频位置：	视频文件 \CH7\ 实例：龙卷风 .mp4
实用指数：	★★★☆☆
技术掌握：	熟悉“漩涡”空间扭曲的使用方法

在本例中，将使用“粒子阵列”粒子系统和“漩涡”空间扭曲制作一个龙卷风的动画效果，如图 7-44 所示为本例的最终渲染效果。

图 7-44

01 打开附带素材中的“工程文件 \CH7\ 龙卷风 .max”文件，播放动画可以发现粒子基本上就是直接向下飘落的，并没有发生扭曲，如图 7-45 所示。下面将为其添加“旋涡”空间扭曲，使龙卷风产生扭曲效果。

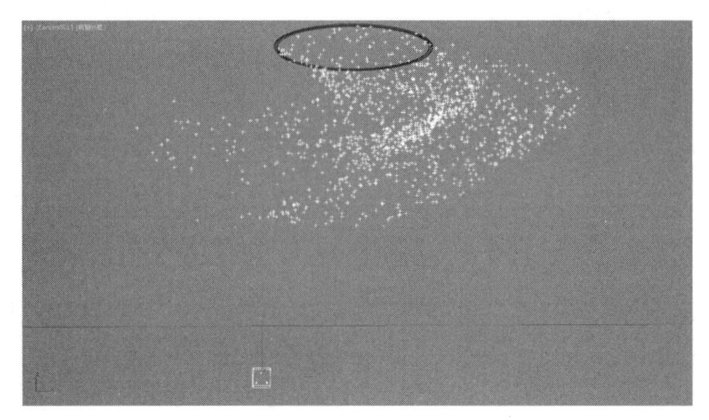

图 7-45

02 在“创建”面板的“空间扭曲”次面板中，单击“旋涡”按钮，在顶视图中创建一个“旋涡”空间扭曲对象，如图 7-46 所示。

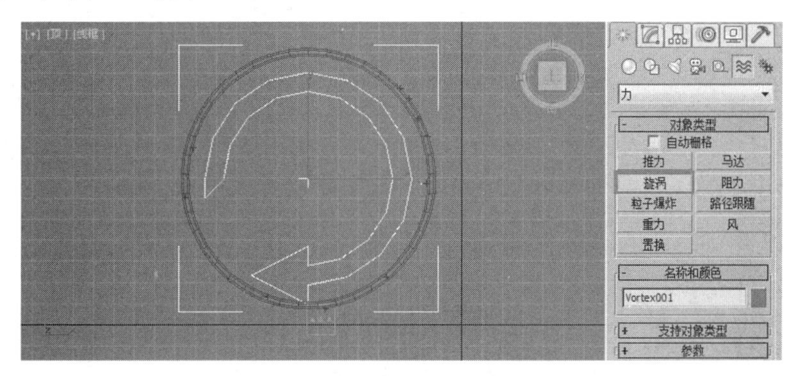

图 7-46

03 使用“选择并链接”工具将“旋涡”空间扭曲链接到粒子的发射器对象上，并使用“绑定到空间扭曲”工具将粒子系统绑定到创建的“旋涡”空间扭曲上，如图 7-47 ～图 7-49 所示。设置完毕后播放动画，观察空间扭曲对粒子造成的影响。

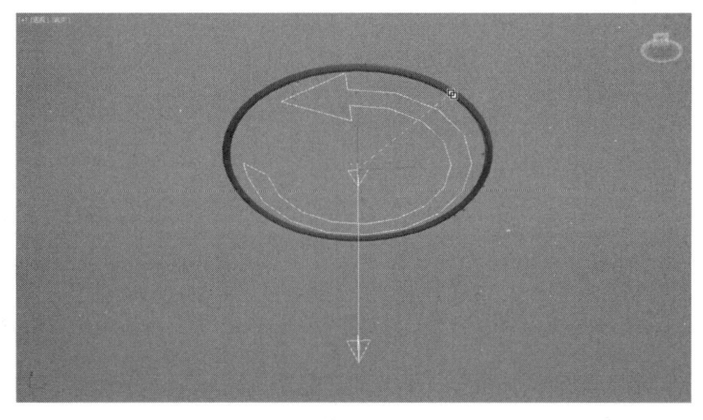

图 7-47

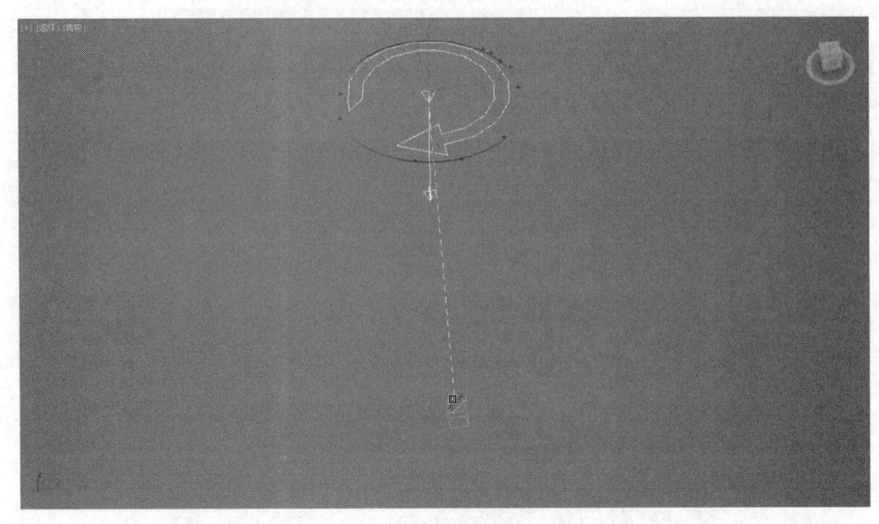

图 7-48

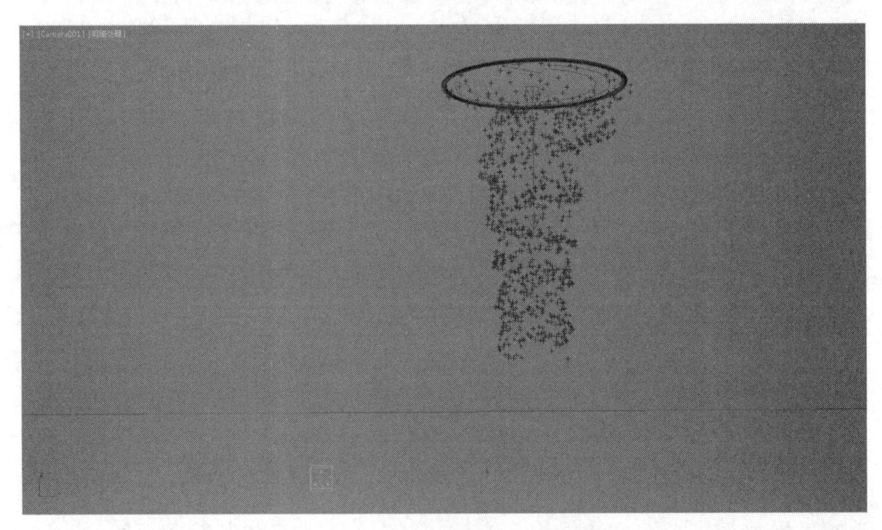

图 7-49

04 选择“漩涡”空间扭曲，进入“修改”面板，在“计时”选项组中设置“开始时间”为 0，“结束时间”为 300，如图 7-50 所示。

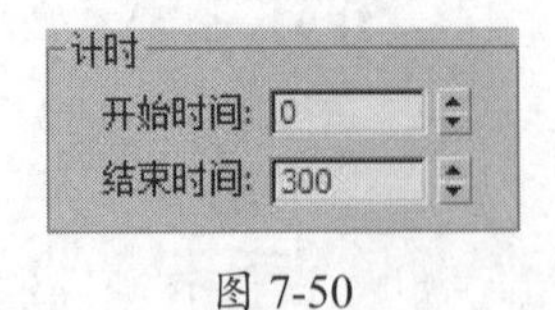

图 7-50

技巧与提示

“旋涡外形”选项组中的“锥化长度”参数控制漩涡的长度，较低的值产生较紧的漩涡，而较高的值产生较松的漩涡；“锥化曲线”参数控制漩涡的形态，越小的值产生的漩涡越开阔，反之，则越紧密。

05 通过“捕获和运动”选项组中的“轴向下拉”参数可以设置粒子在下拉轴向的移动速度，数值越大，粒子的形态越接近于下拉轴向；“阻尼”参数可以限制粒子在下拉轴向上的移动程度。参照图 7-51 所示设置这两个参数，并观察粒子的运动效果。

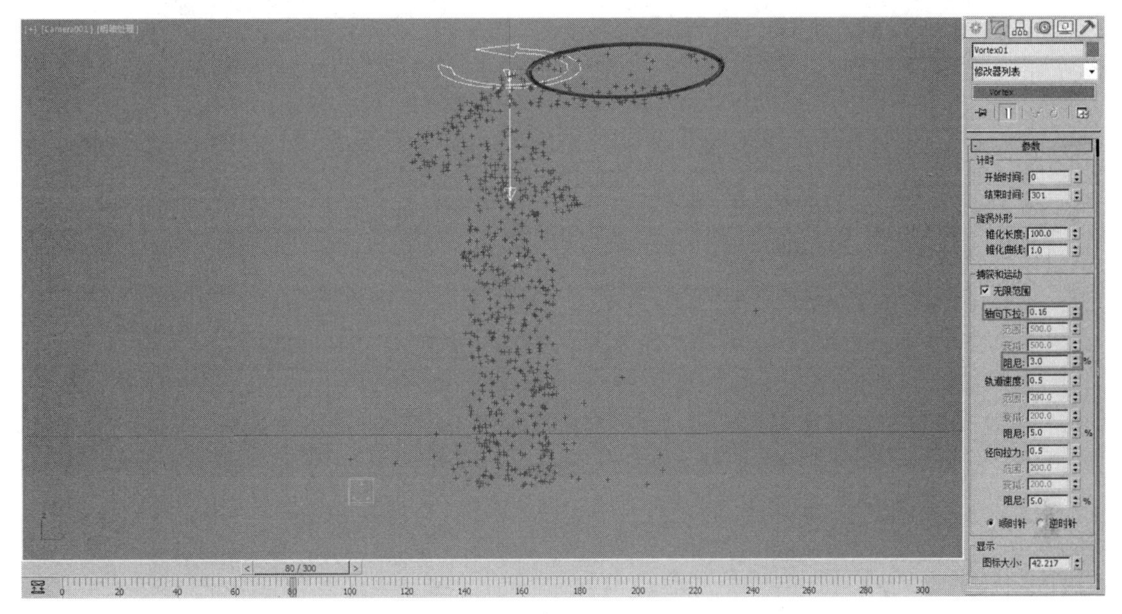

图 7-51

06 通过“轨道速度”参数来指定粒子在旋转轴向上的移动速度，并设置其下方的“阻尼”参数；“径向拉力”参数控制粒子从下拉轴向粒子旋转的距离，数值越大，粒子越松散。参照图 7-52 所示，对这几个参数进行设置，并观察粒子的运动效果。

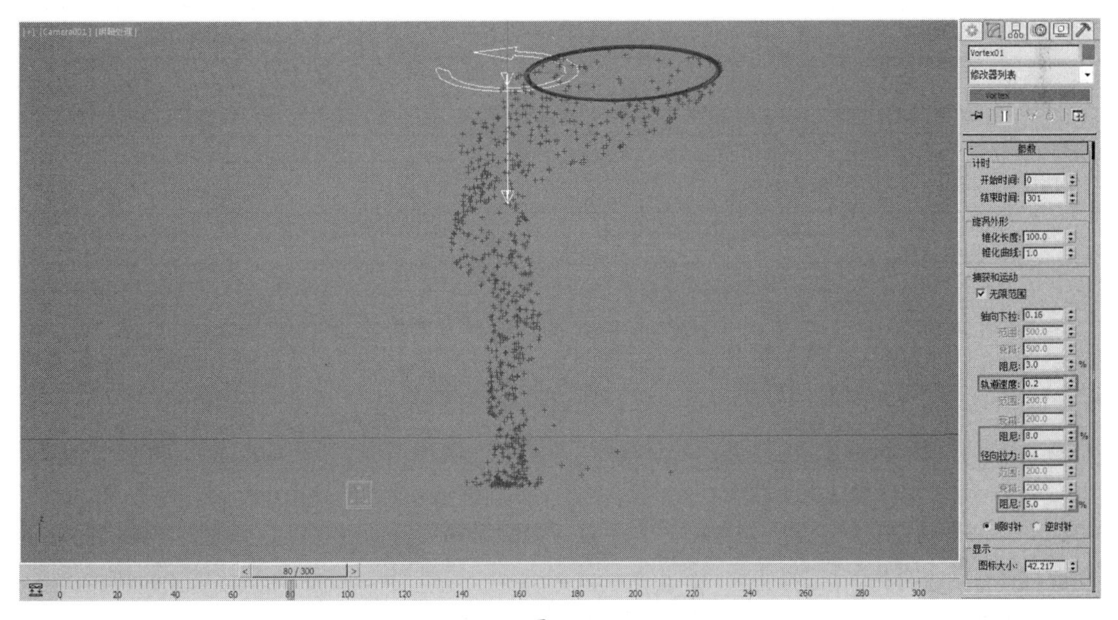

图 7-52

07 设置完毕后，渲染整段动画，最终效果如图 7-53 所示。

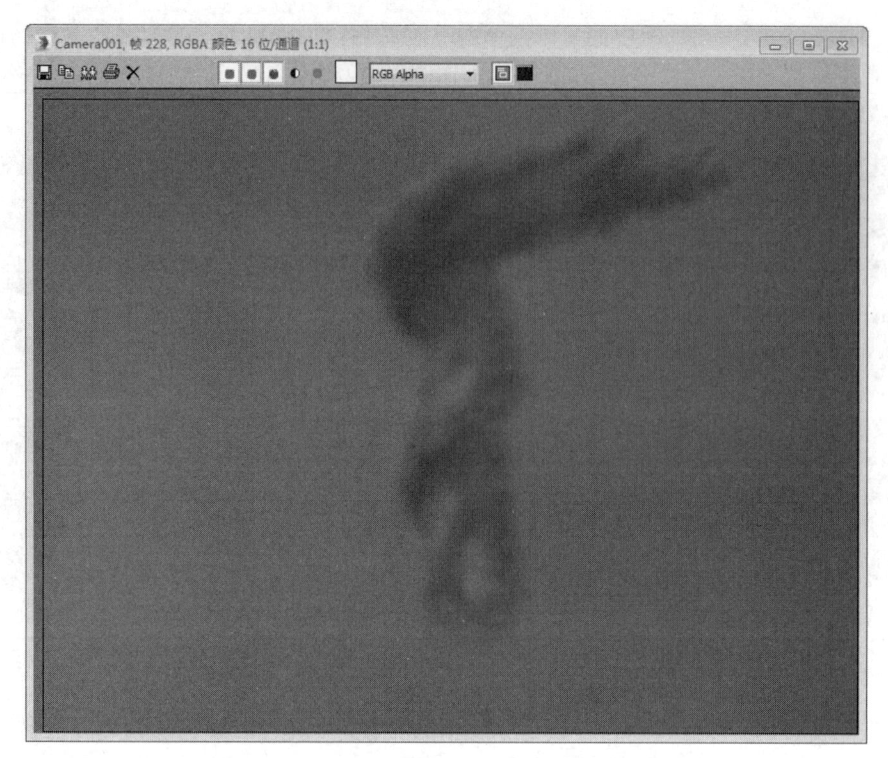

图 7-53

7.6 消散文字

概括性实例：消散文字动画	
实例位置：	工程文件 \CH7\ 消散文字 .max
视频位置：	视频文件 \CH7\ 实例：消散文字 .mp4
实用指数：	★★★★☆
技术掌握：	使用粒子流来制作文字被吹散的动画效果

“粒子流源”是在 3ds Max 6.0 版本时增加的一种粒子系统，随着 3ds Max 版本的升级，该粒子系统也在不断完善，且功能越来越强大。“粒子流”其实就是将普通粒子系统中的每个参数卷展栏都独立为一个“事件”，通过对这些“事件”自由的排列组合，即可创建出丰富多彩的粒子运动效果。该粒子系统通过“粒子视图”对话框来使用“事件”驱动粒子。在“粒子视图”中，可将一定时期内描述粒子属性（如形状、速度、方向和角度）的单独操作符合并到称为“事件”的组中。每个操作符都提供一组参数，其中多数参数可以设置动画，以此更改事件期间的粒子行为。随着事件的发生，“粒子流”会不断地计算列表中的每个操作符，并相应地更新粒子系统。

本节通过制作一个文字特效来详细讲解粒子系统的使用方法。如图 7-54 所示为本例的最终渲染效果。

图 7-54

01 打开附带素材中的“工程文件 \CH7\ 消散文字 .max”文件，如图 7-55 所示。

图 7-55

02 场景中有一个文字模型，并且已经设置好材质及灯光。下面在场景中创建粒子系统并完成特效。按 6 键打开“粒子视图”面板，如图 7-56 所示。

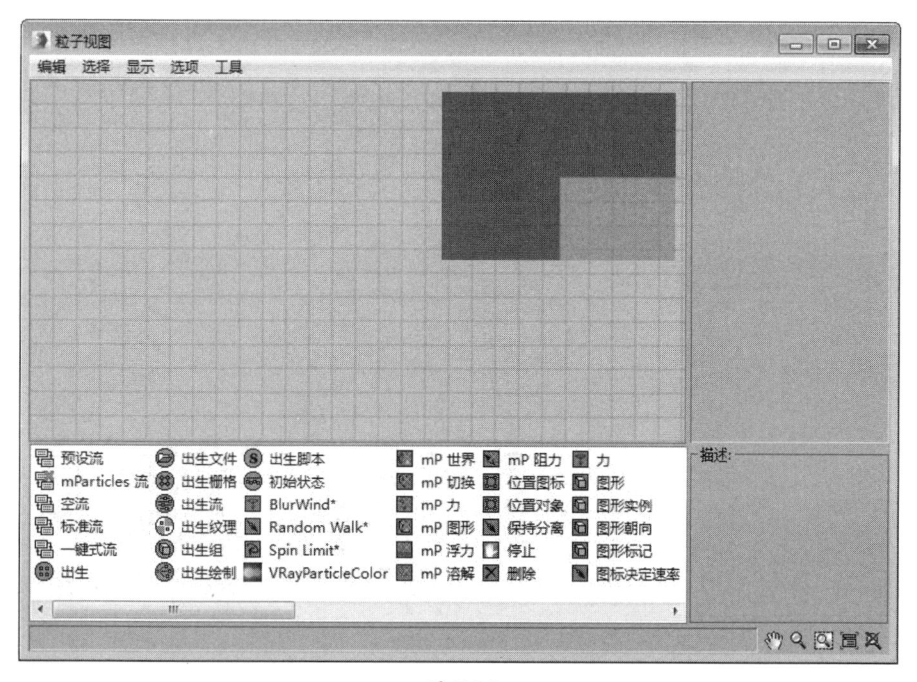

图 7-56

03 在“粒子视图”面板左下角的“仓库”中，将“空流”操作符拖至“事件显示”中，即生成了场景中的第一个粒子流，系统自动为其命名为“粒子流源 001”，如图 7-57 所示。

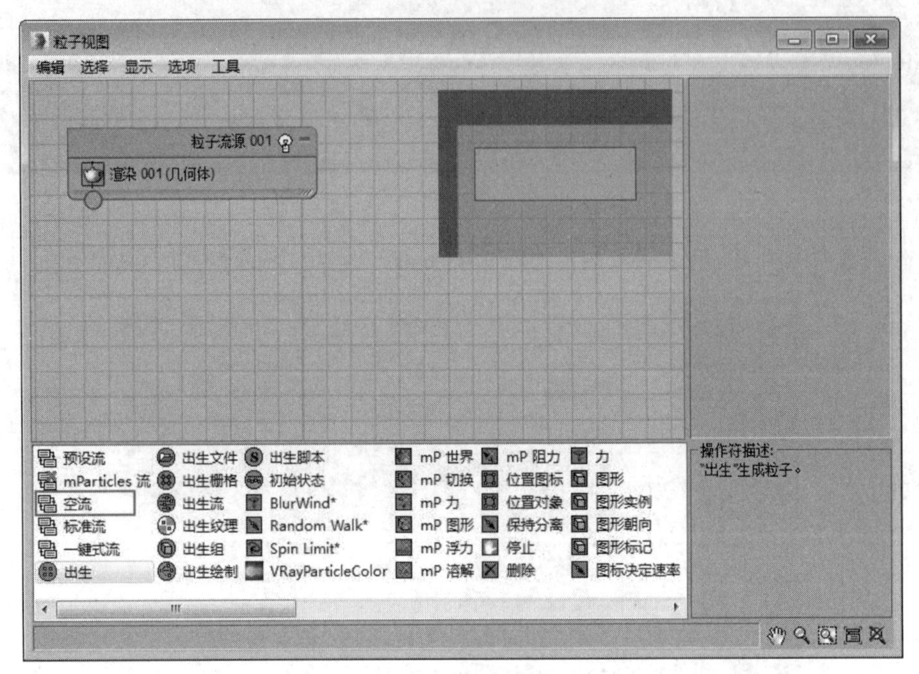

图 7-57

04 在“仓库”中将“出生”操作符拖至“事件显示”中，则生成了场景中的第一个事件，系统自动为其命名为“事件 001”。单击鼠标以拖曳的方式，将“粒子流源 001”和“事件 001”连接起来，如图 7-58 所示。

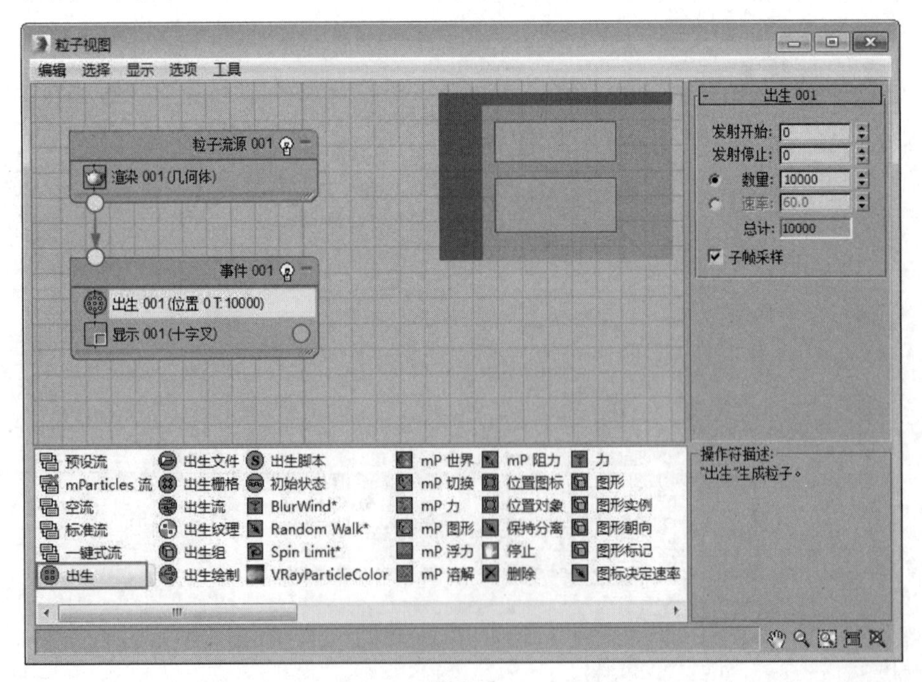

图 7-58

05 单击选择“出生”操作符，在右侧设置粒子的“发射开始”和“发射停止”值均为 0，设置粒子的“数量”为 10000，为粒子流设置出生的时间及数量，如图 7-59 所示。

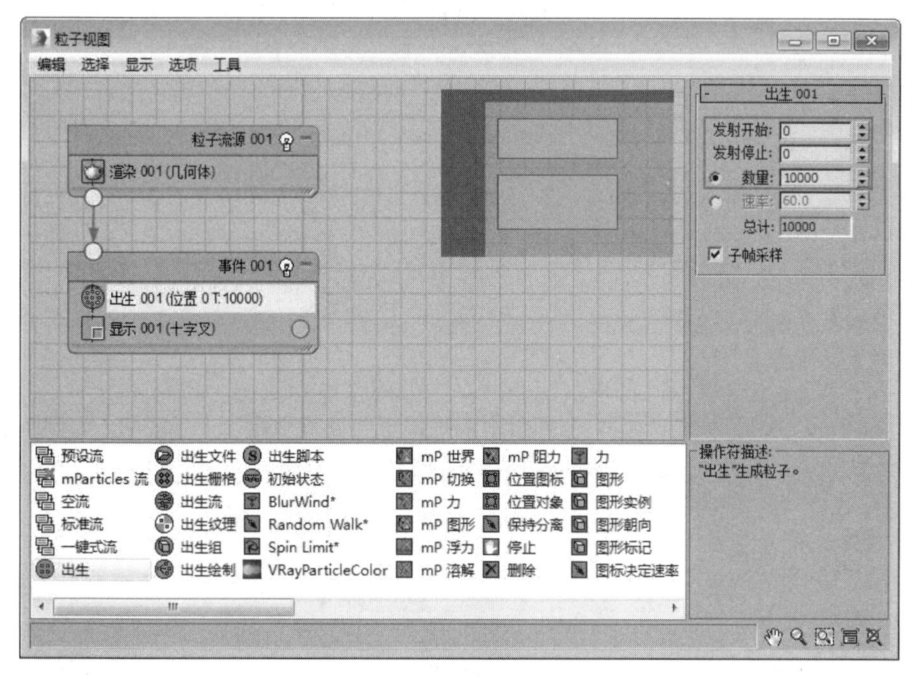

图 7-59

06 在“仓库”中将“位置对象”操作符拖至“事件 001”中，单击选择“位置对象”操作符，在右侧单击“添加”按钮 添加 ，在场景中选择文字模型，如图 7-60 所示。即可在场景中的文字上观察到有粒子生成，如图 7-61 所示。

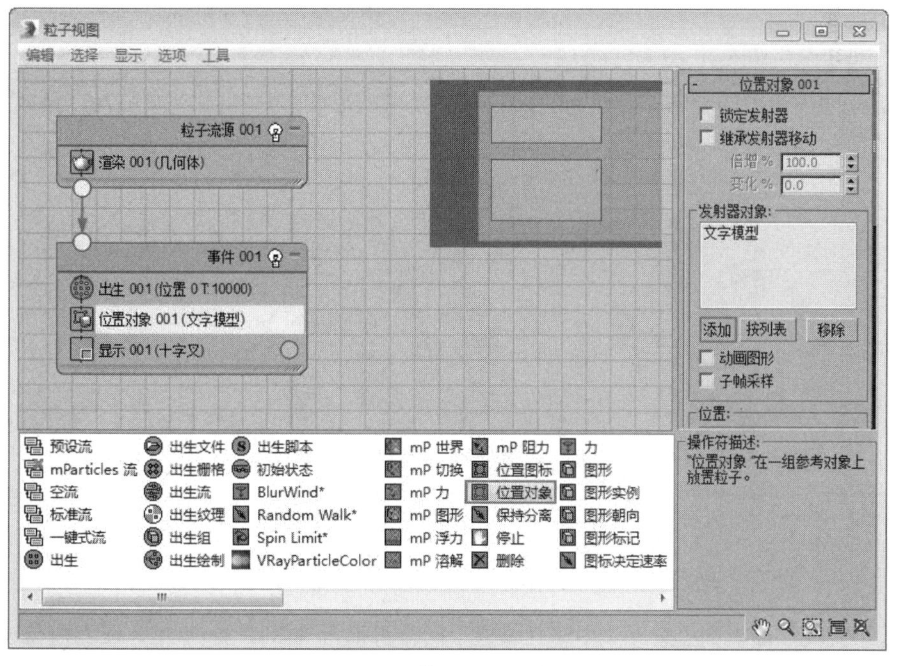

图 7-60

图 7-61

07 单击“导向球”按钮 导向球 ，在场景中文字模型的位置创建一个导向球，如图 7-62 所示。

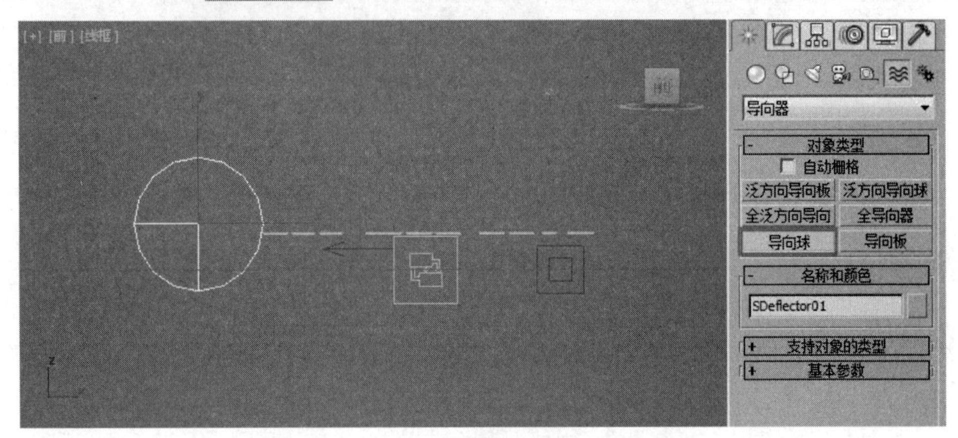

图 7-62

08 按 N 键，为场景中的导向球创建一个扫过文字模型的直线位移动画，如图 7-63 所示。

图 7-63

09 在“粒子视图”面板的“仓库”中将“碰撞”操作符拖至“事件 001”中，在右侧单击“添加”按钮 添加 ，添加场景中的导向球，如图 7-64 所示。

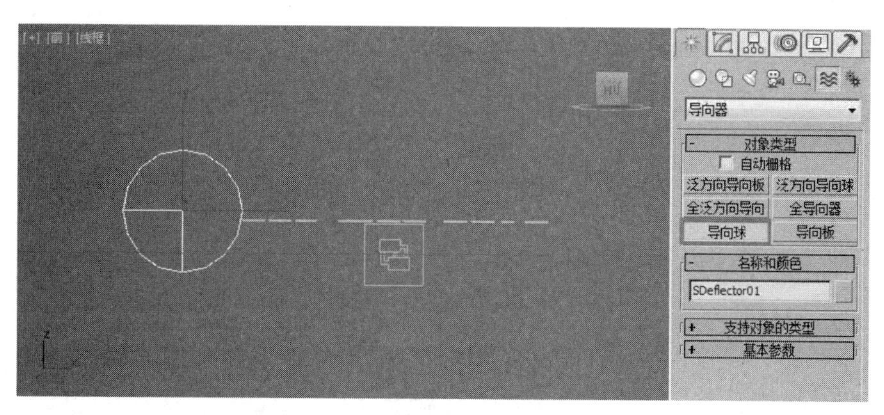

图 7-64

10 单击“风”按钮 风 ，在场景中创建一个“风”对象，如图 7-65 所示。

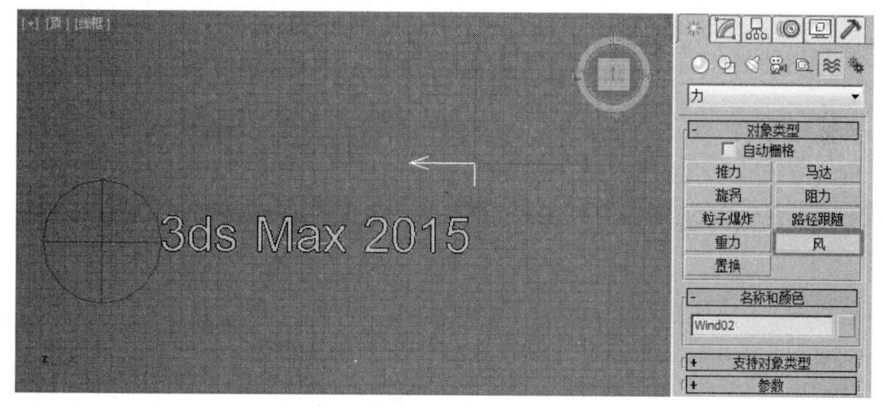

图 7-65

11 在“修改”面板中的“力”选项组中，设置风的“强度”为 2.0，“衰退”为 0.1；在“风”选项组中，设置“湍流”为 0.3，“频率”为 1.0，“比例”为 0.1，如图 7-66 所示。

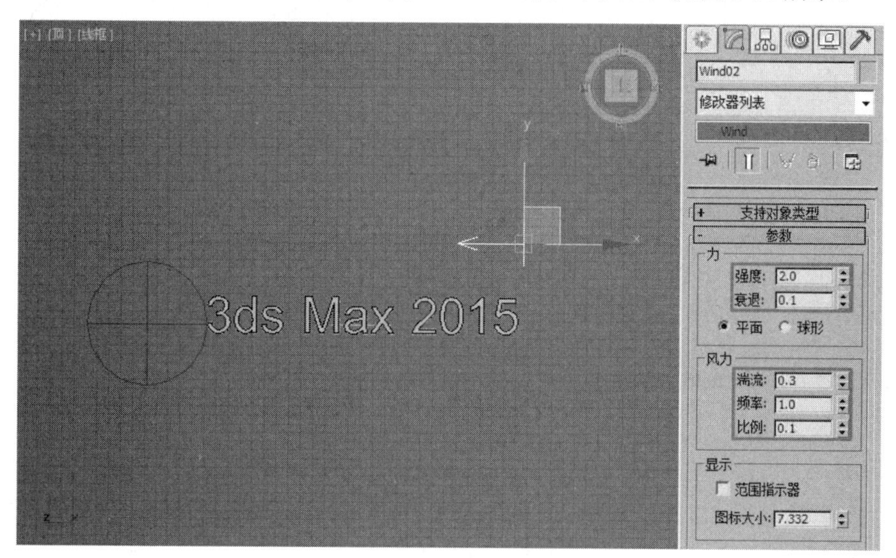

图 7-66

12 单击“阻力”按钮 阻力 ，在场景中创建一个“阻力”对象，如图 7-67 所示。

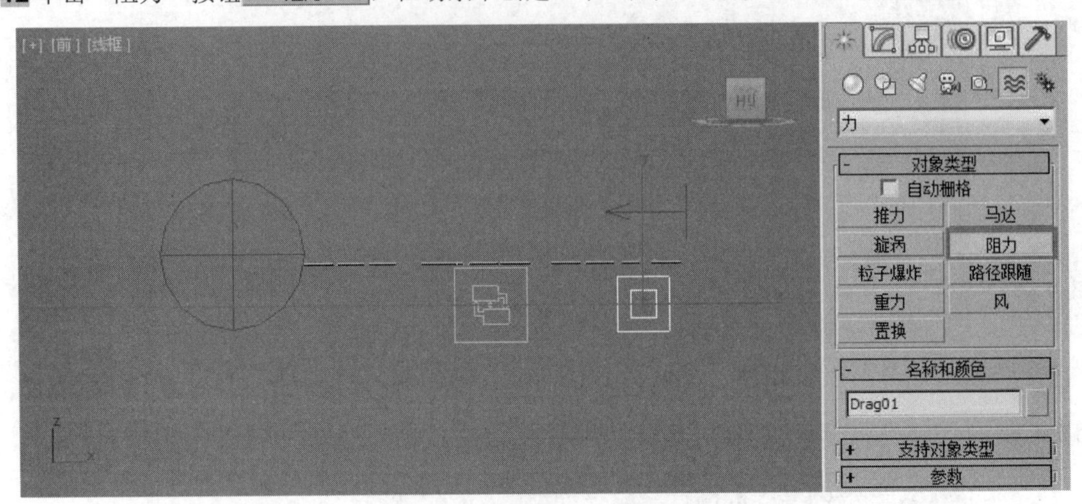

图 7-67

13 在“修改”面板中，设置“结束时间”为 350，设置“线性阻尼”的 *X* 轴、*Y* 轴和 *Z* 轴的百分比均为 6，如图 7-68 所示。

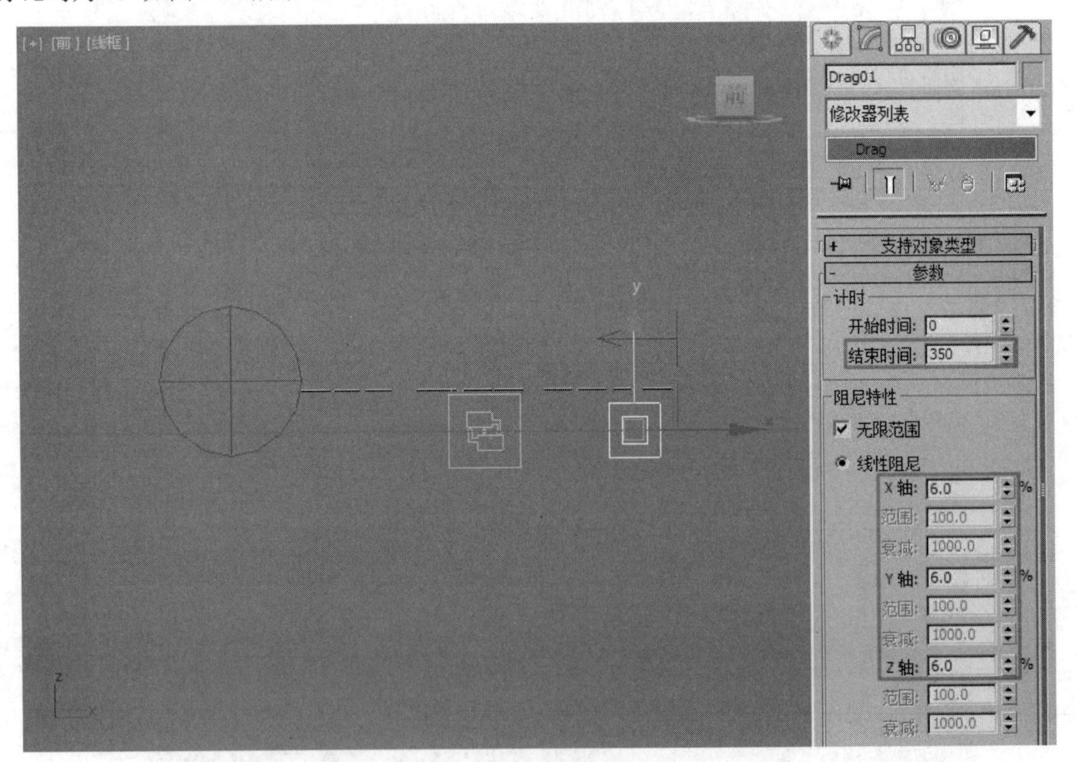

图 7-68

14 在“粒子视图”面板的“仓库”中将“力”操作符拖至“事件显示”中，生成一个新的事件“事件 002”，并将其连接至“事件 001”上。在右侧单击“添加”按钮 添加 ，添加场景中刚刚创建的“风”和“阻力”，如图 7-69 所示。

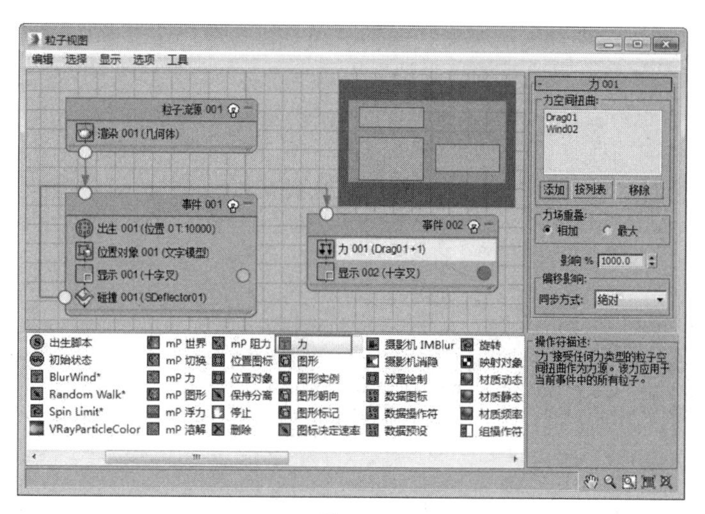

图 7-69

15 拖动时间滑块，可在场景中观察到粒子被导向球划过，即进入“事件 002”中，被风吹动所形成的动画，如图 7-70 所示。

图 7-70

16 在“粒子视图”面板的“仓库”中，将“删除”操作符拖至“事件 002”中，在右侧设置粒子“移除”的方式为“按粒子年龄”，并设置“寿命”为 120，“变化”为 50，如图 7-71 所示。

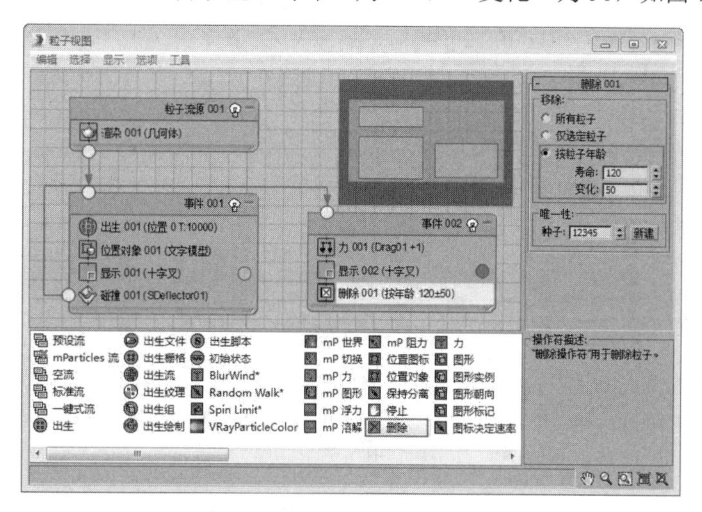

图 7-71

17 在“粒子视图”面板的“仓库”中将“图形”操作符拖至“事件 001”，同时，单击“事件 001”中的“显示”操作符，将显示的“类型”设置为“几何体”，如图 7-72 所示。

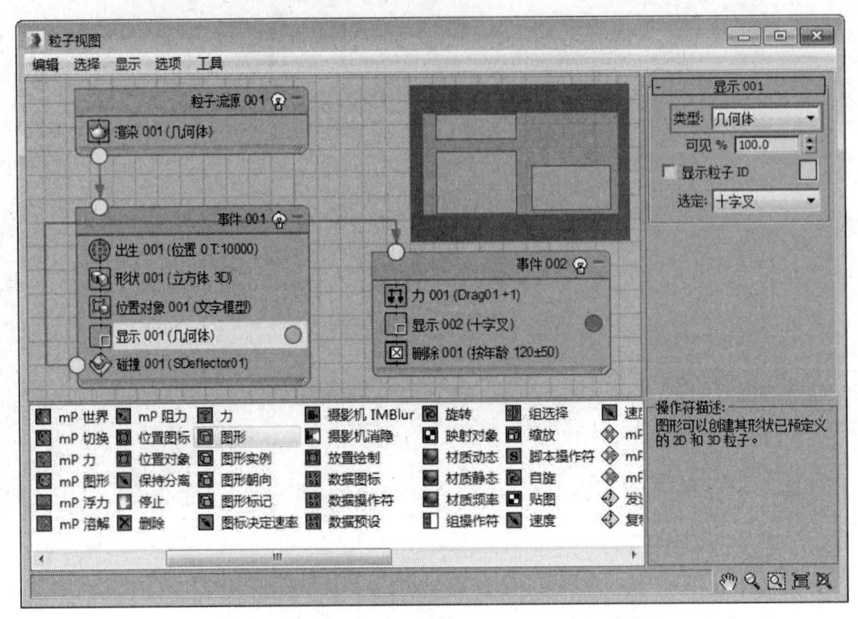

图 7-72

18 单击“事件 001”中的“形状”操作符，在右侧设置粒子的形状为“四面体”，“大小”为 0.2，如图 7-73 所示。

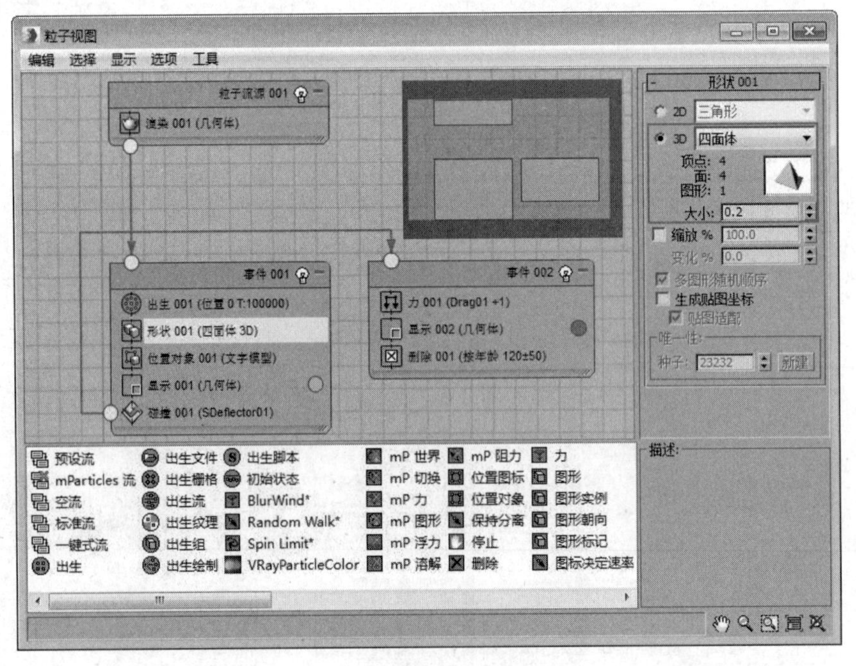

图 7-73

19 按下 Shift 键将设置好的“形状”操作符从“事件 001”中复制一份至“事件 002”内，如图 7-74 所示。

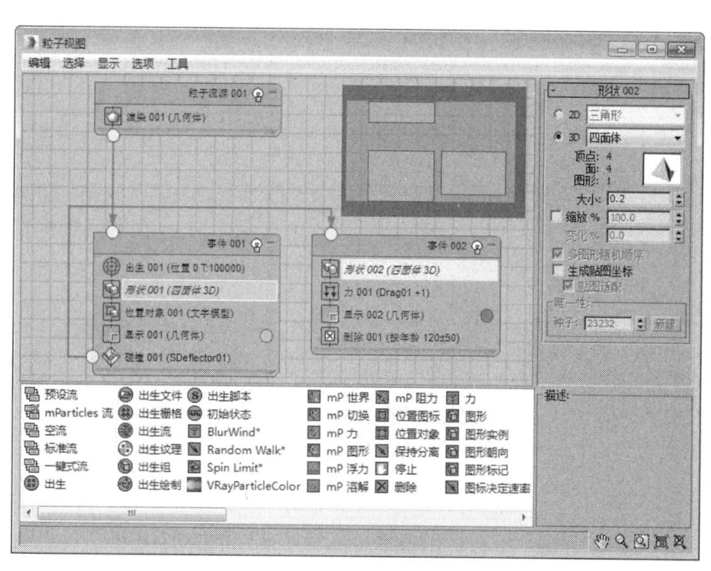

图 7-74

20 拖动时间滑块，即可在视图中观察到完整的文字被风吹散的动画特效，如图 7-75 所示。

图 7-75

21 设置完成后渲染整段动画，最终效果如图 7-76 所示。

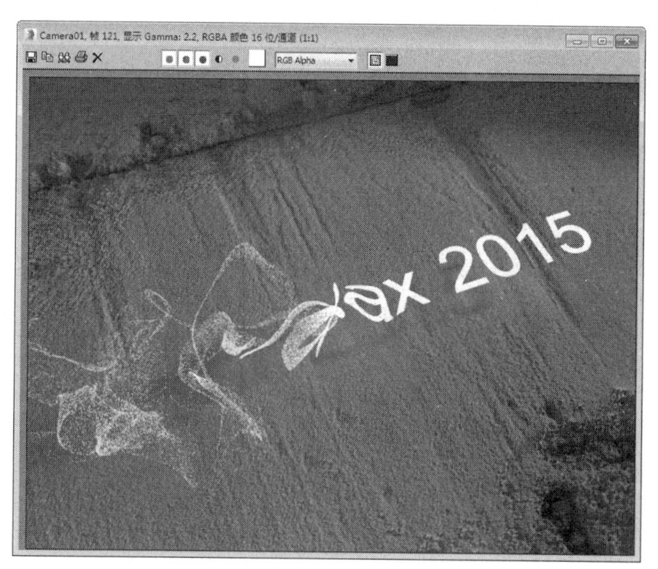

图 7-76

7.7 礼花动画

实例操作：礼花动画	
实例位置：	工程文件 \CH7\ 礼花 .max
视频位置：	视频文件 \CH7\ 实例：礼花动画 .mp4
实用指数：	★★★☆☆
技术掌握：	使用粒子流来制作文字被吹散的动画效果

本节通过制作一个礼花特效来详细讲解 3ds Max 提供的“粒子流源”系统的使用方法。如图 7-77 所示为本例的最终完成效果。

图 7-77

01 打开附带素材中的“工程文件 \CH7\ 礼花 .max”文件，该文件中已经设置了一张位图作为背景，并制作了礼花的碎片，如图 7-78 所示。

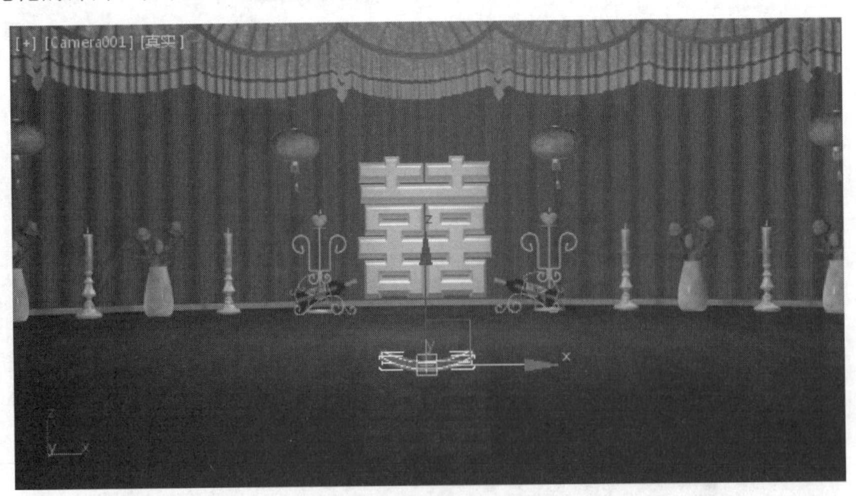

图 7-78

02 按 6 键打开“粒子视图”面板，在该面板的“仓库”中将“标准流”操作符拖至“事件显示”中，生成场景中的第一个粒子流，系统自动将其命名为“粒子流源 001”，如图 7-79 所示。

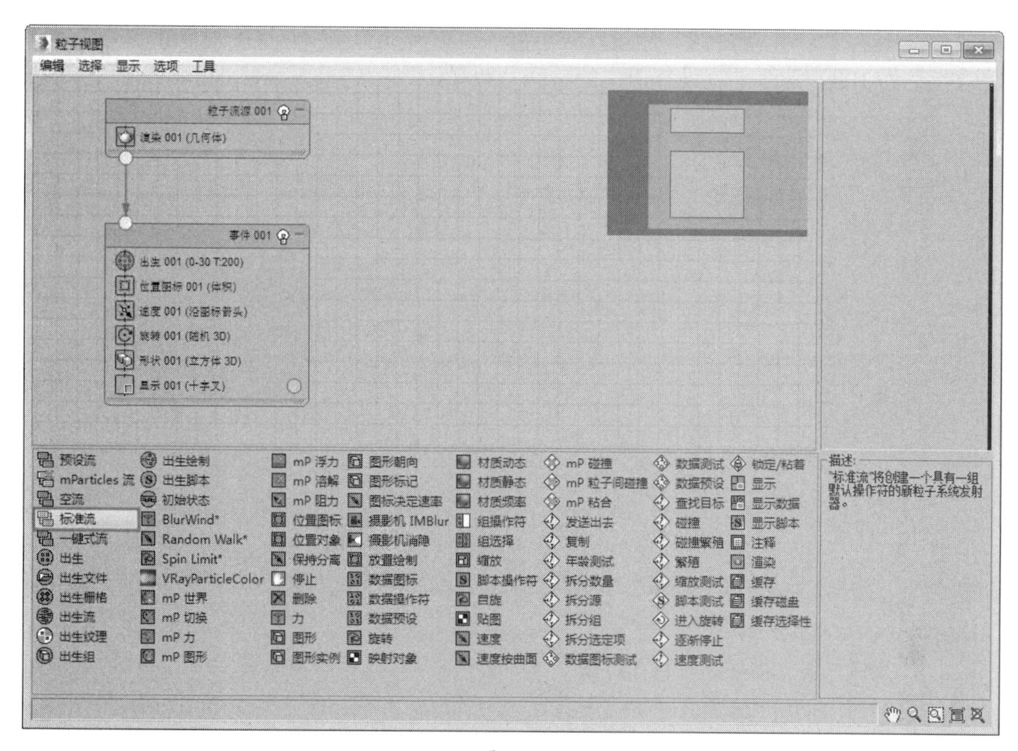

图 7-79

03 选择“粒子流源 001”，在右侧设置“图标类型”为“球体”，“直径”为 10.0cm，在“数量倍增”选项组中，设置“视口 %”为 100.0，让粒子在视图中全部显示，如图 7-80 所示。

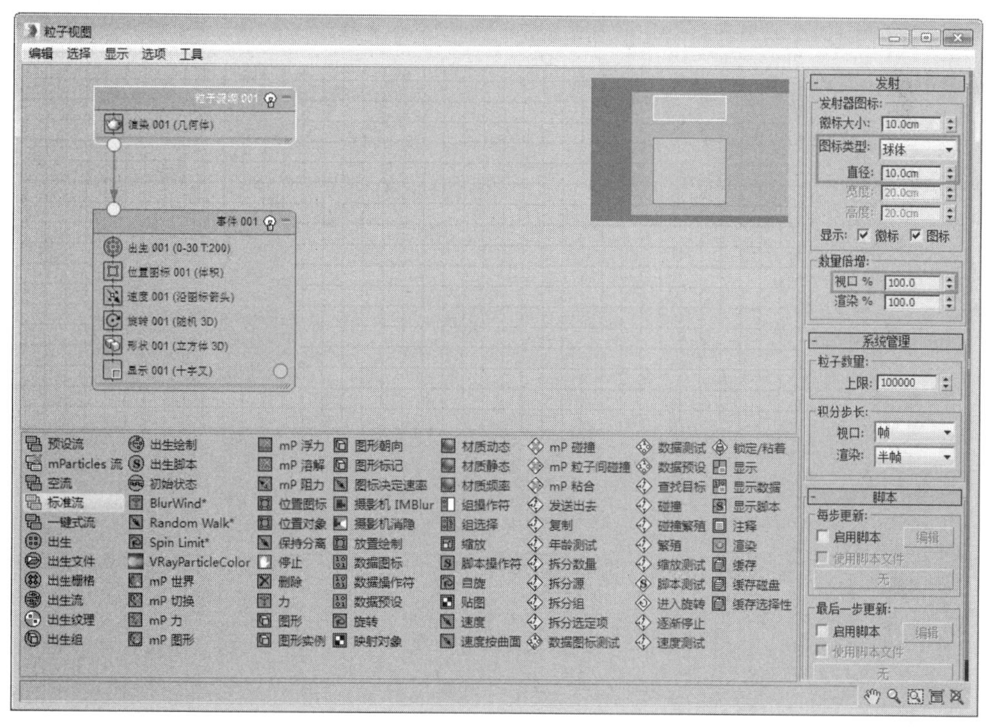

图 7-80

04 单击选择“出生”操作符，在右侧设置粒子的“发射开始”为 0，“发射停止”为 2，设置粒子的“数量”为 100，为粒子流设置出生的时间及数量，如图 7-81 所示。

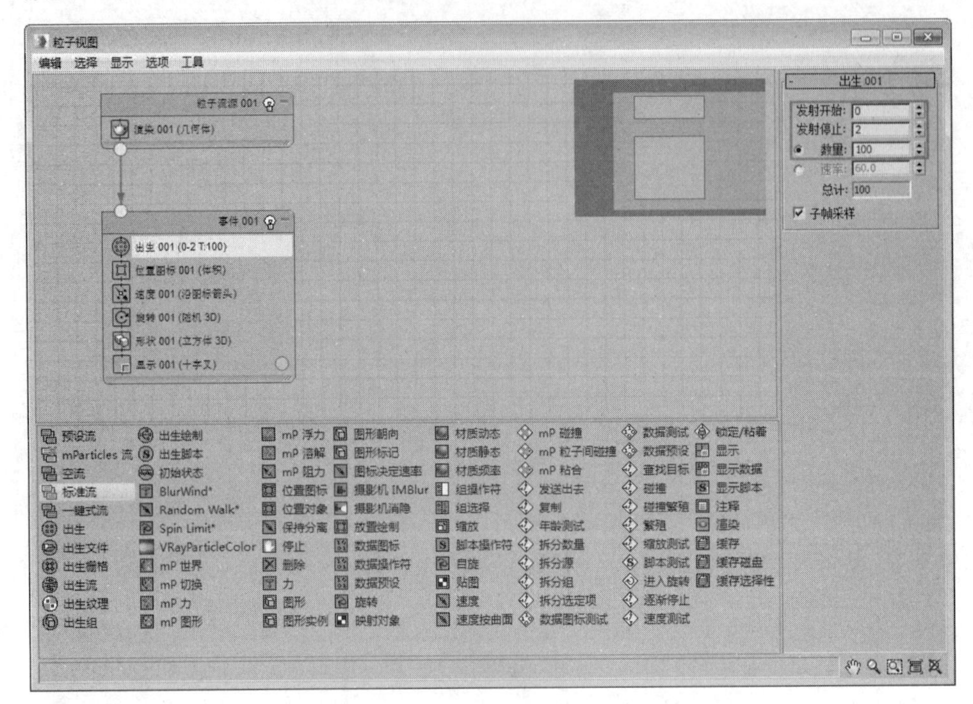

图 7-81

05 选择“位置图标”操作符，设置粒子的发射“位置”为“轴心”，如图 7-82 所示。

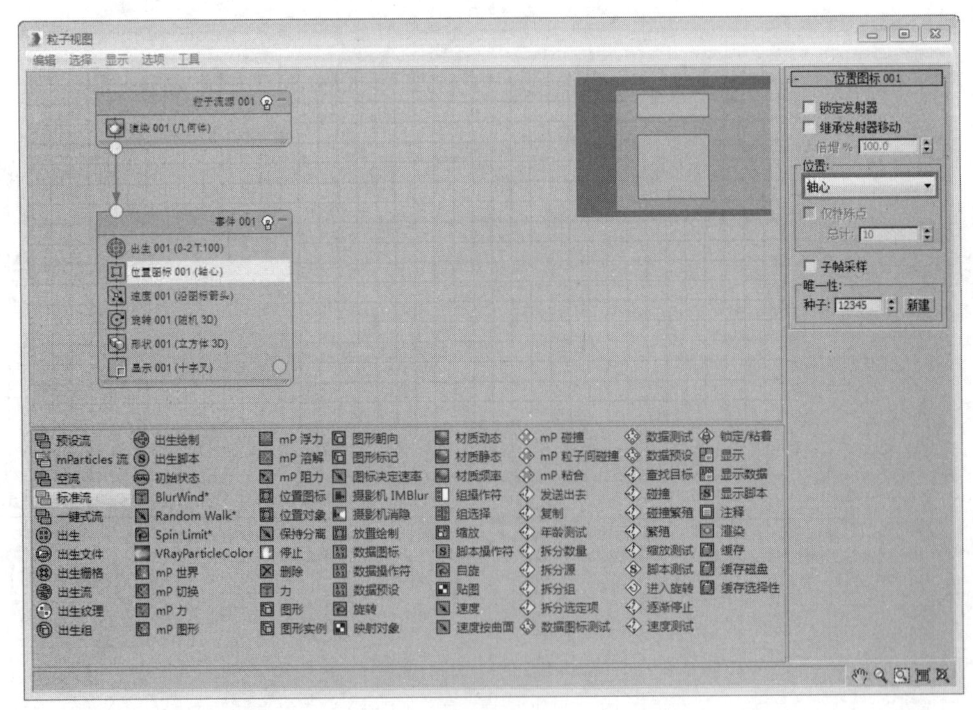

图 7-82

06 选择“速度 001”操作符，在右侧设置“速度”为 50.0cm，“变化”为 30.0cm，“散度”为 180，如图 7-83 所示。

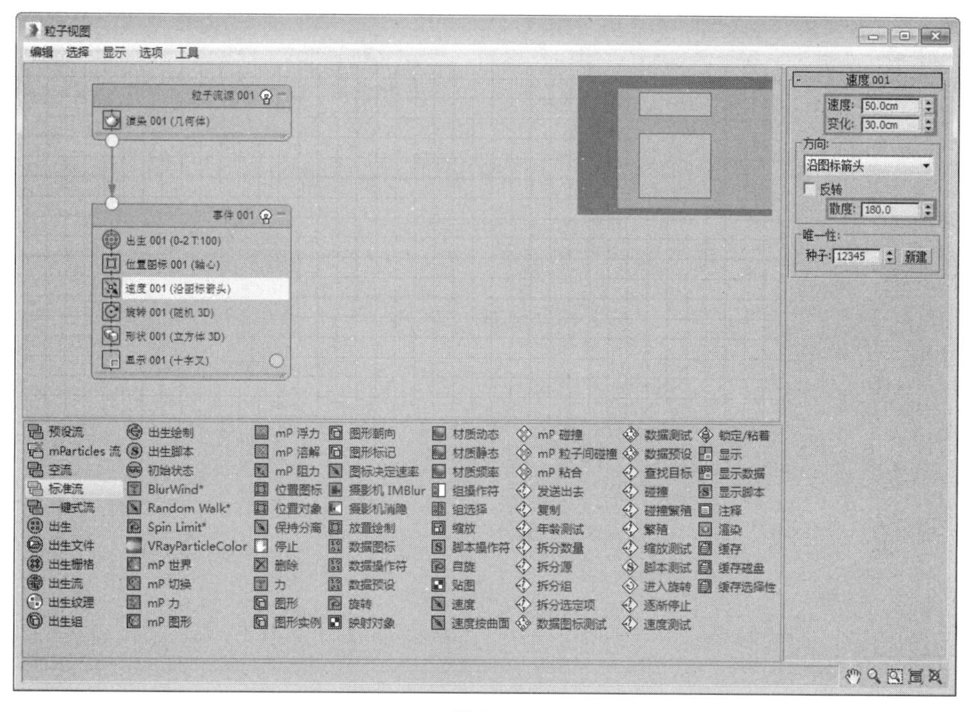

图 7-83

07 在摄影机视图中将粒子移至左上角，拖动时间滑块，发现粒子从图标的中心向四周发射，并且速度不同，如图 7-84 所示。

图 7-84

08 在“粒子视图”中，将“旋转 001”“形状 001”和“显示 001”3 个操作符删除（按 Delete 键），然后在“仓库”中，将“力”操作符拖至“事件 001”中，如图 7-85 和图 7-86 所示。

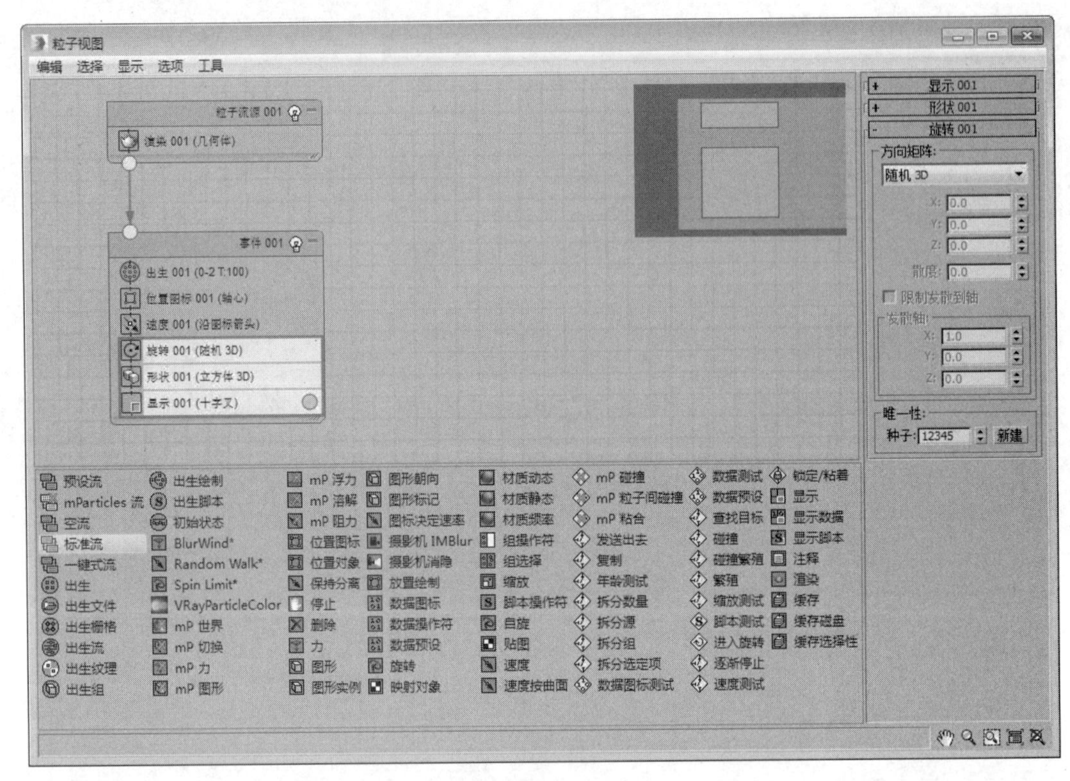
粒子视图
编辑 选择 显示 选项 工具
粒子流源 001
渲染 001 (几何体)
事件 001
出生 001 (0-2 T:100)
位置图标 001 (轴心)
速度 001 (沿图标箭头)
旋转 001 (随机 3D)
形状 001 (立方体 3D)
显示 001 (十字叉)
显示 001
形状 001
旋转 001
方向矩阵:
随机 3D
散度:
限制发散到轴
发散轴:
唯一性:
种子: 12345
新建
预设流
mParticles 流
空流
标准流
一键式流
出生
出生文件
出生栅格
出生流
出生纹理
出生组
出生绘制
出生脚本
初始状态
BlurWind*
Random Walk*
Spin Limit*
VRayParticleColor
mP 世界
mP 切换
mP 力
mP 图形
mP 浮力
mP 溶解
mP 阻力
位置图标
位置对象
保持分离
停止
删除
力
图形
图形实例
图形朝向
图形标记
图标决定速率
摄影机 IMBlur
摄影机消隐
放置绘制
数据图标
数据操作符
数据预设
旋转
映射对象
材质动态
材质静态
材质频率
组操作符
组选择
缩放
脚本操作符
自旋
贴图
速度
速度按曲面
mP 碰撞
mP 粒子间碰撞
mP 粘合
发送出去
复制
年龄测试
拆分数量
拆分源
拆分组
拆分选定项
数据图标测试
数据测试
数据预设
查找目标
碰撞
碰撞繁殖
繁殖
缩放测试
脚本测试
进入旋转
逐渐停止
速度测试
锁定/粘着
显示
显示数据
显示脚本
注释
渲染
缓存
缓存磁盘
缓存选择性

图 7-85

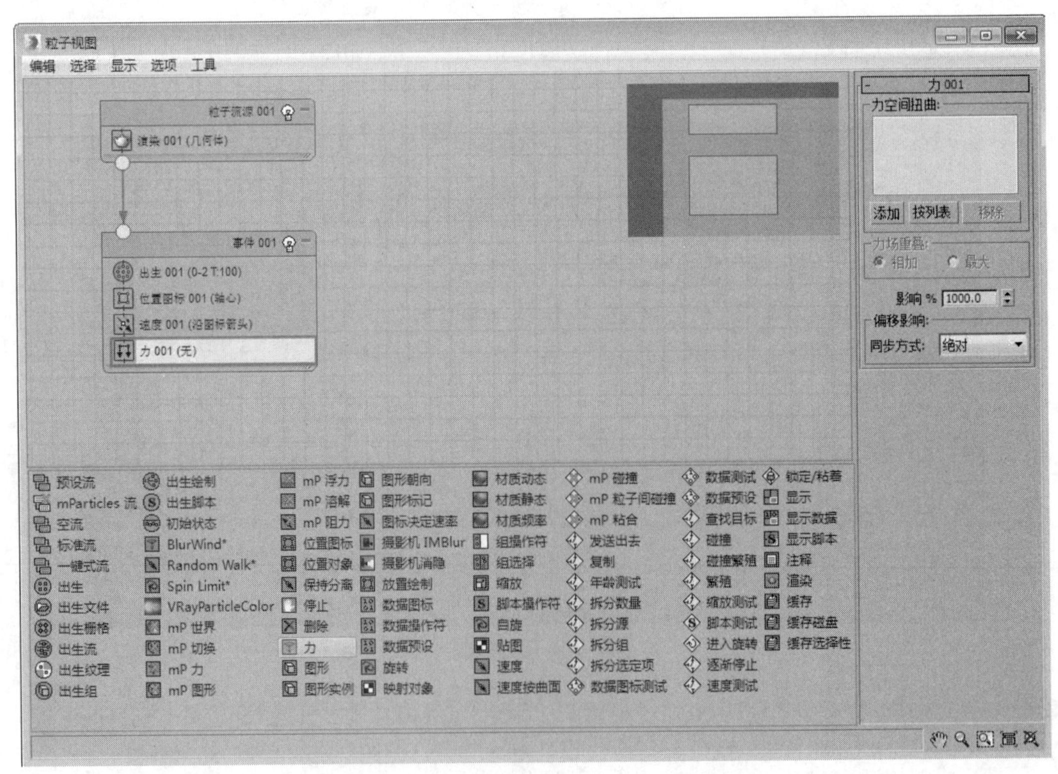
粒子视图
编辑 选择 显示 选项 工具
粒子流源 001
渲染 001 (几何体)
事件 001
出生 001 (0-2 T:100)
位置图标 001 (轴心)
速度 001 (沿图标箭头)
力 001 (无)
力 001
力空间扭曲:
添加 按列表 移除
力场重叠:
相加 最大
影响 % 1000.0
偏移影响:
同步方式: 绝对

图 7-86

09 单击“阻力”按钮 阻力 ，在场景中创建一个阻力，如图 7-87 所示。

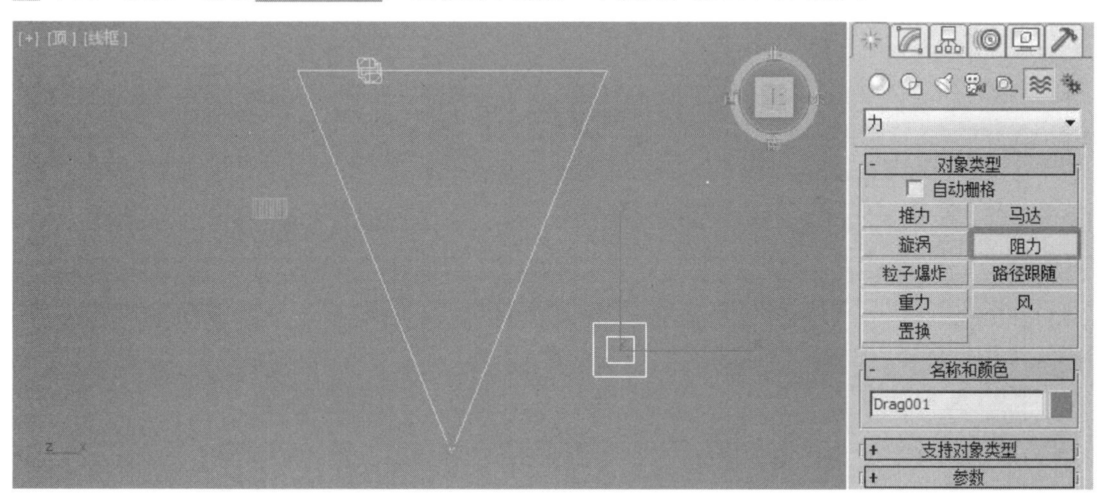

图 7-87

10 在“粒子视图”中，选择“力 001”操作符，在右侧单击“添加”按钮 添加 ，并到视图中拾取“阻力”，并设置“影响 %”为 500.0，如图 7-88 所示。

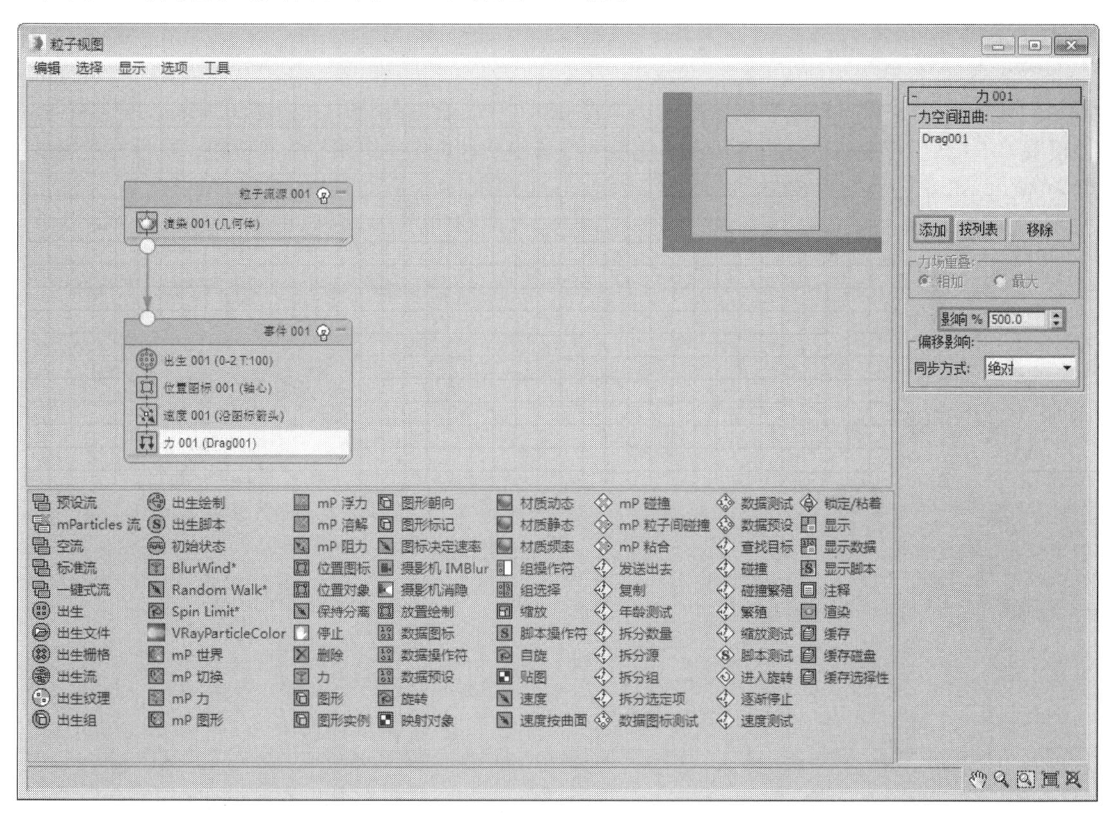

图 7-88

11 在“仓库”中将“删除”操作符拖至“事件 001”中，在右侧选择“按粒子年龄”单选按钮，并设置“寿命”为 5，“变化”为 10，如图 7-89 所示。

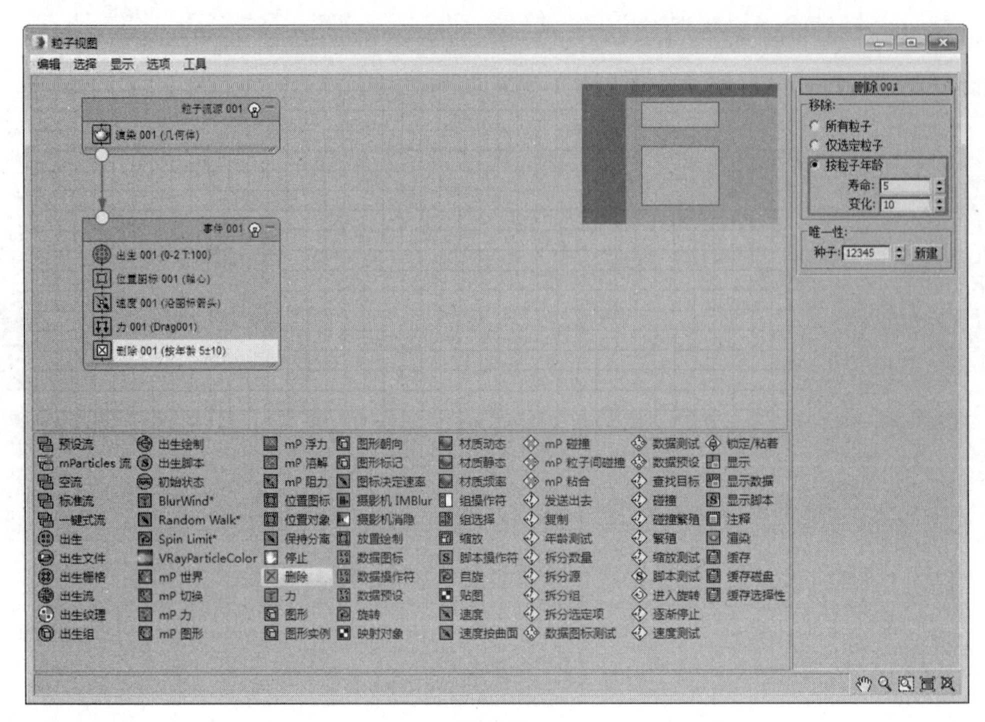

图 7-89

12 在“仓库”中，将“繁殖”测试拖至“事件 001”中，在右侧选中“按移动距离”单选按钮，并设置“步长大小”为 1.5cm，然后在“速度”选项组中，选中“继承”单选按钮，并设置“继承”值为 30.0，“变化 %”为 50.0，“散度”为 20.0，如图 7-90 所示。

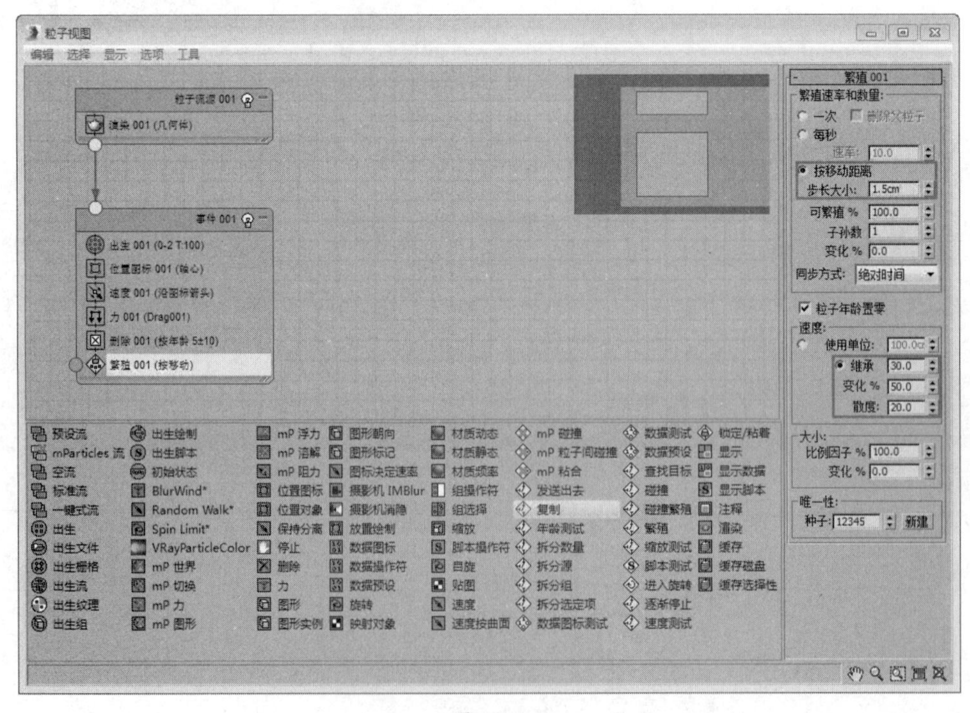

图 7-90

13 在“仓库”中将“力”操作符拖至“事件显示”中，生成一个新的事件“事件 002”，并将其连接至“事件 001”。在右侧单击“添加”按钮 添加，添加场景中刚刚创建的风和阻力，如图 7-91 所示。

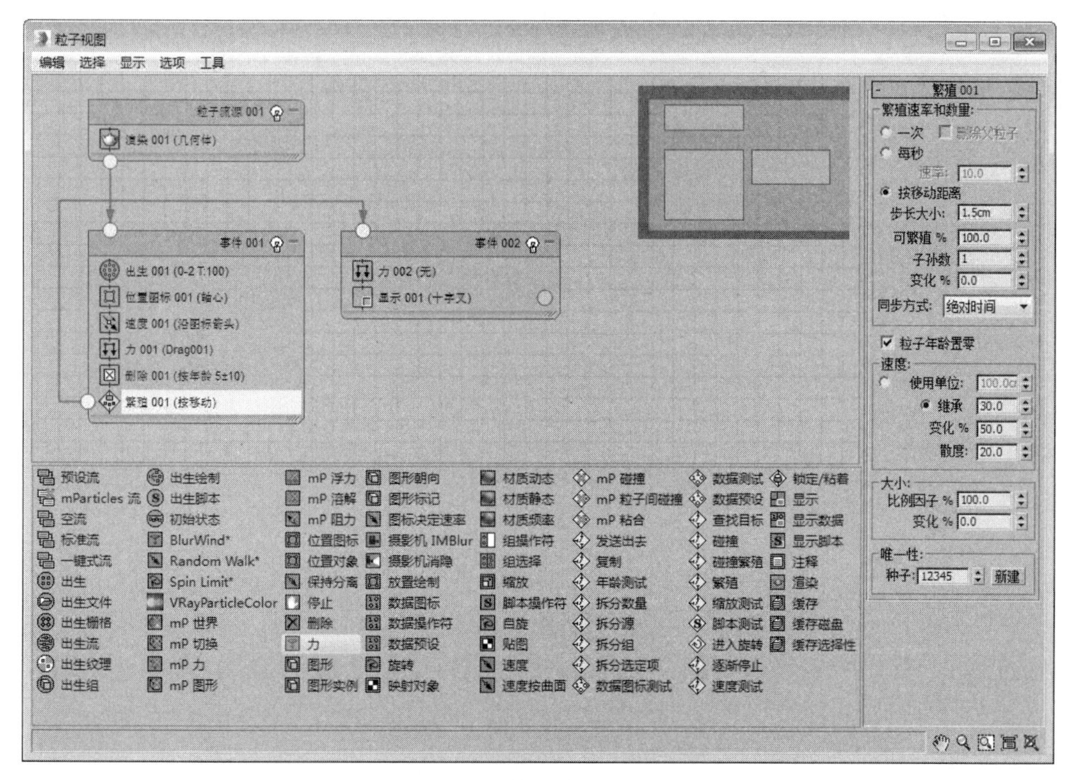

图 7-91

14 单击“风”按钮 风 ，在场景中创建一个“风”对象，如图 7-92 所示。

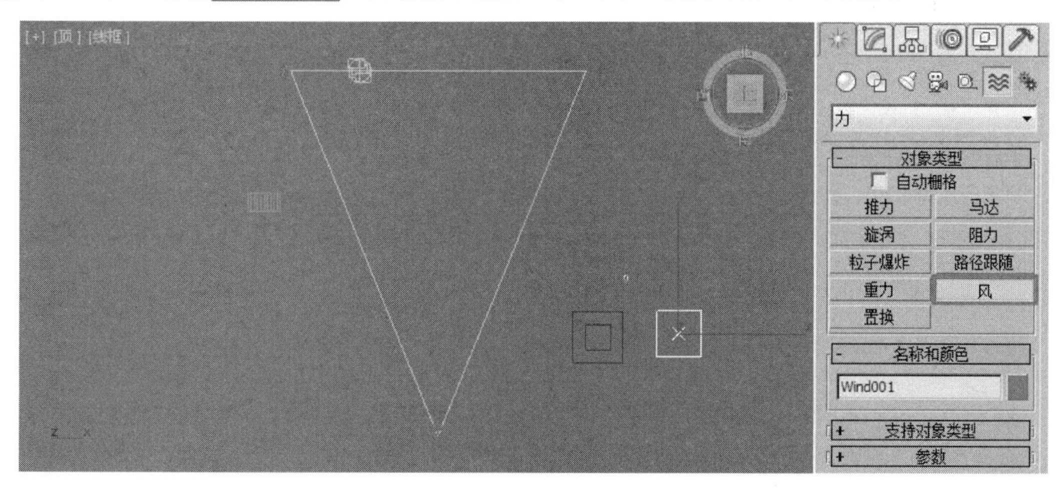

图 7-92

15 在“修改”面板中的“参数”卷展栏中，设置风的“强度”为 -0.03，“湍流”为 0.25，“频率”为 1.0，“比例”为 0.15，如图 7-93 所示。

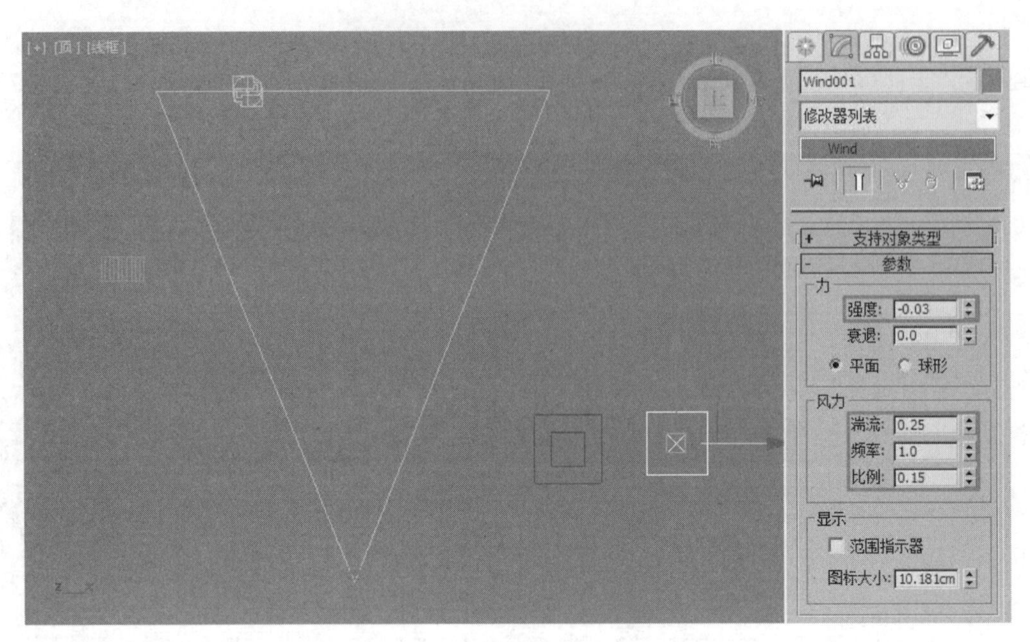

图 7-93

16 在“粒子视图”中选择“事件 002”中的“力”操作符，在右侧单击“添加”按钮，并在视图中拾取“阻力”和“风”，如图 7-94 所示。

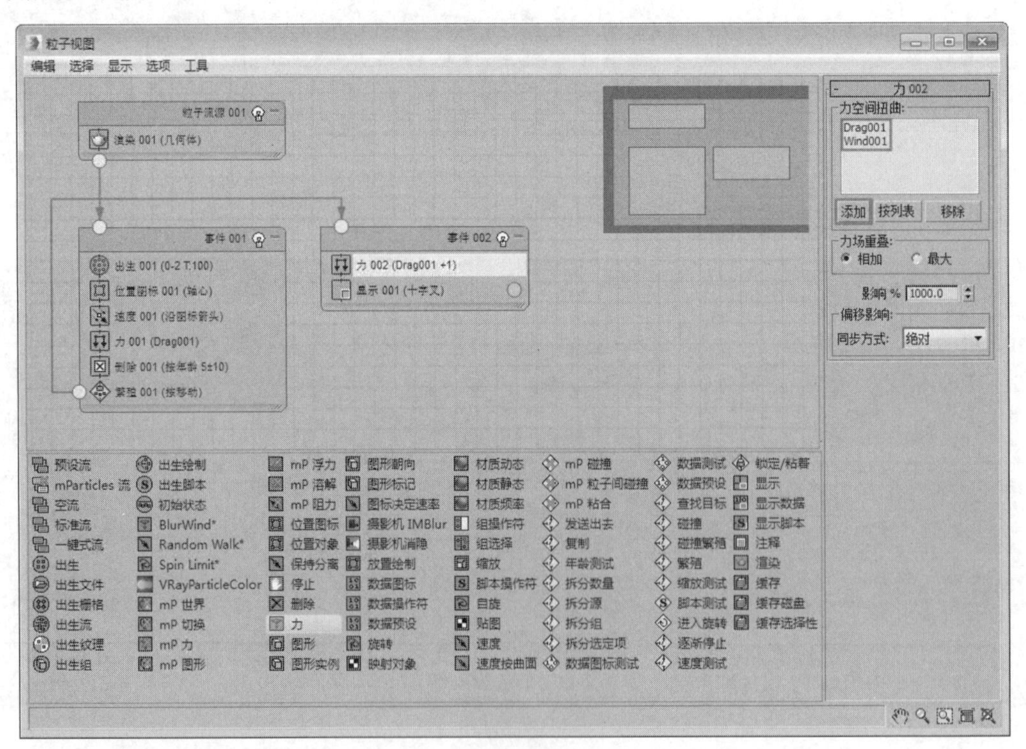

图 7-94

17 将“删除”操作符拖至“事件 002”中，设置“移除”的方式为“按粒子年龄”，“寿命”为 45，“变化”为 15，如图 7-95 所示。

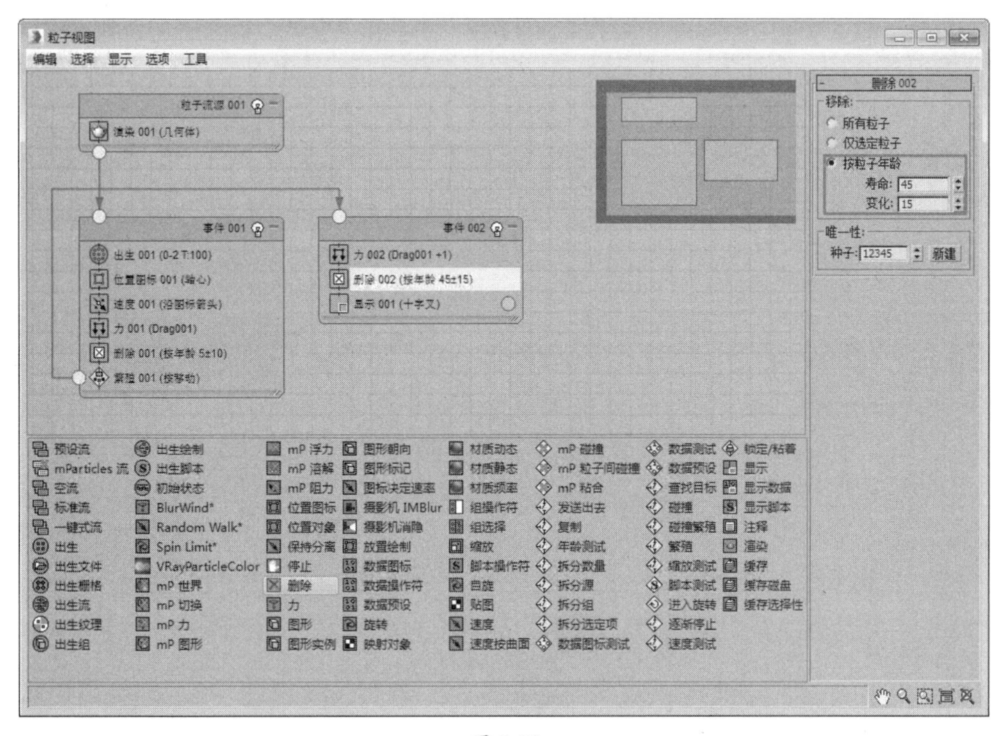

图 7-95

18 将“图形实例”操作符拖至“事件 002”中，单击“无”按钮［无］，并在视图中拾取礼花的碎片，设置“比例 %”为 10.0，将碎片缩小一些，如图 7-96 所示。

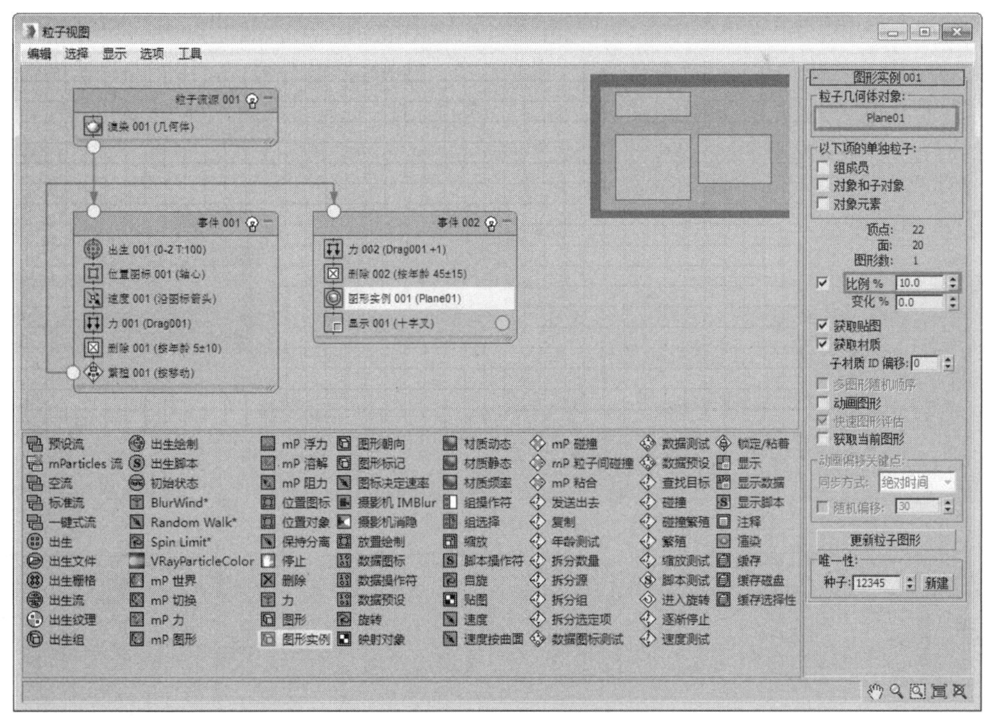

图 7-96

19 将“旋转”和“缩放”操作符都拖至“事件 002”中，在“缩放”操作符的参数栏中，设置缩放的“类型”为“相对连续”，“X%”“Y%”和“Z%”的“比例因子”均为 90.0，如图 7-97 所示。

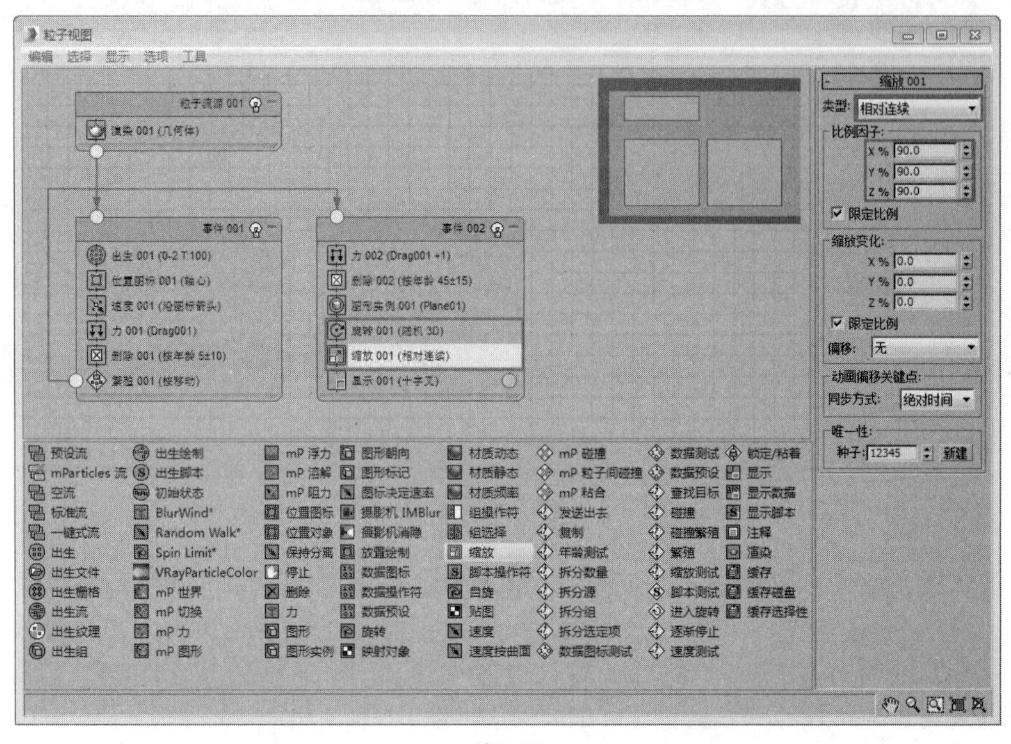

图 7-97

20 将“材质静态”操作符拖至“事件 002”中，打开“材质编辑器”窗口，将礼花材质拖至“无”按钮 无 上，在弹出的对话框中选择“实例”选项，如图 7-98 所示。

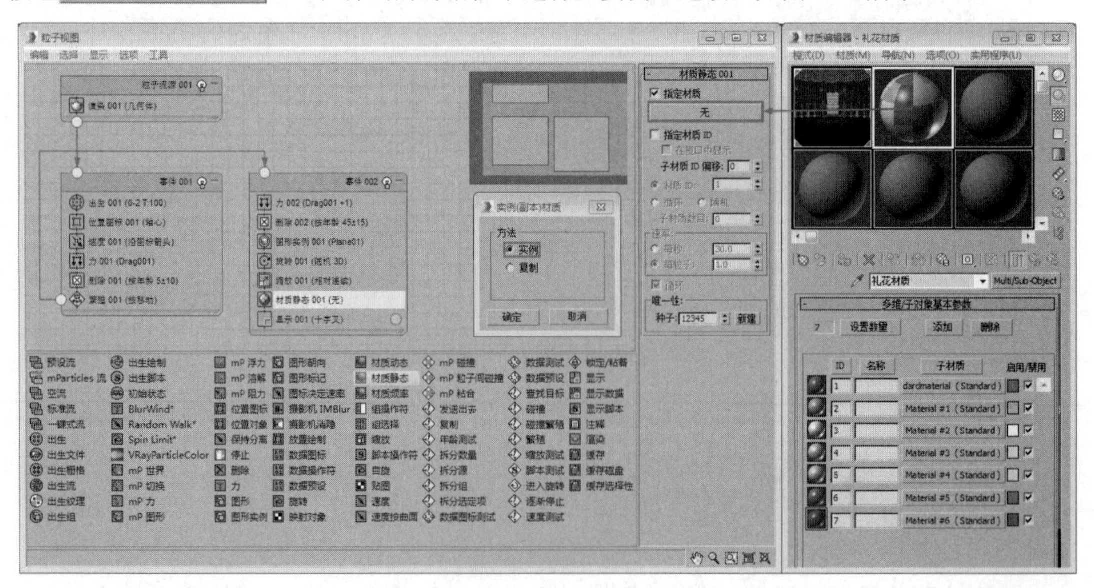

图 7-98

21 在“材质静态”操作符右侧的参数栏中，选中“指定材质 ID”复选框，并选择“随机”单选按钮，设置“子材质数目”为 7，如图 7-99 所示。

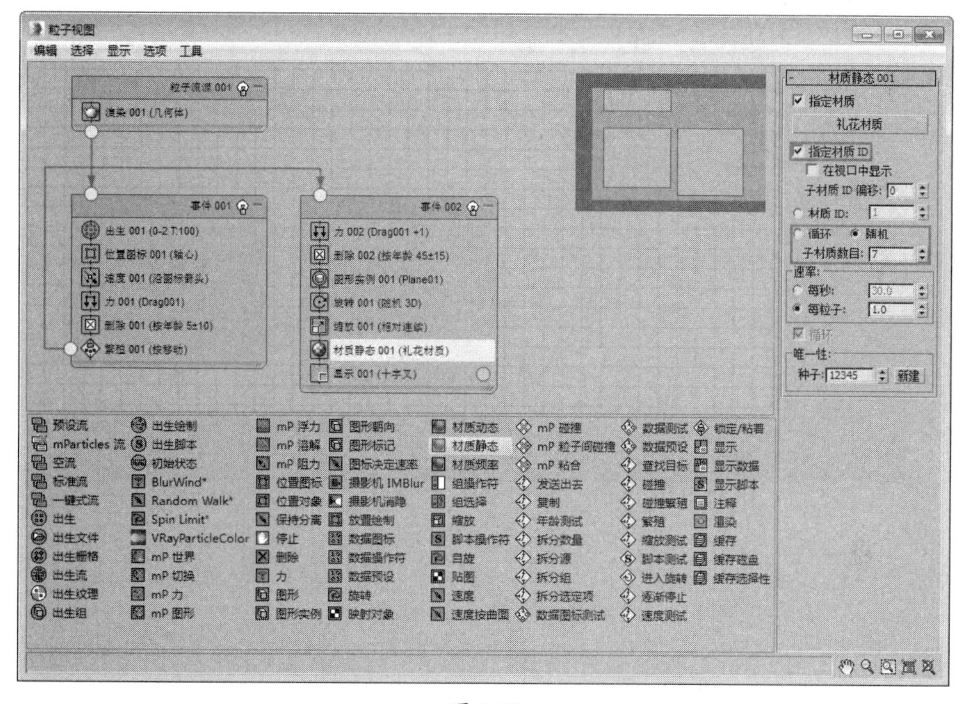

图 7-99

22 在“事件 002”中选择“显示 001”操作符，在右侧设置显示的“类型”为“几何体”，这样就可以在视图中看到粒子的几何形态了，如图 7-100 所示。

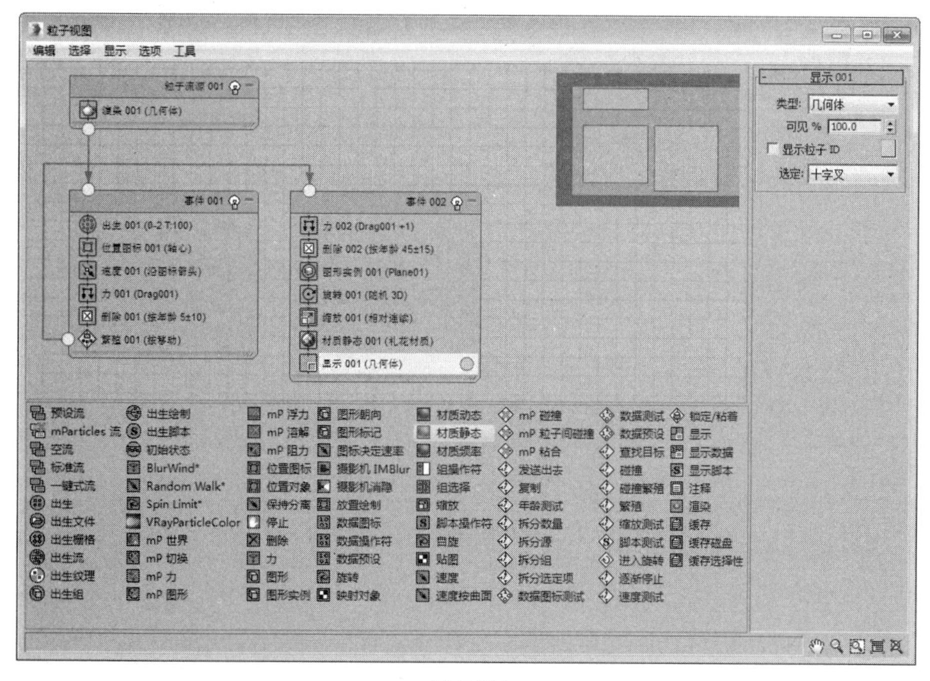

图 7-100

23 拖动时间滑块，可以看到原始粒子繁殖出来的碎片受到“事件 002”中各种操作符的影响，产生向四周飘落的效果，如图 7-101 所示。

图 7-101

24 在“粒子视图”中选择“粒子流源 001”所有的事件，按住 Shift 键，向右单击拖曳进行复制，在弹出的对话框中选中“复制”单选按钮，如图 7-102 所示。

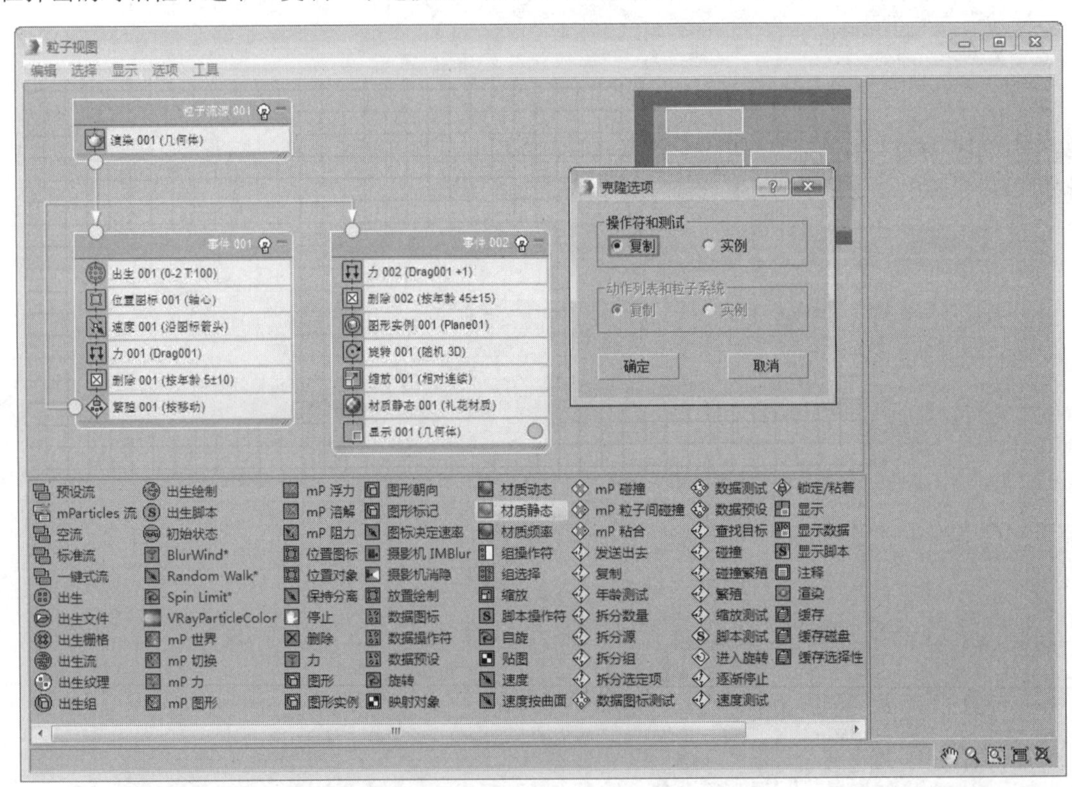

图 7-102

25 选择“事件 004”中的“出生 002”操作符，在右侧设置“发射开始”为 18，“发射停止”为 20，让两个粒子的发射时间错开，如图 7-103 所示。

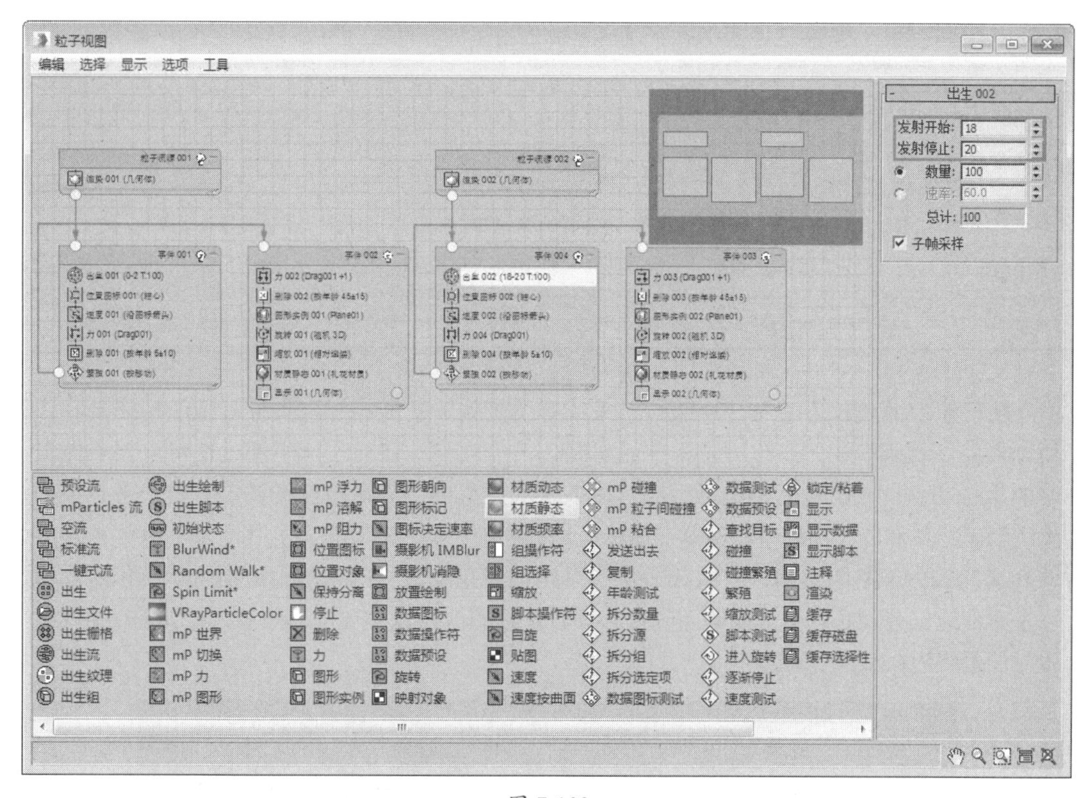

图 7-103

26 在摄影机视图中将“粒子流源 002”移至右上角，按快捷键 Shift+Q，渲染当前视图，渲染结果如图 7-104 所示。

图 7-104

7.8 花生长

功能实例：花生长	
实例位置：	工程文件 \CH7\ 花生长 .max
视频位置：	视频文件 \CH7\ 实例：花生长动画 .mp4
实用指数：	★★★☆☆
技术掌握：	熟悉“粒子流源”的创建方法，掌握“测试”和“操作符”等事件的使用方法

“粒子流”的操作方法与普通的粒子系统有所区别，它能够实现十分复杂的粒子动画。为了使读者能够直观了解其操作方法，下面将制作一个实例，在该实例中通过在特定区域内花和叶子的生长动画，来组成一个图标。粒子在下落的过程中，落在图标区域内的粒子将替换为带有生长动画的花和叶子的模型，而落在图标区域外的粒子将会自动删除，由于花和叶子的尺寸、方向和运动状态都是随机的，使用普通粒子系统很难完成这样的动画，但使用“粒子流”后，可以很方便地创建动画，并且能够随时对其参数进行修改，以实现不同的效果。如图 7-105 所示为本例的最终渲染效果。

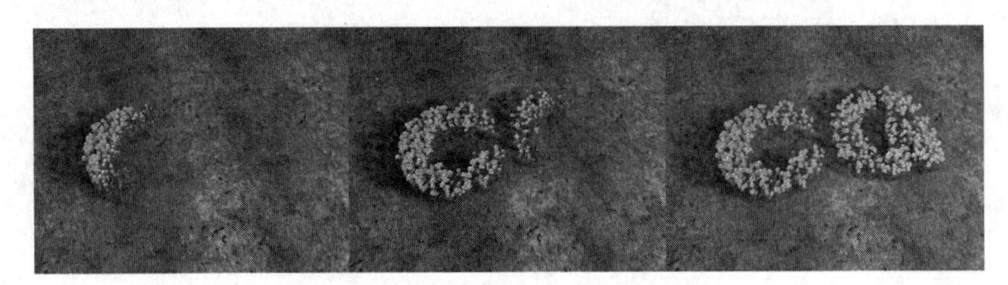

图 7-105

01 打开附带素材中的“工程文件 \CH7\ 花生长 .max”文件，场景中有一个 CG 的图标，并且已经设置为不可渲染，另外还制作了单个的花和叶子的生长动画，如图 7-106 所示。

图 7-106

02 进入“粒子系统”面板单击“粒子流源”按钮 粒子流源 ，在顶视图中创建一个粒子流“粒子流源 001”。进入“修改”面板，在“发射”卷展栏中设置“徽标大小”为 20.0cm，发射器的尺寸“长度”为 5.0cm、“宽度”为 150.0cm；在“数量倍增”选项组中设置“视口 %”值为 100.0，让粒子在视图中全部显示，如图 7-107 所示。

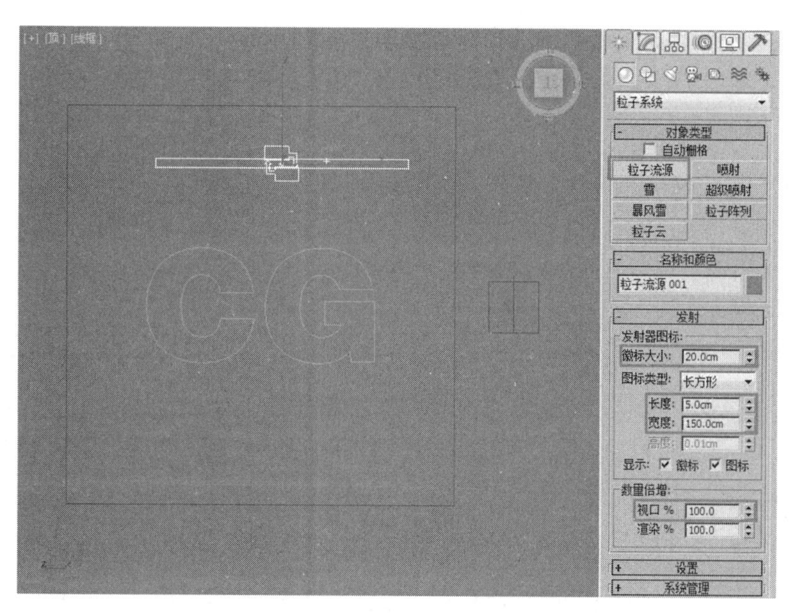

图 7-107

03 在顶视图和前视图中调整“粒子流源 001”对象的位置和方向，如图 7-108 所示。

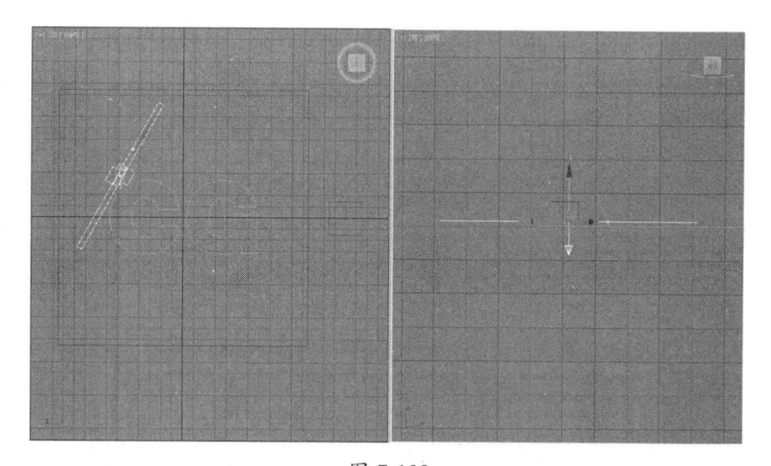

图 7-108

04 单击开启“自动关键点”按钮，拖动时间滑块到第 200 帧，并沿“粒子流源 001”对象“局部”坐标系 *Y* 轴的负方向制作位移动画，如图 7-109 所示。

图 7-109

05 播放动画可以看到当前的粒子状态，如图 7-110 所示。

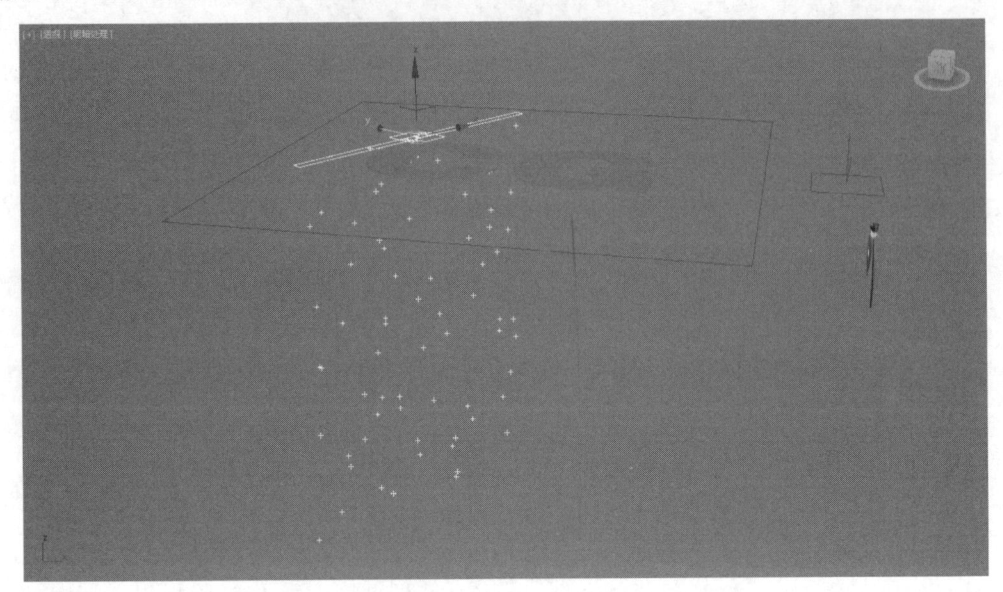

图 7-110

06 单击关闭“自动关键点”按钮，选择“粒子流源 001”对象，进入“修改”面板，在该面板的“设置”卷展栏中单击“粒子视图”按钮 粒子视图 ，打开“粒子视图”面板，粒子流的操作需要在其中完成，如图 7-111 所示。

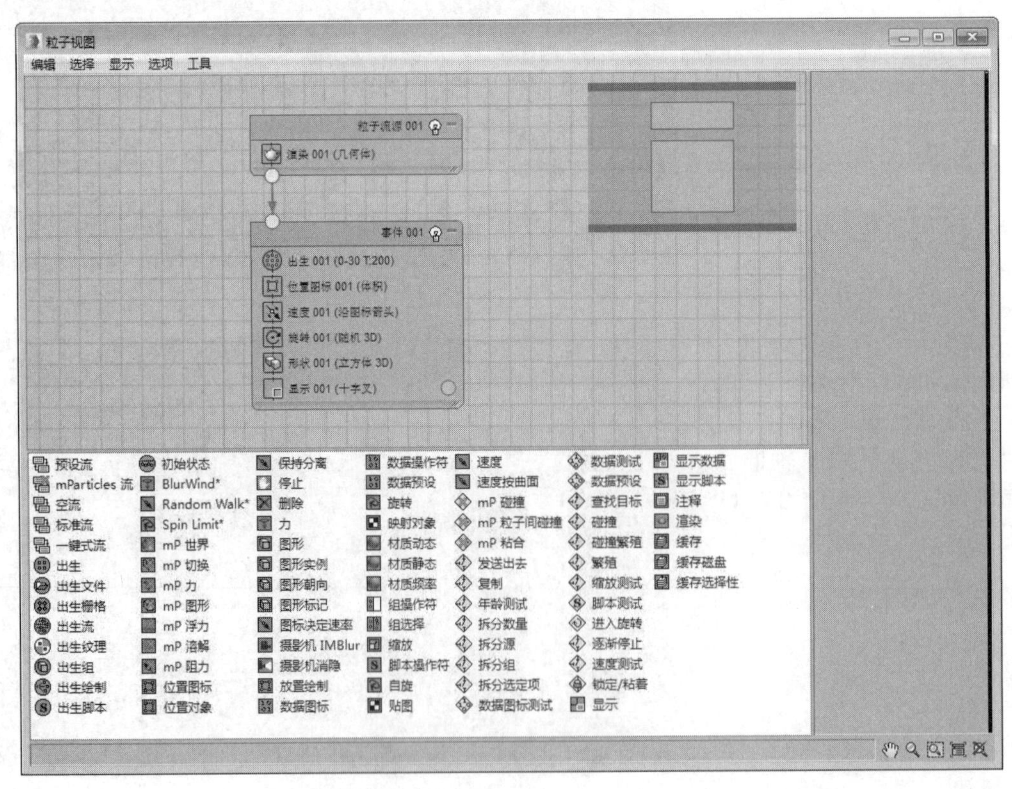

图 7-111

技巧与提示

也可以执行“图形编辑器”→“粒子视图”命令打开“粒子视图”面板，如图7-112所示。

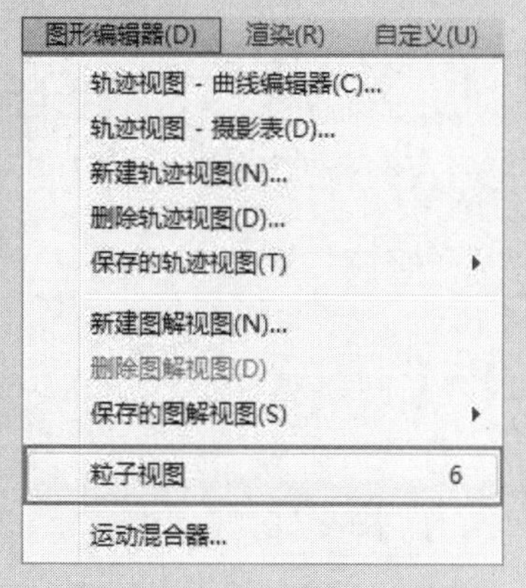

图 7-112

或者在保证主工具上的“快捷键越界开关”按钮为启用的状态下，按6键，也可以打开“粒子视图”面板。

07 默认创建的粒子流是一个标准的粒子流，该粒子流中包含“出生”事件、“位置图标”操作符、“速度”操作符、“旋转”操作符、“形状”操作符和“显示”事件，如图 7-113 所示。

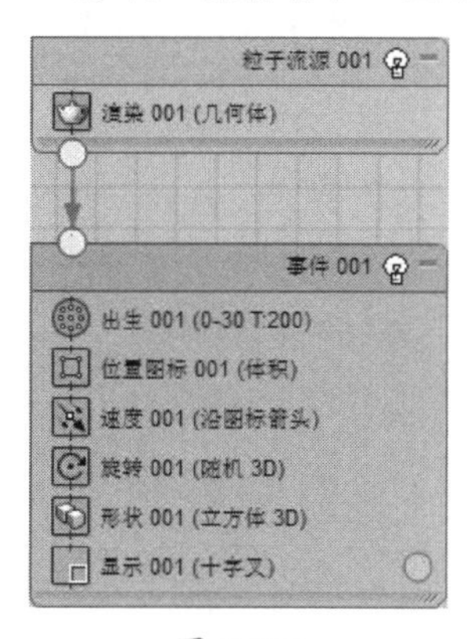

图 7-113

技巧与提示

“出生”事件控制粒子发射的起始和结束时间，还有粒子的数量；“位置”操作符控制的是粒子的发射位置，默认是整个发射器的体积之内；“速度”操作符控制的是粒子的发射速度和发射方向；“旋转”操作符控制的是粒子初始时的角度；“形状”操作符控制的是粒子的外形；“显示”事件控制的是粒子在视图中的显示方式。

08 在“粒子视图”面板中选择“出生”事件，在面板右侧会显示该事件的创建参数，设置“发射开始”为 0，“发射结束”为 200，“数量”为 100，如图 7-114 所示。

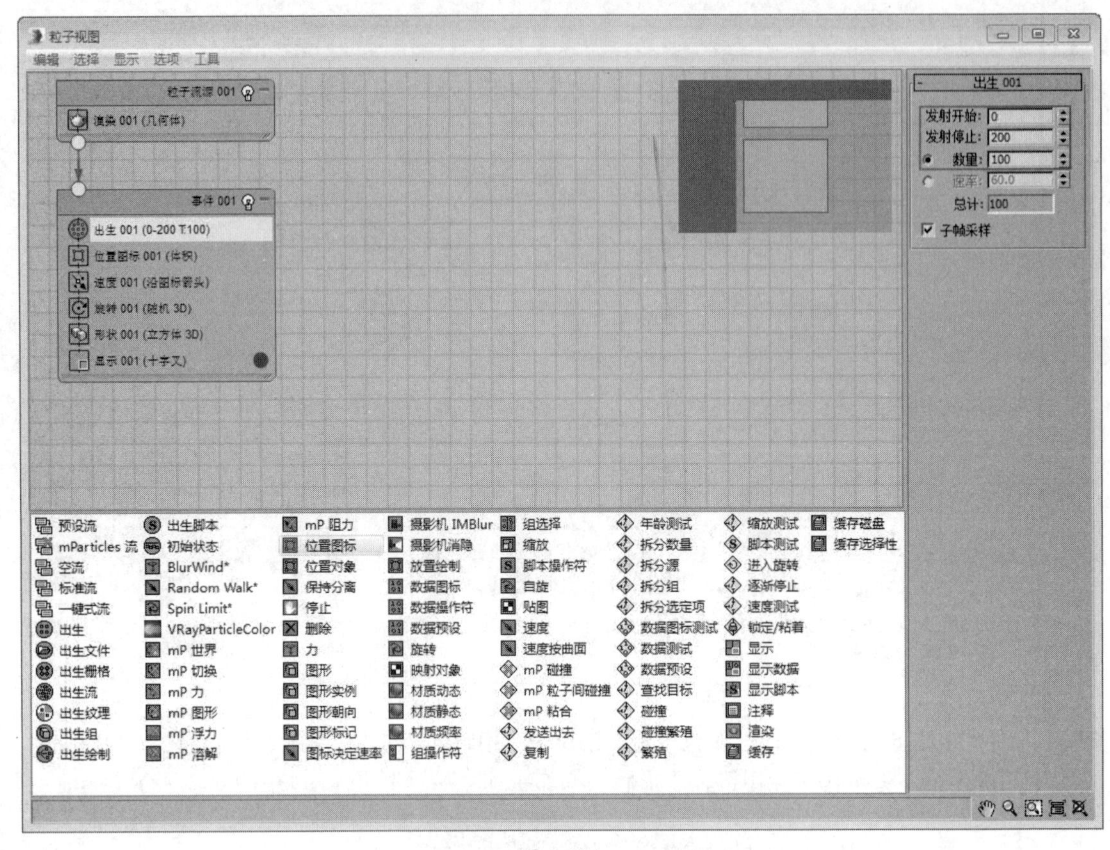

图 7-114

09 按住 Ctrl 键，选择“旋转”和“形状”操作符，按 Delete 键将其删除，如图 7-115 所示。

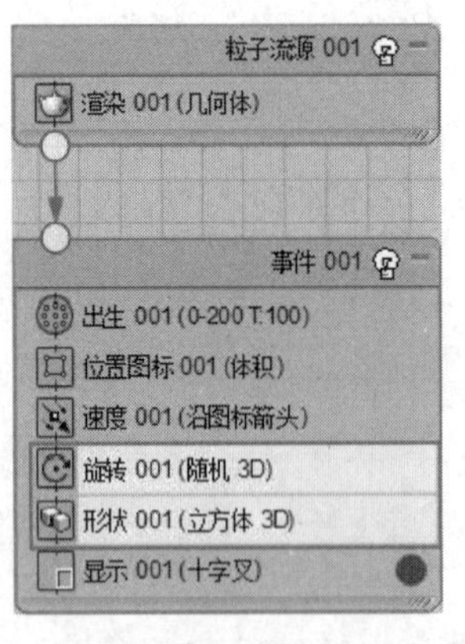

图 7-115

10 从“仓库”中将“碰撞”测试拖至“显示”事件下方的位置，当显示一条水平蓝线时释放鼠标，生成“碰撞”测试，如图 7-116 所示。

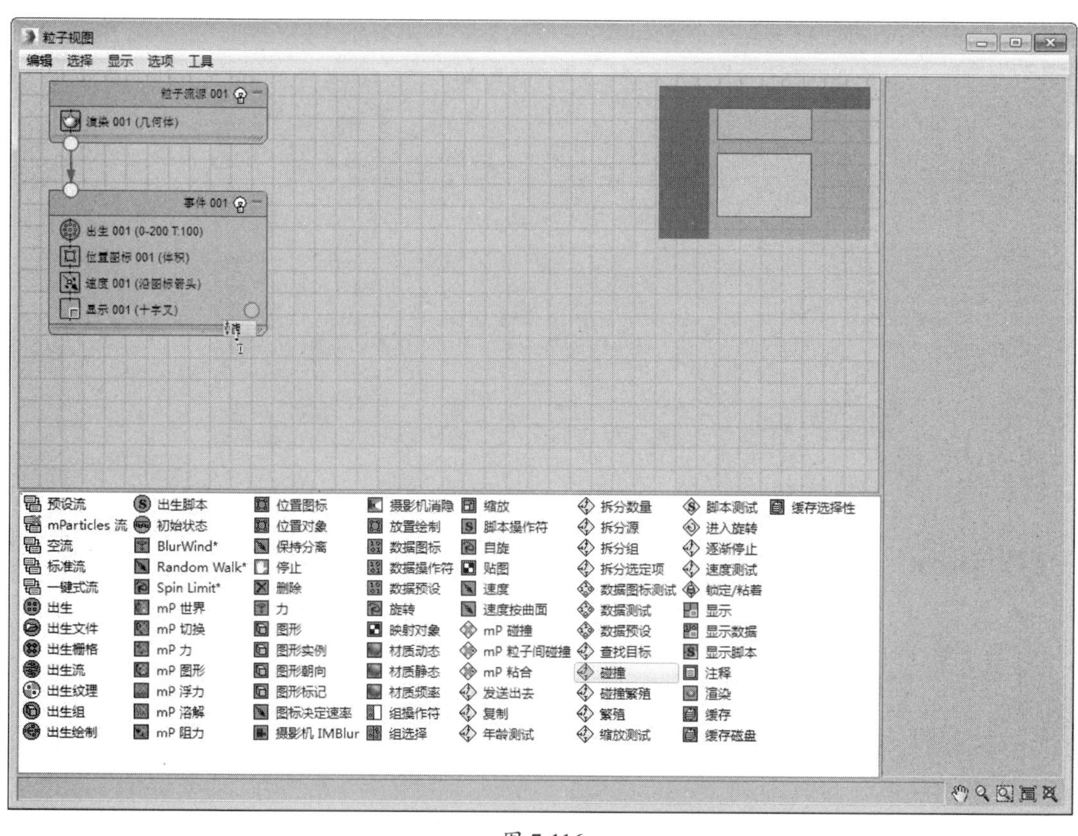

图 7-116

11 选择“碰撞”测试，在“粒子视图”右侧的“碰撞 001”卷展栏中单击“添加”按钮，并在场景中单击 Deflector01 对象，在显示窗口内会显示该对象的名称，如图 7-117 所示。

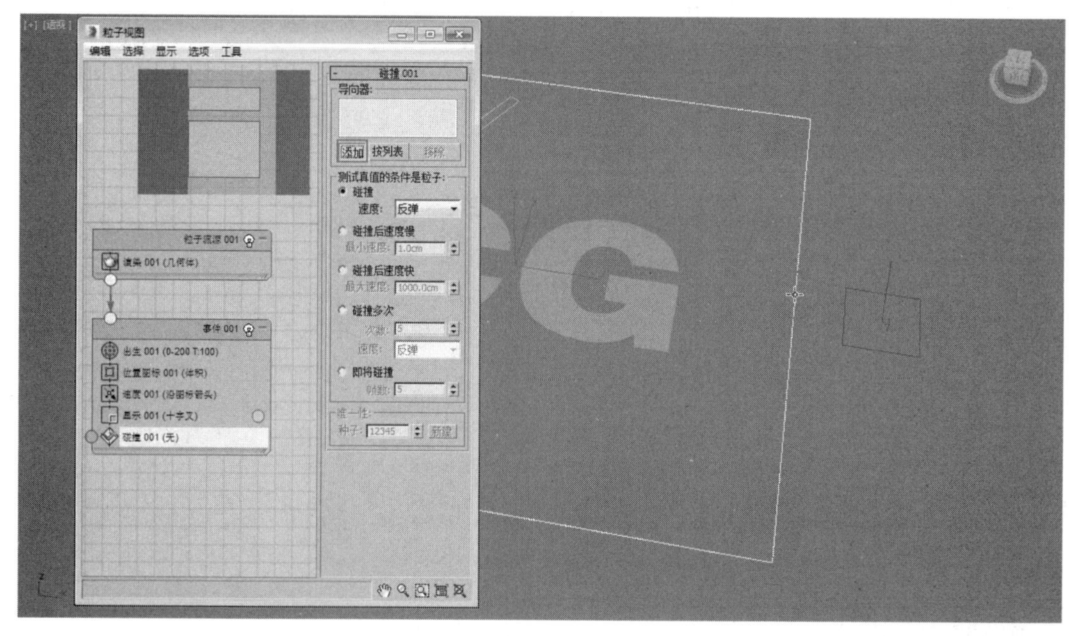

图 7-117

12 播放动画，可以看到粒子受到 Deflector01 对象的影响，如图 7-118 所示。

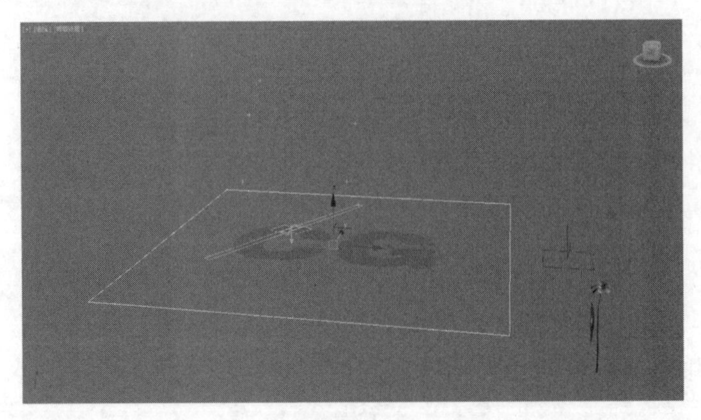

图 7-118

技巧与提示

“碰撞”测试可以设置粒子与一个或多个指定的导向板空间扭曲对象发生碰撞，可以测试在一次或多次碰撞后，粒子速度是减慢、加快，还是保持不变。通过测试后，条件合格的粒子将被送入下一个事件中。

此外，如果将“仓库”中的事件拖至已存在的事件上，将会出现一条红色的水平线，如果此时释放鼠标，将会把原来的事件替换。

13 在“仓库”中选择“删除”操作符，将其拖至粒子视图的空白区域，此时会现一个新的事件“事件 002”，如图 7-119 所示。

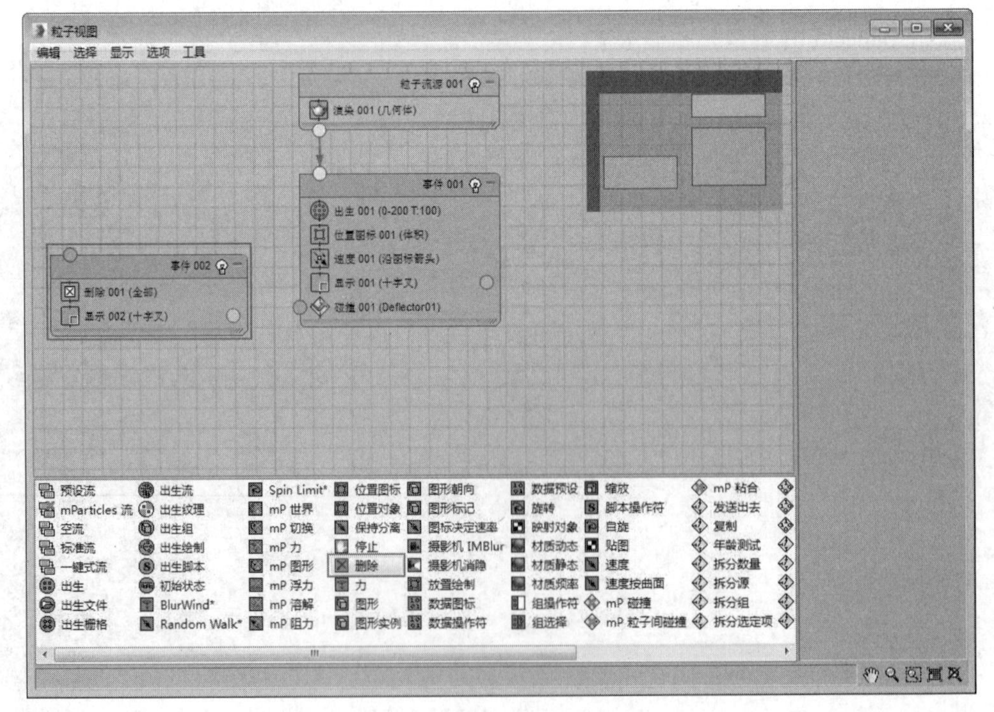

图 7-119

14 将鼠标指针放置在“碰撞”测试输出左侧的圆点上，单击并拖曳鼠标到“事件 002”左上方的圆点上，释放鼠标，即可为“碰撞”测试与“事件 002”之间建立关联，如图 7-120 所示。

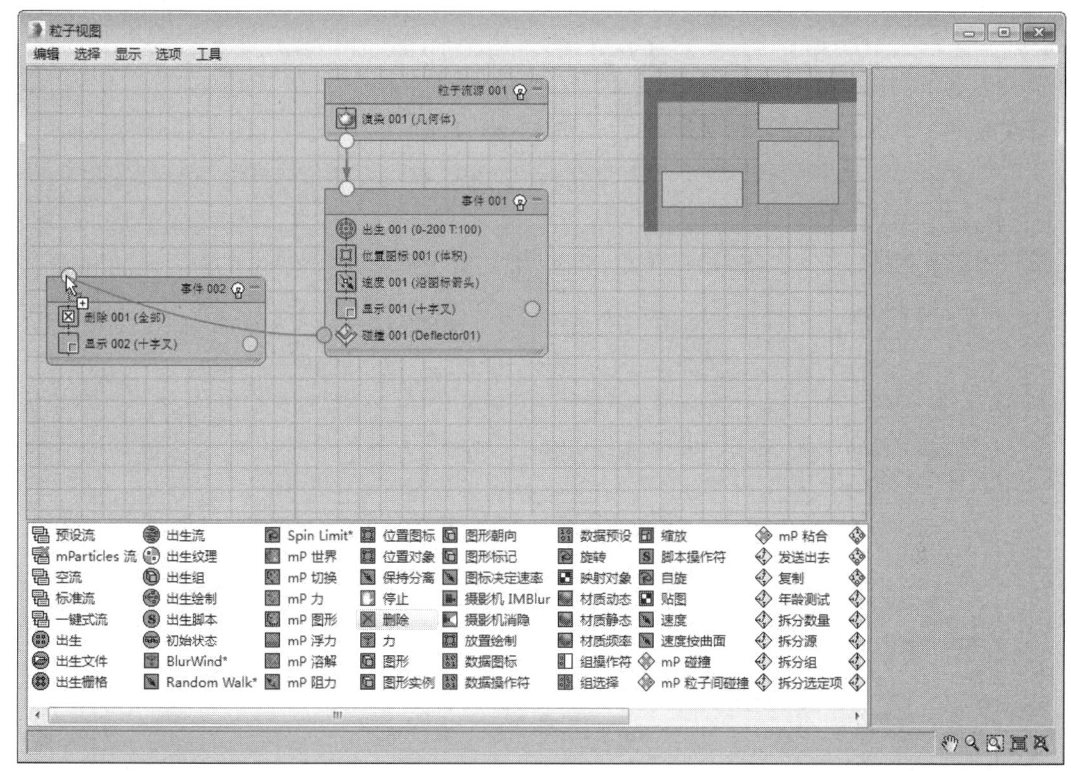

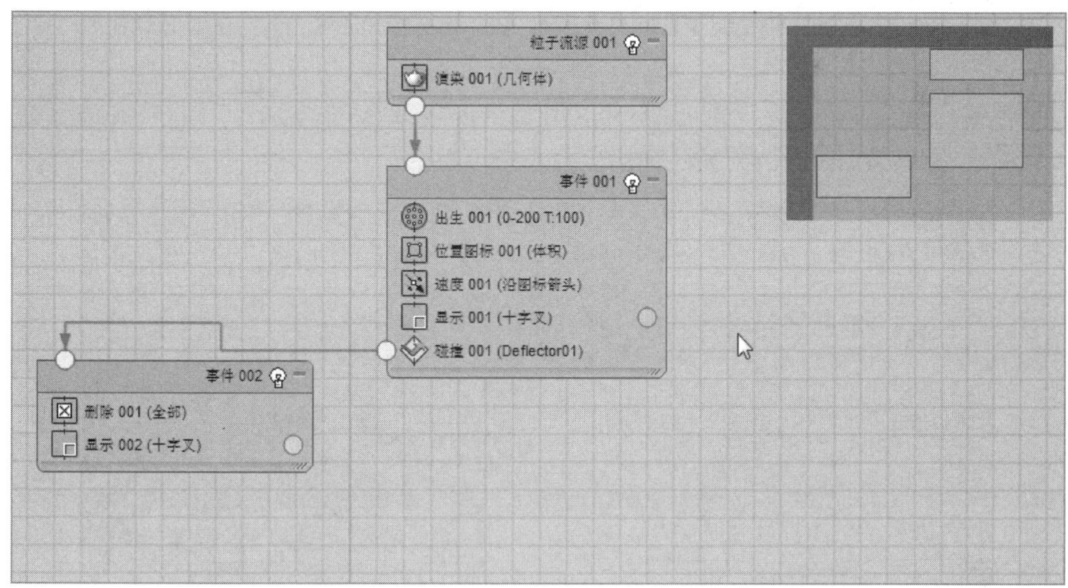

图 7-120

技巧与提示

"删除"操作符可以将符合条件的粒子删除，在上面的操作中，只要与Deflector01对象接触的粒子就删除。

15 在"仓库"中将"碰撞繁殖"测试拖至"碰撞"测试的下方，如图 7-121 所示。

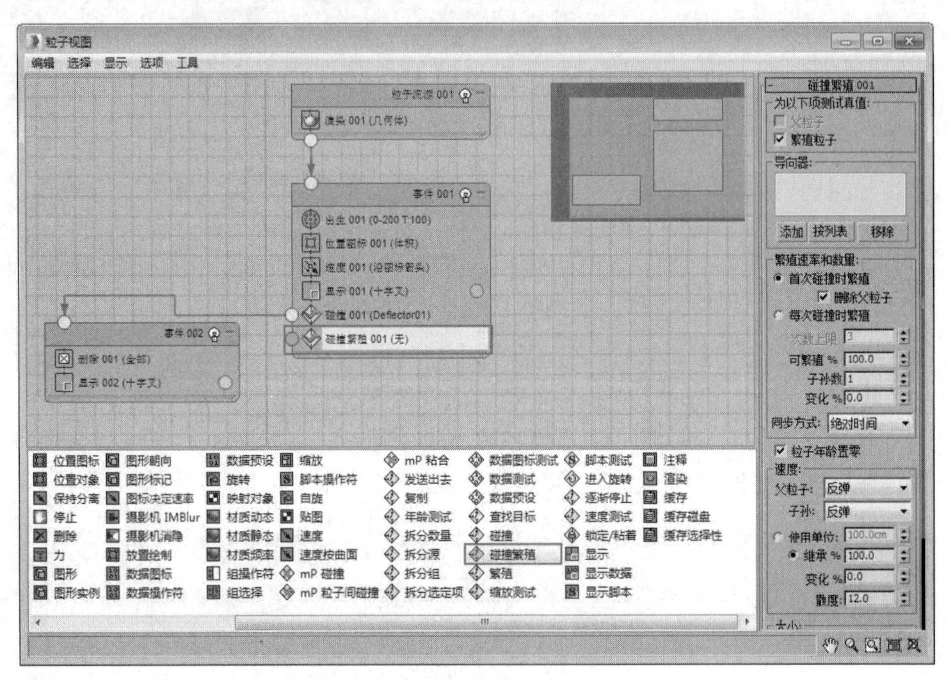

图 7-121

16 选择"碰撞繁殖"测试，在"碰撞繁殖 001"卷展栏的"导向器"选项组中，单击"添加"按钮，并在场景中拾取 UDeflector01 对象，如图 7-122 所示。

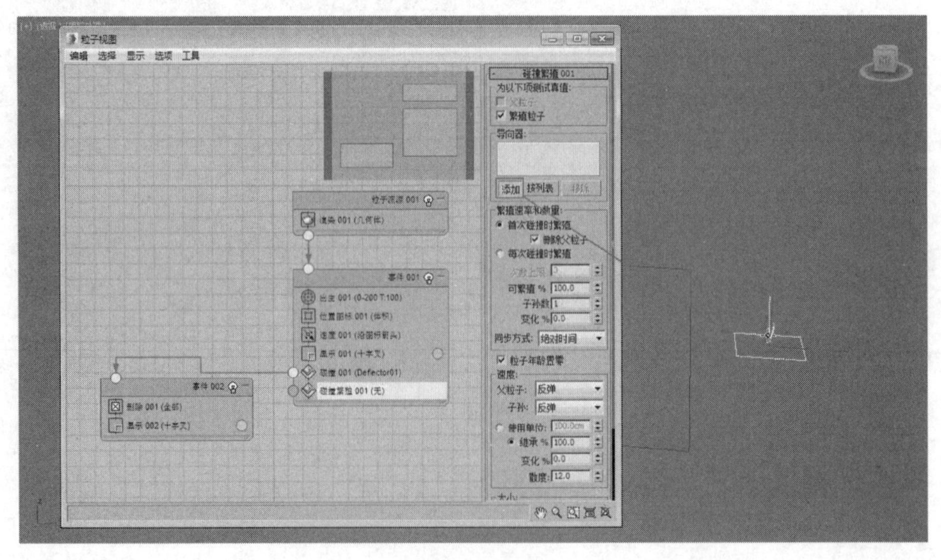

图 7-122

技巧与提示

“碰撞繁殖”测试可以将符合条件的粒子进行产卵繁殖，在这里只要粒子接触到CG图标就进行繁殖操作。

UDeflector01对象可以拾取场景中的物体作为导向板，关于UDeflector01对象的用法会在后面的章节中进行讲解。

17 选择“碰撞繁殖”测试，在右侧的设置“繁殖速率和数量”选项组中的“子孙数”为 8，如图 7-123 所示。

18 在“仓库”中将“拆分数量”测试拖至事件显示的空白区域，如图 7-124 所示。

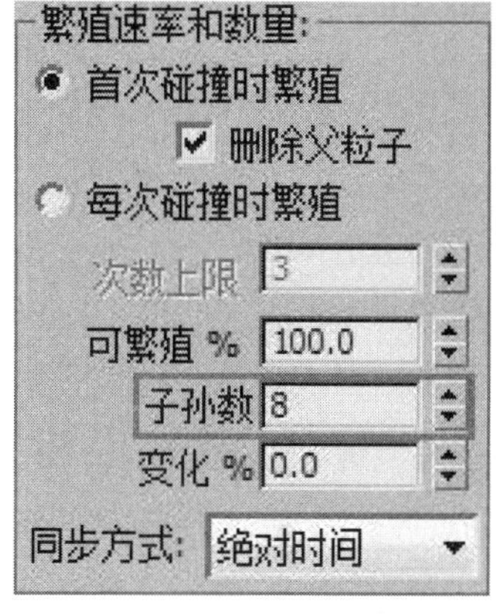

图 7-123

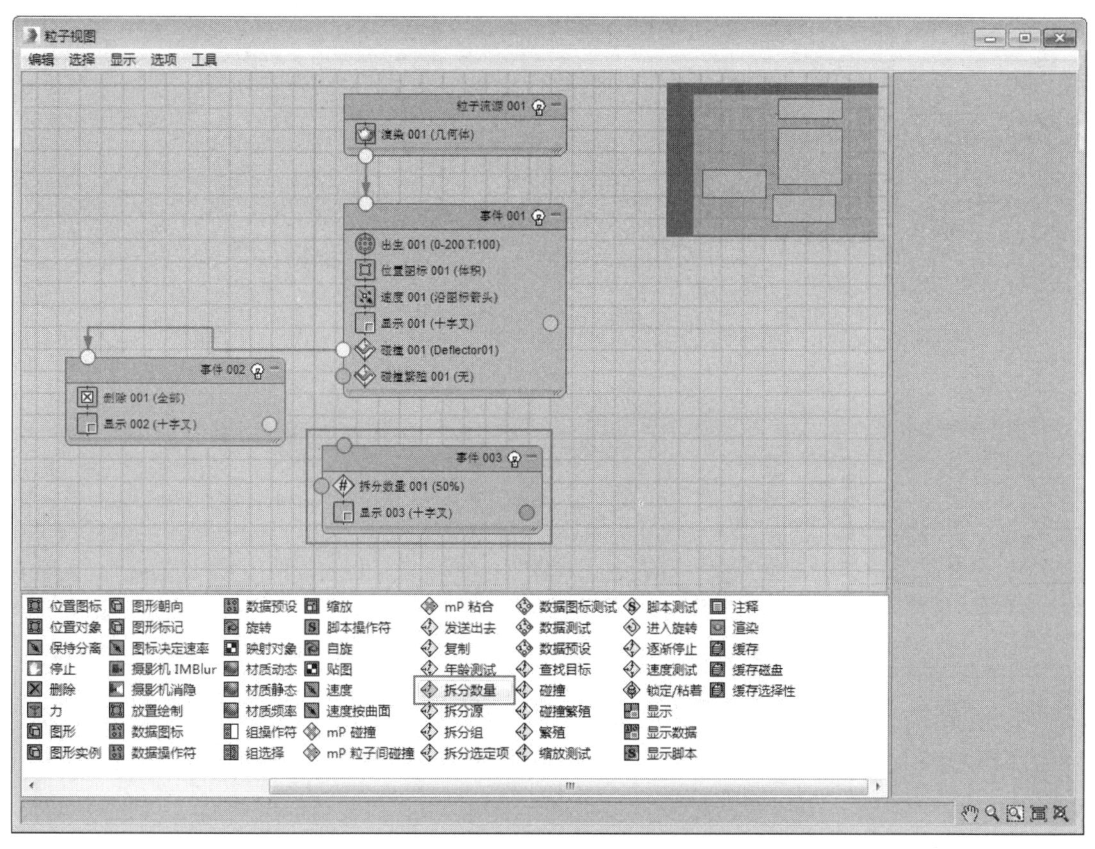

图 7-124

19 选择“拆分数量”测试，在右侧设置“拆分数量”卷展栏中的“比率 %”为 20.0，如图 7-125 所示。

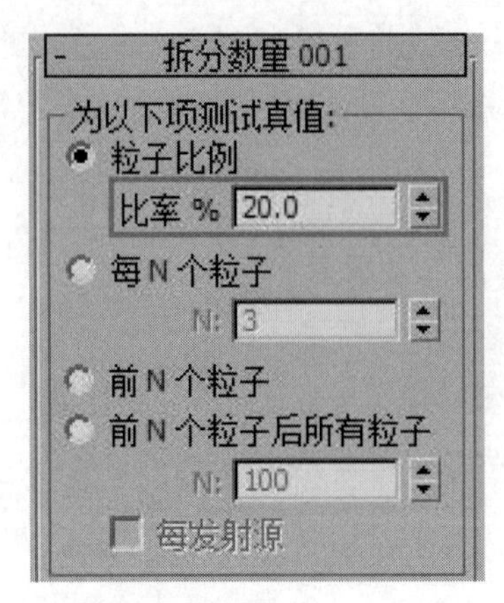

图 7-125

20 在“事件 003”中再添加一个“拆分数量”测试，并设置“比率 %”为 100.0。设置完成后，为“碰撞繁殖”测试与“事件 003”建立关联，如图 7-126 所示。

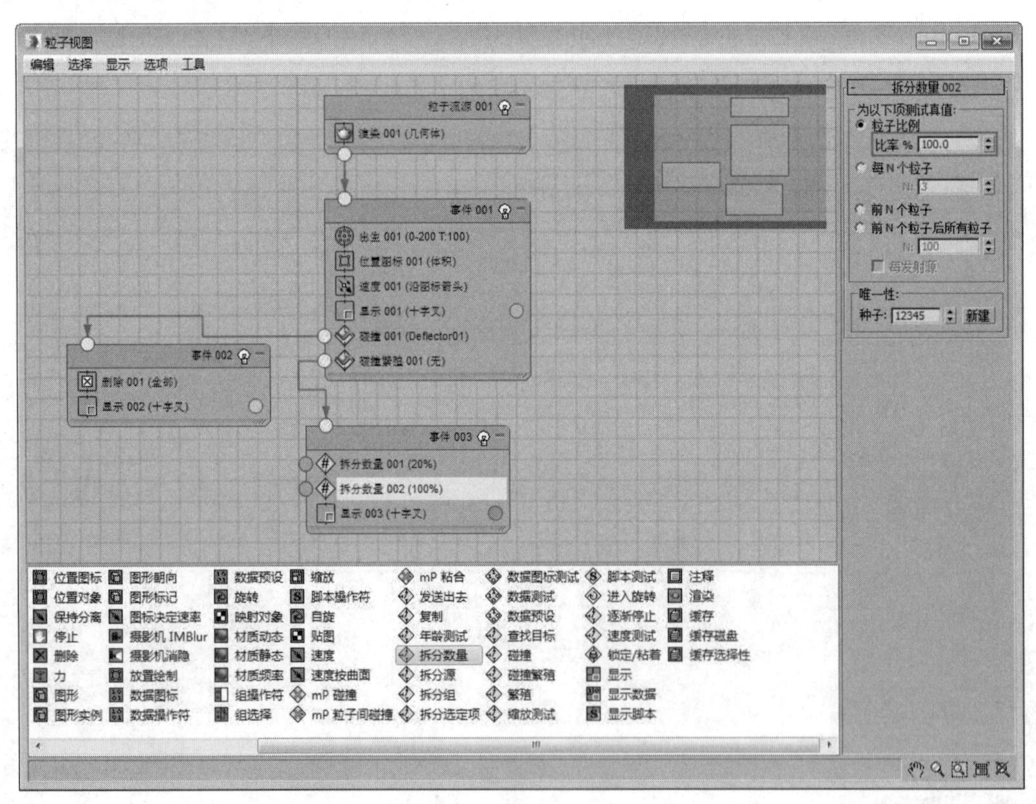

图 7-126

技巧与提示

“拆分数量”测试可以将符合条件的粒子进行数量的拆分。在本例中，让繁殖后的8个粒子的20%变成花，剩下的80%变成叶子。
此外，粒子流中“测试”事件的基本功能是确定粒子是否满足一个或多个条件，如果满足，就可以将粒子送入下一个事件中，粒子通过测试时，称为“测试为真值”。要将合法的粒子发送到其他事件中，就必须使测试与该事件关联。未通过测试的粒子（测试为假值）则继续停留在该事件中，反复受其操作符和测试的影响。如果测试未与另一个事件关联，所有粒子均将继续保留在该事件中，当然还可以在一个事件中使用多个测试。第一个测试检查事件中所有的粒子，第二个测试之后的每个测试只检查被第一个测试筛选之后还继续停留在该事件中的粒子。

21 在“事件 001”中选择“显示”事件，将其拖至“粒子流源 001”中，并在右侧设置粒子的显示类型为“几何体”，如图 7-127 所示。

技巧与提示

“粒子流源001”是一个全局控制，将事件或操作符放在其中，将会覆盖下面事件中相同的事件和操作符。

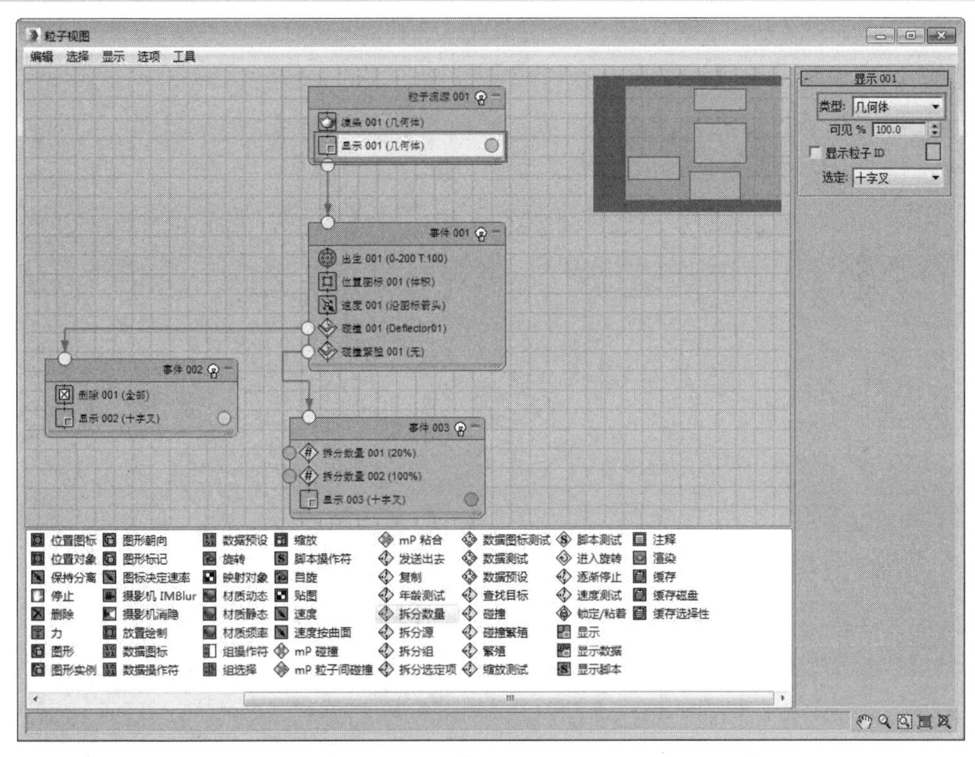

图 7-127

22 在“仓库”中将“图形实例”操作符拖至粒子视图的空白区域，如图 7-128 所示。

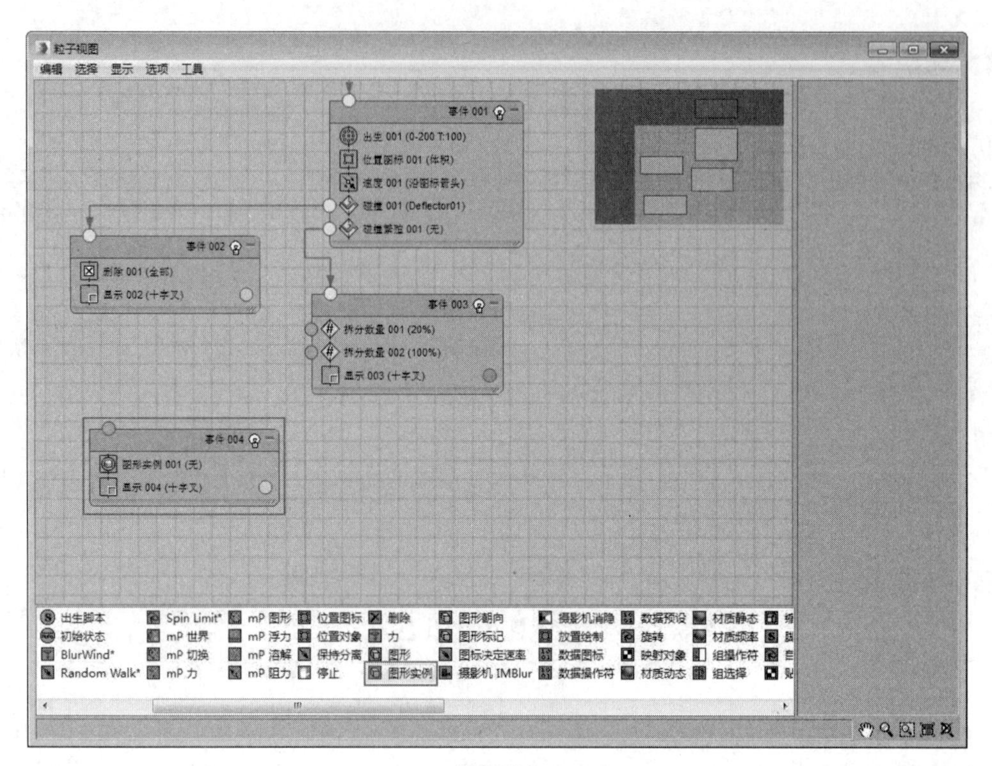

图 7-128

23 选择“图形实例”操作符，在右侧单击“粒子几何体对象”选项组中的“无”按钮 无 ，并在场景中拾取“花”对象，如图 7-129 所示。

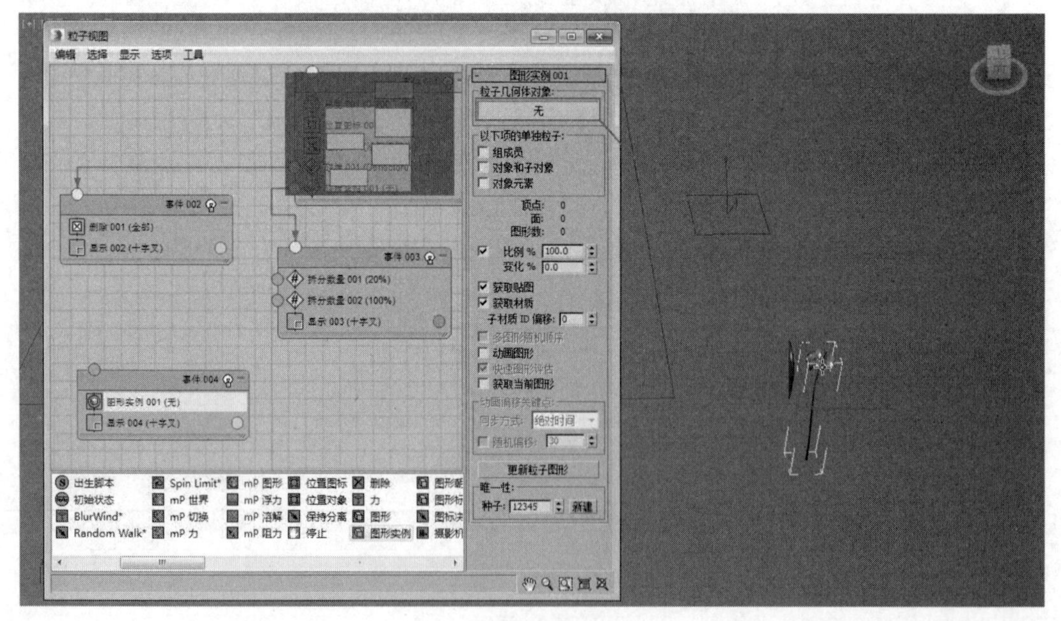

图 7-129

24 参照如图 7-130 所示进行参数设置，完成后为“拆分数量 001”测试与“事件 004”创建关联，如图 7-131 所示。

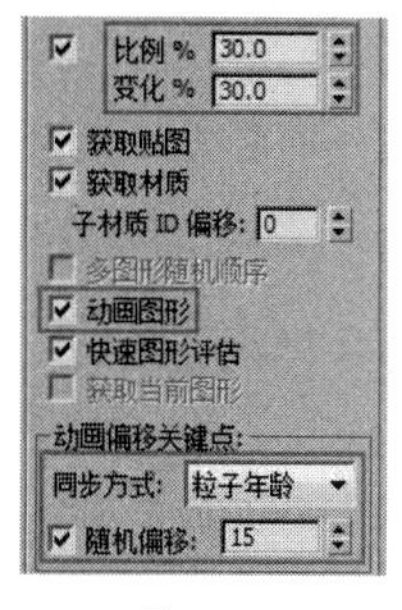

图 7-130

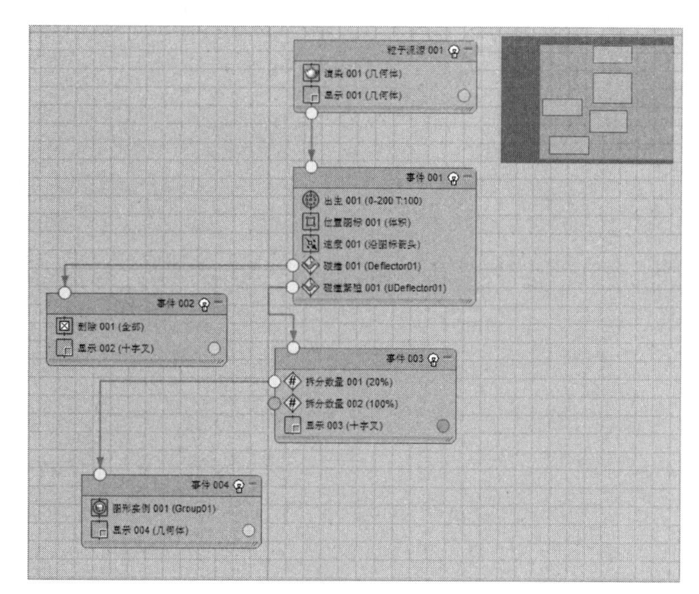

图 7-131

技巧与提示

“图形实例”操作符可以将场景中的任意物体作为粒子的外形，这个物体可以是单独的对象，也可以是成组的对象，还可以是有父子链接的对象。如果拾取的对象有动画设置，“图形实例”操作符还可以让粒子继承对象的动画属性。

25 在“事件 001”中选择“速度 001”操作符，在右侧设置“速度”为 5.0cm，如图 7-132 所示。

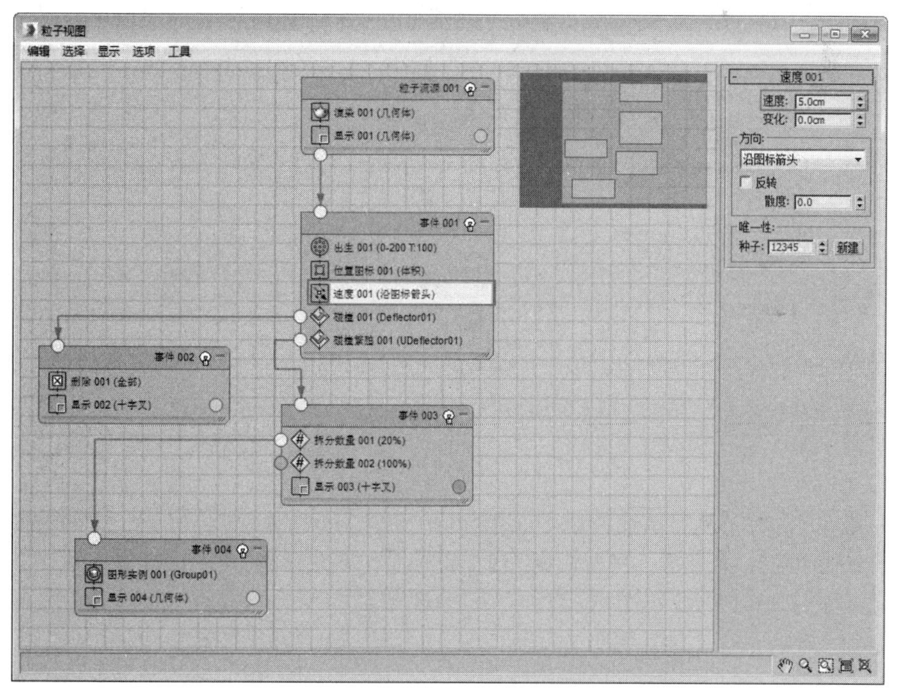

图 7-132

26 播放动画，发现粒子受 UDeflector01 对象的影响，在接触到 UDeflector01 对象后被反弹到了空中，如图 7-133 所示。

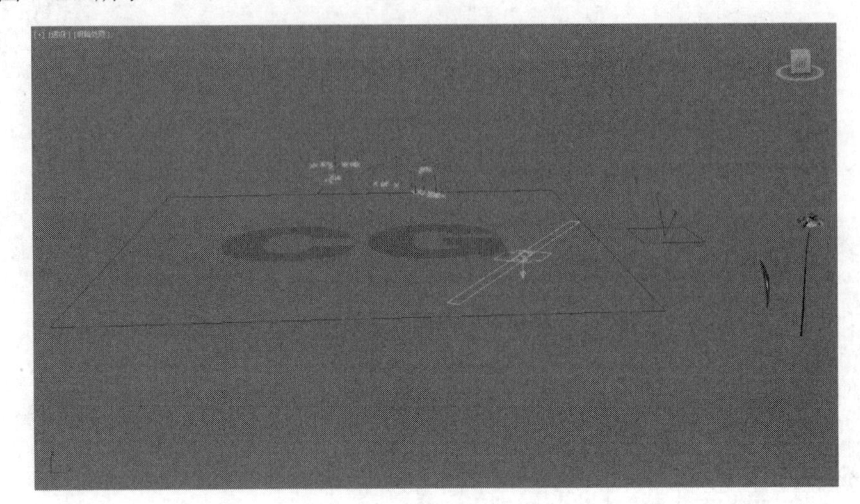

图 7-133

27 打开“粒子视图”面板，在“仓库”中将“停止”操作符拖至“事件 004”中，如图 7-134 所示。

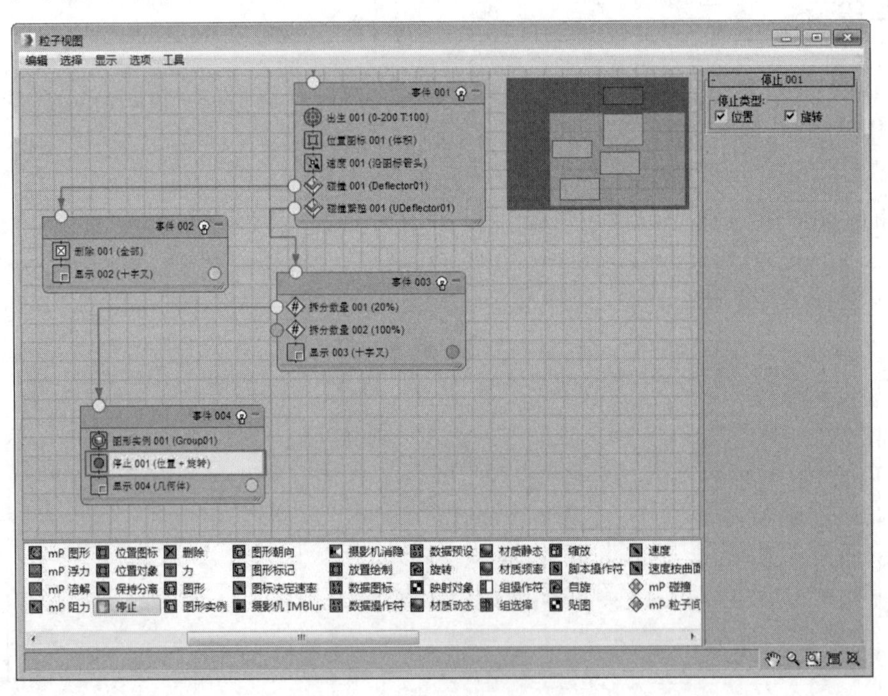

图 7-134

28 播放动画，此时粒子就可以在接触 UDeflector01 对象后保持位置不变了。但此时发现花的角度都是朝一个方向的，太死板。将“旋转”操作符拖至“事件 004”中，并设置旋转的方式为“随机水平”，如图 7-135 所示。

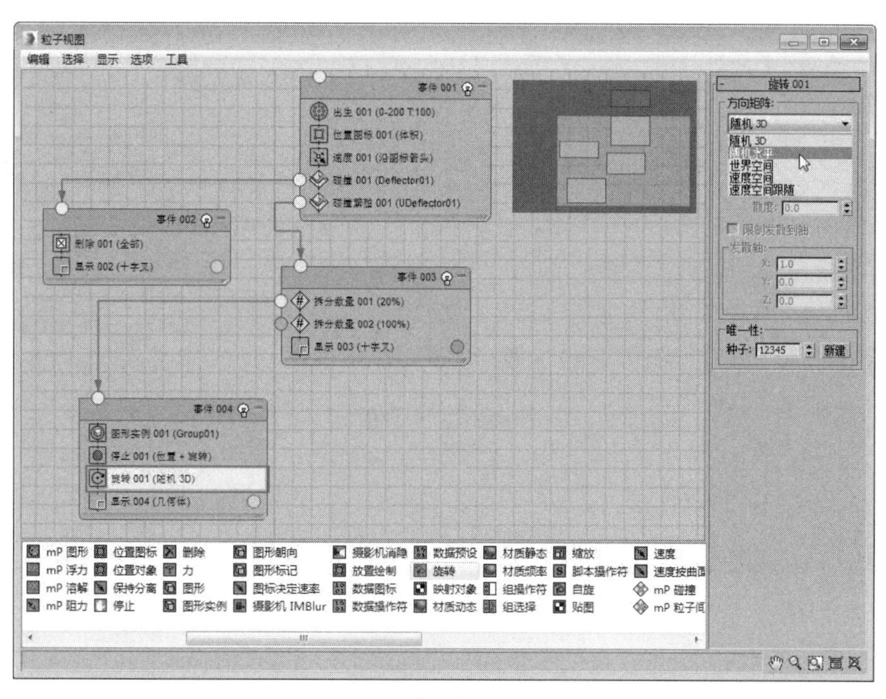

图 7-135

29 用同样的方法，让粒子繁殖后的 80% 生成叶子，如图 7-136 所示。

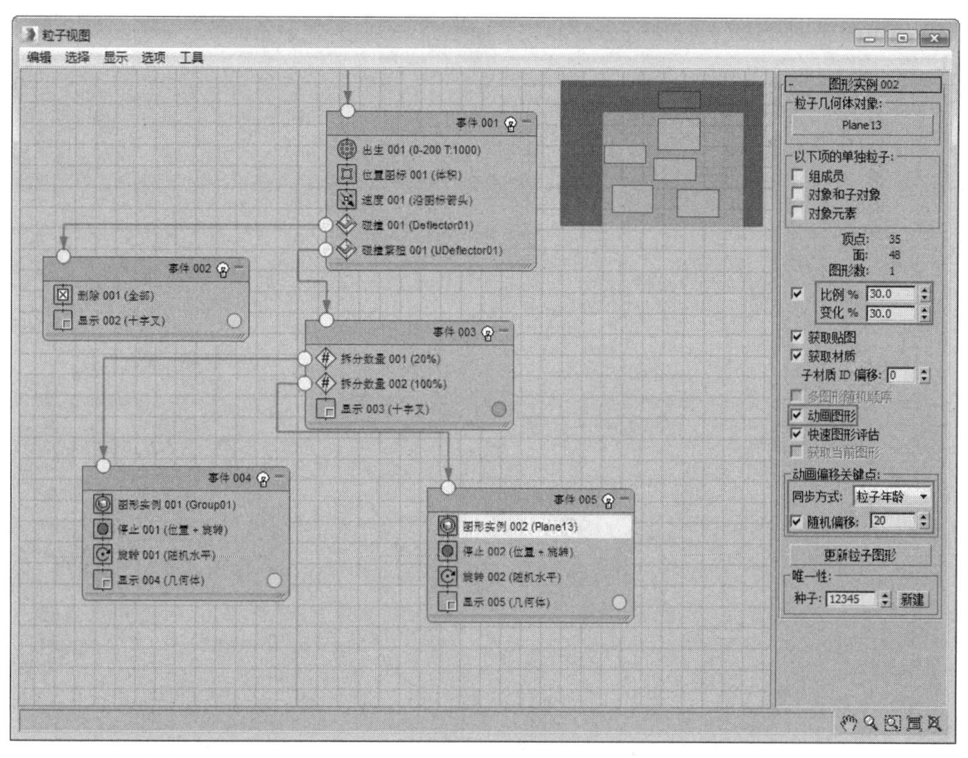

图 7-136

30 播放动画，观察有花和叶子的生长，并组成图标的粒子动画效果，如图 7-137 所示。

图 7-137

31 如果计算机的硬件配置允许，可以在“事件 001”中将“出生 001”事件中的粒子数量设置得高一些。设置完成后渲染当前视图，最终效果如图 7-138 所示。

图 7-138

第 8 章 环境效果与视频后期处理动画

环境对场景的氛围具有至关重要的作用。一幅优秀的作品，不仅要有着精细的模型、真实的材质和合理的渲染设置，同时还要求有符合当前场景的背景和大气环境效果，这样才能烘托出场景的气氛。3ds Max 中的环境设置不仅可以任意改变背景的颜色与图案，还能为场景添加云、雾、火、体积雾、体积光等环境效果，将各项功能配合使用，可以创建更复杂的视觉特效。

从 3ds Max 6.0 版本开始，“环境”和“效果”两个独立的面板合并为了一个面板。可以执行“渲染”→“环境”命令或者按 8 键，打开“环境和效果”面板，如图 8-1 所示。

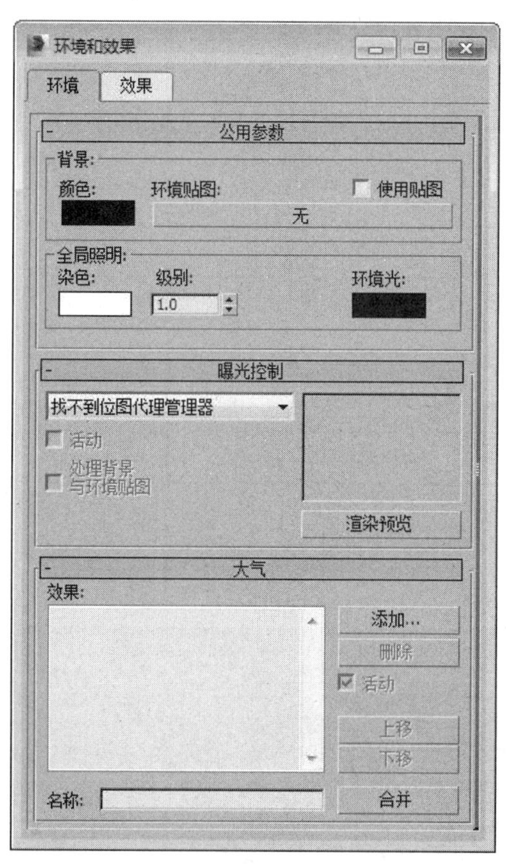

图 8-1

此外，执行“渲染”→“视频后期处理”命令可以打开“视频后期处理”对话框，如图 8-2 所示。

“视频后期处理”对话框与“环境与效果”对话框中的“效果”选项卡中的功能相似，可以制作物体的发光、模糊、镜头光晕等效果，并且制作的效果要比“效果”选项卡中制作的效果好看一些。但“视频后期处理”也有自己的局限性，就是渲染时只能用其本身的渲染器，而不能用 3ds Max 常规的渲染方法。

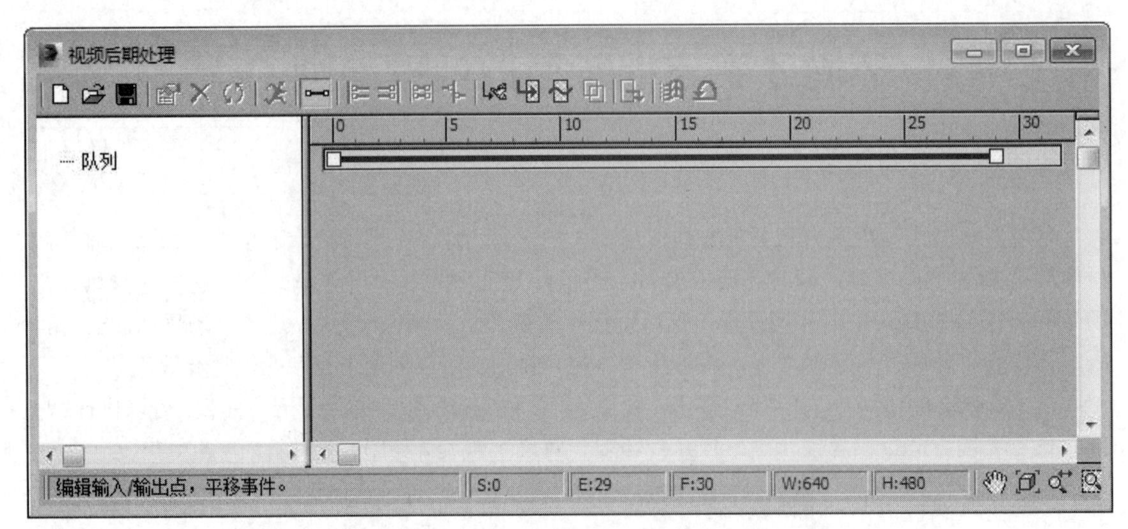

图 8-2

8.1 骷髅渐现

实例操作：骷髅渐现	
实例位置：	工程文件 \CH8\ 骷髅渐现 .max
视频位置：	视频文件 \CH8\ 实例：骷髅渐现 .mp4
实用指数：	★★☆☆☆
技术掌握：	熟练使用“体积光”特效制作动画

“体积光”效果可以制作带有体积的光线，这种体积光可以被物体阻挡，从而形成光芒透过缝隙的效果，如图 8-3 所示。

图 8-3

带有体积光属性的灯光仍然可以照明、投影以及投影图像，从而产生真实的光线效果。例如，对泛光灯添加体积光特效，可以制作出光晕效果，模拟灯光或太阳；对定向光添加体积光特效，可以制作出光束效果，模拟透过彩色玻璃窗投影彩色的图像光线，还可以制作激光光束效果。接下来将通过实例讲解“体积光”特效的一些用法，如图 8-4 所示为本例的最终完成效果。

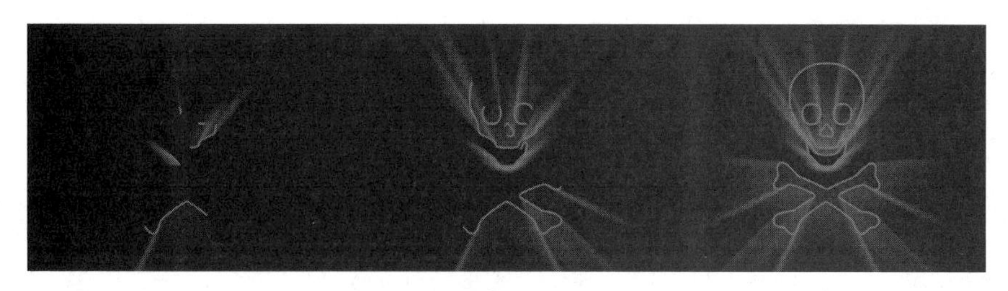

图 8-4

01 打开附带素材中的“工程文件 \CH8\ 骷髅渐现 .max”文件，该文件中已经创建了模型并为场景设置了灯光，如图 8-5 所示。

图 8-5

02 在透视图中创建一个“圆柱”对象并进入“修改”面板，设置“圆柱”对象的“半径”为 0.6，“高度”为 104.5，“高度分段”为 200，如图 8-6 所示。

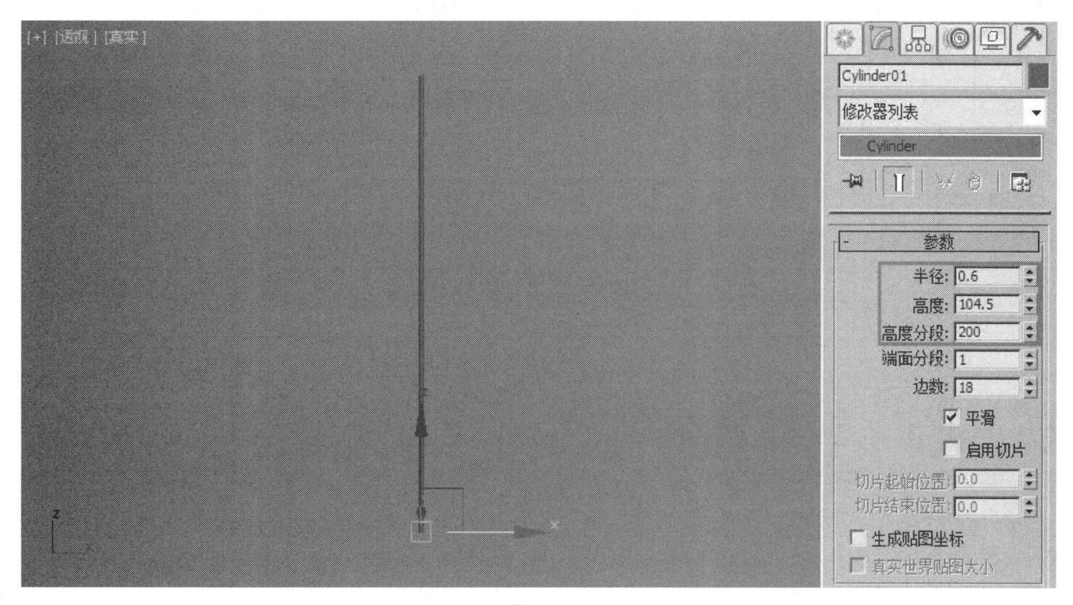

图 8-6

03 在“修改器列表”中为其添加一个“路径变形绑定（WSM）”修改器，并在“参数”卷展栏中单击“拾取路径”按钮 拾取路径 ，在视图中拾取“骷髅”头部的二维样条线，随后单击“转到路径”按钮 转到路径 并设置“百分比”为10.5，如图8-7和图8-8所示。

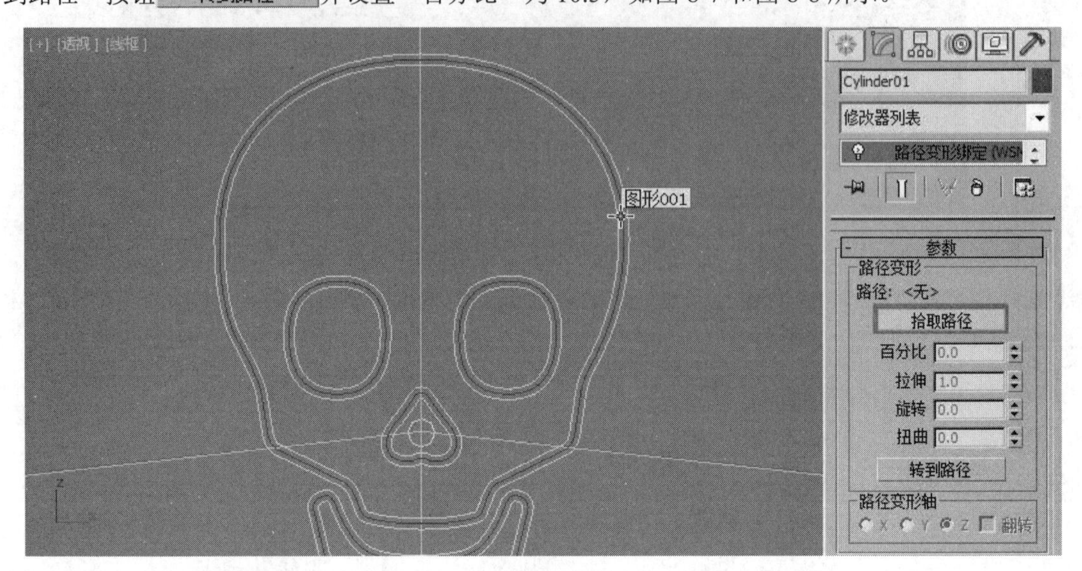

图 8-7

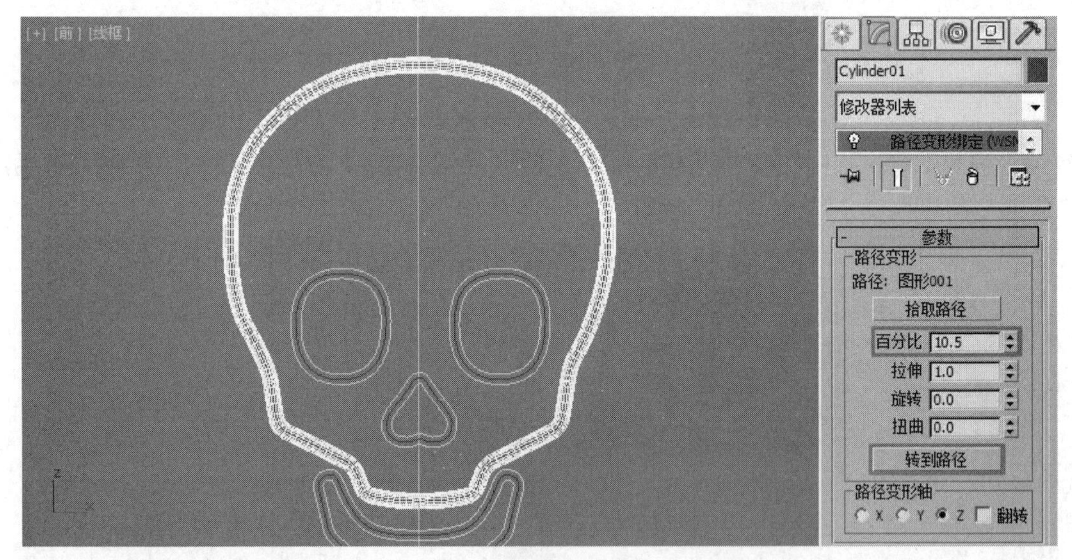

图 8-8

技巧与提示

“圆柱”的粗细要足够挡住后面的缝隙，让体积光在开始时不能透过，而“圆柱”的高度可以在指定了“路径变形”修改器后再回到其自身层级进行修改，根据当前路径使其首尾相接。

“路径变形”选项组中的“百分比”参数可以设置动画在路径上的起始位置，该参数可以根据实际制作中的具体情况自行设置。

04 在动画控制区中单击“自动关键点”按钮自动关键点，进入“自动关键点”模式，将时间滑块拖至第 170 帧，设置“拉伸”为 0，如图 8-9 所示。

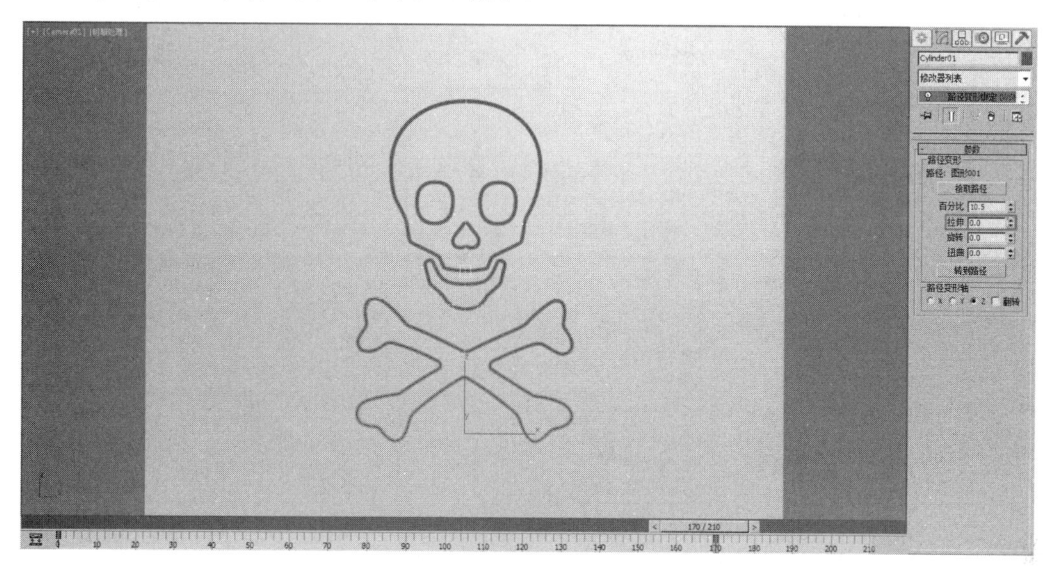

图 8-9

05 将当前的“圆柱”对象原地复制（按快捷键 Ctrl+V），并在“路径变形绑定（WSM）”修改器中单击“拾取路径”按钮 拾取路径 ，在视图中拾取“骷髅”对象眼部的二维样条线并设置“百分比”为 62.0，随后进入“圆柱”层级并设置“高度”为 25.5，如图 8-10 和图 8-11 所示。

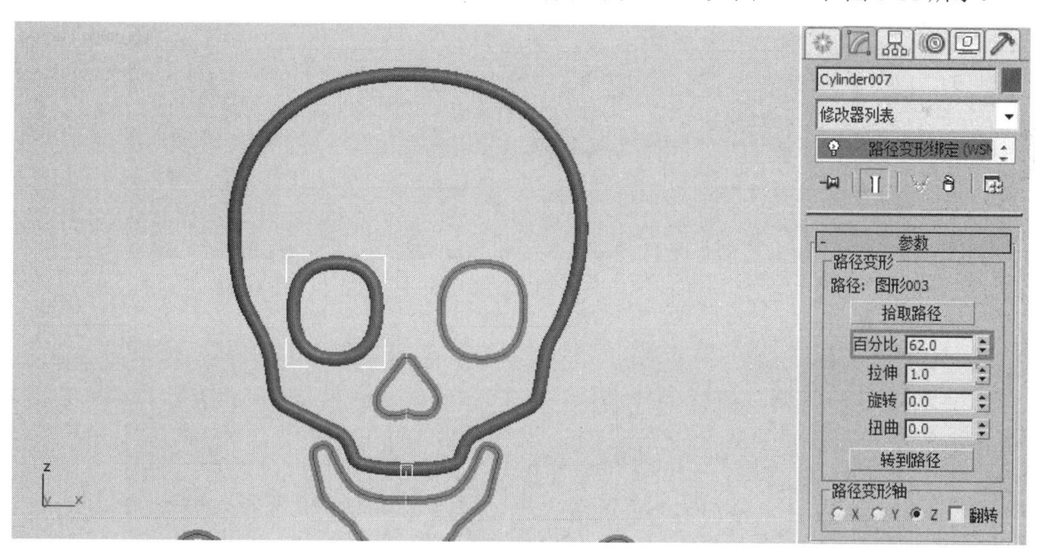

图 8-10

06 用同样的方法制作其余的“圆柱”对象，并根据拾取的二维图形设置不同的“百分比”和“高度”数值，如图 8-12 所示。

07 调节每个“圆柱”对象的“开始帧”和“结束帧”位置，使整个动画错落有致，如图 8-13 所示。

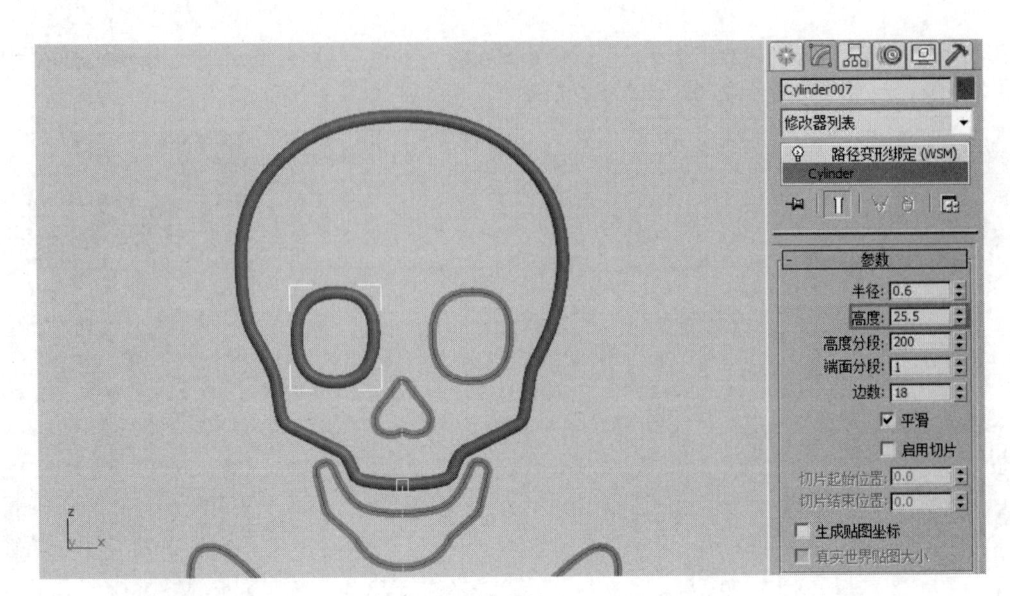

图 8-11

图 8-12

图 8-13

技巧与提示

如果想让“圆柱”对象的动画反转，可以选择指定的二维图形并进入“样条线”子层级，并在“几何体”卷展栏中单击“反转”按钮 反转 。

08 按 8 键打开“环境和效果”面板，在“大气”卷展栏中单击“添加”按钮 添加... ，在弹出的“添加大气效果”对话框中选择“体积光”选项，如图 8-14 所示。

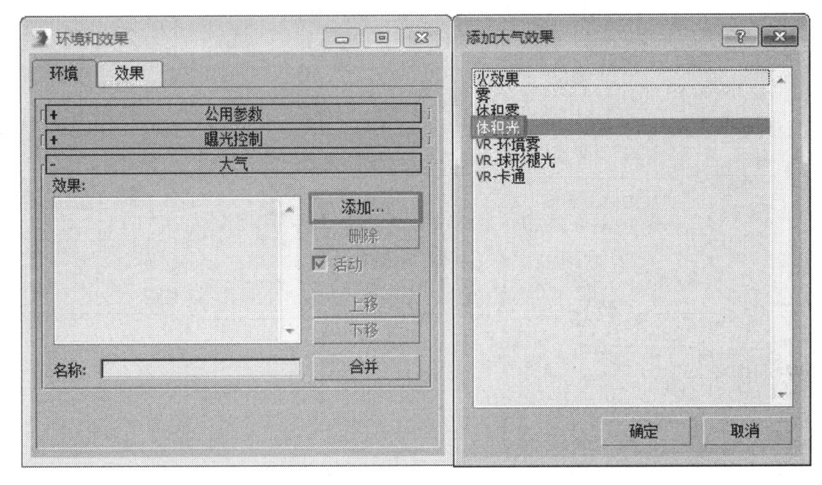

图 8-14

09 在“效果列表”中选择“体积光”选项，并在“体积光参数”卷展栏中单击“拾取灯光”按钮 拾取灯光 ，在场景中拾取“聚光灯”对象，如图 8-15 所示。

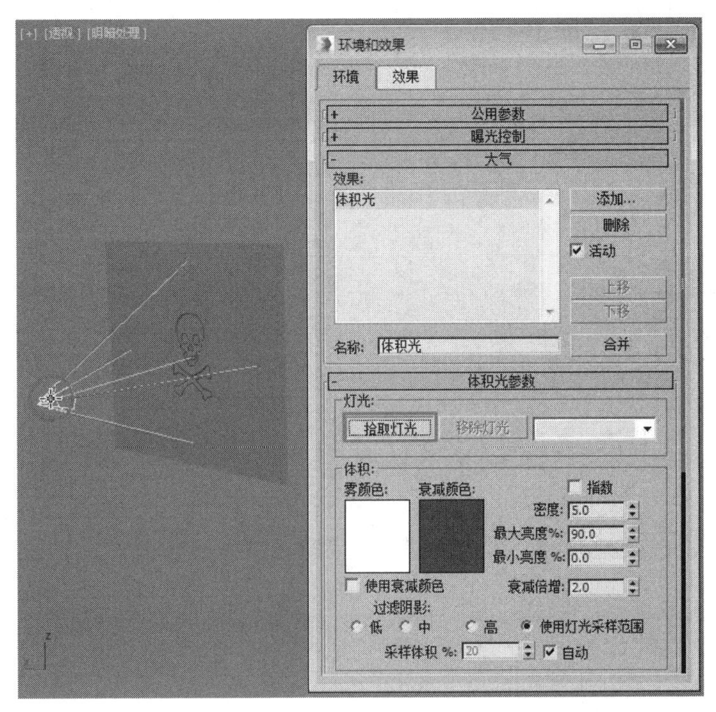

图 8-15

10 在“体积”选项组中，设置“密度”为15.0，“雾颜色”为红色，如图8-16所示。

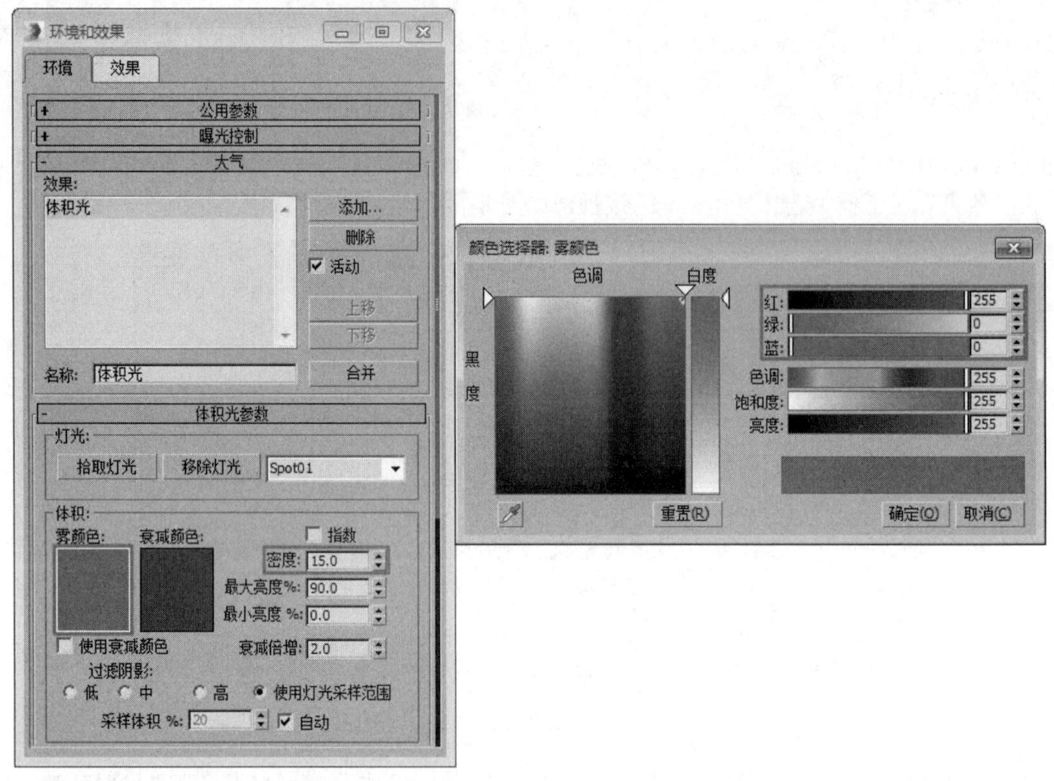

图 8-16

11 在场景中选择“聚光灯”对象并进入“修改”面板，在“常规参数”卷展栏中选中“阴影”选项组中的“启用”复选框，并设置阴影类型为“阴影贴图”，如图8-17所示。

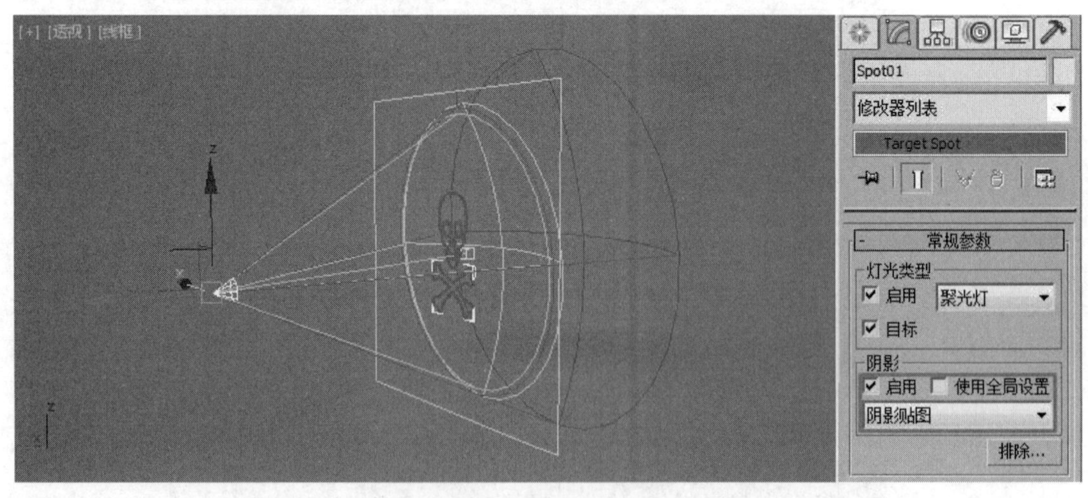

图 8-17

12 设置完成后，拖动时间滑块并渲染当前视图，最终效果如图8-18所示。

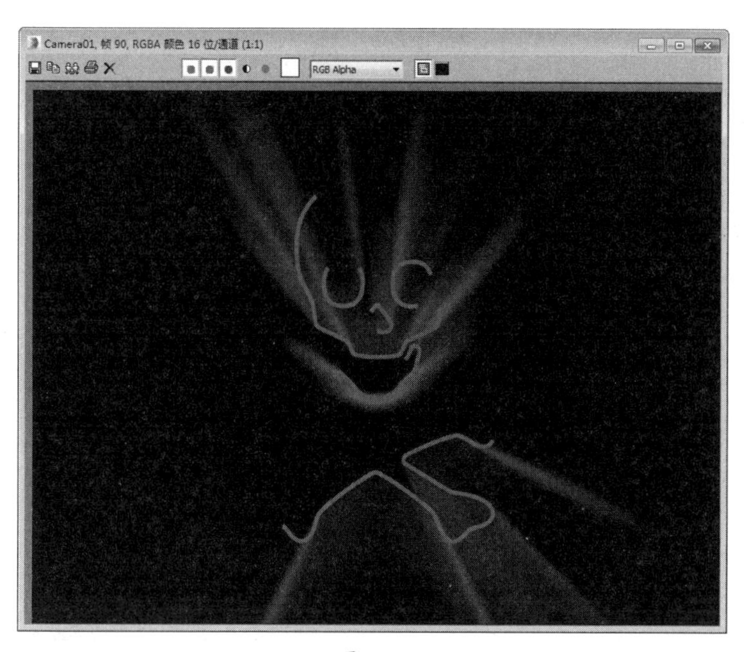

图 8-18

8.2 雾气弥漫的雪山

实例操作：雾气弥漫的雪山	
实例位置：	工程文件 \CH8\ 雾气弥漫的雪山 .max
视频位置：	视频文件 \CH8\ 实例：雾气弥漫的雪山 .mp4
实用指数：	★★★☆☆
技术掌握：	熟悉“雾”和“体积雾”效果的设置和使用方法

“雾”效果可以在场景中创建出雾、层雾、烟雾、云雾、蒸汽等大气效果，所设置的效果将作用于整个场景。雾分为标准雾和层雾两种类型，标准雾依靠摄影机的衰减范围设置，根据物体离目光的远近产生淡入淡出的效果。层雾可以表现仙境、舞台等特殊效果，如图 8-19 所示。

图 8-19

体积雾效果，可以使用户在一个限定的范围内设置和编辑雾效果，产生三维空间的云团，这是真实的云雾效果，在三维空间中以真实的体积存在，它们不仅可以飘动，还可以穿过它们。体积雾有两种使用方法：一种是直接作用于整个场景，但要求场景内必须有物体存在；

另一种是作用于大气装置Gizmo物体，在Gizmo物体限制的区域内产生云团等效果，这是一种更易控制的方法。另外，体积雾还可以加入风力值、噪波效果等多方面的控制，利用这些设置可以在场景中编辑出雾流动的效果，如图8-20所示。

图 8-20

本节安排了一组雾气弥漫的雪山效果实例，演示了大气效果的建立与编辑方法。通过本例，可以让读者熟悉“雾”和“体积雾”效果的设置和使用方法。如图8-21所示为本例的最终完成效果。

图 8-21

01 打开附带素材中的“工程文件\CH8\雾气弥漫的雪山.max”文件，渲染当前场景，效果如图8-22所示。

02 按8键，打开“环境与效果”对话框，在“公用参数”卷展栏中单击“环境贴图”下方的“无”按钮，在弹出的“材质/贴图浏览器”中选择“渐变坡度”贴图，如图8-23所示。

图 8-22

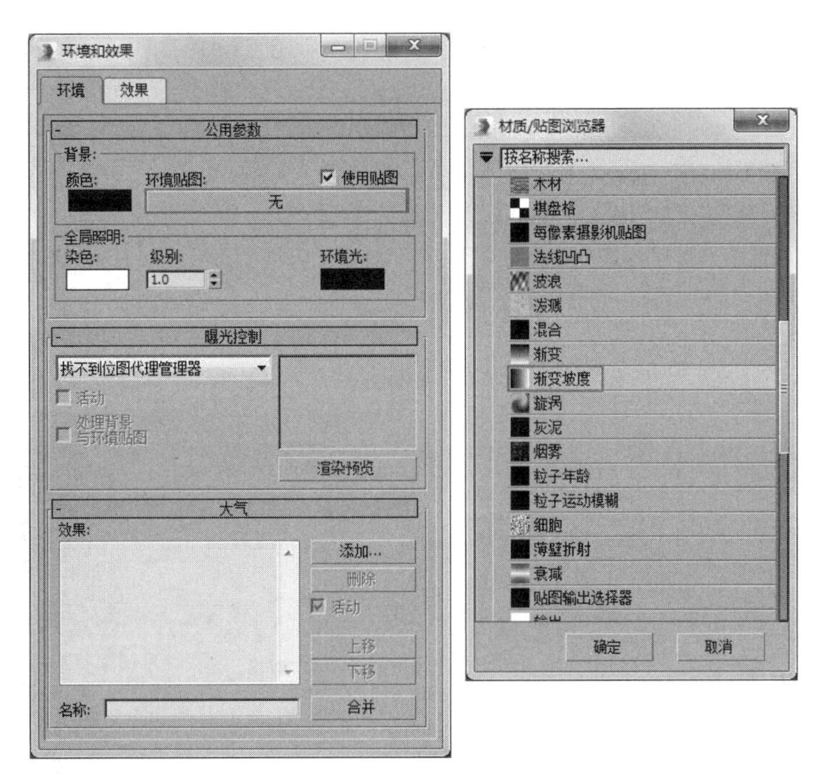

图 8-23

03 打开“材质编辑器”，将“环境贴图”拖动复制到任意一个材质球上，在弹出的“实例（副本）贴图”对话框中选择“实例”方式，如图 8-24 所示。

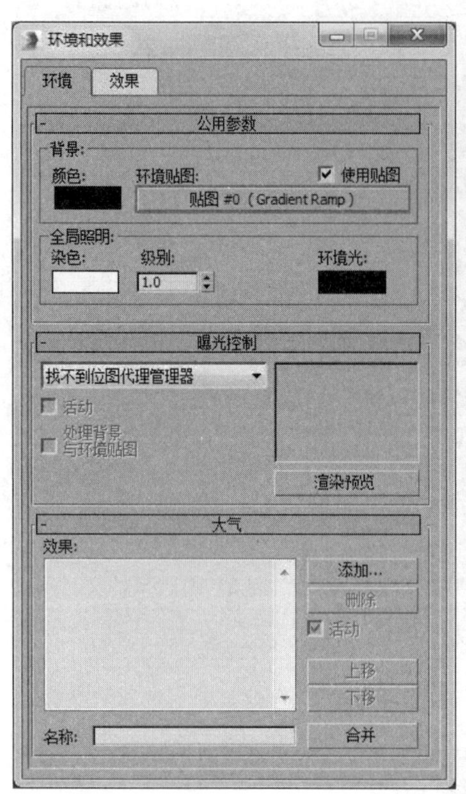

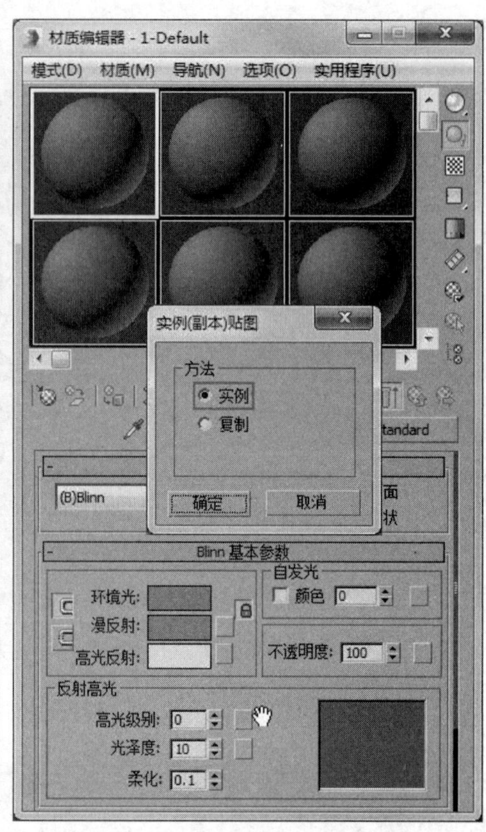

图 8-24

04 在“渐变坡度”贴图的“坐标”卷展栏中设置贴图的方式为“球形环境”，偏移的 U 值为 0.375，设置贴图的旋转角度 W 值为 90.0，如图 8-25 所示。

05 在“渐变坡度参数”卷展栏中，参照如图 8-26 所示设置色块的颜色，并设置“渐变类型”为“径向”。设置完成后渲染场景，效果如图 8-27 所示。

06 在“大气”卷展栏中单击“添加”按钮，在弹出的“添加大气效果”对话框中选择“雾”效果，如图 8-28 所示。完成后渲染场景，效果如图 8-29 所示。

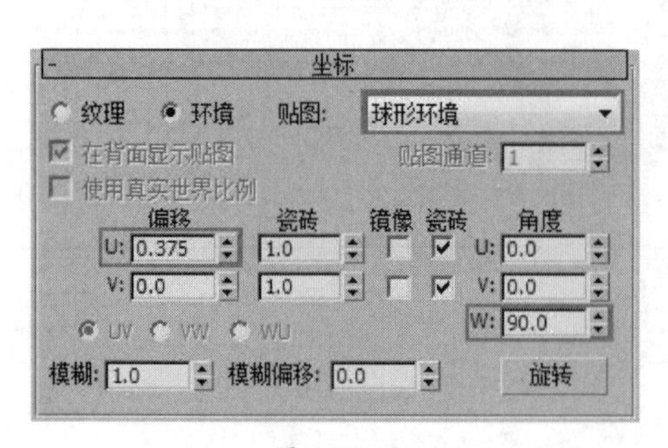

图 8-25

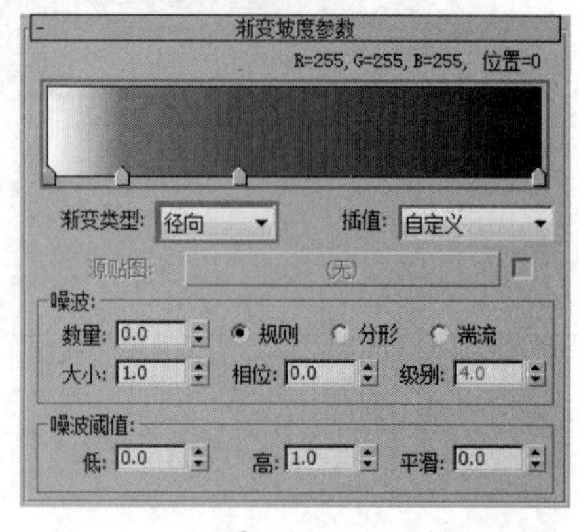

图 8-26

Camera01, 帧 1, RGBA 颜色 16 位/通道 (1:1)
RGB Alpha

图 8-27

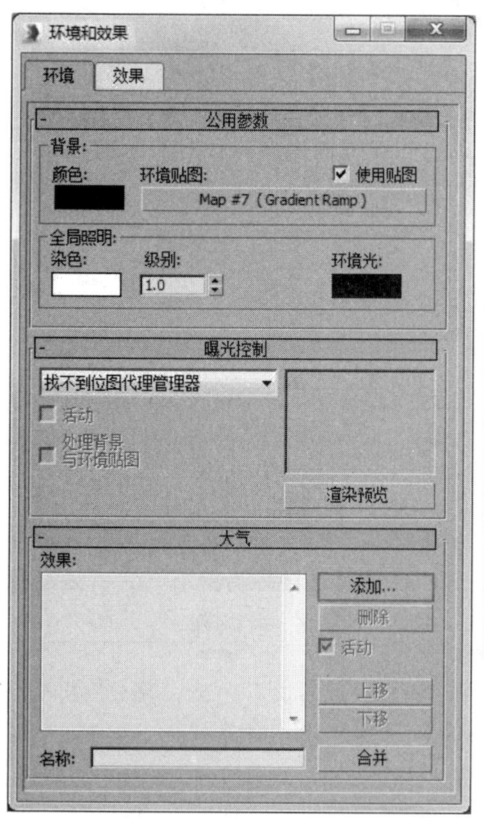
环境和效果
环境
效果
公用参数
背景:
颜色:
环境贴图:
使用贴图
Map #7 (Gradient Ramp)
全局照明:
染色:
级别:
1.0
环境光:
曝光控制
找不到位图代理管理器
活动
处理背景
与环境贴图
渲染预览
大气
效果:
添加...
删除
活动
上移
下移
名称:
合并

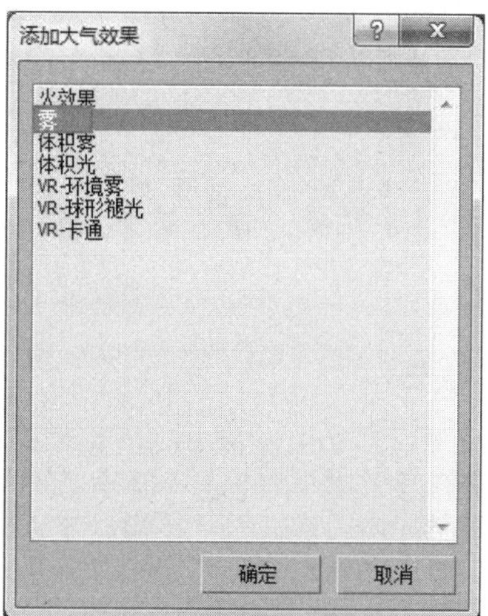
添加大气效果
火效果
雾
体积雾
体积光
VR-环境雾
VR-球形褪光
VR-卡通
确定
取消

图 8-28

07 此时发现远处的雾太浓了，在场景中选择“自由摄影机”对象并进入“修改”面板，在“参数”卷展栏的“环境范围”选项组中，选中“显示”复选框，并设置“近距范围”为 0，“远距范围”为 600，此时在场景中，“自由摄影机”对象的前方会出现一个棕色的范围框，如图 8-30 所示。

图 8-29

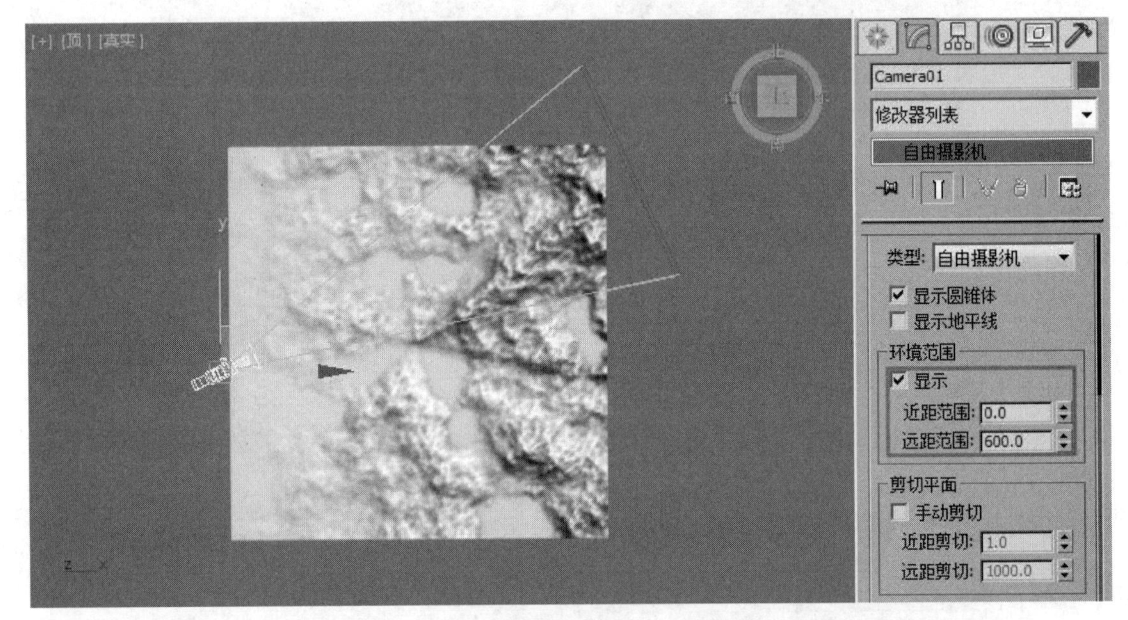

图 8-30

技巧与提示

“雾”出现的位置由场景中的摄影机来控制，“近距范围”参数的默认值是0，如果增大该值会在场景中又出现一个浅黄色的范围框。“近距范围”的含义是雾从此位置到棕色的范围框逐渐变浓，而从摄影机中心点到此位置的这段距离没有雾；“远距范围”的含义是雾到达此位置时变得最浓。

08 在“雾参数”卷展栏中的“标准”选项组中，设置“远端 %”为 50，完成后再次渲染场景，此时发现雾的位置和浓度都比较正常了，如图 8-31 和图 8-32 所示。

09 在“创建”面板中单击“辅助对象”按钮，并在下方的下拉列表中选择“大气装置”选项，如图 8-33 所示。

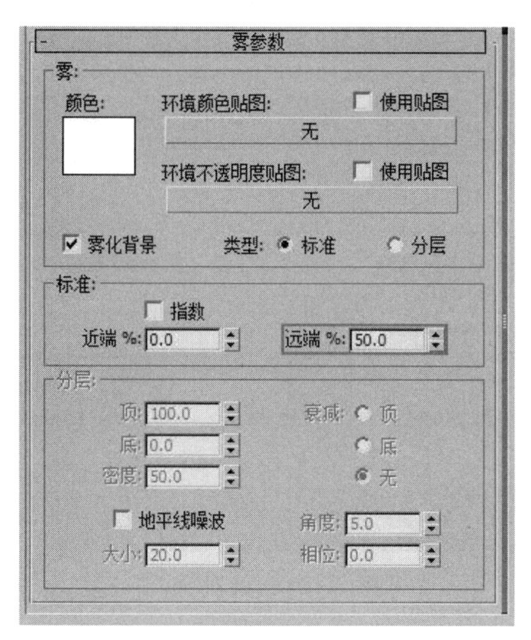

图 8-31

图 8-32

10 单击“长方体 Gizmo”按钮，在场景中创建“长方体 Gizmo”对象，并设置其“长度”为 530.0、“宽度”为 390.0、“高度”为 10.0，如图 8-34 所示。

11 在“环境与效果”对话框的“大气”卷展栏中添加“体积雾”效果，并在“体积雾参数”卷展栏中单击“拾取 Gizmo”按钮，在场景中单击刚才创建的“长方体 Gizmo”对象，并添加“长方体 Gizmo”对象，以此来模拟雪地上飘起的“雪沫”效果，如图 8-35 和图 8-36 所示。

图 8-33

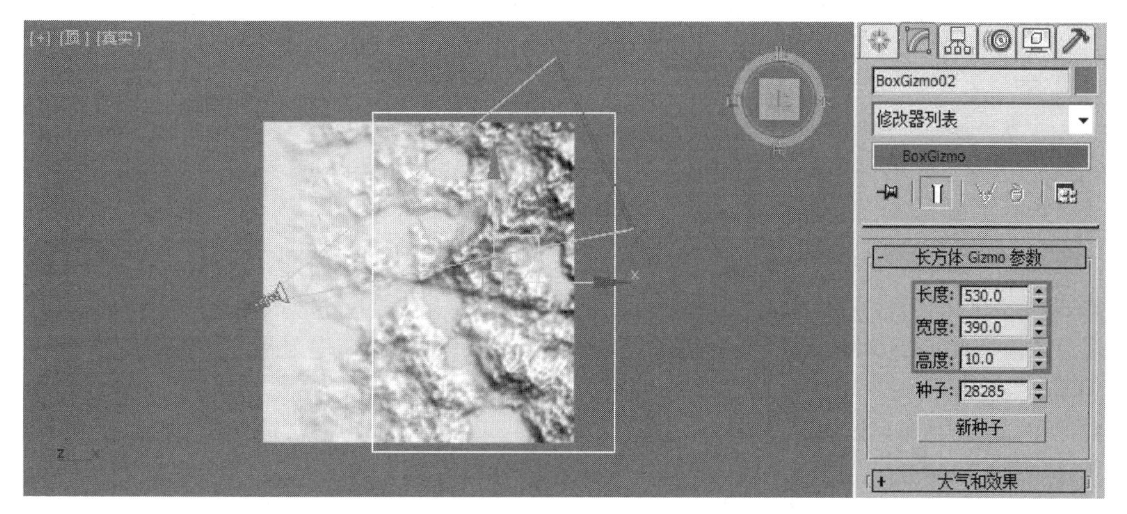

图 8-34

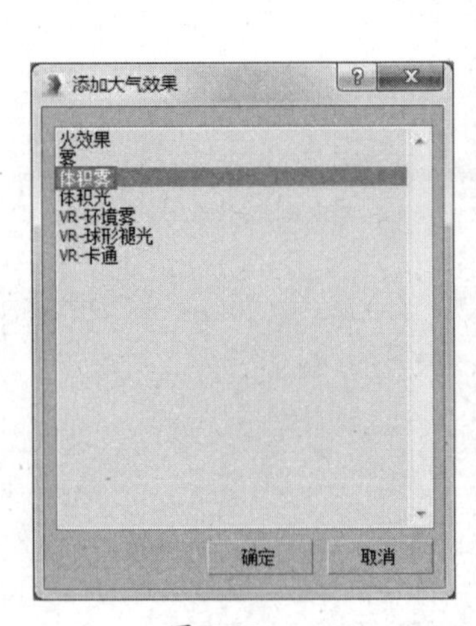

图 8-35

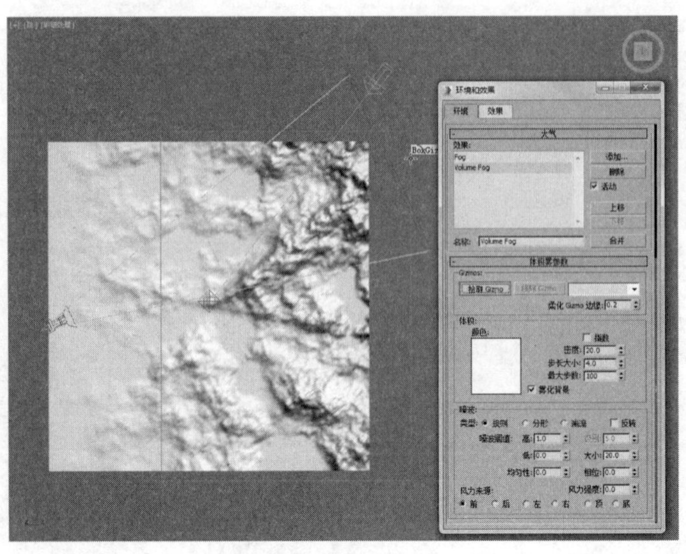

图 8-36

12 在 Gizmo 选项组中，设置“柔化 Gizmo 边缘”为 0.5。在“体积”选项组中，设置“密度”为 15.0。在“噪波”选项组中，设置噪波的类型为“分形”，“级别”为 5.0，如图 8-37 所示。完成后渲染场景，效果如图 8-38 所示。

图 8-37

图 8-38

13 视图中已经制作了摄影机的位移动画，为了增强速度感，开启整个场景的运动模糊效果。在场景中选择所有的几何体对象，并在场景空白处右击，在弹出的菜单中选择“对象属性”命令，如图 8-39 所示。

14 在弹出的“对象属性”对话框中，设置“运动模糊”选项组中的模糊方式为“图像”，“倍增”为 1，如图 8-40 所示。

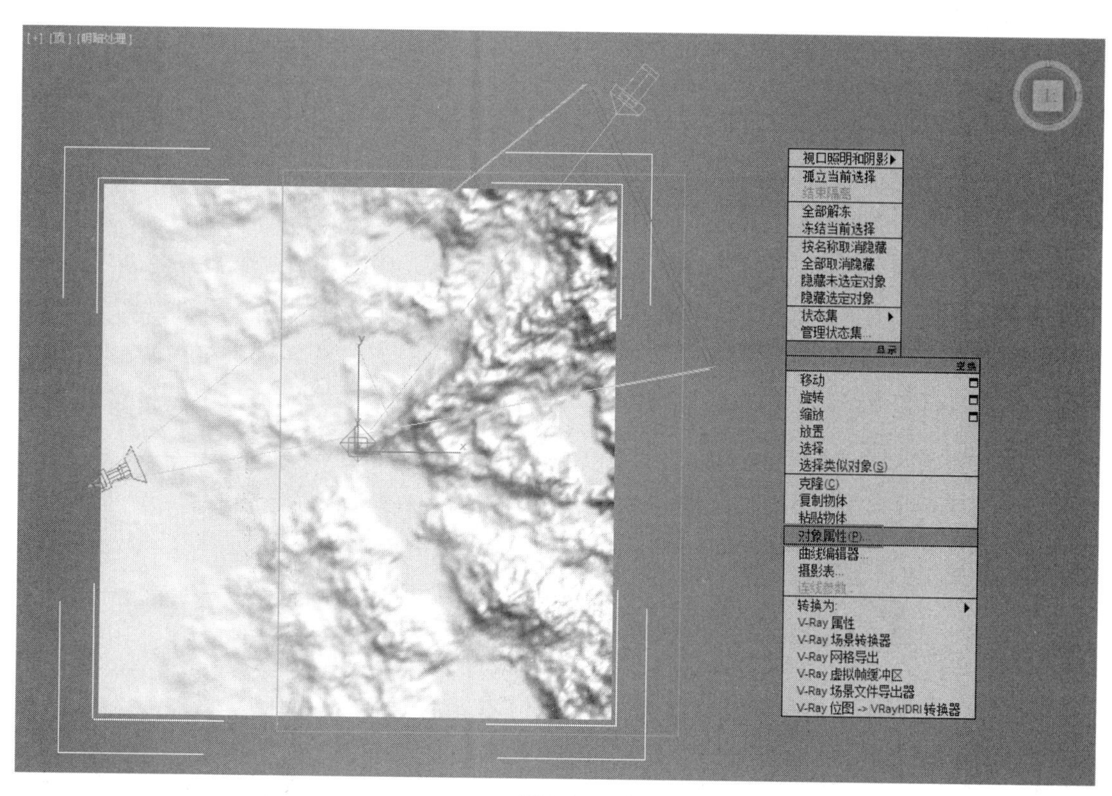
视口照明和阴影
孤立当前选择
全部解冻
冻结当前选择
按名称取消隐藏
全部取消隐藏
隐藏未选定对象
隐藏选定对象
状态集
管理状态集...
移动
旋转
缩放
放置
选择
选择类似对象(S)
克隆(C)
复制物体
粘贴物体
对象属性(P)...
曲线编辑器...
摄影表...
转换为:
V-Ray 属性
V-Ray 场景转换器
V-Ray 网格导出
V-Ray 虚拟帧缓冲区
V-Ray 场景文件导出器
V-Ray 位图 -> VRayHDRI 转换器

图 8-39

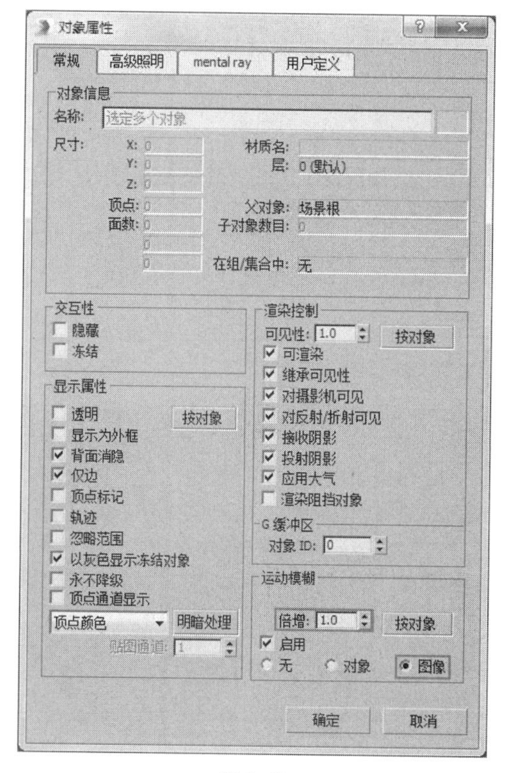
对象属性
常规
高级照明
mental ray
用户定义
对象信息
名称:
选定多个对象
尺寸:
材质名:
层:
0 (默认)
顶点:
面数:
父对象:
场景根
子对象数目:
在组/集合中:
无
交互性
隐藏
冻结
显示属性
透明
按对象
显示为外框
背面消隐
仅边
顶点标记
轨迹
忽略范围
以灰色显示冻结对象
永不降级
顶点通道显示
顶点颜色
明暗处理
贴图通道:
渲染控制
可见性:
可渲染
继承可见性
对摄影机可见
对反射/折射可见
接收阴影
投射阴影
应用大气
渲染阻挡对象
G 缓冲区
对象 ID:
运动模糊
倍增:
启用
无
对象
图像
确定
取消

图 8-40

15 设置完毕后渲染场景，最终效果如图 8-41 所示。

图 8-41

8.3 燃烧的火焰

实例操作：制作燃烧的火焰	
实例位置：	工程文件 \CH8\ 燃烧的火焰 .max
视频位置：	视频文件 \CH8\ 实例：制作燃烧的火焰 .mp4
实用指数：	★★☆☆☆
技术掌握：	熟悉“火效果”的使用方法

接下来将通过实例讲解“火效果”大气效果的一些常用参数。需要注意的是，在渲染视图时，只能在透视图或摄影机视图中进行渲染，在正交视图和用户视图中是不能渲染的。如图 8-42 和图 8-43 所示为本例的素材效果和最终完成效果。

图 8-42

图 8-43

01 打开附带素材中的“工程文件 \CH8\ 燃烧的火焰 .max”文件，单击主工具栏上的“渲染产品”按钮，即可观察当前的渲染效果，如图 8-44 所示。

图 8-44

02 进入“创建”面板，单击“辅助对象”按钮，在其下拉列表中选择“大气装置”选项，单击“球体 Gizmo”按钮 球体 Gizmo ，并在“球体 Gizmo 参数”卷展栏中选中“半球”复选框，最后在顶视图中单击并拖曳鼠标创建球体 Gizmo 物体，如图 8-45 所示。

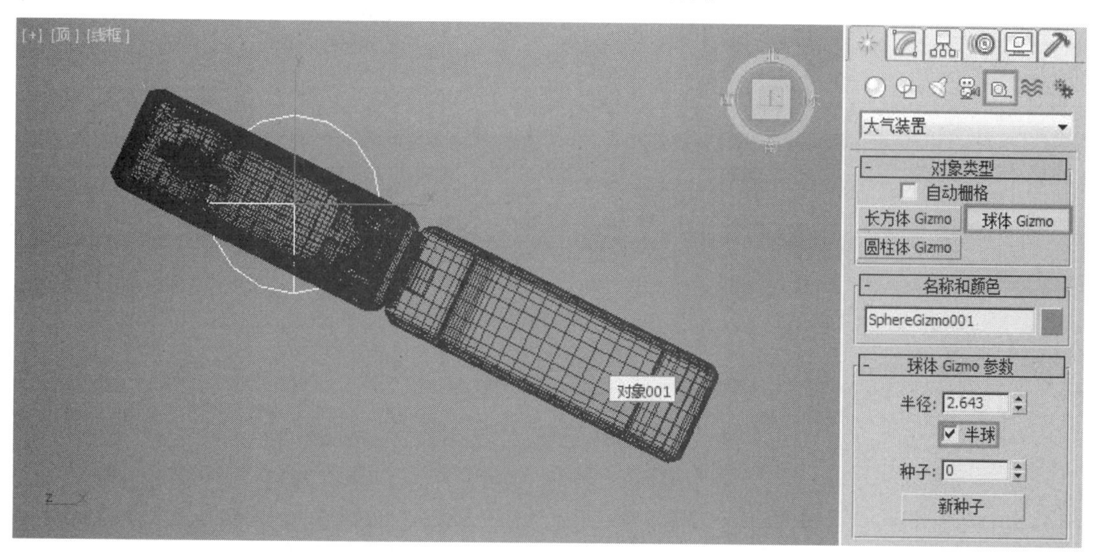

图 8-45

03 进入“修改”面板，设置球体 Gizmo 的半径为 2.0，并使用移动、旋转和缩放工具调整 Gizmo 的位置和大小，如图 8-46 所示。

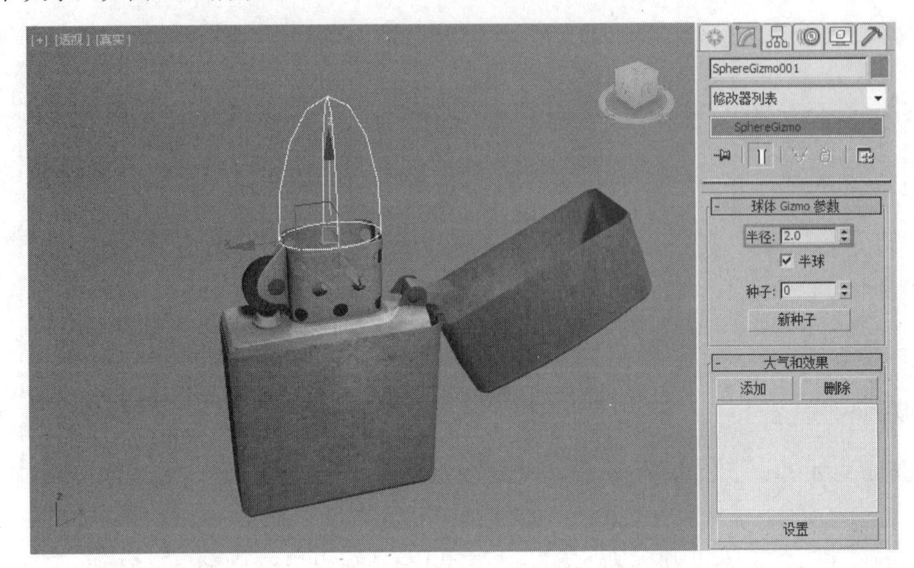

图 8-46

04 按 8 键，打开“环境和效果”对话框，在“大气”卷展栏中单击“添加”按钮 添加... ，打开“添加大气效果”对话框，选择“火效果”选项并单击“确定”按钮，添加火效果。在该对话框中将自动展开设置火效果的卷展栏，如图 8-47 所示。

05 在“火效果参数”卷展栏的 Gizmo 选项组中单击“拾取 Gizmo”按钮 拾取 Gizmo ，并在视图中单击刚才创建的 Gizmo 物体。完毕后渲染场景，即可得到火焰的默认效果，如图 8-48 和图 8-49 所示。

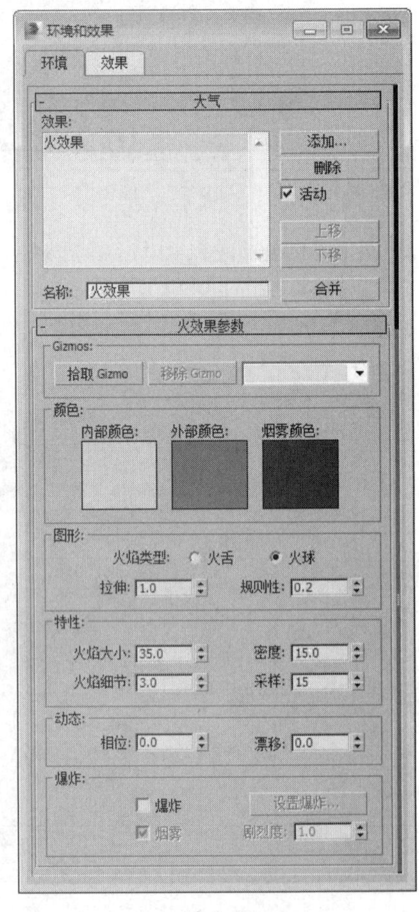

图 8-47

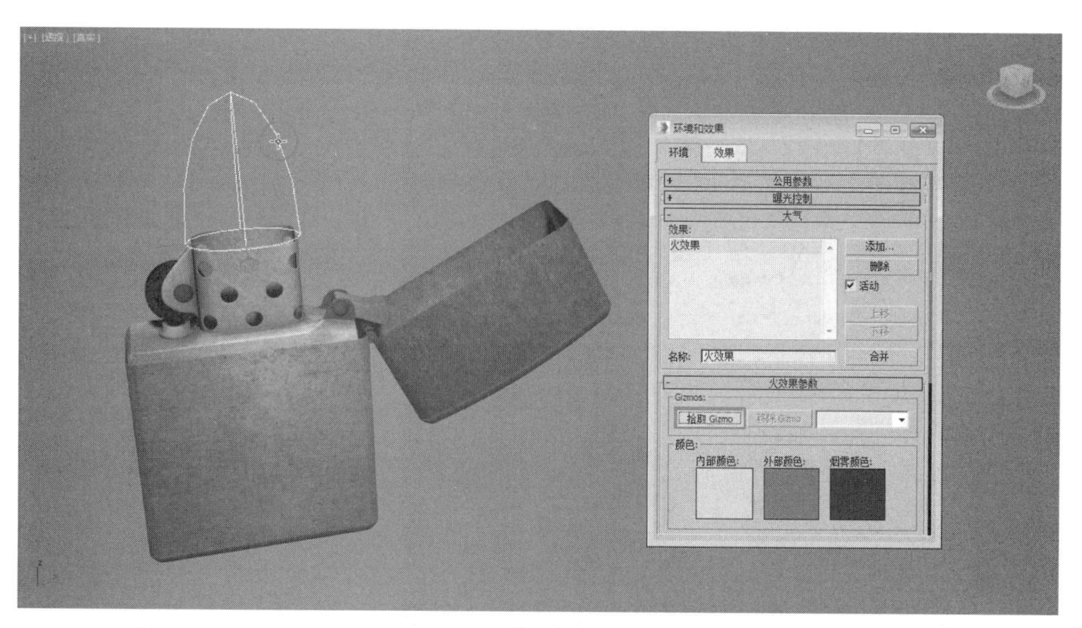
环境和效果
环境
效果
公用参数
曝光控制
大气
效果:
火效果
添加...
删除
活动
上移
下移
名称:
火效果
合并
火效果参数
Gizmos:
拾取 Gizmo
移除 Gizmo
颜色:
内部颜色:
外部颜色:
烟雾颜色:

图 8-48

Camera01, 帧 0, RGBA 颜色 16 位/通道 (1:1)
RGB Alpha

图 8-49

技巧与提示

拾取的Gizmo对象会出现在右侧的下拉列表中，通过此方法可以让火效果在多个Gizmo中产生燃烧效果。单击"移除Gizmo"按钮 移除 Gizmo ，可以将当前的Gizmo从燃烧设置中删除，那么，火效果将不再在此Gizmo中产生燃烧效果。

另外，在"颜色"项目组中可以设置火焰的"内部颜色"和"外部颜色"，还有爆炸时的"烟雾颜色"，单击任意色块，可以打开"颜色选择器"对话框。真实的火焰分为"内焰"和"外焰"。"内部颜色"可以设置火焰的"内焰"；"外部颜色"可以设置火焰的"外焰"。

06 "图形"选项组为用户提供了两种火焰类型，即火舌和火球。可以根据实际需要设置所需的火焰类型，如图 8-50 和图 8-51 所示为两种火焰类型的效果。

技巧与提示

"火舌"是沿中心并定向的燃烧火焰，方向为大气装置Gizmo物体的自身的Z轴，常用于制作篝火、火把、烛火等效果。"火球"为球形膨胀的火焰，从中心向四周扩散，无方向性，常用于制作火球、恒星、爆炸等效果。

图 8-50

图 8-51

07 设置"拉伸"参数可以沿 Gizmo 物体自身 Z 轴方向拉伸火焰，尤其适用于"火舌"类型，产生长长的火苗。如图 8-52 和图 8-53 所示为设置不同的"拉伸"值后的火焰效果。

08 调节"规则性"参数可以设置火焰在 Gizmo 物体内部的填充情况，数值范围是 0～1。当值为 0.0 时，火焰极为分散细微，只有少许火苗偶尔触及 Gizmo 物体的边界；当值为 1.0 时，火焰将填满整个 Gizmo 物体，这种火焰较为丰满、规则，如图 8-54 和

图 8-55 所示为设置不同“规则性”参数后的火焰效果。

图 8-52

图 8-53

图 8-54

图 8-55

09 “特性” 选项组用于设置火焰的大小和密度等，它们与大气装置 Gizmo 物体的尺寸息息相关，共同产生作用，对其中一个参数的调节也会影响其他 3 个参数的效果。在“特性”项目组中设置“火焰大小”参数，可以设置每一根火苗的大小，值越大，火苗越粗壮。如图 8-56 和图 8-57 所示为设置不同“火焰大小”参数后的火焰效果。

图 8-56

图 8-57

10 设置“火焰细节”参数可以控制每一根火苗内部颜色和外部颜色之间的过渡程度。值越小，火苗越模糊，渲染也越快；值越大，火苗越清晰，渲染也越慢。如图 8-58 和图 8-59 所示为设置不同“火焰细节”参数后火焰的效果。

图 8-58

图 8-59

11“密度”值可以设置火焰的不透明度和光亮度，值越小，火焰越稀薄、透明，亮度也越低；值越大，火焰越浓密，中央更加不透明，亮度也会增加。如图 8-60 和图 8-61 所示为设置不同“密度”参数后火焰的效果。

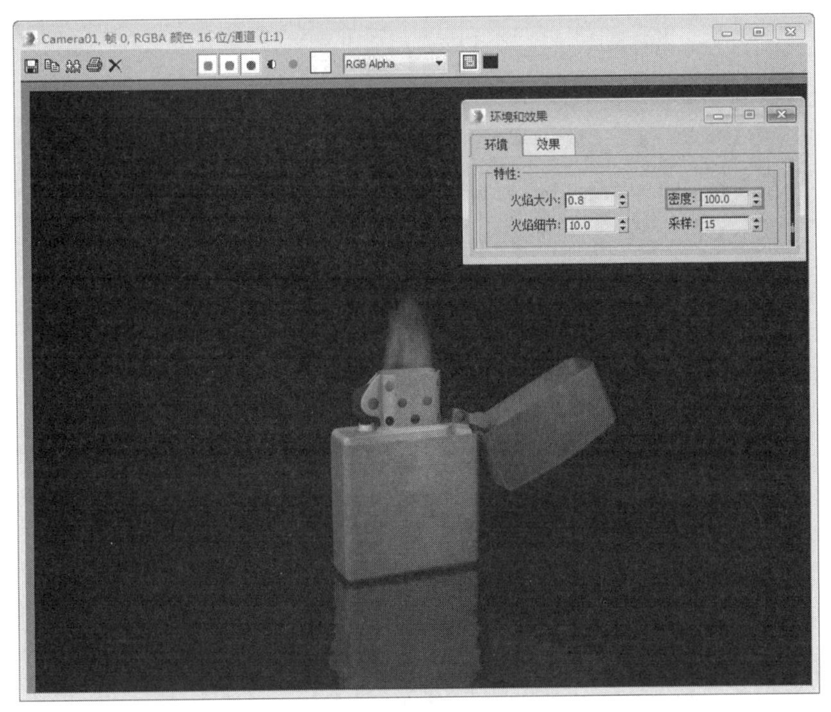

图 8-60

图 8-61

12“采样”参数用于设置火焰的采样速率。其值越大，结果越精确，但渲染速度也越慢，当火焰尺寸较小或细节较低时可以适当增大其值。如图 8-62 和图 8-63 所示为设置不同“采样”值后火焰的效果。

图 8-62

图 8-63

13 “动态”选项组用于制作动态的火焰燃烧效果。“相位”参数控制火焰变化的速度，对其进行动画设定可以产生火焰内部翻腾的动画效果。“漂移”参数用于设置火焰沿自身 *Z* 轴升腾的速度，值偏低时，表现出文火效果；值偏高时，表现出烈火效果。在动画关键点控制区中单击“自动关键点”按钮，然后拖动时间滑块到第 100 帧。在“动态”选项组中设置“相位”和“漂移”均为 20.0，如图 8-64 所示。

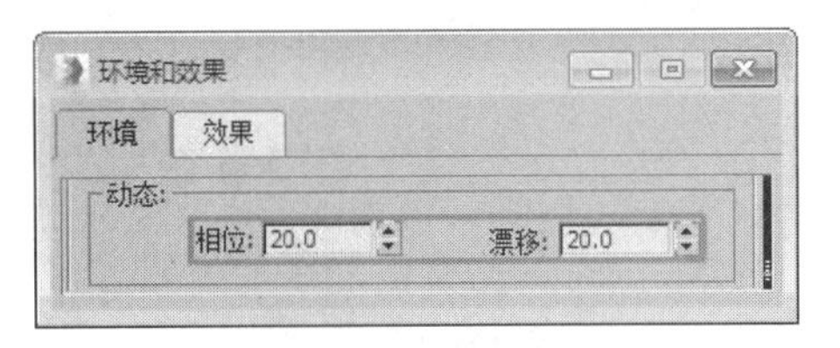

图 8-64

14 设置完成后，可以将其渲染输出为视频文件并观察设置的动画效果。也可以打开本书附带素材中的“工程文件 \CH8\ 燃烧的火焰 .avi”文件，观看设置的动画效果。

8.4 夜晚街道

实例操作：制作夜晚街道场景效果	
实例位置：	工程文件 \CH8\ 夜晚街道 .max
视频位置：	视频文件 \CH8\ 实例：制作夜晚街道场景 .mp4
实用指数：	★★☆☆☆
技术掌握：	熟悉“镜头效果”效果的使用方法

本节通过一个夜晚街道的场景，让读者更好地掌握“镜头效果”的设置方法，如图 8-65 所示为本例的最终完成效果。

图 8-65

01 打开附带素材中的“工程文件 \CH8\ 夜晚街道 .max”文件，单击主工具栏上的“渲染产品”按钮，即可观察当前场景的渲染效果，如图 8-66 所示。

图 8-66

02 按 8 键，打开“环境和效果”窗口，在“效果”选项卡中单击“添加”按钮 添加... ，打开“添加效果”对话框，双击“镜头效果”选项，如图 8-67 所示。

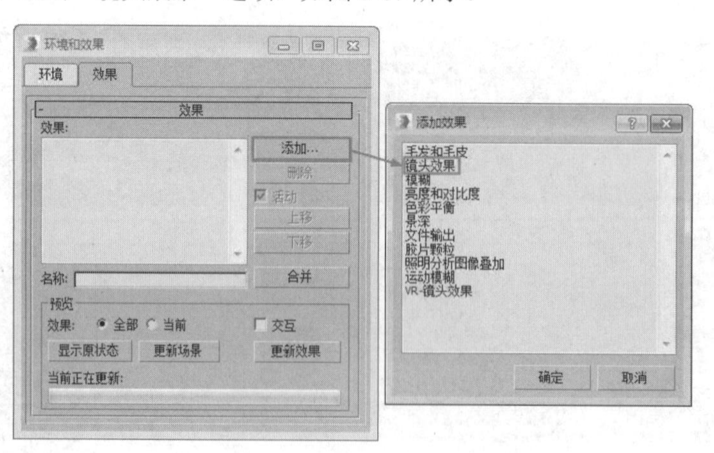

图 8-67

03 在“镜头效果全局”卷展栏中，单击“拾取灯光”按钮 拾取灯光 ，并在场景中选择如图 8-68 所示的场景中所有的“泛光”对象。

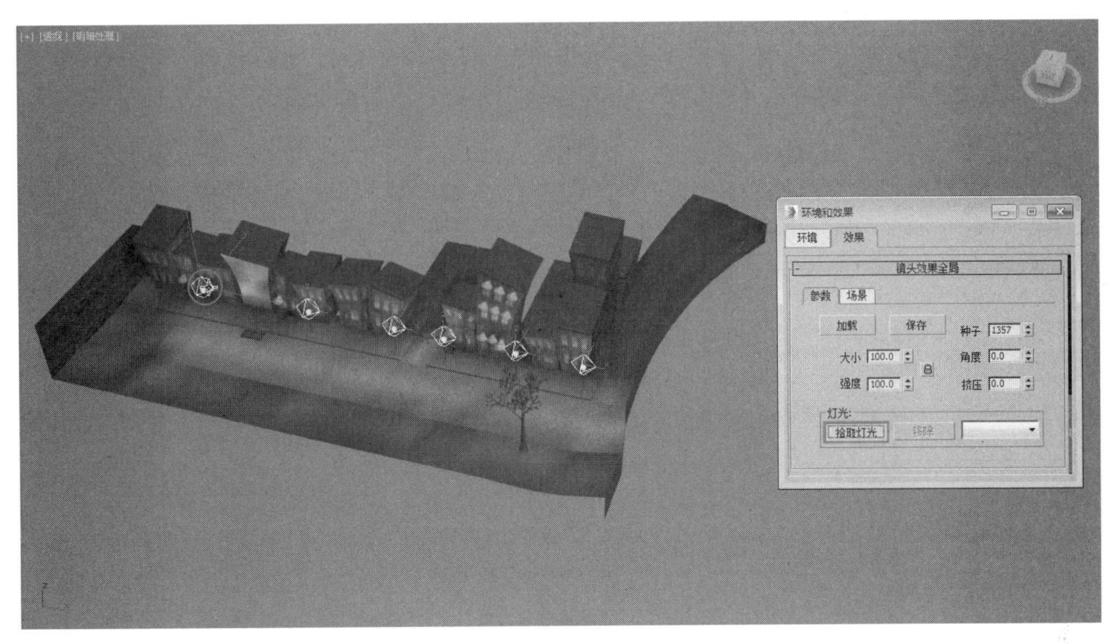

图 8-68

技巧与提示

如果选择的灯光比较多，可以在单击“拾取灯光”按钮后，按H键打开“拾取对象”对话框，一次性选择多个灯光，如图8-69所示。

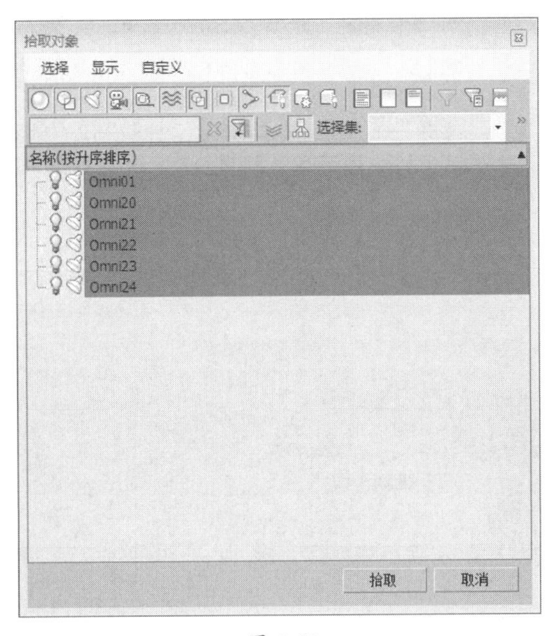

图 8-69

04 在“镜头效果参数”卷展栏中，选择“光晕”选项，然后单击向右的箭头按钮，将效果添加到右侧的列表中，完成后渲染场景，如图 8-70 和图 8-71 所示。

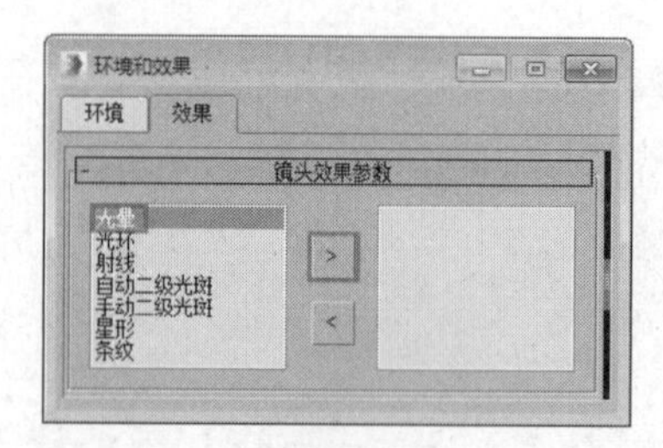

图 8-70

图 8-71

05 在“光晕元素”卷展栏中，设置“强度”为 80.0，并设置“径向颜色”右侧的颜色为（红：255，绿：130，蓝：0），设置完成与渲染场景，如图 8-72 和图 8-73 所示。

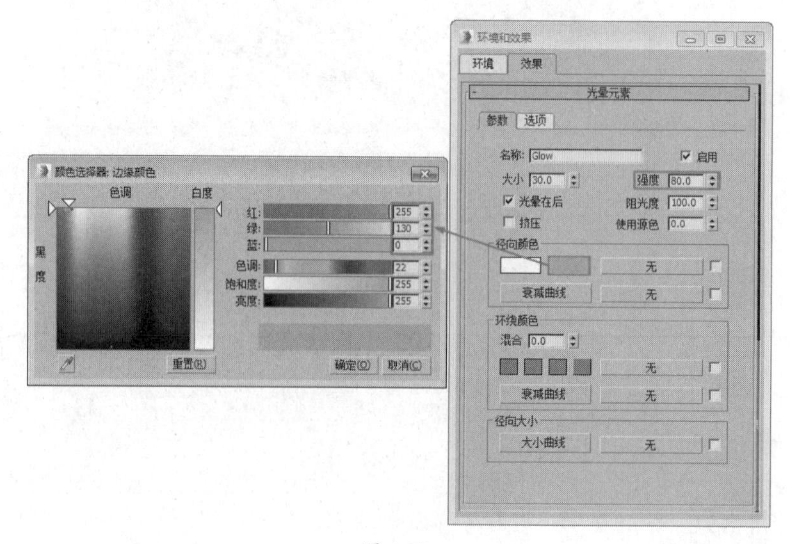

图 8-72

图 8-73

06 在“镜头效果参数”卷展栏中再添加一个“射线”效果，并在“射线元素”卷展栏中设置“大小”为 30.0，“强度”为 5.0，设置完成与渲染场景，如图 8-74~ 图 8-76 所示。

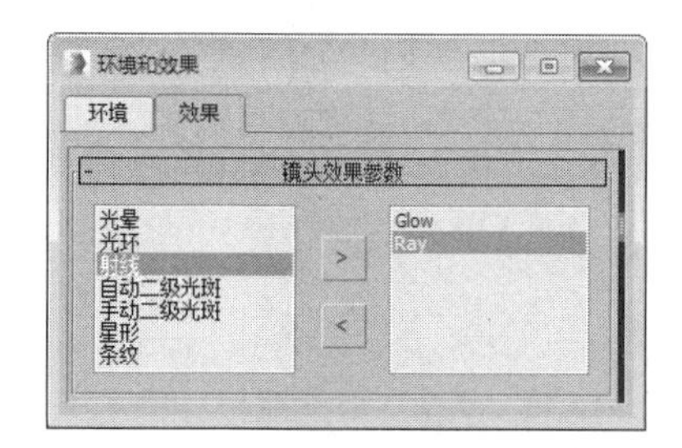

图 8-74

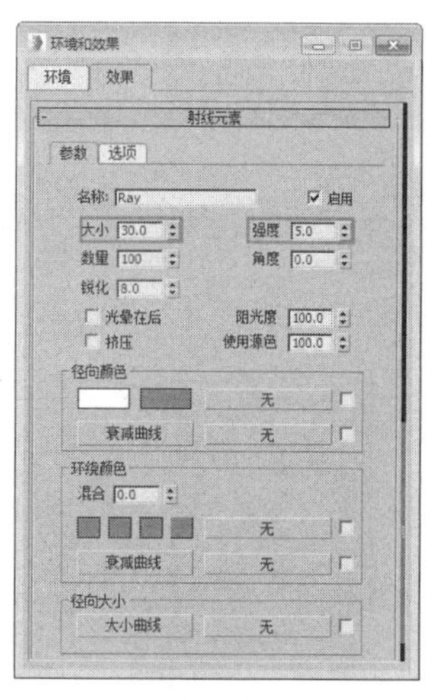

图 8-75

图 8-76

07 在“镜头效果参数”卷展栏中再添加一个“自动二级光斑”效果，并在“自动二级光斑元素”卷展栏中，设置“最小”为0.0，“最大”为50.0，“轴”为10.0，“强度”为40.0，“数量”为5，设置完成与渲染场景，如图 8-77~ 图 8-79 所示。

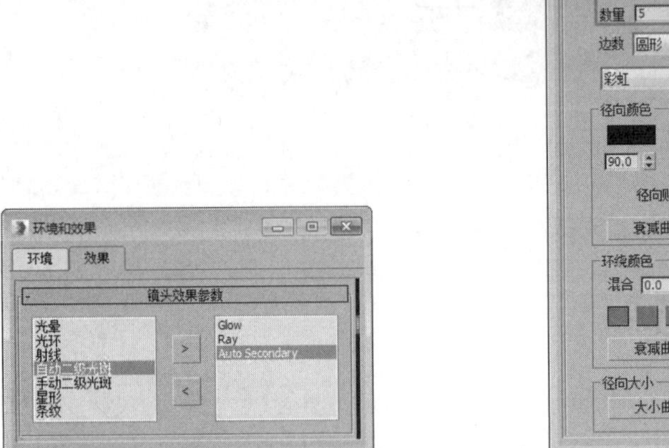

图 8-77

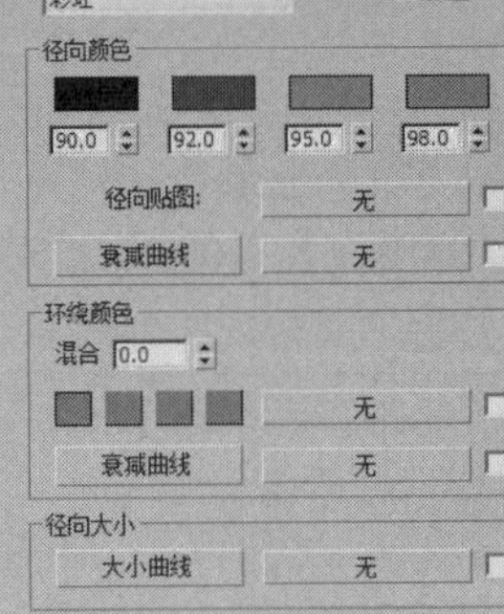

图 8-78

图 8-79

08 在“镜头效果参数”卷展栏中再添加一个“星形”效果，并在“星形元素”卷展栏中，设置“大小”为10.0，“强度”为20.0，“宽度”为0.5，“锥化”为10.0，“锐化”为0.0，设置完成与渲染场景，如图 8-80~ 图 8-82 所示。

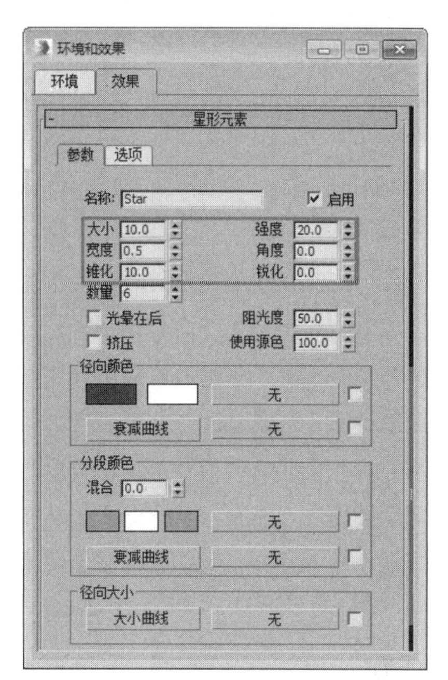

环境和效果
环境
效果
镜头效果参数
光晕
光环
射线
自动二级光斑
手动二级光斑
星形
条纹
Glow
Ray
Auto Secondary
Star

图 8-80

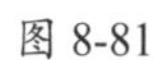
图 8-81

图 8-82

09 在“镜头效果参数”卷展栏中再添加一个“条纹”效果，并在“条纹元素”卷展栏中，设置“大小”为 20.0，“强度”为 30.0，“宽度”为 1.0，“锥化”为 0.0，“锐化”为 8.0，如图 8-83 和图 8-84 所示。

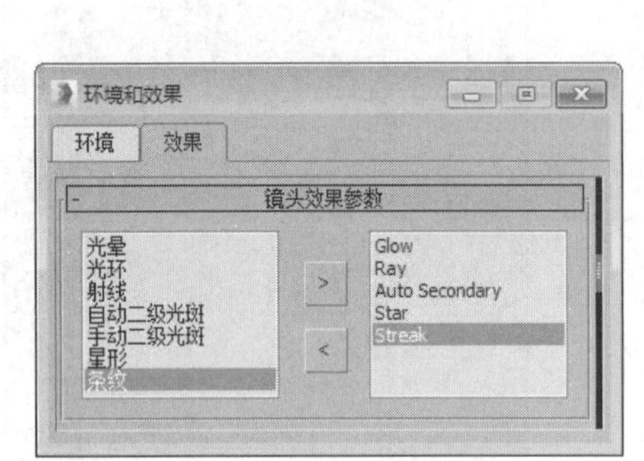

图 8-83

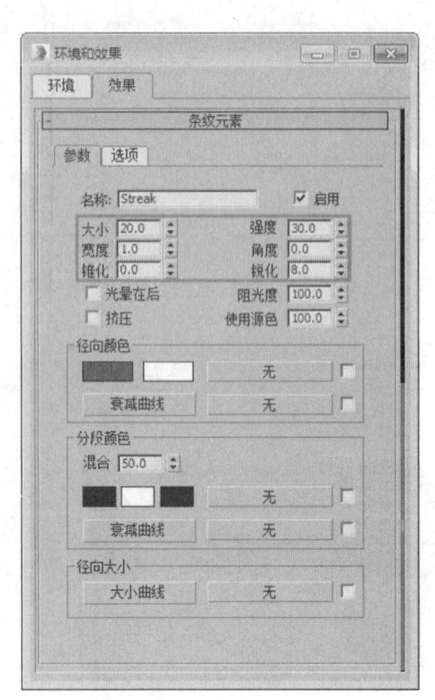

图 8-84

10 设置完成后渲染场景，最终效果如图 8-85 所示。

图 8-85

8.5 镜头光斑

实例操作：镜头光斑	
实例位置：	工程文件 \CH8\ 镜头光斑 .max
视频位置：	视频文件 \CH8\ 实例：镜头光斑 .mp4
实用指数：	★★★☆☆
技术掌握：	熟练使用“镜头效果光斑”功能制作光斑效果

“镜头效果光斑”功能用于将镜头光斑效果作为后期处理添加到渲染效果中。通常对场景中的灯光应用光斑效果，随后对象周围会产生镜头光斑。

接下来通过实例讲解这方面的知识。如图 8-86 所示为本例的最终完成效果。

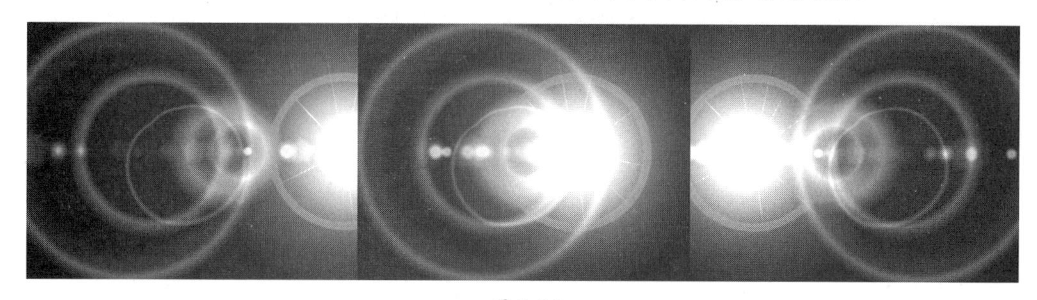

图 8-86

01 打开附带素材中的“工程文件 \CH8\ 镜头光斑 .max”文件，该场景中有一个“点”辅助物体，并且为其制作了一段从右向左的位移动画，如图 8-87 所示。

图 8-87

02 执行“渲染”→“视频后期处理”命令，打开“视频后期处理”面板，如图 8-88 和图 8-89 所示。

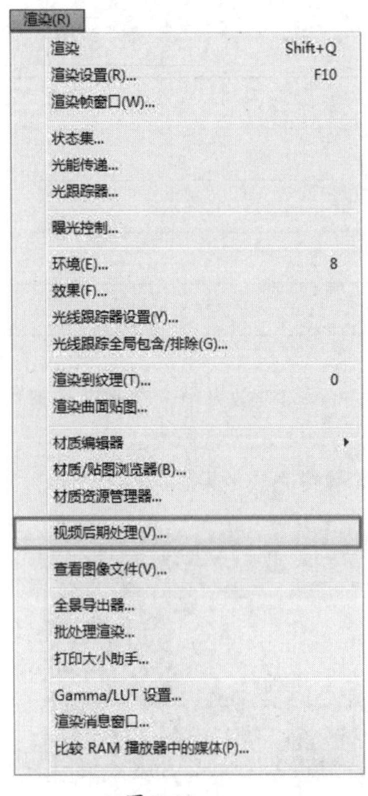

图 8-88

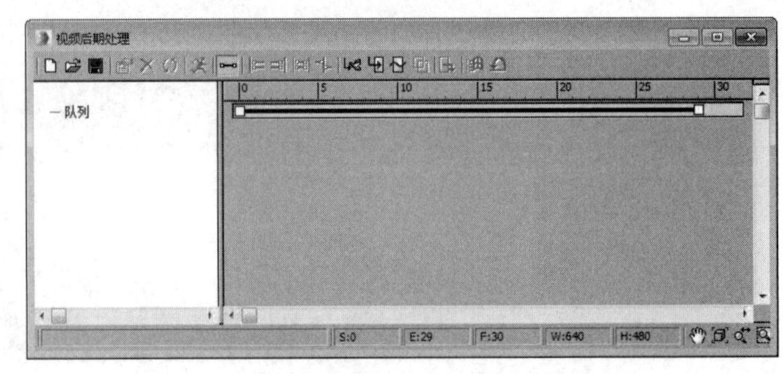

图 8-89

03 在其工具栏上单击“添加场景事件”按钮，在打开的“添加场景事件”对话框的下拉列表中选择 Camera01 并单击“确定”按钮，如图 8-90 所示。

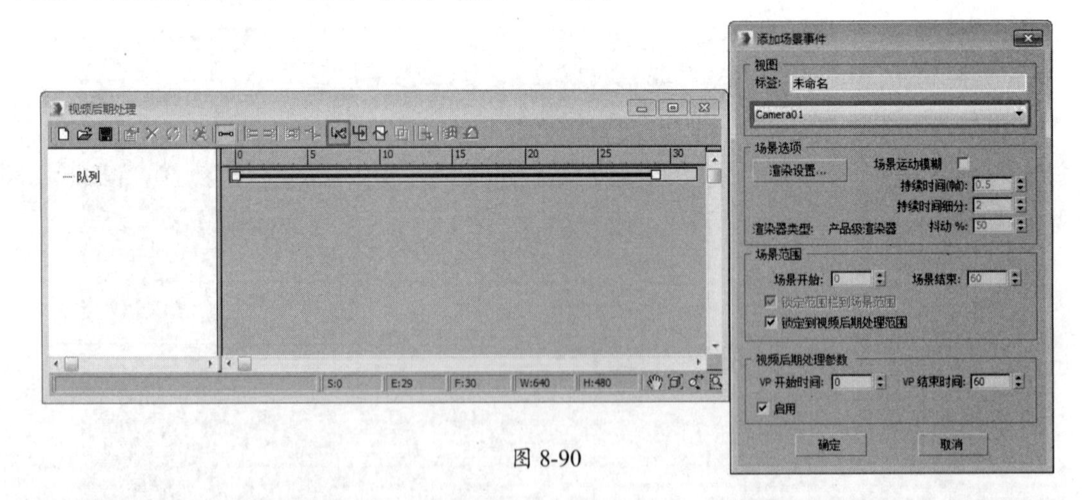

图 8-90

技巧与提示

“添加场景事件”按钮用来设置接下来添加的“效果”显示在哪个视图中。

04 在工具栏中单击“添加图像过滤事件”按钮，在打开的“添加图像过滤事件”对话框的下拉列表中选择“镜头效果光斑”选项并单击“确定”按钮，如图 8-91 所示。

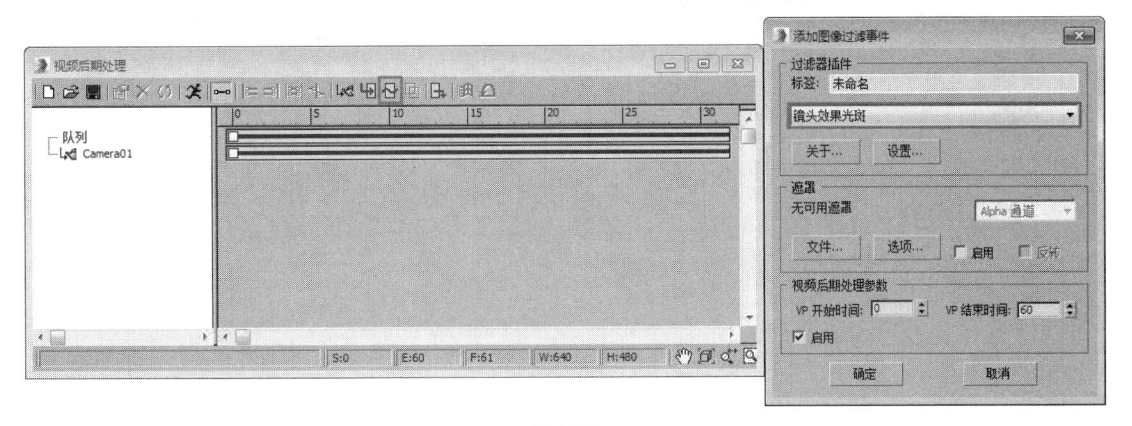

图 8-91

05 在左侧的“队列”中双击“镜头效果光斑”选项，在弹出的“编辑过滤事件”对话框中单击“设置”按钮，此时会打开“镜头效果光斑”面板，如图 8-92 和图 8-93 所示。

图 8-92

06 在“镜头光斑属性”选项组中单击“节点源”按钮，在打开的“选择光斑对象”对话框中选择“点”辅助对象 Point01，完成后单击“VP 队列”按钮和“预览”按钮，这里会在预览窗口中看到“镜头光斑”的效果，如图 8-94 和图 8-95 所示。

07 在“镜头光斑属性”选项组中设置“挤压”为 0，在“镜头光斑效果”选项组中设置“加亮”为 20.0。在右侧的“首选项”选项卡中，选中“加亮”和“自动二级光斑”后面的“渲染”和“场景外”复选框，如图 8-96 所示。

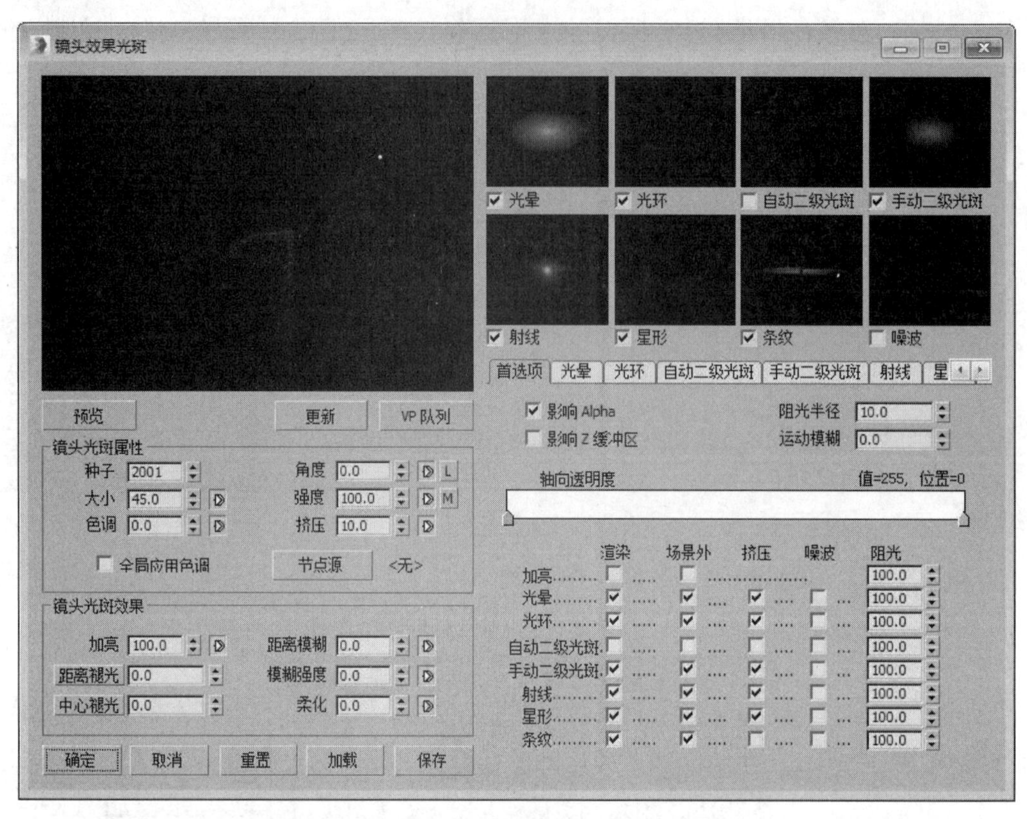
镜头效果光斑
光晕
光环
自动二级光斑
手动二级光斑
射线
星形
条纹
噪波
首选项
光晕
光环
自动二级光斑
手动二级光斑
射线
星
预览
更新
VP 队列
影响 Alpha
影响 Z 缓冲区
阻光半径
10.0
运动模糊
0.0
镜头光斑属性
种子
2001
角度
0.0
大小
45.0
强度
100.0
色调
0.0
挤压
10.0
全局应用色调
节点源
<无>
轴向透明度
值=255，位置=0
渲染
场景外
挤压
噪波
阻光
加亮
光晕
光环
自动二级光斑
手动二级光斑
射线
星形
条纹
镜头光斑效果
加亮
100.0
距离模糊
0.0
距离褪光
0.0
模糊强度
0.0
中心褪光
0.0
柔化
0.0
确定
取消
重置
加载
保存

图 8-93

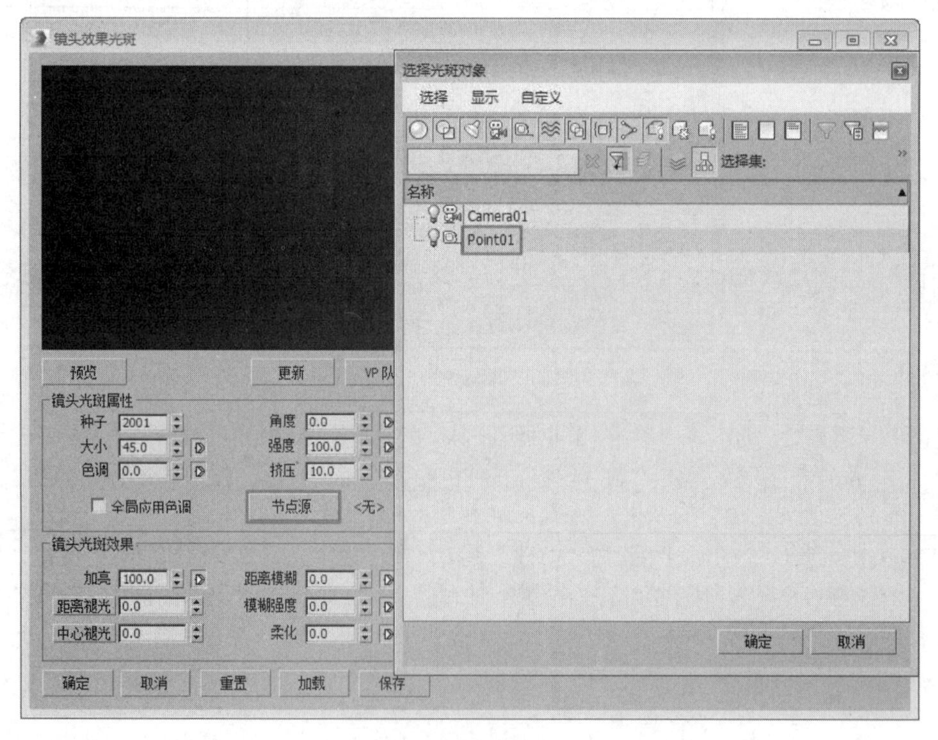
镜头效果光斑
选择光斑对象
选择
显示
自定义
选择集:
名称
Camera01
Point01
确定
取消
预览
更新
镜头光斑属性
种子
2001
角度
0.0
大小
45.0
强度
100.0
色调
0.0
挤压
10.0
全局应用色调
节点源
<无>
镜头光斑效果
加亮
100.0
距离模糊
0.0
距离褪光
0.0
模糊强度
0.0
中心褪光
0.0
柔化
0.0
确定
取消
重置
加载
保存

图 8-94

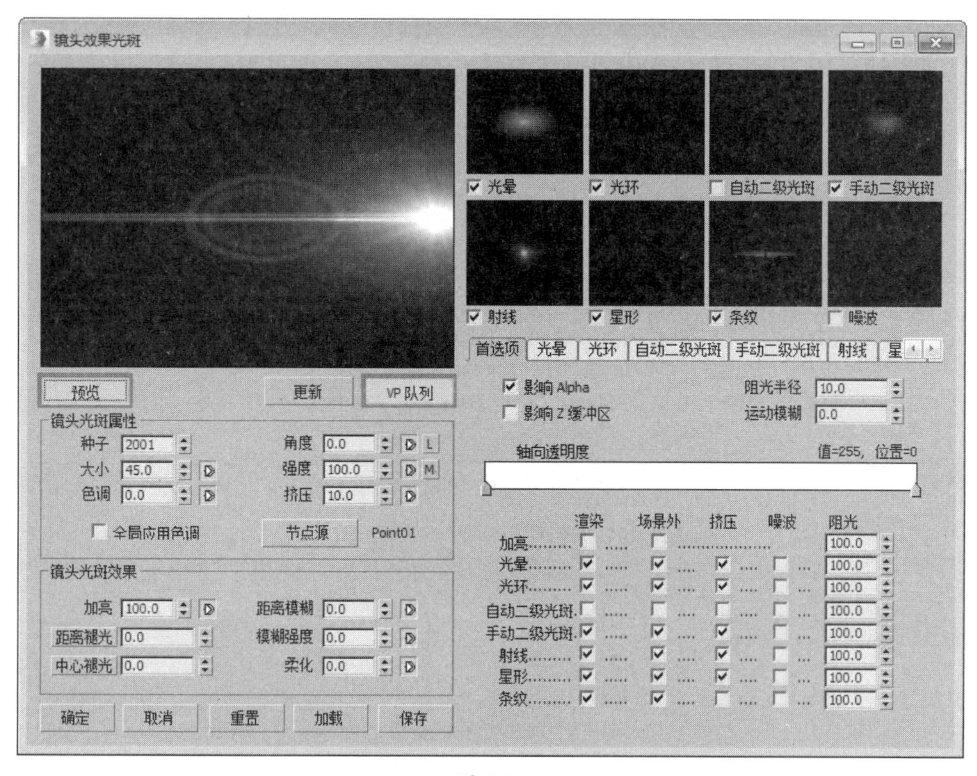
镜头效果光斑
光晕
光环
自动二级光斑
手动二级光斑
射线
星形
条纹
噪波
首选项
光晕
光环
自动二级光斑
手动二级光斑
射线
星
预览
更新
VP 队列
镜头光斑属性
种子 2001
大小 45.0
色调 0.0
角度 0.0
强度 100.0
挤压 10.0
全局应用色调
节点源
Point01
影响 Alpha
影响 Z 缓冲区
阻光半径 10.0
运动模糊 0.0
轴向透明度
值=255，位置=0
渲染
场景外
挤压
噪波
阻光
加亮
光晕
光环
自动二级光斑
手动二级光斑
射线
星形
条纹
100.0
镜头光斑效果
加亮 100.0
距离褪光 0.0
中心褪光 0.0
距离模糊 0.0
模糊强度 0.0
柔化 0.0
确定
取消
重置
加载
保存

图 8-95

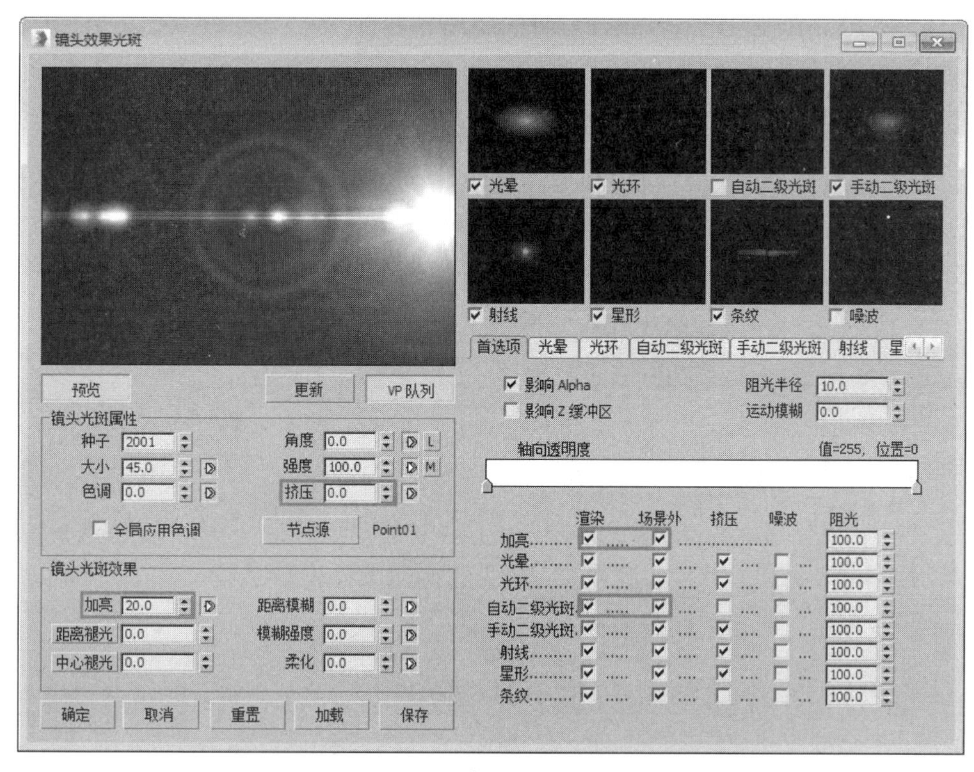
镜头效果光斑
光晕
光环
自动二级光斑
手动二级光斑
射线
星形
条纹
噪波
首选项
光晕
光环
自动二级光斑
手动二级光斑
射线
星
预览
更新
VP 队列
镜头光斑属性
种子 2001
大小 45.0
色调 0.0
角度 0.0
强度 100.0
挤压 0.0
全局应用色调
节点源
Point01
影响 Alpha
影响 Z 缓冲区
阻光半径 10.0
运动模糊 0.0
轴向透明度
值=255，位置=0
渲染
场景外
挤压
噪波
阻光
加亮
光晕
光环
自动二级光斑
手动二级光斑
射线
星形
条纹
100.0
镜头光斑效果
加亮 20.0
距离褪光 0.0
中心褪光 0.0
距离模糊 0.0
模糊强度 0.0
柔化 0.0
确定
取消
重置
加载
保存

图 8-96

技巧与提示

“首先项”选项卡可以控制具体应用哪种效果，选中“渲染”复选框的效果表示被应用；选中“场景外”复选框的效果表示如果应用特效的物体在渲染镜头外，那么该物体特效的“余晖”可以被渲染在镜头中；而选中“挤压”复选框的效果，会被“镜头光斑属性”选项组中的“挤压”数值控制。

08 单击右侧的“光晕”选项卡，设置“大小”为120.0，然后调整“径向颜色”3个滑块的位置，接着分别设置它们的颜色为（红：255，绿：230，蓝：230）、（红：255，绿：95，蓝：95）和（红：255，绿：85，蓝：85），如图8-97~图8-99所示。

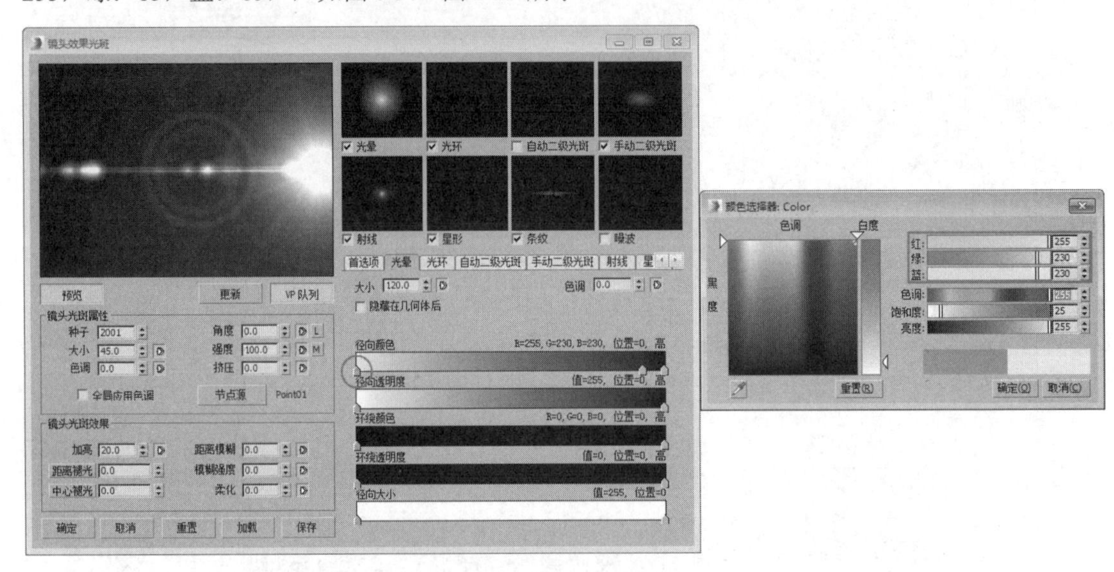

图 8-97

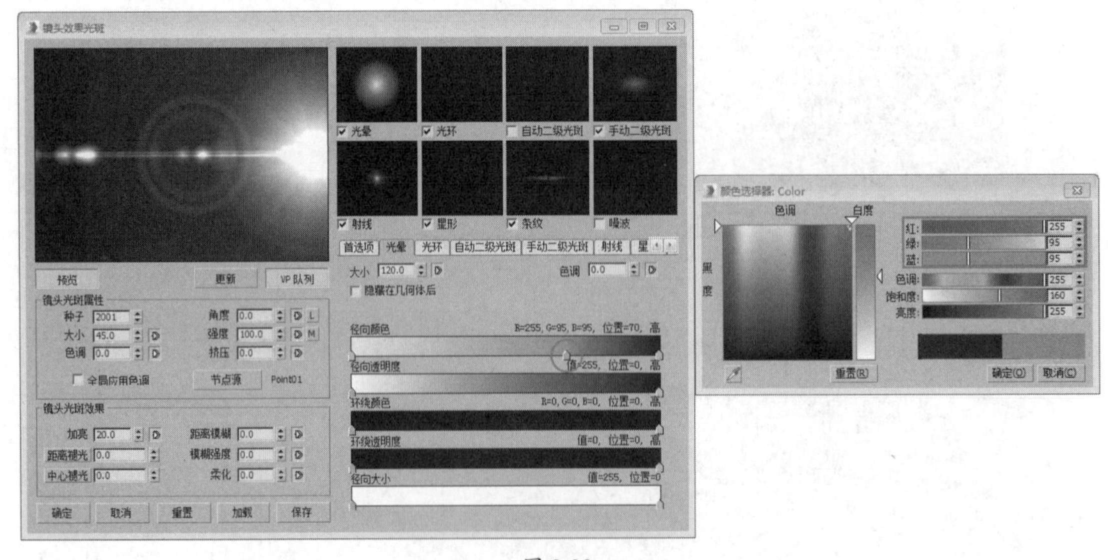

图 8-98

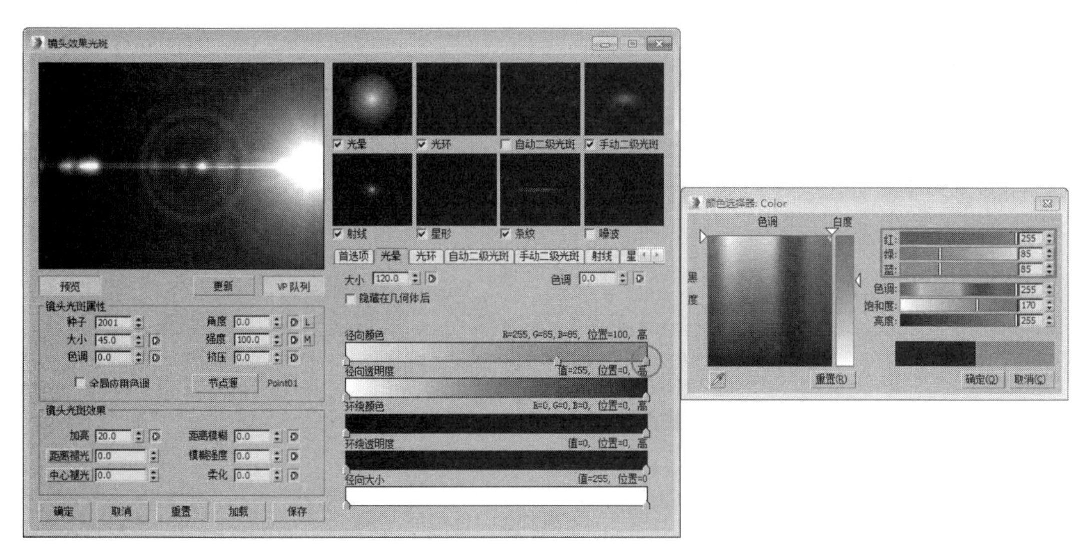

图 8-99

技巧与提示

双击滑块可以打开“颜色选择器”对话框并设置其颜色，滑块被选中时显示为绿色，未被选中时显示为灰色。

09 单击“光环”选项卡，设置“大小”为 60.0，“厚度”为 10.0，并在“径向颜色”色条中间添加一个滑块，设置其颜色为红色，如图 8-100 所示。

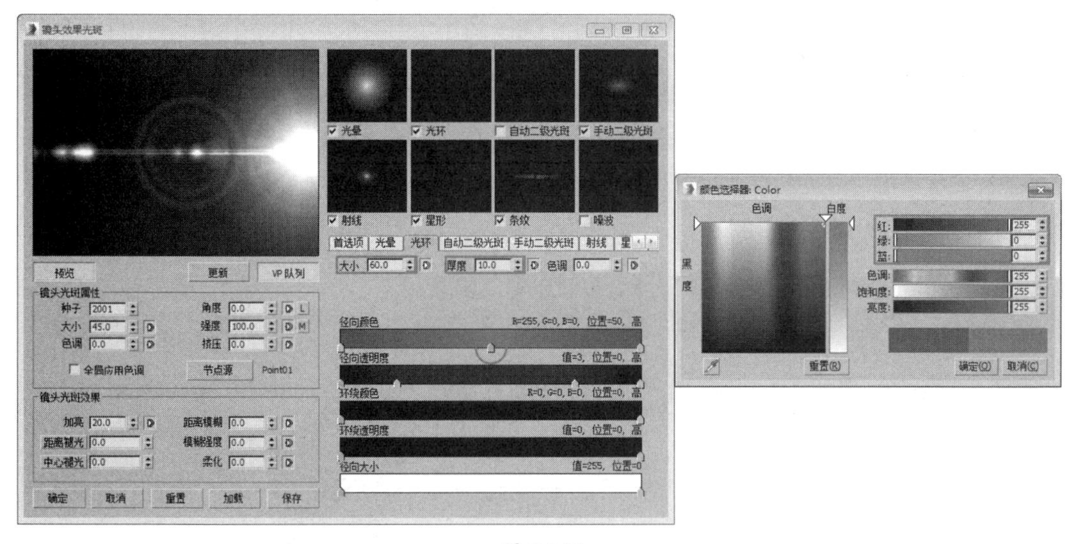

图 8-100

10 将“径向透明度”色条上的一个滑块删除，调整另一个滑块的位置，并设置其颜色为白色，如图 8-101 所示。

11 单击“自动二级光斑”选项卡，设置“最小”为 5，“最大”为 20，“轴”为 1.2。设置“径向颜色”两个滑块的颜色分别为（红：255，绿：255，蓝：0）和（红：255，绿：155，蓝：0），如图 8-102 和图 8-103 所示。

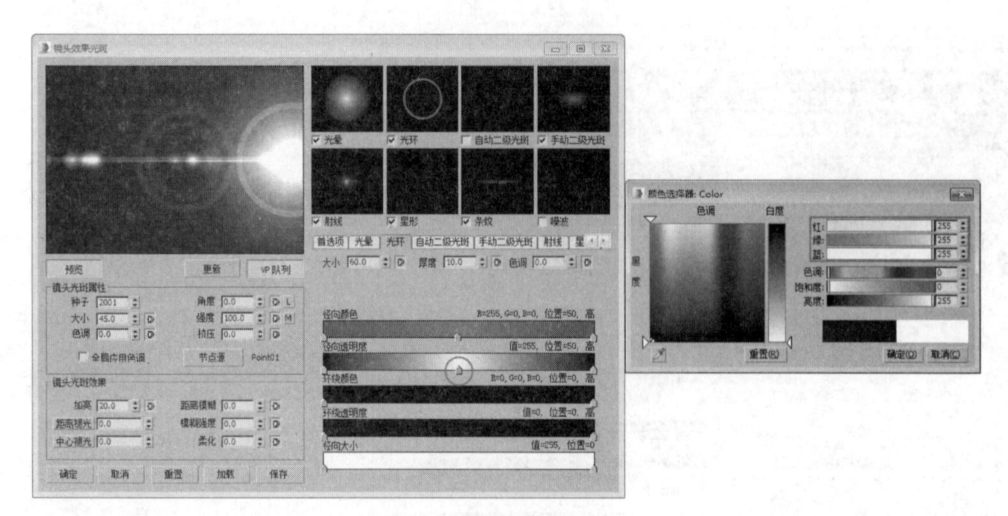

图 8-101

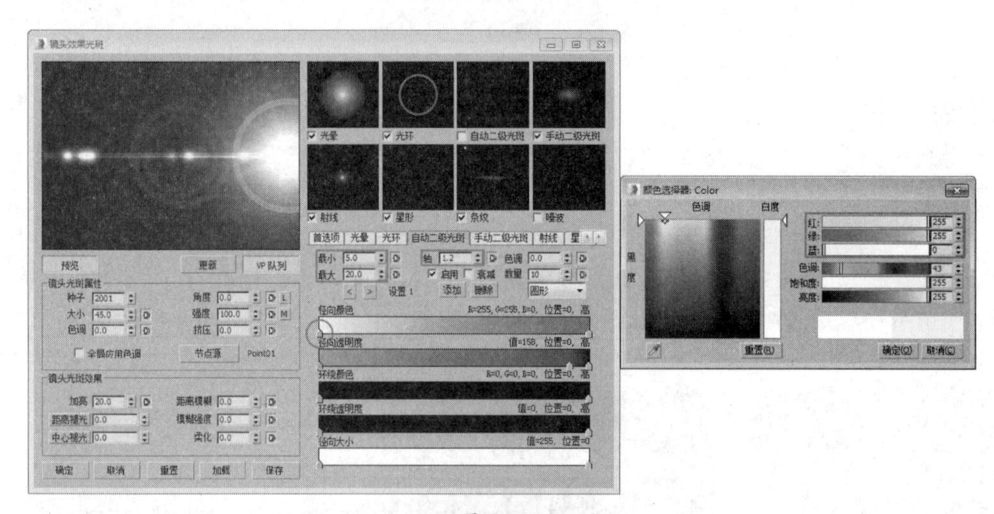

图 8-102

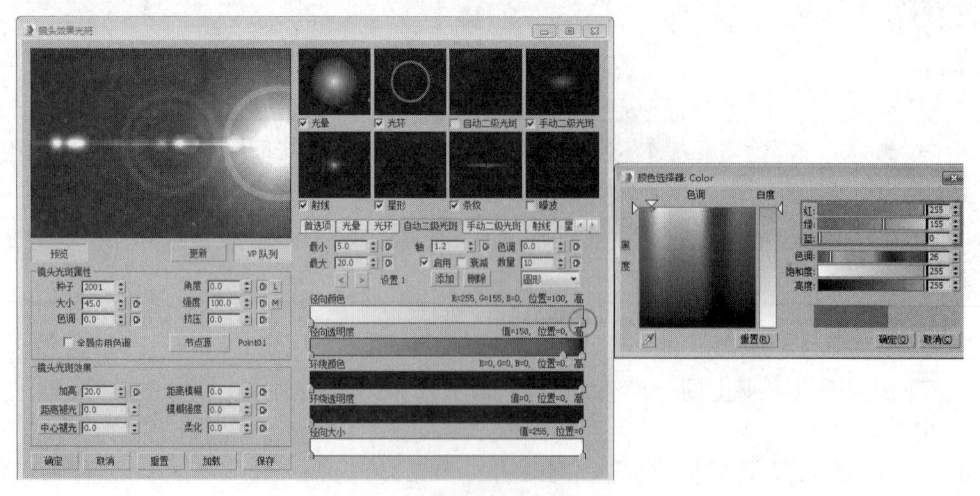

图 8-103

12 在“径向透明度”色条上添加一个滑块，随后设置前面两个滑块的颜色为（红：190，绿：190，蓝：190），第 3 个滑块的颜色为（红：30，绿：30，蓝：30），如图 8-104 和图 8-105 所示。

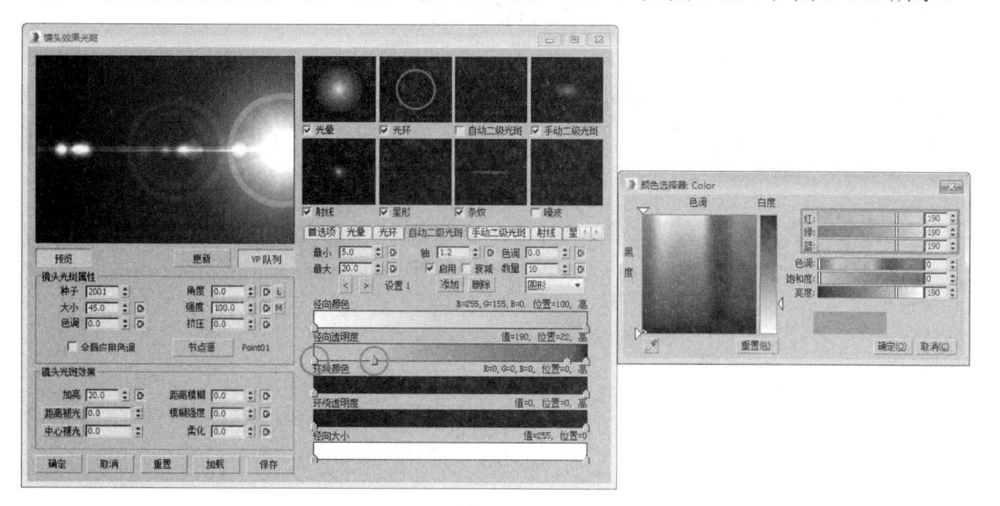

图 8-104

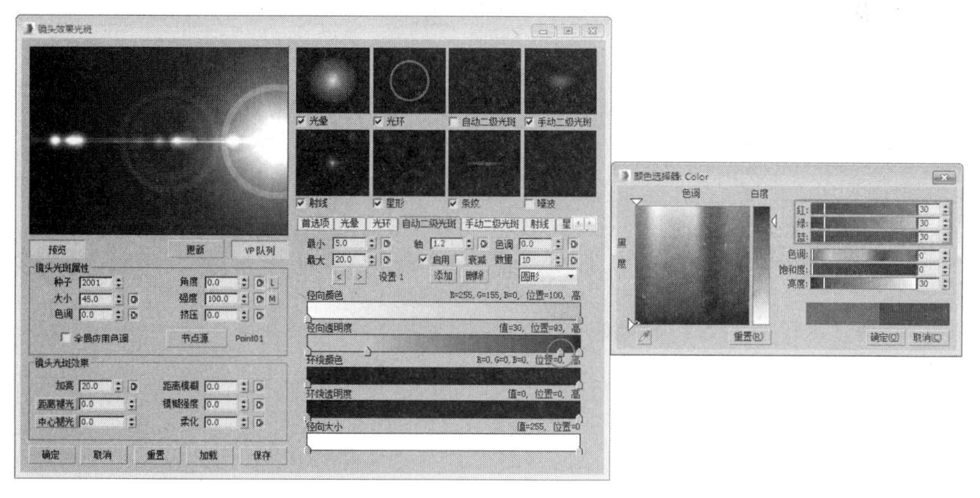

图 8-105

13 单击向右的箭头按钮 > ，设置“最小”为 5.0，“最大”为 25.0，“轴”为 1.8，“数量”为 7，在下拉列表中选择“5 边”选项，接着设置“径向颜色”色条两个滑块的颜色分别为（红：255，绿：175，蓝：0）和（红：255，绿：195，蓝：60），如图 8-106 和图 8-107 所示。

14 在“径向透明度”色条上添加一个滑块，设置前面两个滑块的颜色分别为（红：100，绿：100，蓝：100）和（红：65，绿：65，蓝：65），如图 8-108 和图 8-109 所示。

15 单击“添加”按钮 添加 ，设置“最小”为 5.0，“最大”为 25.0，“轴”为 1.9，“数量”为 10，接着设置“径向颜色”色条两个滑块的颜色分别为（红：255，绿：175，蓝：0）和（红：255，绿：195，蓝：60），如图 8-110 和图 8-111 所示。

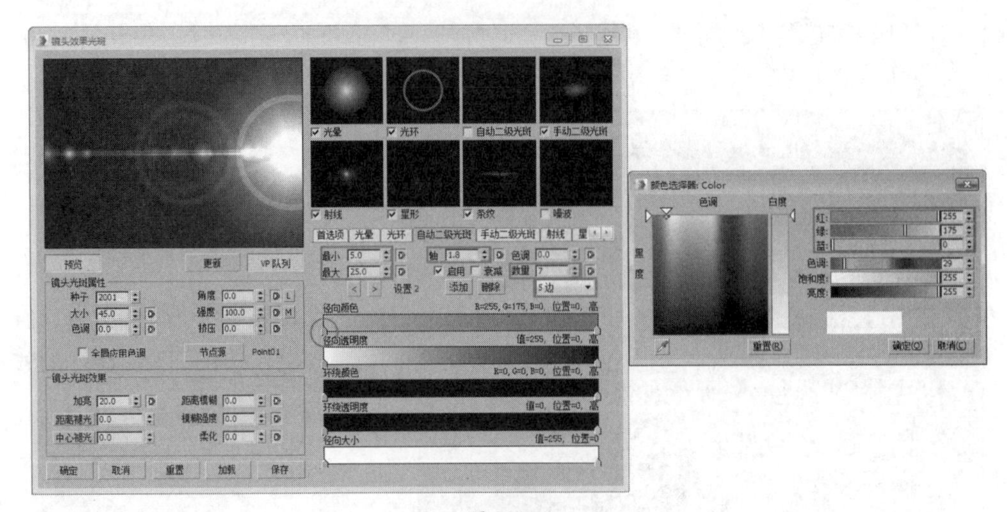

图 8-106

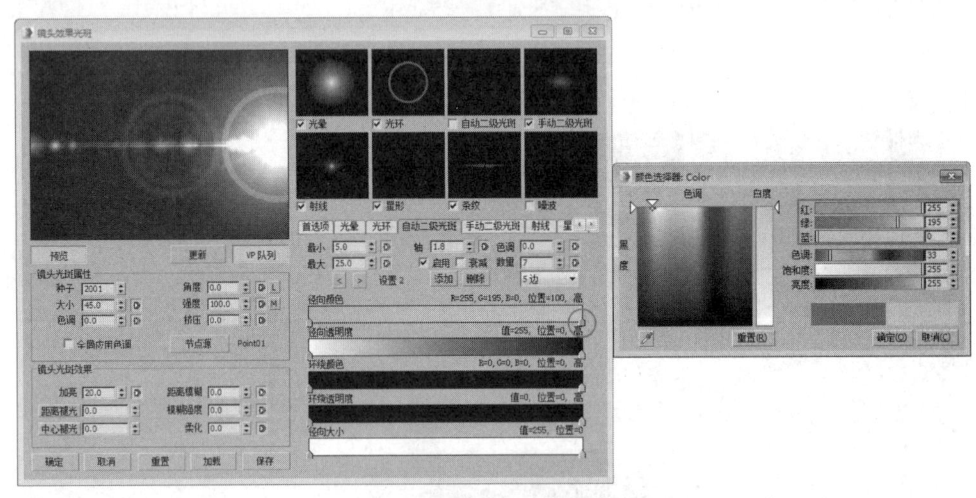

图 8-107

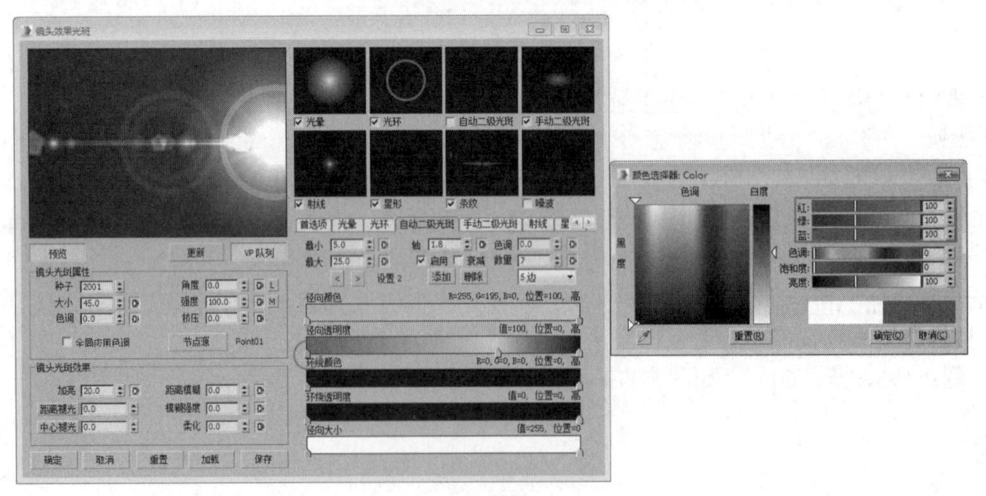

图 8-108

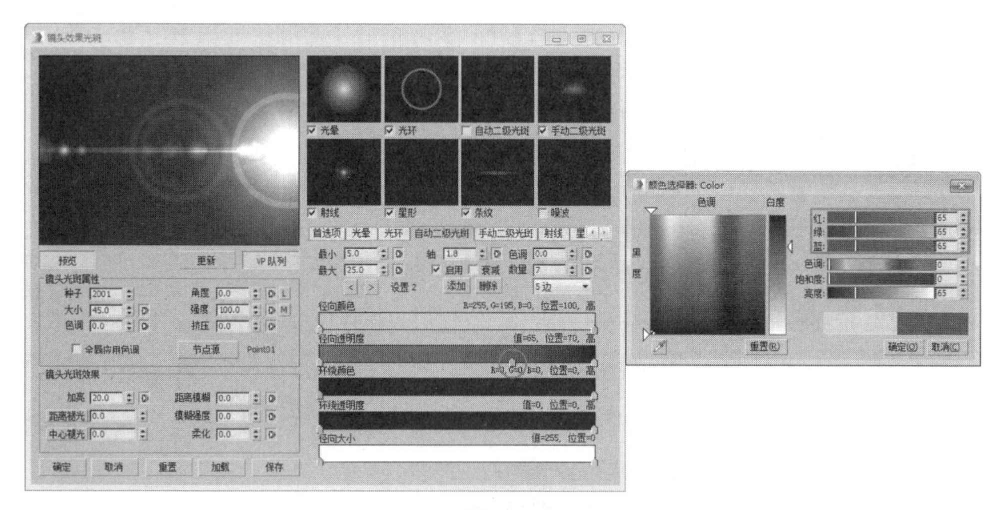

图 8-109

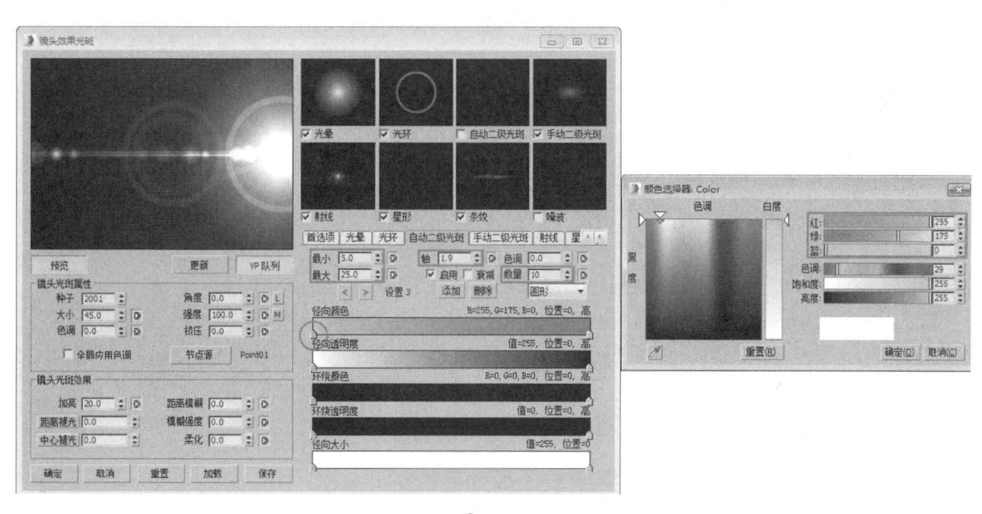

图 8-110

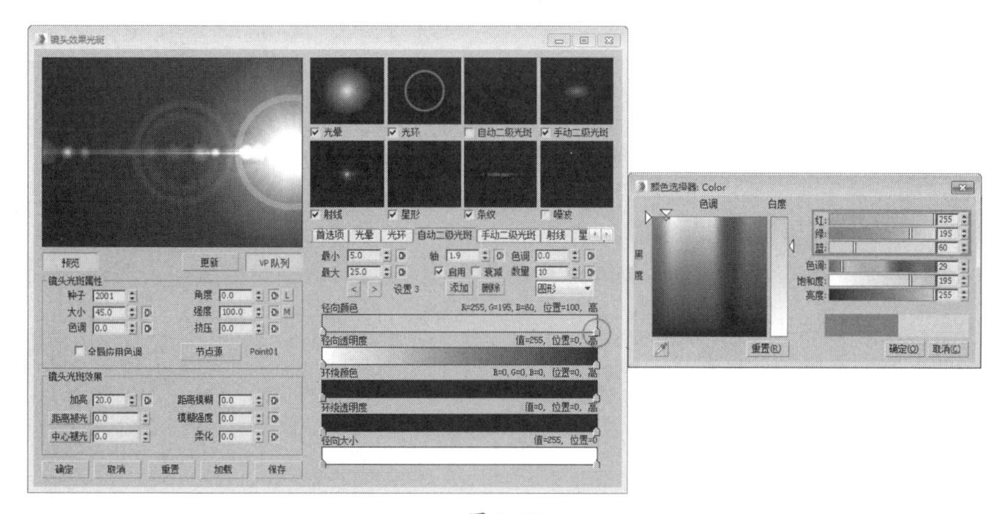

图 8-111

16 在“径向透明度”色条上添加一个滑块，设置前面两个滑块的颜色为白色，第 3 个滑块的颜色为黑色，如图 8-112 和图 8-113 所示。

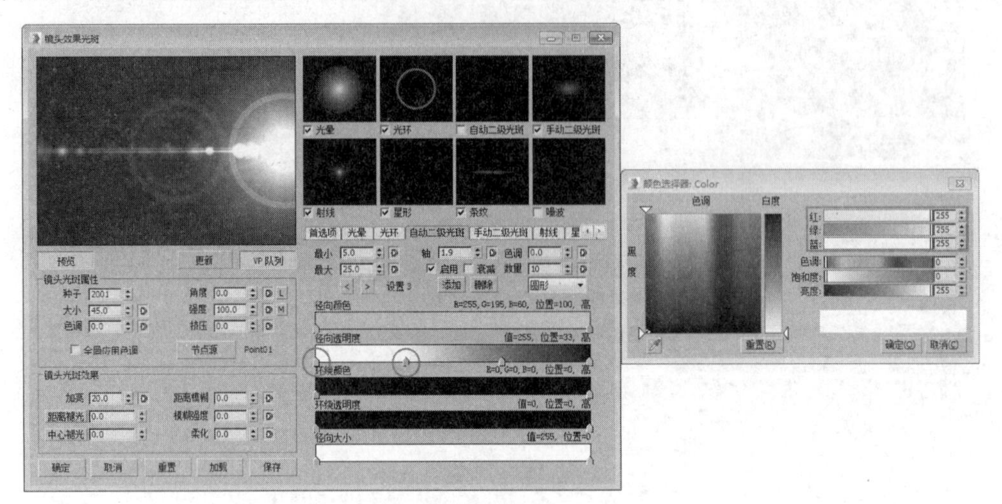

图 8-112

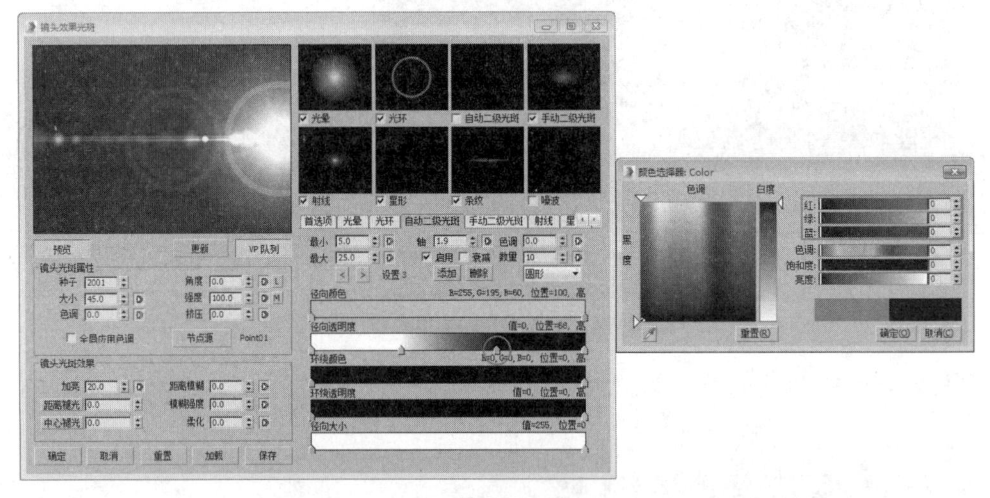

图 8-113

17 单击“手动二级光斑”选项卡，设置“大小”为 120，“平面”为 780，并在“径向颜色”色条上添加一个滑块并调整位置，设置第 1、2、5 三个滑块的颜色均为（红：180，绿：0，蓝：90），设置第 3 和 4 两个滑块的颜色均为（红：255，绿：190，蓝：220），如图 8-114 和图 8-115 所示。

18 在“径向透明度”色条上添加一个滑块，设置第 1、2、4 三个滑块的颜色为黑色，设置第 3 个滑块的颜色为（红：100，绿：100，蓝：100），如图 8-116 和图 8-117 所示。

19 单击向右箭头按钮 >，设置“大小”为 70，“平面”为 600，并设置“径向颜色”两个滑块的颜色为（红：255，绿：255，蓝：255）和（红：195，绿：165，蓝：185），如图 8-118 和图 8-119 所示。

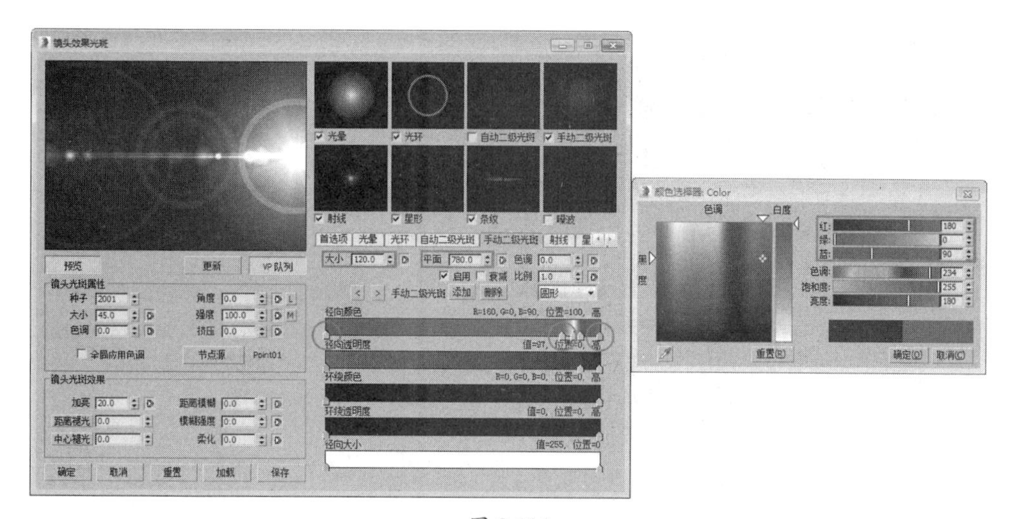

图 8-114

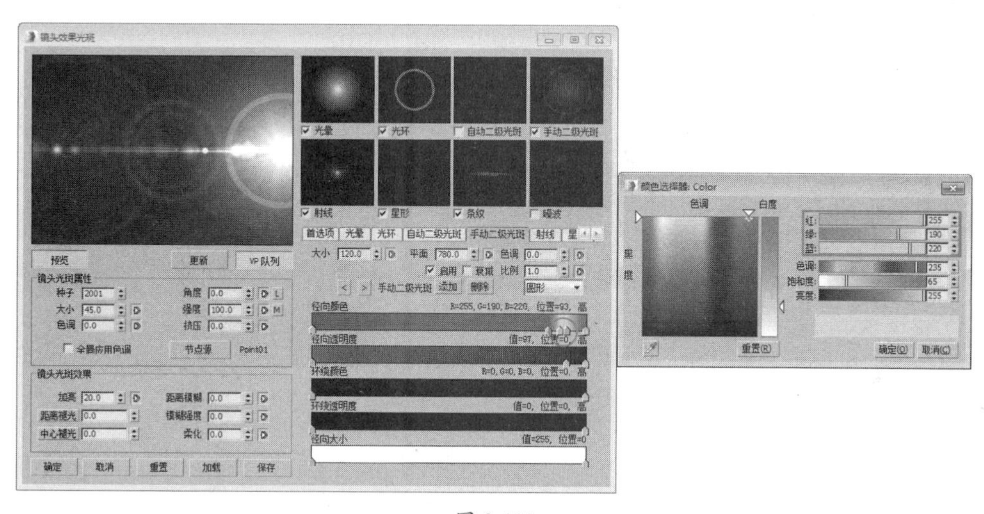

图 8-115

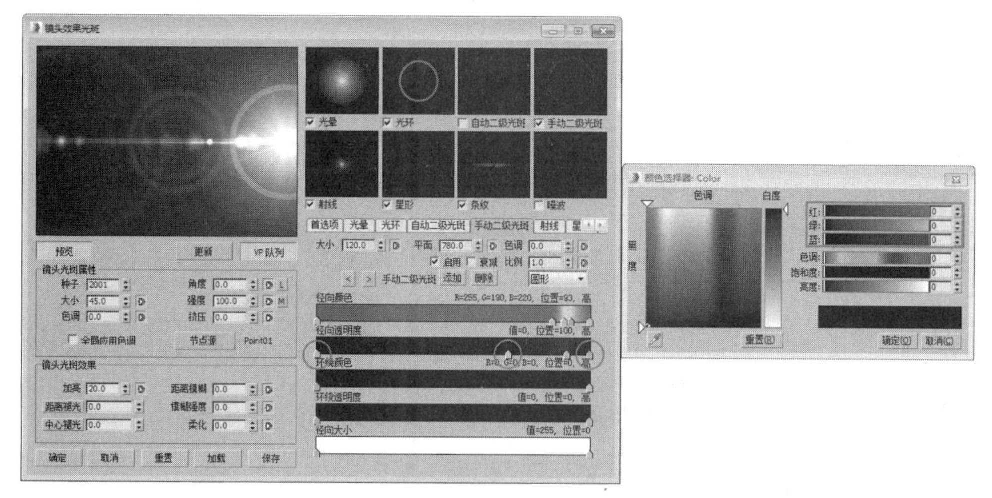

图 8-116

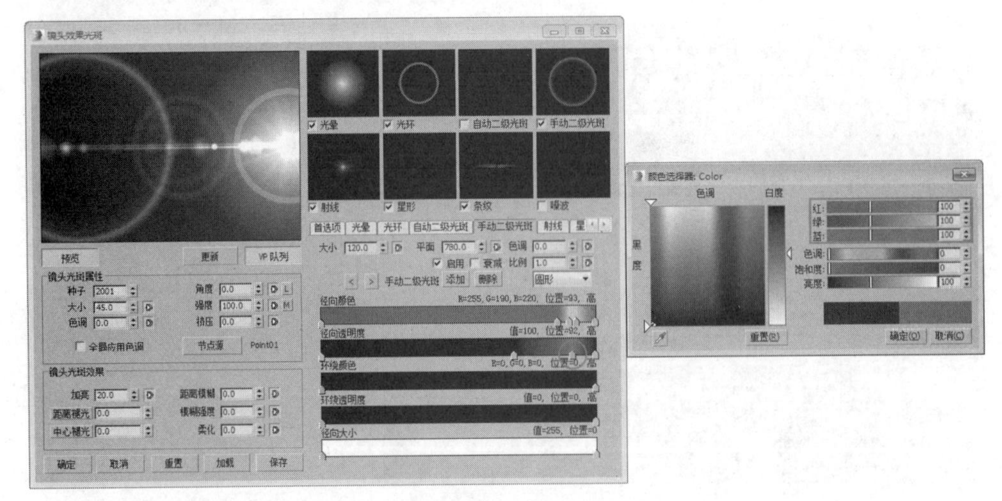

图 8-117

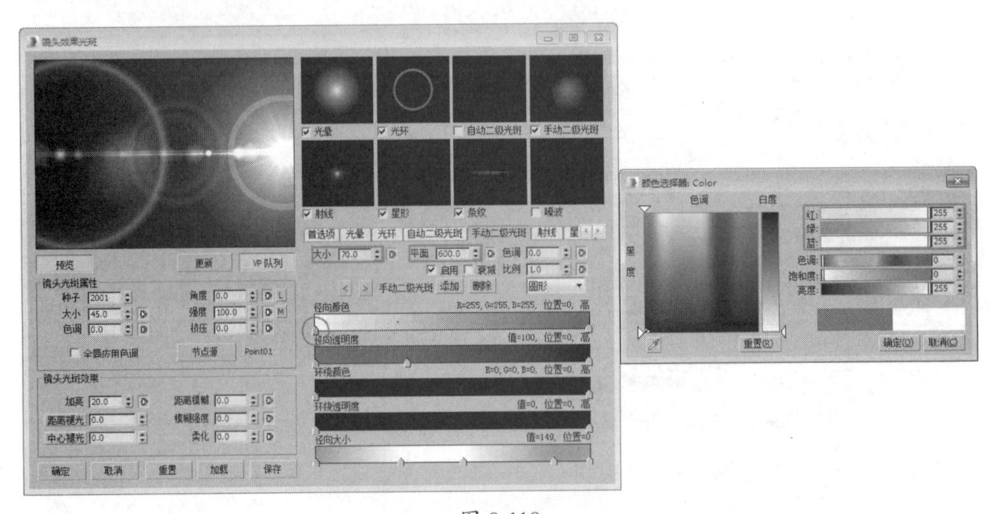

图 8-118

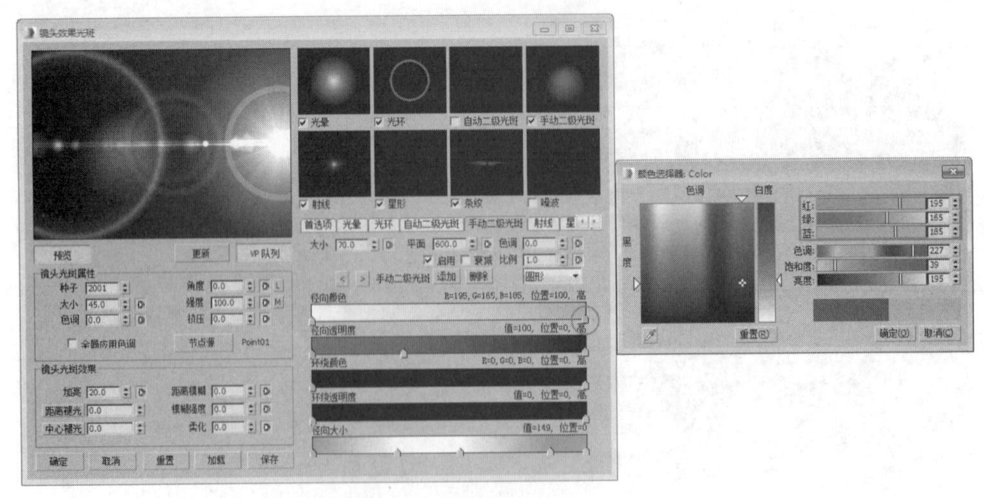

图 8-119

20 在“径向透明度”色条上添加两个滑块并调整位置，设置第 1、2、4、5 四个滑块的颜色为黑色，设置第 3 个滑块的颜色为（红：90，绿：90，蓝：90），如图 8-120 和图 8-121 所示。

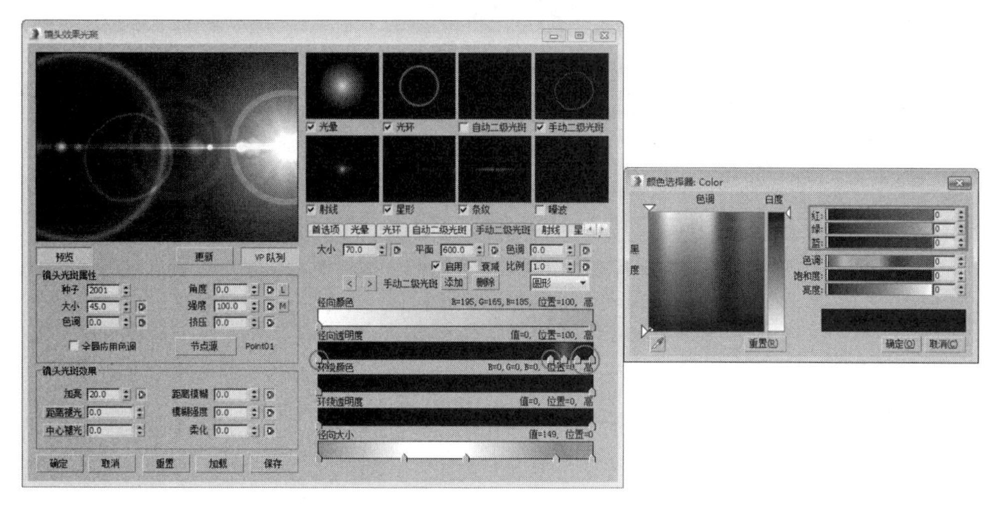

图 8-120

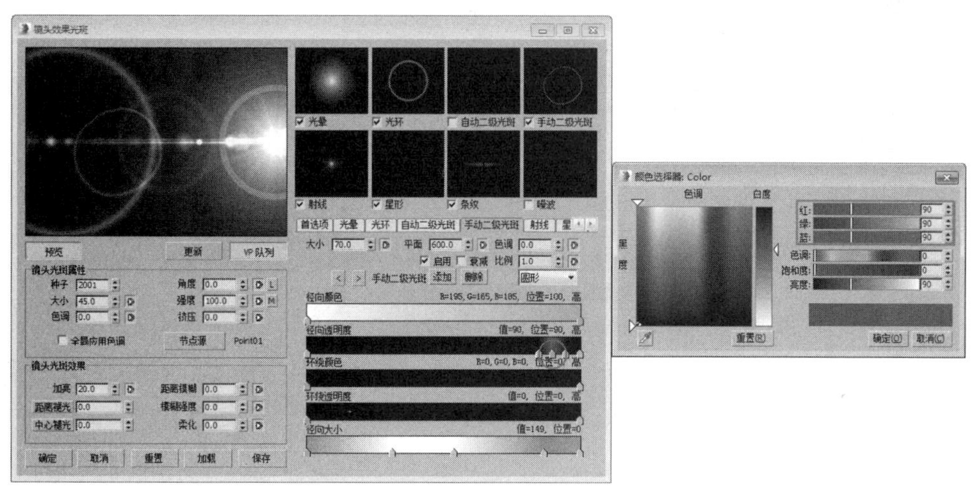

图 8-121

21 单击向右箭头按钮 >，设置“大小”为 75.0，“平面”为 700.0。删除“径向颜色”色条中间的两个滑块，随后设置剩下的两个滑块的颜色为白色和（红：235，绿：135，蓝：135），如图 8-122 和图 8-123 所示。

22 调整“径向透明度”色条滑块的位置，设置第 3 个滑块的颜色为（红：120，绿：120，蓝：120），如图 8-124 所示。

23 单击向右箭头按钮 >，设置“大小”为 95，“平面”为 -70。删除“径向颜色”色条中间的两个滑块，随后设置剩下的两个滑块的颜色为（红：255，绿：255，蓝：255）和（红：115，绿：0，蓝：85），如图 8-125 和图 8-126 所示。

24 删除“径向透明度”色条中间 3 个滑块，设置第一个滑块的颜色为白色，如图 8-127 所示。

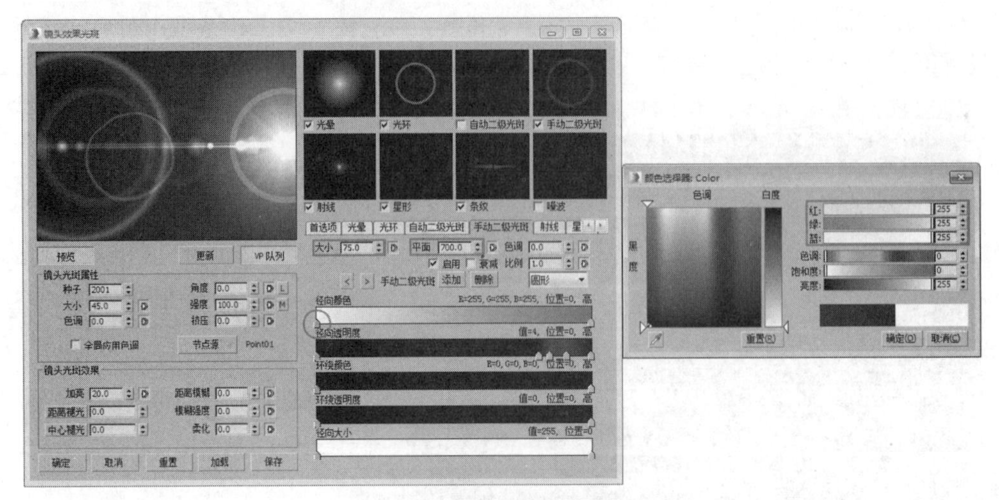

图 8-122

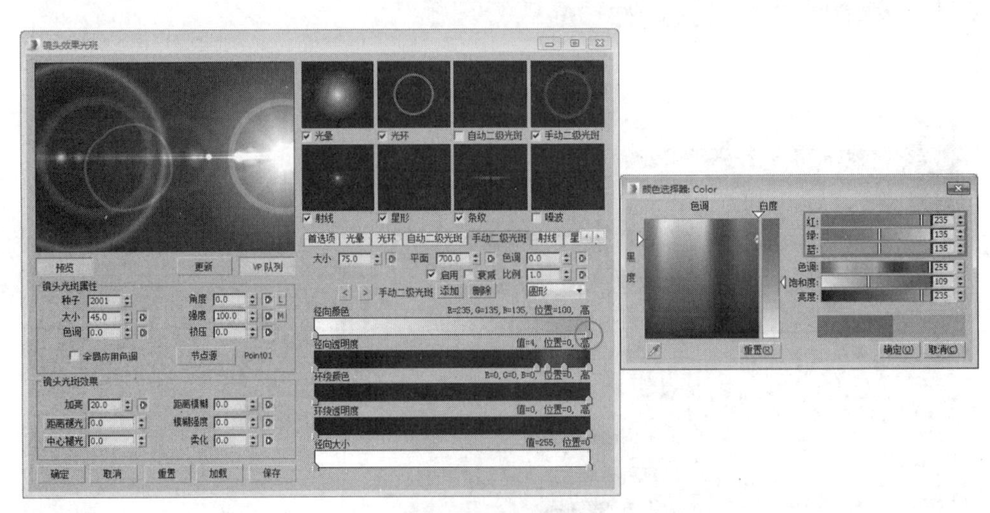

图 8-123

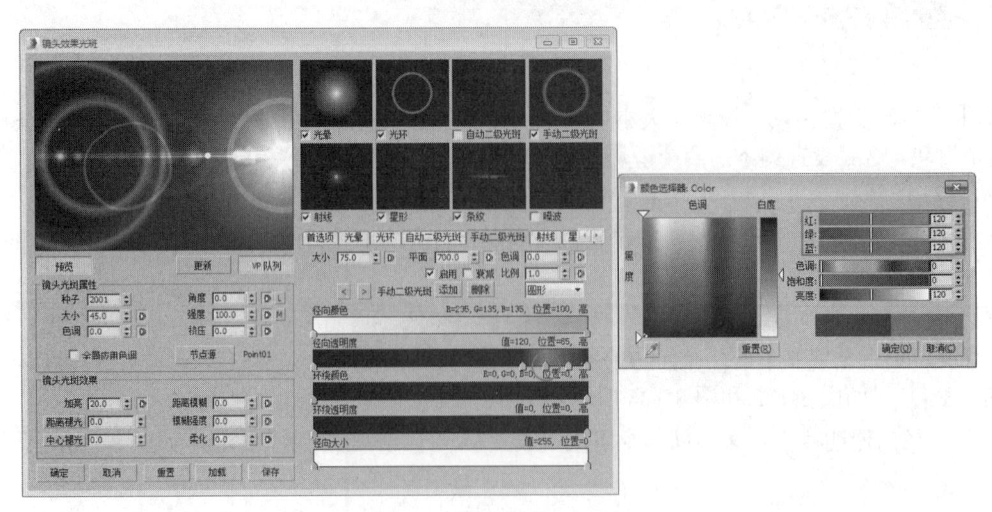

图 8-124

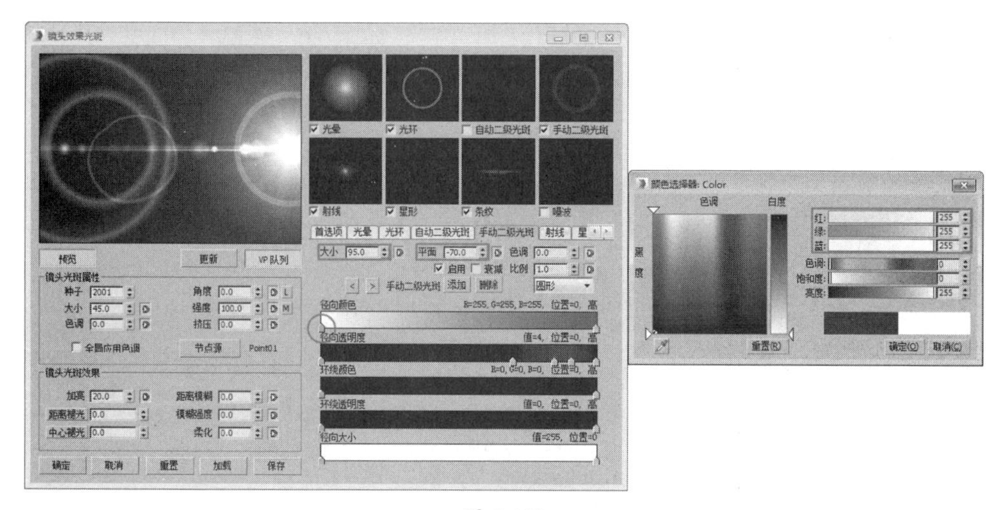

图 8-125

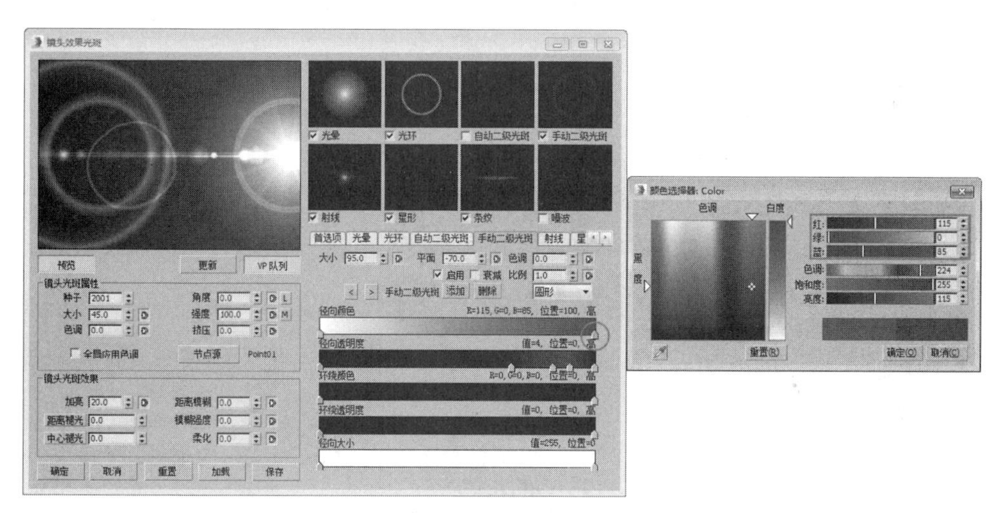

图 8-126

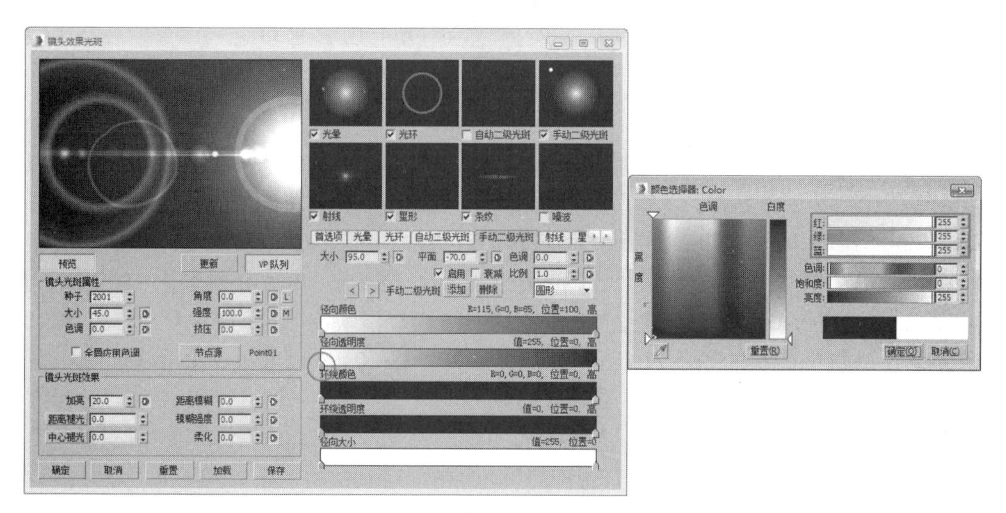

图 8-127

25 单击向右箭头按钮 >，设置“大小”为60.0，“平面”为430.0。设置“径向颜色”两个滑块的颜色为（红：255，绿：195，蓝：140）和（红：255，绿：35，蓝：35），如图8-128和图8-129所示。

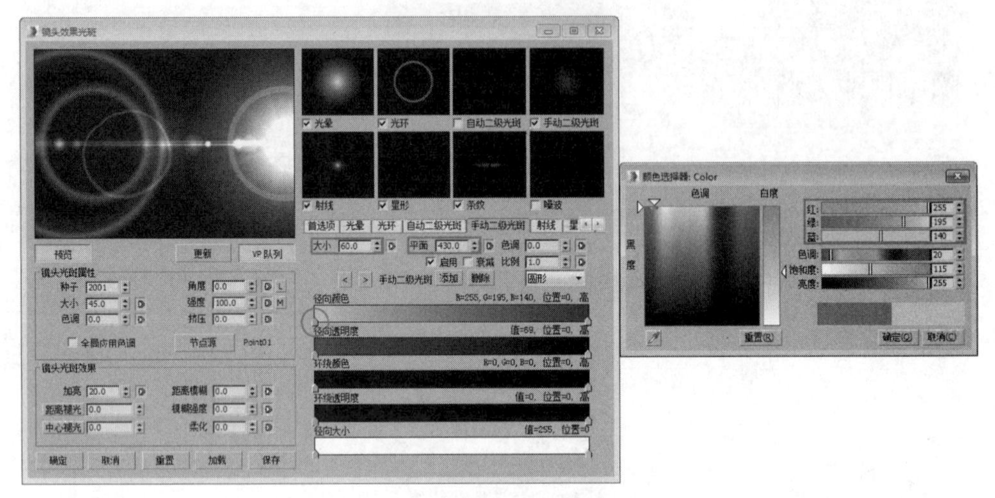

图 8-128

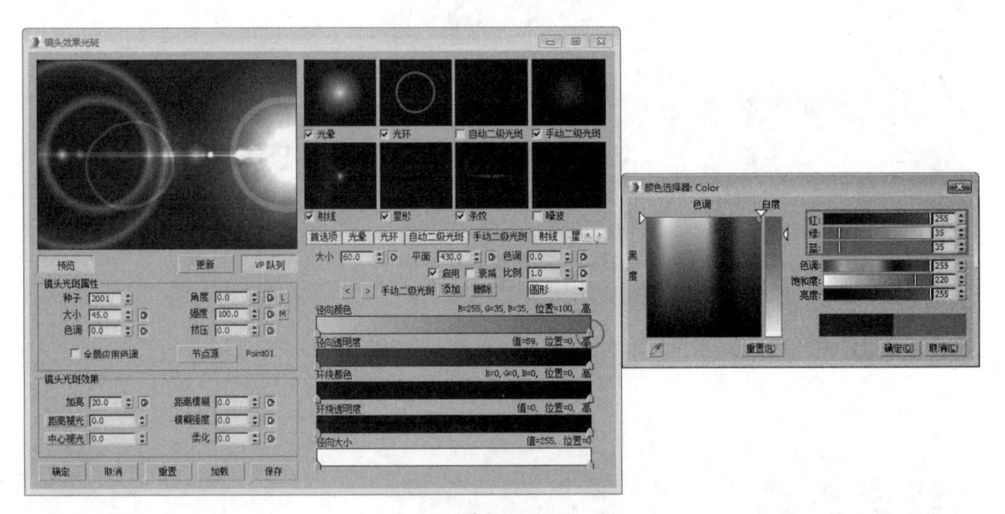

图 8-129

26 在“径向透明度”色条上添加五个滑块并调整位置，设置第1、2、6、7四个滑块的颜色均为黑色，设置第3、5两个滑块的颜色均为（红：160，绿：160，蓝：160），设置第4个滑块的颜色为（红：200，绿：200，蓝：200），如图8-130~图8-132所示。

27 单击向右箭头按钮 >，设置“大小”为40.0，“平面”为380，并选中“启用”复选框。在“径向颜色”色条上删除一个滑块并调整位置，设置第1、5两个滑块的颜色均为（红：150，绿：0，蓝：0），设置第2、4两个滑块的颜色为（红：235，绿：30，蓝：0），设置第3个滑块的颜色为（红：255，绿：120，蓝：0），如图8-133~图8-135所示。

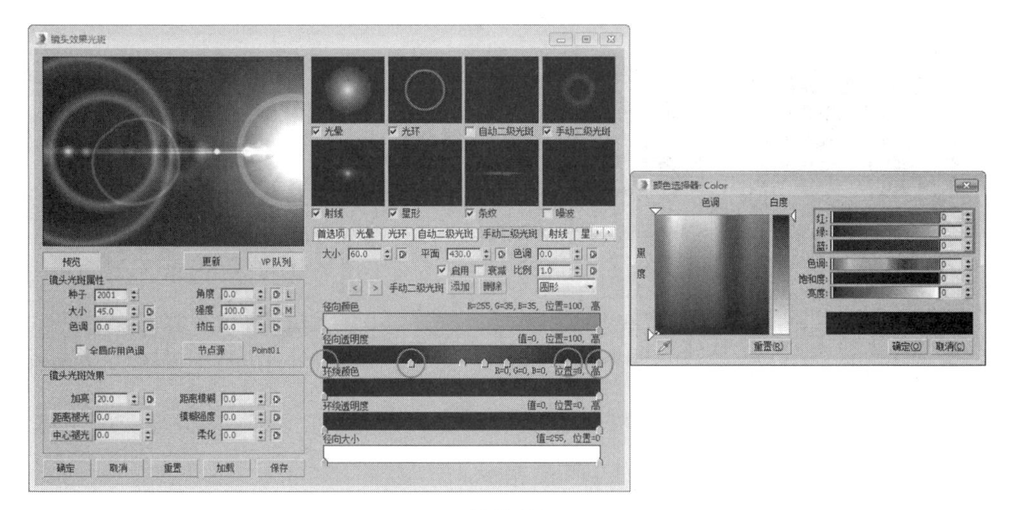

图 8-130

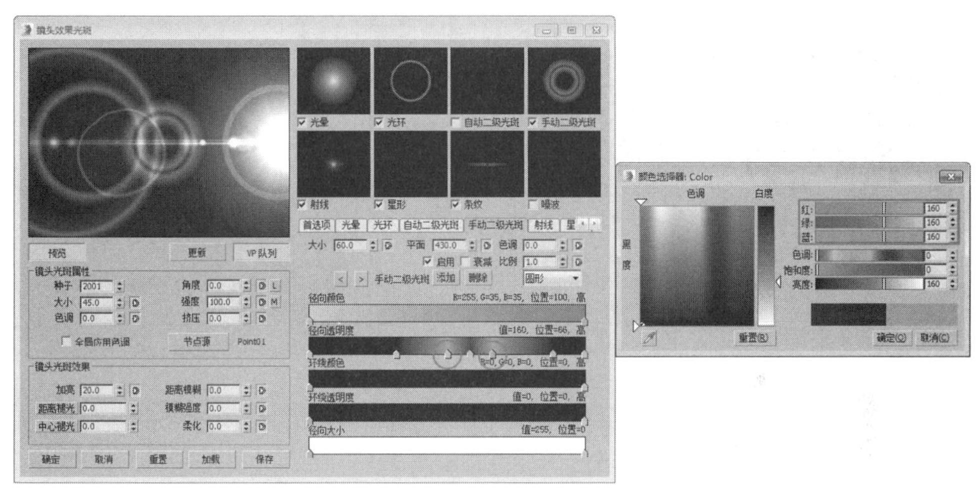

图 8-131

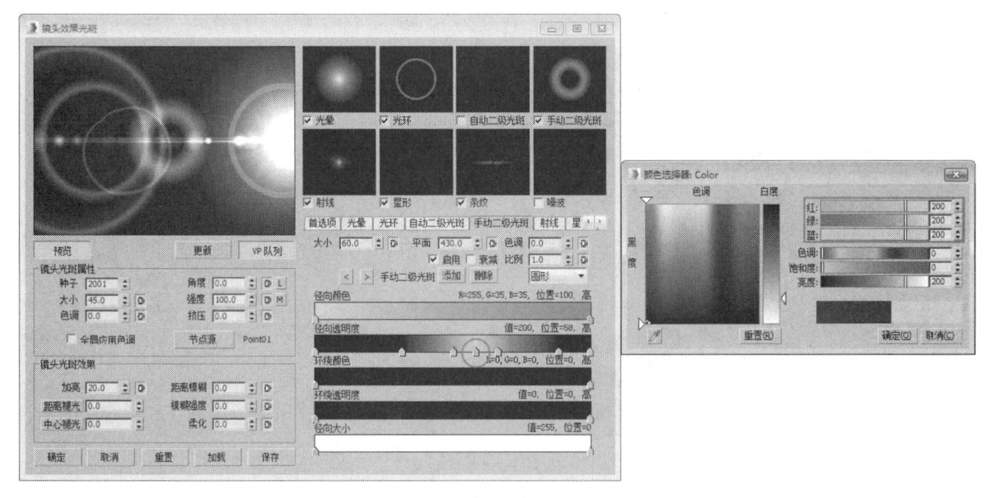

图 8-132

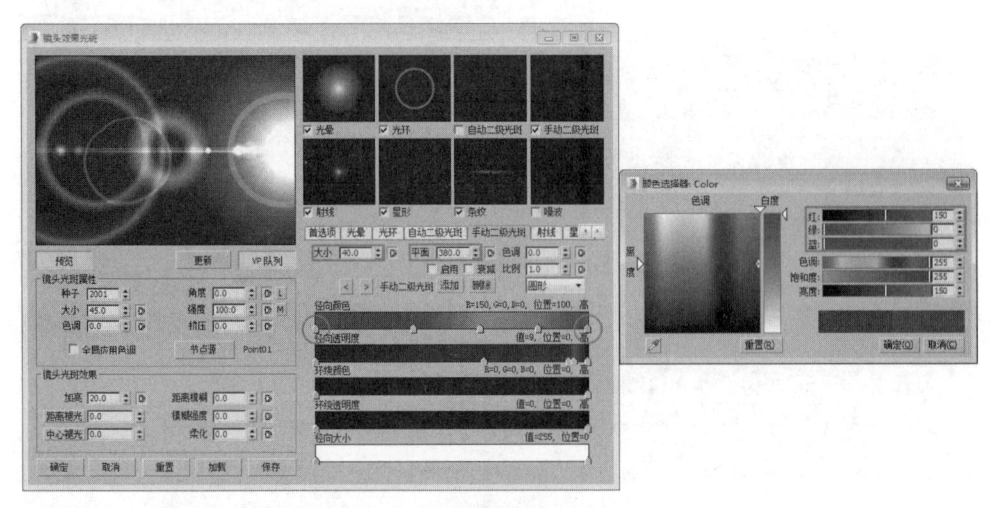

图 8-133

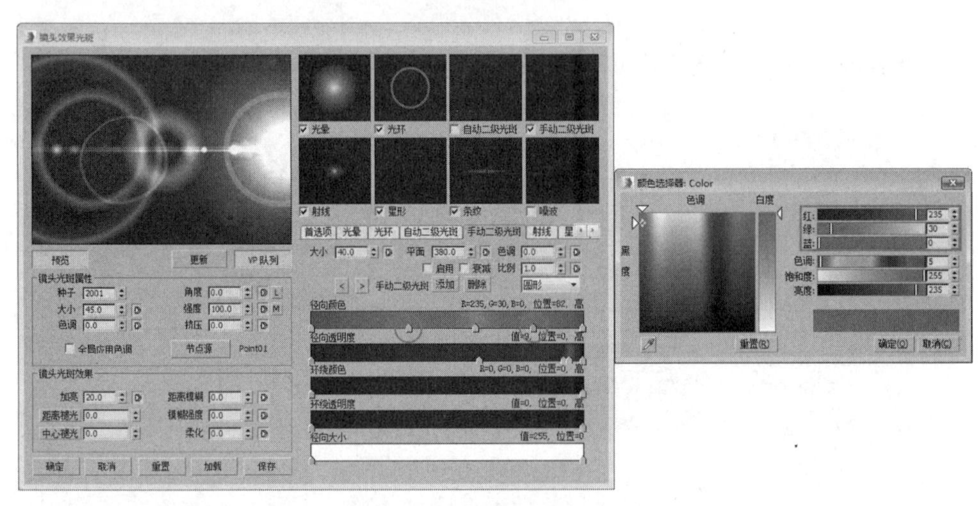

图 8-134

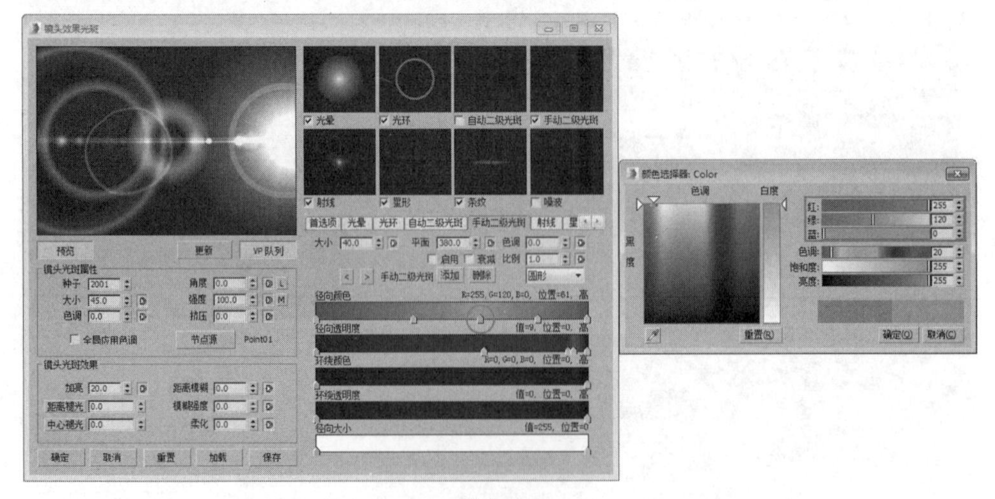

图 8-135

28 在“径向透明度”色条上添加两个滑块并调整位置，设置第 1、2、6、7 四个滑块的颜色为黑色，设置第 3 和 5 两个滑块的颜色均为（红：110，绿：110，蓝：110），设置第 4 个滑块的颜色为（红：175，绿：175，蓝：175），如图 8-136~ 图 8-138 所示。

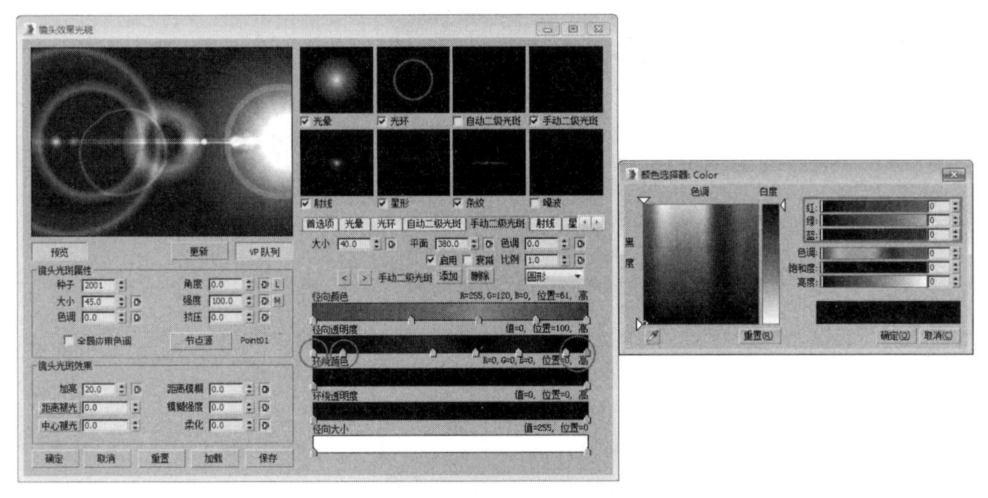

图 8-136

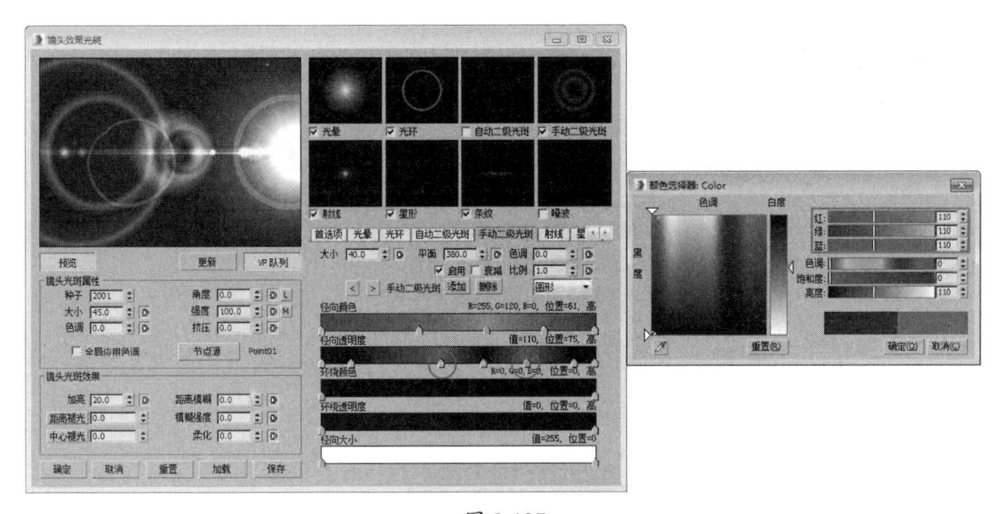

图 8-137

29 单击“射线”选项卡，设置“大小”为 100.0，“角度”为 210.0，“数量”为 4，“锐化”为 10.0。设置“径向颜色”右侧滑块的颜色为（红：255，绿：115，蓝：115），如图 8-139 所示。

30 在“径向透明度”色条上添加一个滑块并调整其位置，设置前两个滑块的颜色均为白色，如图 8-140 所示。

31 单击“星形”选项卡，设置“大小”为 80.0，“角度”为 100.0，“数量”为 5，“宽度”为 2.0，“锐化”为 10，“锥化”为 -2.0。在“径向颜色”色条上添加一个滑块并调整位置，随后设置前两个滑块的颜色均为白色，最后一个滑块的颜色为（红：255，绿：160，蓝：0），如图 8-141 和图 8-142 所示。

32 在“径向透明度”色条上删除一个滑块，并设置前两个滑块的颜色均为（红：120，绿：120，蓝：120），如图 8-143 所示。

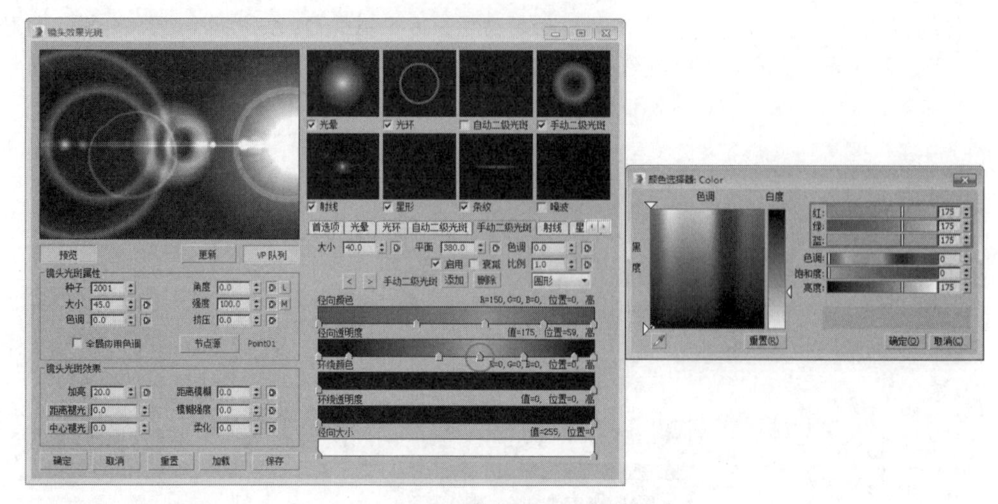

图 8-138

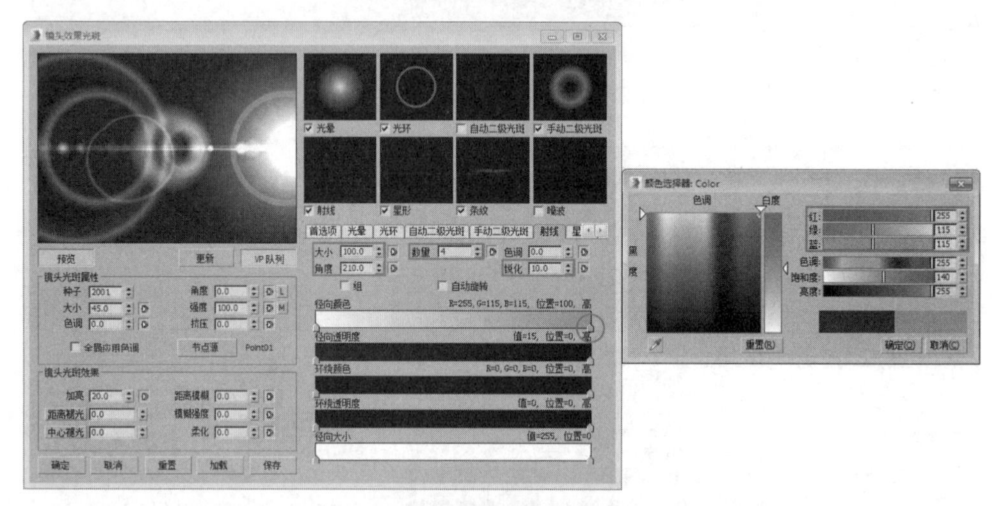

图 8-139

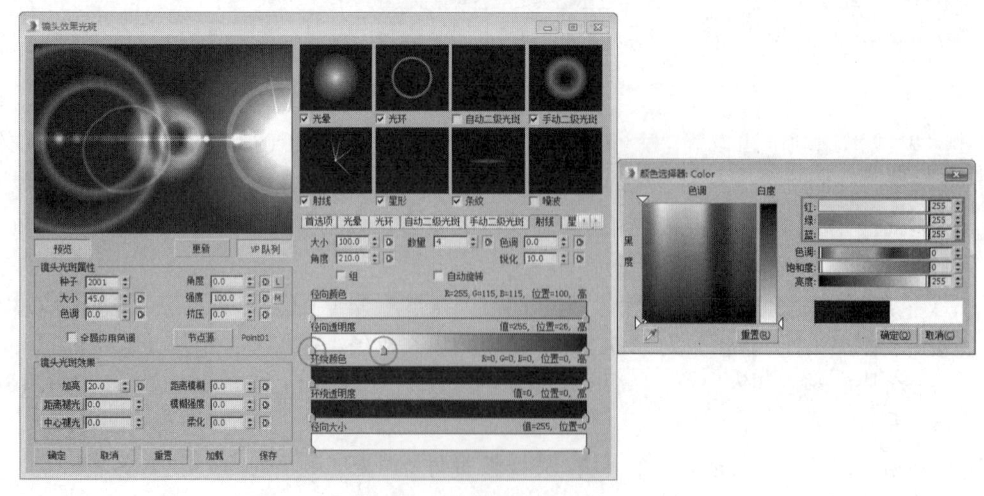

图 8-140

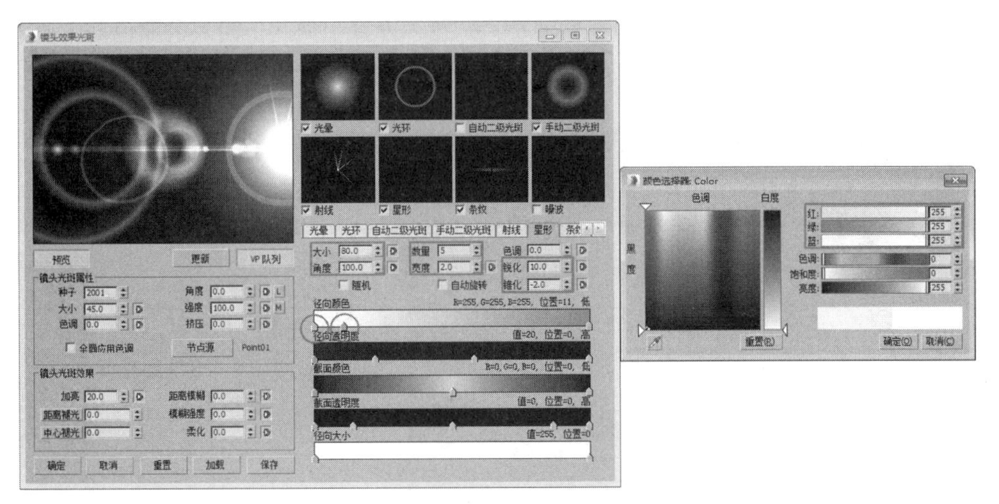

图 8-141

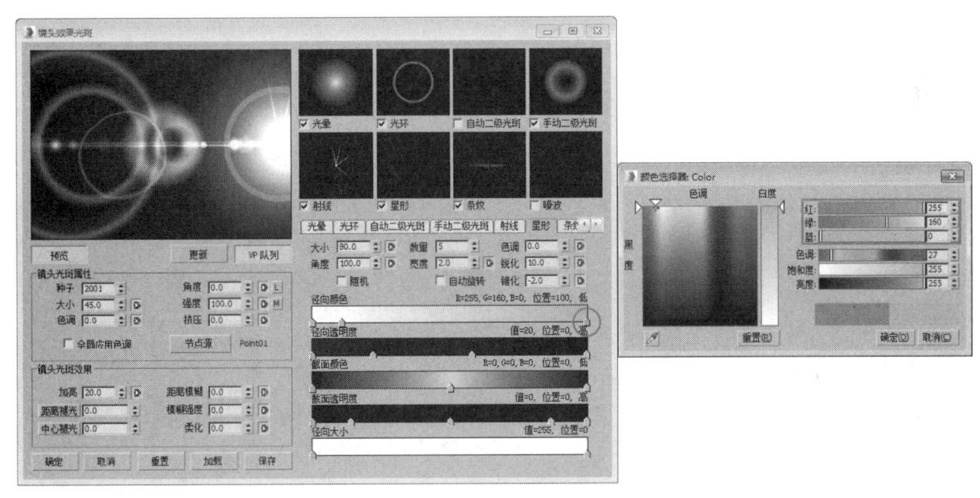

图 8-142

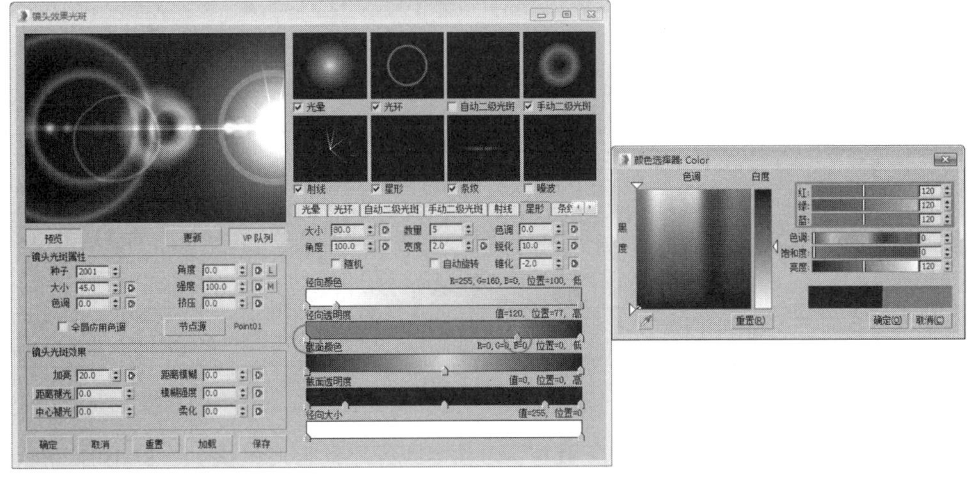

图 8-143

33 在“截面颜色”色条上添加一个滑块并调整其位置，设置中间两个滑块的颜色均为白色，如图 8-144 所示。

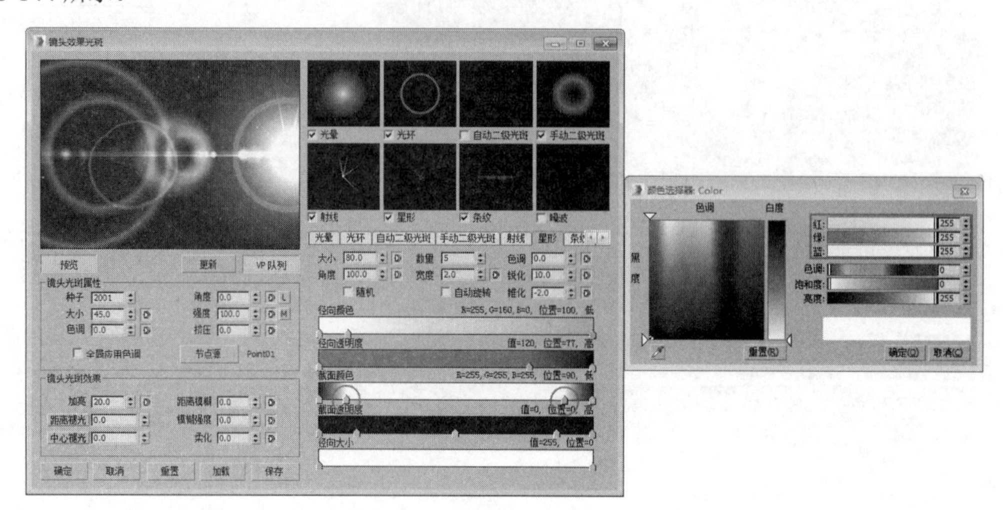

图 8-144

34 进入“首选项”选项卡，取消选中“条纹”的“渲染”复选框，如图 8-145 所示。

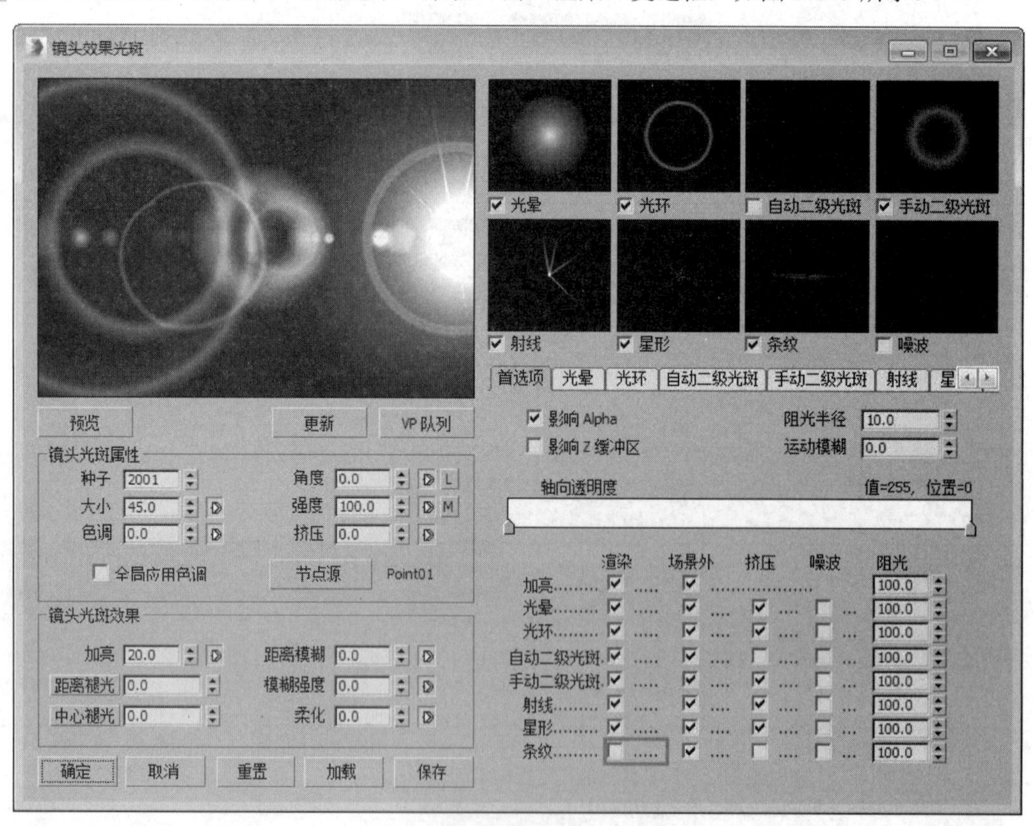

图 8-145

35 设置完成后单击“确定”按钮，在工具栏上单击“执行序列”按钮，在弹出的“执行视频后期处理”对话框中可以设置渲染的帧数和尺寸，如图 8-146 所示。

36 在工具栏上单击“添加图像输出事件”按钮，在打开的“添加图像输出事件”对话框中，单击“文件”按钮，可以设置最终动画渲染输出的路径，如图 8-147 所示。

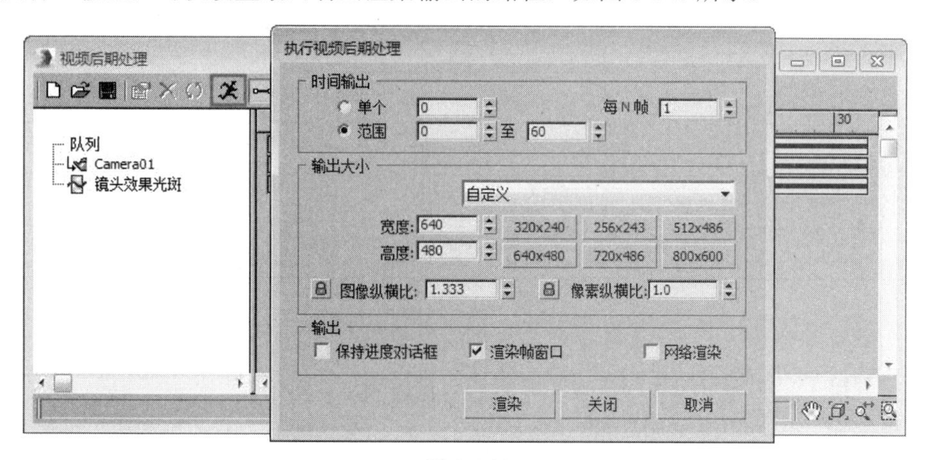

图 8-146

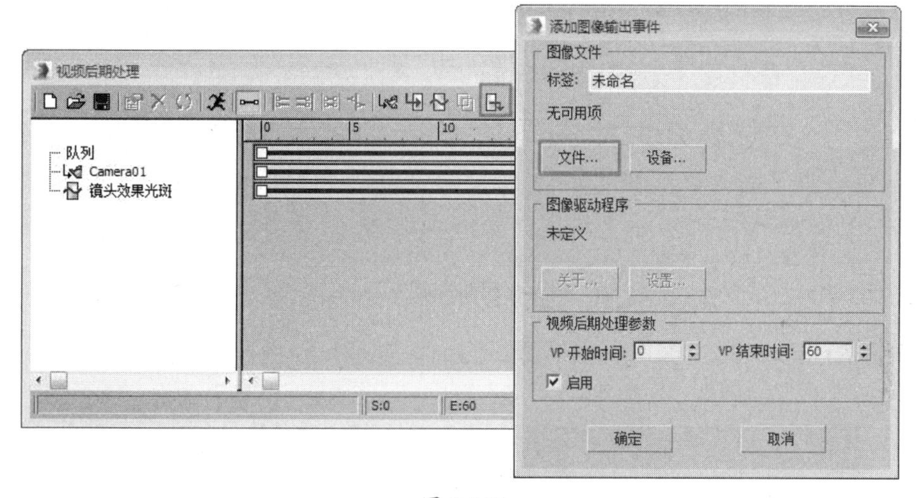

图 8-147

37 设置完成后，渲染当前视图，最终效果如图 8-148 所示。

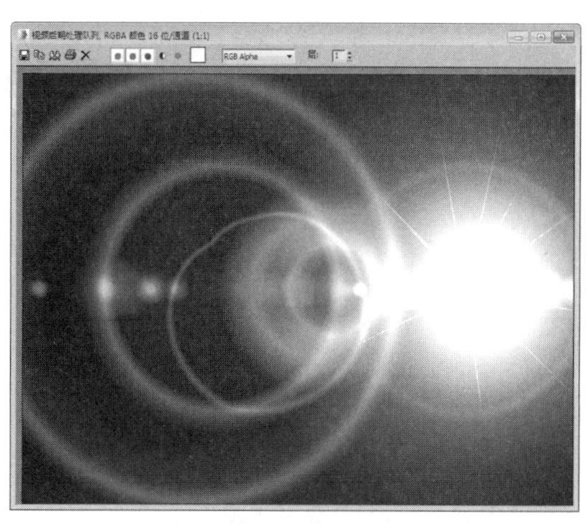

图 8-148

8.6 光效字

实例操作：光效字	
实例位置：	工程文件 \CH8\ 光效字 .max
视频位置：	视频文件 \CH8\ 实例：光效字 .mp4
实用指数：	★★★☆☆
技术掌握：	熟练使用“镜头效果光晕”和“镜头效果光斑”功能制作镜头效果

“镜头效果光晕”功能可以用于在任何指定的对象周围添加有光晕的光环。例如，对于爆炸粒子系统，给粒子添加光晕使它们看起来更明亮而且更热。

本例将使用“镜头效果光晕”和“镜头效果光斑”功能制作一个“光效字”的动画效果。如图 8-149 所示为本例的最终完成效果。

图 8-149

01 打开附带素材中的“工程文件 \CH8\ 光效字 .max”文件，该场景中已经为物体设置了材质和灯光，并设置了简单的动画，如图 8-150 所示。

图 8-150

02 在视图中选择数字对象并右击，在弹出的四联菜单中选择“对象属性”命令，在弹出的“对象属性”对话框中，设置“对象 ID”为 1，如图 8-151 和图 7-152 所示。

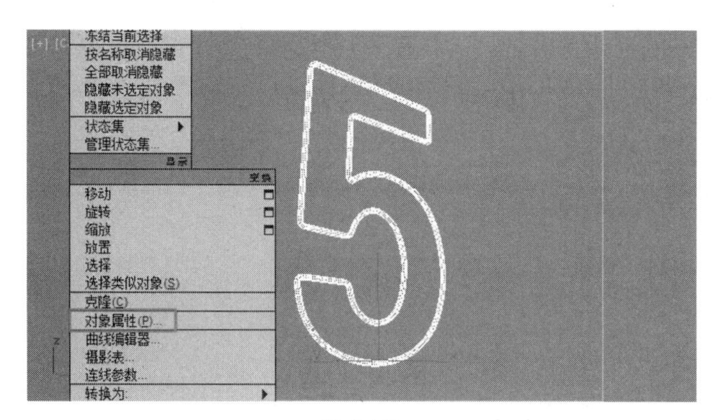

图 8-151

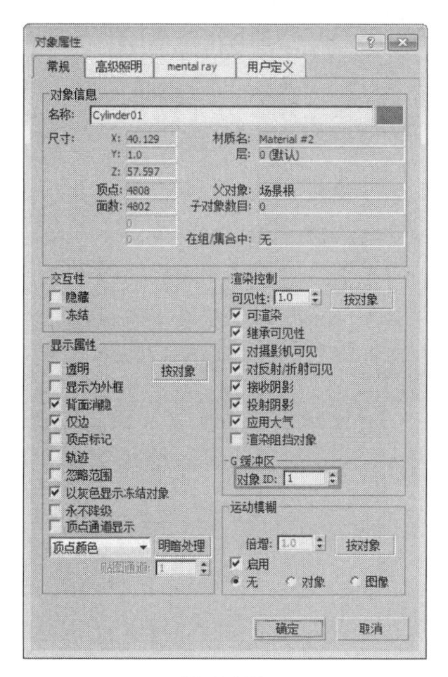

图 8-152

03 用同样的方法设置“超级喷射”粒子的“对象 ID”为 2，如图 8-153 和图 8-154 所示。

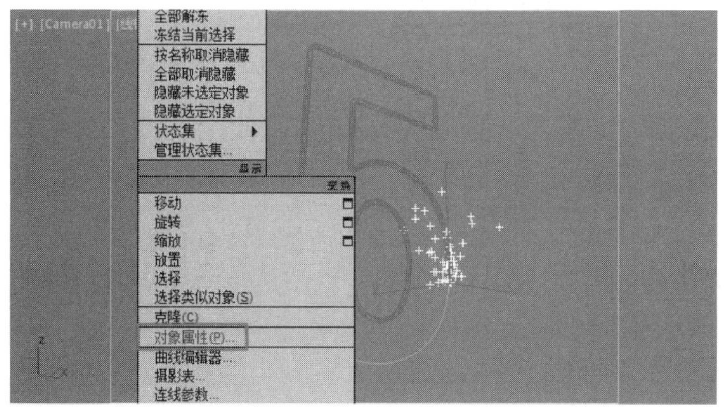

图 8-153

04 执行“渲染”→“视频后期处理”命令，打开“视频后期处理”面板，如图 8-155 和图 8-156 所示。

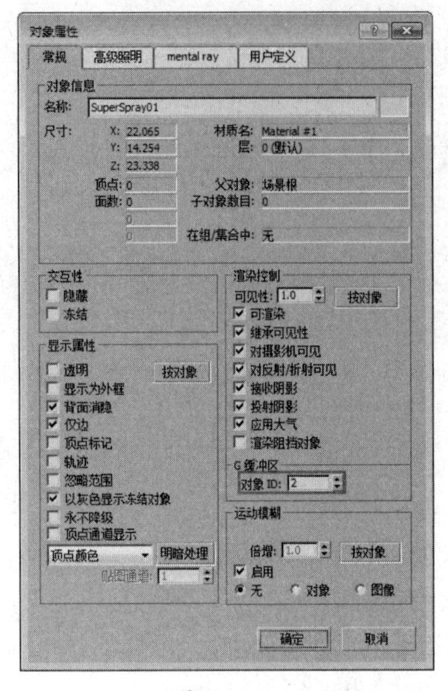

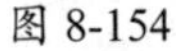

图 8-154

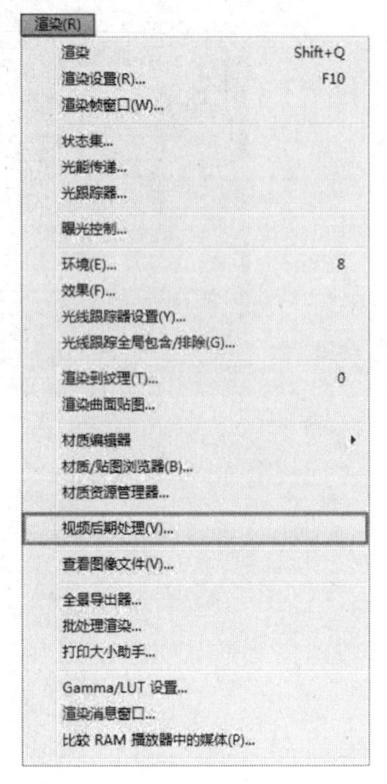

图 8-155

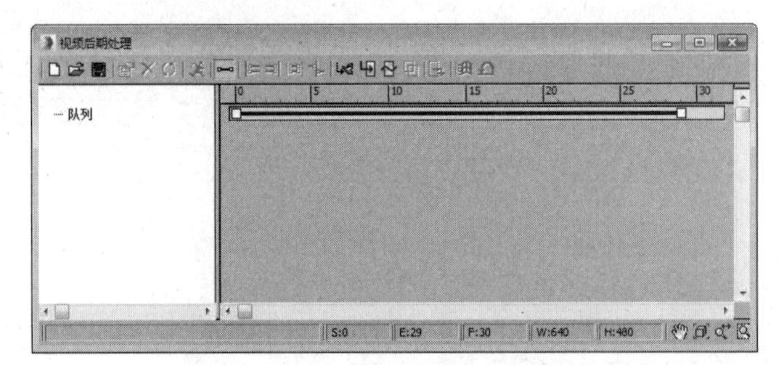

图 8-156

05 在其工具栏上单击“添加场景事件”按钮，在弹出的“添加场景事件”对话框的下拉列表中选择 Camera01 选项并单击“确定”按钮，如图 8-157 所示。

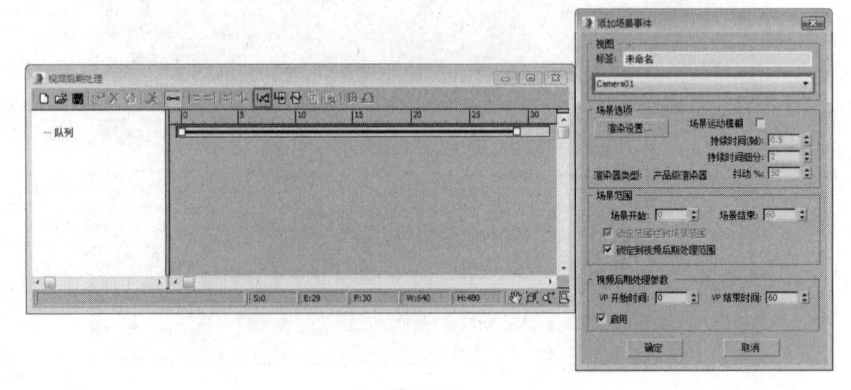

图 8-157

06 在工具栏中单击“添加图像过滤事件”按钮，在打开的“添加图像过滤事件”对话框的下拉列表中选择“镜头效果光晕”选项并单击“确定”按钮，如图 8-158 所示。

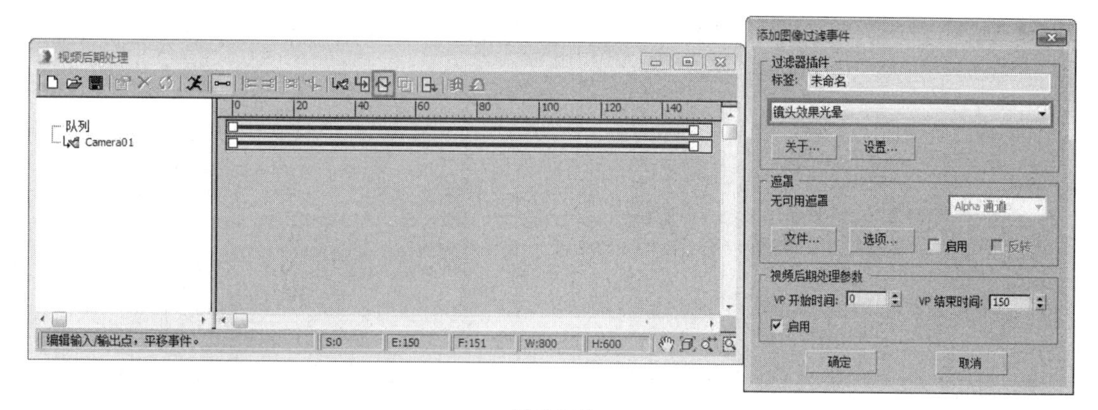

图 8-158

07 用同样的方法再添加一个“镜头效果光晕”和“镜头效果光斑”特效，完成后如图 8-159 所示。

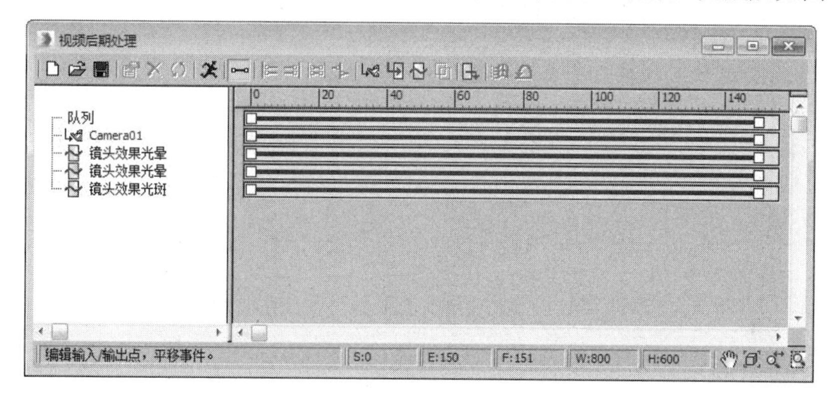

图 8-159

08 在图 8-159 左侧的“队列”中双击第一个“镜头效果光晕”特效，在弹出的“编辑过滤事件”对话框中单击“设置”按钮 设置... ，此时会打开“镜头效果光晕”面板，如图 8-160 和图 8-161 所示。

图 8-160

09 单击“VP 队列” VP队列 和“预览”按钮 预览 ，此时会在预览窗口中看到“镜头光斑”的效果，如图 8-162 所示。

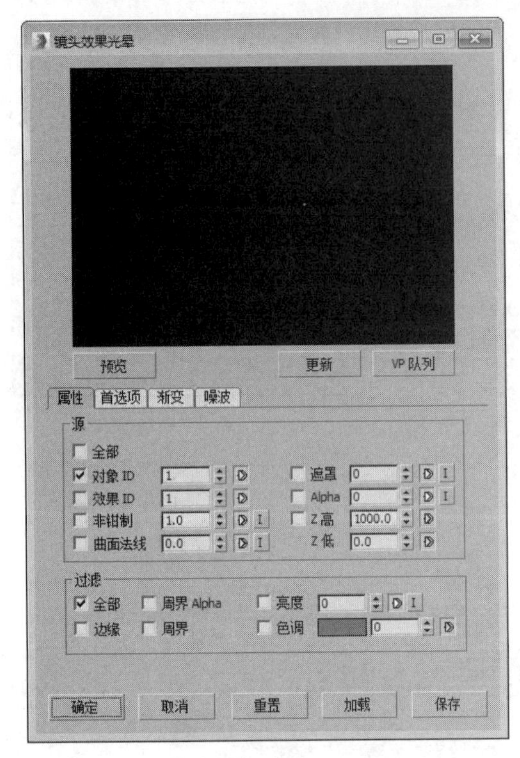

图 8-161

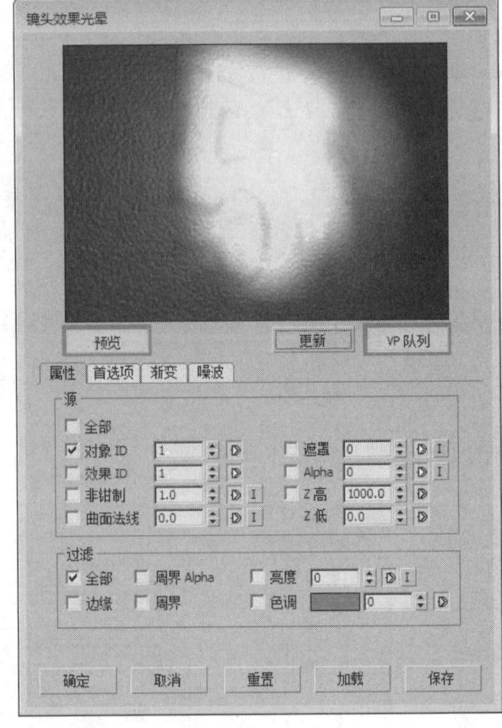

图 8-162

技巧与提示

之所以能直接看到“镜头光斑”的效果，是因为在“源”选项组中默认已经选中了“对象ID”复选框，并且设置的数值与之前为数字对象设置的“对象ID”一致。
另外，由于数字对象是有动画的，如果想看一下其他时间的效果，可以拖动时间滑块，然后单击“更新”按钮 更新 。

10 单击“首选项”选项卡，在“颜色”选项组中选中“渐变”单选按钮，然后在“效果”选项组中设置“大小”为 1.0，“柔化”为 5.0，如图 8-163 所示。

11 单击“噪波”选项卡，在“设置”选项组中选中“红”“绿”和“蓝”复选框。设置“运动”为 2.0，“质量”为 5.0，在“参数”选项组中，设置“大小”为 6.0，“速度”为 0.2，如图 8-164 所示。

12 设置完成后单击“确定”按钮，在图 8-165 左侧的“队列”中双击第 2 个“镜头效果光晕”特效，在弹出的“编辑过滤事件”对话框中单击“设置”按钮 设置... ，在打开的“镜头效果光晕”对话框中单击“VP 队列” VP队列 和“预览”按钮 预览 ，接着在“源”选项组中设置“对象 ID”为 2，如图 8-166 所示。

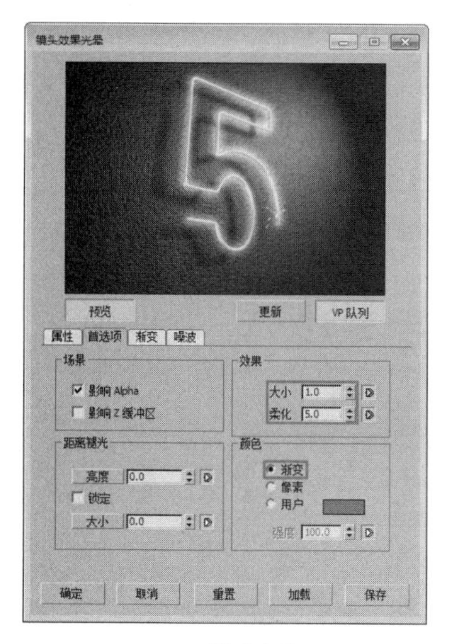

图 8-163

图 8-164

图 8-165

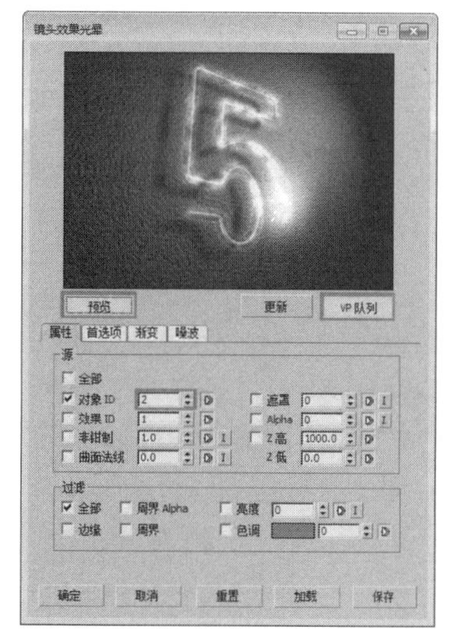

图 8-166

13 单击“首先项”选项卡，在“效果”选项组中设置“大小”为 1.5，在“颜色”选项组中设置“强度”为 20.0，如图 8-167 所示。

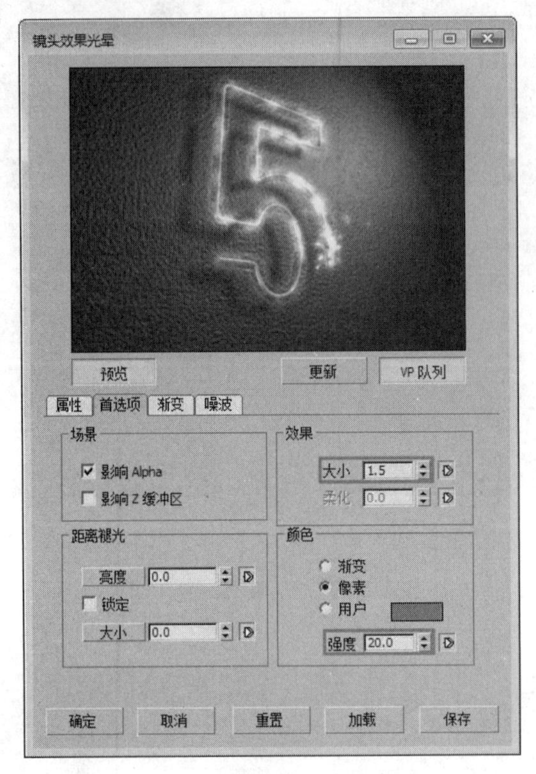

图 8-167

14 设置完成后单击“确定”按钮，在图 8-168 左侧的“队列”中双击“镜头效果光斑”特效，在弹出的“编辑过滤事件”对话框中单击“设置”按钮 设置... ，此时会打开“镜头效果光斑”面板，如图 8-169 所示。

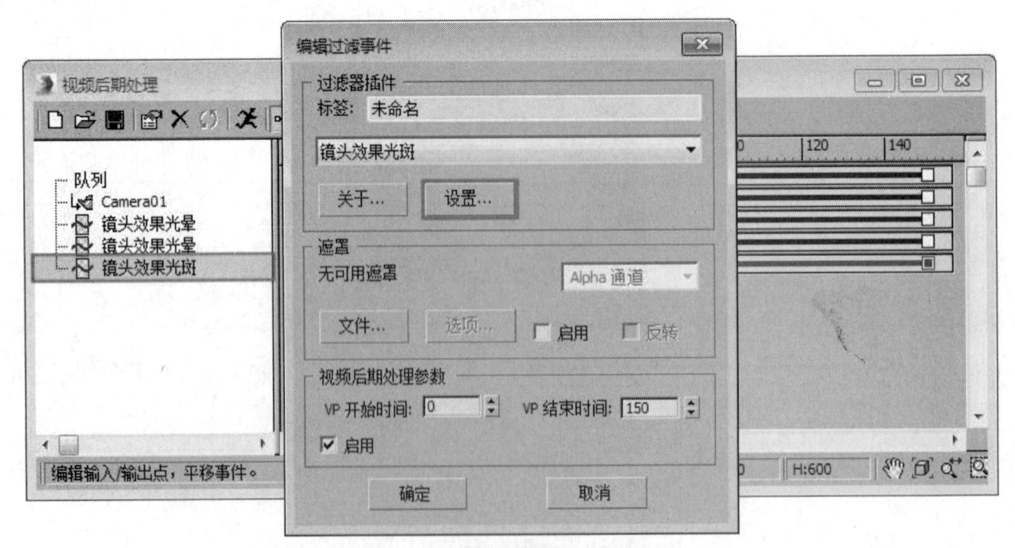

图 8-168

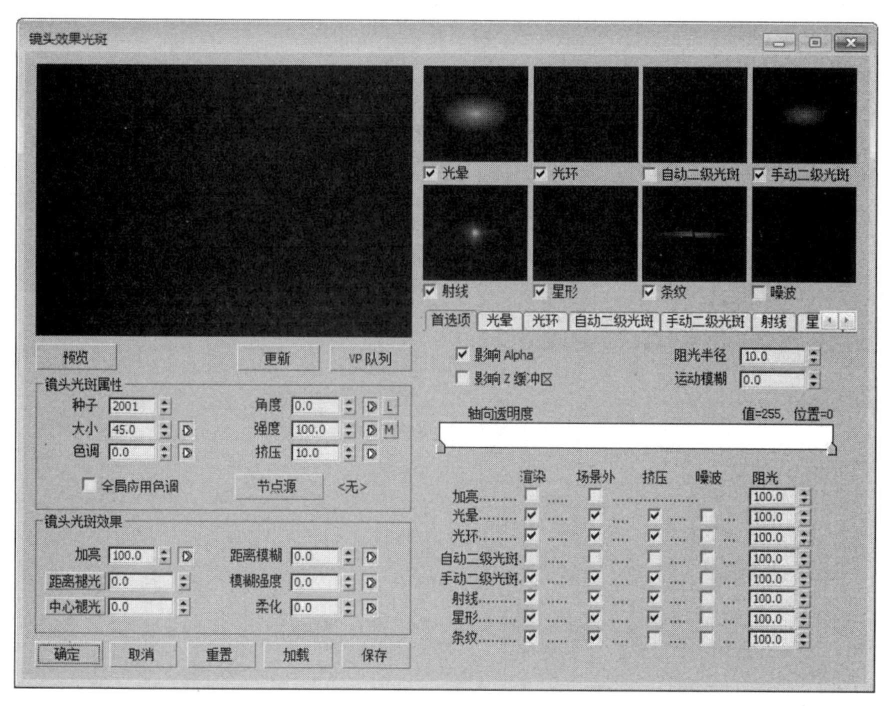

图 8-169

15 在“镜头光斑属性”选项组中单击“节点源”按钮，在打开的“选择光斑对象”对话框中选择 SuperSpray01（超级喷射）粒子，完成后单击“VP 队列”按钮 VP 队列 和“预览”按钮 预览 ，这时会在预览窗口中看到“镜头光斑”的效果，如图 8-170 和图 8-171 所示。

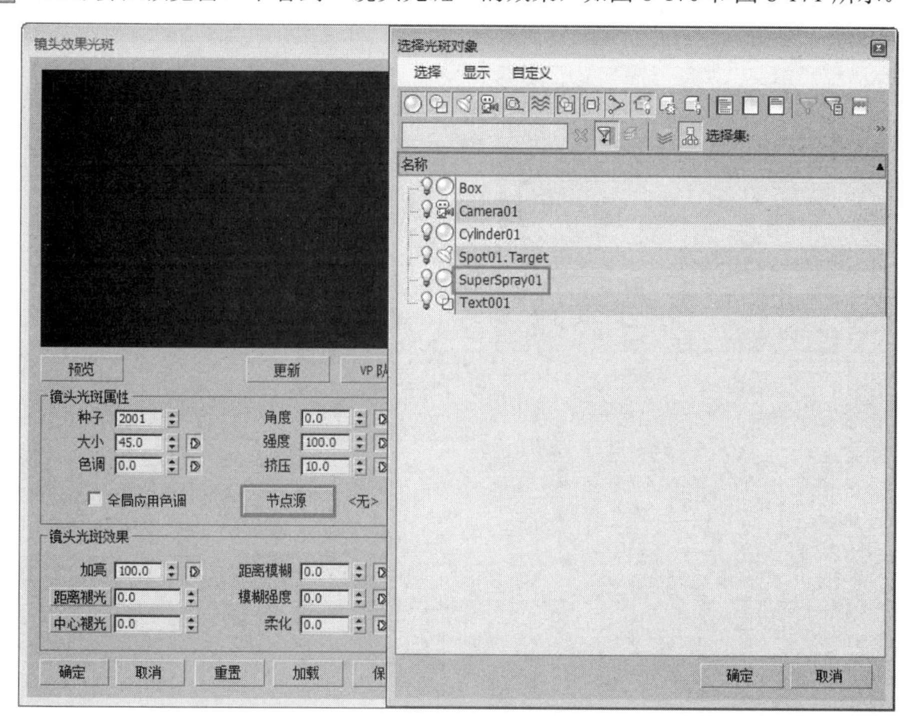

图 8-170

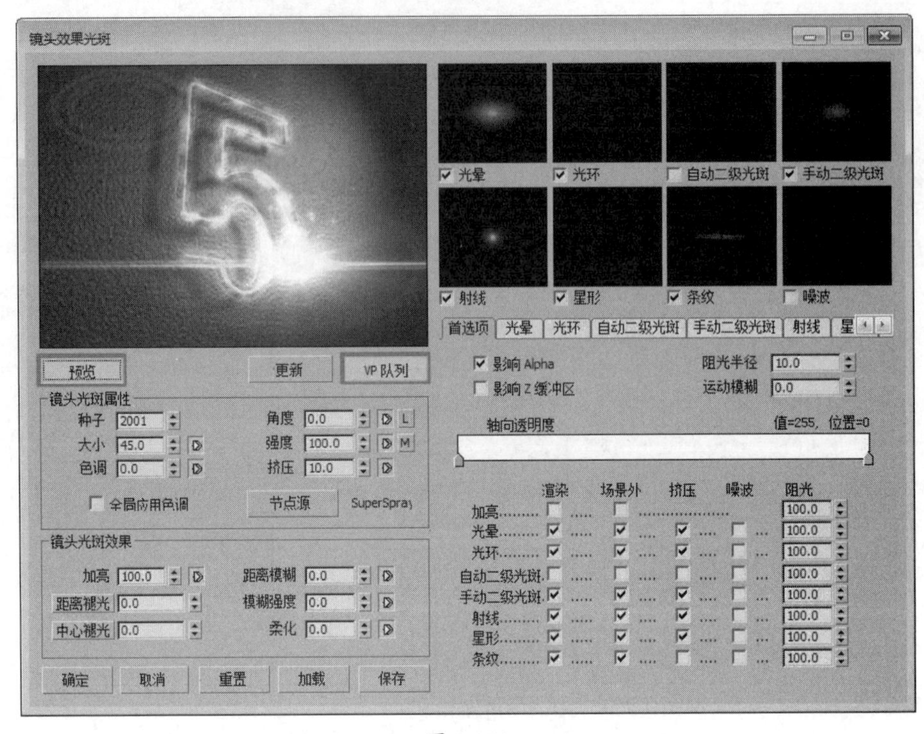

图 8-171

16 在“镜头光斑属性”选项组中设置“大小”为 25.0，“挤压”为 0.0。在“首选项”选项卡中只选中“光晕”和“射线”的“渲染”和“场景外”复选框，如图 8-172 所示。

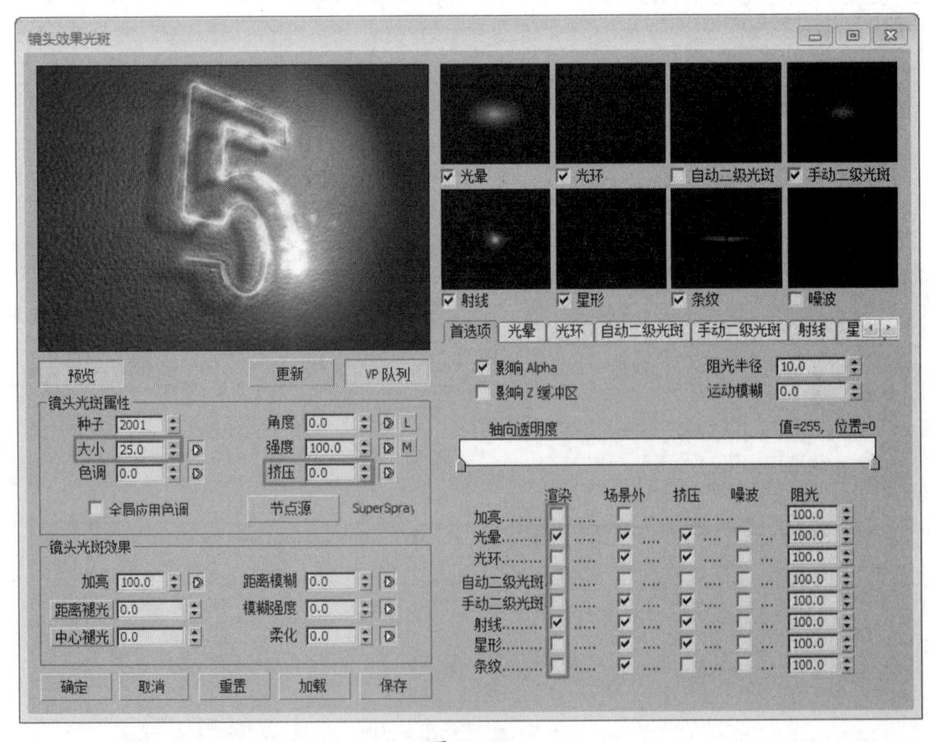

图 8-172

17 单击“光晕”选项卡，设置“大小”为 45.0，将“径向颜色”中间的滑块删除，并设置左侧滑块的颜色为白色，右侧滑块的颜色为（红：10，绿：100，蓝：255），如图 8-173 和图 8-174 所示。

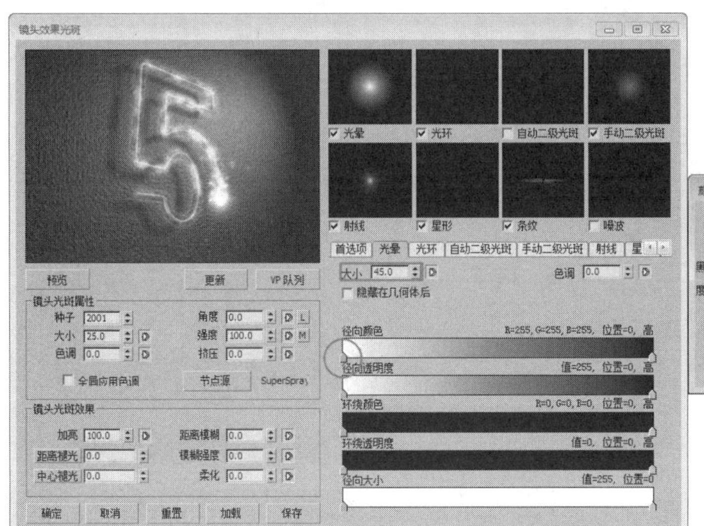

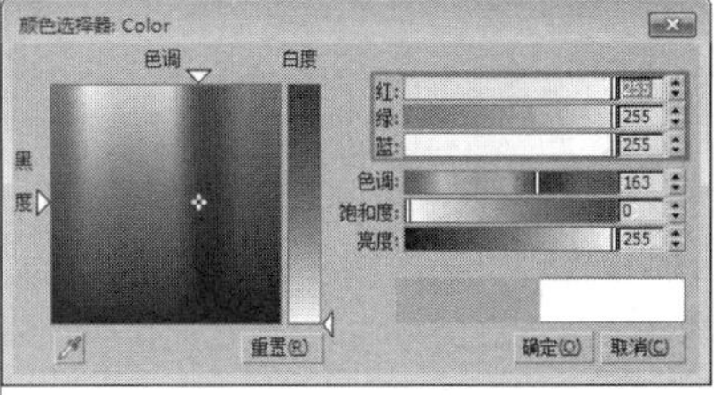

图 8-173

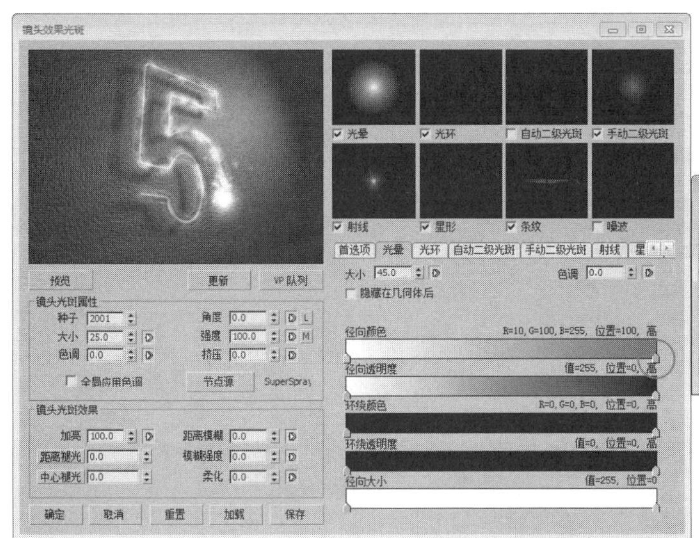

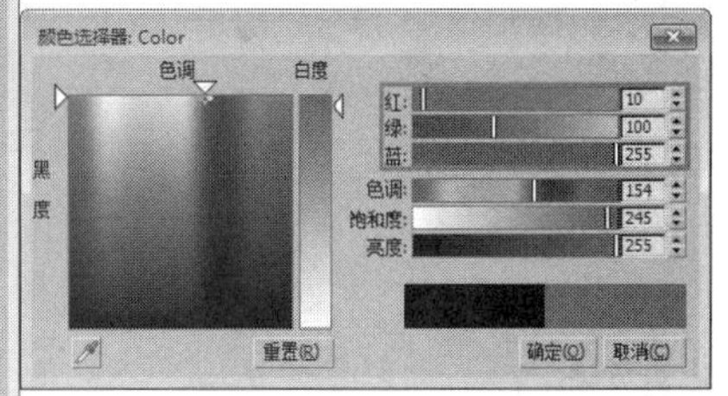

图 8-174

18 在“径向大小”色条上添加一些滑块，并将其中一些滑块设置为浅灰色，如图 8-175 所示。

19 单击“射线”选项卡，设置“大小”为 120.0，“数量”为 160.0，“锐化”为 10.0。在“径向颜色”色条上添加一个滑块，设置前两个滑块的颜色为白色，设置最后一个滑块的颜色为（红：75，绿：160，蓝：255），如图 8-176 和图 8-177 所示。

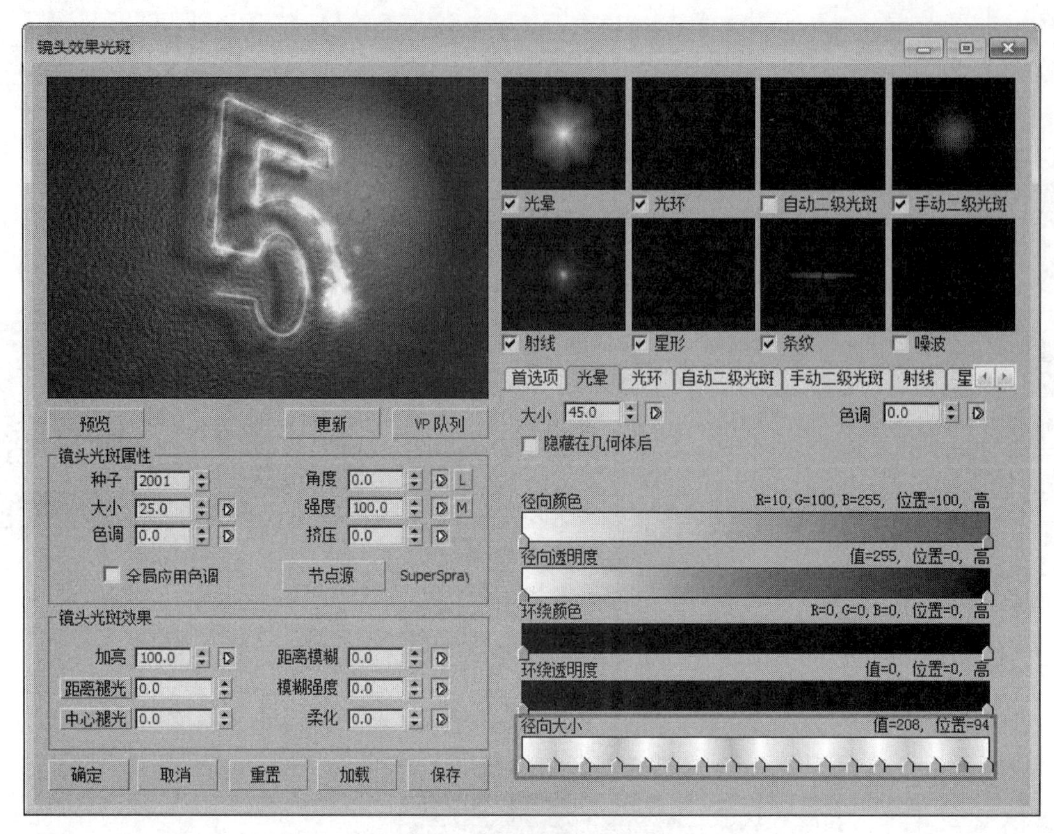

图 8-175

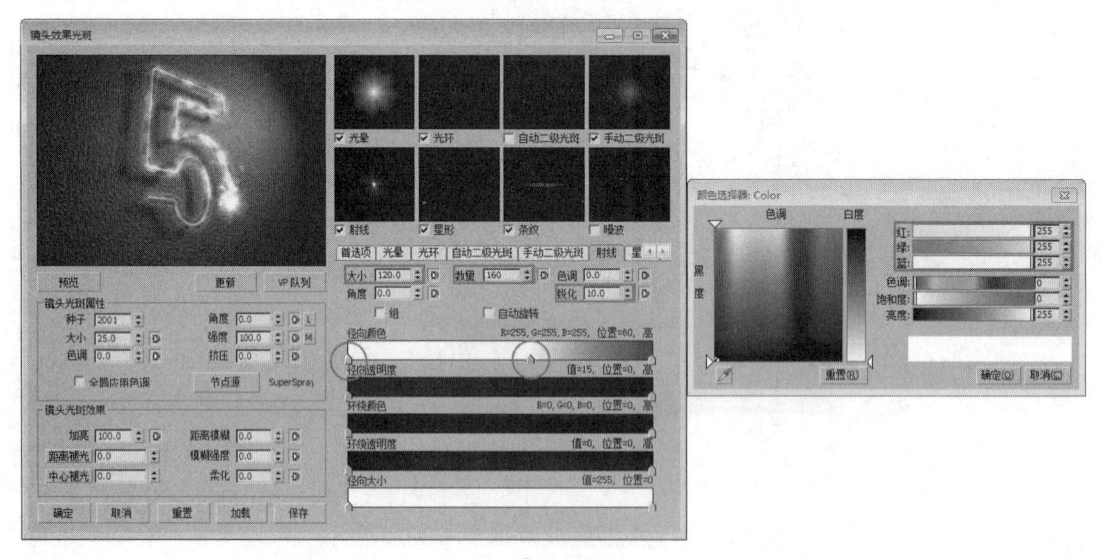

图 8-176

20 在“径向透明度”色条上添加两个滑块，设置第1、2、4三个滑块的颜色为黑色，设置第3个滑块的颜色为（红：40，绿：40，蓝：40），如图8-178和图8-179所示。

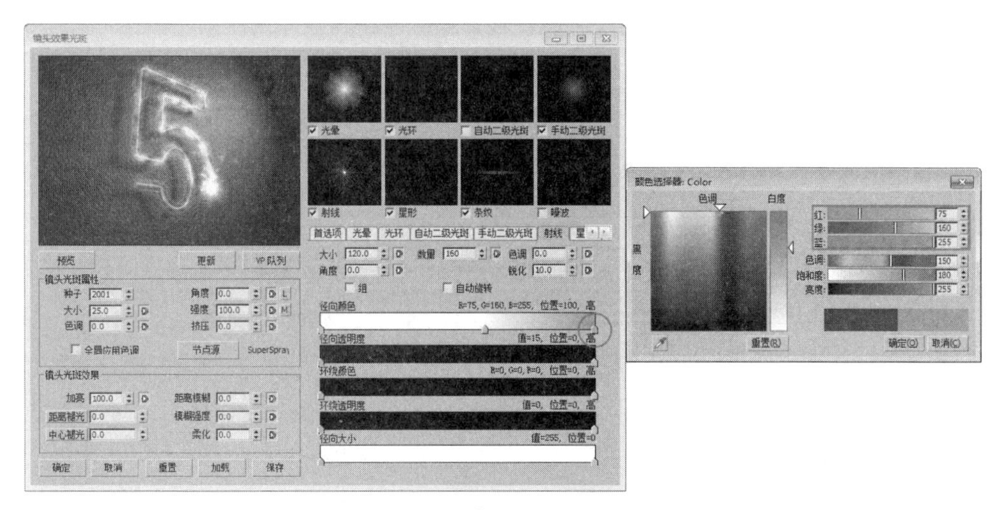

图 8-177

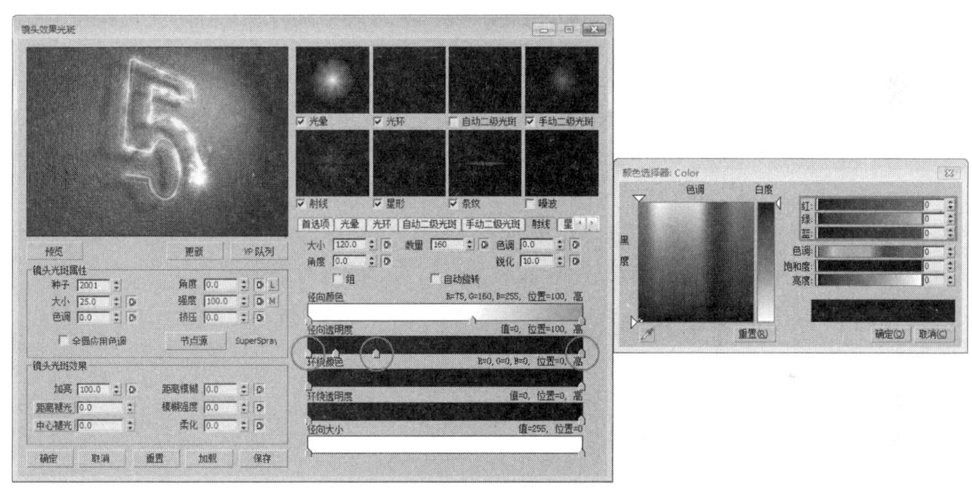

图 8-178

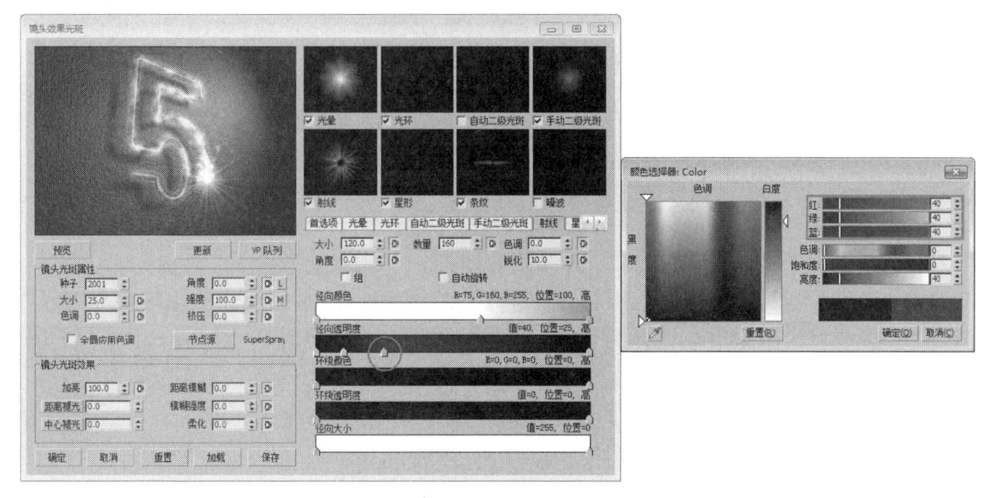

图 8-179

21 设置完成后单击“确定”按钮，在“视频后期处理”面板中将“镜头效果光斑”时间条的结束帧拖至第 125 帧，如图 8-180 所示。

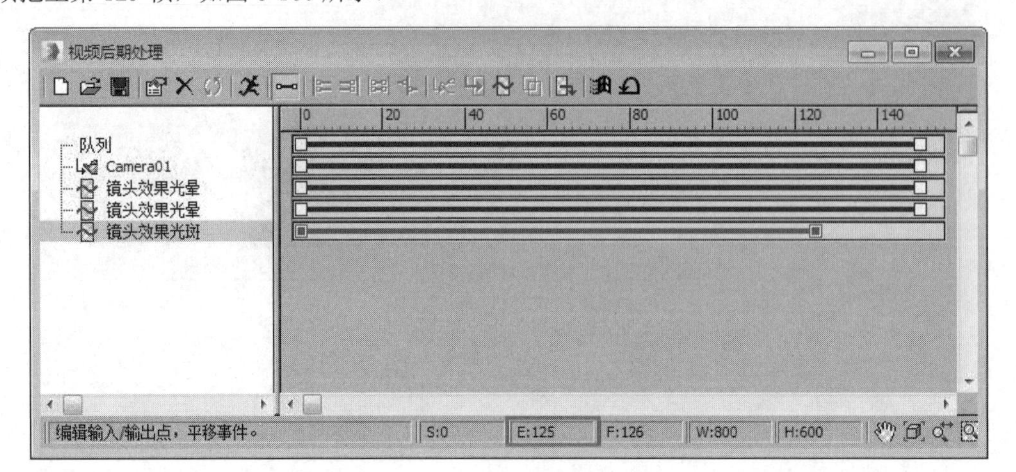

图 8-180

技巧与提示

每个效果都有自己的时间条，修改每个效果的时间条，可以设置每个效果的有效范围。

22 设置完成后单击“确定”按钮，接着在工具栏上单击“执行序列”按钮，在弹出的“执行视频后期处理”对话框中可以设置渲染的帧数和尺寸，如图 8-181 所示。

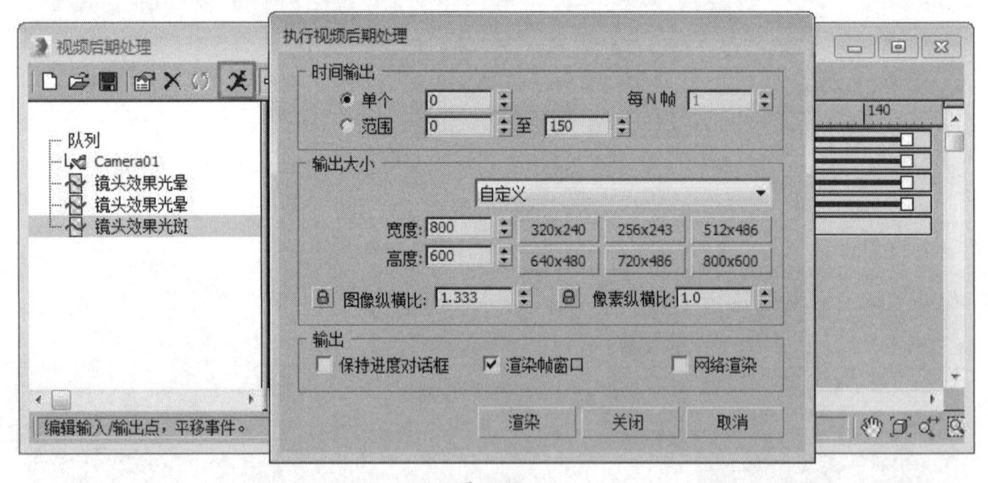

图 8-181

23 在工具栏上单击“添加图像输出事件”按钮，在打开的“添加图像输出事件”对话框中，单击“文件”按钮，设置最终动画渲染输出的路径，如图 8-182 所示。

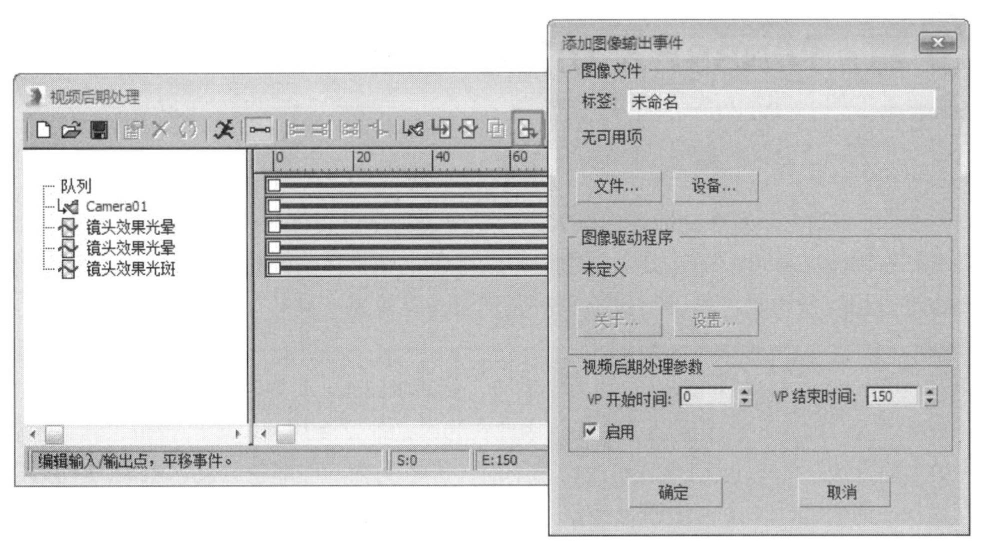

图 8-182

24 设置完成后，拖动时间滑块到想要查看效果的帧，渲染当前视图，最终效果如图 8-183 所示。

图 8-183

第 9 章 MassFX 动力学动画

3ds Max 中的动力学系统功能非常强大，可以快速制作出物体与物体之间真实的物理作用效果，它是制作动画必不可少的工具。动力学可以用于定义物体的物理属性和外力，当对象遵循物理定律进行相互作用时，可以制作出非常逼真的动画效果，最后让场景自动生成最终的动画关键点。

3ds Max 5.0 版本引入了 Reactor 动力学系统，利用 Reactor 动力学系统可以制作真实的刚体碰撞、布料运动、破碎、水面涟漪等效果，因此在当时是非常受用户喜爱的一个工具。此后，随着软件版本的升级，Reactor 动力学系统也在不断升级、完善，但即使如此，Reactor 动力学系统还是存在很多的问题，如容易出错、经常死机、解算速度慢等。直到 3ds Max 2012 版本，终于将 Reactor 动力学系统替换为新的动力学系统——Mass FX。这套动力学系统，可以配合多线程的 Nvidia 显示引擎来进行 3ds Max 视图的实时运算，并能得到更为真实的动力学效果。Mass FX 动力学的主要优势在于操作简单，可以实时运算，并解决了由于模型面数多而无法运算的问题。习惯了使用 Reactor 动力学的用户也不必担心，因为 Mass FX 与 Reactor 在参数、操作等方面还是比较相近的。

Mass FX 动力学系统目前在功能上还不是非常完善，在最初刚加入 3ds Max 2012 时，只有刚体和约束两个模块。在 3ds Max 2016 中，Mass FX 动力学增加到了 4 个模块，分别为刚体系统、布料系统、约束系统和碎布玩偶系统。相信在 3ds Max 以后的升级版本中，Mass FX 动力学系统还会不断升级和完善。

启动 3ds Max 2016 后，在主工具栏上右击，在弹出的快捷菜单中选择“Mass FX 工具栏”命令，可以调出 Mass FX 工具栏，如图 9-1 和图 9-2 所示。

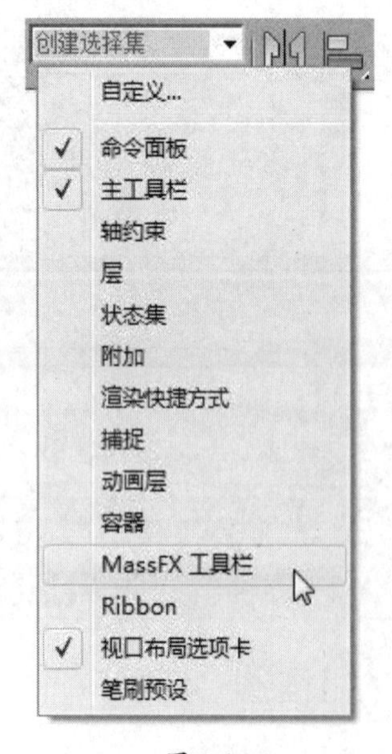

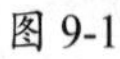

图 9-1

图 9-2

9.1 保龄球动画

实例操作：保龄球动画	
实例位置：	工程文件 \CH9\ 保龄球 .max
视频位置：	视频文件 \CH9\ 实例：保龄球动画 .mp4
实用指数：	★★★☆☆
技术掌握：	熟悉“动力学刚体”和“运动学刚体”的不同之处

本例将使用 MassFx 的刚体系统制作一个保龄球的动画效果，如图 9-3 所示为本例的最终完成效果。

图 9-3

01 打开附带素材中的“工程文件 \CH9\ 保龄球 .max”文件，该文件中已经为“保龄球”对象沿 *Y* 轴设置了位移动画，如图 9-4 所示。

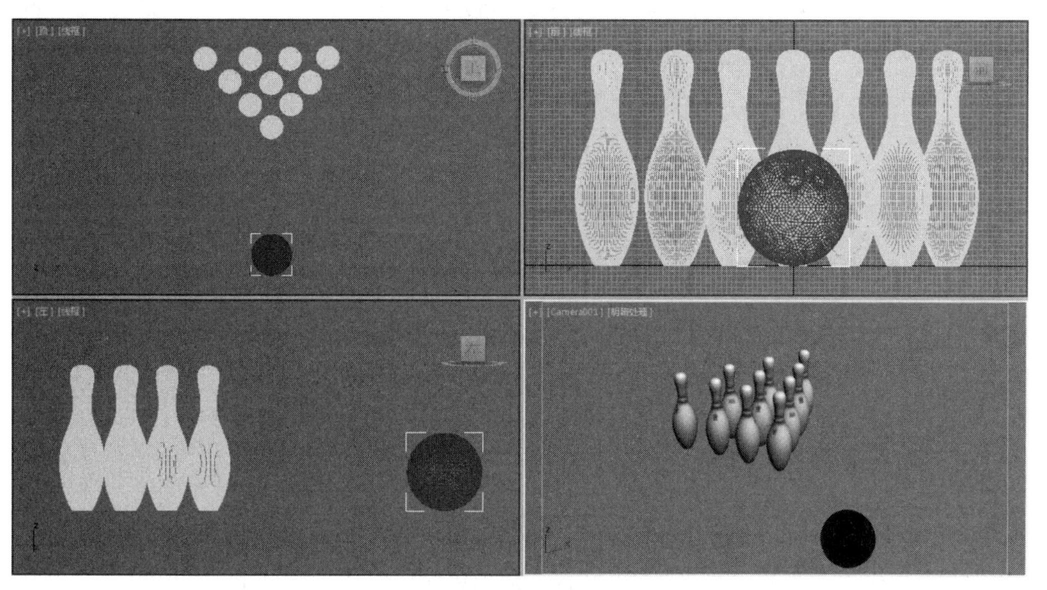

图 9-4

02 在场景中选择所有对象，单击 MassFX 工具栏中的“将选定项设置为动力学刚体”按钮，将所有对象都设置为动力学刚体物体，如图 9-5 所示。

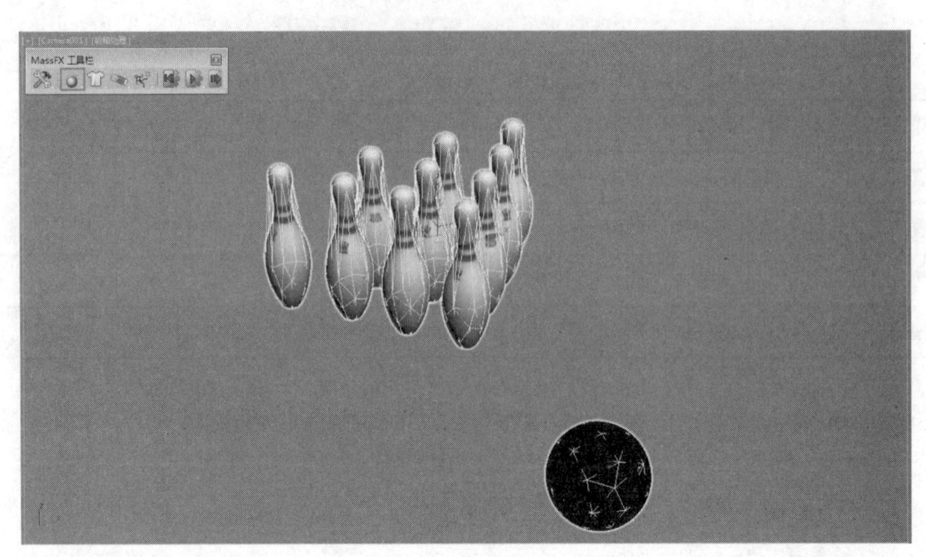

图 9-5

03 单击“MassFX 工具栏”上的“开始模拟”按钮，此时会发现，“保龄球”对象并没有继承自身的位移动画，而且瓶子在没有任何其他物体的碰撞下自己就倒下了，如图 9-6 所示。

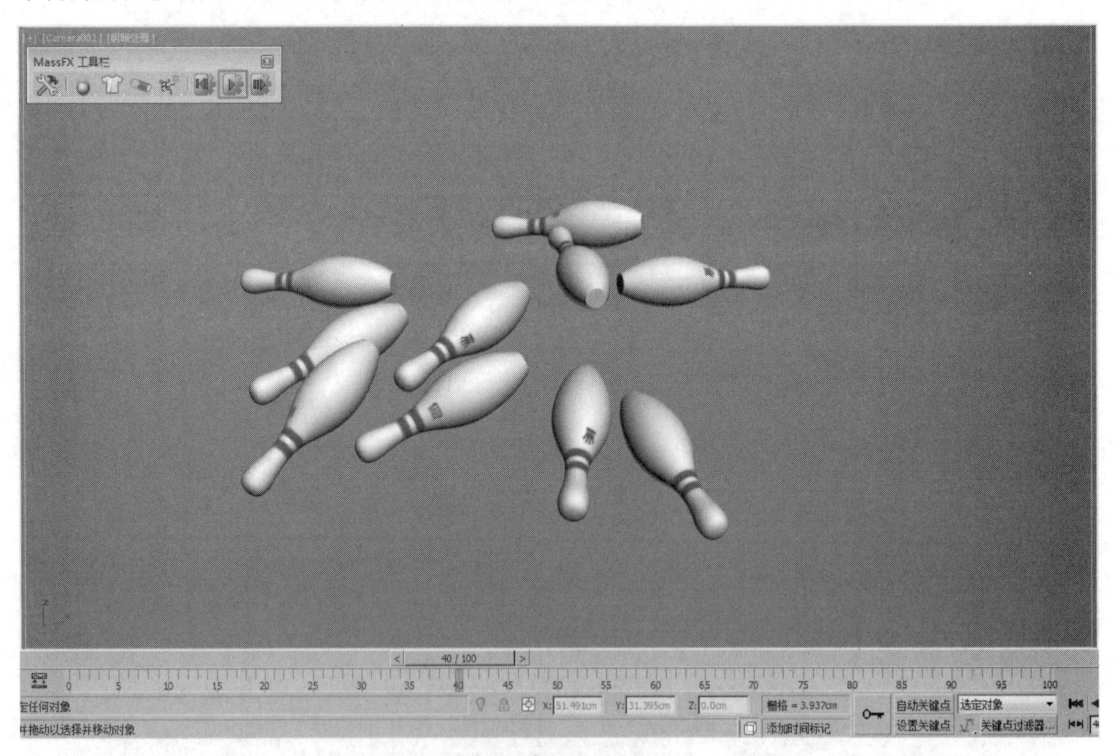

图 9-6

04 单击“将模拟实体重置为其原始状态”按钮，将场景恢复为初始状态。在场景中选择所有的“瓶子”对象，并在“世界参数”按钮上按住不放，在弹出的按钮列表中选择“多对象编辑器”选项，打开“MassFX 工具”对话框，在“刚体属性”卷展栏中选中“在睡眠模式中启动”复选框，如图 9-7 和图 9-8 所示。

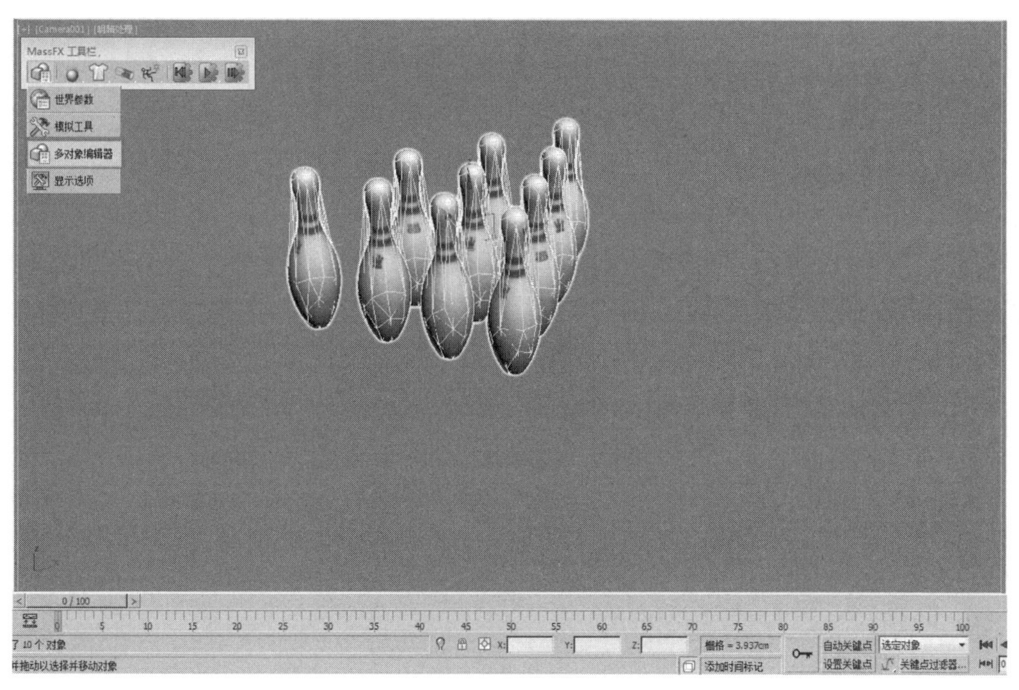

图 9-7

技巧与提示

选中了“在睡眠模式中启动”复选框的刚体，在受到未处于睡眠状态的刚体的碰撞之前，它不会移动。这样瓶子在没有被“保龄球”对象撞击之前，就不会因为重力的影响而自己倒下了。

05 选择“保龄球”对象，在“刚体属性”卷展栏中的“刚体类型”下拉列表中选择“运动学”选项，这样就将“保龄球”对象设置为了运动学刚体，同时选中“直到帧”复选框，并设置数值为 20，如图 9-9 所示。

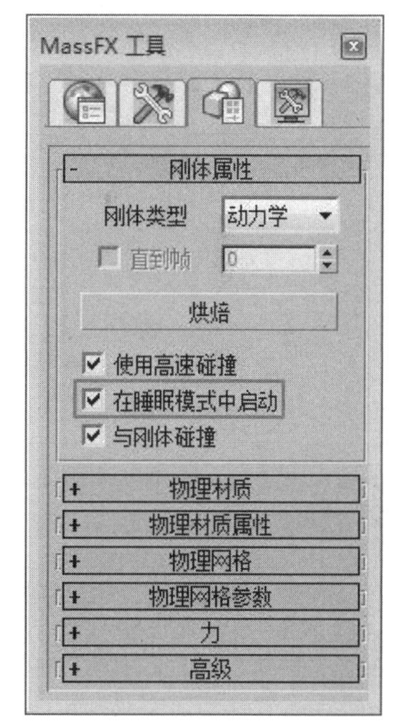

图 9-8

技巧与提示

刚体类型等参数可以在“MassFX工具”对话框的“多对象编辑器”选项卡中进行设置，但如果只是编辑单个物体或少量物体，也可以在“修改”面板刚体的修改器中进行设置。

选中“直到帧”复选框后，可以设置在指定帧将选定的运动学刚体转换为动力学刚体。在本例中，让“保龄球”在20帧后继承之前运动的惯性，在与瓶子发生碰撞后会受到重力、摩擦力、反弹力等作用力的影响。

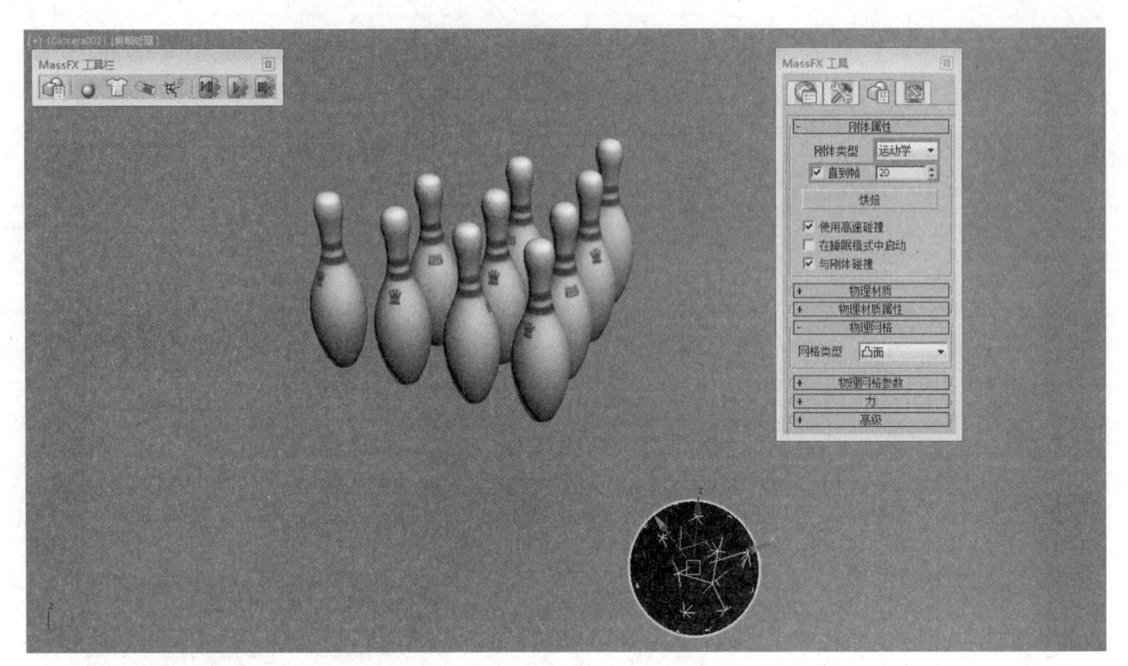

图 9-9

06 单击“开始模拟”按钮，发现“保龄球”对象与瓶子发生碰撞后冲出一段距离，并最终停在地上，如图 9-10 所示。

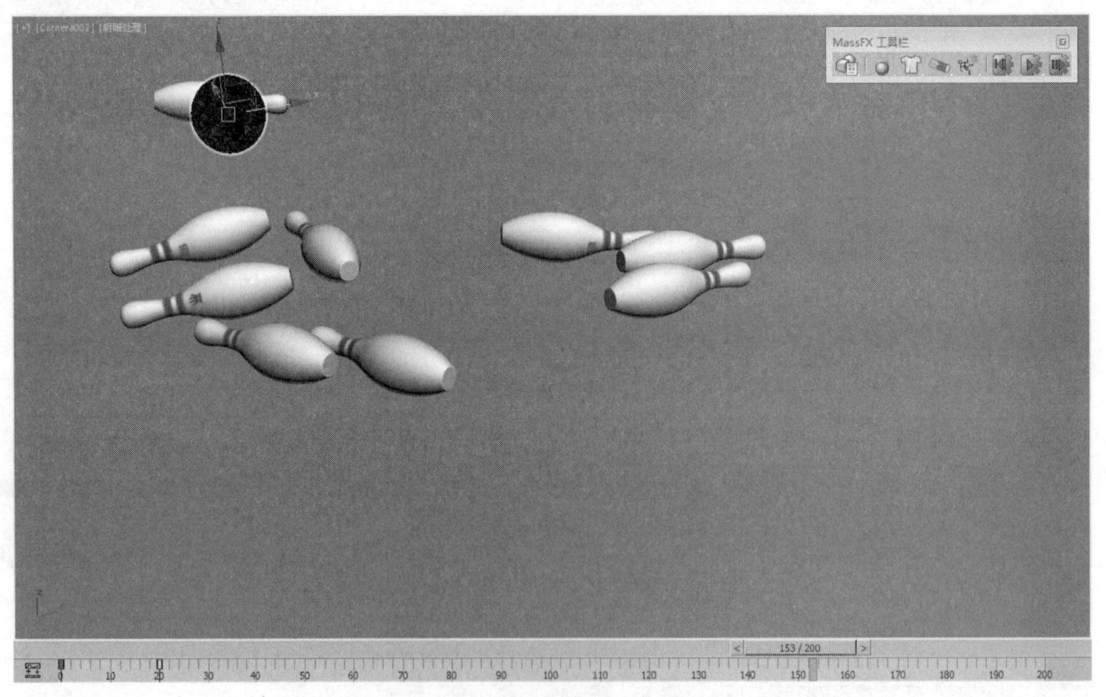

图 9-10

07 在“MassFX 工具”对话框中，选择“模拟工具”选项卡，单击“烘焙所有”按钮 烘焙所有 ，将所有动力学对象的变换存储为动画关键点，如图 9-11 和图 9-12 所示。

图 9-11

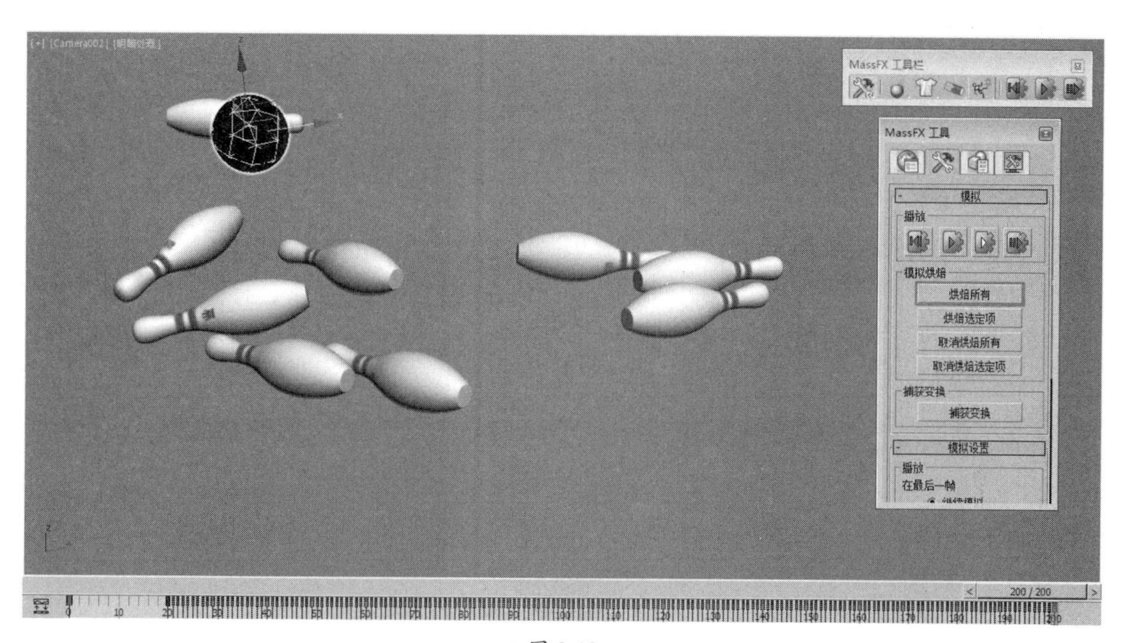

图 9-12

08 设置完成后播放动画，最终效果如图 9-13 所示。

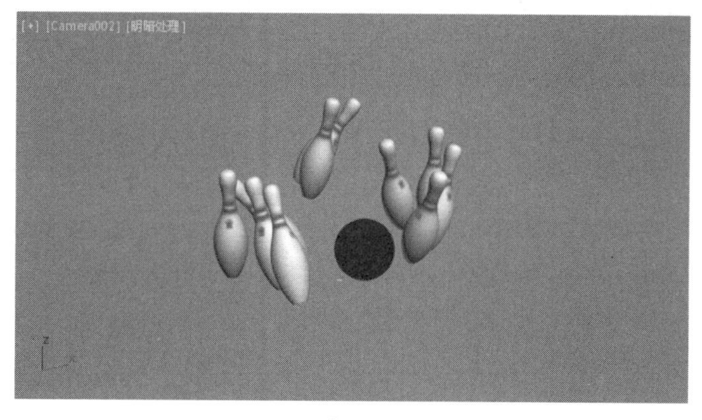

图 9-13

9.2 圆珠笔落入笔筒

功能实例：圆珠笔落入笔筒	
实例位置：	工程文件 \CH9\ 圆珠笔落入笔筒 .max
视频位置：	视频文件 \CH9\ 实例：圆珠笔落入笔筒 .mp4
实用指数：	★★★☆☆
技术掌握：	熟悉“静态刚体”类型及“凹面”图形类型的使用方法

本例将使用 MassFx 的刚体系统制作一个圆珠笔落入笔筒的动力学动画效果，如图 9-14 所示为本例的最终渲染效果。

图 9-14

01 打开附带素材中的“工程文件 \CH9\ 圆珠笔落入笔筒 .max”文件，如图 9-15 所示。

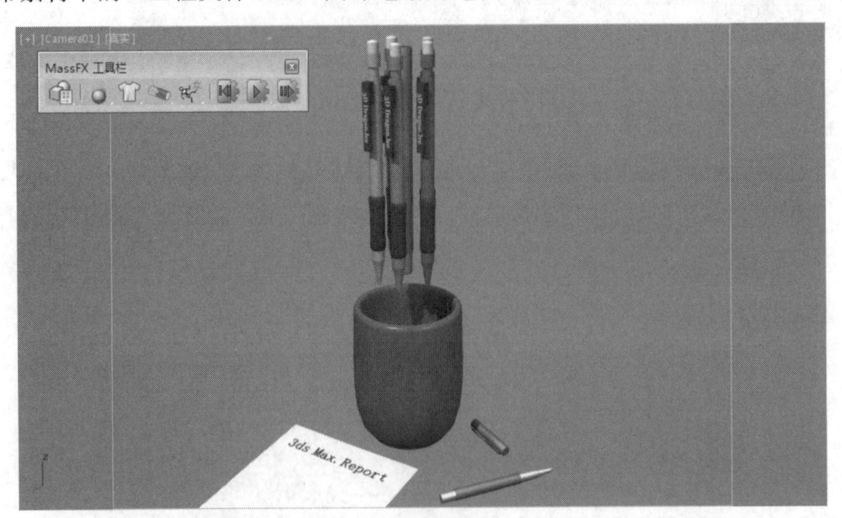

图 9-15

02 在场景中选择“笔筒”上方的所有“圆珠笔”对象，单击“MassFX 工具栏”中的“将选定项设置为动力学刚体”按钮，将其都设置为动力学刚体对象，如图 9-16 所示。

03 选择“笔筒”对象，在“MassFX 工具栏”中单击“将选定项设置为动力学刚体”按钮，按住不放，在弹出的按钮列表中选择“将选定项设置为静态刚体”选项，将其设置为静态动力学对象，如图 9-17 所示。

图 9-16

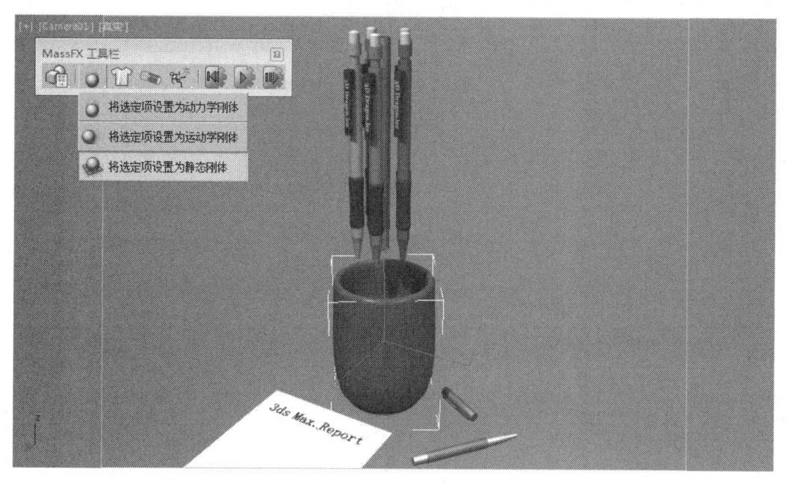

图 9-17

04 单击“开始模拟”按钮，此时会发现圆珠笔并没有掉落到笔筒内部，如图 9-18 所示。

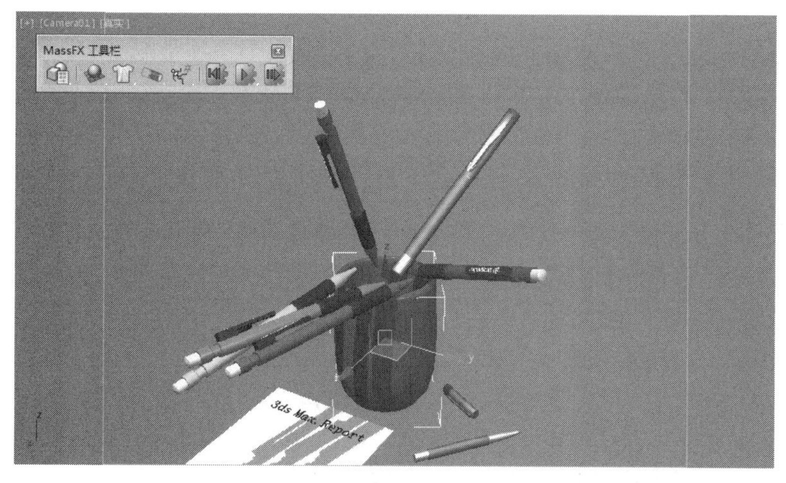

图 9-18

技巧与提示

圆珠笔之所以没有落入笔筒内，是因为笔筒的动力学图形类型默认设置为“凸面”，也就是，如果用保鲜膜将笔筒包裹起来，那么笔筒的口是被封住的，所以圆珠笔无法落入笔筒内部。

05 单击“将模拟实体重置为其原始状态”按钮，将场景恢复为初始状态。选择“笔筒”对象并进入“修改”面板，在“物理图形”卷展栏的“图形类型”下拉列表中选择“凹面”选项，在“物理网格参数”卷展栏中选中“提高适配”复选框，然后单击“生成”按钮，此时 MassFX 将显示 Calculating（正在计算）的进度条，如图 9-19 所示。

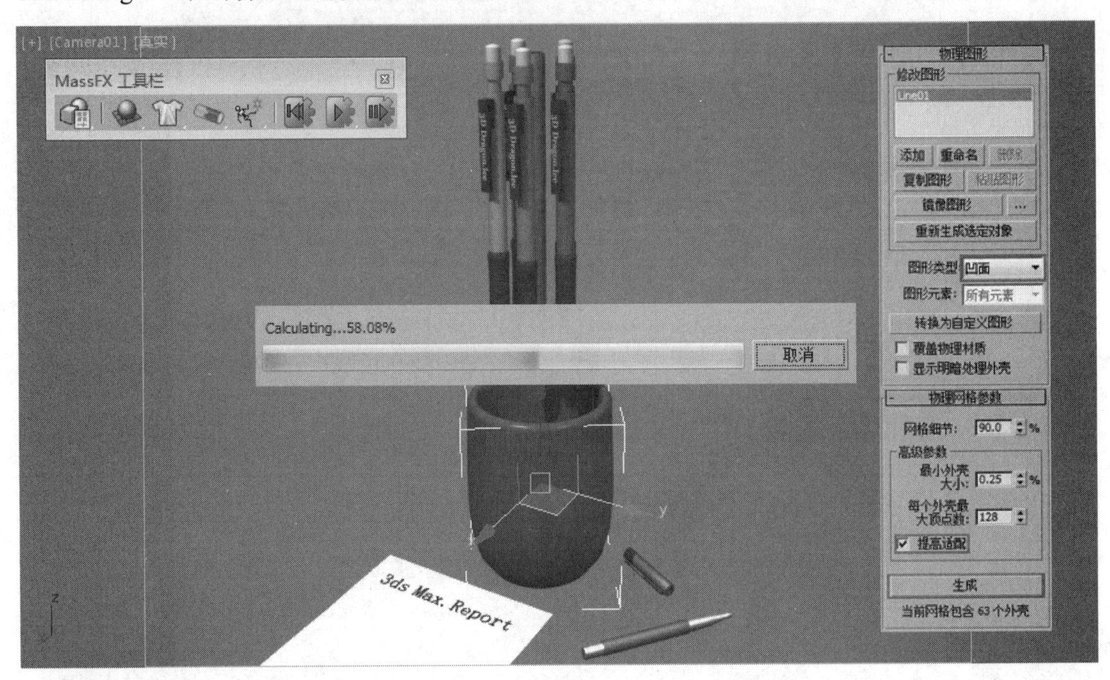

图 9-19

技巧与提示

选中“提高适配”复选框后，生成的物理网格会最大限度地适配原始物体的网格状态，这样在进行动力学计算时会得到更加准确的结果。当然如果对动力学计算的结果要求不高，可以取消选中该复选框，同时调节上方的“网格细节”参数值，以此来控制生成的物理网格的粗细程度。

此外，在本例中，因为将“笔筒”对象设置为了静态动力学物体，所以在“图形类型”的下拉列表中，也可以将其设置为“原始的”图形类型并进行动力学模拟。

06 单击“开始模拟”按钮，此时会发现圆珠笔可以掉落到笔筒内了，如图 9-20 所示。

07 单击“将模拟实体重置为其原始状态”按钮，将场景恢复为初始状态。为了使圆珠笔在笔筒中散落得更加随机，可以在物体的初始状态时先将圆珠笔都随机旋转一定的角度，但注意圆珠笔之间尽量不要相互穿插，如图 9-21 所示。

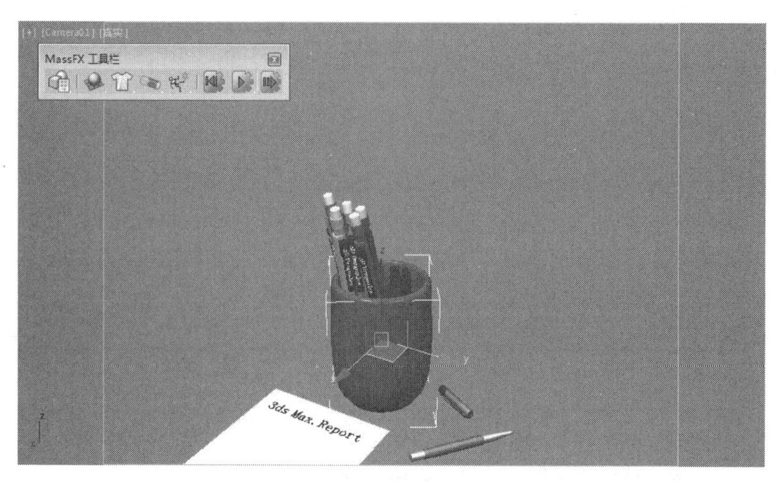

图 9-20

图 9-21

08 单击“开始模拟”按钮，这样圆珠笔在笔筒中散落时就显得更加随机了，效果也更加逼真、自然，如图 9-22 所示。

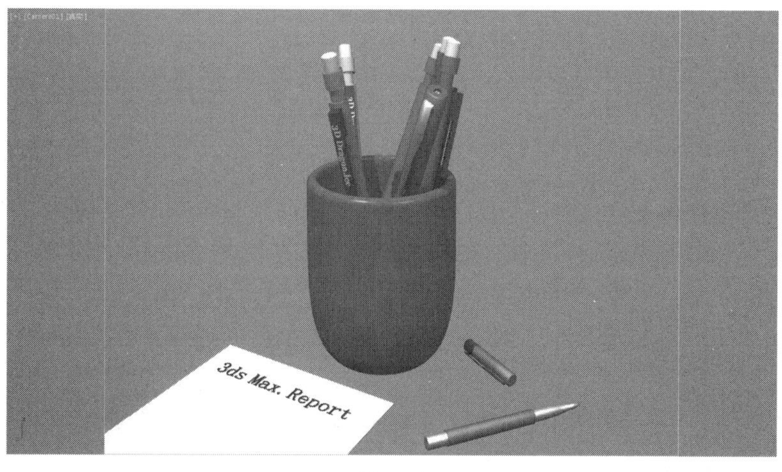

图 9-22

09 选择所有的“圆珠笔”对象，在“MassFX 工具”对话框中，选择“模拟工具”选项卡，单击“模拟”卷展栏中的“捕获变换”按钮，将当前动力学物体的运动状态进行捕捉，如图 9-23 所示。

图 9-23

技巧与提示

在动力学的模拟计算时，如果觉得物体的某个状态很好，可以随时停止动力学的计算，并将当前的状态捕捉，或者单击“将模拟前进一帧”按钮，通过逐帧计算的方式来查找理想中的物体运动状态。

10 设置完成后渲染当前视图，最终效果如图 9-24 所示。

图 9-24

9.3 台球动画

实例操作：用刚体动力学制作台球动画	
实例位置：	工程文件 \CH9\ 台球 .max
视频位置：	视频文件 \CH9\ 实例：用刚体动力学制作台球动画 .mp4
实用指数：	★★☆☆☆
技术掌握：	熟悉利用刚体修改器的子对象设置动画的方法

在本例将通过对 MassFX Rigid Body 修改器子对象的编辑，制作一个台球撞击的动力学动画效果，如图 9-25 所示为本例的最终完成效果。

图 9-25

01 打开附带素材中的“工程文件 \CH9\ 台球 .max”文件，该文件中已经为物体设置了材质和摄影机，如图 9-26 所示。

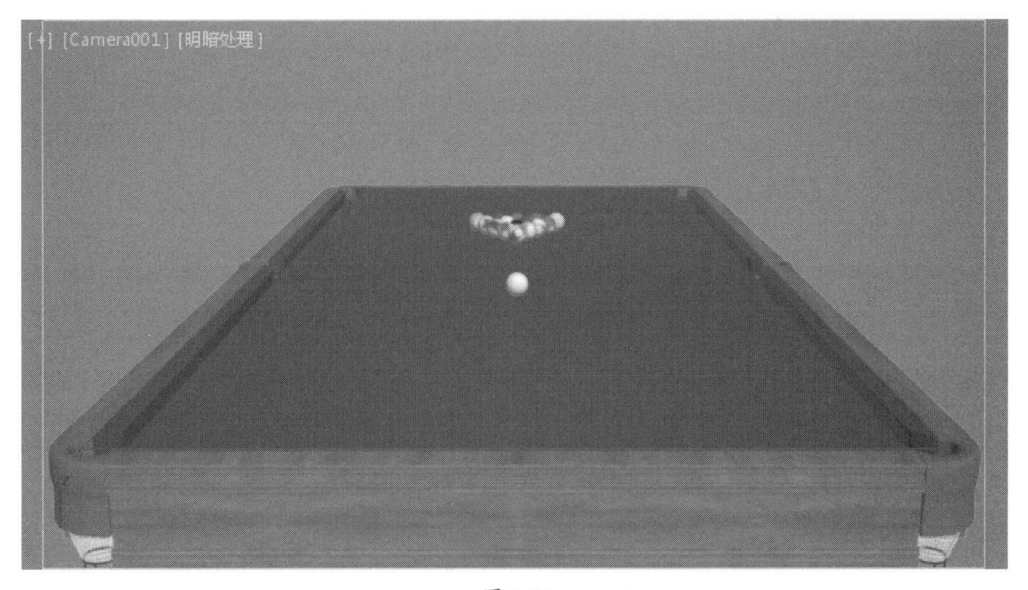

图 9-26

02 在场景中选择所有的“台球”对象，单击“MassFX 工具栏”中的“将选定项设置为动力学刚体”按钮，将其设置为动力学刚体对象，如图 9-27 所示。

图 9-27

03 打开“MassFX 工具”面板并切换到“多对象编辑器”选项卡，在“物理材质属性”卷展栏中设置“反弹力”为 0.8，在“物理网格”卷展栏中，设置“网格类型”为“球体”，如图 9-28 所示。

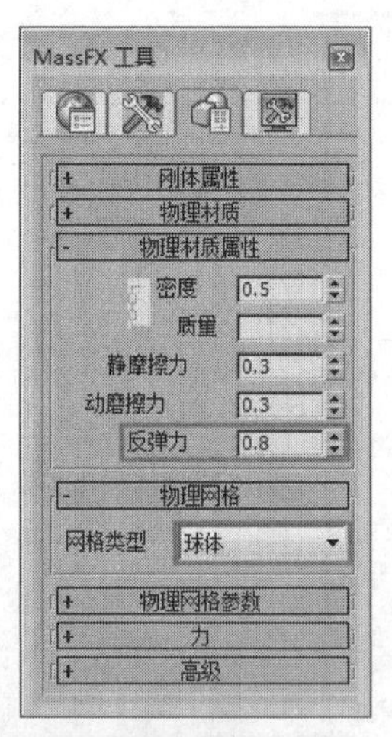

图 9-28

技巧与提示

因为台球的表面比较光滑，同时质地比较坚硬，所以在这里把“反弹力”设置得大一些。而“网格类型”默认是凸面，在这里将其改为“球体”会更接近于台球的外形，从而可以提高计算的精度。

04 选择除白球外的所有花球，在“刚体属性”卷展栏中，选中“在睡眠模式中启动”复选框，如图 9-29 所示。

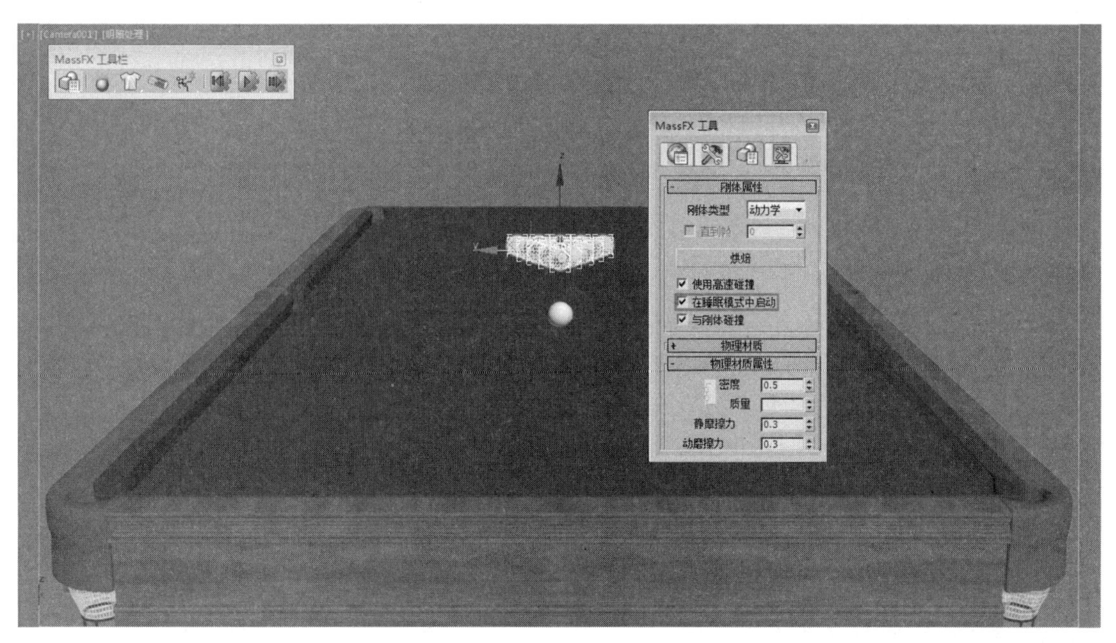

图 9-29

05 在场景中选择“阻挡物体”对象，这是依据台球桌面的大小使用“编辑多边形”命令制作的一个物体，如图 9-30 所示。

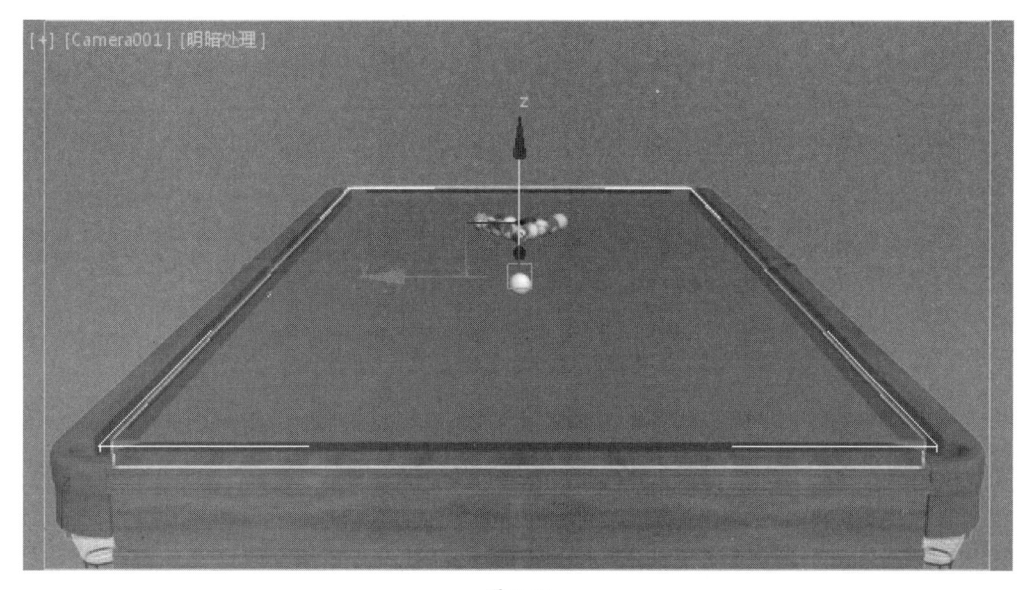

图 9-30

技巧与提示

由于原始的台球桌面比较复杂，所以在这里制作了一个简易的物体用于与台球进行碰撞计算。当计算完成后，可以将该物体隐藏，或者直接删除，这种方式在实际制作中会经常使用。

06 将“阻挡物体”设置为“静态刚体”，进入“修改”面板，在“物理材质”卷展栏中，设置“动摩擦力”为 0.8，“反弹力”为 0.3，在“物理图形”卷展栏中，设置“图形类型”为“原始的”，如图 9-31 所示。

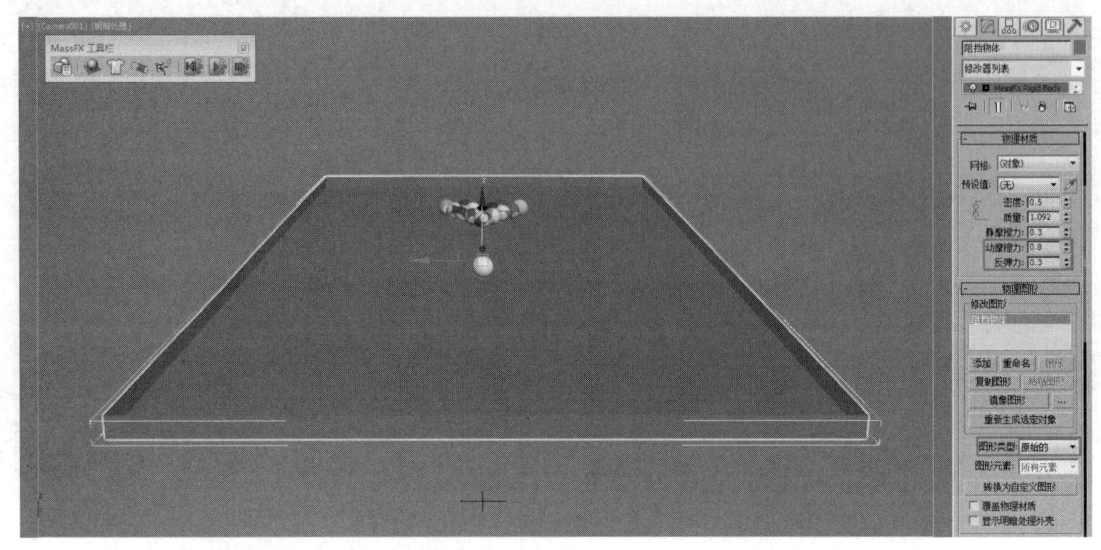

图 9-31

07 选择“白球”对象，进入 MassFX Rigid Body 修改器的“初始速度”子对象层级，使用“选择并旋转”工具将其 Gizmo 对象沿 *Y* 轴旋转 90°，如图 9-32 所示。

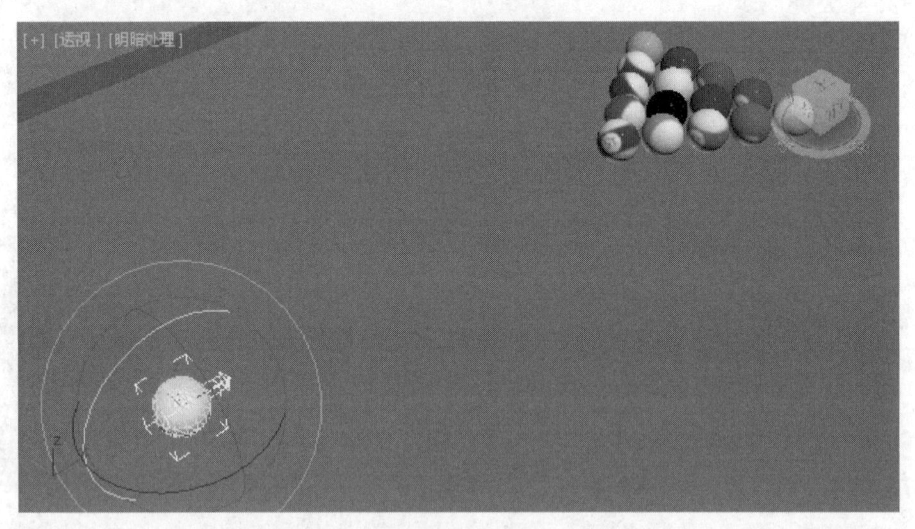

图 9-32

08 进入“高级”卷展栏，在“初始运动”选项组中设置“初始速度”选项下方的“速度”为 2000n，如图 9-33 所示。

09 将“阻挡物体”隐藏，单击“开始模拟”按钮，此时“花球”被“白球”撞击后四散滚动，如图 9-34 所示。

10 如果觉得满意，可以将所有的动画烘焙，设置完成后播放动画，最终效果如图 9-35 所示。

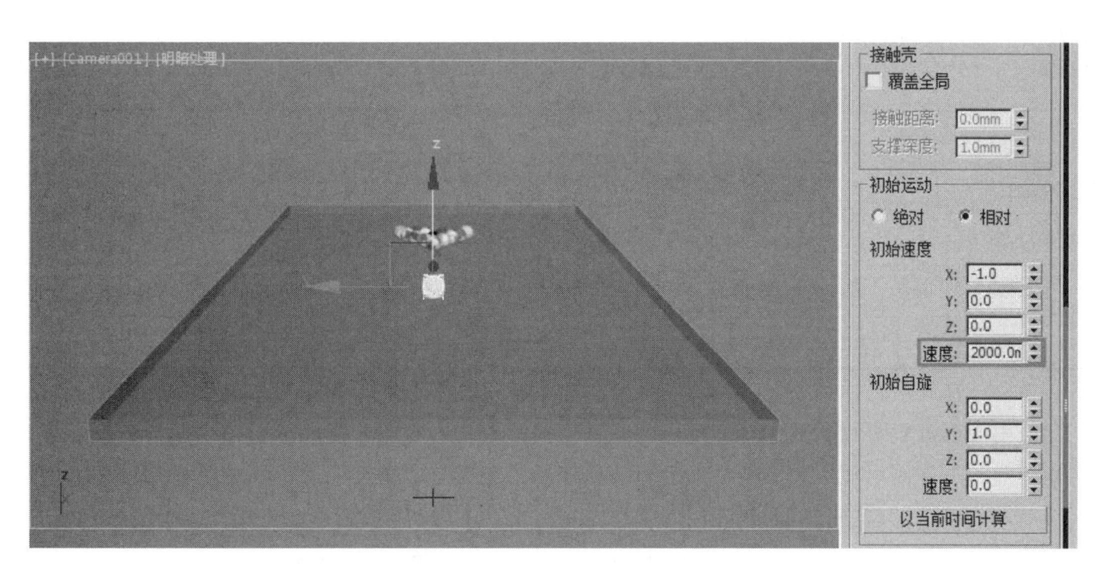

图 9-33

图 9-34

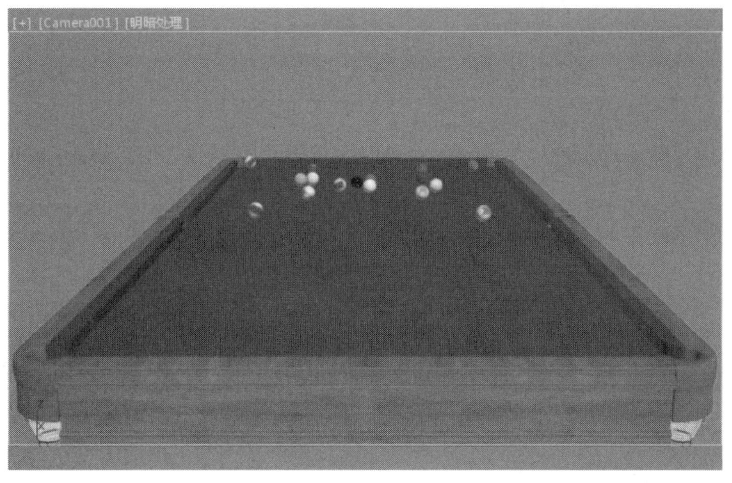

图 9-35

9.4 毛巾动画

实例操作：毛巾动画	
实例位置：	工程文件 \CH9\ 毛巾 .max
视频位置：	视频文件 \CH9\ 实例：毛巾动画 .mp4
实用指数：	★★★☆☆
技术掌握：	熟练使用 MassFX 布料系统制作布料动力学动画

使用 MassFX 动力学工具的布料系统，可以模拟人物的衣服、飘动的窗帘、掀开的幕布等布料动画效果。本例将使用 MassFX 布料系统制作一个毛巾下落到挂钩上的动力学动画效果，如图 9-36 所示为本例的最终完成效果。

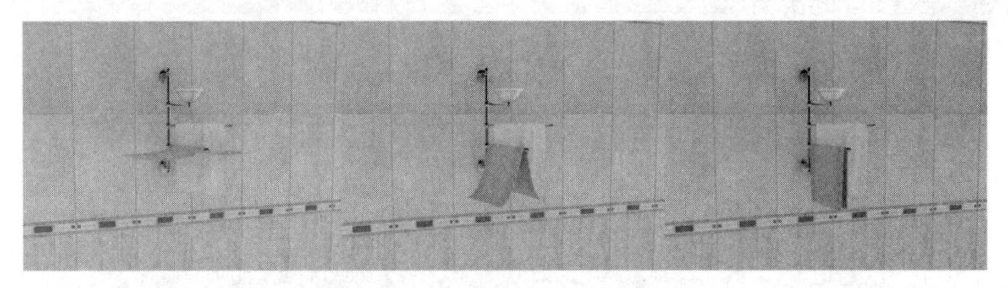

图 9-36

01 打开附带素材中的“工程文件 \CH9\ 毛巾 .max”文件，该文件中已经为物体设置了材质和摄影机，如图 9-37 所示。

图 9-37

02 选择“毛巾”对象，使用移动和旋转工具调整其位置和角度，如图 9-38 所示。

03 单击“MassFX 工具栏”中的“将选定对象设置为 mCloth 对象”按钮，将其设置为布料物体，如图 9-39 所示。

04 选择支撑杆，单击“MassFX 工具栏”中的“将选定项设置为静态刚体”按钮，将其设置为“静态刚体”，如图 9-40 所示。

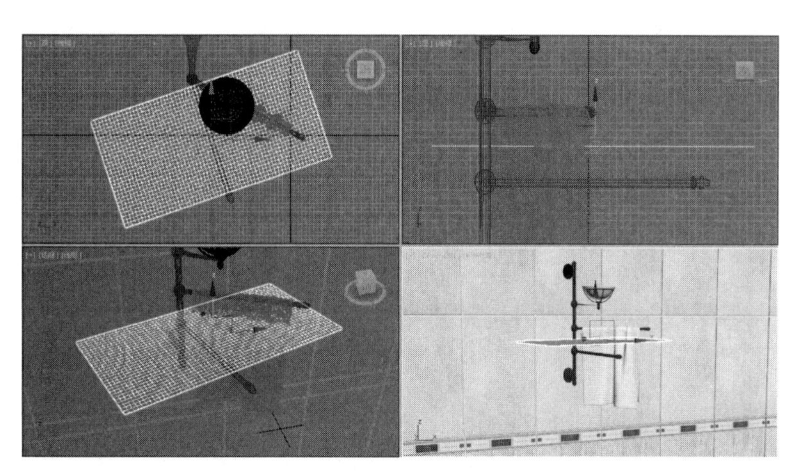

图 9-38

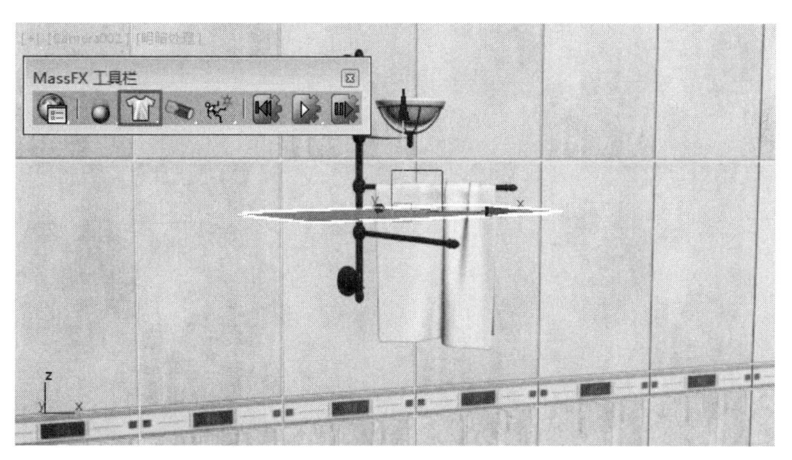

图 9-39

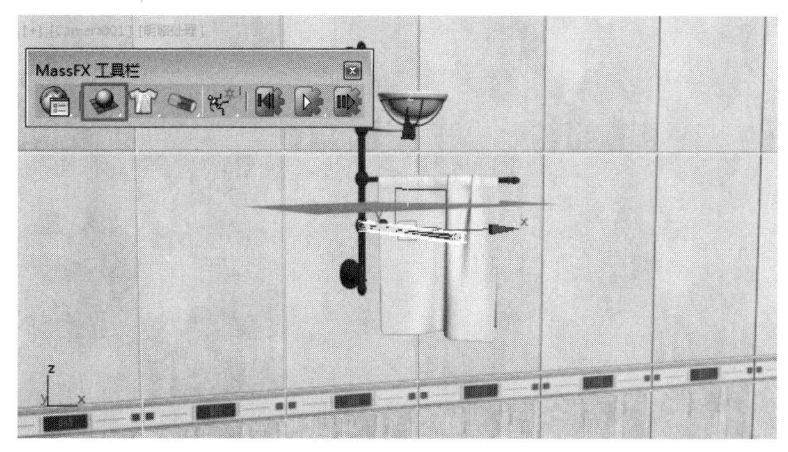

图 9-40

05 单击“开始模拟”按钮，此时会发现毛巾搭在了支撑杆上，但是毛巾会在支撑杆上慢慢滑动，而且毛巾自身有“穿插”现象，同时感觉毛巾与支撑杆之间有一段距离，并没有完全接触，如图 9-41 所示。

图 9-41

06 选择“支撑杆”对象并进入“修改”面板，在“物理材质”卷展栏中，设置“静摩擦力”和“动摩擦力”都为 1.0，“反弹力”为 0.0，如图 9-42 所示。

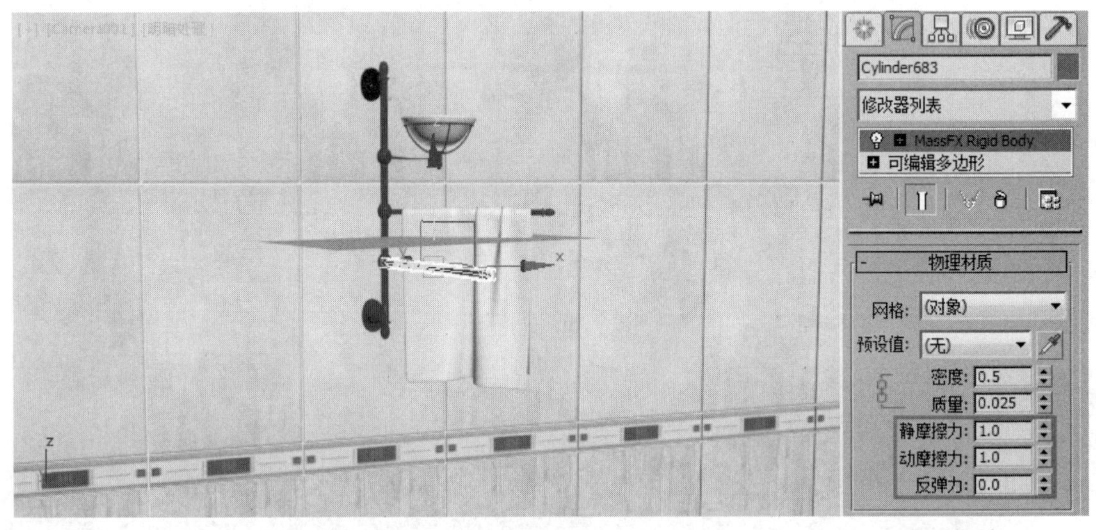

图 9-42

07 选择“毛巾”对象，在“纺织品物理特性”卷展栏中，设置“重力比”为 0.2，“阻尼”为 1.0，“摩擦力”为 1，在“交互”卷展栏中，设置“自厚度”为 10.0，“刚体碰撞”为 5.0，如图 9-43 所示。

技巧与提示

“重力比”参数越大，代表布料的质量越大，下落得也就越快；“阻尼”值越大代表能量损失得越快，也就是布料下落后越快趋向于静止；“自厚度”参数设置的是布料自身之间的距离小于该值时，系统即认为布料自身已经碰撞在一起了，如果布料自身有“穿插”现象时，可以适当增大该值；“厚度”值设置的是布料与其他刚体碰撞时的距离，当布料与刚体之间的距离小于该值时，系统即认为布料与刚体已经碰撞在一起了，如果布料与刚体之间有“穿插”现象时，可以适当增大该值。

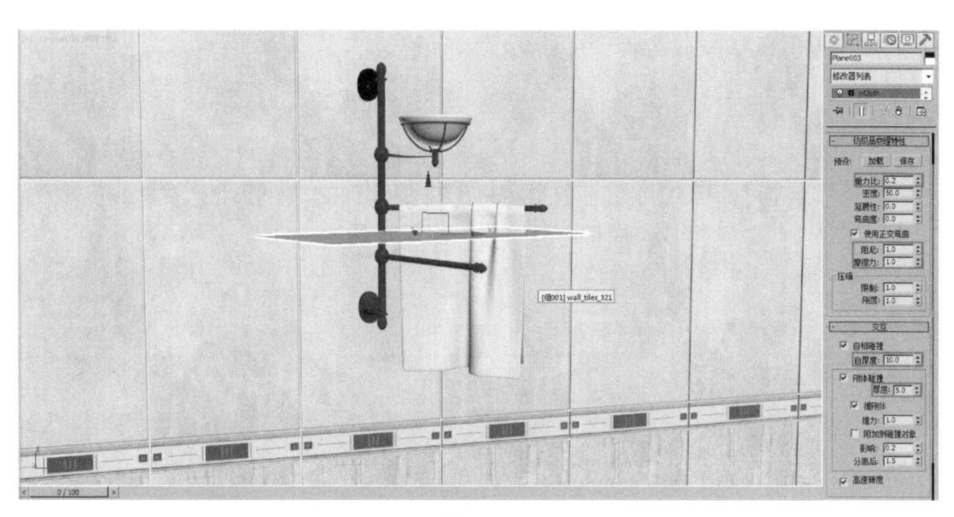

图 9-43

08 单击“开始模拟”按钮，发现上述的问题得到了解决，但是感觉布料比较硬，没有出现褶皱的效果，如图 9-44 所示。

图 9-44

09 选择“毛巾”对象，在“纺织品物理特性”卷展栏中，设置“弯曲度”为 1.0，如图 9-45 所示。

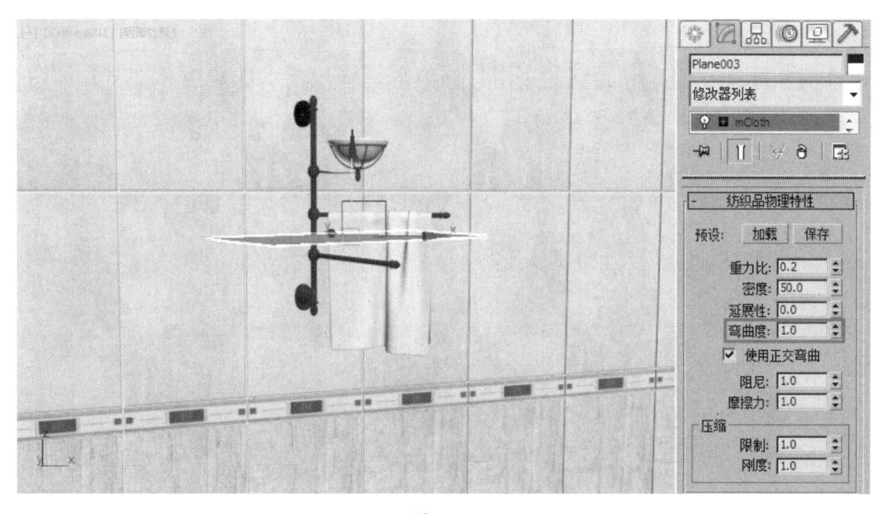

图 9-45

10 单击“开始模拟”按钮，这次感觉毛巾柔软了一些，如图 9-46 所示。

图 9-46

11 如果对当前布料的状态比较满意，可以单击“捕获状态”卷展栏中的“捕捉初始状态”按钮 捕捉初始状态 ，将当前布料的状态保存，如图 9-47 所示。

图 9-47

12 为“毛巾”对象添加“壳”和“涡轮平滑”修改器，增加毛巾的厚度和细节，如图 9-48 所示。

图 9-48

技巧与提示

在实际的制作过程中，不要将布料的分段数设置得过高，从而导致解算过程太长，这样会导致死机，一般会将分段数设置得低一些，等解算完成后，再添加“涡轮平滑”修改器增加其细节。

13 设置完成后渲染当前视图，最终效果如图 9-49 所示。

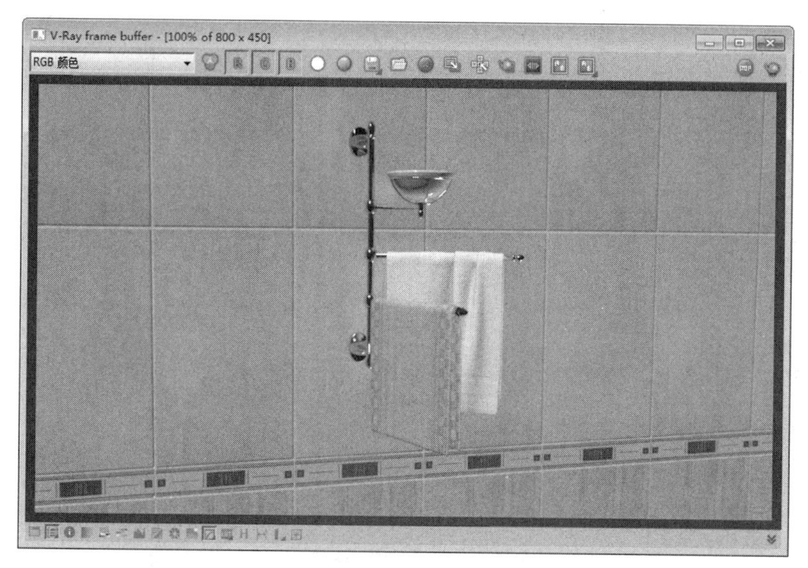

图 9-49

9.5　飘舞的小旗

实例操作：飘舞的小旗	
实例位置：	工程文件 \CH9\ 飘舞的小旗 .max
视频位置：	视频文件 \CH9\ 实例：飘舞的小旗 .mp4
实用指数：	★★★☆☆
技术掌握：	熟悉使用“风力”空间扭曲制作飘舞的布料动力学动画的方法

mCloth 修改器只有一个“顶点”子对象层级，在该层级中，可以让布料对象中选中的顶点受到一些约束控制，例如，将选中的顶点约束到一个运动的物体上，使其能带动布料运动等。mCloth 修改器的“顶点”次物体级中有两个卷展栏，分别为“软选择”和“组”，如图 9-50 所示。

本节将制作一个飘舞的小旗动画，通过本例可以让读者将本章所学知识更好地应用到实际工作中。如图 9-51 所示为本例的最终完成效果。

图 9-50

图 9-51

01 打开附带素材中的“工程文件\CH9\飘舞的小旗.max”文件，该文件中已经为物体设置了材质和摄影机，如图 9-52 所示。

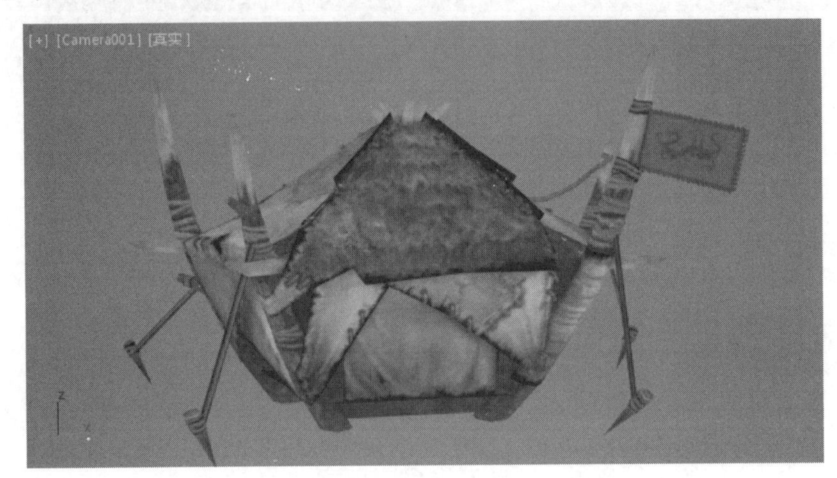

图 9-52

02 选择“旗子”对象，单击“MassFX 工具栏”中的“将选定对象设置为 mCloth 对象”按钮，将其设置为布料物体，如图 9-53 所示。

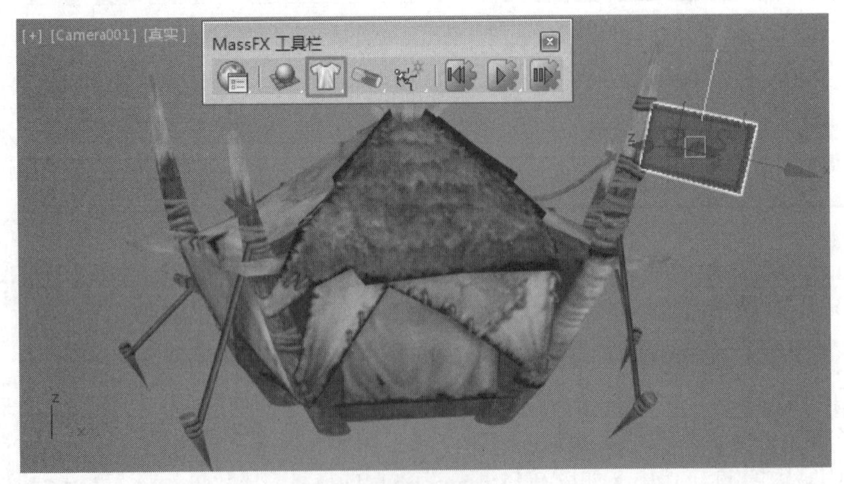

图 9-53

03 进入 mCloth 修改器的“顶点”次物体级，单击如图 9-54 所示的“顶点”按钮。

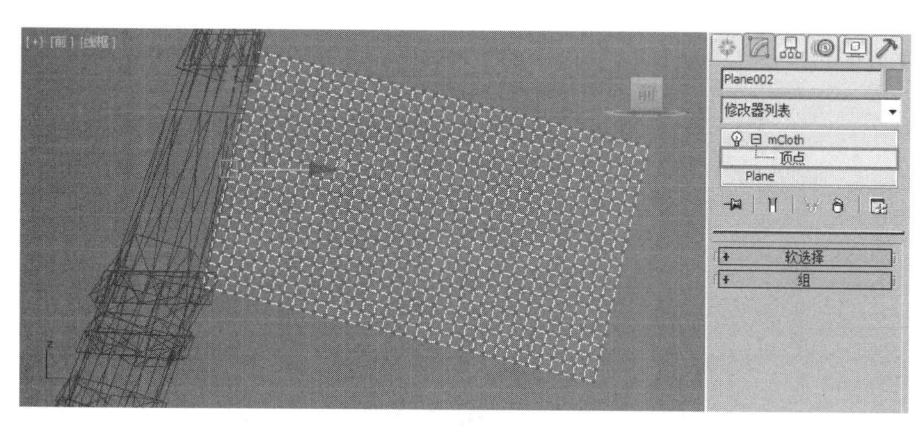

图 9-54

04 在“组”卷展栏中，单击“设定组”按钮 设定组 ，在弹出的“设定组”对话框中单击“确定”按钮，如图 9-55 所示。

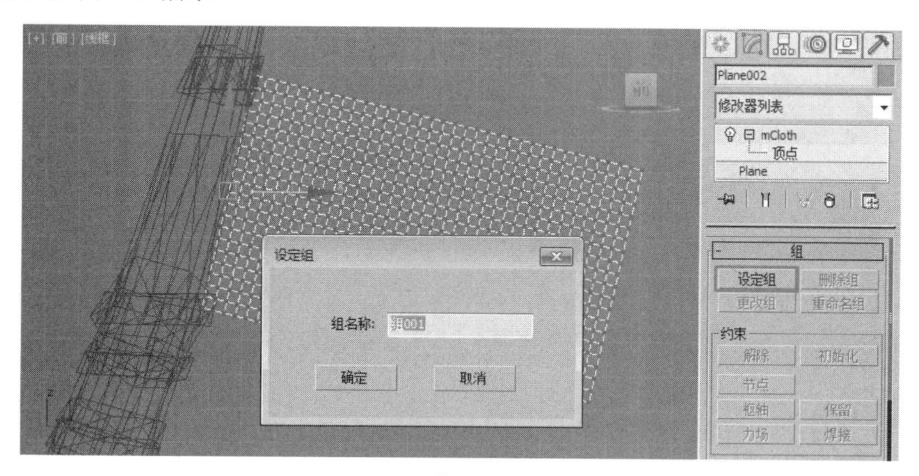

图 9-55

05 单击“枢轴”按钮 枢轴 ，将选中的顶点以“枢轴”的约束方式固定在当前位置，如图 9-56 所示。

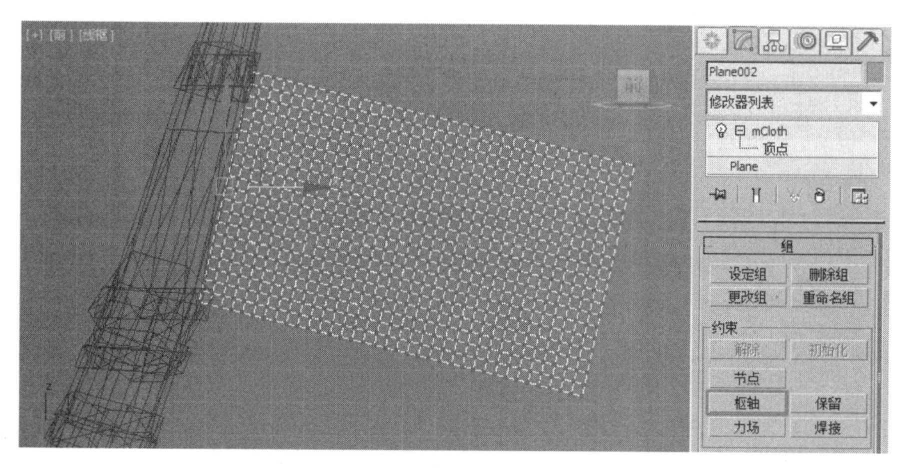

图 9-56

06 在视图中创建“风”空间扭曲并调整其位置和角度，如图 9-57 所示。

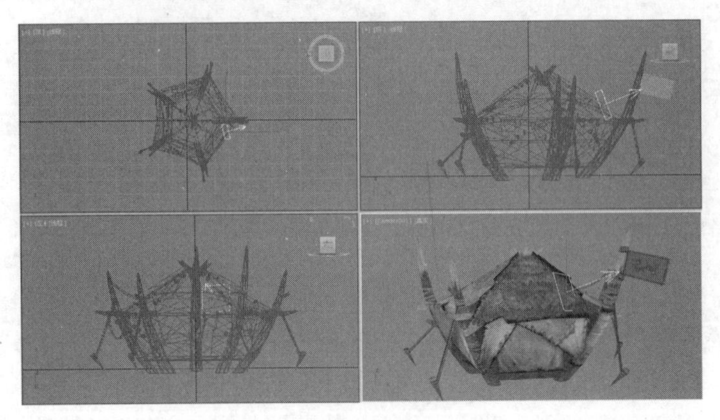

图 9-57

07 选择“旗子”对象并进入“修改”面板，在“力”卷展栏中，单击“添加”按钮，并在场景中拾取刚才创建的“风”，如图 9-58 所示。

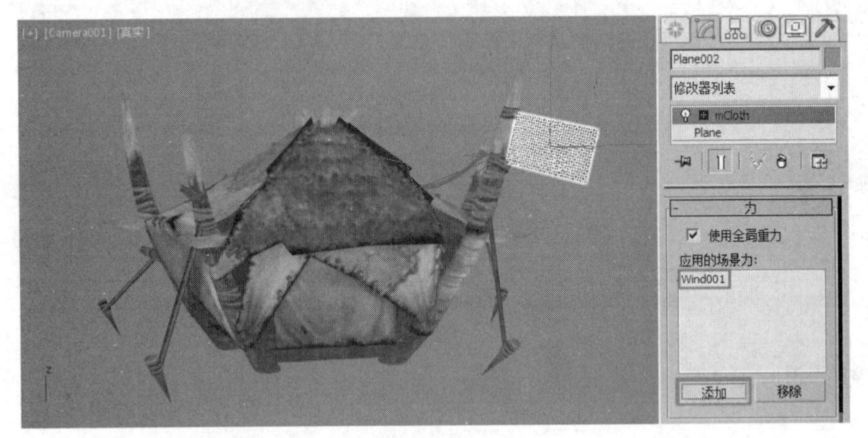

图 9-58

08 单击“开始模拟”按钮，此时会发现旗子并没有被风吹起来，如图 9-59 所示。

图 9-59

09 选择“风”空间扭曲，在“修改”面板的“参数”卷展栏中，设置“强度”为 20.0，如图 9-60 所示。

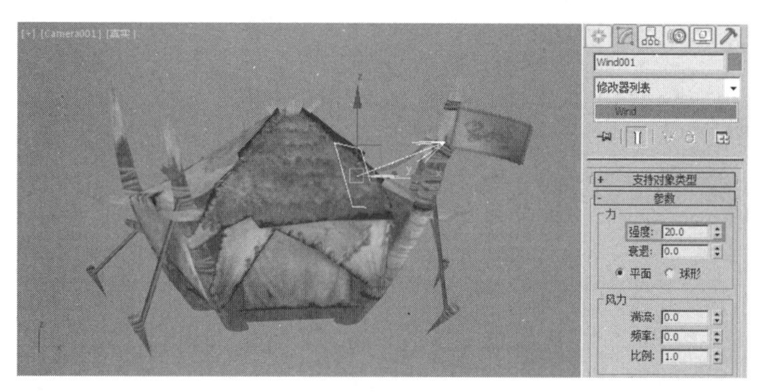

图 9-60

10 再次进行动力学模拟，这样旗子就可以飘起来了，但是旗子表面缺少褶皱细节，而且旗子自身有“穿插”现象，如图 9-61 所示。

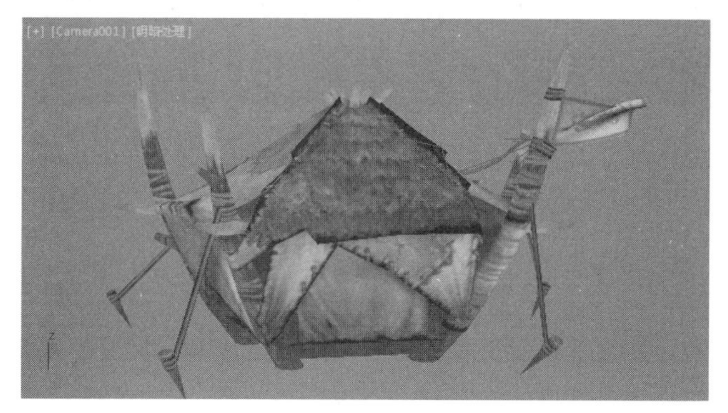

图 9-61

11 选择“旗子”对象，进入“修改”面板，在“纺织品物理特性”卷展栏中，设置“弯曲度”为 0.2，在“交互”卷展栏中，设置“自厚度”为 5.0，如图 9-62 所示。

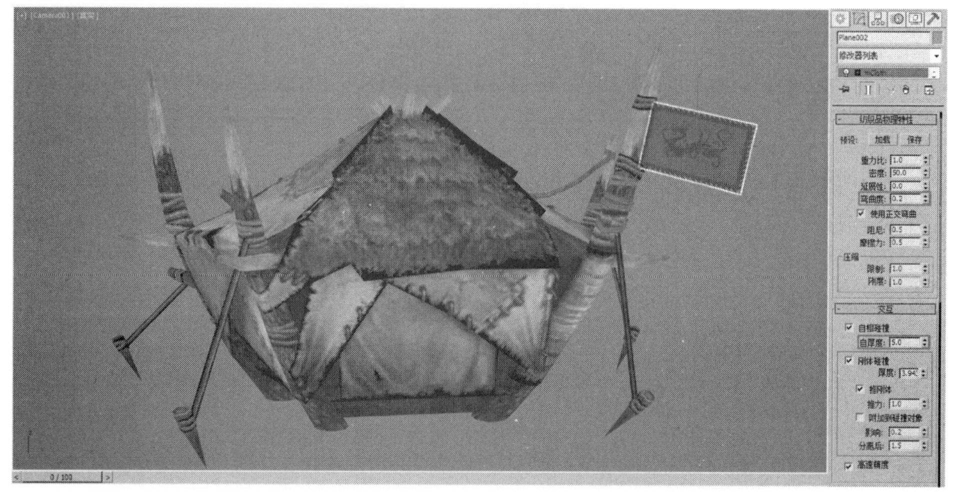

图 9-62

12 再次进行模拟，这样旗子的效果就好多了，如图 9-63 所示。

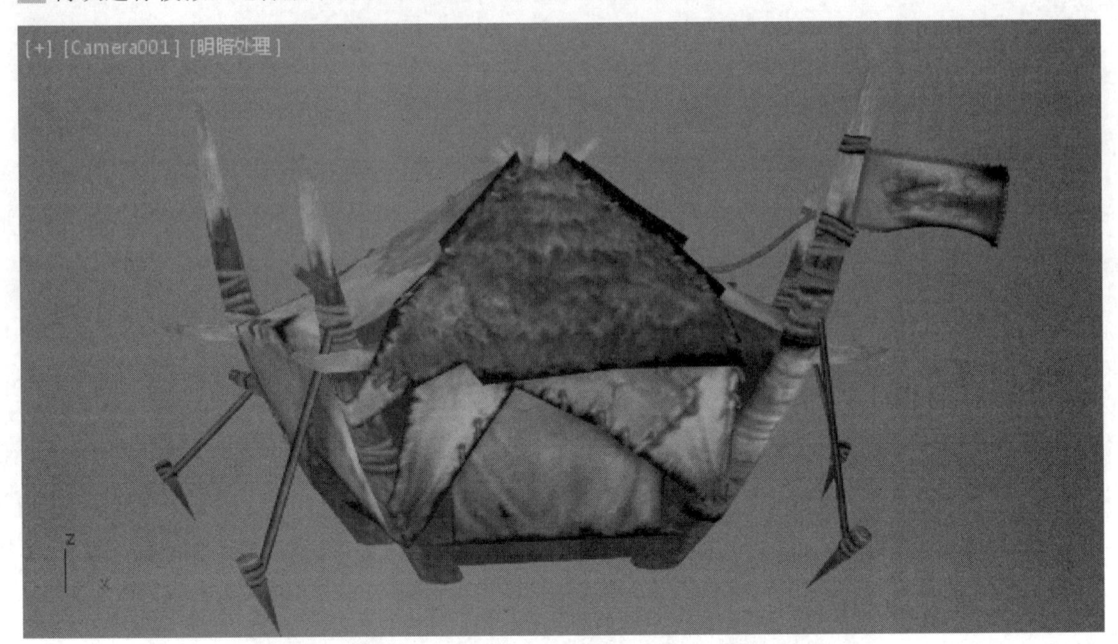

图 9-63

13 如果对动画效果满意，可以将动画烘焙输出，设置完成后渲染当前视图，最终效果如图 9-64 所示。

图 9-64

9.6 幕布拉开

功能实例：幕布拉开	
实例位置：	工程文件 \CH9\ 幕布拉开 .max
视频位置：	视频文件 \CH9\ 实例：幕布拉开 .mp4
实用指数：	★★☆☆☆
技术掌握：	熟悉使用 MassFX 布料系统制作复杂布料动力学动画的方法

在影视动画制作中，经常会制作幕布或者窗帘拉开的动画效果，下面的实例将使用 MassFX 的布料系统制作这样的动画效果，如图 9-65 所示为本例的最终渲染效果。

图 9-65

01 打开附带素材中的“工程文件 \CH9\ 幕布拉开 .max”文件，如图 9-66 所示。

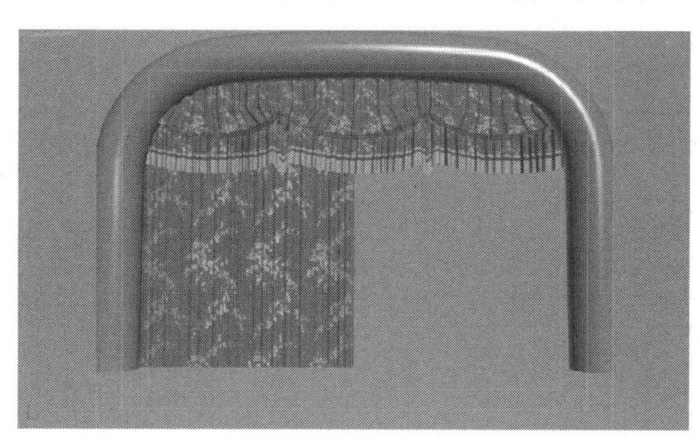

图 9-66

02 使用“长方体”和“管状体”工具在场景中创建几个“长方体”对象和一个半圆形的“管状体”对象，如图 9-67 所示。

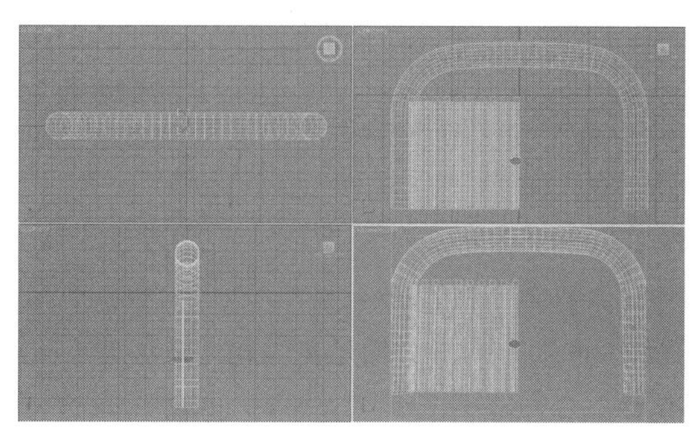

图 9-67

03 单击“自动关键点”按钮自动关键点，开启动画记录模式，将时间滑块拖至 300 帧，并使用移动工具将“管状体”对象移至如图 9-68 所示的位置。

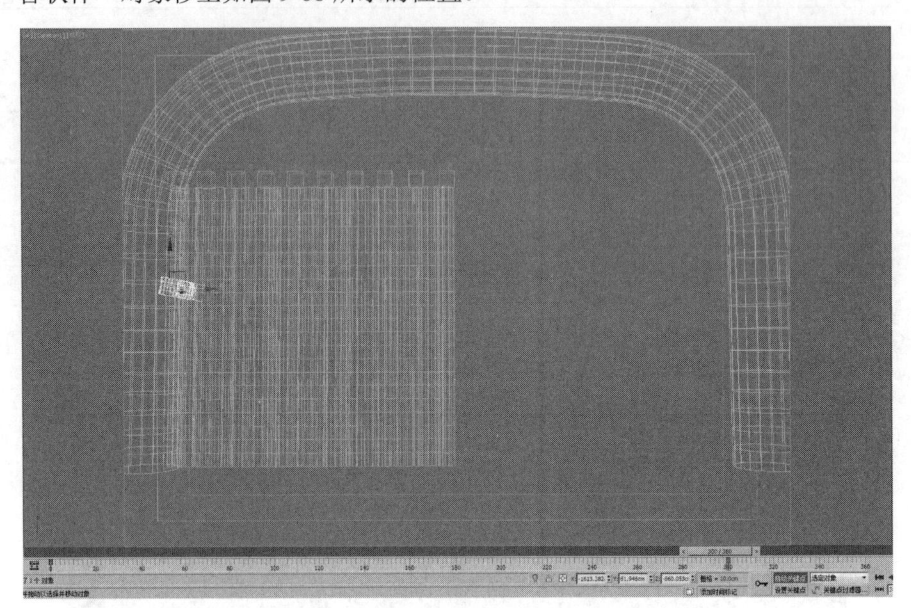

图 9-68

04 使用同样的方法，制作“长方体”对象的动画，使所有的“长方体”对象在第 75 到第 300 帧的时间范围内，移至如图 9-69 所示的位置。

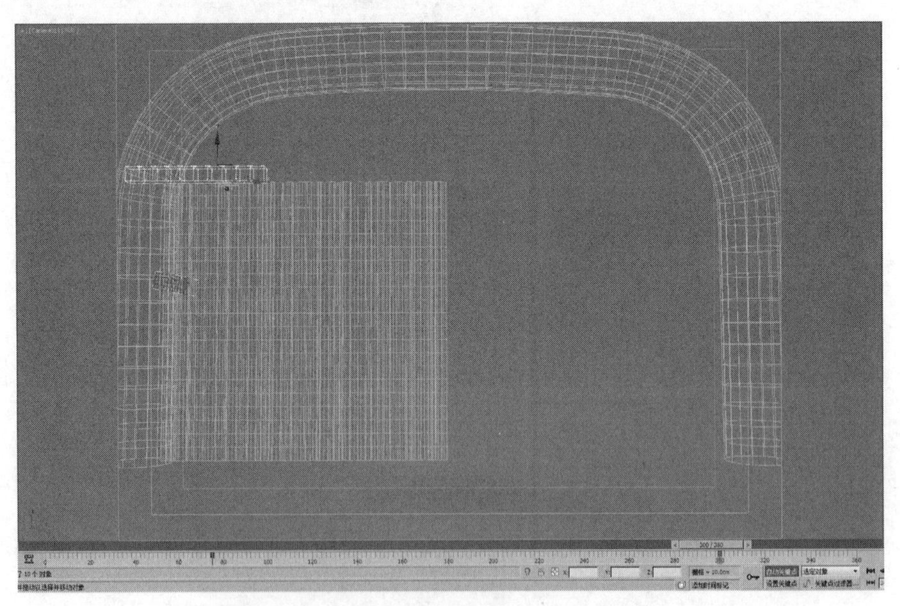

图 9-69

05 再次单击“自动关键点”按钮自动关键点，退出动画记录模式。选择所有的“长方体”和“管状体”对象，并在“MassFX 工具栏”中的“将选定项设置为动力学刚体”按钮上按住不放，在弹出的按钮列表中单击“将选定项设置为运动学刚体”按钮，将其设置为运动学刚体对象，如图 9-70 所示。

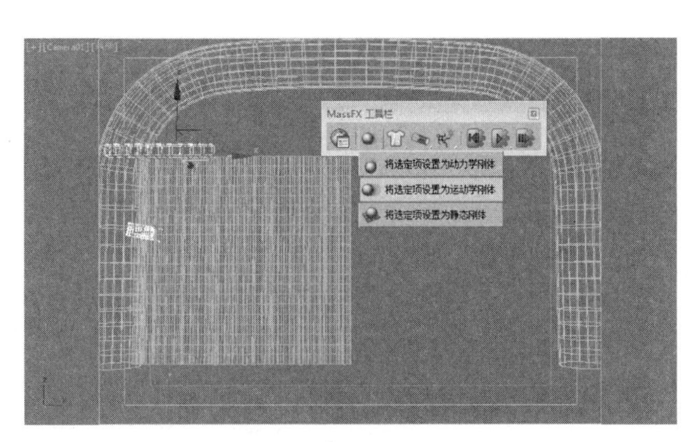

图 9-70

06 选择“管状体”对象，在 MassFX 工具栏的“世界参数”下拉列表中选择“多对象编辑”选项，并在打开的“多对象编辑”面板中，设置“图形类型”为“凹面”，在“物理网格参数”卷展栏中选中“提高适用性”复选框，单击“生成”按钮，如图 9-71 所示。

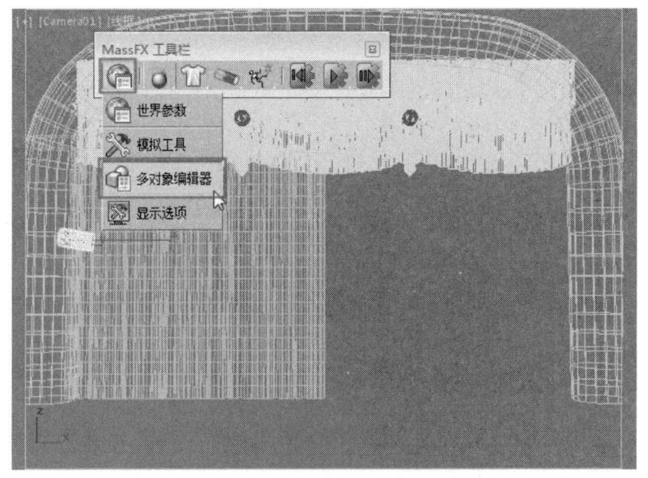

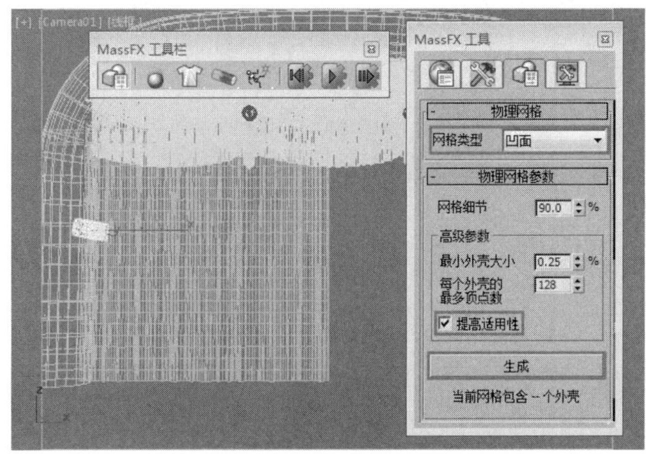

图 9-71

07 选择“幕布”对象，单击 MassFX 工具栏上的“将选定对象设置为 mCloth 对象”按钮，将其设置为布料对象，如图 9-72 所示。

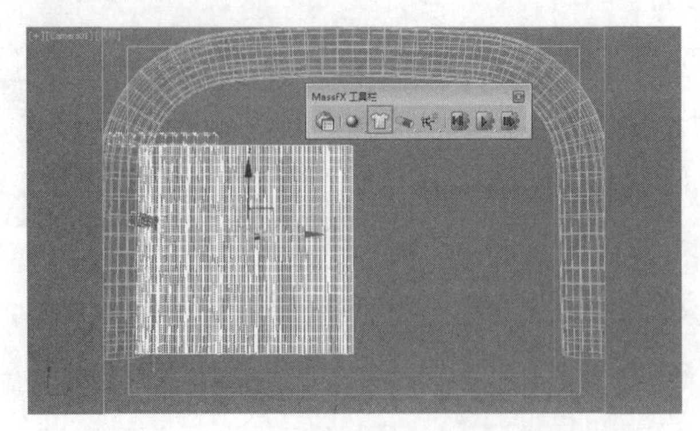

图 9-72

08 进入“修改”面板，并进入 mCloth 修改器的“顶点”次物体级，选择如图 9-73 所示的顶点。

图 9-73

09 单击“组”卷展栏中的“设定组”按钮 设定组 ，此时会弹出“设定组”对话框，在该对话框中可以为“组”命名，设置完毕后单击“确定”按钮。在“组列表”中选择刚才创建的“组001”，并单击“约束”选项组中的“节点”按钮 节点 ，接着在场景中拾取上方对应的“长方体”对象，如图 9-74 和图 9-75 所示。

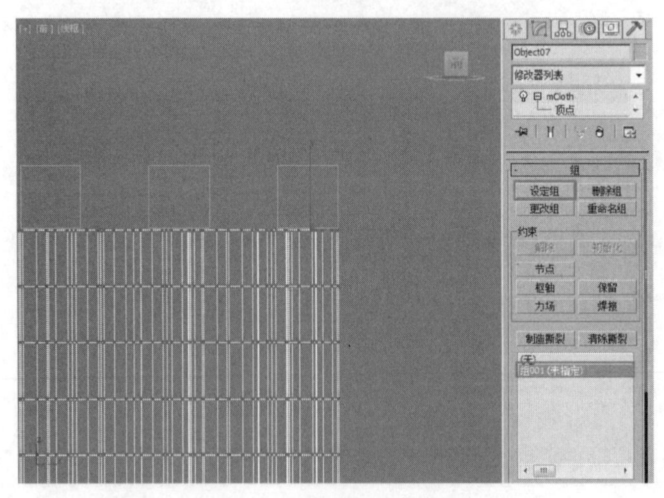

图 9-74

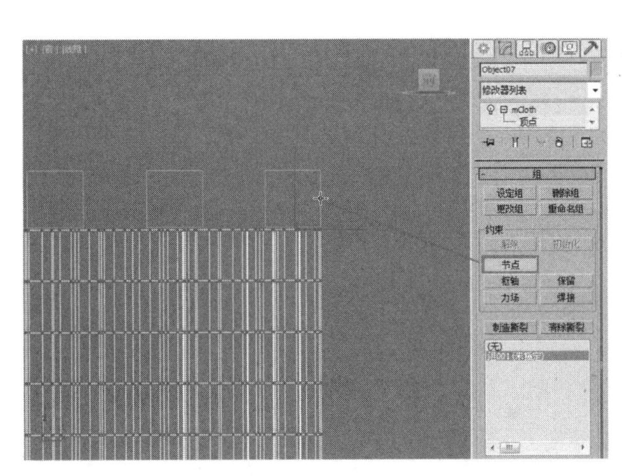

图 9-75

10 用同样的方法，将其他“长方体”下面对应的顶点都绑定到相应的“长方体”对象上。完成后的“组”列表如图 9-76 所示。

11 单击 MassFX 工具栏上的“世界参数”按钮，打开“MassFX 工具”面板，在“场景设置”卷展栏中，取消选中“使用地面碰撞”复选框，如图 9-77 所示。

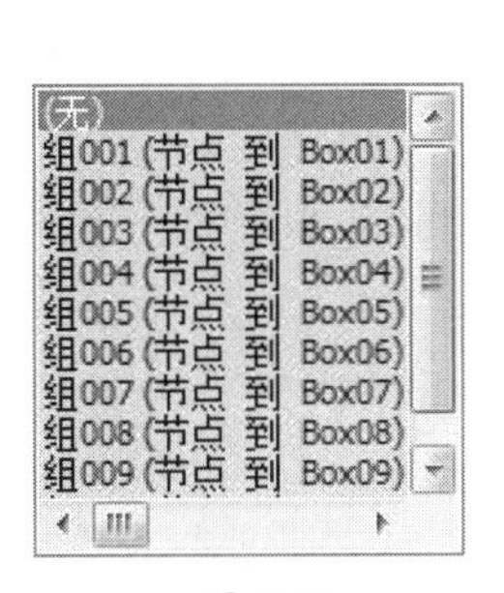

图 9-76

图 9-77

12 单击 MassFX 工具栏上的“开始模拟”按钮，进行动画模拟，效果如图 9-78 所示。

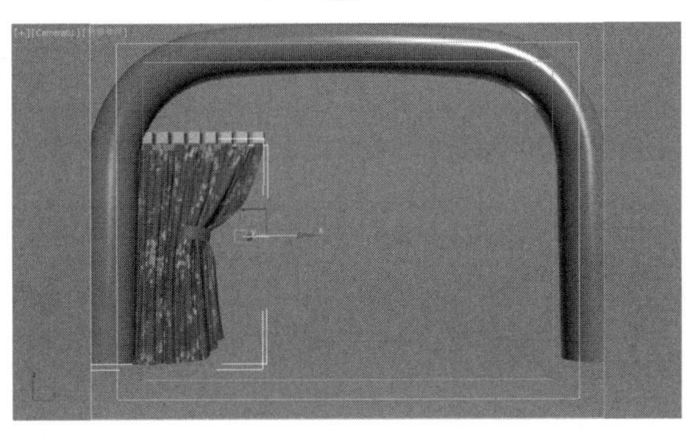

图 9-78

13 选择“幕布”对象并进入“修改”面板，单击“mCloth 模拟”卷展栏中的“烘焙”按钮 烘焙 ，将布料动画转成关键点动画，如图 9-79 所示。

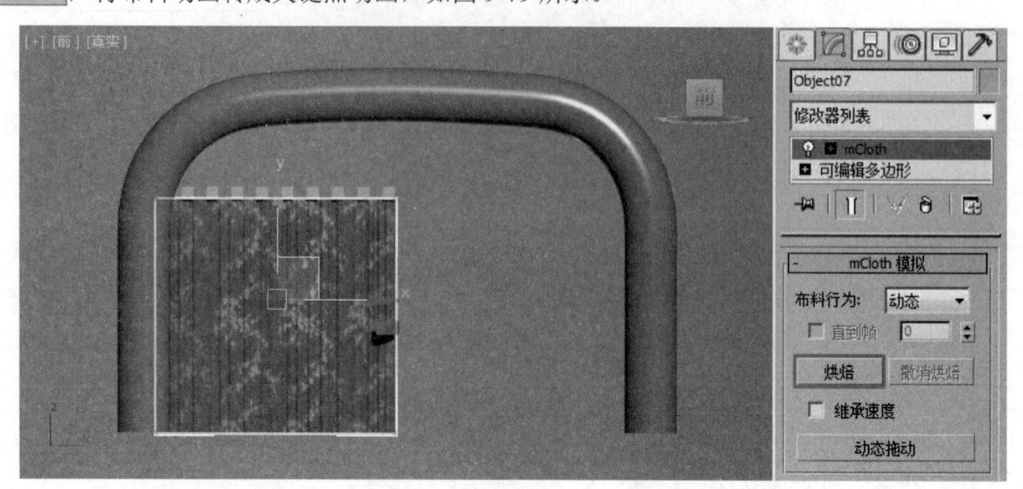

图 9-79

14 使用“镜像”工具对称复制另一侧的幕布，设置完成后播放动画，最终效果如图 9-80 所示。

图 9-80

9.7 人物滚落

实例操作：人物滚落	
实例位置：	工程文件 \CH9\ 人物滚落 .max
视频位置：	视频文件 \CH9\ 实例：人物滚落 .mp4
实用指数：	★★★☆☆
技术掌握：	熟练使用“碎面玩偶”动力学系统制作动画

“碎布玩偶”工具是 MassFX 动力学系统的一个组件，可以让动画角色作为动力学和运动学

刚体参与到模拟中，角色可以是“骨骼系统”或者 Biped。选择“动力学”选项，角色不仅可以影响模拟中的其他对象，也可以受其影响。选择“运动学”选项，角色可以影响模拟中的其他对象，但不受其影响。例如，动画角色可以击倒运动路径中遇到的“障碍物”，但是落到它上面的其他动力学物体却不会更改它在模拟中的行为。

下面通过一个实例讲解这方面的知识。如图 9-81 所示为本例的最终完成效果。

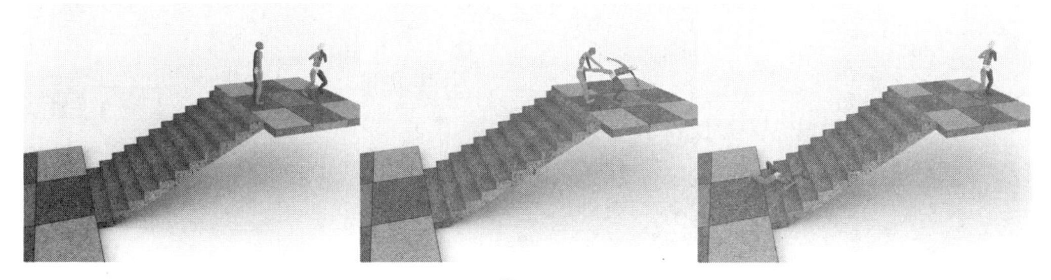

图 9-81

01 打开附带素材中的“工程文件 \CH9\ 人物滚落 .max”文件，该场景中有两套 Biped 骨骼和一个楼梯模型，其中一套 Biped 骨骼已经制作了人物的一个踢腿的动作，如图 9-82 所示。

图 9-82

02 在场景中选择楼梯和两个立方体对象，并在“MassFX 工具栏”中单击“将选定项设置为静态刚体”按钮，如图 9-83 所示。

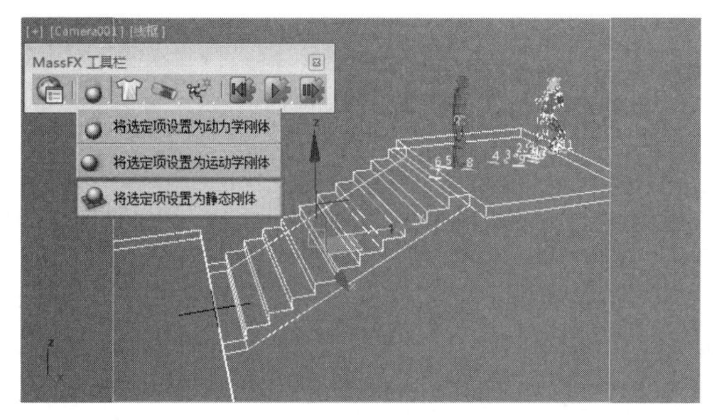

图 9-83

03 在“MassFX 工具栏”上单击“多对象编辑”按钮，打开“MassFX 工具”面板。在“物理网格”卷展栏中，设置“网格类型”为“原始”，如图 9-84 和图 9-85 所示。

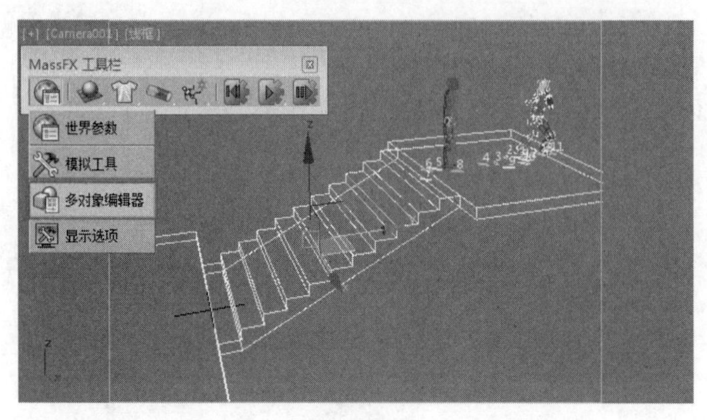

图 9-84

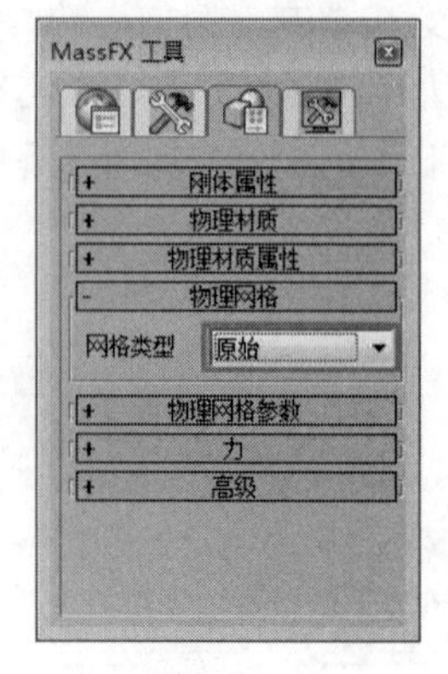

图 9-85

04 在场景中选择 Biped01 对象的任意一个骨骼，并在“MassFX 工具栏”中单击“创建运动学碎布玩偶”按钮，此时在视图中会出现一个“碎布玩偶 001”对象，如图 9-86 和图 9-87 所示。

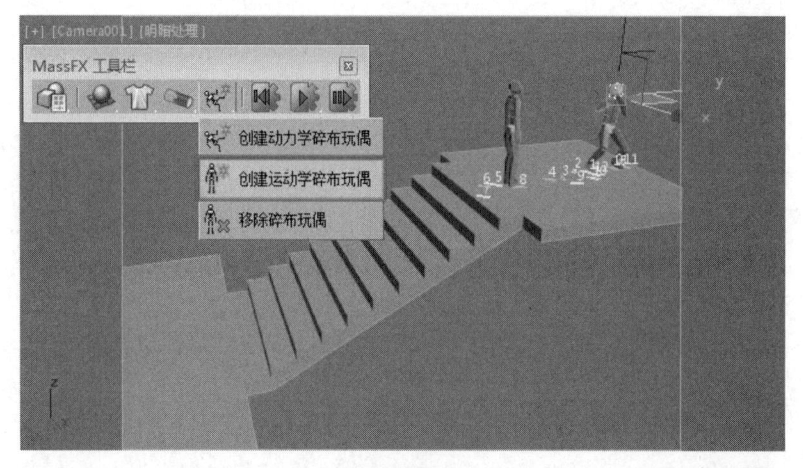

图 9-86

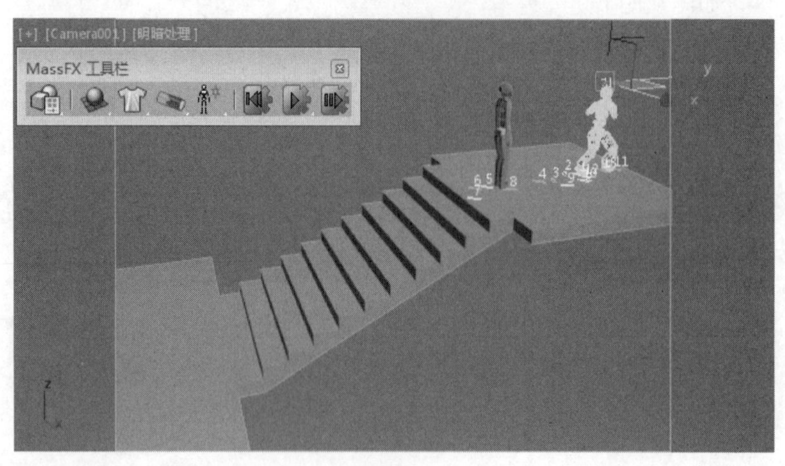

图 9-87

05 进入“修改”面板，在“设置”卷展栏中，单击“全部”按钮 全部 ，并在“骨骼属性”卷展栏中设置“图形”为“凸面外壳”，单击“更新选定骨骼”按钮，如图 9-88 和图 9-89 所示。

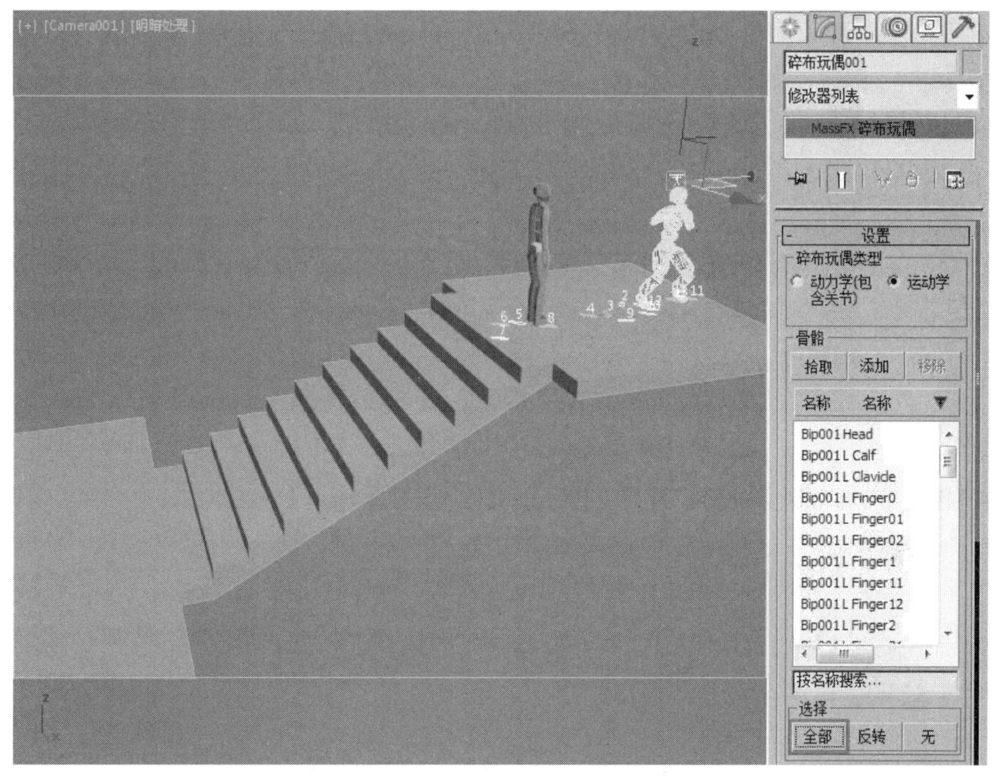

图 9-88

图 9-89

技巧与提示

“凸面外壳”与刚体中的“凸面”图形类型相似，都是让几何体按照自身的网格外形参与动力学的计算的，这种计算方式最精确，但计算速度也是最慢的。

06 在场景中选择 Biped02 对象的任意一个骨骼，并在“MassFX 工具栏”中单击“创建动力学碎布玩偶”按钮，如图 9-90 所示。

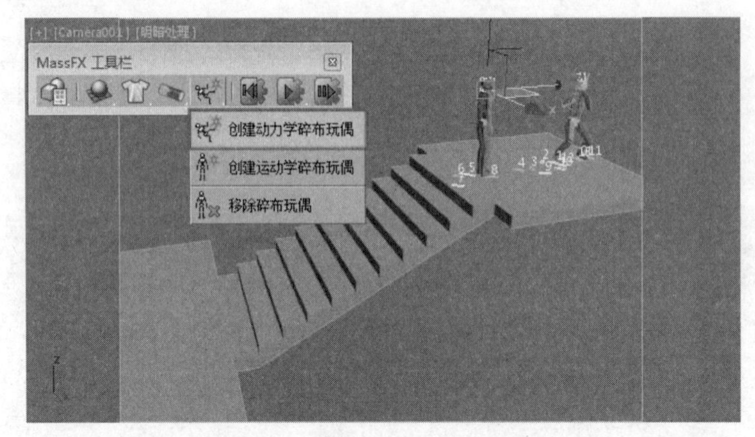

图 9-90

07 用同样的方法，将骨骼外形设置为“凸面外壳”，如图 9-91 所示。

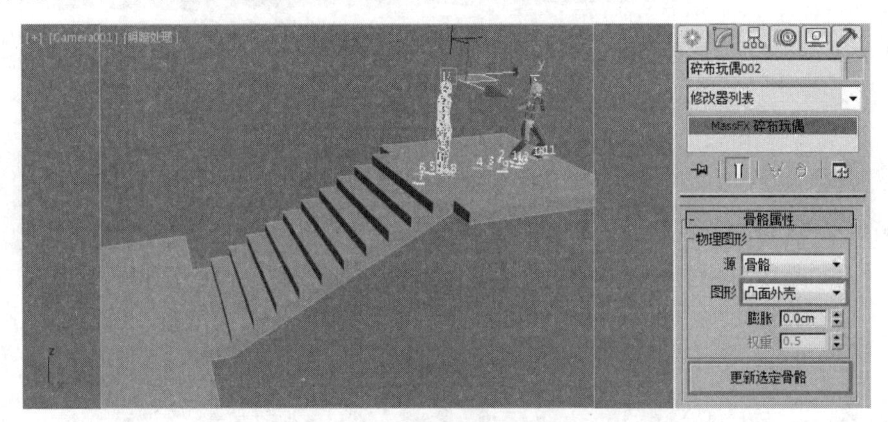

图 9-91

08 在“MassFX 工具栏”上单击“开始模拟”按钮，可以看到 Bipde02 对象在刚开始就自己倒下去了，如图 9-92 所示。

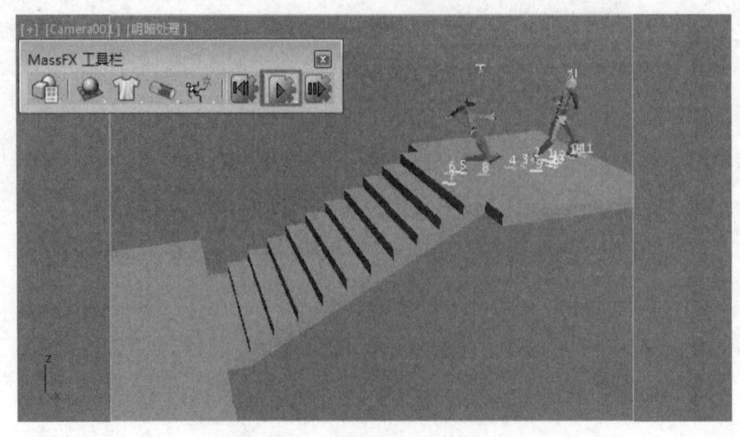

图 9-92

09 在视图中选择 Biped02 对象的所有骨骼，并在“MassFX 工具栏”上单击“多对象编辑”按钮，打开“MassFX 工具”面板，在“刚体属性”卷展栏中，选中“在睡眠模式中启动”复选框，如图 9-93 和图 9-94 所示。

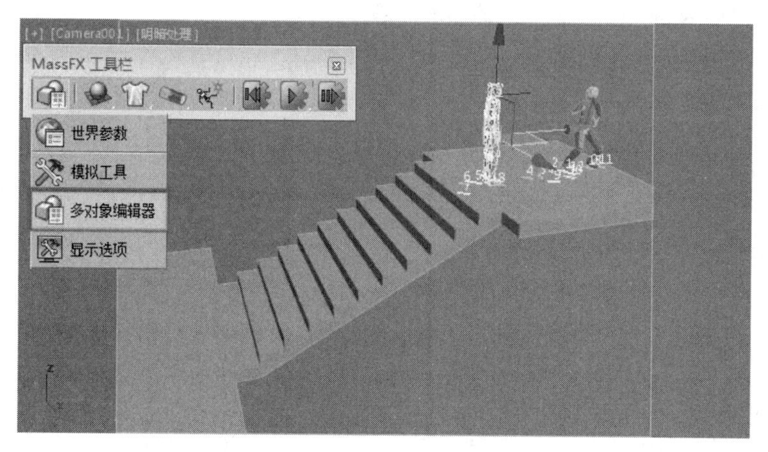

图 9-93

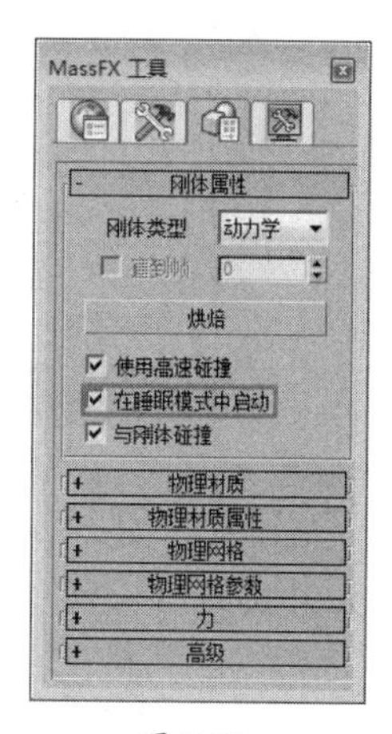

图 9-94

技巧与提示

为了快速将Biped对象的所有骨骼选中，可以按快捷键Shift+H将场景中所有的“辅助对象”隐藏，即可在视图中通过框选的形式选择Biped对象的所有骨骼。

10 设置完成后再次进行动力学模拟，效果如图 9-95 所示。

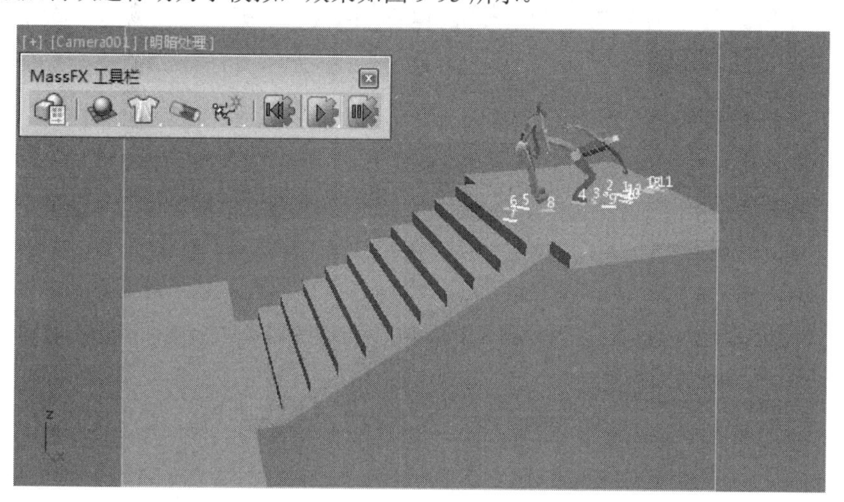

图 9-95

11 如果对效果满意，在“MassFX 工具栏”中单击“模拟工具”按钮打开“MassFX 工具”面板，在“模拟”卷展栏中单击“烘焙所有”按钮 烘焙所有 ，对当前的动画烘焙输出，如图 9-96 和图 9-97 所示。

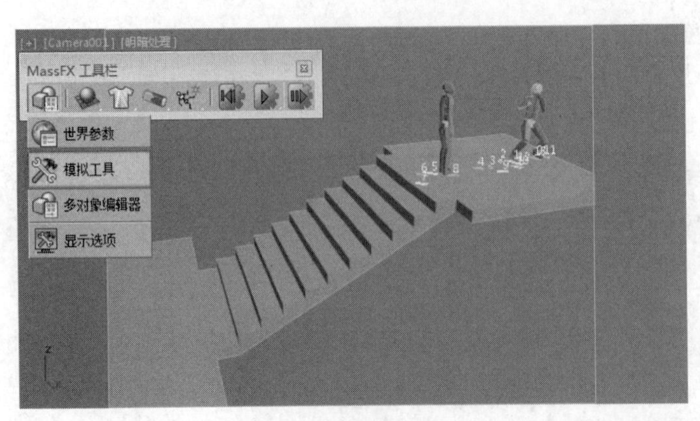

图 9-96

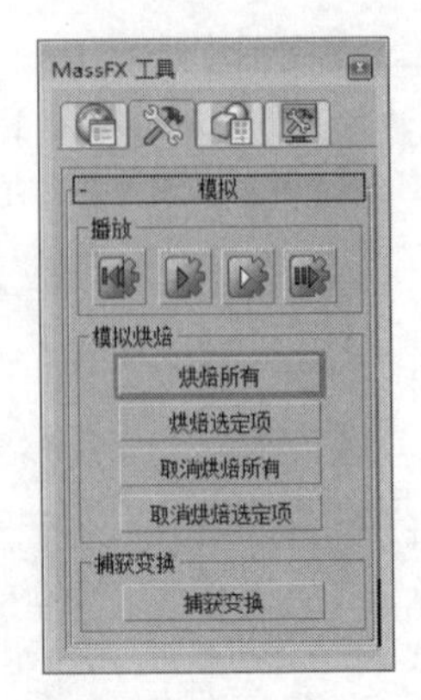

图 9-97

12 设置完成后播放动画，最终效果如图 9-98 所示。

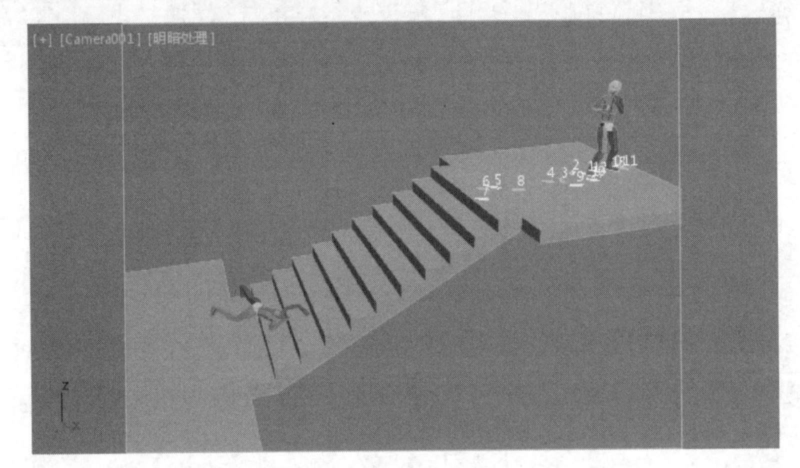

图 9-98

第 10 章 连线参数与反应管理器动画

使用“参数关联”功能可以将参数从一个物体链接到另一个物体上，当调节一个参数的时候就会自动更改另一个参数，这样就使设置动画更为准确、高效。

大家可以执行“动画”→“连线参数”→“参数连线对话框”命令或者按快捷键 Alt+5，都可以打开“参数关联”对话框，如图 10-1 所示。

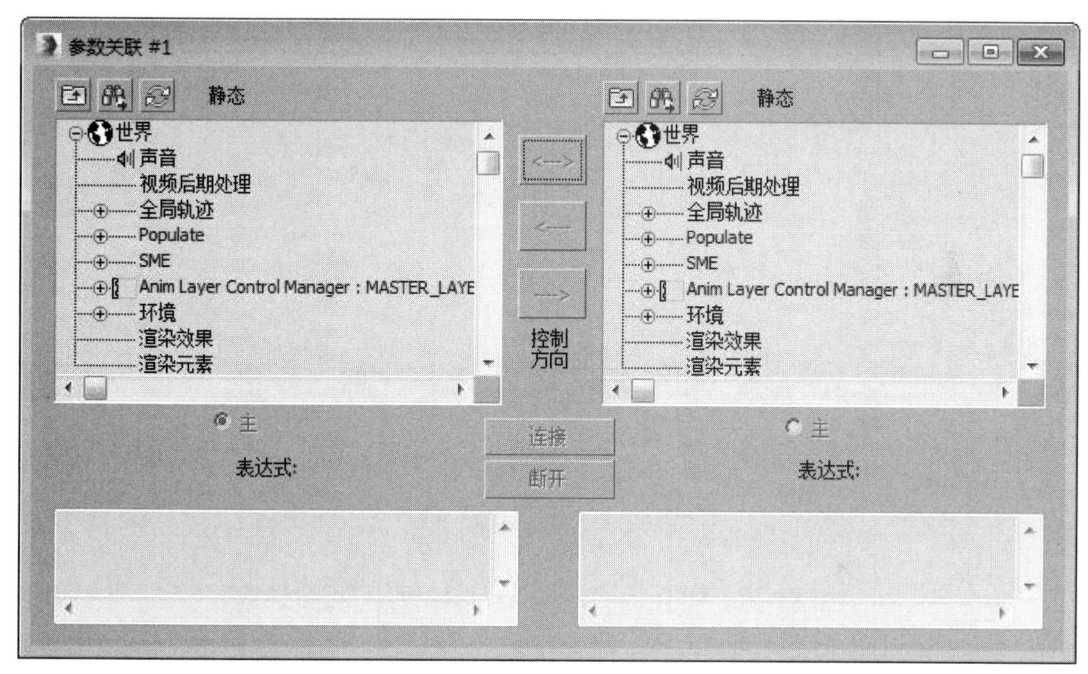

图 10-1

“反应管理器”和“参数关联”有一定的相似性，但是也有着本质的不同。“反应管理器”通过设置也可以像“参数关联”一样用一个物体的参数来控制另一个或多个物体的参数，但却不支持像“参数关联”一样的“双向”控制。

执行“动画”→“反应管理器”命令可以打开“反应管理器”对话框，如图 10-2 所示。

10.1 地形控制

实例操作：地形控制	
实例位置：	工程文件 \CH10\ 地形控制 .max
视频位置：	视频文件 \CH10\ 实例：地形控制 .mp4
实用指数：	★★★☆☆
技术掌握：	熟练使用“连线参数”和“滑块操纵器”进行参数之间的绑定

滑块操纵器是显示在活动视口中的一个图形控件。通过将其值与另一个对象的参数相关联，可以创建带有在场景内可视反馈的一个自定义控件。使用滑块可以更直观地控制场景动画，在本节中将使用滑块来设置动画，通过实例的制作，使用户了解滑块操纵器的使用方法。如图 10-3 所示为本例的最终完成效果。

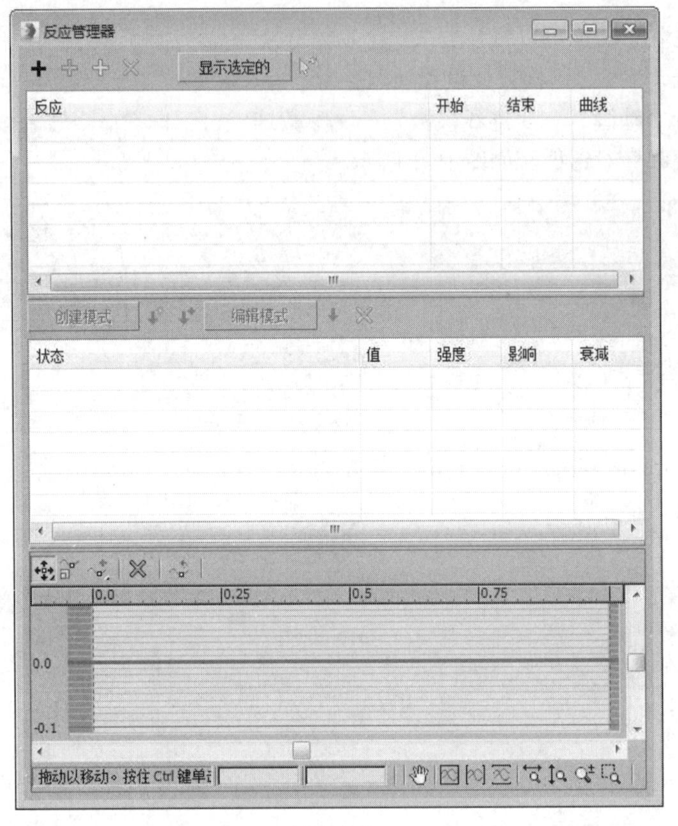

图 10-2

图 10-3

01 打开附带素材中的“工程文件 \CH10\ 地形控制 .max”文件，该场景中已经为物体指定了材质，并设置了灯光，如图 10-4 所示。

02 在场景中选择“山”对象并进入“修改”面板，在“修改器列表”中为其添加 Displace 修改器，并在“图像”选项组中单击“贴图”下的“无”按钮 无 ，在弹出的“材质 / 贴图浏览器”对话框中选中“遮罩”复选框，如图 10-5 所示。

图 10-4

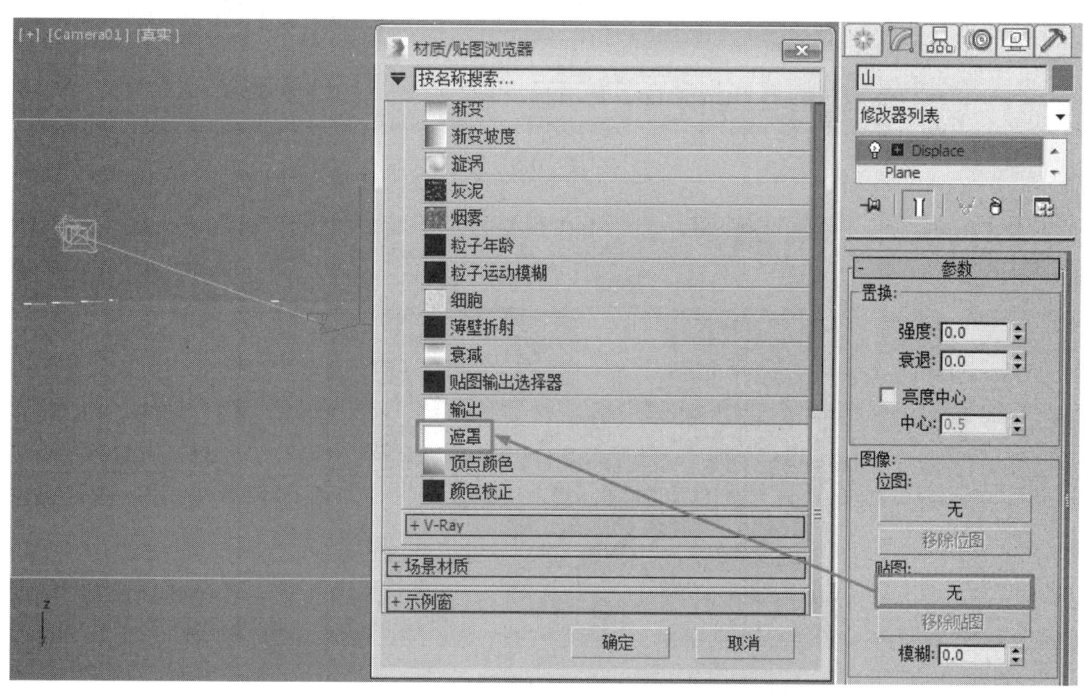

图 10-5

03 按M键打开“材质编辑器”窗口，将“遮罩”贴图拖至一个空白的材质球上，在弹出的“实例(副本)贴图”对话框中选择“实例”选项，接着将贴图命名为“置换贴图”，如图 10-6 和图 10-7 所示。

04 在“遮罩参数”卷展栏中为“贴图”通道指定一个“噪波”贴图，并在“噪波参数”卷展栏中设置“噪波类型”为“分形”，设置“级别”为 10，然后设置“颜色 #2”的颜色为（红：130，绿：130，蓝：130），如图 10-8 和图 10-9 所示。

05 为“遮罩”通道指定一个“Perlin 大理石”贴图，并在“Perlin 大理石参数”卷展栏中设置“大小”为 335.0，“级别”为 10，如图 10-10 和图 10-11 所示。

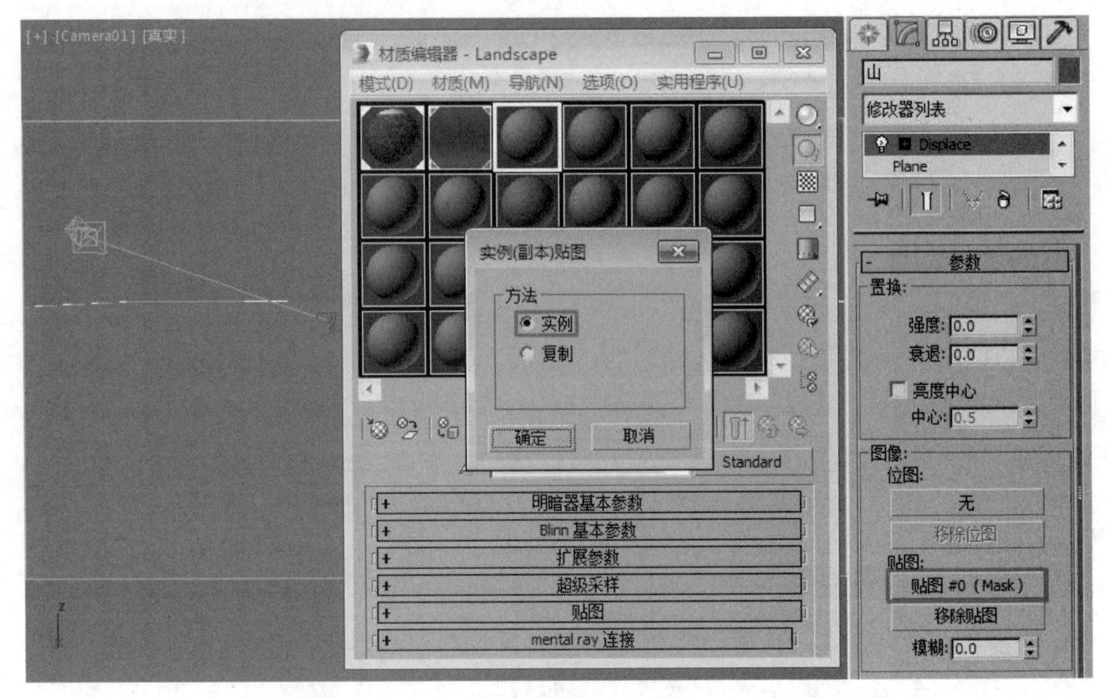

材质编辑器 - Landscape
模式(D) 材质(M) 导航(N) 选项(O) 实用程序(U)
实例(副本)贴图
方法
实例
复制
确定
取消
Standard
明暗器基本参数
Blinn 基本参数
扩展参数
超级采样
贴图
mental ray 连接
山
修改器列表
Displace
Plane
参数
置换:
强度: 0.0
衰退: 0.0
亮度中心
中心: 0.5
图像:
位图:
无
移除位图
贴图:
贴图 #0 (Mask)
移除贴图
模糊: 0.0

图 10-6

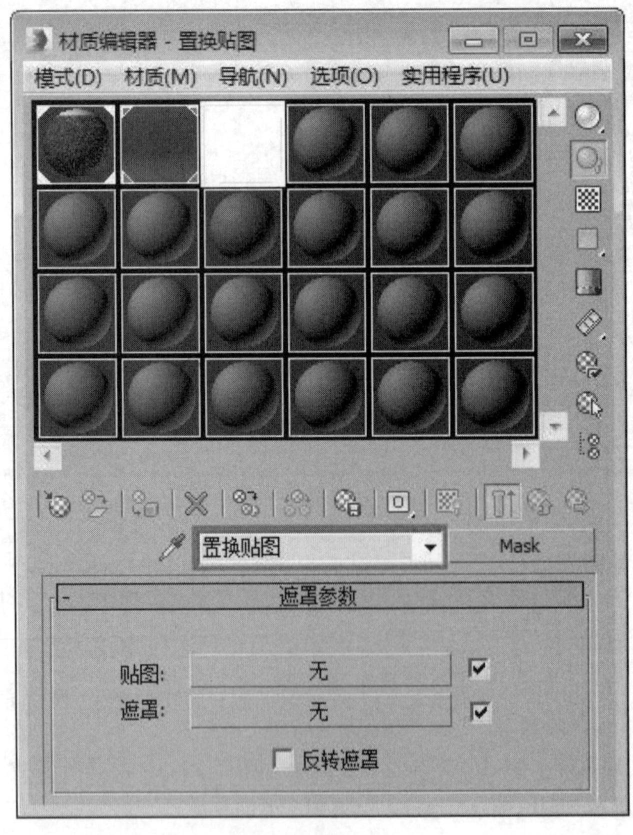

材质编辑器 - 置换贴图
模式(D) 材质(M) 导航(N) 选项(O) 实用程序(U)
置换贴图
Mask
遮罩参数
贴图:
无
遮罩:
无
反转遮罩

图 10-7

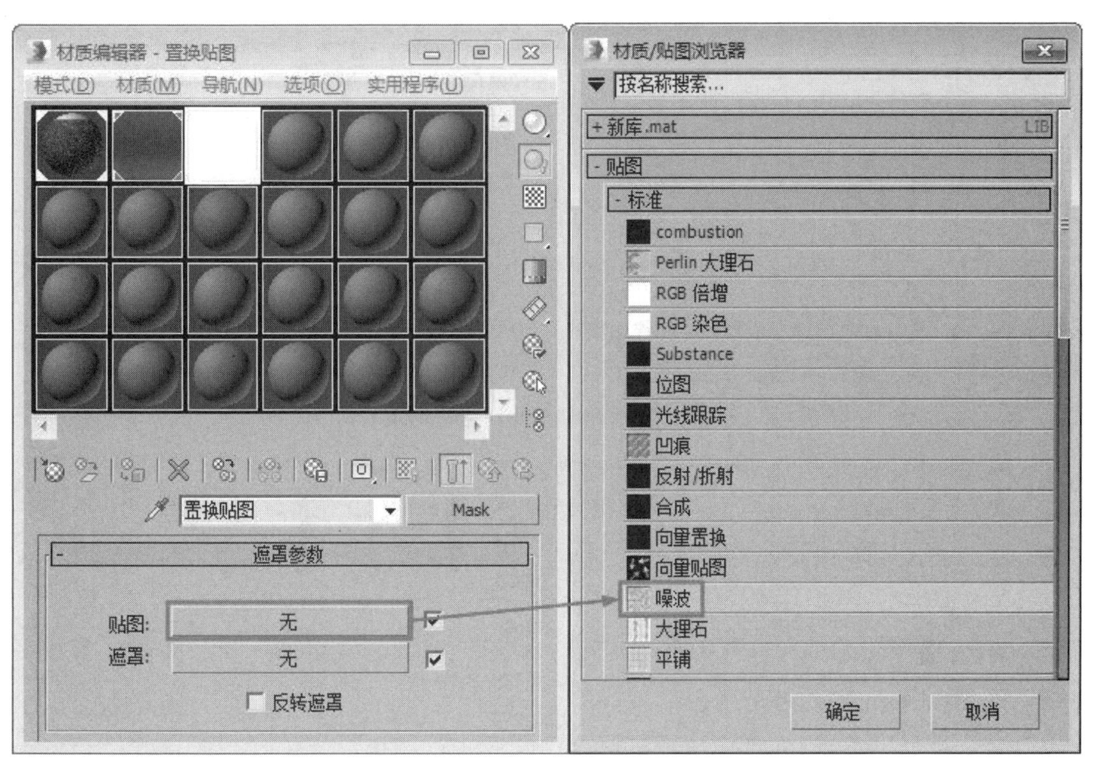
材质编辑器 - 置换贴图
模式(D)　材质(M)　导航(N)　选项(O)　实用程序(U)
置换贴图
Mask
遮罩参数
贴图:
无
遮罩:
无
反转遮罩
材质/贴图浏览器
按名称搜索...
+ 新库.mat
LIB
- 贴图
- 标准
combustion
Perlin 大理石
RGB 倍增
RGB 染色
Substance
位图
光线跟踪
凹痕
反射/折射
合成
向量置换
向量贴图
噪波
大理石
平铺
确定
取消

图 10-8

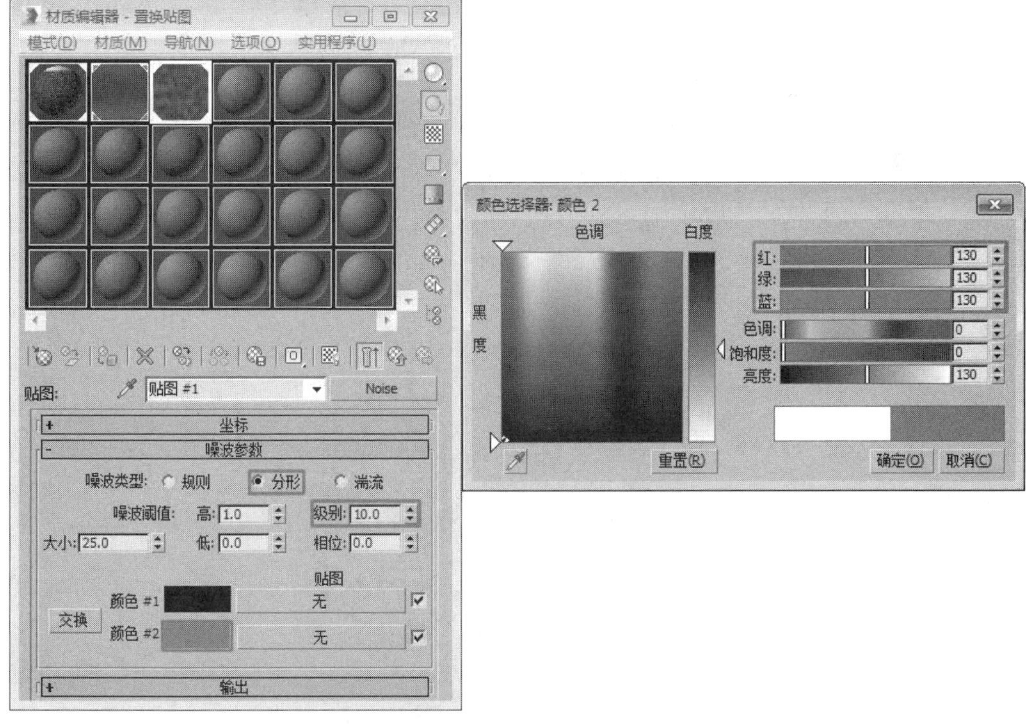
材质编辑器 - 置换贴图
模式(D)　材质(M)　导航(N)　选项(O)　实用程序(U)
贴图:
贴图 #1
Noise
坐标
噪波参数
噪波类型:　规则　分形　湍流
噪波阈值:　高: 1.0　级别: 10.0
大小: 25.0　低: 0.0　相位: 0.0
贴图
颜色 #1　无
交换
颜色 #2　无
输出
颜色选择器: 颜色 2
色调
白度
黑
度
红: 130
绿: 130
蓝: 130
色调: 0
饱和度: 0
亮度: 130
重置(R)
确定(O)
取消(C)

图 10-9

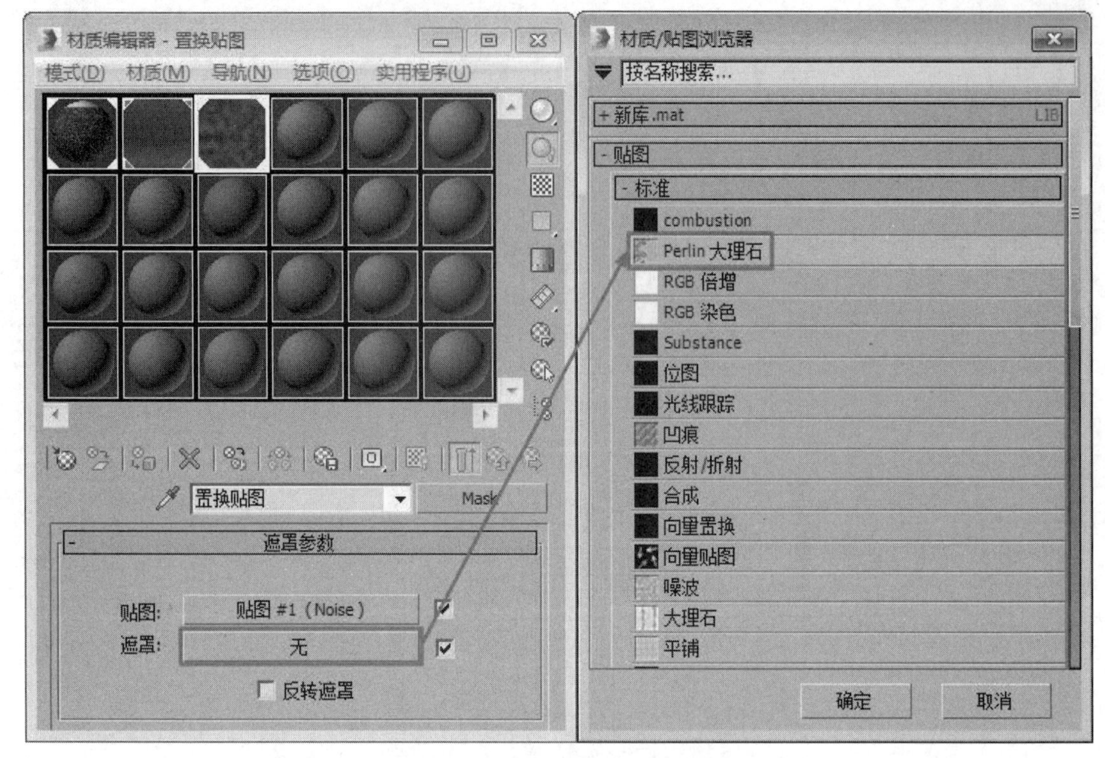
材质编辑器 - 置换贴图
模式(D) 材质(M) 导航(N) 选项(O) 实用程序(U)
置换贴图
Mask
遮罩参数
贴图:
贴图 #1（Noise）
遮罩:
无
反转遮罩
材质/贴图浏览器
按名称搜索...
+新库.mat
-贴图
-标准
combustion
Perlin 大理石
RGB 倍增
RGB 染色
Substance
位图
光线跟踪
凹痕
反射/折射
合成
向量置换
向量贴图
噪波
大理石
平铺
确定
取消

图 10-10

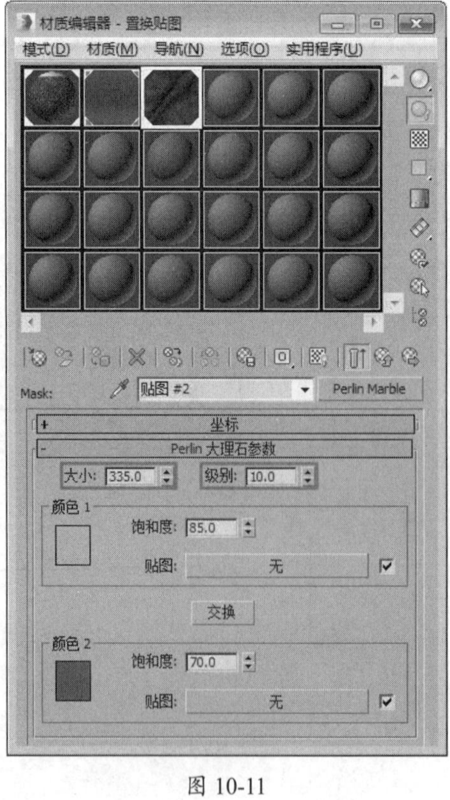
材质编辑器 - 置换贴图
模式(D) 材质(M) 导航(N) 选项(O) 实用程序(U)
Mask:
贴图 #2
Perlin Marble
坐标
Perlin 大理石参数
大小: 335.0
级别: 10.0
颜色 1
饱和度: 85.0
贴图:
无
交换
颜色 2
饱和度: 70.0
贴图:
无

图 10-11

06 为“颜色 1”指定一个“细胞”贴图，并在“细胞参数”卷展栏中设置“大小”为 40.0，如图 10-12 和图 10-13 所示。

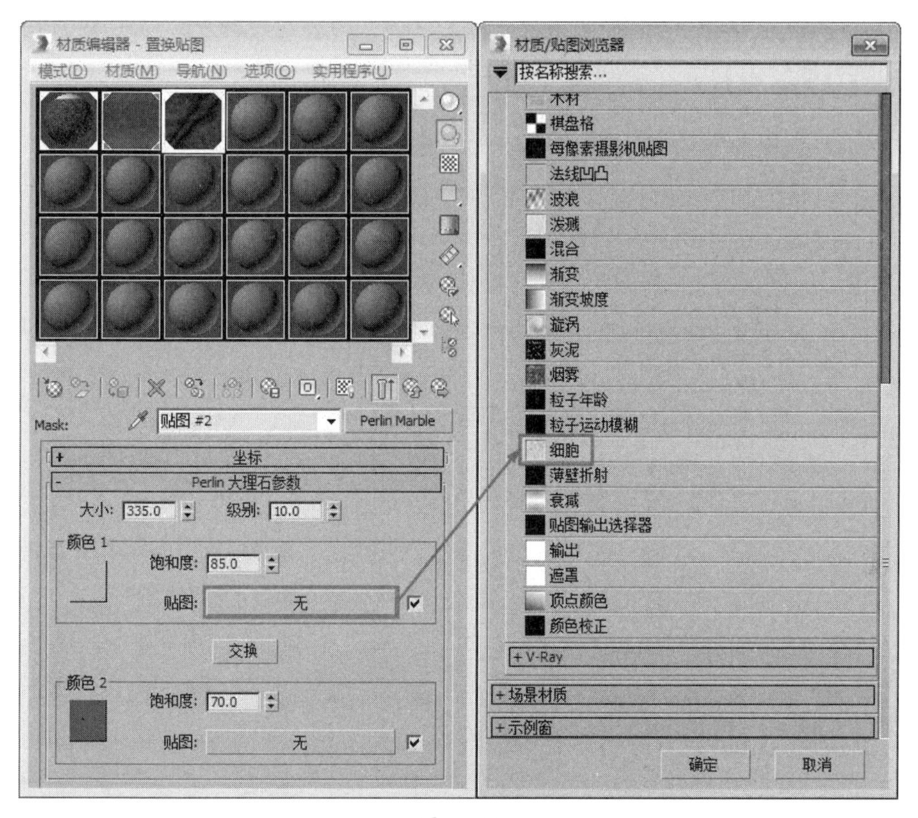

图 10-12

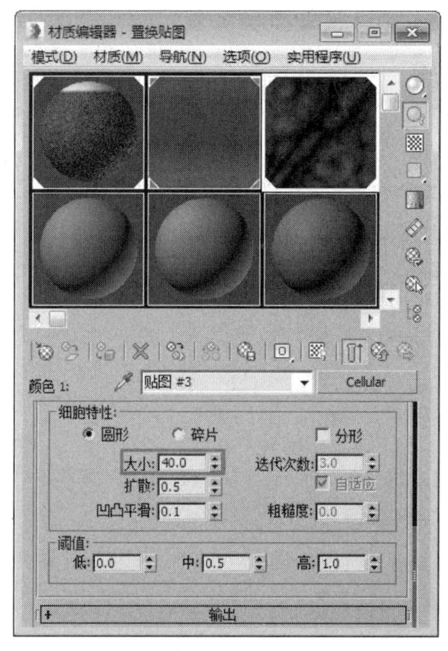

图 10-13

07 为“颜色 2”指定一个“噪波”贴图，并在“噪波参数”卷展栏中设置“噪波类型”为“分形”，设置“大小”为 11.0，“高”为 0.8，“低”为 0.35，“级别”为 10，如图 10-14 和图 10-15 所示。

08 设置“Perlin 大理石”贴图的“颜色 1”和“颜色 2”的饱和度分别为 70.0 和 85.0，如图 10-16 所示。

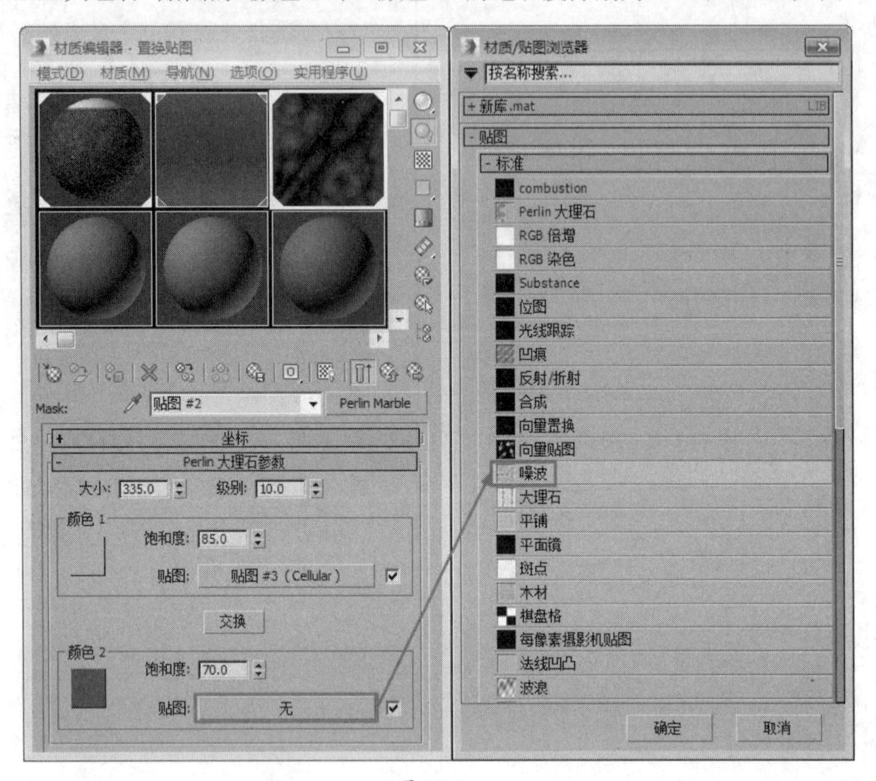

图 10-14

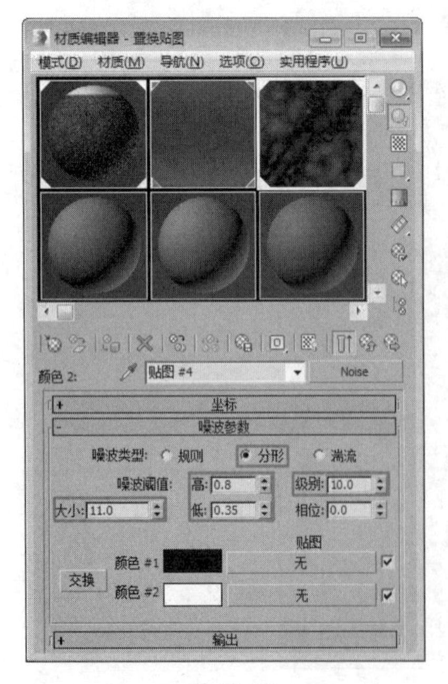

图 10-15

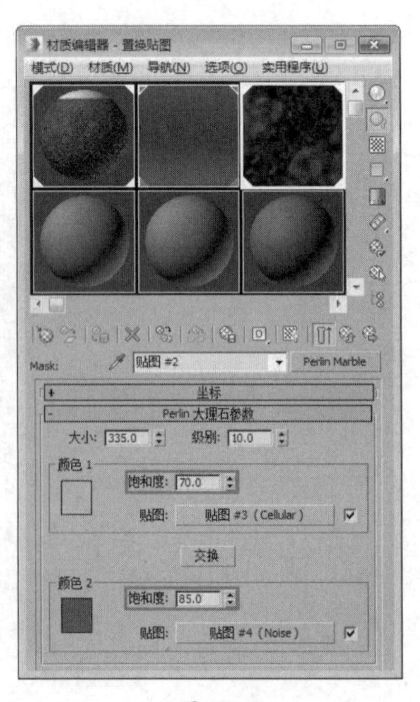

图 10-16

09 回到“修改”面板，在“置换”选项组中设置“强度”为 40.0，如图 10-17 所示。

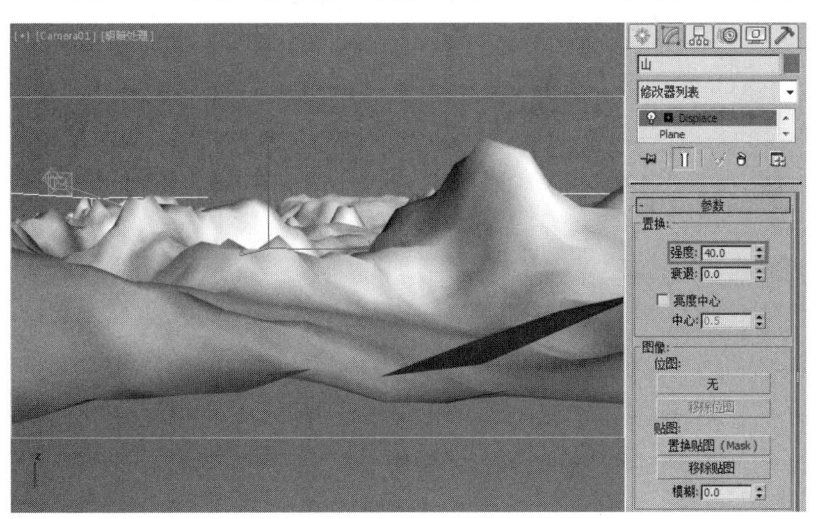

图 10-17

10 在“辅助对象”面板的下拉列表中选择“操纵器”，并单击 Slider 按钮 Slider ，在任意视图中单击，创建一个“滑块”对象，如图 10-18 所示。

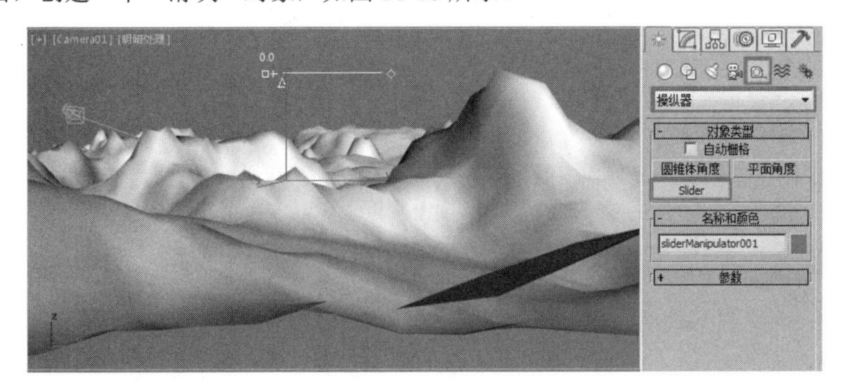

图 10-18

11 进入“修改”面板，在“参数”卷展栏中设置“标签”为“海拔”，如图 10-19 所示。

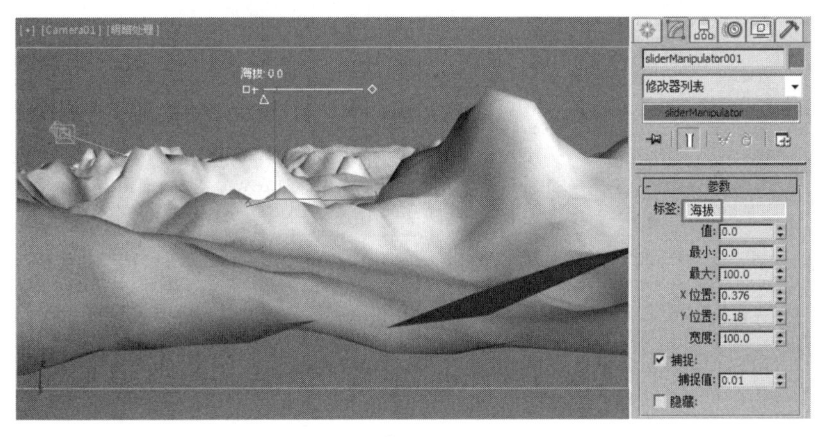

图 10-19

技巧与提示

如果想调节“滑块”对象的位置和数值，可以在“修改”面板中调节，但是如果想更方便地调节“滑块”对象，可以使用主工具栏上的“选择并操纵”工具进行调节。

12 用同样的方法，在视图中再创建一个“滑块”对象，并设置“标签”为“地形图”，设置“最大”为300.0，如图10-20所示。

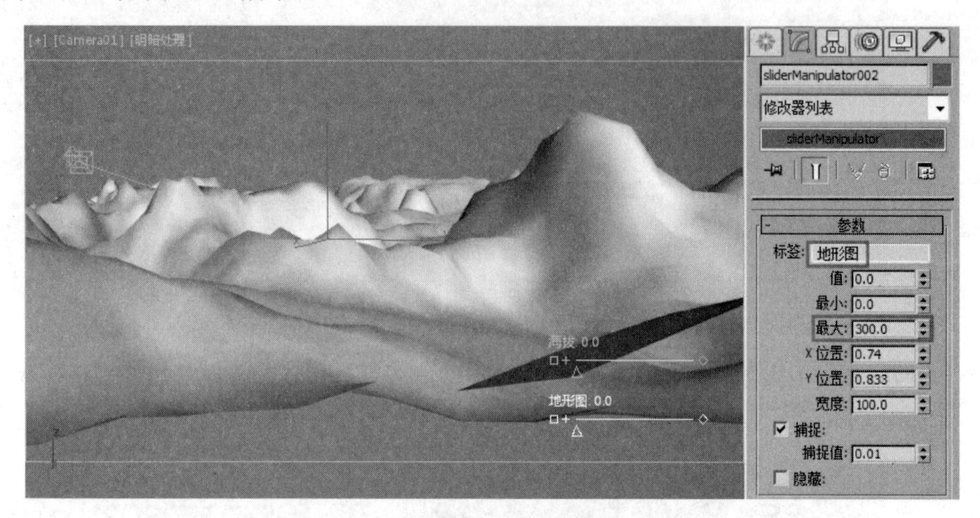

图 10-20

13 用同样的方法，在视图中再创建一个“滑块”对象，并设置“标签”为“地形细节”，设置“最小”为1.0，“最大”为10.0，如图10-21所示。

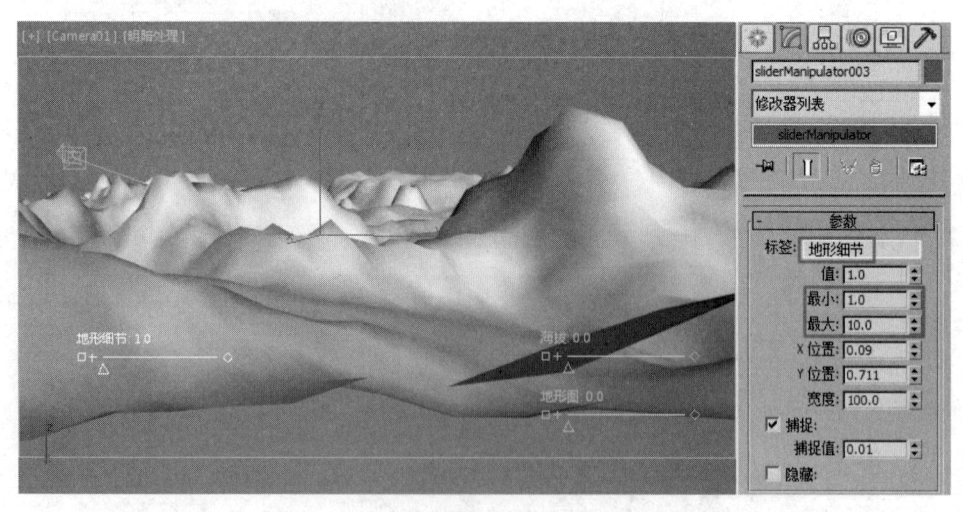

图 10-21

14 在视图中选择“海拔”滑块并右击，在弹出的四联菜单中选择“连线参数”。在弹出的菜单中选择“对象（sliderManipulator）”→value选项，此时会在视图中出现一条虚线，接着单击“山”对象，在弹出的菜单中选择“修改对象”→Displace→“强度”选项，如图10-22~图10-25所示。

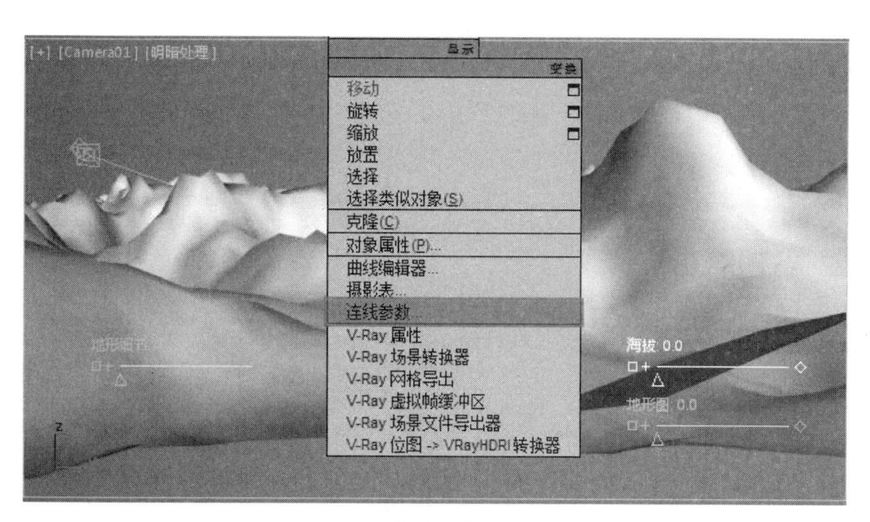

图 10-22

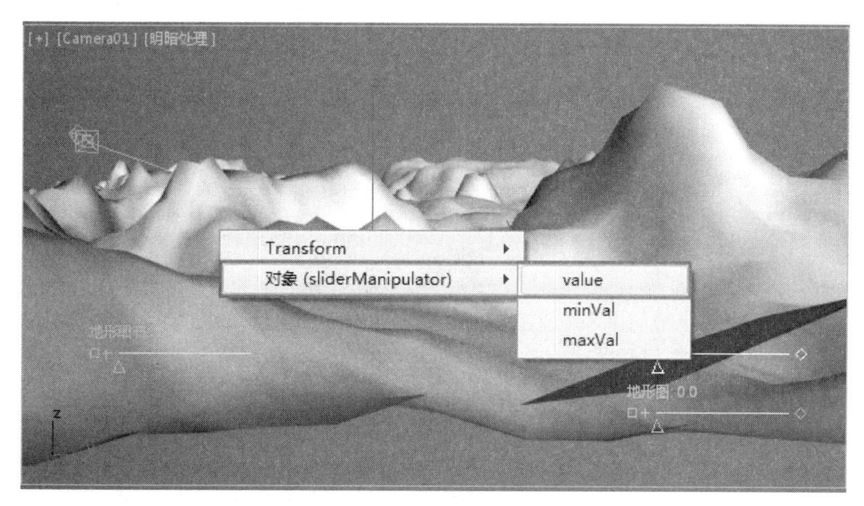

图 10-23

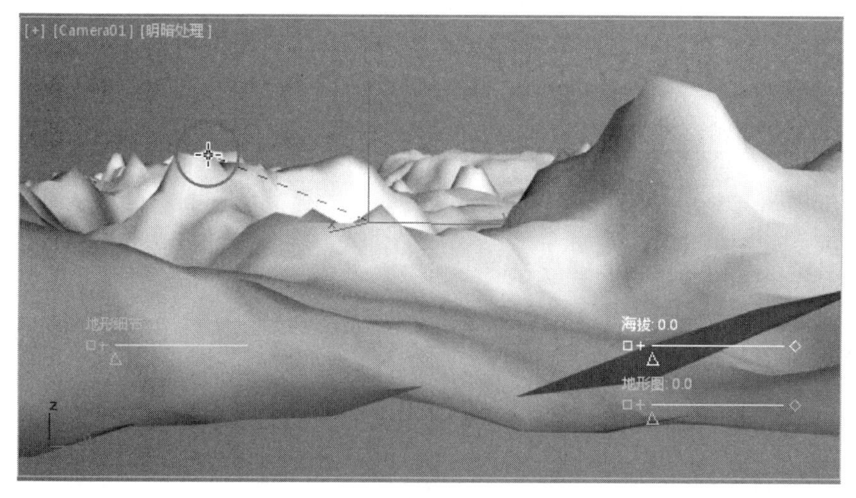

图 10-24

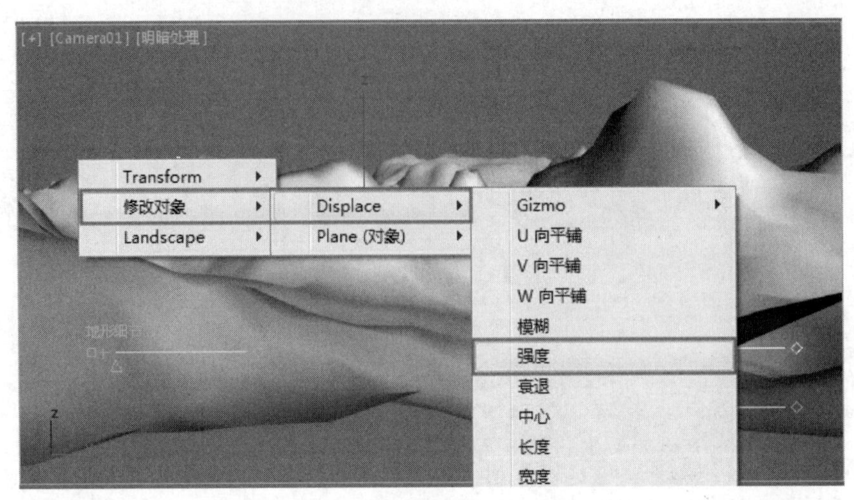

图 10-25

15 在弹出的“参数关联 #1”窗口中单击“双向连接”按钮<--->，并单击“连接”按钮连接，如图 10-26 所示。

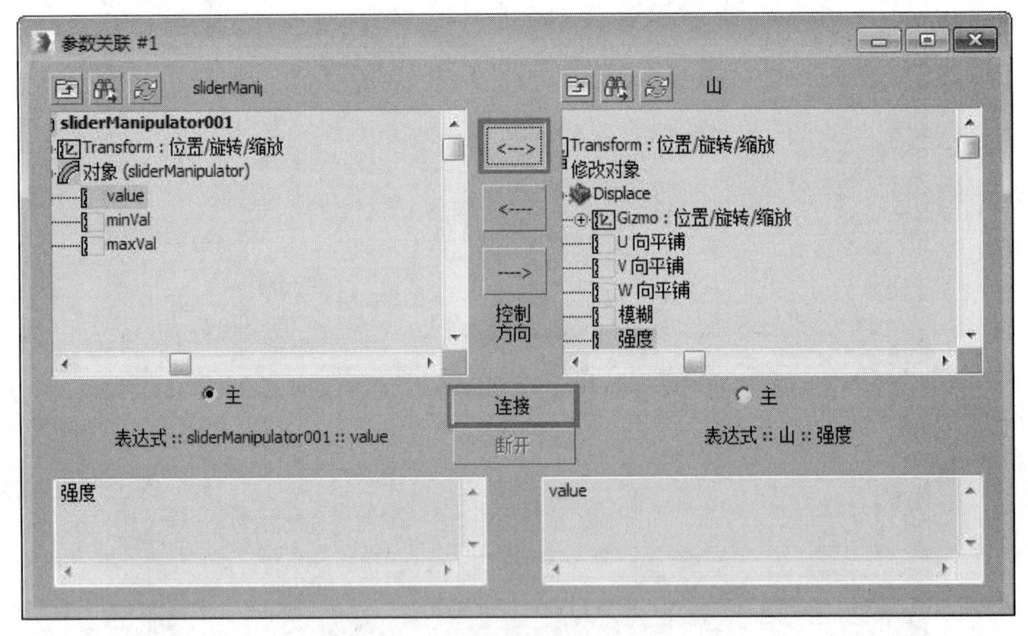

图 10-26

技巧与提示

“双向连接”的含义是两个参数之间可以相互控制，调节任意一个参数另一个参数也会发生相应的变化，如果单击“单向连接：右参数会控制左参数”按钮<--或者“单击连接：左参数会控制右参数”按钮-->，刚被控制的参数成为灰色，不可调状态。

16 此时使用主工具栏上的“选择并操纵”工具，在视图中拖曳“海拔”滑块的“小三角”，即可改变“山”的高度，如图 10-27 所示。

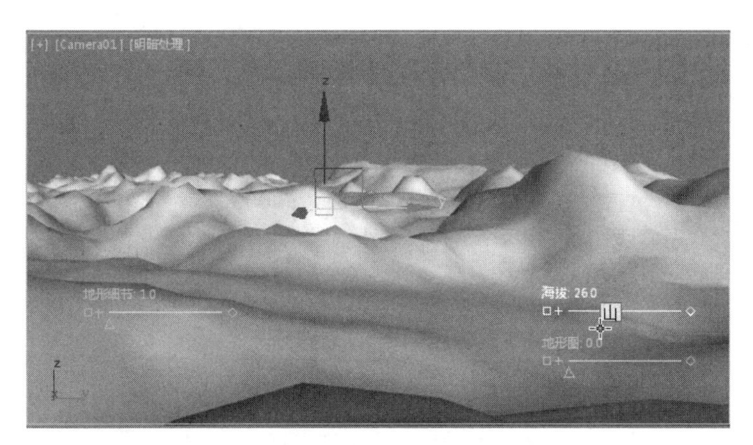

图 10-27

17 选择“山”对象并打开“轨迹视图—曲线编辑器”窗口，在“偏移”选项上右击，在弹出的四联菜单中选择“指定控制器”命令，如图 10-28 和图 10-29 所示。

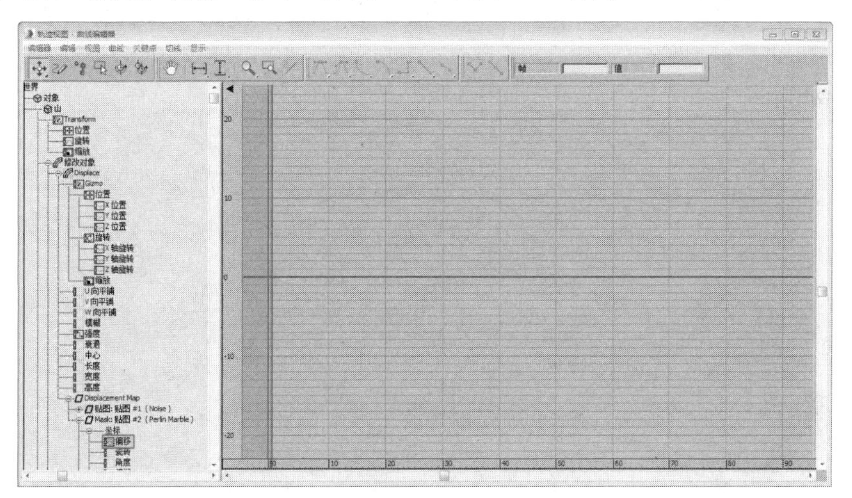

图 10-28

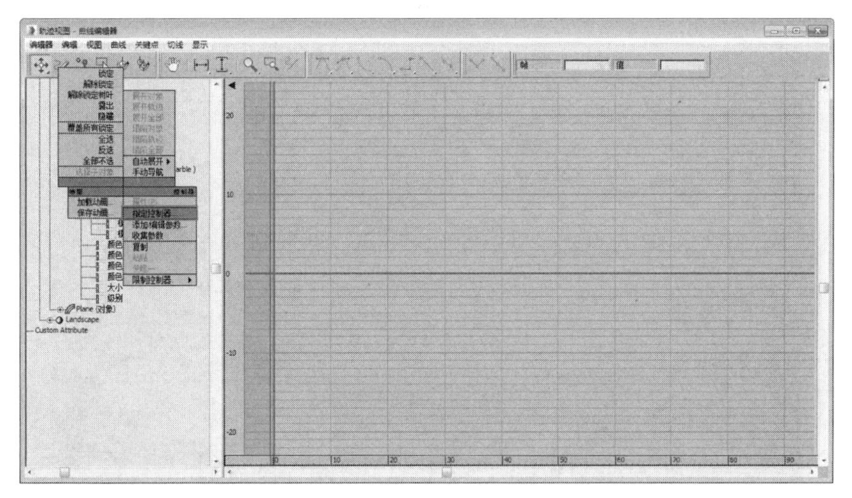

图 10-29

18 在弹出的“指定 Point3 控制器”对话框中选择“Point3 XYZ”控制器并单击“确定”按钮，如图 10-30 所示。

19 使用前面的方法，用“地形图”滑块的“数值”控制“山”对象“Perlin 大理石”贴图的“Y 轴”偏移数值，如图 10-31~ 图 10-34 所示。

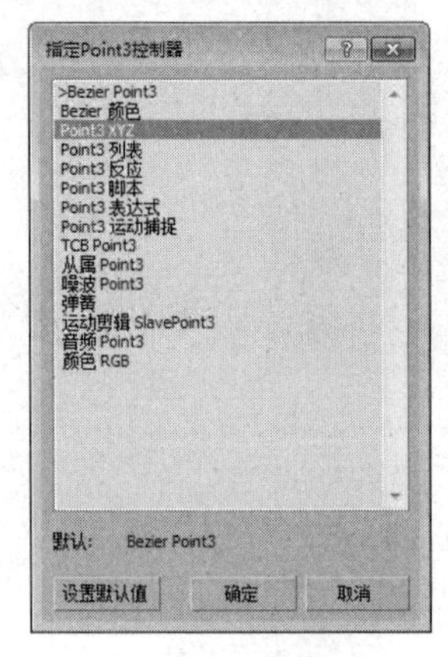

图 10-30

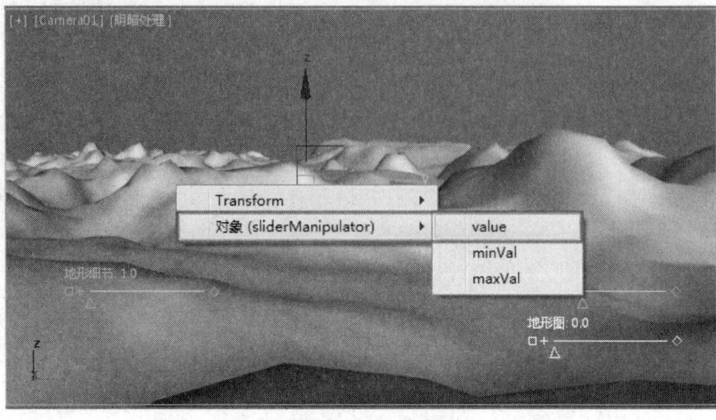

图 10-31

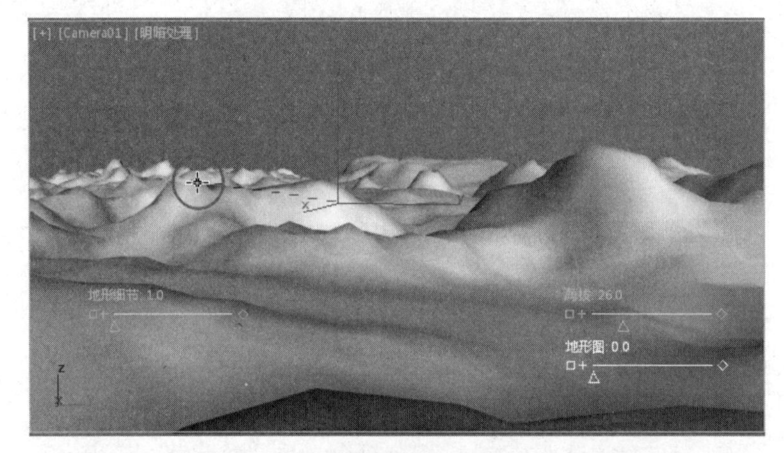

图 10-32

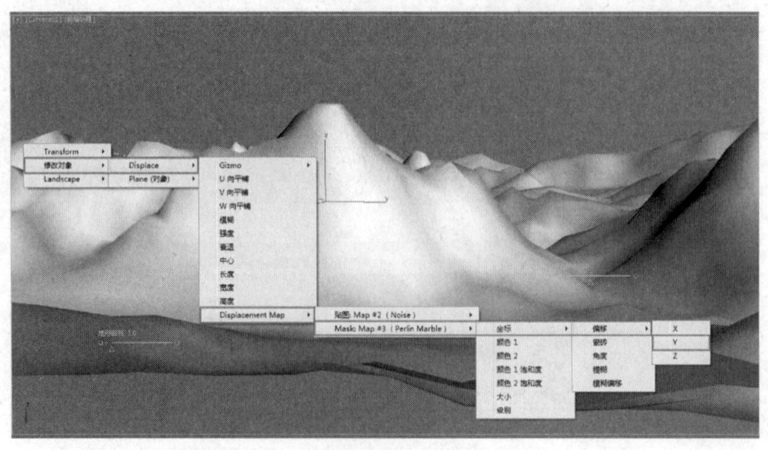

图 10-33

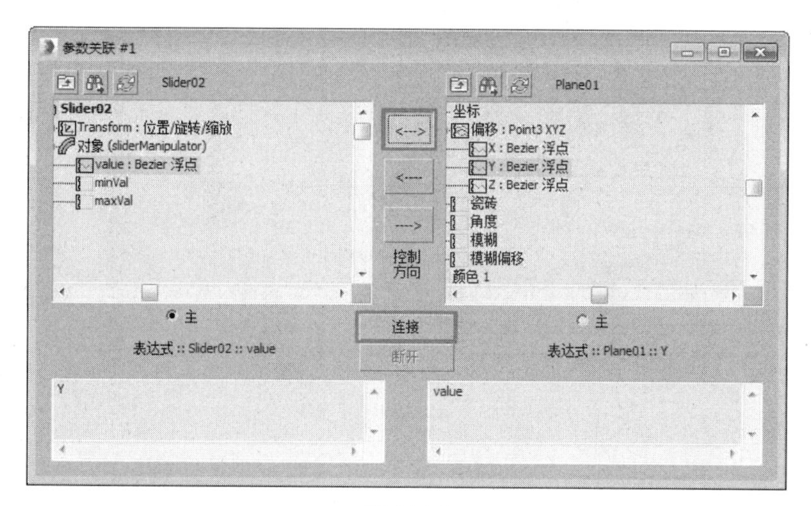

图 10-34

20 使用同样的方法，用“地形细节”滑块的“数值”控制“山”对象的“密度”数值，如图 10-35~ 图 10-38 所示。

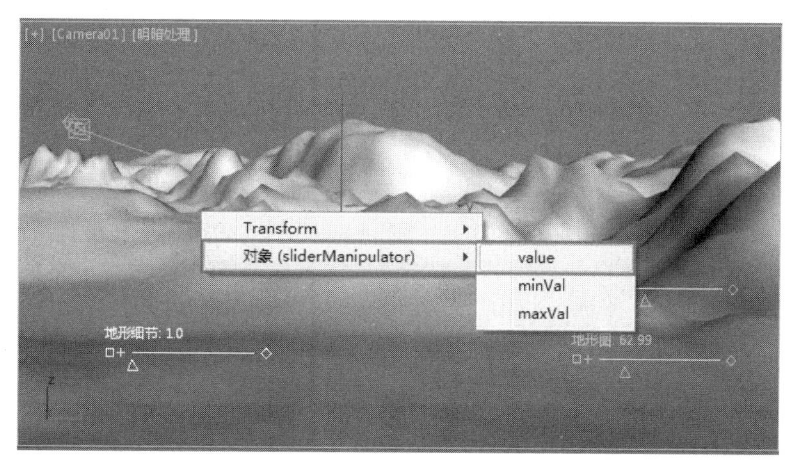

图 10-35

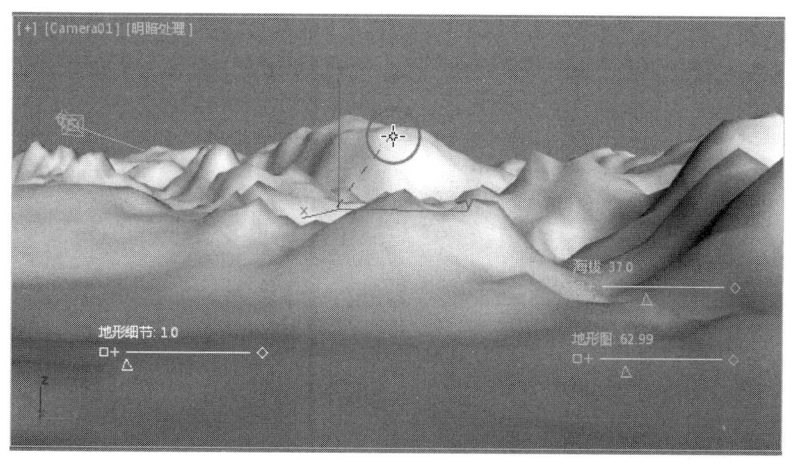

图 10-36

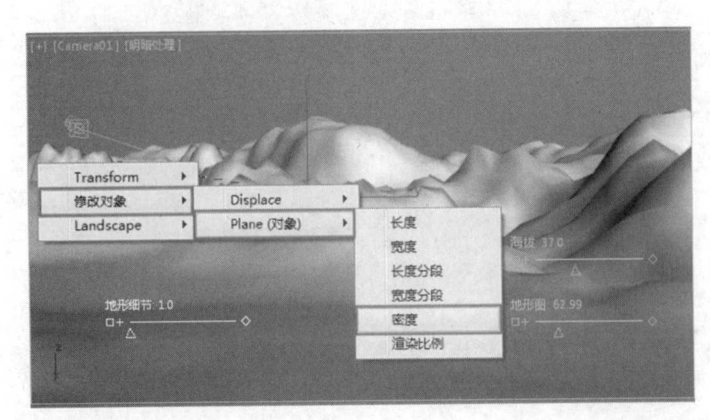

图 10-37

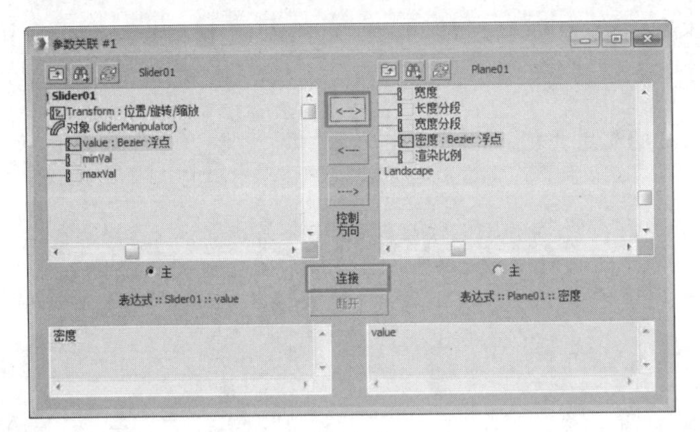

图 10-38

技巧与提示

"密度"数值控制的是"山"对象的"分段数"，更改"分段数"在视图中不会看出任何变化，只有渲染时才能看出"山"对象的细节变化。

21 设置完成后，渲染当前视图，最终效果如图 10-39 所示。

图 10-39

10.2 沸腾

实例操作：沸腾	
实例位置：	工程文件 \CH10\ 沸腾 .max
视频位置：	视频文件 \CH10\ 实例：沸腾 .mp4
实用指数：	★★★☆☆
技术掌握：	熟练使用“反应管理器”进行参数之间的绑定

使用反应管理器可以用一个主参数来控制多个从属参数，例如本例中，使用一个在 Z 轴旋转的主参数，同时控制灯光的亮度、物体的噪波剧烈程度和粒子的数量等参数。接下来将通过实例讲解这方面的知识。如图 10-40 所示为本例的最终完成效果。

图 10-40

01 打开附带素材中的“工程文件 \CH10\ 沸腾 .max”文件，该场景中已经为物体设置了材质和灯光，如图 10-41 所示。

图 10-41

02 在视图中选择“火焰”对象并进入“修改”面板，在“修改器列表”中为其添加“网格选择”修改器，并进入“顶点”子层级，在前视图中选择如图 10-42 所示的顶点。在“软选择”卷展栏中选中“使用软选择”复选框并设置“衰减”为 17。

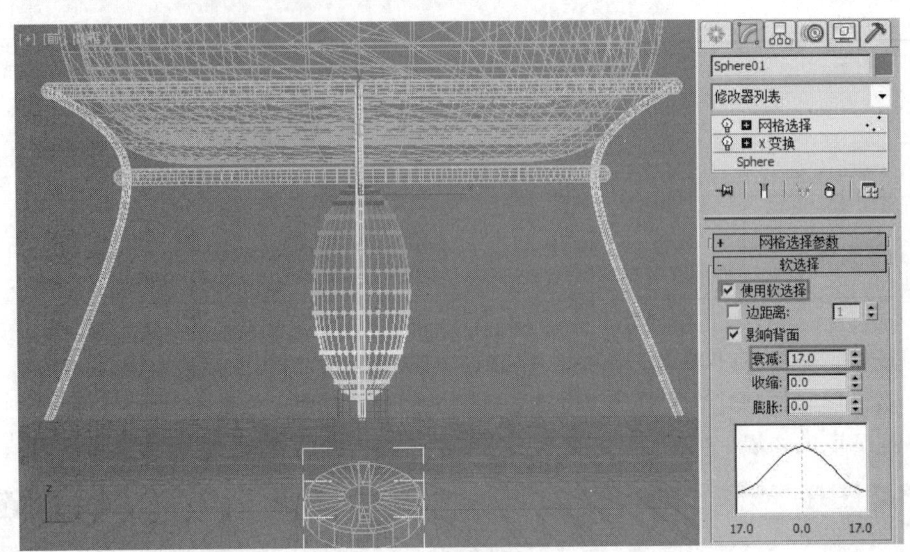

图 10-42

03 保持“顶点”为选中状态，在“修改器列表”中再为其添加 Noise（噪波）修改器，在“参数”卷展栏中设置“比例”为 25.0，选中“分形”复选框，在“强度”选项组中设置 *XYZ* 三个轴向的强度分别为 3.0、3.0、5.0，在“动画”选项组中选中“动画噪波”复选框，并设置“频率”为 0.8，如图 10-43 所示。

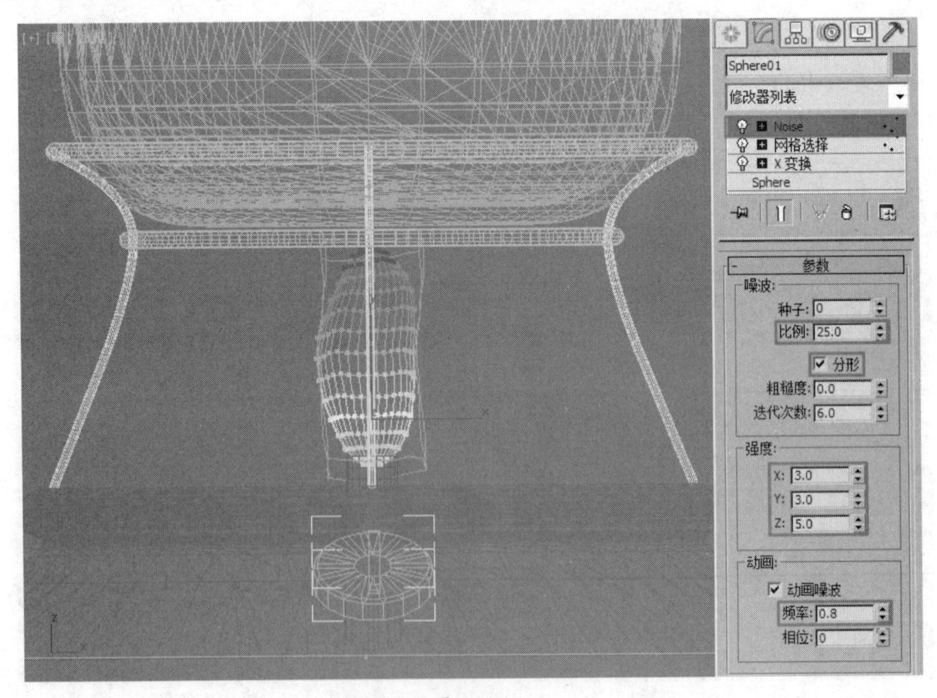

图 10-43

04 在“相位”参数框内右击，在弹出的快捷菜单中选择“在轨迹视图中显示”选项，在打开的“选定对象”窗口中选择“相位：Bezier 浮点”动画曲线的两个关键点，并单击工具栏上的“将切线设置为线性”按钮，如图 10-44 和图 10-45 所示。

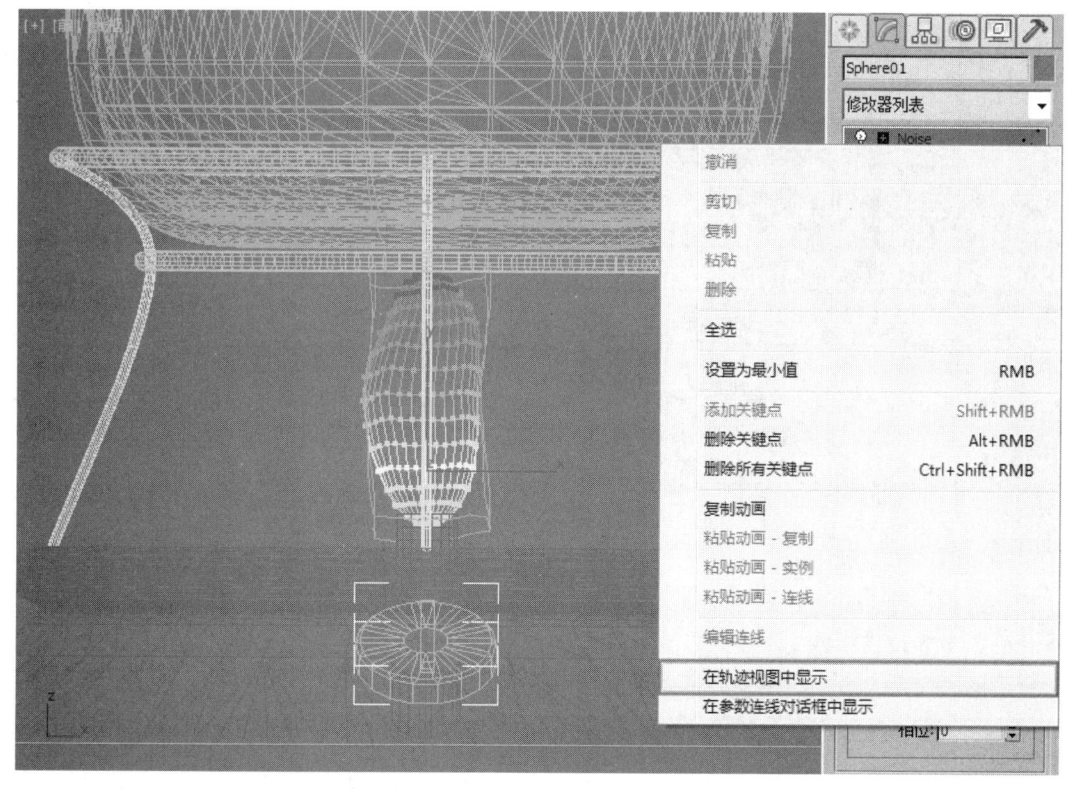

图 10-44

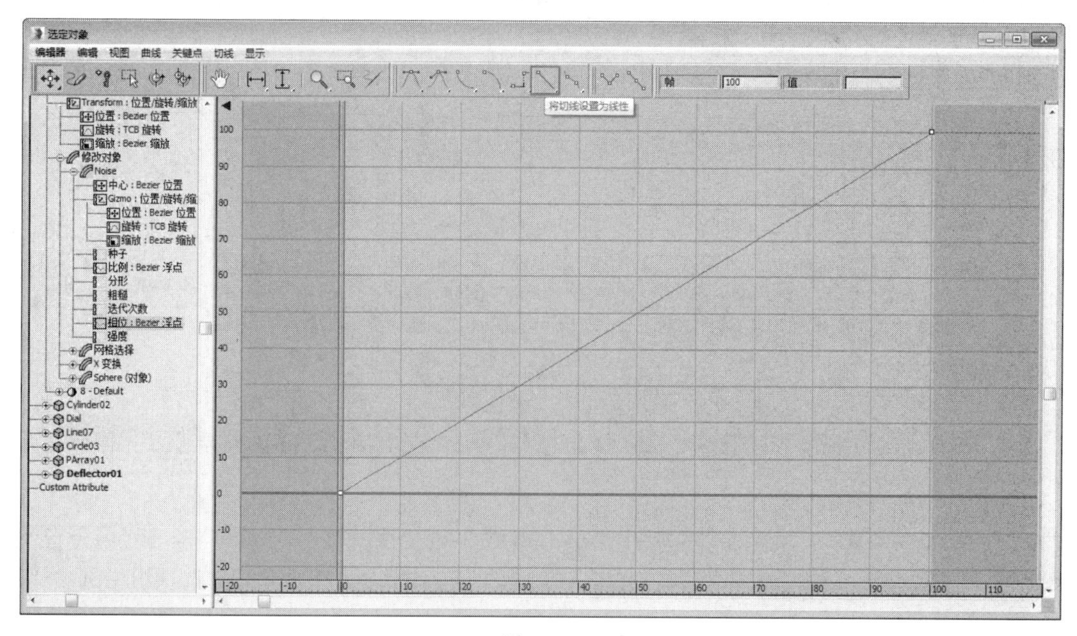

图 10-45

05 在“修改器列表”中再为其添加 Wave（波浪）修改器，在“参数”卷展栏中设置“振幅 1”和“振幅 2”的数值均为 2.0，“波长”为 15.0，如图 10-46 所示。

图 10-46

06 在视图中选择“液体”对象，在“修改”面板中进入其“顶点”子层级，在视图中选择如图 10-47 所示的顶点，并在“软选择”卷展栏中选中“使用软选择”复选框。

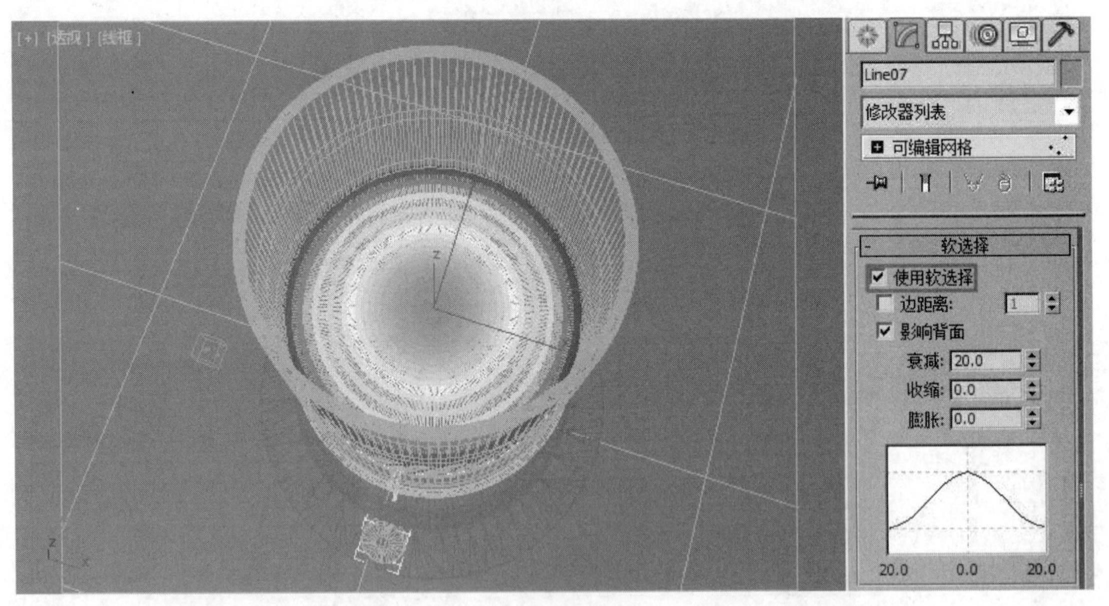

图 10-47

07 保持顶点为选中状态，在“修改器列表”中为其添加“噪波”修改器，在“参数”卷展栏中设置“比例”为 7，在“强度”选项组中设置 *XYZ* 三个轴向的强度均为 1，在“动画”选项组中选中“动画噪波”复选框，如图 10-48 所示。

图 10-48

08 在“相位”文本框内右击，在弹出的菜单中选择“在轨迹视图中显示”命令，并在打开的“选定对象”窗口中选择“相位”动画曲线的两个关键点，单击工具栏上的“将切线设置为线性”按钮，如图 10-49 和图 10-50 所示。

图 10-49

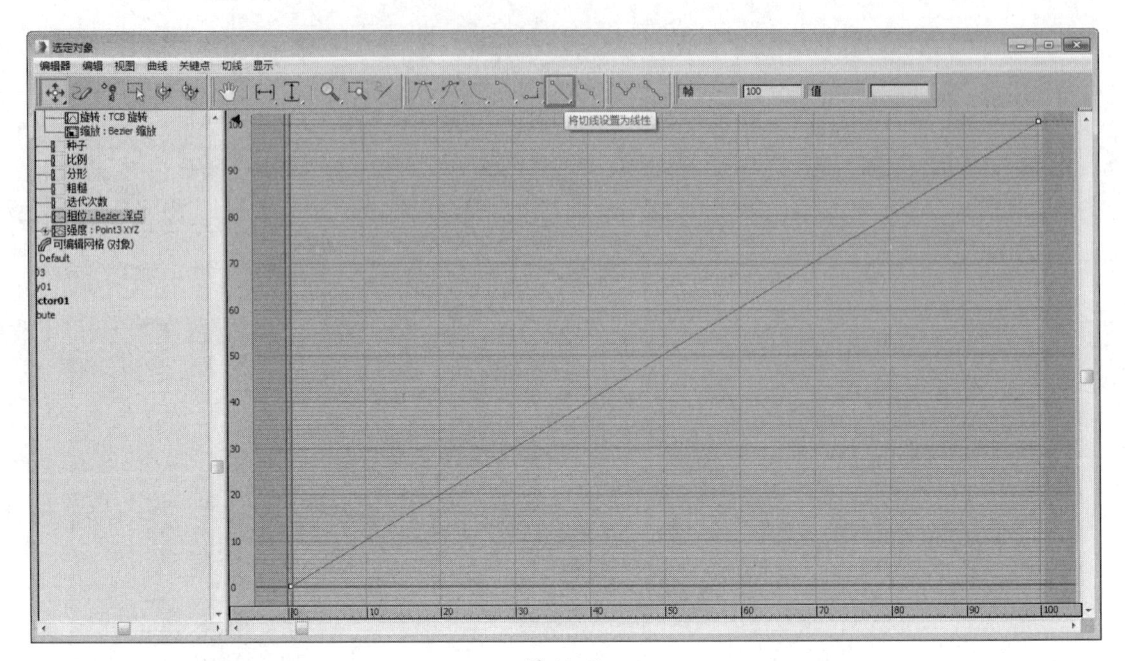

图 10-50

09 在“粒子系统”面板中单击“粒子阵列”按钮 粒子阵列 ，在顶视图中创建一个“粒子阵列”粒子，如图 10-51 所示。

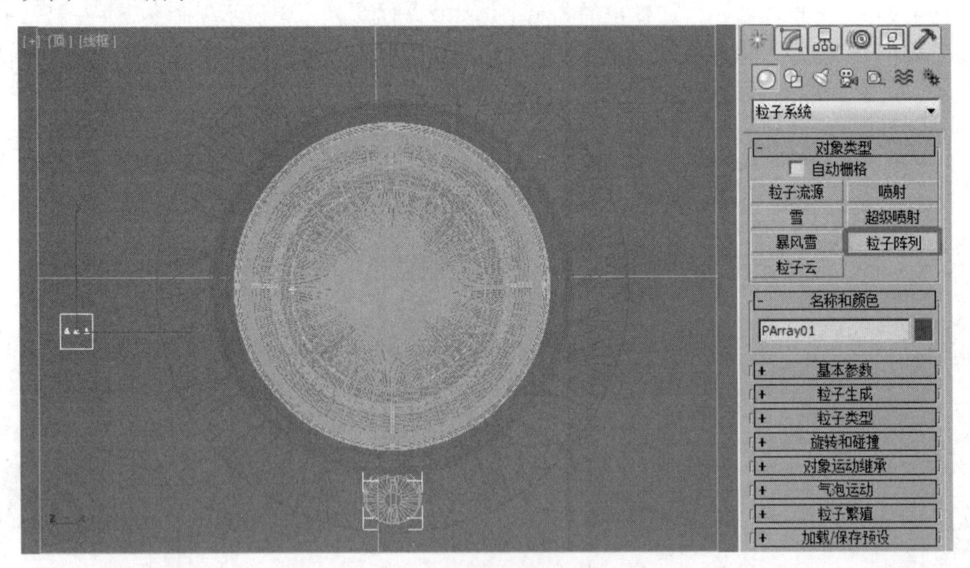

图 10-51

10 进入“修改”面板，在“基本参数”卷展栏中单击“拾取对象”按钮 拾取对象 ，并在视图中单击“发射器”对象，如图 10-52 所示。

技巧与提示

如果视图中不方便选择，可以按H键打开“按名称选择”对话框进行选择。

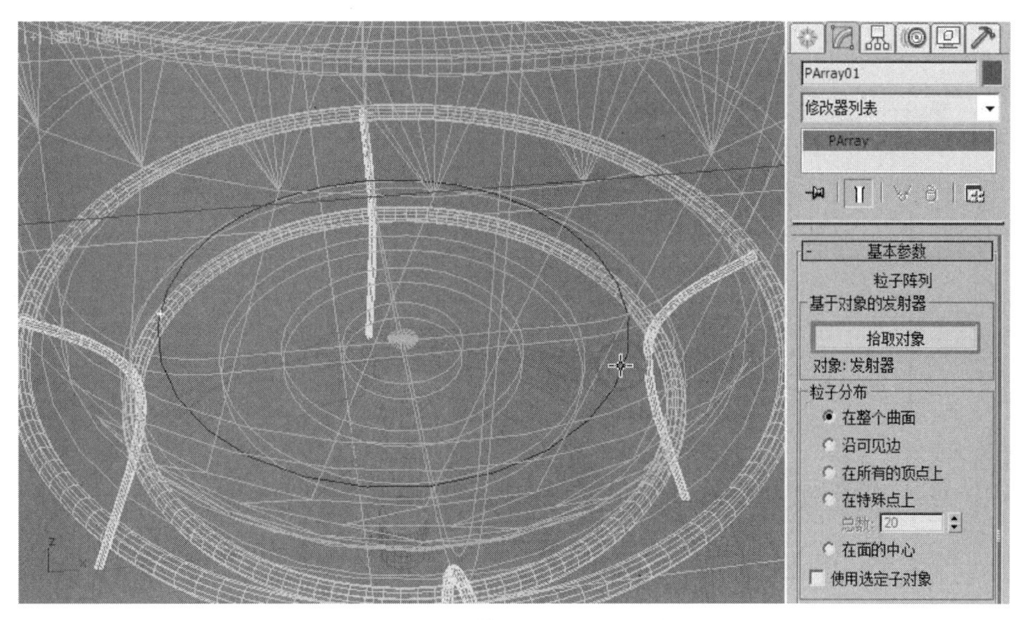

图 10-52

11 在“粒子生成”卷展栏中设置“粒子数量”为 1。在“粒子运动”选项组中设置“速度”为 1.0，“变化”为 10.0. 在“粒子计时”选项组中设置“发射停止”为 300，“显示时限”为 301。在“粒子大小”选项组中设置“大小”为 1.5，“变化”为 25，“衰减耗时”为 0，如图 10-53 所示。

图 10-53

12 在“粒子类型”卷展栏中设置粒子的形态为“球体”，如图10-54所示。

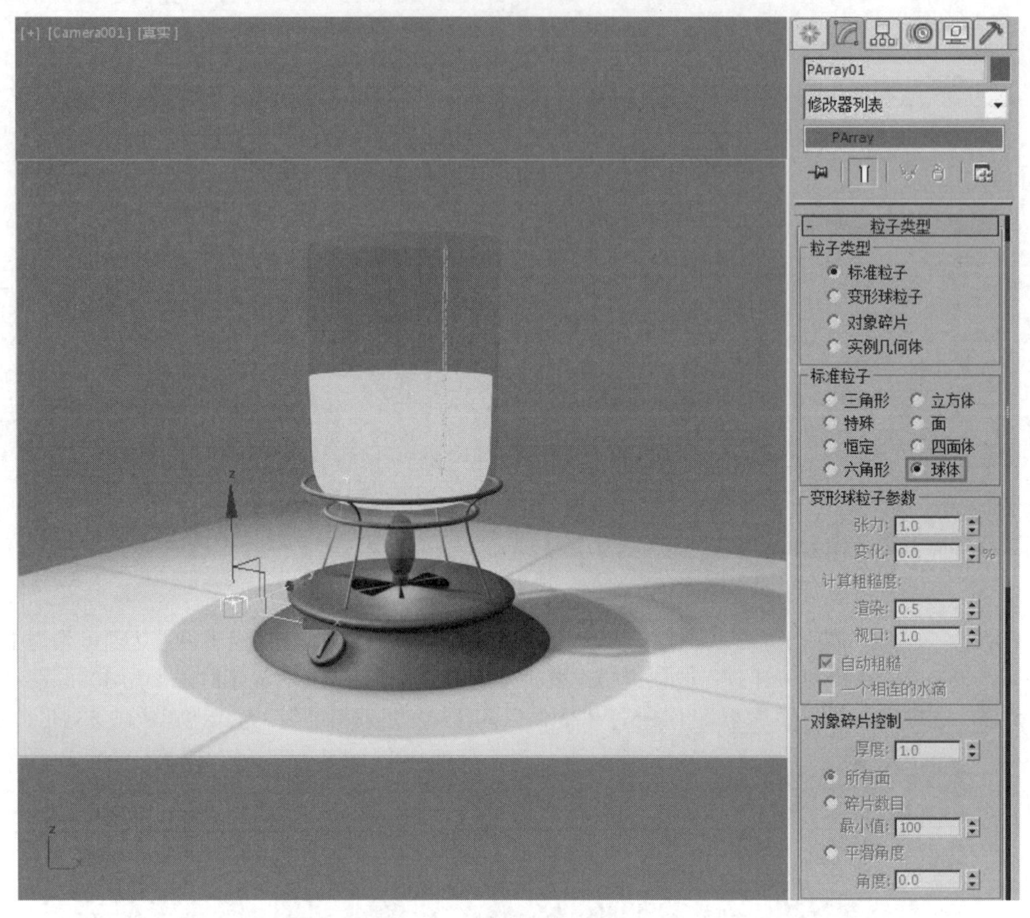

图10-54

13 在“导向器”面板中单击“导向板”按钮 导向板 ，在顶视图中创建一个“导向板”对象，并使用移动工具调整其位置，如图10-55和图10-56所示。

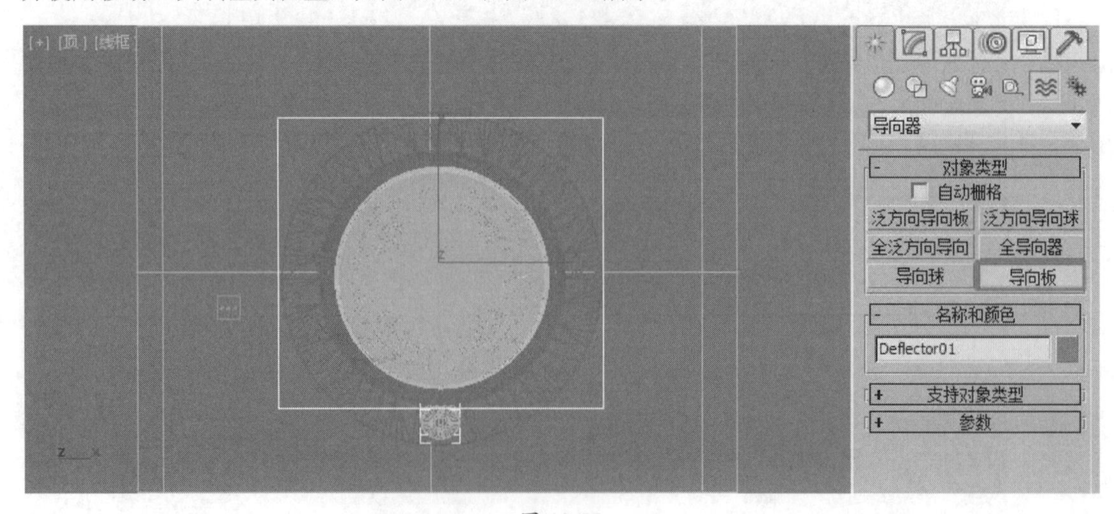

图10-55

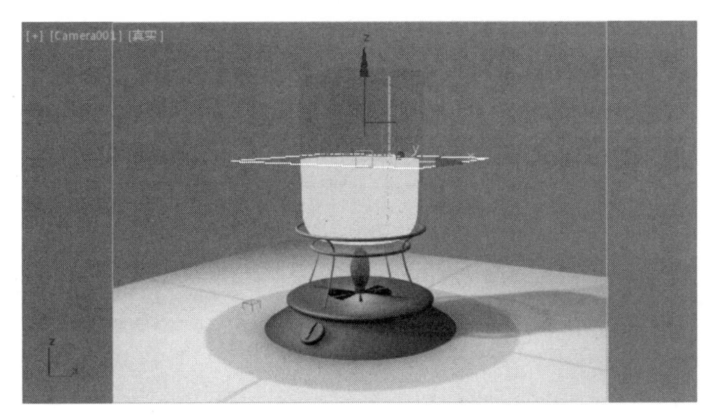

图 10-56

14 在主工具栏上单击“绑定到空间扭曲”按钮，将“粒子阵列”与“导向板”进行空间绑定，如图 10-57 所示。

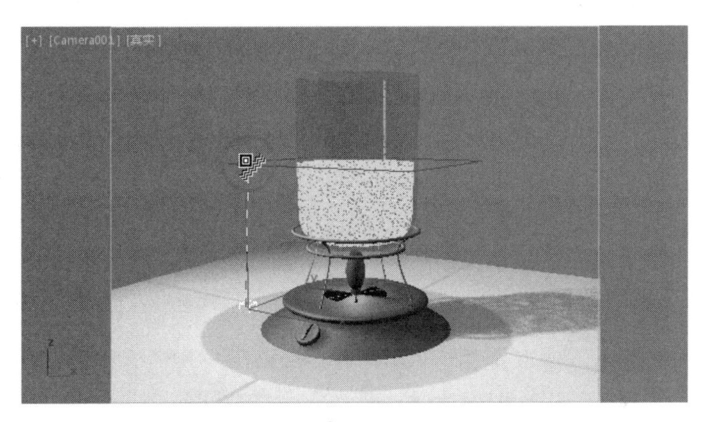

图 10-57

15 在“粒子繁殖”卷展栏中选择“碰撞后消亡”选项，这样粒子在碰撞到“导向板”后就会消失，如图 10-58 所示。

图 10-58

16 按 M 键打开“材质编辑器”面板，将已经设置好的“气泡”材质指定给“粒子阵列”粒子，如图 10-59 所示。

17 执行“动画”→“反应管理器”命令，打开“反应管理器”对话框，如图 10-60 和图 10-61 所示。

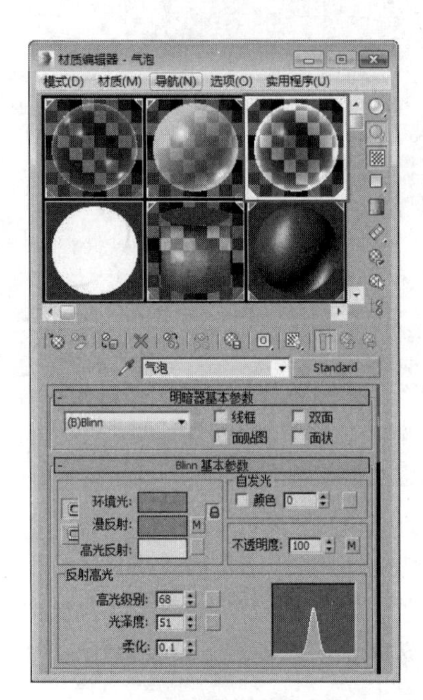

图 10-59

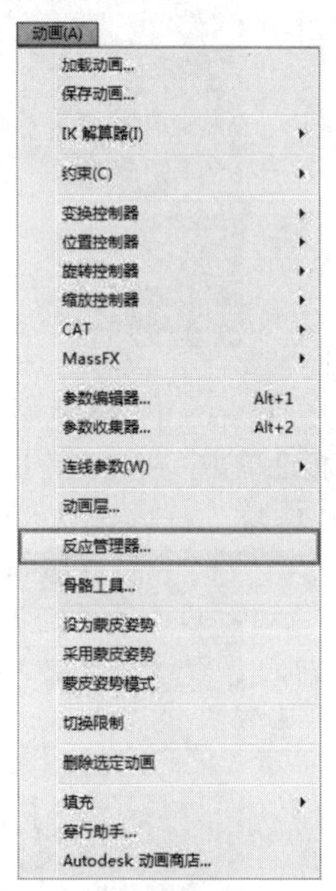

图 10-60

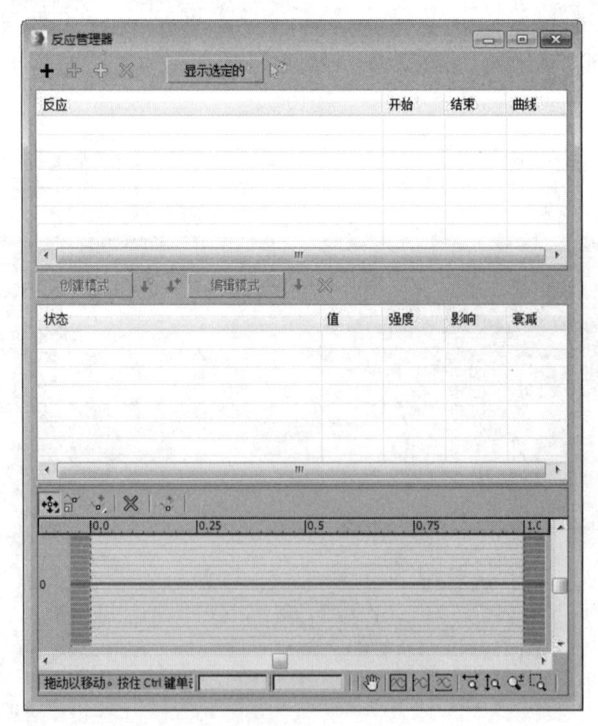

图 10-61

18 在“反应管理器”窗口中单击“添加主”按钮**+**，并在视图中单击“开关”对象，在弹出的菜单中选择“Transform”→“旋转”→“Z 轴旋转”命令，如图 10-62 所示。

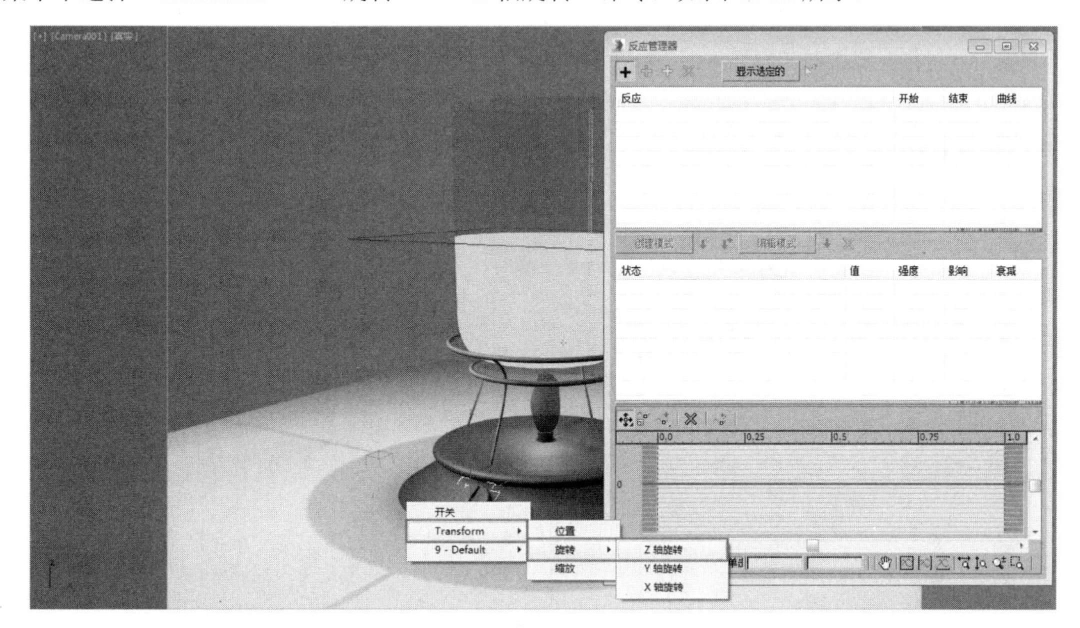

图 10-62

19 单击“添加从属”按钮，并在视图中单击“火焰”对象，在弹出的菜单中选择“修改对象”→“Wave”→“波长”命令，如图 10-63 所示。

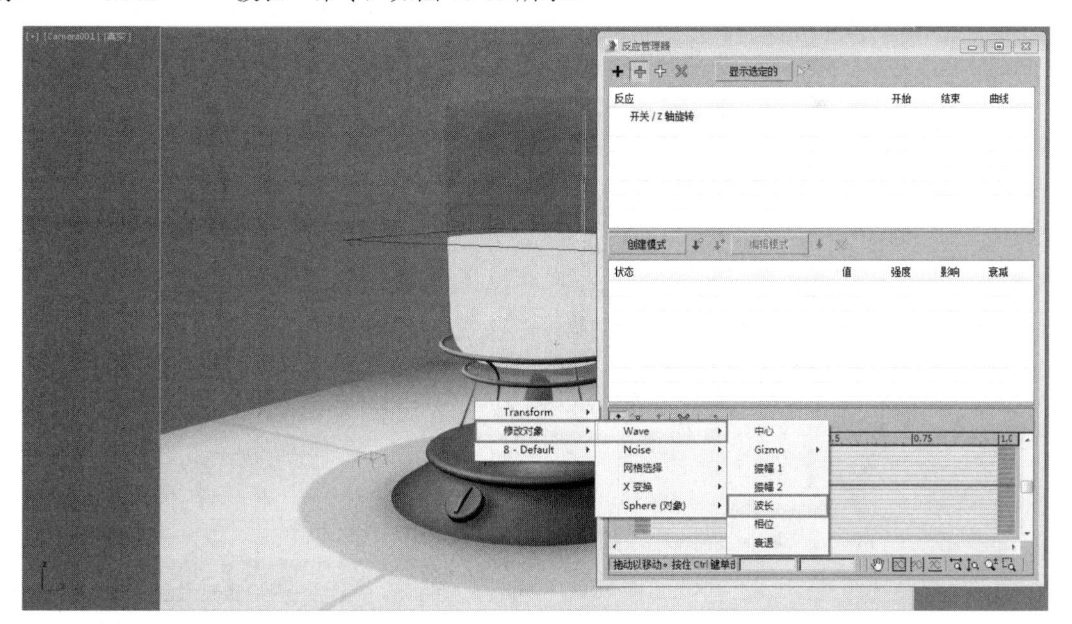

图 10-63

20 在“状态”列表中选择“状态 001”，并在视图中选择 Omni01 对象，接着在“反应管理器”对话框中单击“添加选定项”按钮，在弹出的菜单中选择“对象（泛光灯）”→“倍增”命令，如图 10-64 所示。

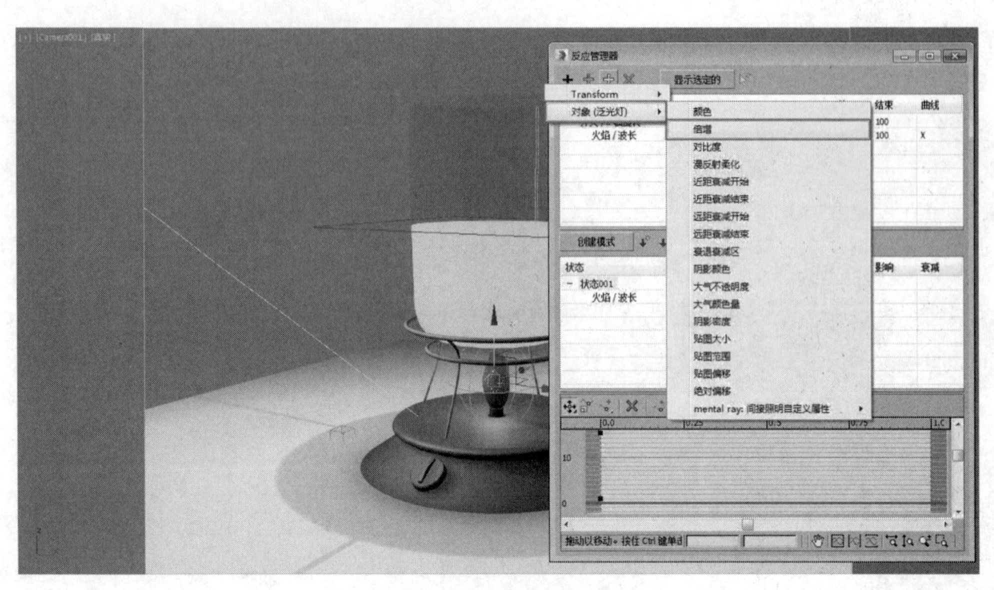

图 10-64

技巧与提示

如果在场景中的对象不方便选择时，即可用这种先在场景中选中对象，然后通过单击“添加选定项”按钮的方式来添加需要的参数，无论用“添加从属”还是“添加选定项”添加的参数，都会受到“添加主”参数的控制。

另外，在“添加从属”或者“添加选定项”参数前，一定要先在“状态”列表中选择对应的状态，否则会在“状态”列表中再另外创建一个“状态”。

21 用同样的方法，将“液体”对象“噪波”修改器 *XYZ* 三个轴向的“强度”添加到“状态 001”中，如图 10-65 和图 10-66 所示。

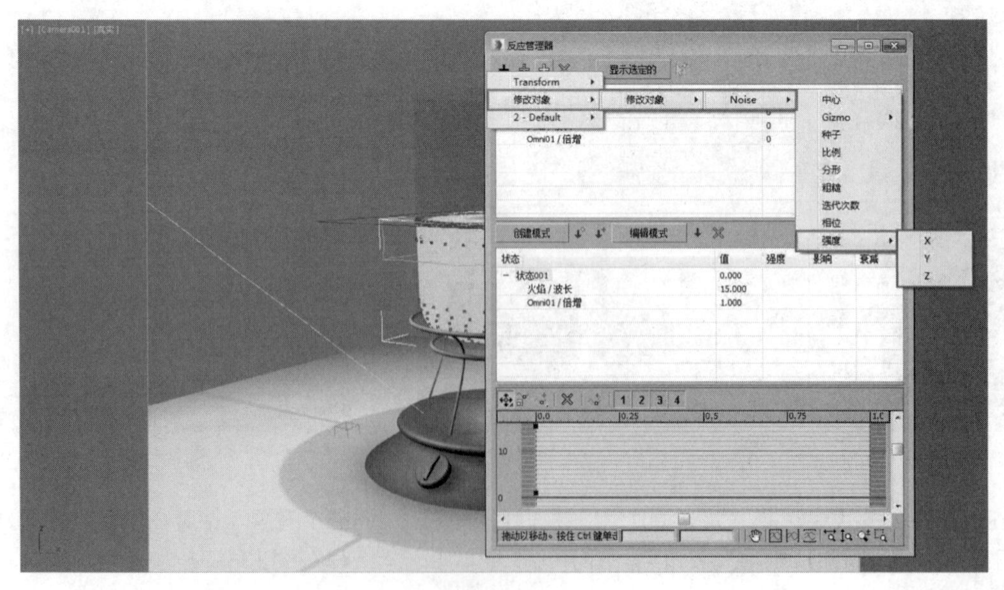

图 10-65

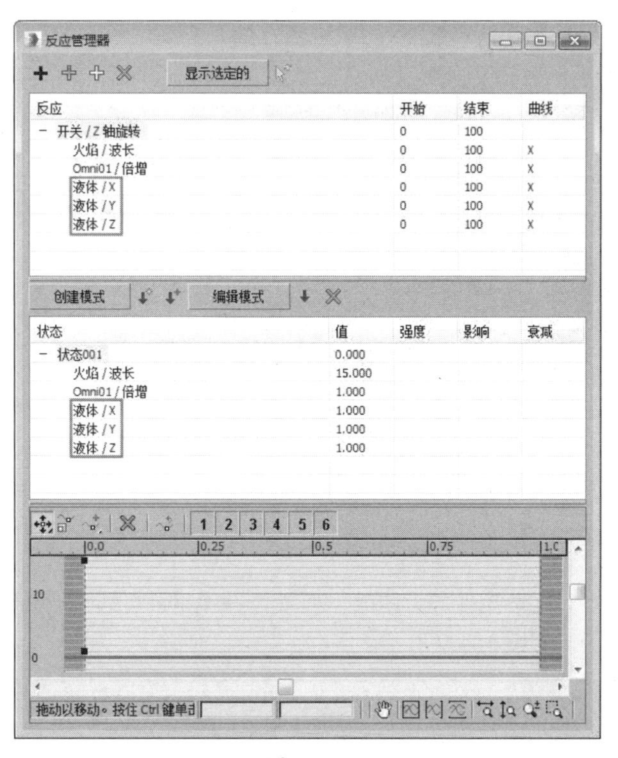

图 10-66

22 用同样的方法，将“粒子阵列”粒子的“出生速率”添加到“状态 001”中，如图 10-67 所示。

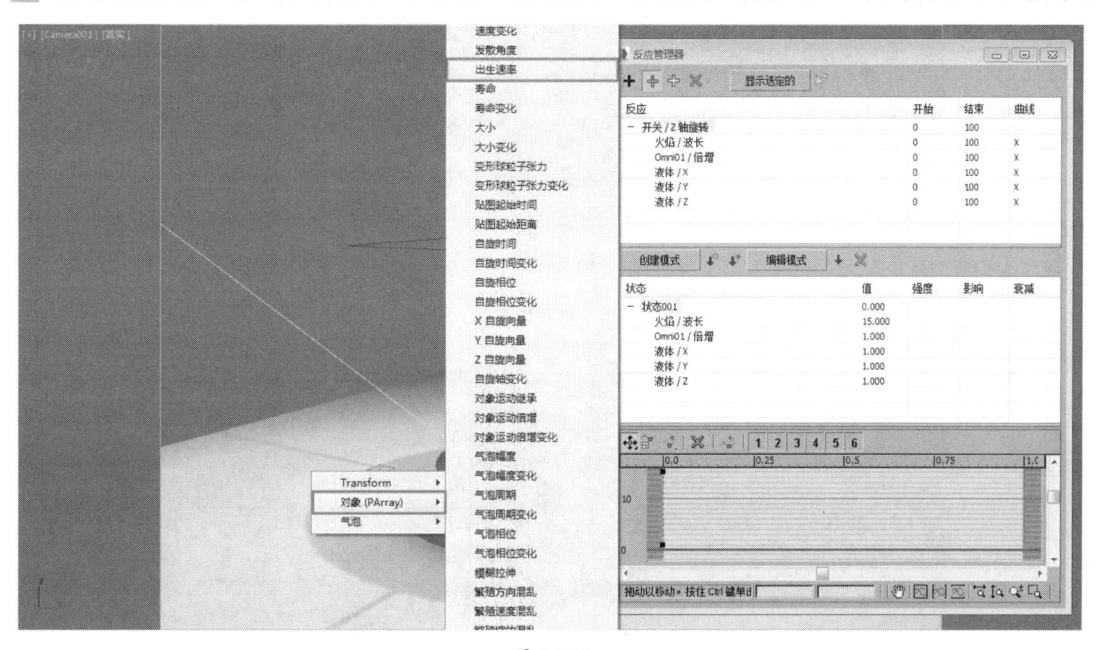

图 10-67

23 在“反应管理器”对话框中单击“创建状态”按钮 创建模式 ，并在视图中将“开关”对象沿“局部”坐标系统旋转 90° ，如图 10-68 所示。

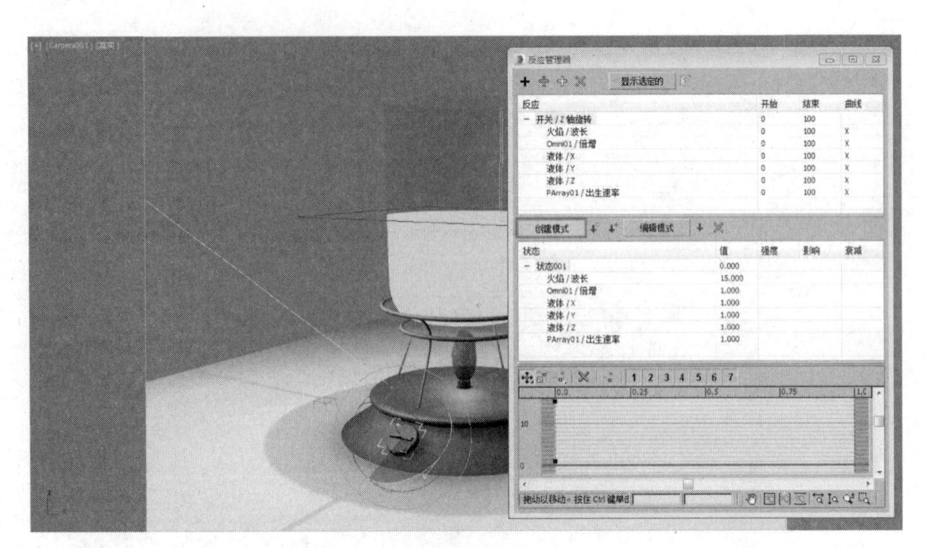

图 10-68

24 在视图中选择“火焰”对象并进入“修改”面板，在 Wave（波浪）修改器的“参数”卷展栏中，设置“波长”为 4.0，如图 10-69 所示。

图 10-69

25 在视图中选择 Omni01 对象，在“强度 / 颜色 / 衰减”卷展栏中，设置“倍增”为 2.5，如图 10-70 所示。

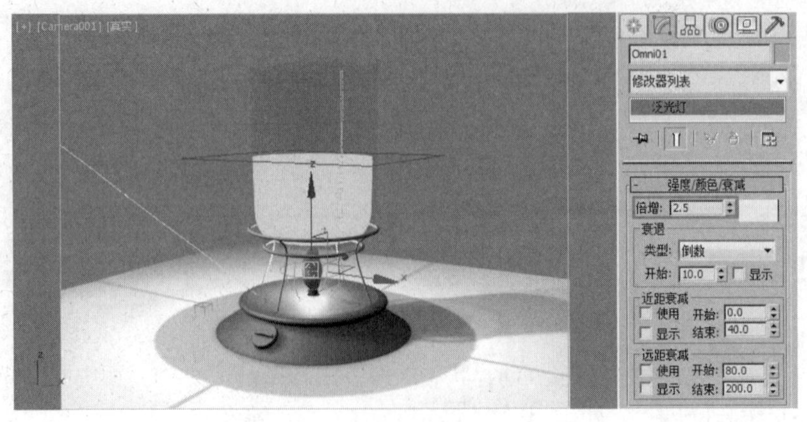

图 10-70

26 在视图中选择“液体”对象，在 Noise（噪波）修改器的“参数”卷展栏中，设置 X、Y、Z 轴的“强度”值分别为 4.0、4.0、16.0，如图 10-71 所示。

图 10-71

27 在视图中选择“粒子阵列”粒子，在“粒子生成”卷展栏中，设置“粒子数量”为 18，如图 10-72 所示。

图 10-72

28 设置完成后，在“反应管理器”对话框中单击“创建状态”按钮，此时会在“状态”列表中创建一个“状态 005”，如图 10-73 所示。

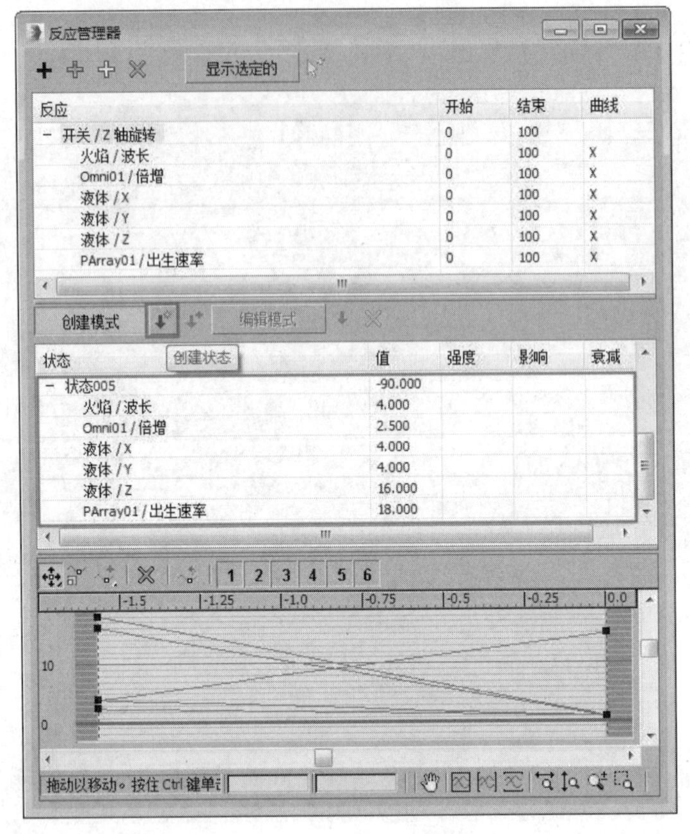

图 10-73

29 在视图沿“局部”坐标系统的 *Z* 轴旋转“开关”对象，可以看到所有被控制物体的参数变化，如图 10-74 所示。

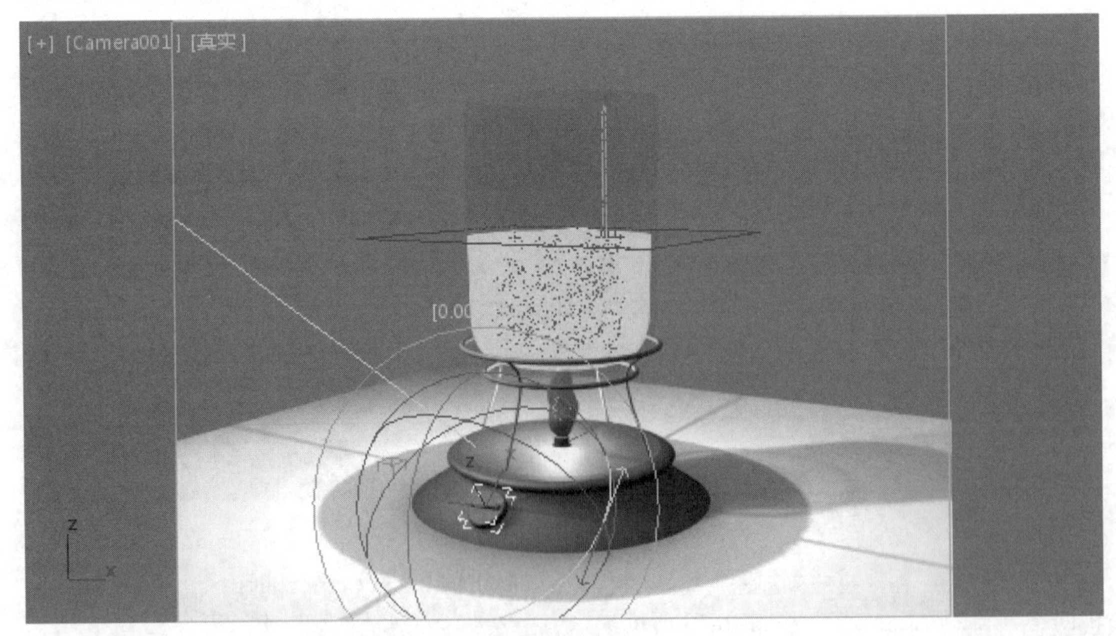

图 10-74

30 设置完成后，渲染当前视图，最终效果如图 10-75 所示。

图 10-75

第 11 章 IK 解算器动画

11.1 IK 解算器基础知识

在高级动画的设置中，正向运动和反向运动是最基础的动画设置方法。其中许多复杂的角色动画设置方法，如人物骨骼和四足动物，都是以正向运动和反向运动为基础的。正向运动和反向运动通过将对象链接的方法，使对象形成层次或链，从而简化动画的设置过程。

IK 解算器可以创建反向运动学解决方案，用于旋转和定位链中的链接。它可以应用 IK 控制器管理链接中子对象的变换。要创建 IK 解算器，可以执行“动画”→“IK 解算器”子菜单中的命令，如图 11-1 所示。

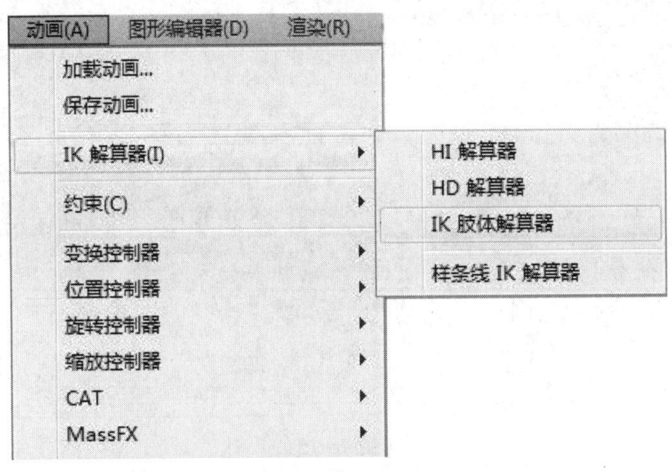

图 11-1

每种 IK 解算器都具有自身的行为和工作流，以及显示在“层次”和“运动”面板中的专用控件和工具。3ds Max 附带 4 个不同的 IK 解算器，两个最常用的 IK 解算器为历史独立型（HI）和历史依赖型（HD）。

11.1.1 正向运动学和反向运动学的概念

1. 正向运动学

角色动画中的骨骼运动遵循运动学原理，定位和动画骨骼包括两种类型的运动学：正向运动学（FK）和反向运动学（IK）。

正向运动学是指完全遵循父子关系的层级，用父层级带动子层级的运动。也就是说当父对象发生位移、旋转和缩放变化时，子对象会继承父对象的这些信息，也发生相应的变化，但是子对象的位移、旋转和缩放却不会影响父对象，父对象将保持不动。例如，有一个人体的层级链接，当大腿骨骼（父对象）弯曲时，小腿骨骼（子对象）跟随它一起运动，但是当单独转动小腿骨骼时，却不会影响大腿骨骼的动作，如图 11-2 所示。

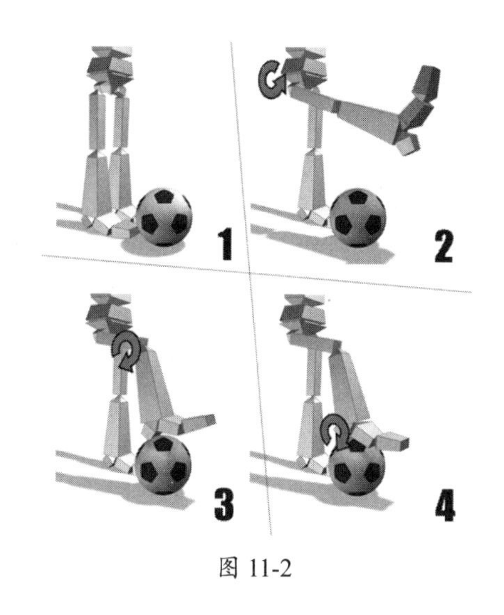

图 11-2

技巧与提示

在计算机动画软件的发展初期，关节动画都是正向链接系统，它的优点是软件开发容易、计算简单、运算速度快。缺点是工作效率太低，而且很容易产生不自然、不协调的动作。

2. 反向运动学

与正向运动学正好相反，反向运动学是依据某些子关节的最终位置和角度，反求推导出整个骨架的形态。也就是说父对象的位置和方向由子对象的位置和方向所确定。可以为腿部设置 HI（历史独立型）的 IK 解算器，然后通过移动骨骼末端的 IK 链得到腿部骨骼的最终形态，如图 11-3 所示。

图 11-3

技巧与提示

反向运动学的优点是工作效率高，大幅减少了需要手动控制的关节数量，比正向运动学更易于使用，它可以快速创建复杂的运动。缺点是求解方程组需要耗费较多的计算机资源，在关节数增多的时候尤其明显。

11.1.2 HI—History-Independent（历史独立型）解算器

对角色动画和序列较长的任何IK动画而言，HI解算器是首选方法。使用HI解算器，可以在层次中设置多个链。例如，角色的腿部可能存在一个从臀部到脚踝的链，还存在另外一个从脚跟到脚趾的链，如图11-4所示。

创建HI解算器后，其参数在“运动”面板中，即“IK解算器”卷展栏。其他解算器的参数也在该面板中，如图11-5所示。

图 11-4

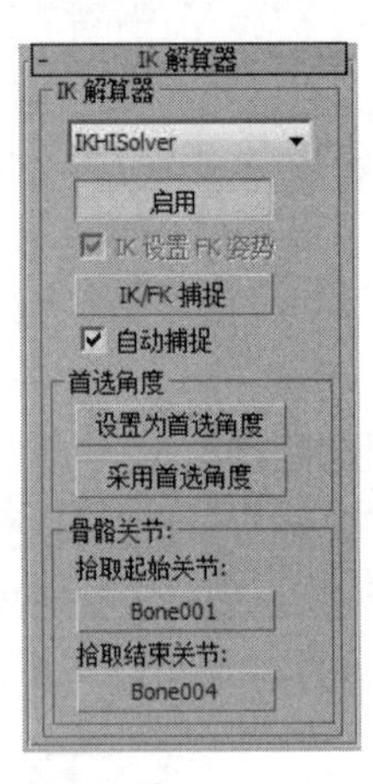

图 11-5

11.1.3 HD—History-Dependent（历史依赖型）解算器

因为该解算器的算法属于历史依赖型，所以，最适合在短动画序列中使用。在序列中求解的时间越迟，计算解决方案所需的时间就越长。该解算器使你可以将末端效应器绑定到后续对象上，并使用优先级和阻尼系统定义关节参数。该解算器还允许将滑动关节限制与IK动画组合起来。与HI IK解算器不同的是，该解算器允许在使用FK移动时限制滑动关节。“HD解算器”的参数面板如图11-6所示。

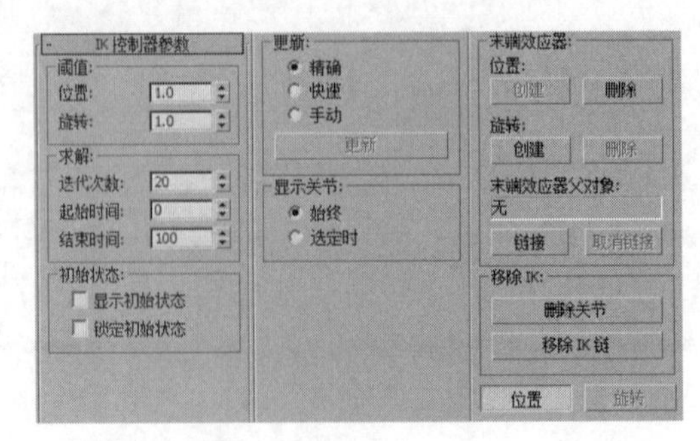

图 11-6

技巧与提示

该解算器的最大特点是可以限定骨骼旋转的角度范围，所以，通常使用该解算器来制作一些机器臂和活塞物体。

11.1.4　IK Limb（IK 肢体）解算器

IK 肢体解算器只能对链中的两块骨骼进行操作。它是一种在视口中快速使用的分析型解算器，因此，可以设置角色手臂和腿部的动画。使用该解算器，还可以通过启用关键点中的 IK 链接，在 IK（反向链接）和 FK（正向链接）之间切换。IK 肢体解算器的参数面板如图 11-7 所示。

技巧与提示

由于该解算器最多只能支持两根骨骼，而HI（历史独立型）解算器支持任意数量的骨骼，所以在进行IK指定的时候通常会选择使用HI（历史独立型）解算器。

11.1.5　SplineIK（样条线 IK）解算器

样条线 IK 解算器使用样条线确定一组骨骼或其他链接对象的曲率。使用样条线 IK 解算器后样条线的每个节点处会创建一个“点”辅助物体，同时“点”辅助物体会控制样条线上的节点，通过移动“点”辅助物体，并对其设置动画，从而更改该样条线的曲率。样条线 IK 解算器的参数面板如图 11-8 所示。

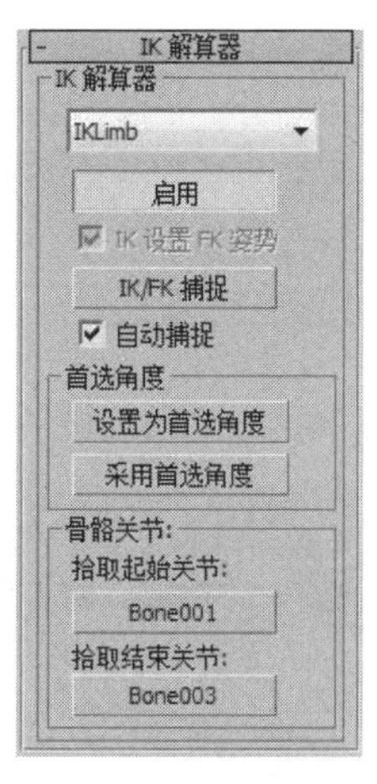

图 11-7

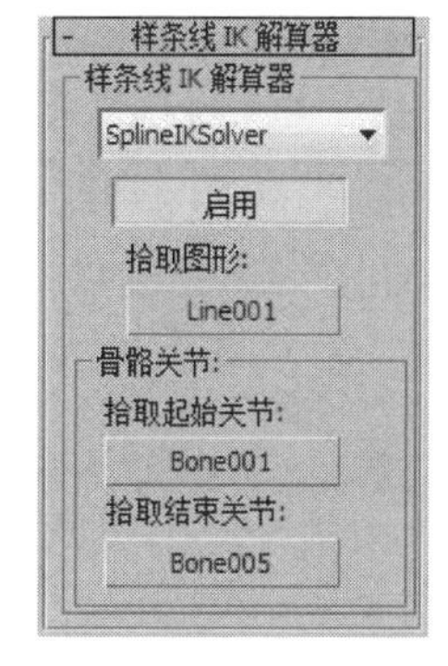

图 11-8

由于该解算器是通过改变样条线节点的空间位置来改变骨骼形态的，所以样条线 IK 提供的动画系统比其他 IK 解算器的灵活性高。节点可以在 3D 空间中随意移动，因此，链接的结构可以进行复杂的变形，所以通常用来制作一些虫子的身体、角色的尾巴和脊椎部分。如图 11-9 所示为应用了样条线 IK 解算器的骨骼。

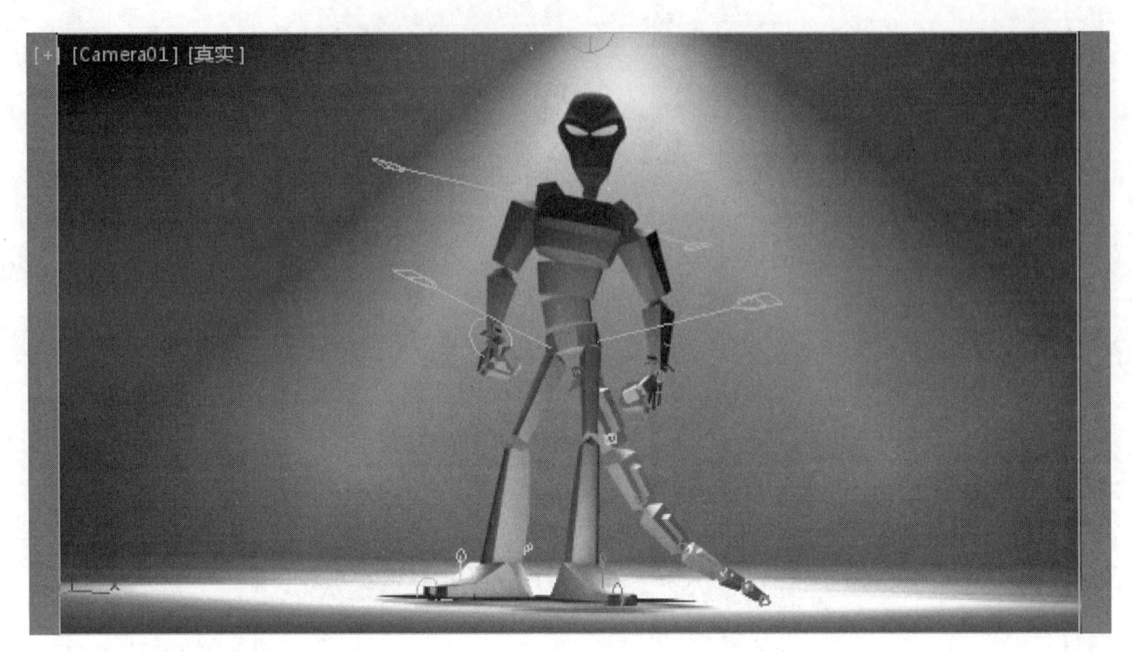

图 11-9

11.2 升降机

实例操作：升降机	
实例位置：	工程文件 \CH11\ 升降机 .max
视频位置：	视频文件 \CH11\ 实例：升降机 .mp4
实用指数：	★★★☆☆
技术掌握：	熟悉使用反向运动学调节动画的方法

在本例将使用HI解算器来制作一个升降机的动画效果，如图11-10所示为本例的最终完成效果。

图 11-10

01 打开附带素材中的“工程文件\CH11\升降机.max”文件，该场景中有一个用“矩形”对象编辑而成的“连接杆”，如图11-11所示。

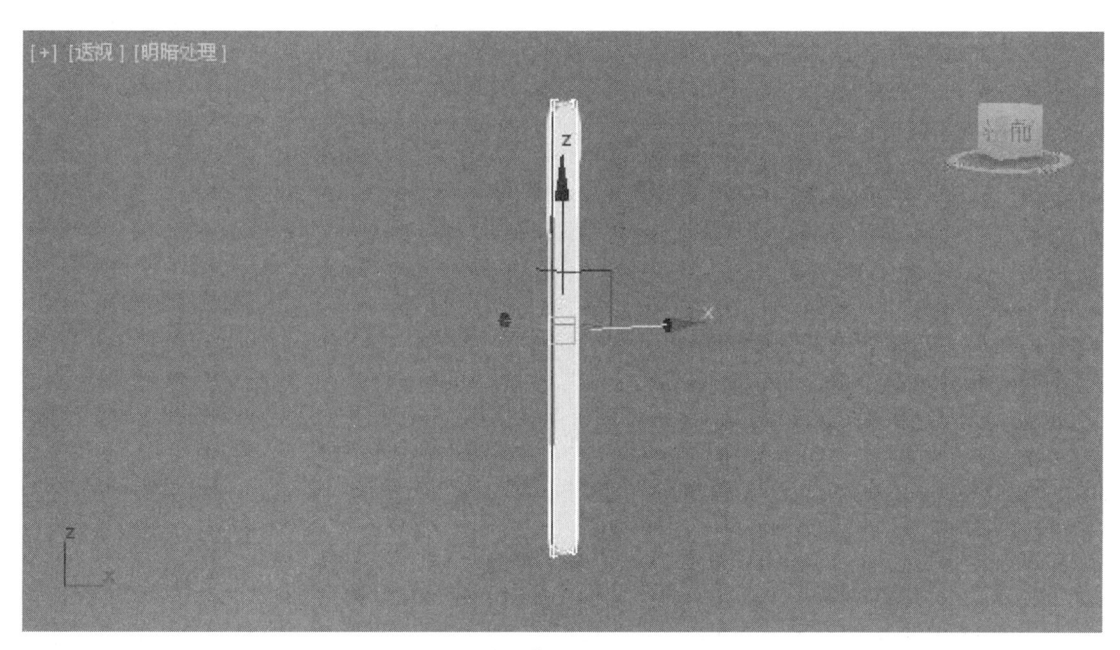

图 11-11

02 在前视图中将“连接杆”对象沿着 Y 轴旋转 70°，并单击主工具栏上的“镜像”按钮，用镜像工具沿着 X 轴镜像复制一个“连接杆”对象，如图 11-12 所示。

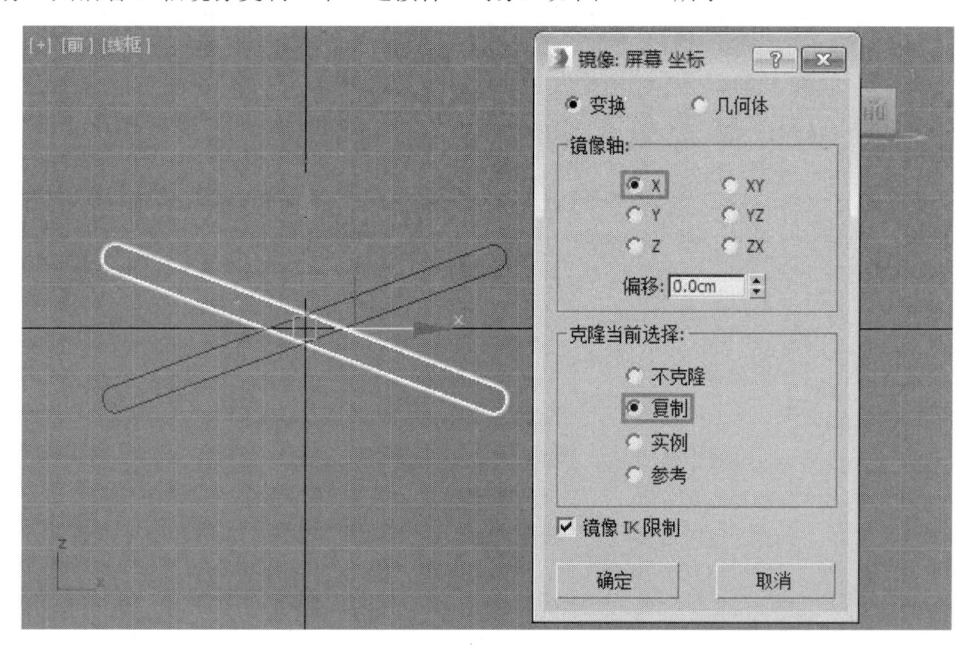

图 11-12

03 进入左视图，使用移动工具把“连接杆 002”对象沿 X 轴移动位置，不要让它与“连接杆 001”对象重叠在一起。进入“层次”面板，在“调整轴”卷展栏中单击“仅影响轴”按钮 仅影响轴 ，并使用移动工具把“连接杆 002”的轴心改到它的右下角，如图 11-13 和图 11-14 所示。

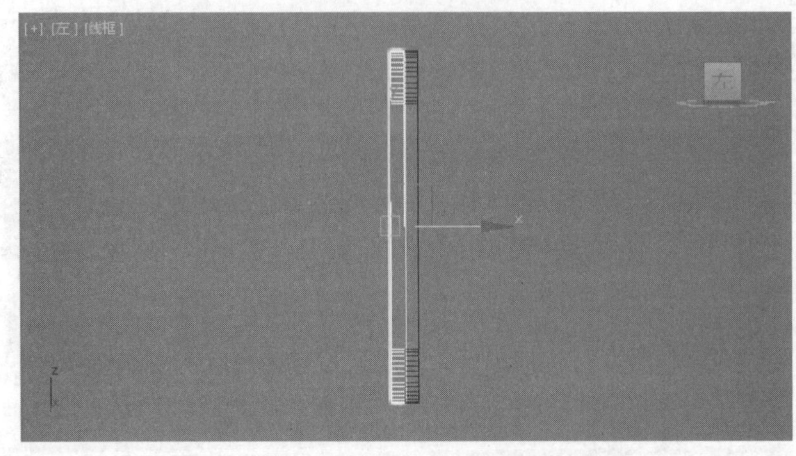

图 11-13

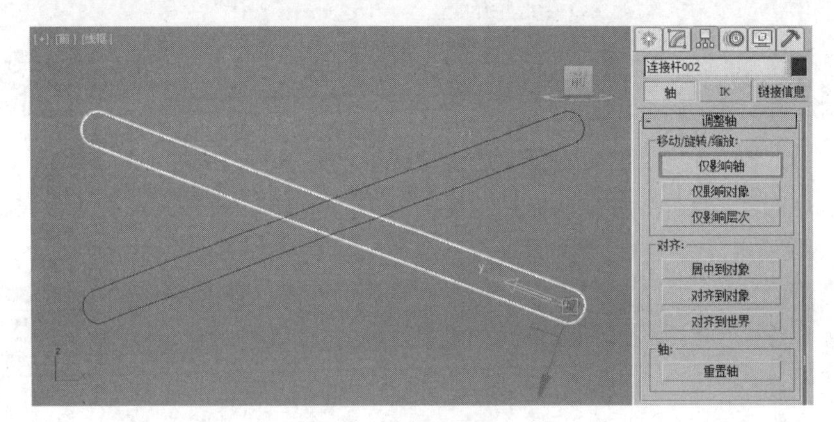

图 11-14

04 完成后单击“仅影响轴”按钮，退出轴心编辑模式，并进入“辅助对象”面板。单击“点”按钮，并在场景中创建一个“点”辅助物体，使用移动工具调整其位置，如图 11-15 所示。

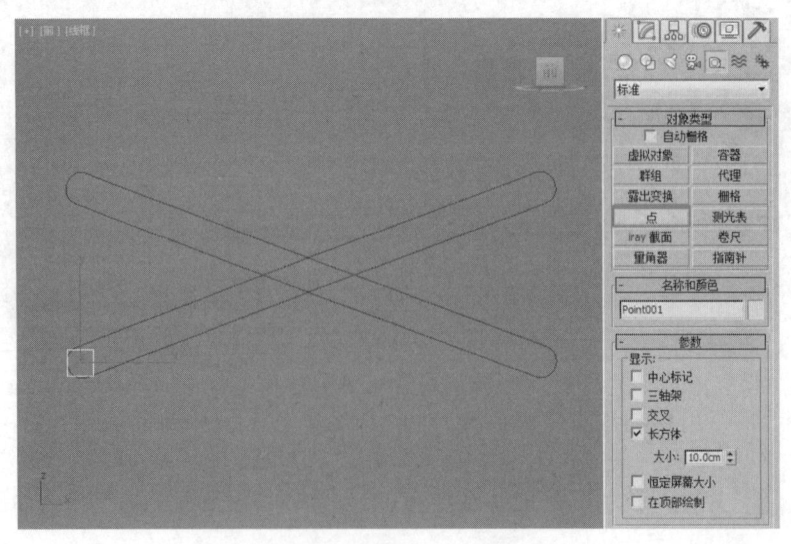

图 11-15

05 单击主工具栏上的“选择并链接”按钮，把“点”辅助物体链接到“连接杆 001”上，再把“连接杆 001”链接到“连接杆 002”上，如图 11-16 和图 11-17 所示。

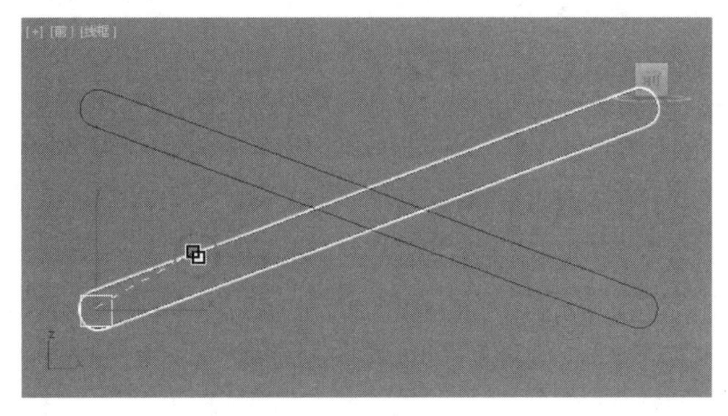

图 11-16

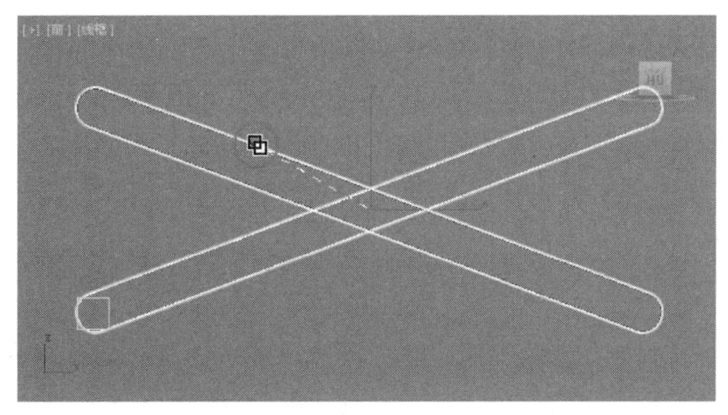

图 11-17

06 选择“点”辅助物体，执行“动画”→“IK 解算器”→“HI 解算器”命令，并到视图上单击“连接杆 002”对象，此时创建了一个 HI 解算器，如图 11-18~ 图 11-20 所示。

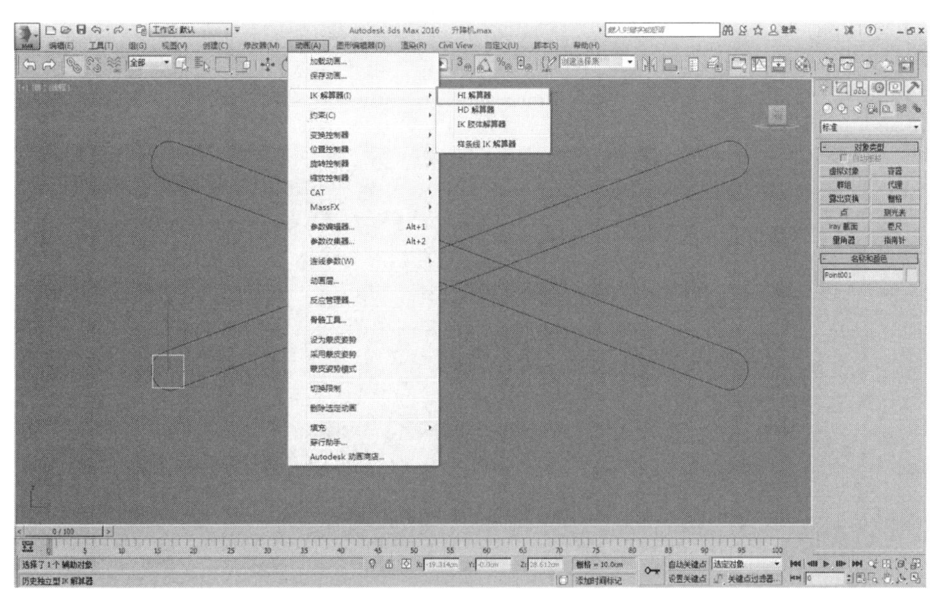

图 11-18

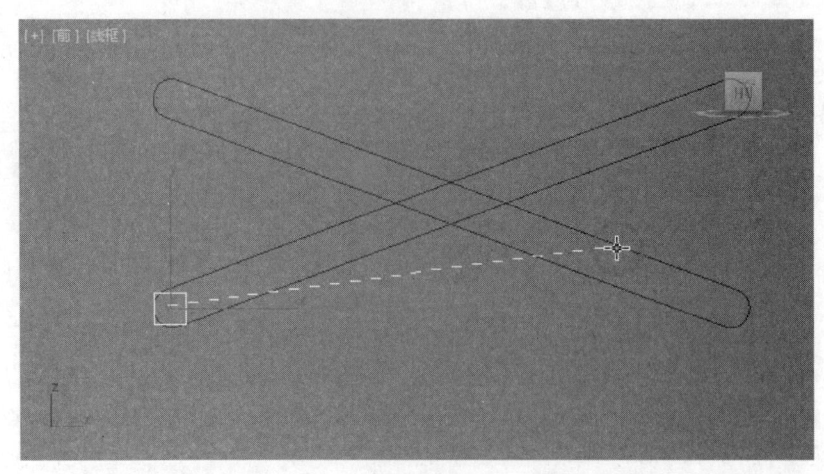

图 11-19

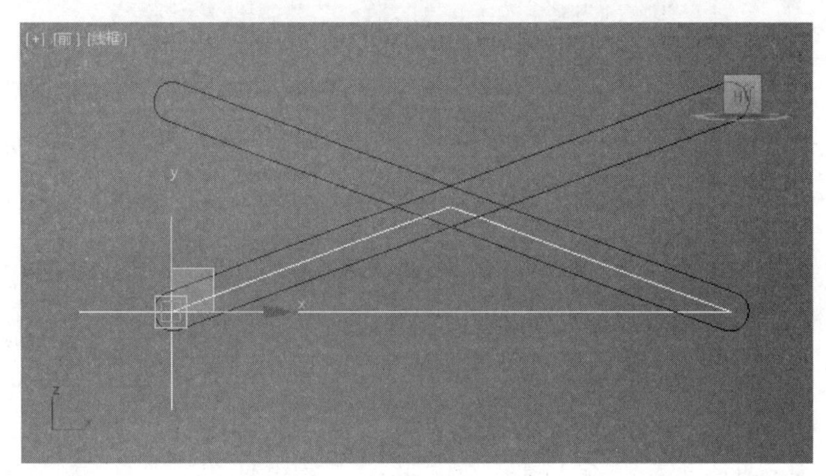

图 11-20

07 此时如果沿着 *X* 轴移动这个 IK 链，“连接杆 001”和“连接杆 002”也会发生相应的变化，如图 11-21 所示。

图 11-21

08 选择“连接杆 001”和“连接杆 002”并打开阵列工具，设置 *Y* 轴的“增量”为 32.0cm，“数量”为 2，如图 11-22 所示。

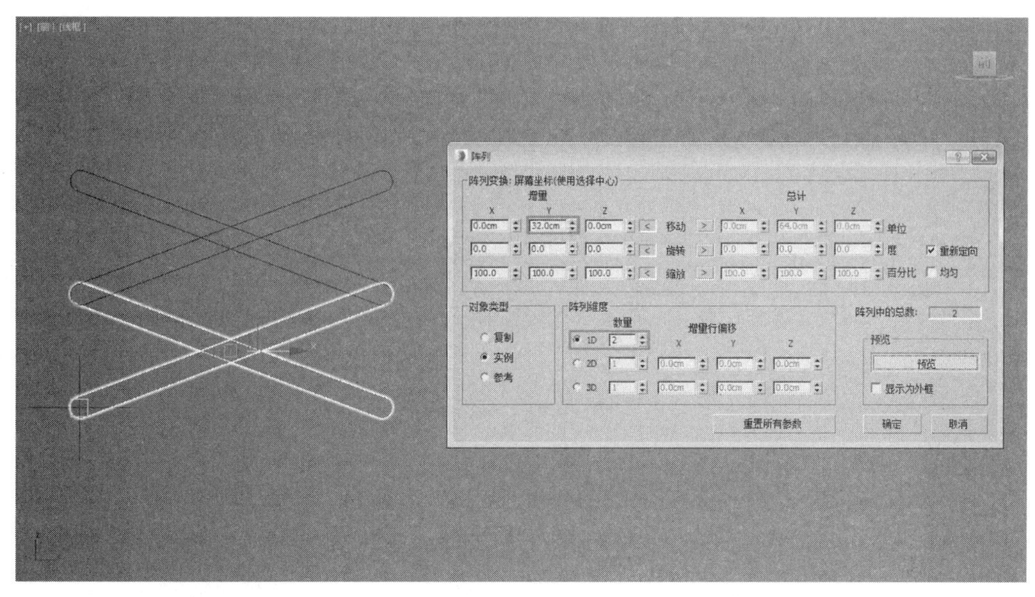

图 11-22

技巧与提示

这里用阵列工具主要是想看一下要往上移动多少距离，以后再向上复制的时候有一个依据。在本例中向上移动了32.0cm，在以后的制作中可以根据实际情况来移动。

09 选择“连接杆 003”对象，用前面学过的方法，将轴心移至它的左下角位置，如图 11-23 所示。

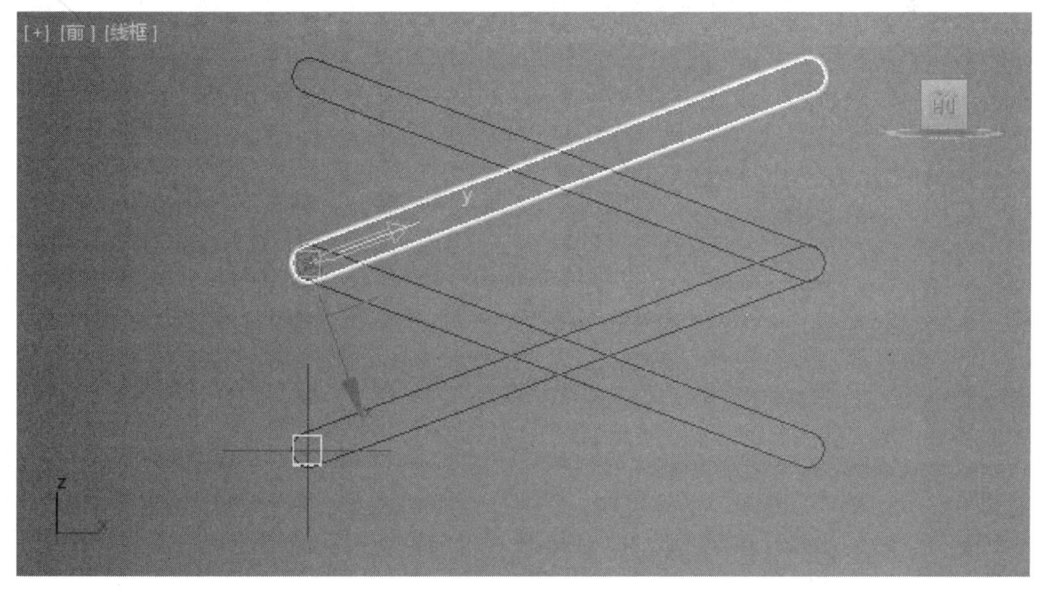

图 11-23

10 用链接工具把“连接杆 003”链接到它下面的“连接杆 002”上，把“连接杆 004”链接到它下面的“连接杆 001”上，如图 11-24 和图 11-25 所示。

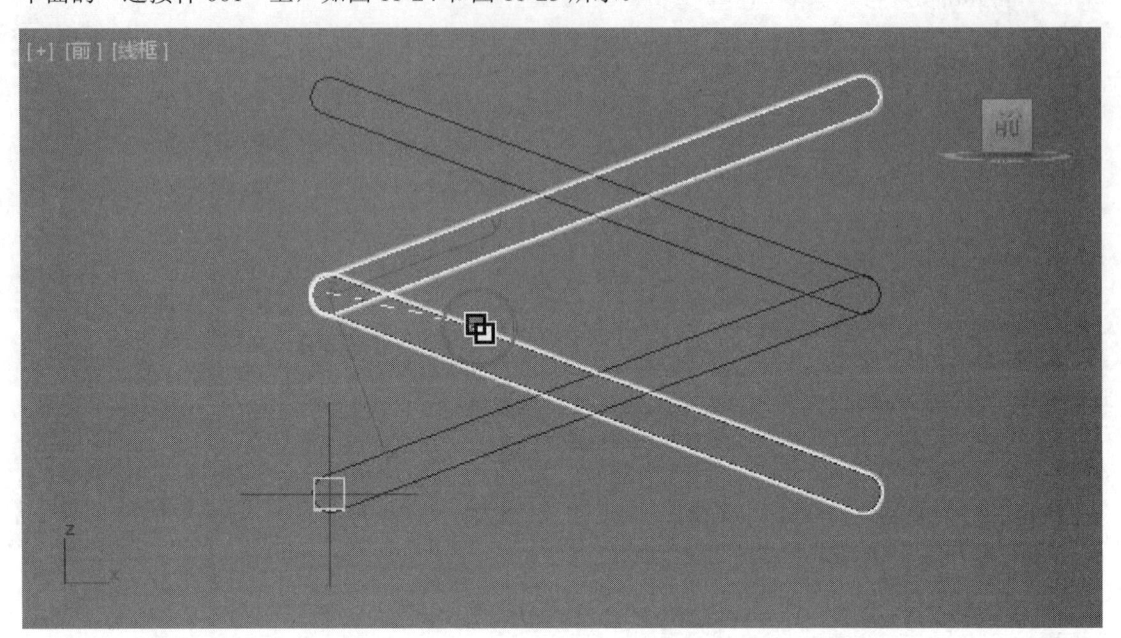

图 11-24

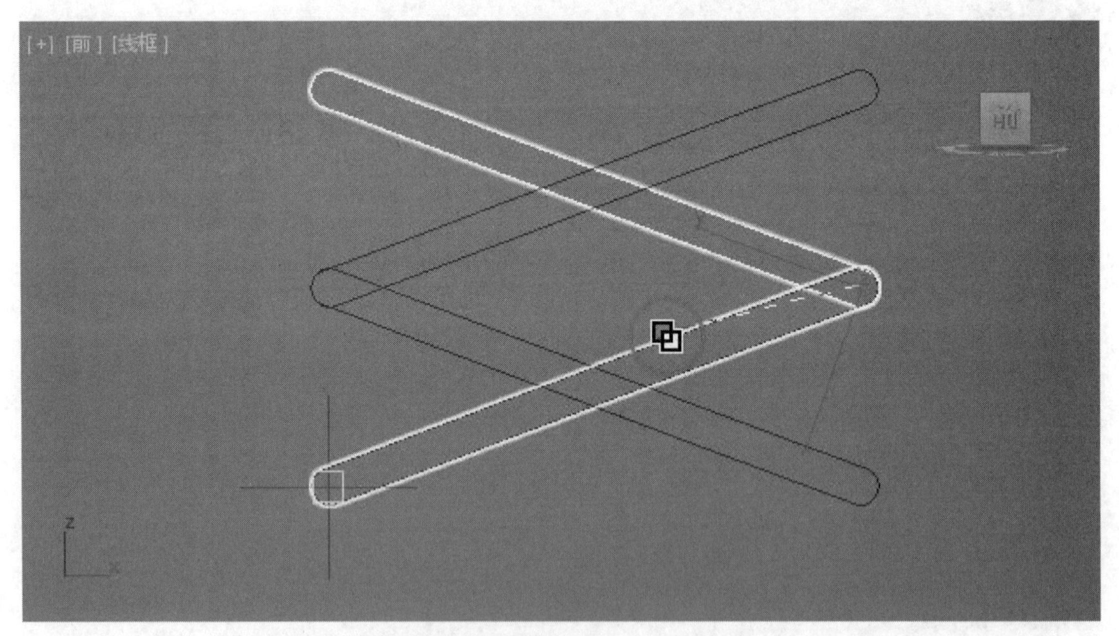

图 11-25

11 选择“连接杆 003”，执行“动画”→“约束”→“方向约束”命令，把“连接杆 003”方向约束到与它平行的“连接杆 001”上，把“连接杆 004”方向约束到与它平行的“连接杆 002”上，如图 11-26~ 图 11-28 所示。

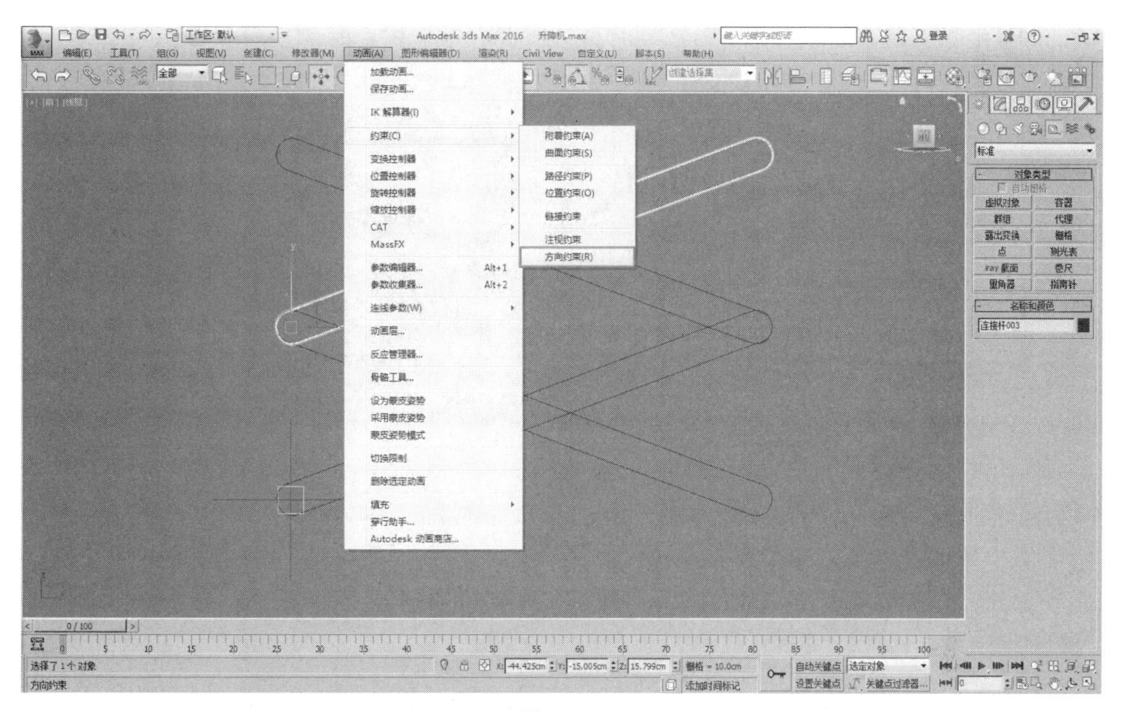

图 11-26

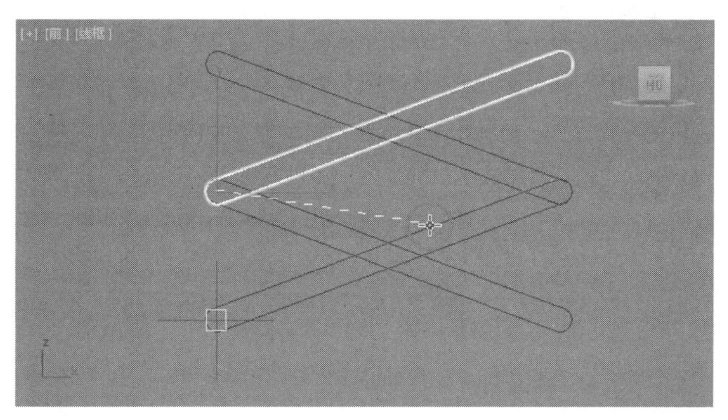

图 11-27

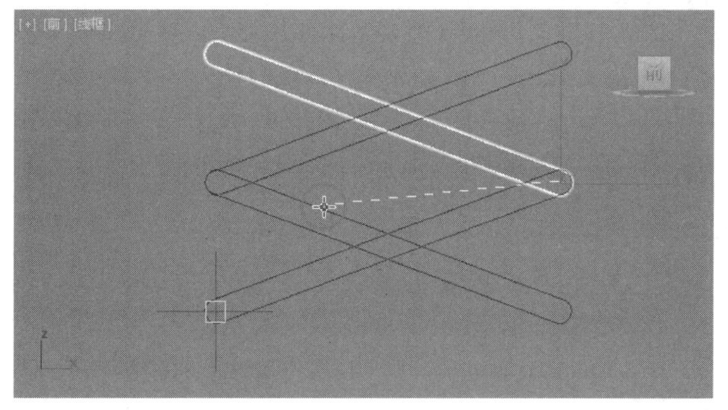

图 11-28

12 此时再移动 IK 链，发现“连接杆 003”和“连接杆 004”也发生了相应的变化，如图 11-29 所示。

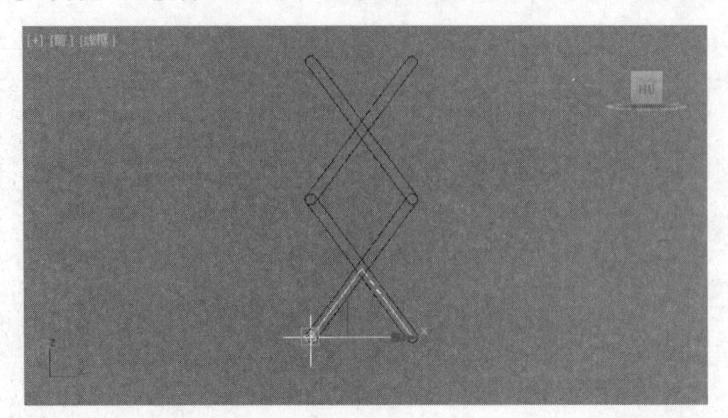

图 11-29

13 用同样的方法用阵列工具再往上复制 3 组，并依次用链接工具和方向约束制作后面的连接杆，如图 11-30 所示。

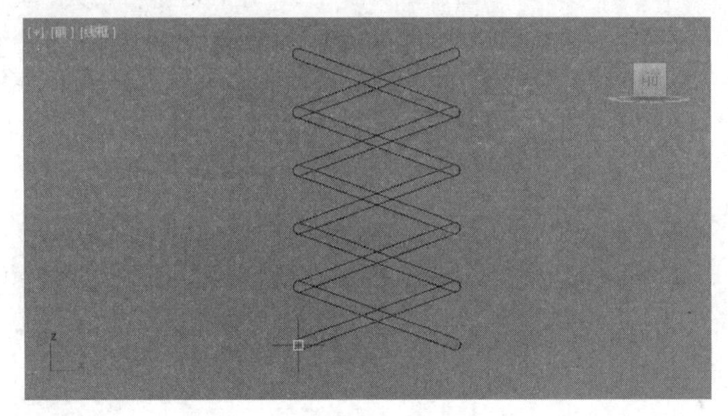

图 11-30

14 选中所有的物体，在透视图中沿着 *Y* 轴镜像复制一组，并在两个阶梯相连的部分创建“圆柱体”对象，当作升降机的连接轴，如图 11-31 和图 11-32 所示。

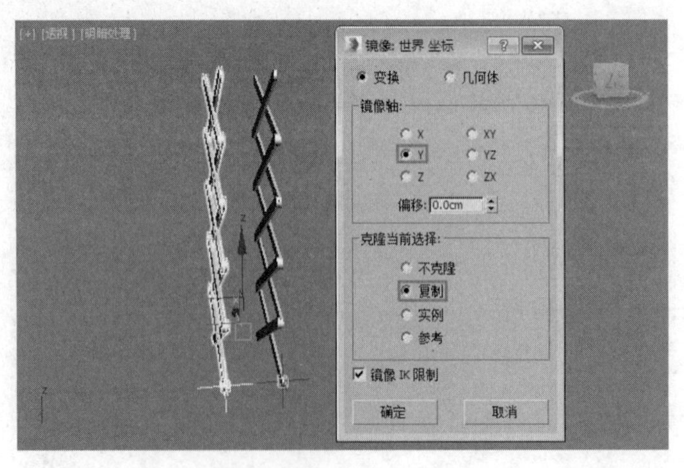

图 11-31

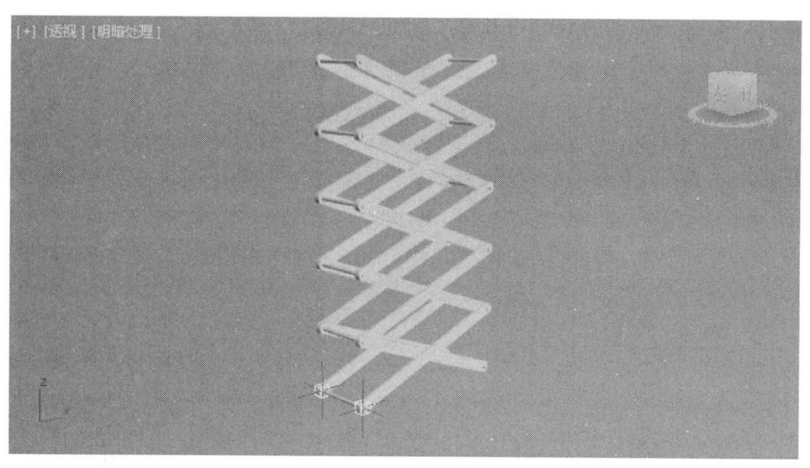

图 11-32

15 把圆柱用链接工具依次链接到它附近的连接杆上，如图 11-33 所示。

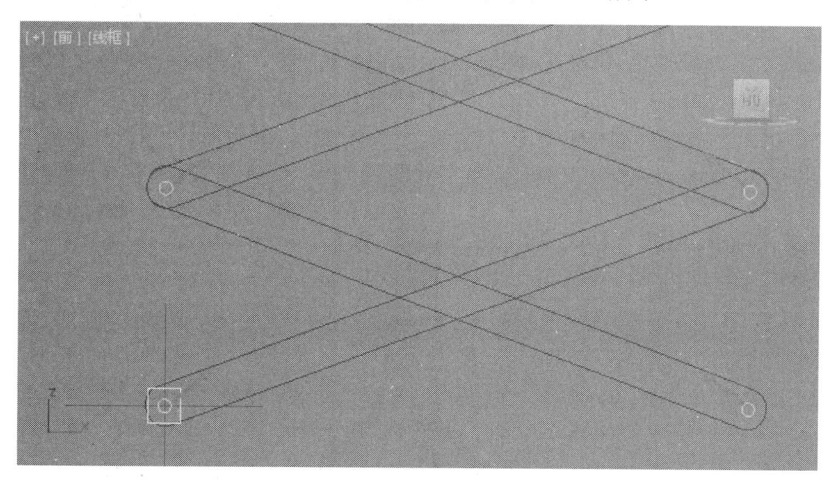

图 11-33

16 此时再移动 IK 链，发现所有的连接杆都发生了相应的变化，如图 11-34 所示。

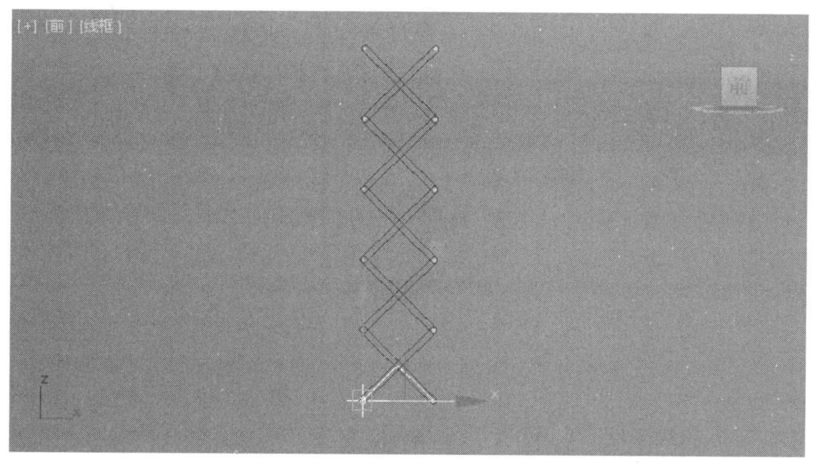

图 11-34

17 最后制作了一个底坐，最终效果如图 11-35 所示。

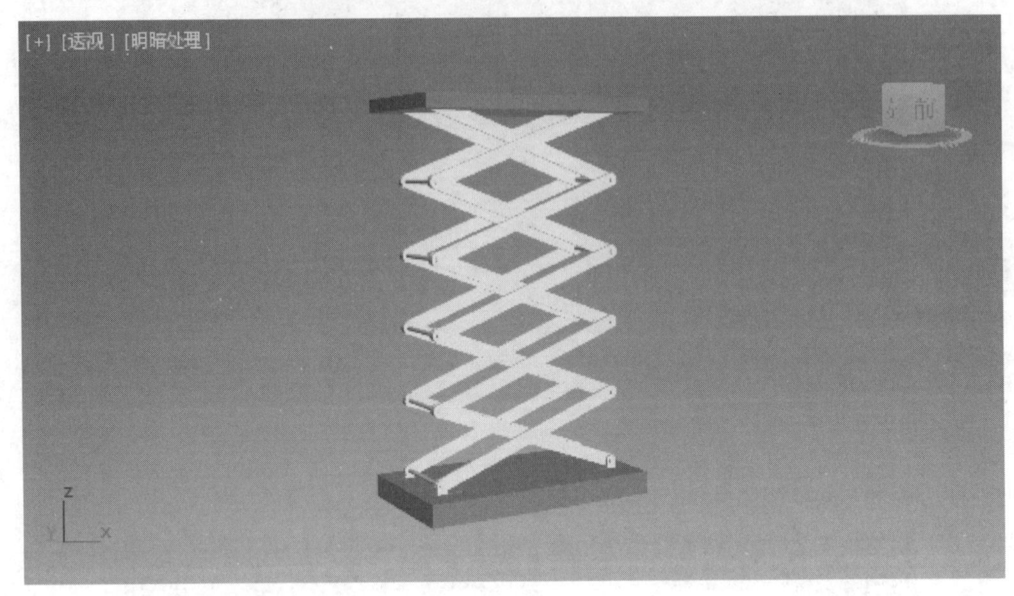

图 11-35

11.3 活塞联动装置

实例操作：活塞联动装置	
实例位置：	工程文件 \CH11\ 活塞联动装置 .max
视频位置：	视频文件 \CH11\ 实例：活塞联动装置 .mp4
实用指数：	★★☆☆☆
技术掌握：	熟悉使用 HD 解算器调节动画的方法

本例将使用链接约束制作一个活塞联动装置的动画效果，如图 11-36 所示为本例的最终渲染效果。

图 11-36

01 打开配套素材提供的场景文件，这是一个活塞联动装置，包含 5 个物体，分别是“转轮”，用于联动的“木栓”，“曲柄”“活塞”和“汽缸”，如图 11-37 所示。

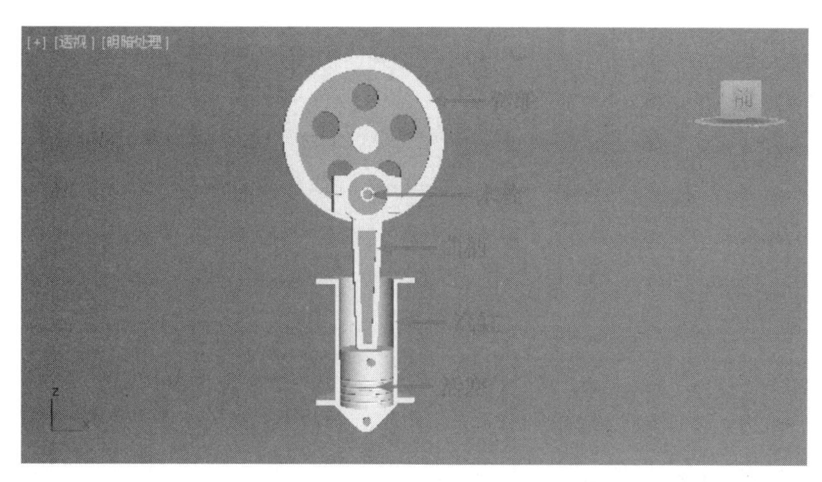

图 11-37

02 将“曲柄”的轴心放到下方和“活塞”连接处的位置，建立“点”辅助物体并用对齐工具将“点”辅助物体和“木栓”物体位置对齐，如图 11-38 和图 11-39 所示。

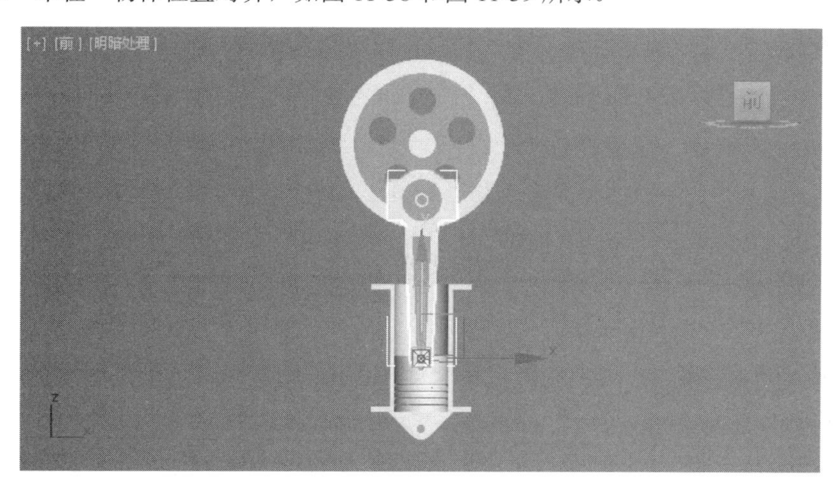

图 11-38

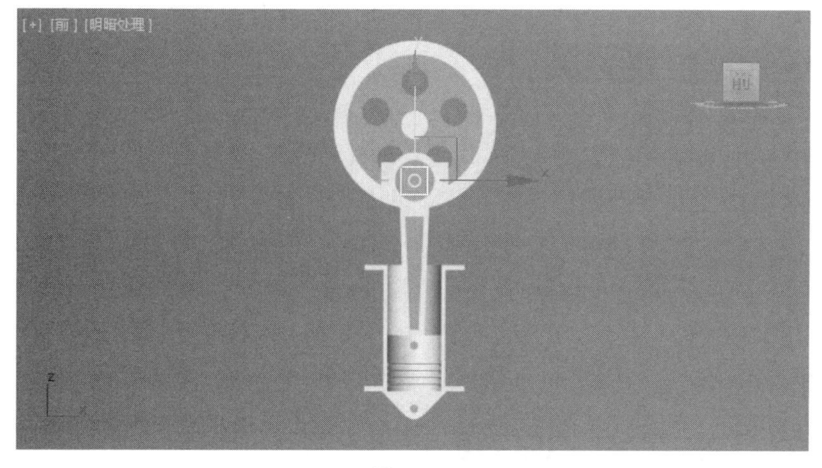

图 11-39

03 用链接工具依次将“木栓”物体链接到“转轮”物体上，将“点”辅助物体链接到“曲柄”物体上，再将“曲柄”物体链接到“活塞”物体上。如图 11-40~ 图 11-42 所示。

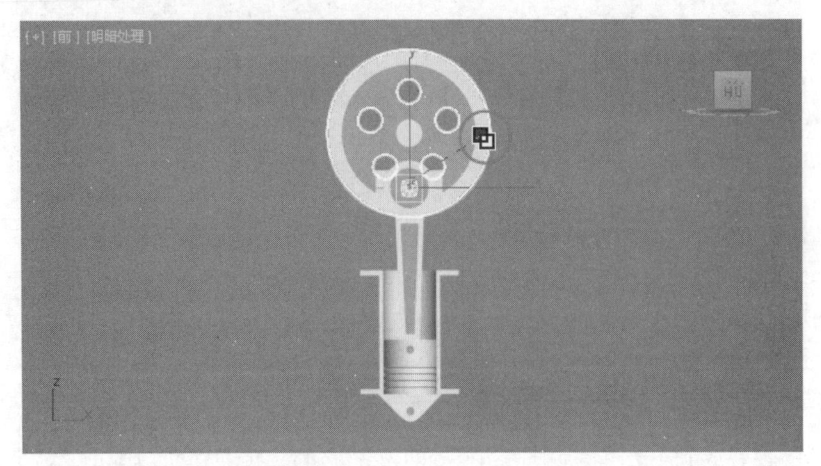

图 11-40

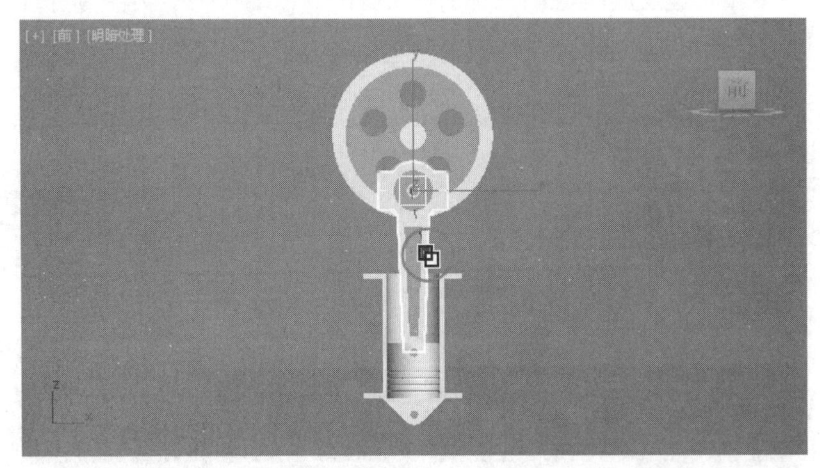

图 11-41

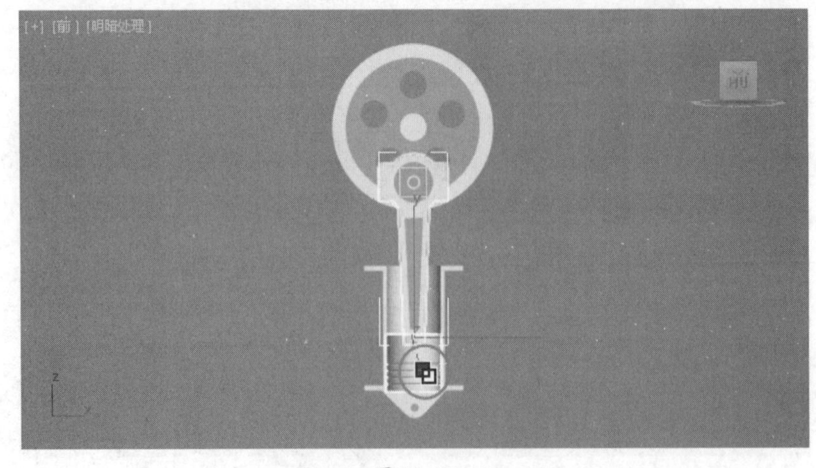

图 11-42

04 选择“点”辅助物体，执行“动画”→“IK 解算器”→“HD 解算器”命令，并到视图中单击“活塞”物体，如图 11-43 和图 11-44 所示。

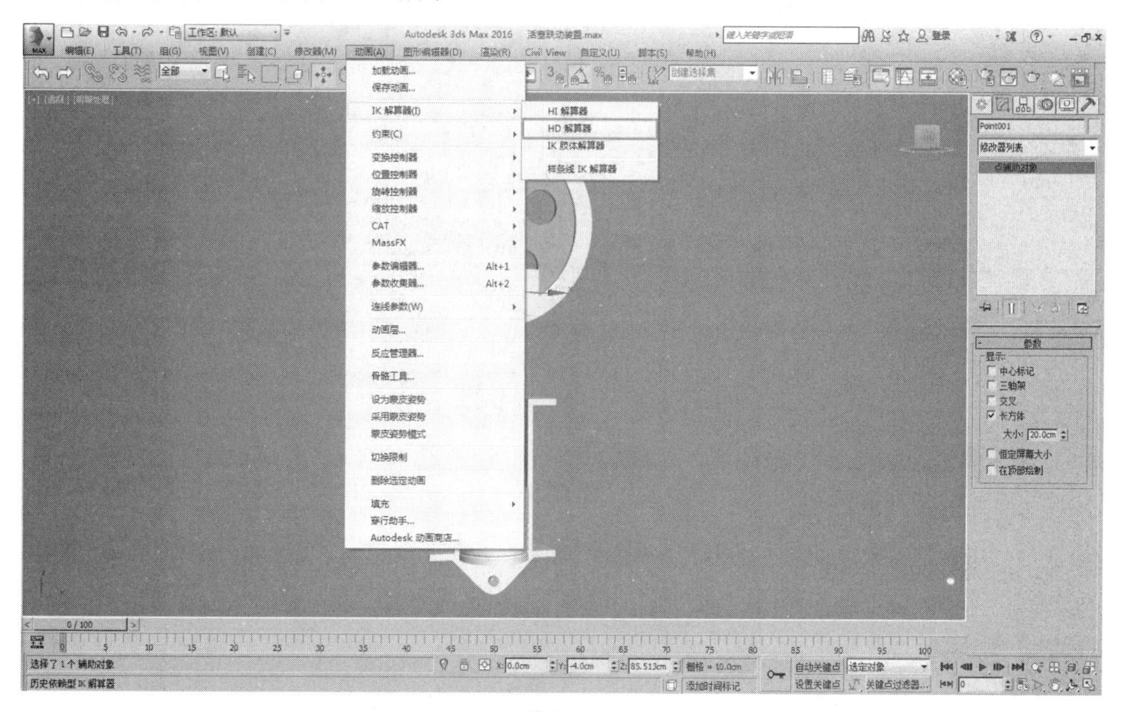

图 11-43

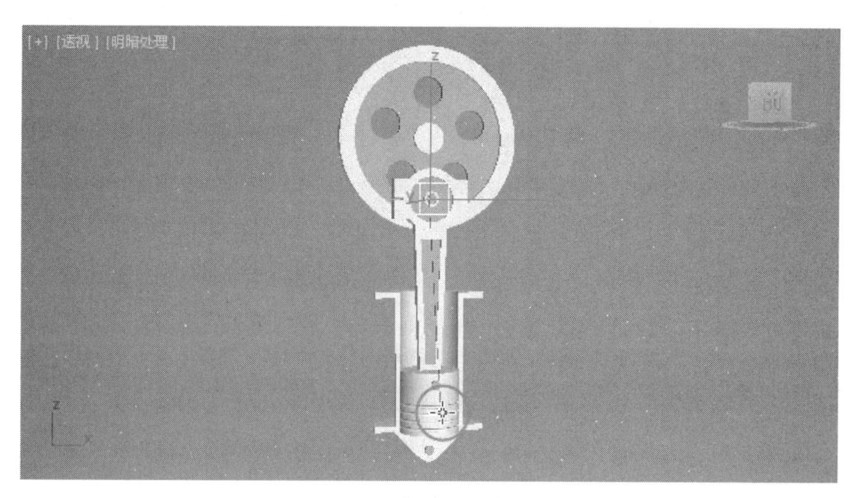

图 11-44

05 选择“曲柄”物体，进入“层级”面板，切换到 IK 面板下，在“转动关节”卷展栏中取消选中 *X* 轴和 *Z* 轴的“活动”复选框，如图 11-45 所示。

技巧与提示

在转动关节卷展栏中可以限定骨骼在某个轴向上的旋转范围，因为曲柄物体只会沿着 *Y* 轴转动，所以在这里要取消选中 *X* 轴和 *Z* 轴的复选框。

图 11-45

06 选择“活塞”物体，在“滑动关节”卷展栏中选中 *Z* 轴的“活动”复选框，并在“转动关节”卷展栏中，禁用 *XYZ* 三个轴向的“活动”复选框，如图 11-46 和图 11-47 所示。

图 11-46

技巧与提示

在“滑动关节”卷展栏中可以限定骨骼在某个轴向上的位移范围，因为活塞不会发生旋转，只会沿着Z轴做上下运动，所以这里只启用活塞物体在Z轴的位移。

07 选择“点”辅助物体，在“对象参数”卷展栏中单击“绑定” 绑定 按钮，并将“点”辅助物体绑定到木栓物体上，如图 11-48 所示。

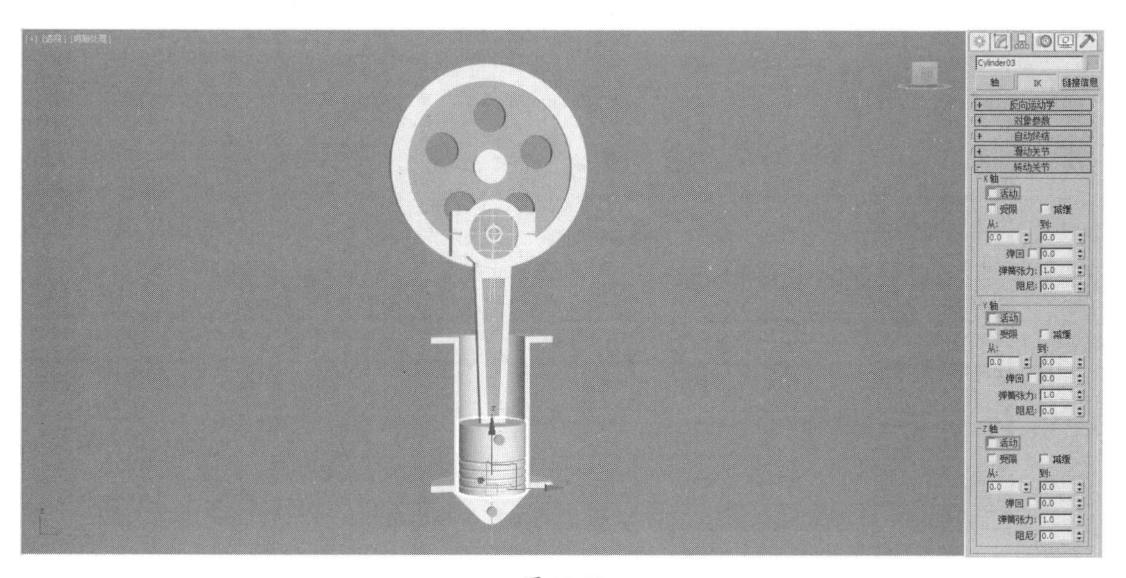

图 11-47

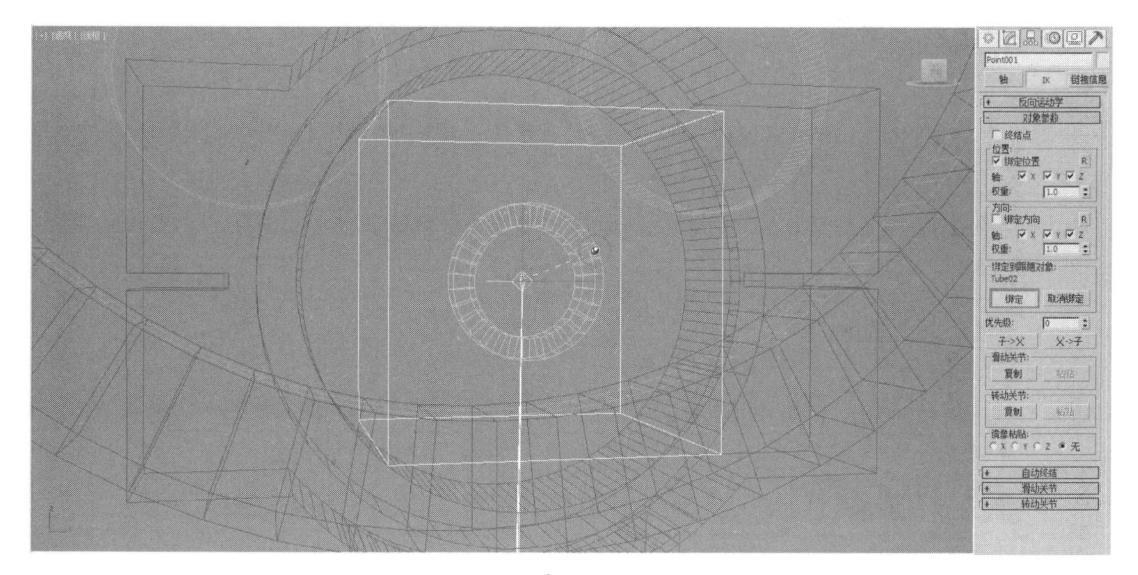

图 11-48

技巧与提示

绑定物体的操作与父子链接的操作相同，选择“点”辅助物体并按住鼠标左键拖出一条虚线，然后拖至目标（木栓）物体上释放鼠标左键以完全绑定。

08 设置完成后转动转轮物体，曲柄和活塞物体也会发生相应的变化，如图 11-49 所示。

09 也可以为转轮物体设置旋转动画，最终效果如图 11-50 所示。

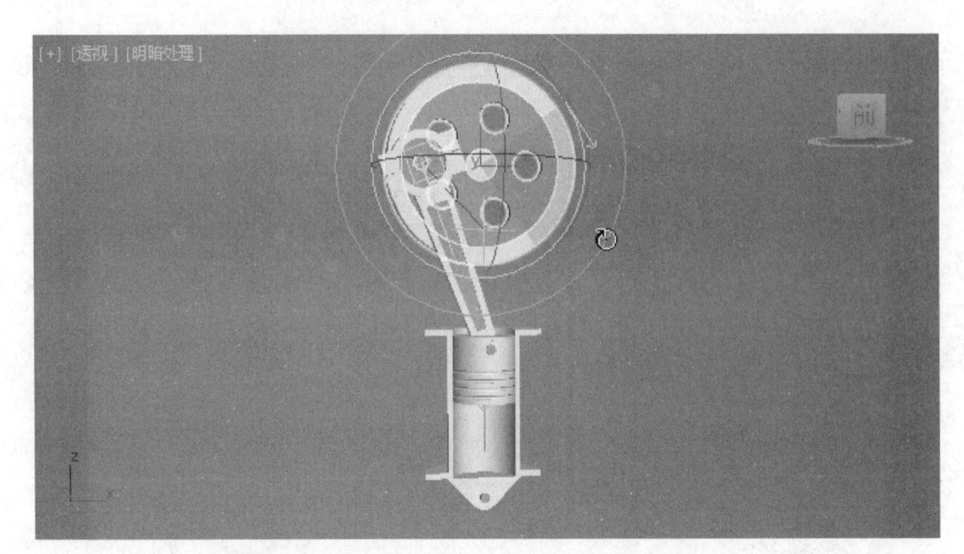

图 11-49

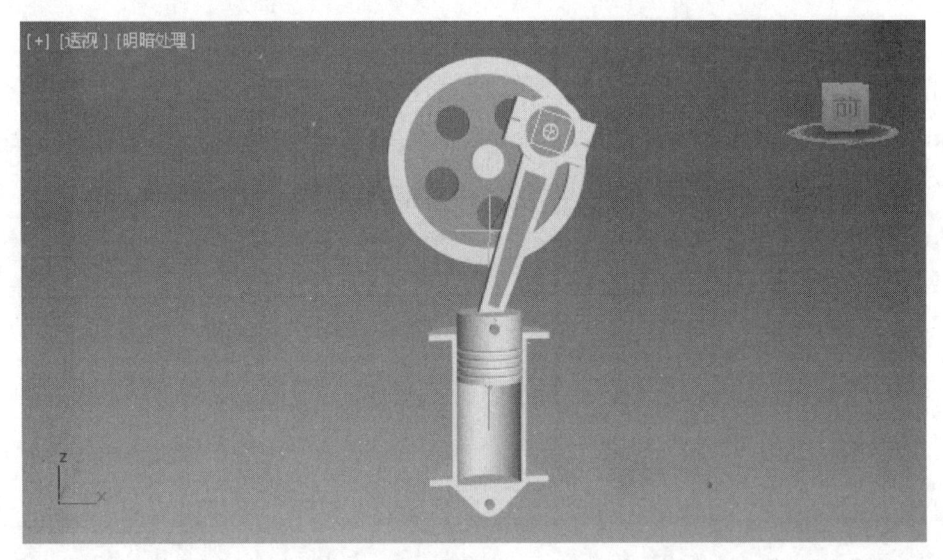

图 11-50

第 12 章 角色骨骼动画

以骨骼的运动来驱动身体的形变是三维动画中最常见的角色动画方法之一，如图 12-1 所示。

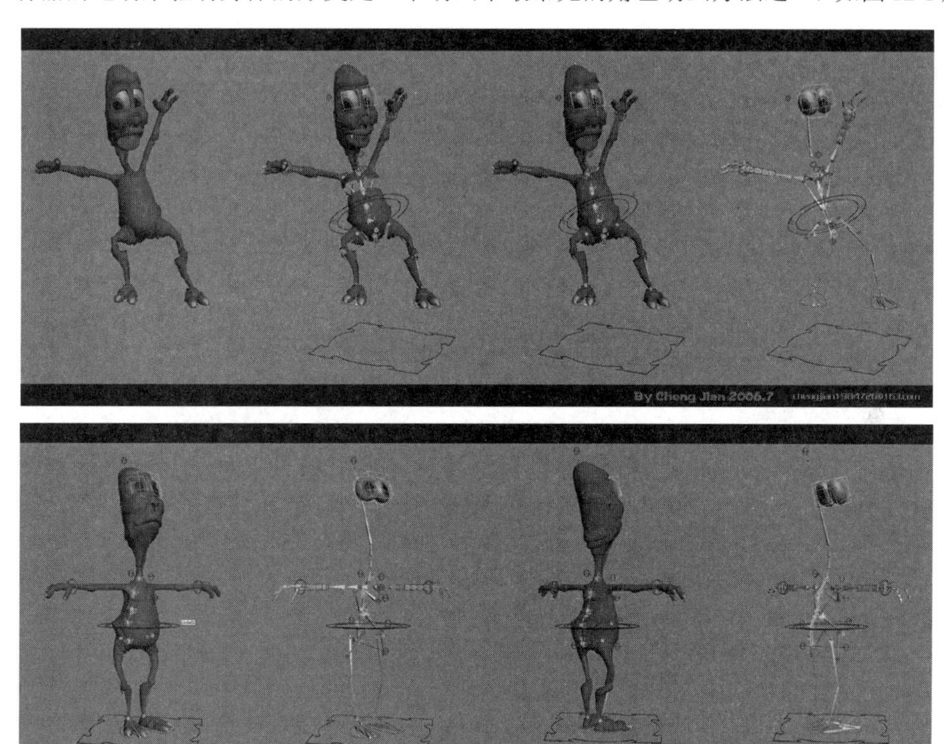

图 12-1

在 3ds Max 中有多种骨骼系统，本章主要讲解 3ds Max 内置的基本骨骼系统——Bones，默认的“骨骼”的每节骨骼之间是用标准的 FK 正向链接的，另外，软件本身还提供了 4 种骨骼的 IK 反向链接方式，它们对应 4 种不同的 IK 解算器。

技巧与提示

FK——Forward Kinematics，正向动力学：FK系统规定父级物体运动时，子级物体将跟随运动；而子级物体的运动不会影响到父级物体。IK——Inverted Kinematics，反向动力学：IK系统的概念与FK正好相反，IK系统是根据末端子级物体的位置移动来计算得出父级物体的位置和方向的。

角色动画中的骨骼运动遵循运动学原理，定位和动画骨骼包括两种类型的运动学：正向运动学（FK）和反向运动学（IK）。

正向运动学是指完全遵循父子关系的层级，用父层级带动子层级的运动。也就是说，当父对象发生位移、旋转和缩放变化时，子对象会继承父对象的这些信息也发生相应的变化，但是子对象的位移、旋转和缩放却不会影响父对象，父对象将保持不动。例如，有一个人体的层级链接，当躯干（父对象）弯腰时，头部（子对象）跟随它一起运动，但是当单独转动头部时却不会影响躯干的动作，如图 12-2 所示。

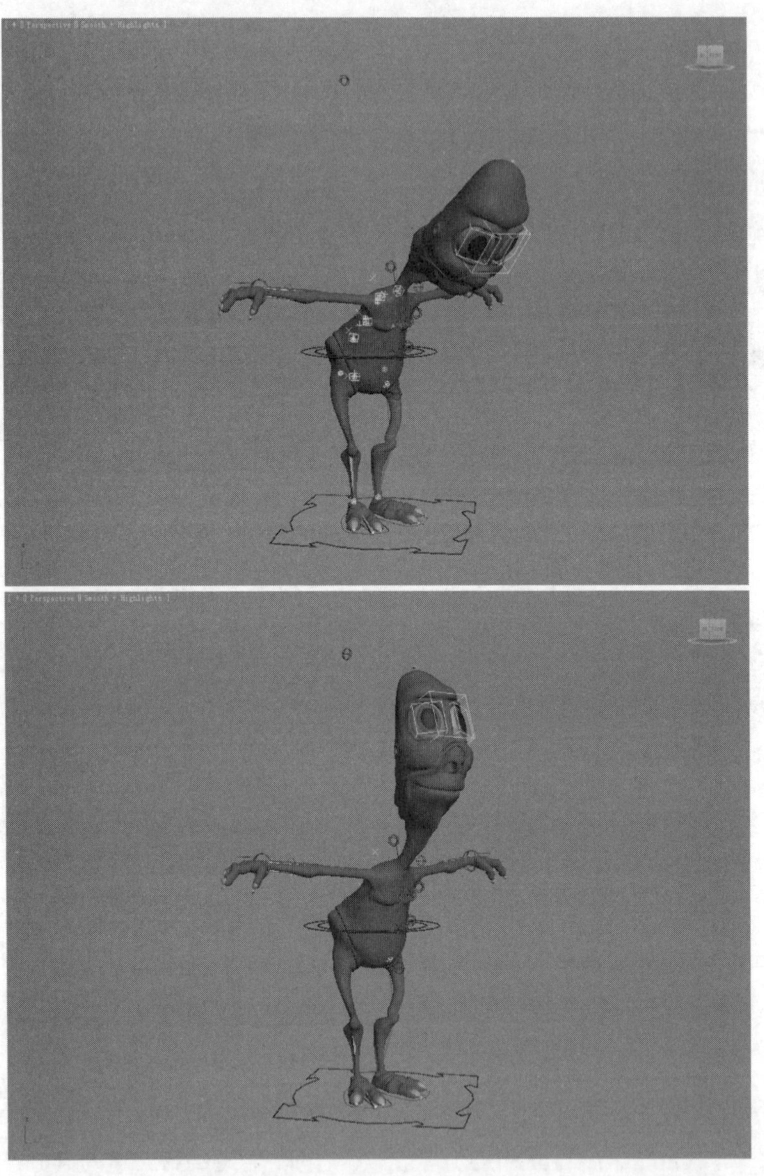

图 12-2

与正向运动学正好相反，反向运动学是依据某些子关节的最终位置和角度，来反求推导出整个骨架的形态。也就是说父对象的位置和方向由子对象的位置和方向所确定。我们可以为腿部设置 HI（历史独立型）的 IK 解算器，然后通过移动骨骼末端的 IK 链来得到腿部骨骼的最终形态，如图 12-3 所示。

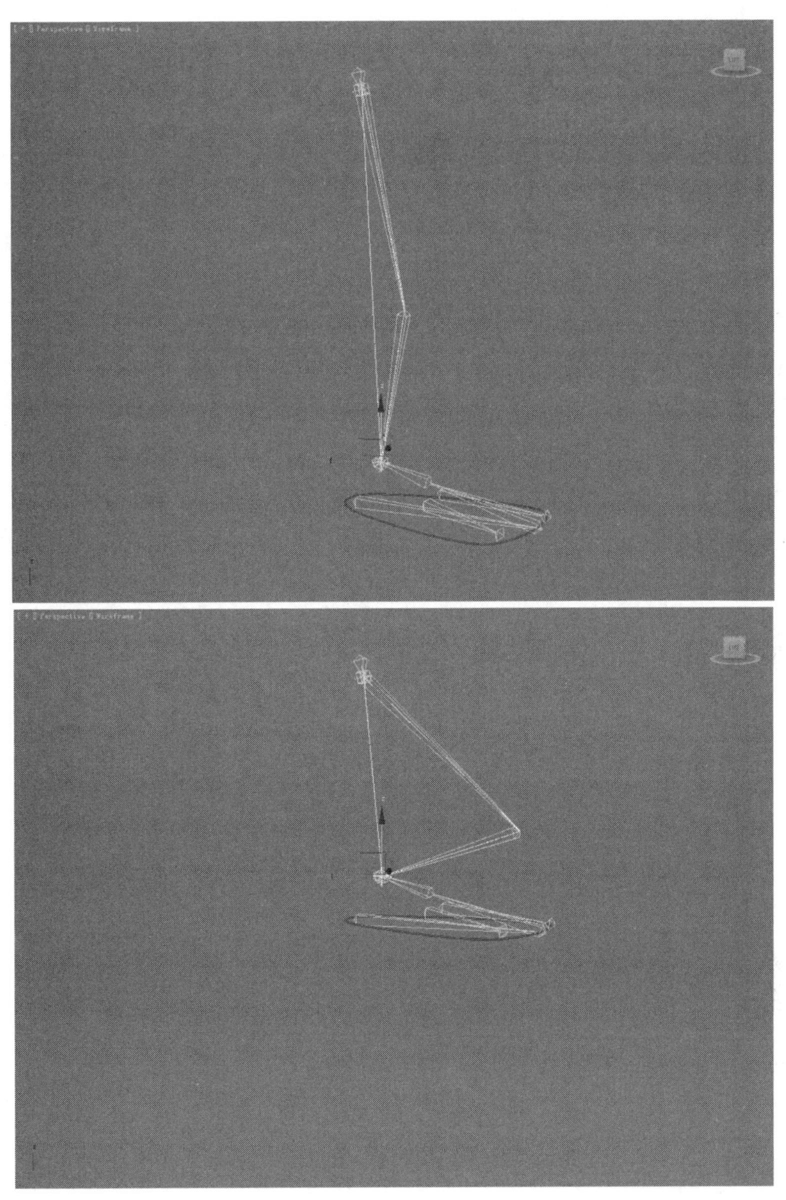

图 12-3

12.1 为卡通角色架设骨骼

实例操作：为卡通角色架设骨骼	
实例位置：	工程文件 \CH12\ 为卡通角色架设骨骼 .max
视频位置：	视频文件 \CH12\ 实例：为卡通角色架设骨骼 .mp4
实用指数：	★★★☆☆
技术掌握：	熟练使用“骨骼”工具为角色架设骨骼

本节将使用3ds Max的“骨骼”工具来为一个卡通角色架设一套骨骼，如图12-4所示为本例的最终完成效果。

图 12-4

01 打开附带素材中的“工程文件\CH12\为卡通角色架设骨骼.max”文件，该场景中有一个卡通角色，如图12-5所示。

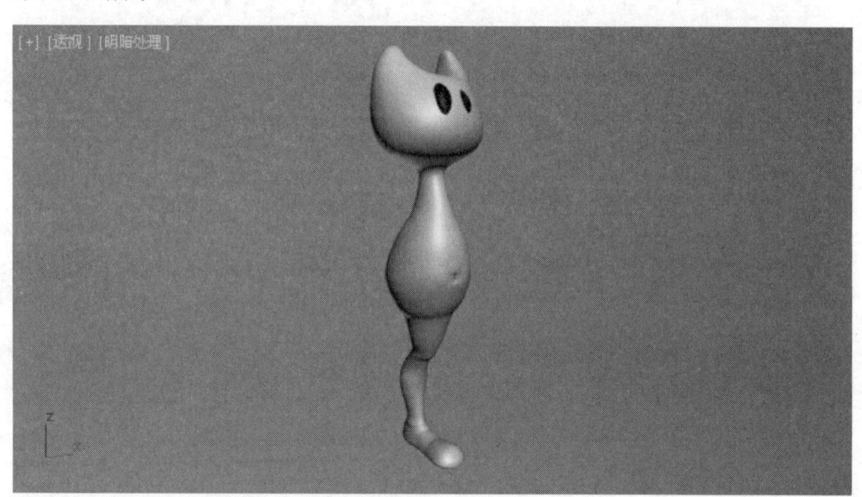

图 12-5

02 进入“系统”面板并单击“骨骼”按钮 骨骼 ，在左视图中单击并拖曳，创建4根骨骼，如图12-6所示。

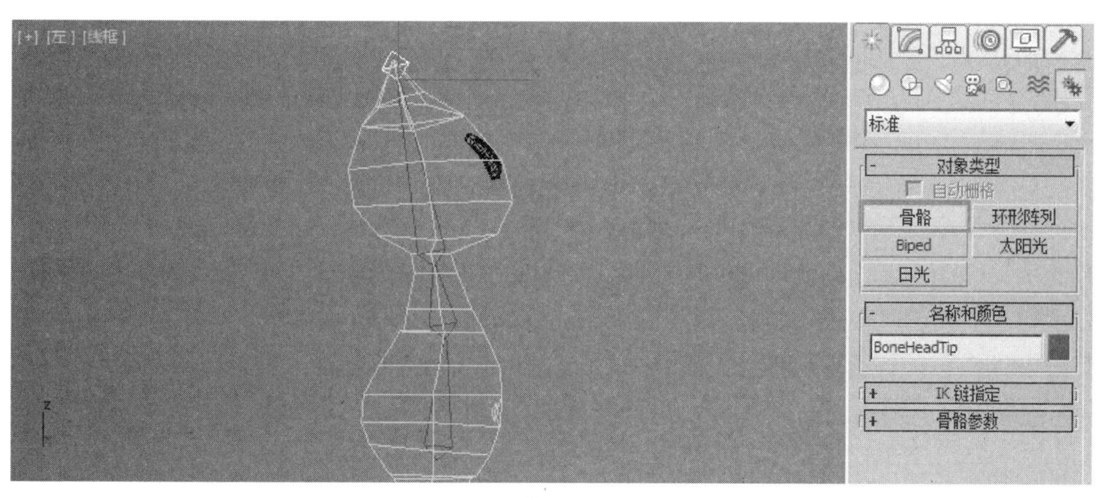

图 12-6

技巧与提示

创建完第3根骨骼后，右击结束创建，此时系统会自动创建第4根骨骼。

03 用同样的方法再创建下半身的 5 根骨骼，如图 12-7 所示。

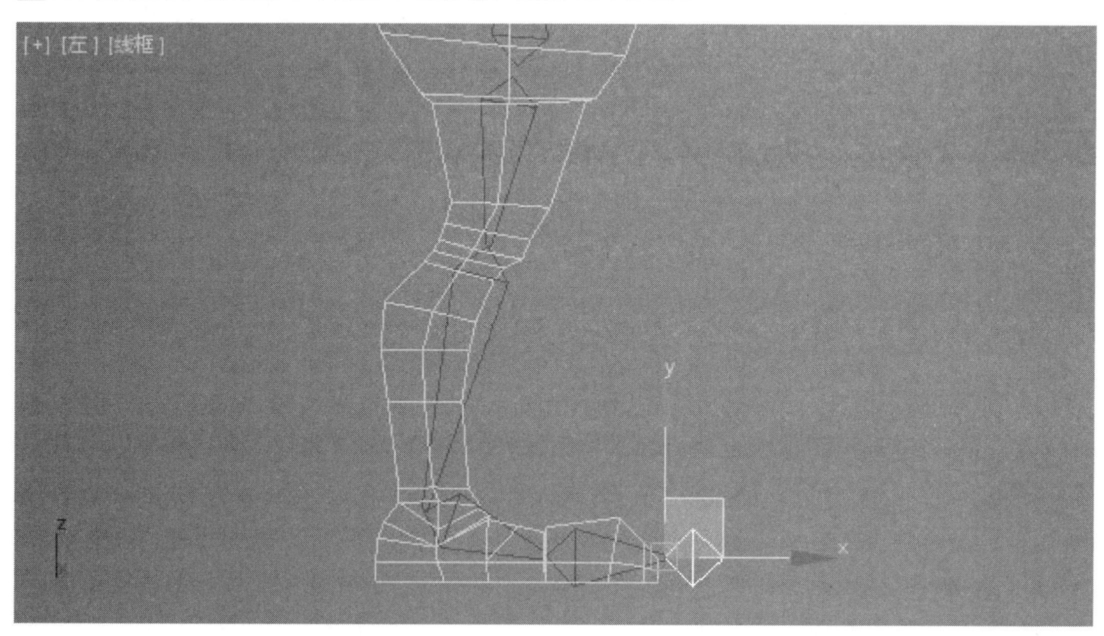

图 12-7

04 执行“动画”→“骨骼工具”命令，打开“骨骼工具”对话框，如图 12-8 和图 12-9 所示。

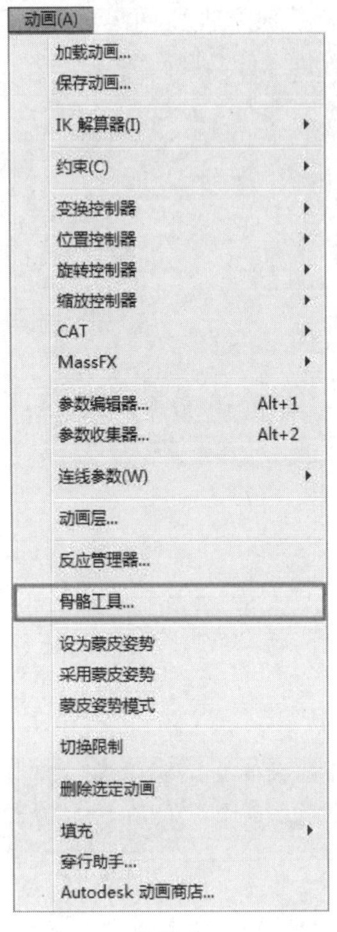

图 12-8

图 12-9

05 单击“骨骼编辑模式”按钮，并使用移动工具在视图中调骨骼的位置和形态，如图 12-10 所示。

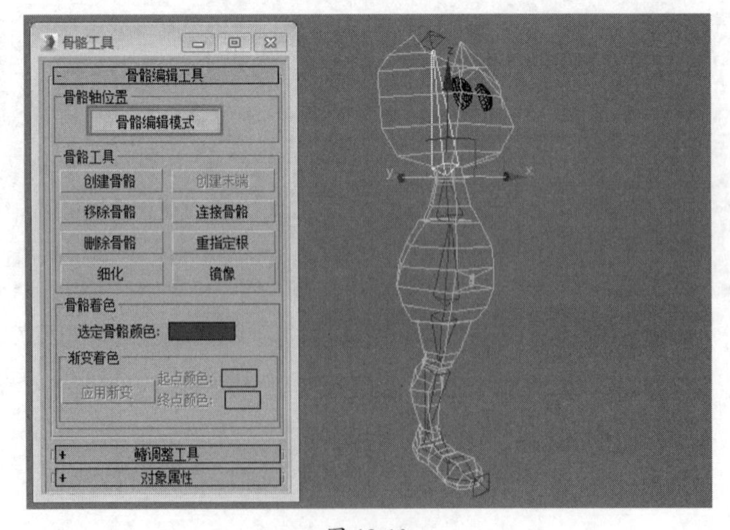

图 12-10

技巧与提示

骨骼创建完成后会自动带有父子关系，此时下端的骨骼是上端骨骼的父物体。使用移动和旋转工具都可以调整骨骼的位置，但如果想调整骨骼的形态，如长短等，则需要在开启“骨骼编辑模式”时进行调节。

06 选择如图 12-11 所示的骨骼，在“鳍调整工具”卷展栏中，选中“侧鳍”“前鳍”和“后鳍”复选框，并设置“侧鳍”的“大小”为 13.0，“前鳍”的“大小”为 11.0，“后鳍”的“大小”为 12.0。

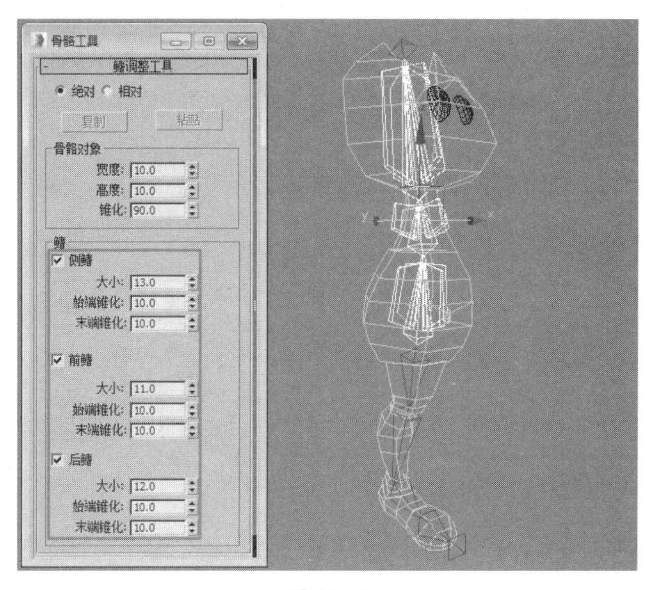

图 12-11

07 选择如图 12-12 所示的骨骼，在“鳍调整工具”卷展栏中，选中“侧鳍”“前鳍”和“后鳍”复选框，并设置“侧鳍”“前鳍”和“后鳍”的“大小”均为 5.0。

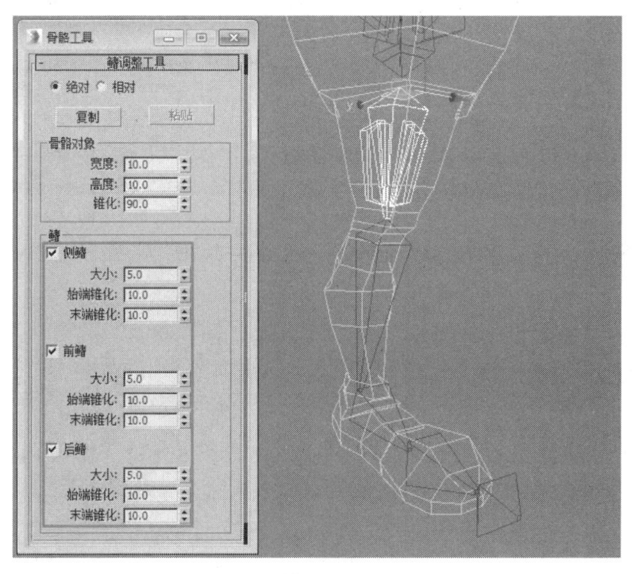

图 12-12

08 选择如图 12-13 所示的骨骼，在“鳍调整工具”卷展栏中，选中“侧鳍”和“后鳍”复选框，并设置“侧鳍”的“大小”为 1.5，“后鳍”的“大小”为 7.3。

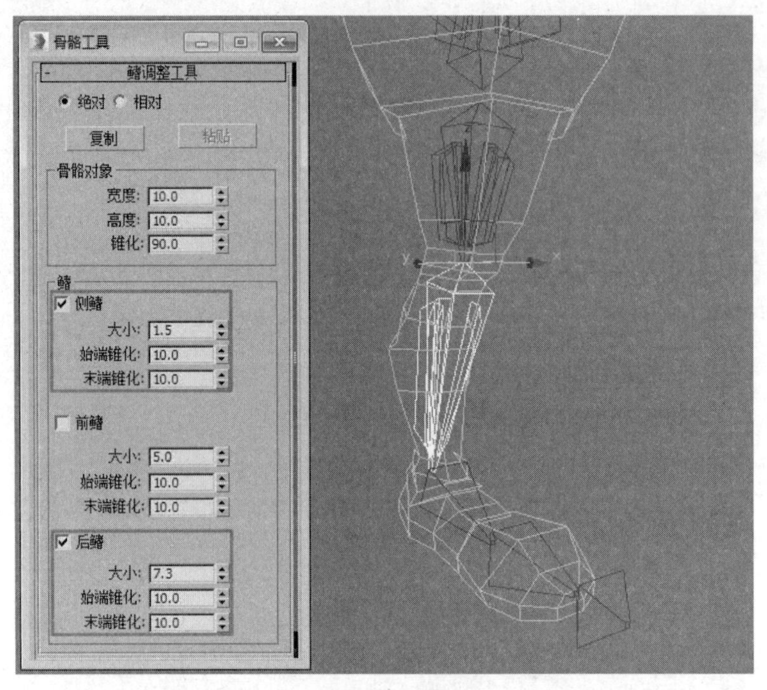

图 12-13

09 选择如图 12-14 所示的骨骼，在“鳍调整工具”卷展栏中，选中“后鳍”复选框，并设置“后鳍”的“大小”为 5.0。

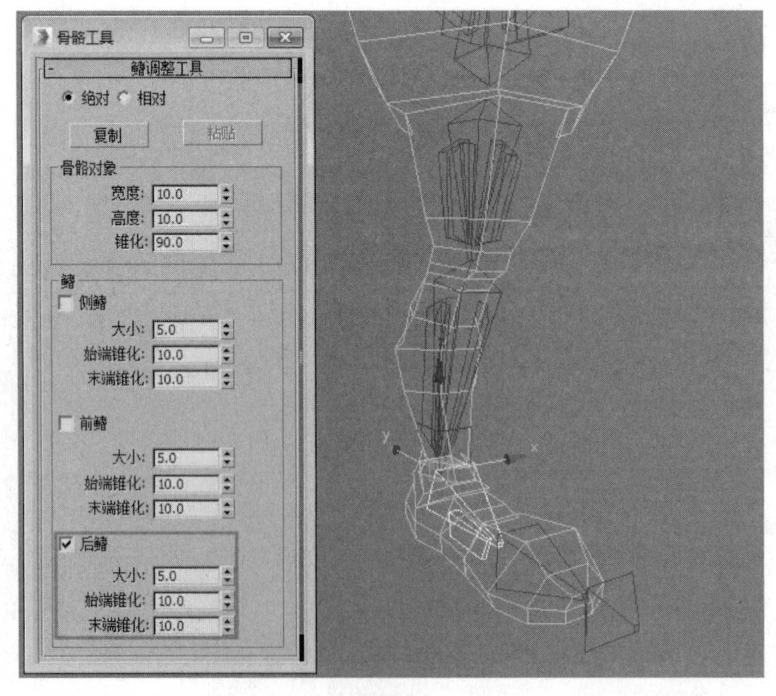

图 12-14

技巧与提示

"鳍"的大小会影响"蒙皮"时"封套"的大小。

10 设置完成后，角色骨骼的最终效果如图 12-15 所示。

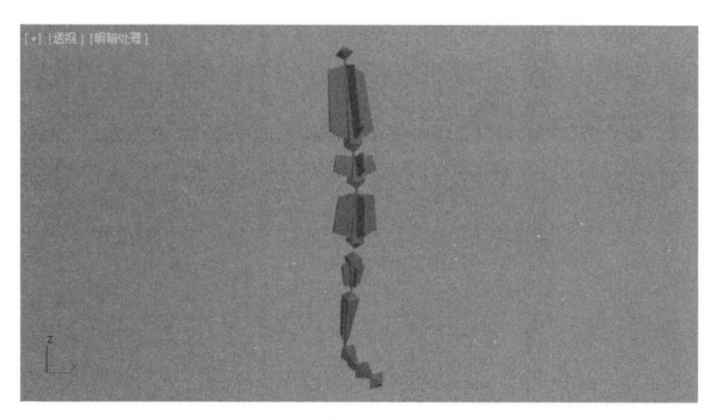

图 12-15

12.2 为骨骼创建 IK 并创建自定义属性

实例操作：为骨骼创建 IK 并创建自定义属性	
实例位置：	工程文件 \CH12\ 为骨骼创建 IK 并创建自定义属性 .max
视频位置：	视频文件 \CH12\ 实例：为骨骼创建 IK 并创建自定义属性 .mp4
实用指数：	★★★☆☆
技术掌握：	熟练使用"参数编辑器"创建自定义属性

对角色动画和序列较长的任何 IK 动画而言，HI 解算器是首选的方法。使用 HI 解算器，可以在层次中设置多个链。例如，角色的腿部可能存在一个从臀部到脚踝的链，还存在另外一个从脚跟到脚趾的链，如图 12-16 所示。

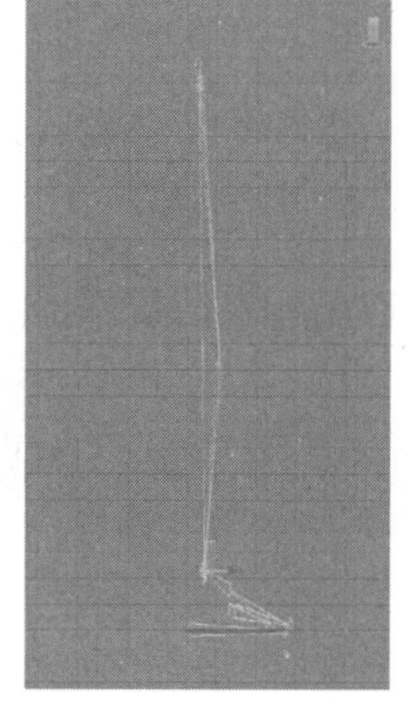

图 12-16

“参数编辑器”允许创建和指定附加物体的参数到场景中选择的物体、修改器或材质上。这些参数就像物体的基本参数一样，可以随场景一同保存，在轨迹视图编辑器中自定义的参数也会显示在列表中，并可以指定动画。自定义属性通常用在角色动画的整合上，一般需要配合“连线参数”“反应管理器”和“表达式”一同使用。

例如，给一个控制脚指弯曲的辅助物体加入自定义属性，为其添加所有脚指旋转的参数项目，然后通过“连线参数”或者“反应管理器”将参数连到相应的骨骼旋转项目上，这样对这些自定义的参数调节时，就可以直接调节所有脚指的弯曲角度了。如图 12-17 所示，为本例的最终完成效果。

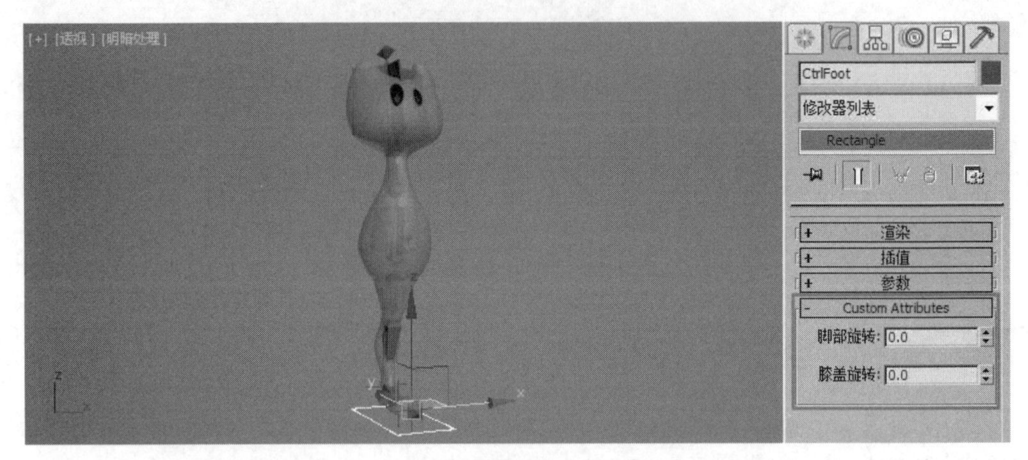

图 12-17

01 继续使用上节的文件或者打开附带素材中的“工程文件 \CH12\ 为骨骼创建 IK 并创建自定义属性 .max”文件，该场景已经为卡通角色设置了骨骼，如图 12-18 所示。

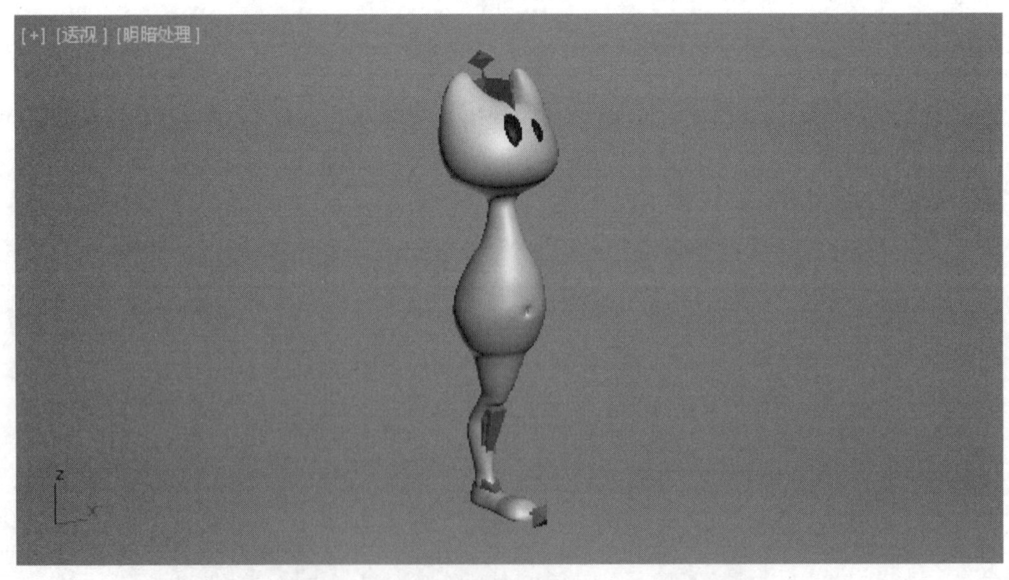

图 12-18

02 在视图中选择大腿根部的骨骼，执行“动画”→“IK 解算器”→“HI 解算器”命令，然后在场景中单击脚跟处的骨骼，如图 12-19 和图 12-20 所示。

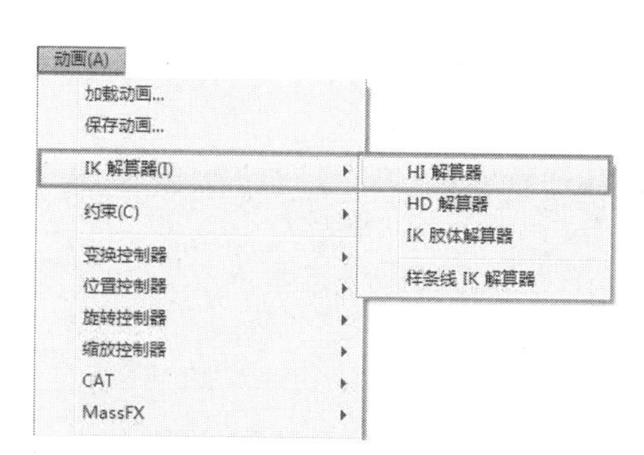

图 12-19

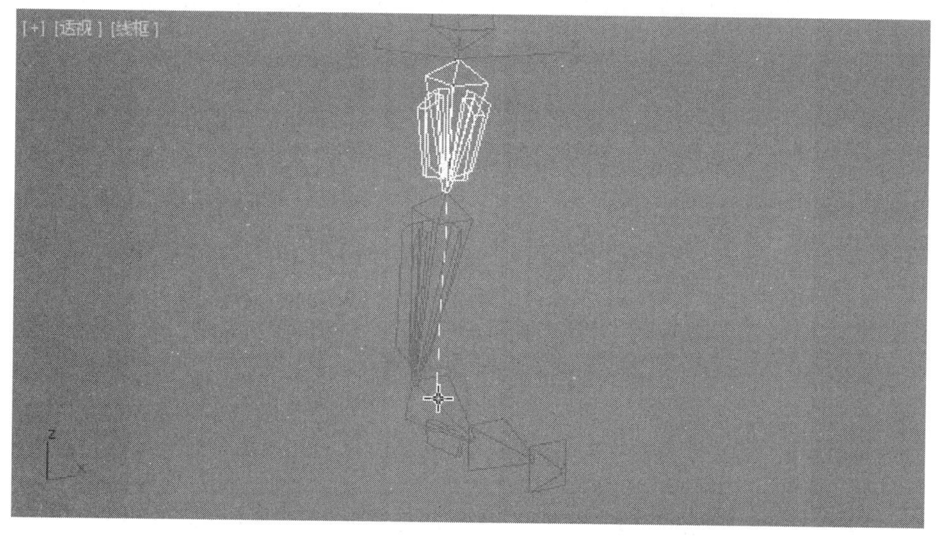

图 12-20

03 在视图中选择脚跟处的骨骼，用同样的方法在脚掌处创建一个 HI 解算器，如图 12-21 所示。

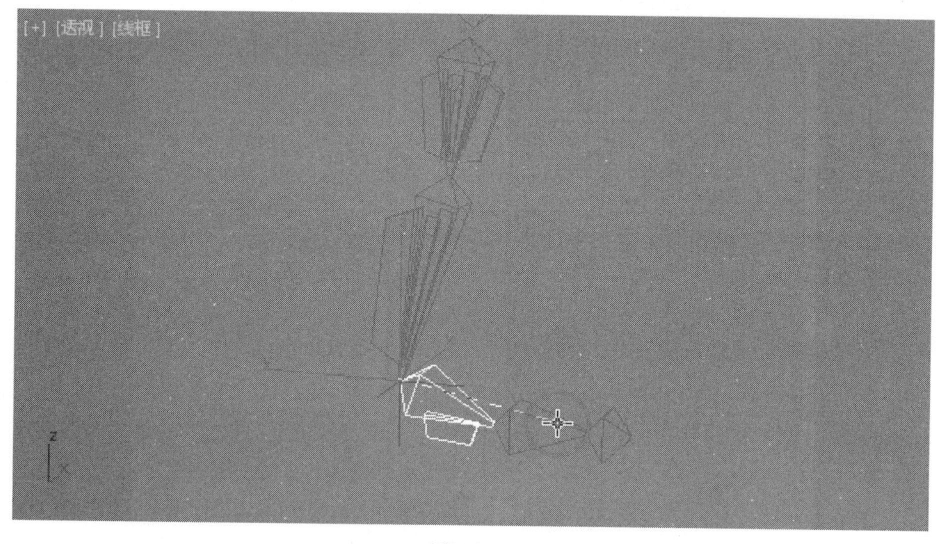

图 12-21

04 在视图中选择脚掌和脚尖处的骨骼，用同样的方法，在脚掌处创建一个 HI 解算器，如图 12-22 所示。

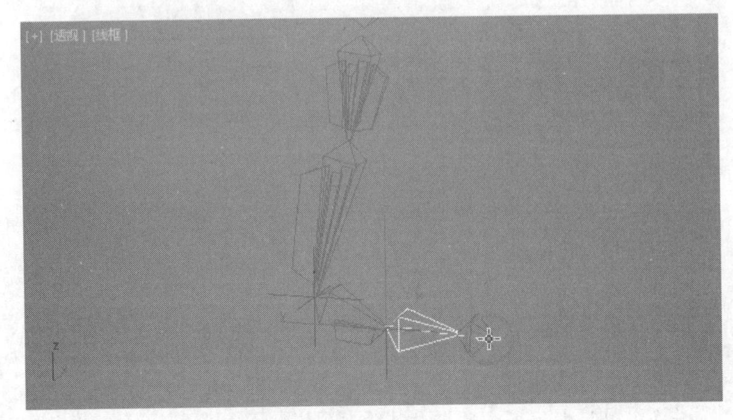

图 12-22

05 在“图形”面板中单击“矩形”按钮，在顶视图中创建一个“矩形”对象并命名为“脚部控制”。进入“修改”面板，在“参数”卷展栏中设置“长度”为 80.0，“宽度”为 40.0，接着使用移动工具调整其位置，如图 12-23 和图 12-24 所示。

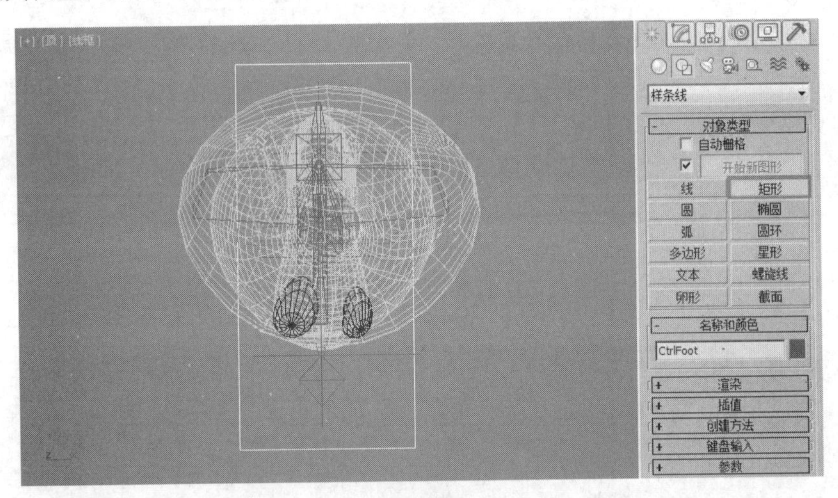

图 12-23

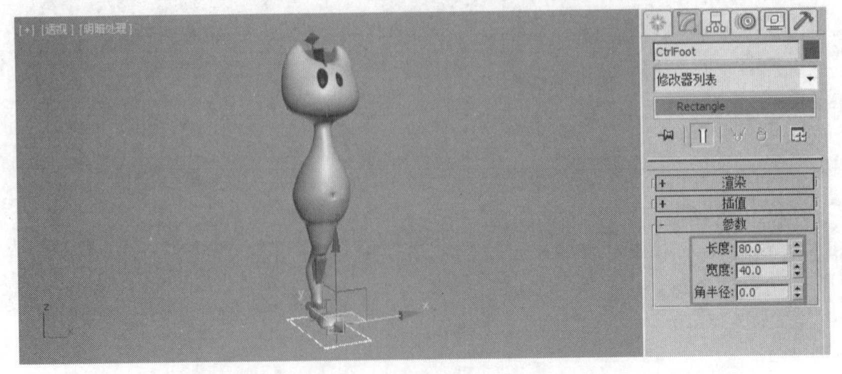

图 12-24

06 在视图中选择“脚部控制”对象，执行“动画”→“参数编辑器”命令，打开“参数编辑器”对话框，在“属性”卷展栏中设置“添加到类型”为“选定对象的基础层级”，设置“参数类型”为 Angle，设置“UI 类型”为 Spinner，设置“名称”为“脚部旋转”，如图 12-25 和图 12-26 所示。

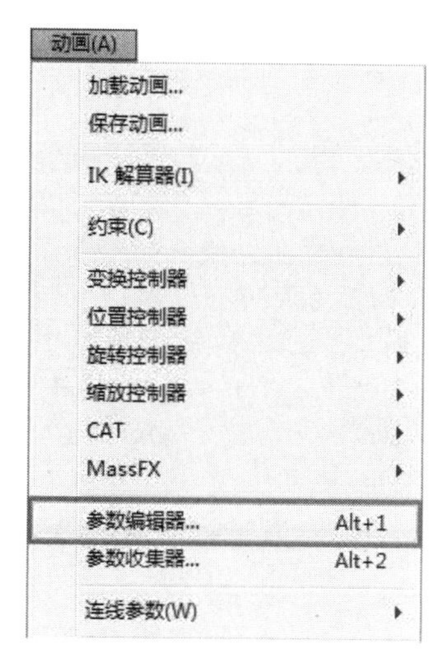

图 12-25

图 12-26

技巧与提示

“添加到类型”设置的是将自定义的属性添加到哪里，有4个选项可以选择，分别是“选定对象的基础层级”“选定对象的当前修改器”“选定对象的材质”和“拾取的轨迹”。

我们也可以为物体添加一个“属性承载器”修改器，该修改器是一个空的修改器，它在“修改”命令面板中提供了一个可访问的用户界面，通常在此添加“自定义属性”。但是如果想在这个面板上添加“自定义属性”，必须要在选择“属性承载器”修改器的情况下，在“参数编辑器”的“添加到类型”下拉列表中选择“选定对象的当前修改器”类型才可以，如图12-27所示。

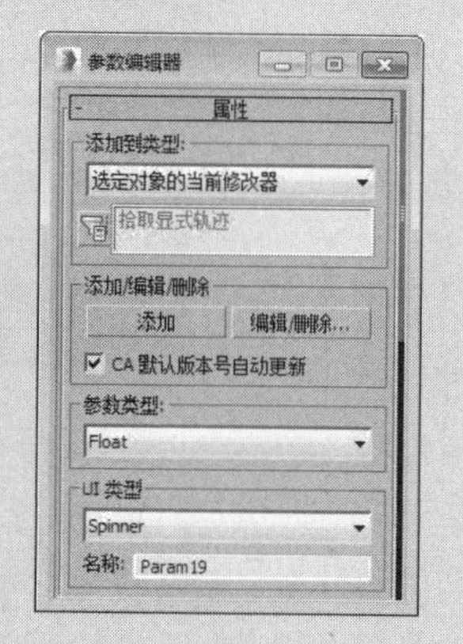

图 12-27

如果选择的是Picked Track（拾取轨迹）选项，那么，会打开“轨迹视图拾取”对话框，可以将自定义属性添加到想要的任意轨迹上，如图12-28所示。

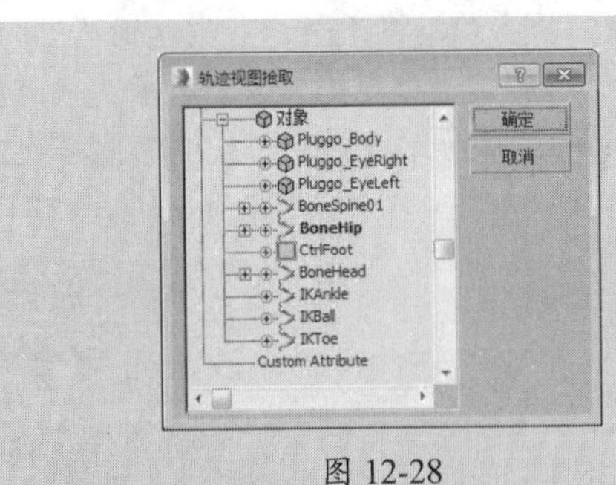

图 12-28

一般常用的“参数类型”为Float（浮点数）和Angle（角度）两种，因为本例中希望用创建的自定义参数控制脚部骨骼的角度，所以，在这里选择的“参数类型”为Angle。而这两种“参数类型”对应的“界面类型”为Spinner（微调器）和Slider（滑块）两种。Spinner（微调器）和Slider（滑块）两种“界面类型”的参数基本相同，唯一不同的是“滑块”界面类型可以选中“垂直”选项来创建垂直的滑块。可以在“测试属性”卷展栏中查看创建完成的“自定义属性”效果，如图12–29所示。

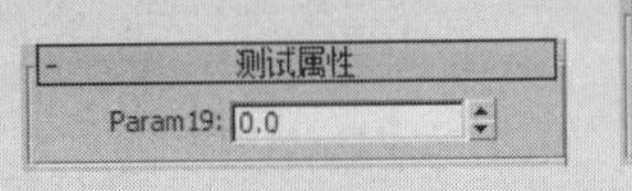

图 12-29

07 在“浮动 UI 选项”卷展栏中，设置“范围”为从 0.0 到 90.0，如图 12-30 所示。

08 设置完成后在“属性”卷展栏中单击“添加”按钮 添加 ，此时在“修改”面板中会看到刚才添加的“自定义属性”，如图 12-31 和图 12-32 所示。

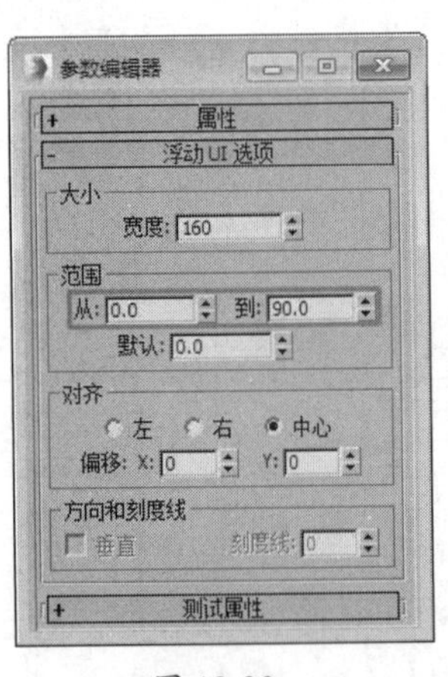

图 12-30

图 12-31

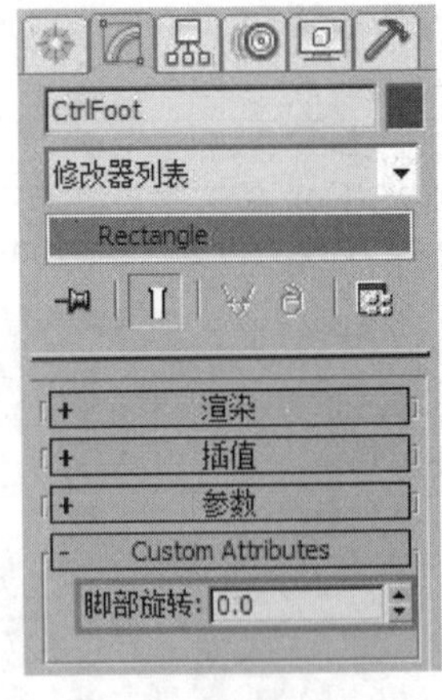

图 12-32

09 用同样的方法再添加一个“膝盖旋转”的自定义属性，在“浮动 UI 选项”卷展栏中，设置“范围”为从 -90.0 到 90.0，如图 12-33~ 图 12-35 所示。

10 设置完成后，最终的效果如图 12-36 所示。

图 12-33

图 12-34

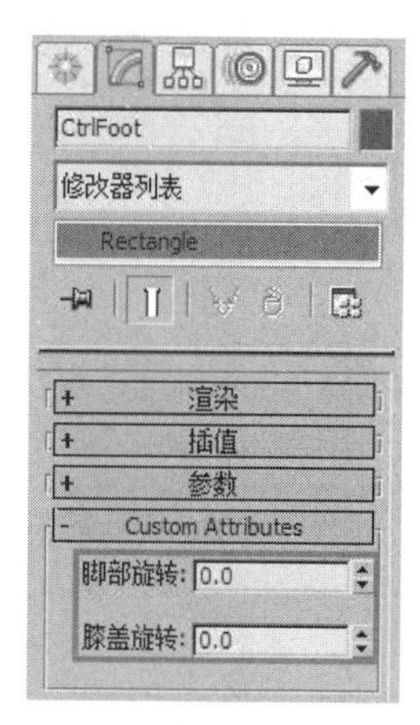

图 12-35

图 12-36

12.3 骨骼绑定

实例操作：骨骼绑定	
实例位置：	工程文件 \CH12\ 骨骼绑定 .max
视频位置：	视频文件 \CH12\ 实例：骨骼绑定 .mp4
实用指数：	★★★☆☆
技术掌握：	熟悉“骨骼绑定”技术的基础流程。

骨骼绑定是搭建骨骼的一种方法，通常用一些样条线或虚拟物体等类似的辅助物来达到控制骨骼的目的，骨骼绑定技术可以把角色的动作制作得非常细致、逼真，所以国外的很多优秀动画电影通常都采用这种骨骼绑定技术，如图 12-37 和图 12-38 所示。

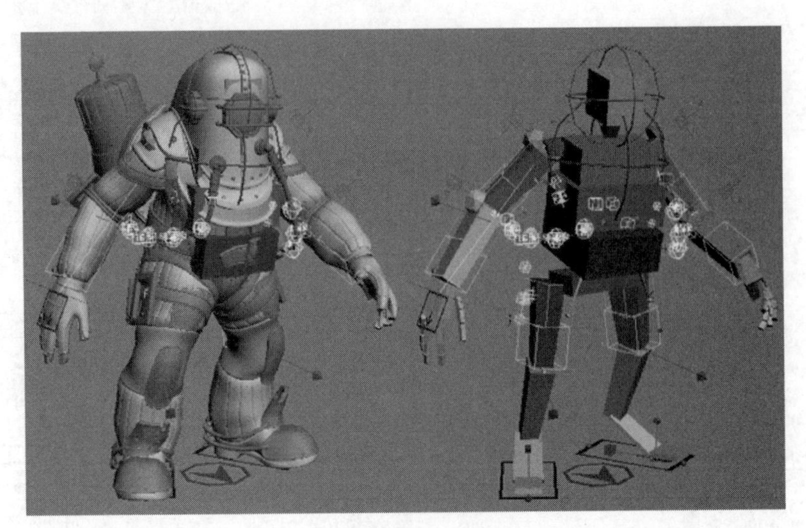

图 12-37

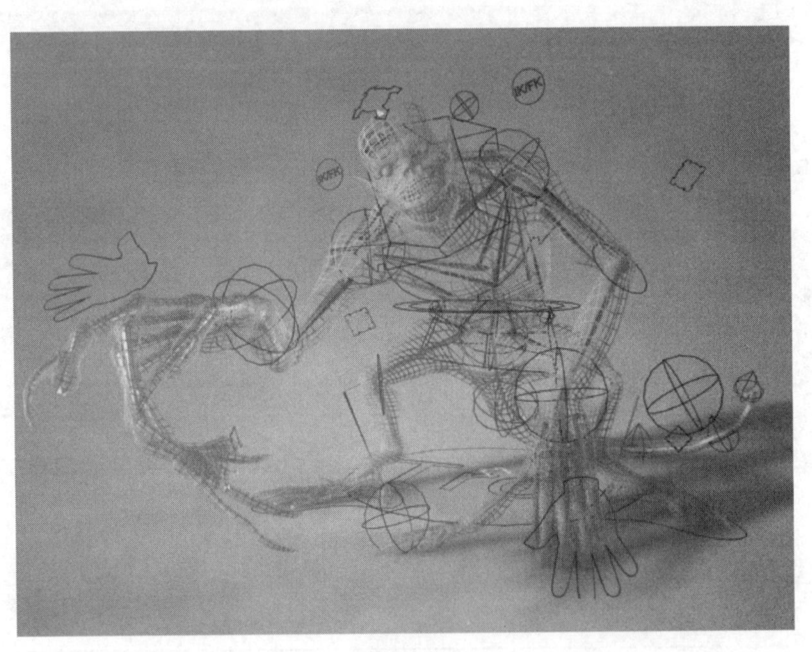

图 12-38

绑定技术在整个 CG 动画制作流程中占有非常重要的地位，它是一个承上启下的环节，模型制作完毕后就需要进行骨骼绑定了，骨骼绑定也是为模型把关的一个环节，例如模型布线不合理，就算绑定工作做得再好也很难将角色的动作制作得逼真，需要返回到模型的创建阶段，进行模型的重新创建和修改。绑定是为动画服务的，需要制作出合理的运动形态，为动画师提供非常方便的骨骼绑定系统，这需要骨骼绑定工作者对生物的肢体运动极限有所了解，知道需要绑定的角色要做什么样的动作，肌肉在骨骼旋转到某些角度的时候会受到怎样的挤压。

骨骼绑定是一个技术性非常强的工作，需要对其软件技术进行深入了解的同时，还需要了解大量角色运动特点。本节将用一个简单的小实例，讲解有关骨骼绑定的一些基础知识。如图 12-39 所示为本例的最终完成效果。

图 12-39

01 继续使用上节练习文件或者打开附带素材中的“工程文件 \CH12\ 骨骼绑定 .max”文件，该场景中已经创建了 IK 和自定义属性，如图 12-40 所示。

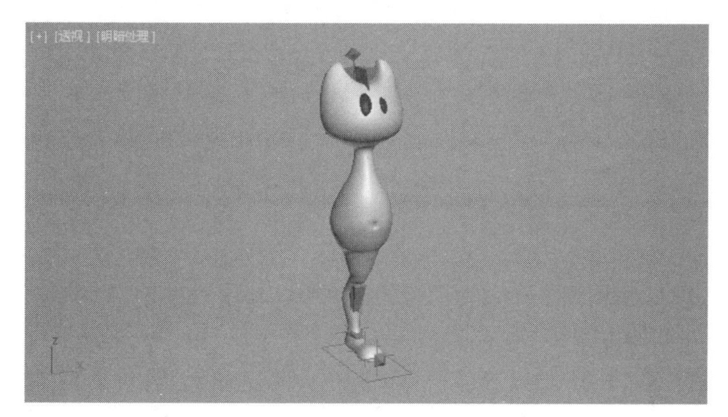

图 12-40

02 先将角色模型隐藏，在视图中创建一个“圆”二维物体并将其命名为“头部控制”。用“编辑样条线”修改器编辑其形态，随后使用“对齐”工具将其与“头部”骨骼进行位置对齐，如图 12-41 所示。

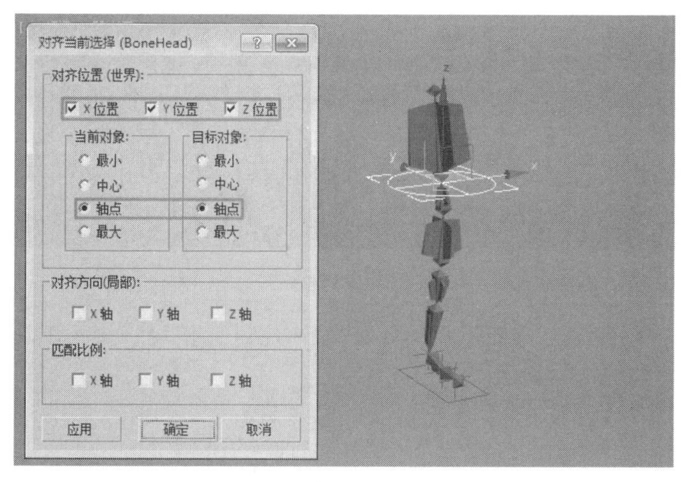

图 12-41

技巧与提示

编辑二维图形的形态只是为了方便观察，所以，可以将图形编辑为适合自己的任意形态。

03 按住 Shift 键将图形向下复制一个，并将其命名为“脊椎控制”。使用“对齐”工具将其与最下端的“脊椎”骨骼进行位置对齐，如图 12-42 所示。

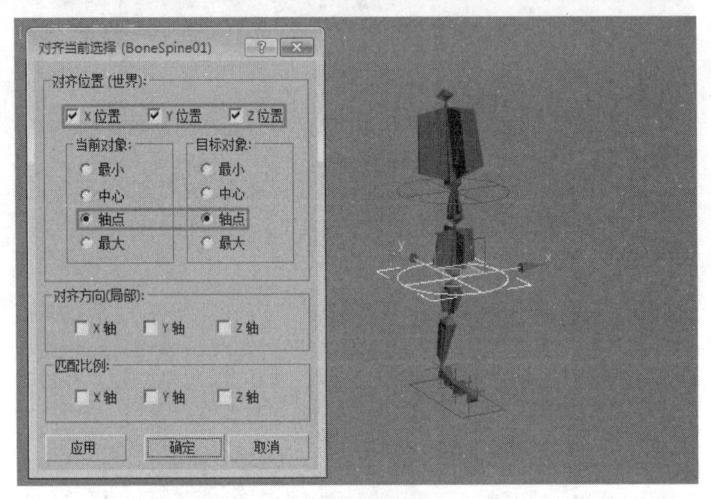

图 12-42

04 再创建一个“圆”二维图形并命名为“身体控制”，使用“对齐”工具将其与“脊椎控制”对象进行位置对齐，如图 12-43 所示。

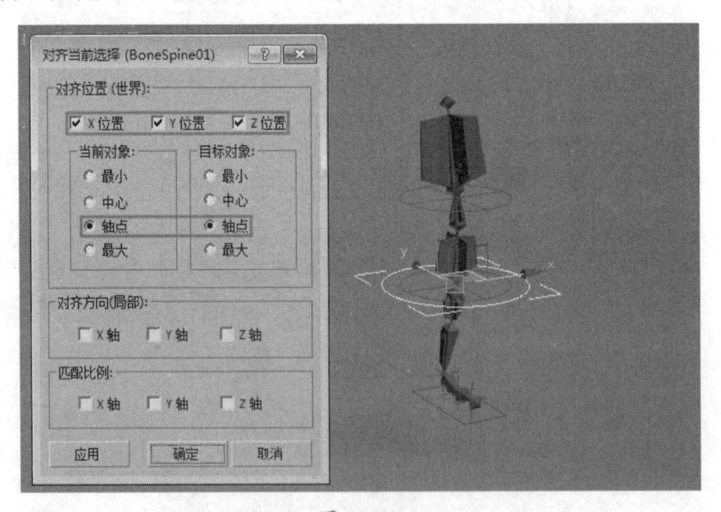

图 12-43

05 在视图中创建一个“矩形”二维图形并命名为“整体控制”，使用“对齐”工具将其与“脚部控制”对象进行位置对齐，如图 12-44 所示。

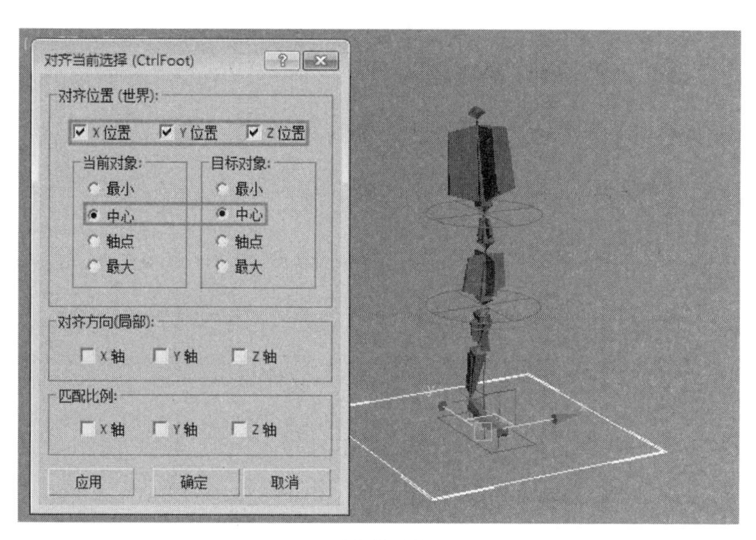

图 12-44

06 使用链接工具，将“头部”骨骼连接到“头部控制”对象上，如图 12-45 所示。

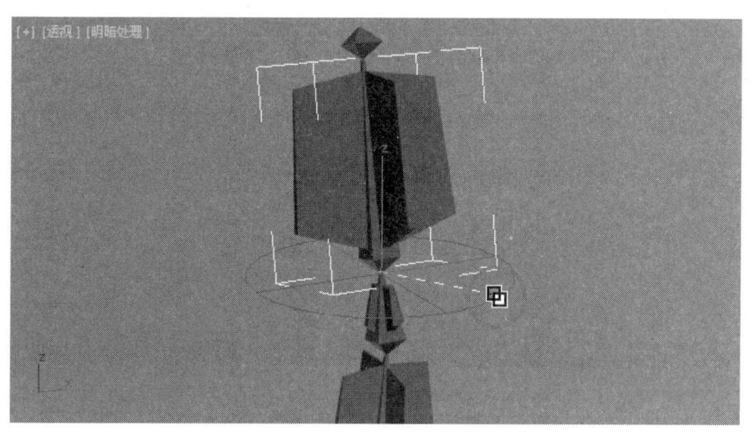

图 12-45

07 将“头部控制”对象链接到“脖子”骨骼上，如图 12-46 所示。

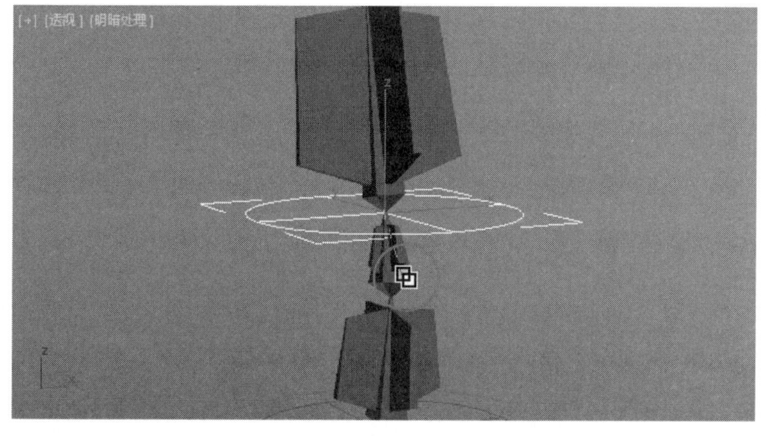

图 12-46

08 将“脊椎骨骼”链接到“脊椎控制”对象上，如图12-47所示。

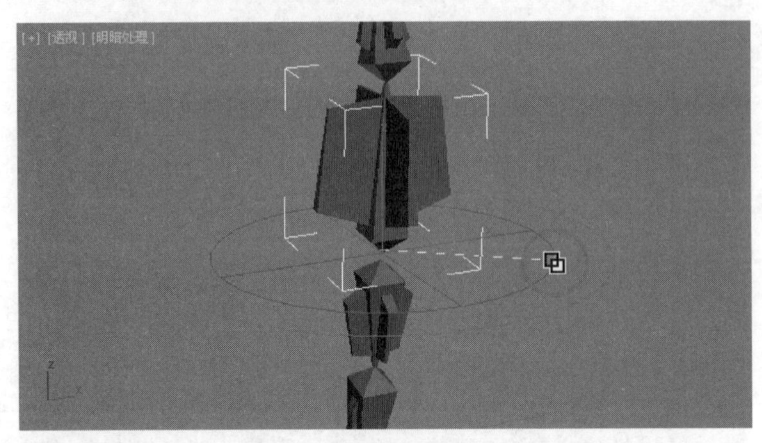

图 12-47

09 将“脊椎控制”对象和“大腿骨骼”链接到“身体控制”对象上，如图12-48所示。

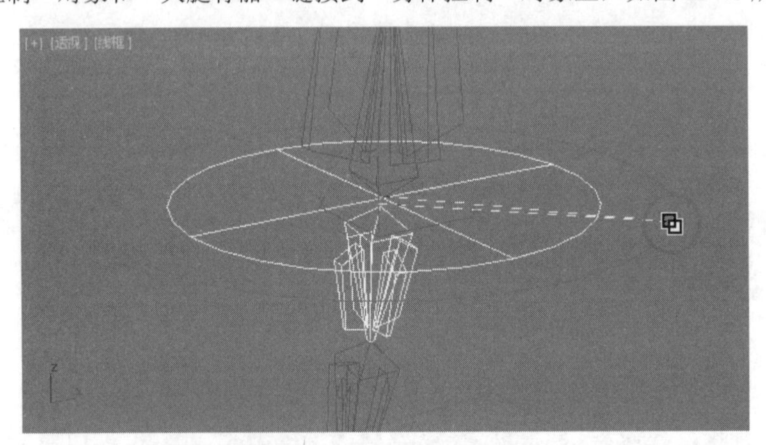

图 12-48

10 将“身体控制”对象和“脚部控制”对象链接到“整体控制”对象上，如图12-49所示。

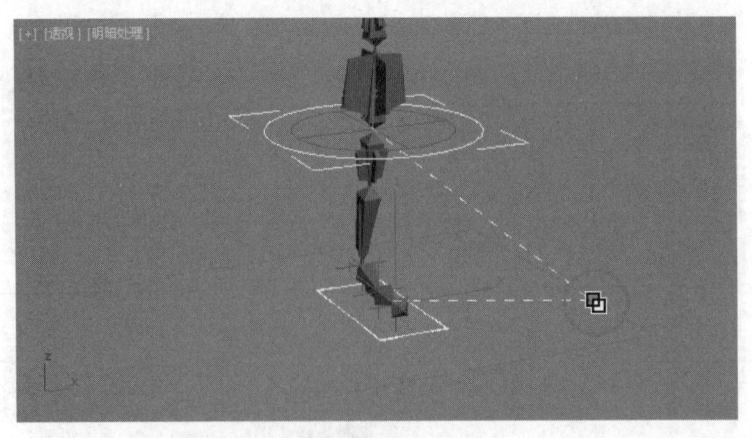

图 12-49

11 继续使用链接工具，将脚后跟处的IK链连接到脚掌处的IK链上，然后再将脚掌处的IK链链接到脚尖处的 IK 链上，接着再将脚尖处的 IK 链链接到“脚部控制”对象上，如图 12-50~ 图 12-52 所示。

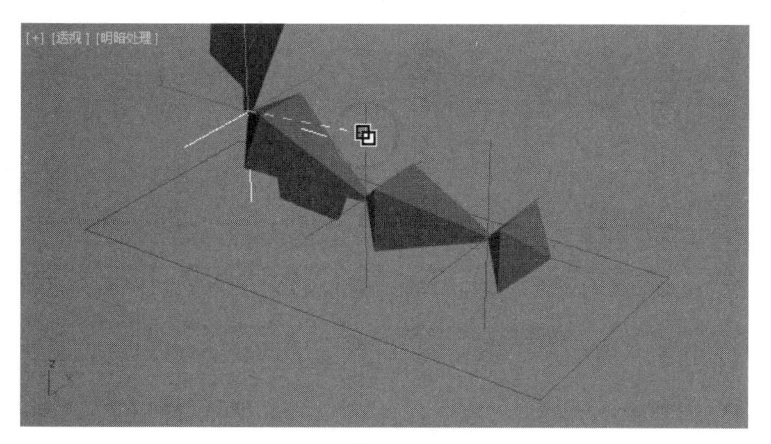

图 12-50

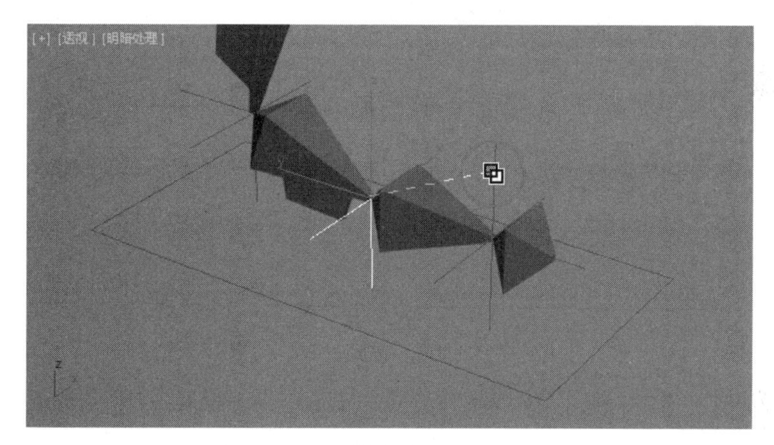

图 12-51

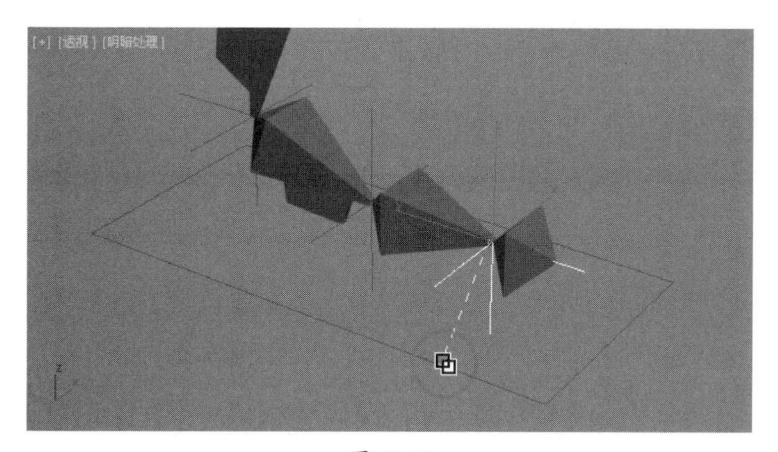

图 12-52

12 在视图中选择颈部骨骼并进入“运动”面板，在“指定控制器”卷展栏中为骨骼的旋转选项指定一个“旋转列表”控制器，如图 12-53 所示。

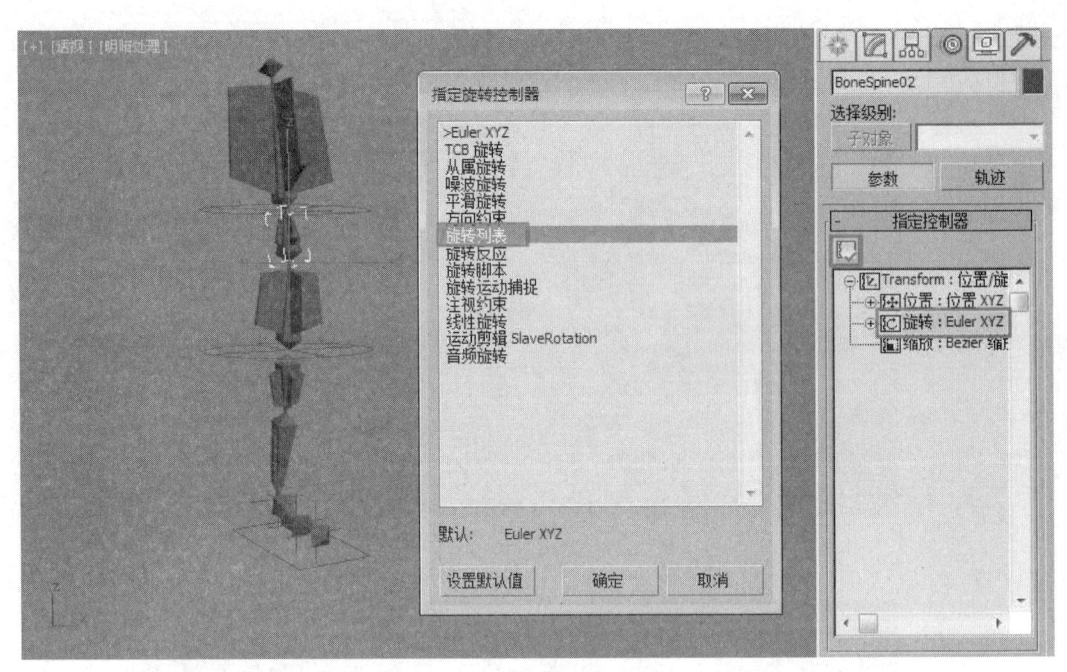

图 12-53

13 选择“可用”选项，再为其指定一个 Euler XYZ 控制器，如图 12-54 所示。

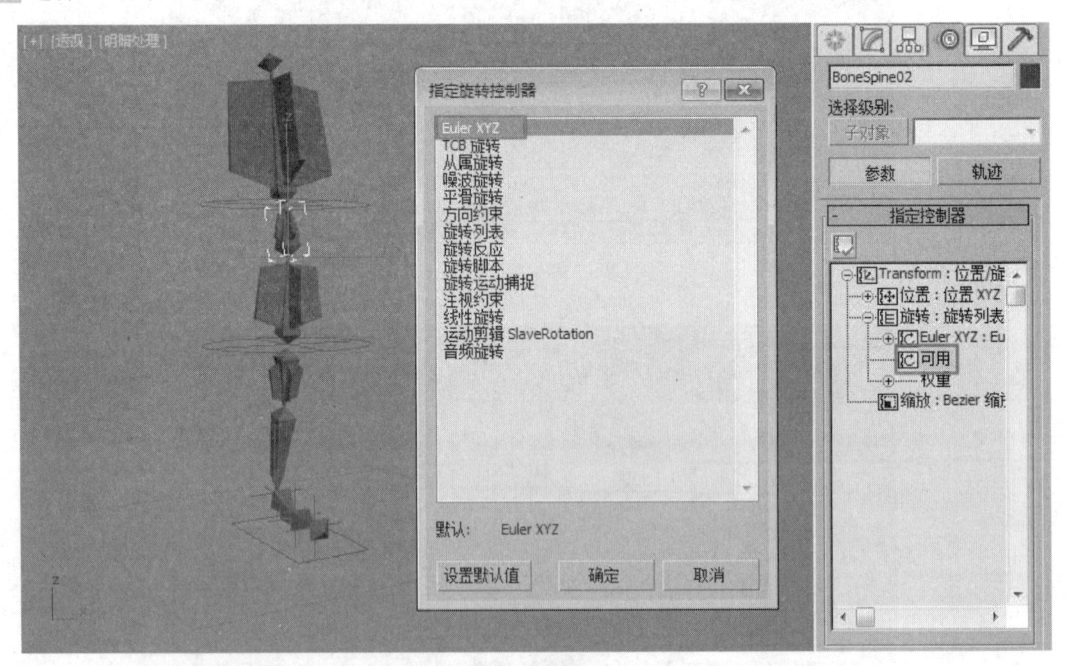

图 12-54

14 在视图中选择“脊椎控制”对象并右击，在弹出的四联菜单中选择“连线参数”命令。在弹出的菜单中选择“Transform”→“旋转”→“Euler XYZ”→“X 轴旋转”选项，此时会在视图中出现一条虚线，接着单击颈部骨骼对象，在弹出的菜单中选择“Transform”→“旋转”→“Euler XYZ”→“X 轴旋转”选项，如图 10-55~ 图 10-57 所示。

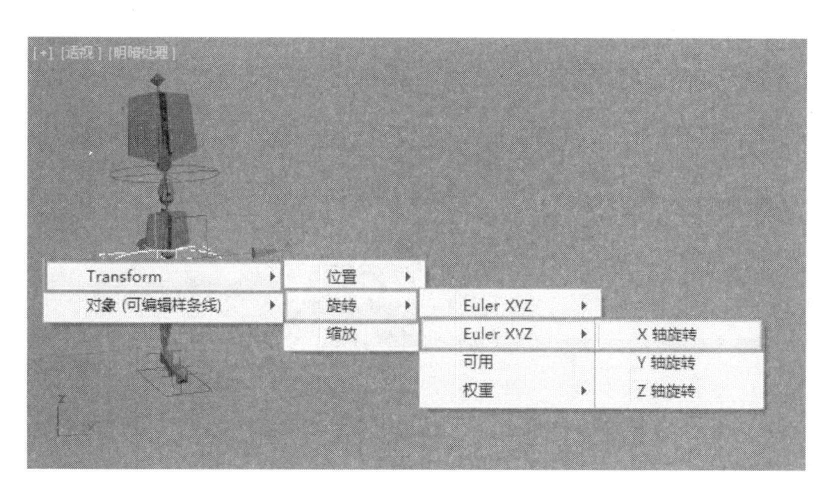

图 12-55

图 12-56

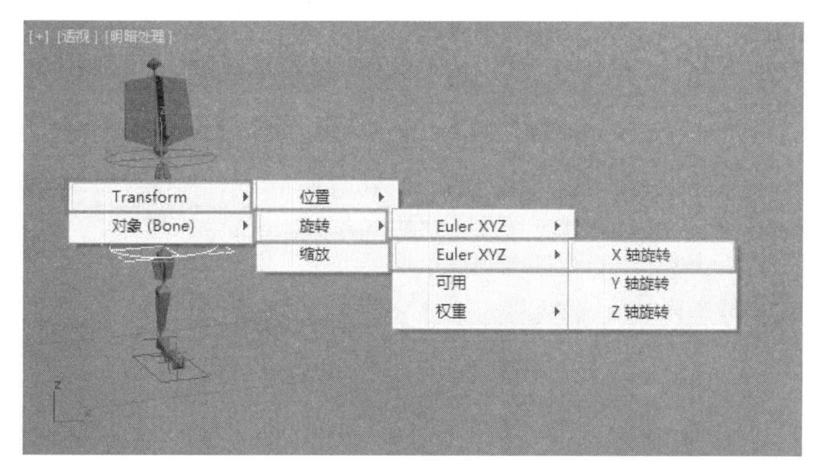

图 12-57

15 在弹出的“参数关联”窗口中单击“单向连接：左参数控制右参数”按钮 ，并在右侧框内的“X_旋转轴”后面添加 /2，接着单击“连接”按钮 连接 ，如图 12-58 所示。

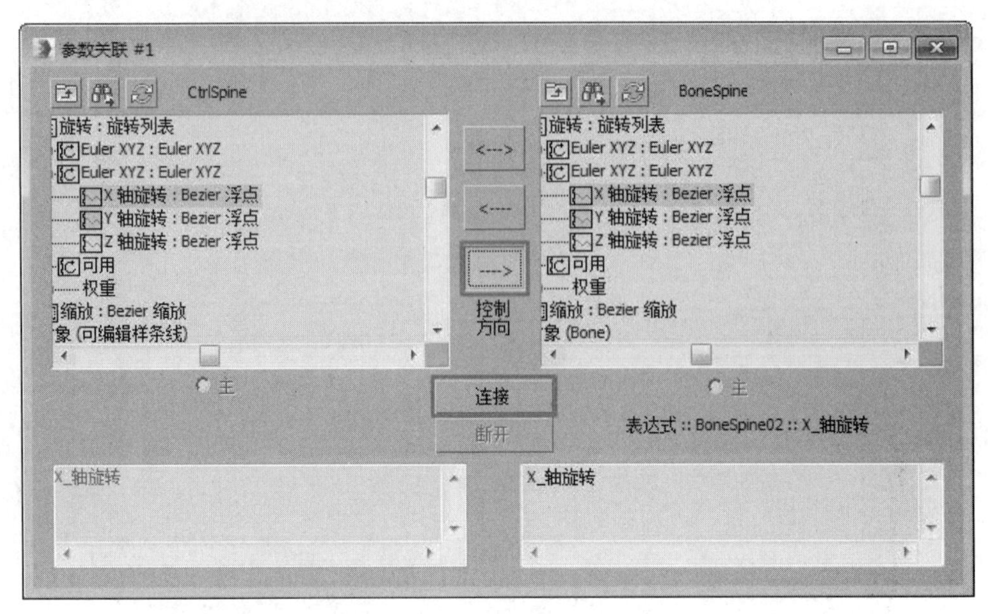

图 12-58

技巧与提示

如果后期又对参数进行了修改，此时需要单击“更新”按钮，对参数进行更新操作。

16 继续在“参数关联 #1”窗口中将 *Y* 轴与 *Z* 轴的旋转连接，同时在右侧框内的文字后面添加 /2，如图 12-59 和图 12-60 所示。

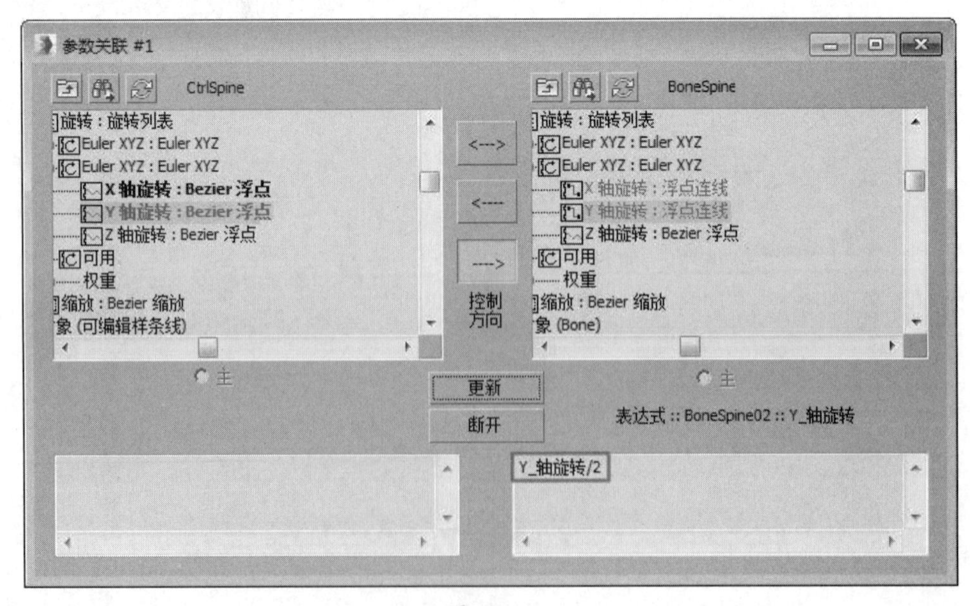

图 12-59

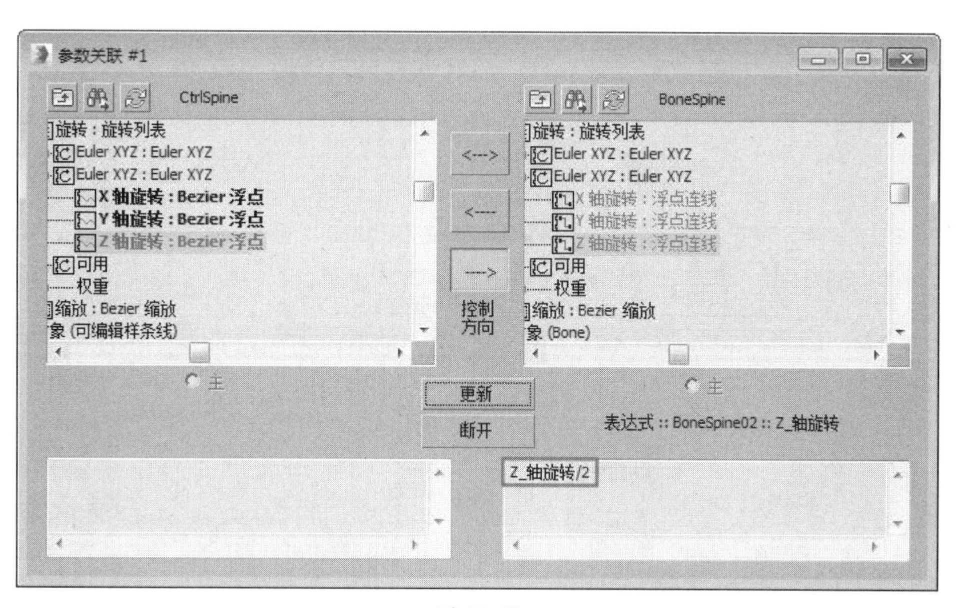

图 12-60

17 执行“动画”→“反应管理器”命令，打开“反应管理器”窗口，如图 12-61 和图 12-62 所示。

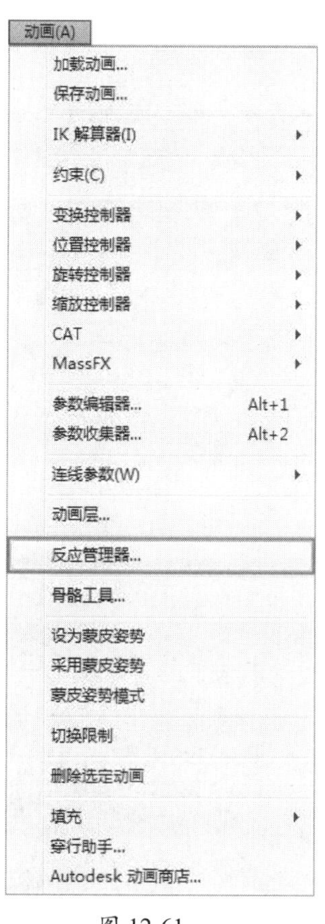

图 12-61

图 12-62

18 在“反应管理器”对话框中单击“添加主”按钮 **+**，并在视图中单击“脚部控制”对象，在弹出的菜单中选择“对象（Rectangel）”→“Custom_Attributes”→“脚部旋转”命令，如图12-63所示。

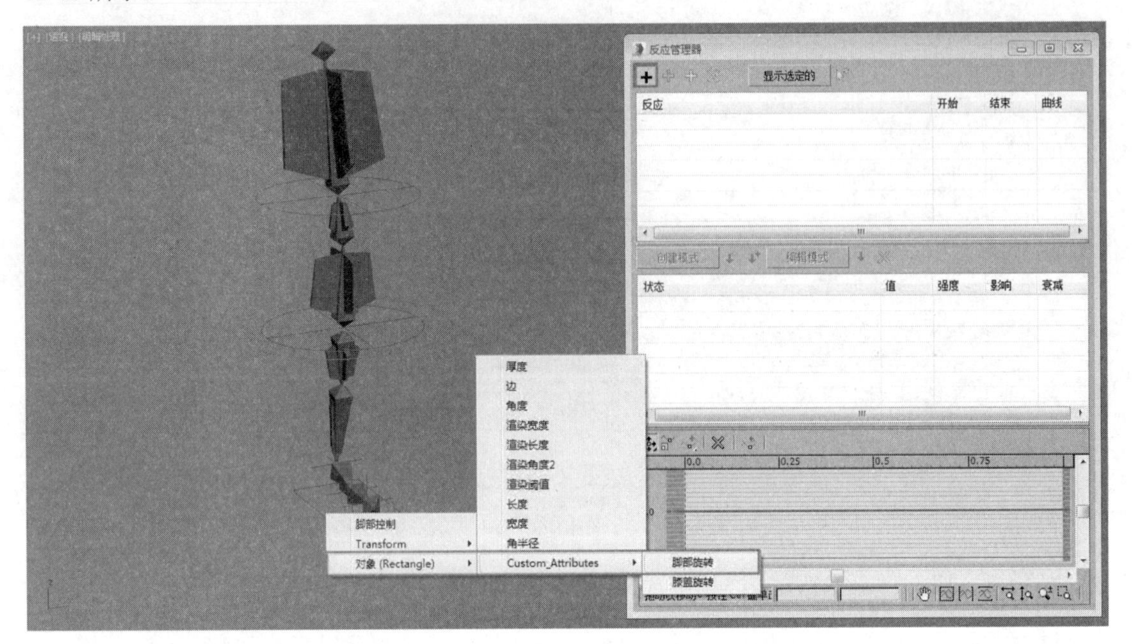

图 12-63

19 单击“添加从属”按钮，并在视图中单击脚掌处的“IK链”，在弹出的菜单中选择“Transform”→“IK目标”→“旋转”→“X轴旋转”命令，如图12-64所示。

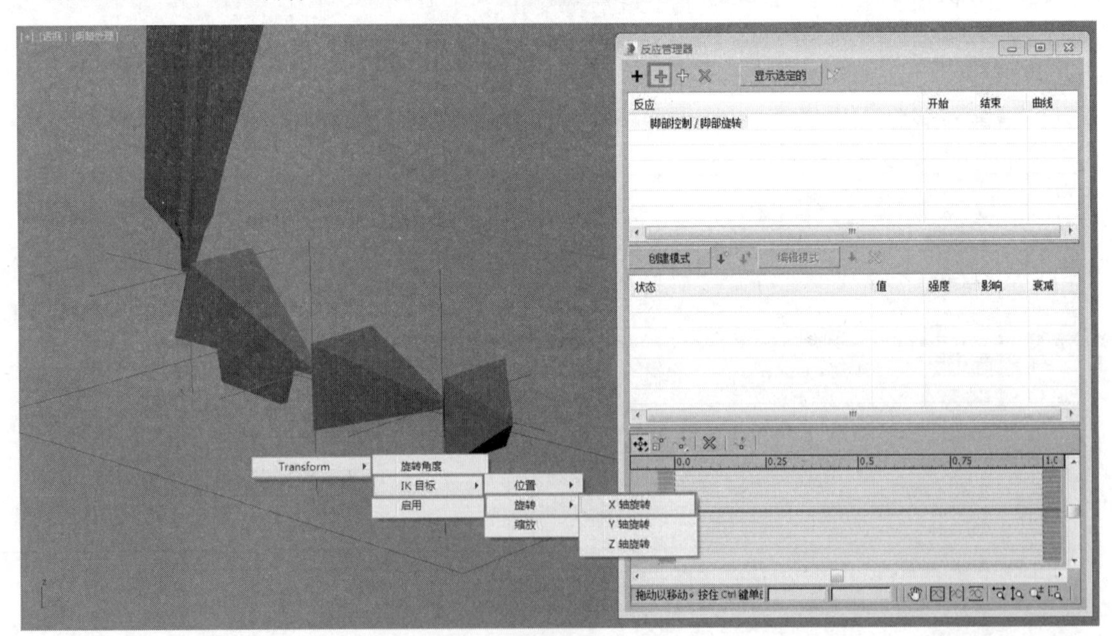

图 12-64

20 在状态列表中选择“状态001”，单击“添加从属”按钮，并在视图中单击脚尖处的“IK链”，在弹出的菜单中选择“Transform”→“IK目标”→“旋转”→“X轴旋转”命令，如图12-65所示。

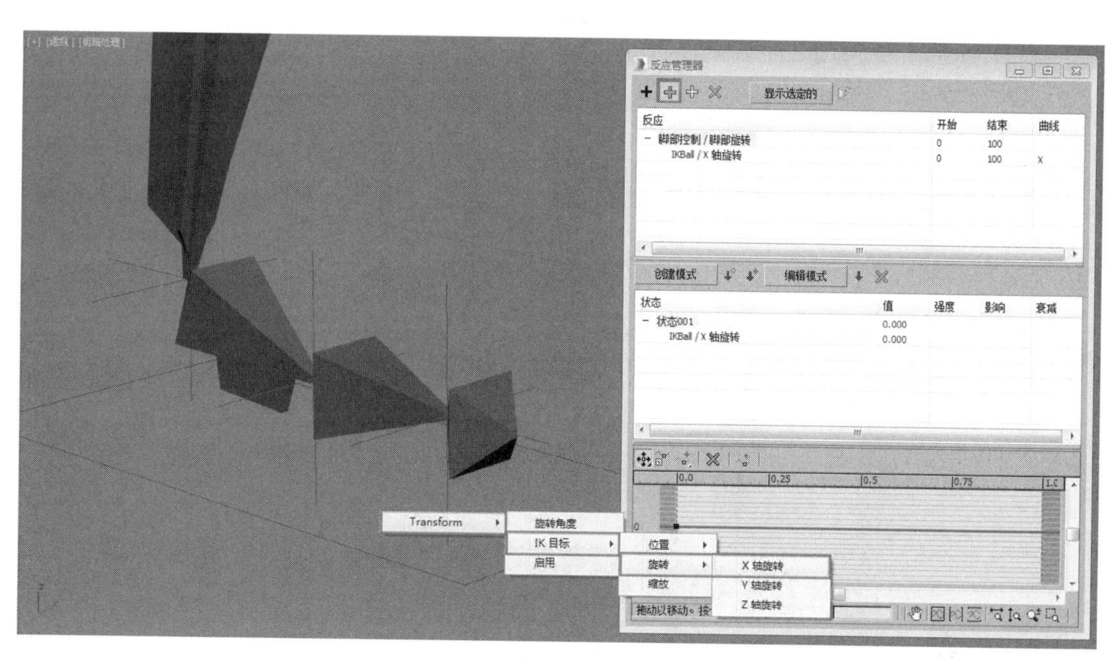

图 12-65

21 在“反应管理器”对话框中单击“创建模式”按钮 创建模式 ，在视图中选择“脚部控制”对象并进入“修改”面板，设置“脚部旋转”为 45。使用旋转工具，将脚掌处的“IK 链”沿 *X* 轴旋转 45°，如图 12-66 所示。

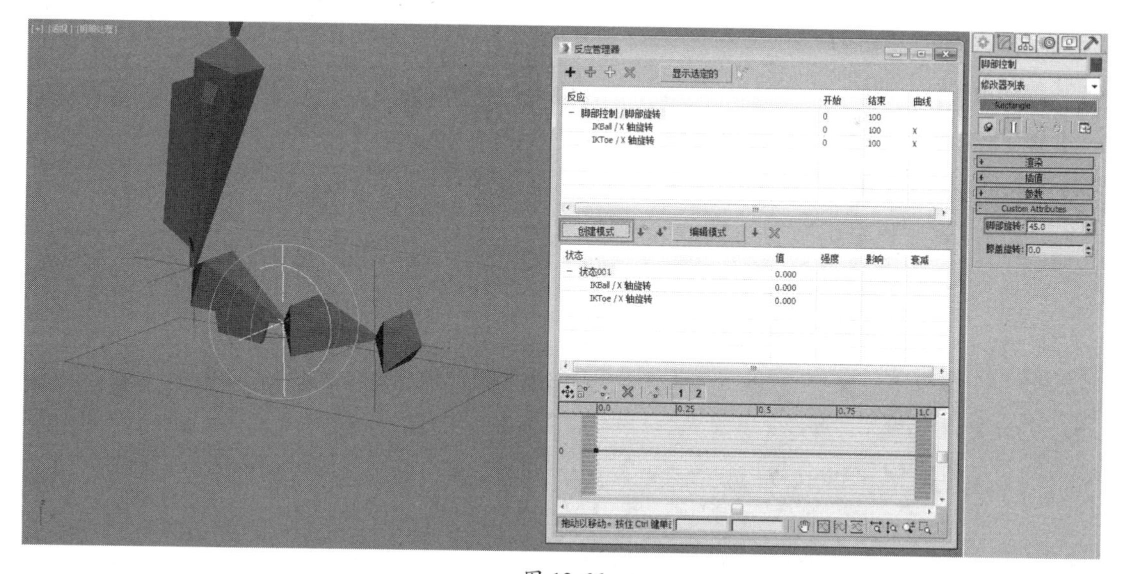

图 12-66

22 在“反应管理器”对话框中单击“添加状态”按钮，此时会在“状态列表”中创建一个“状态 002”，如图 12-67 所示。

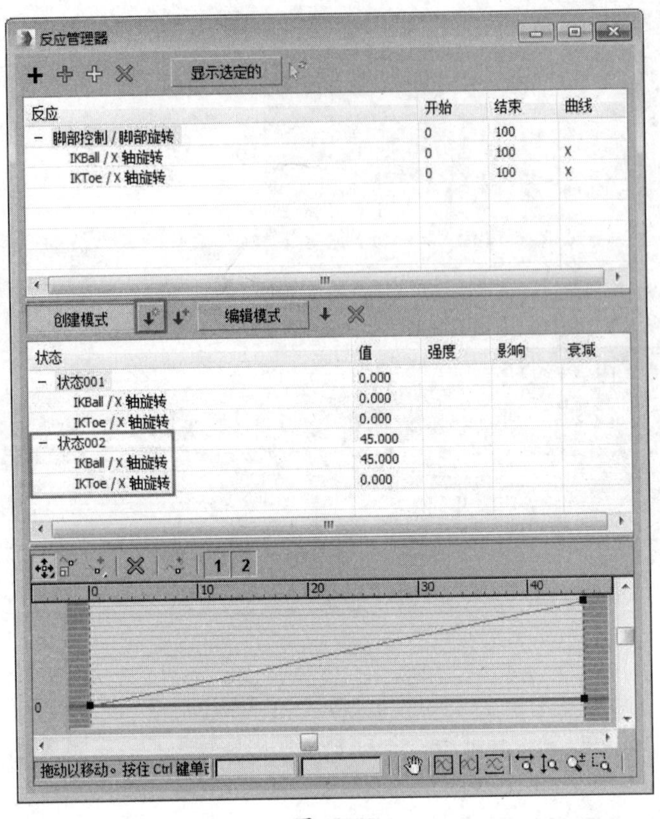

图 12-67

23 在视图中选择“脚部控制”对象并设置“脚部旋转”为 90。使用旋转工具，将脚掌处的“IK 链”沿 *X* 轴旋转 -45°，将脚尖处的“IK 链”沿 *X* 轴旋转 45°，如图 12-68 所示。

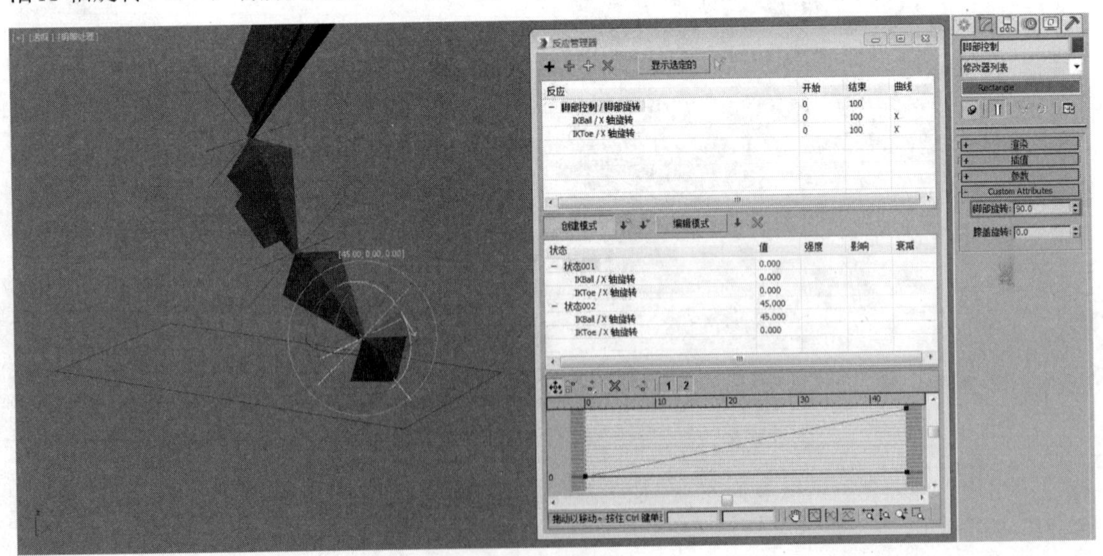

图 12-68

24 在“反应管理器”对话框中单击“添加状态”按钮，此时会在“状态列表”中创建一个“状态 003”，如图 12-69 所示。

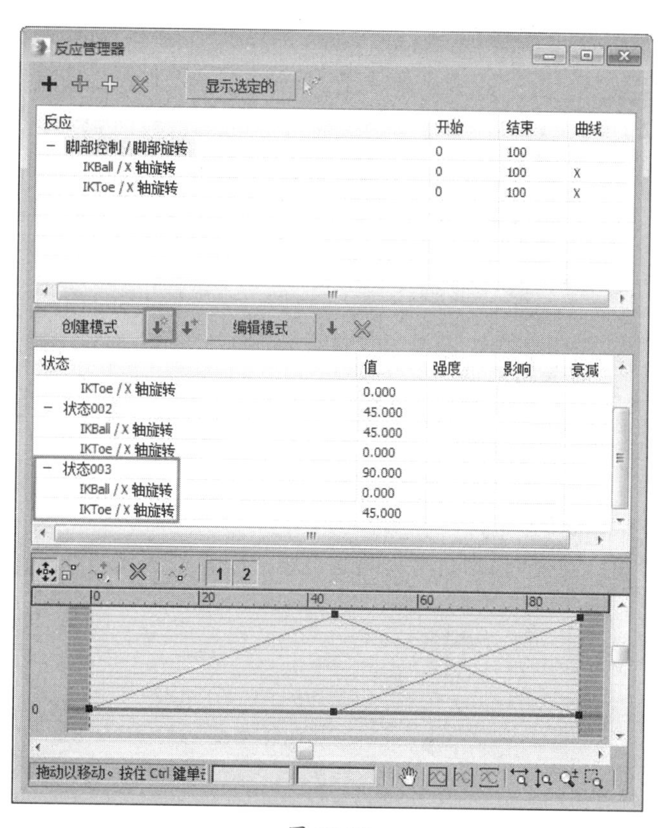

图 12-69

25 在视图中选择“脚部控制”对象并右击，在弹出的四联菜单中选择“连线参数”命令，然后在弹出的菜单中选择“对象（Rectangel）”→“Custom_Attributes”→“膝盖旋转”选项，此时会在视图中出现一条虚线，单击脚后跟处的“IK 链”对象，在弹出的菜单中选择“Transform”→“旋转角度”选项，如图 12-70~ 图 12-73 所示。

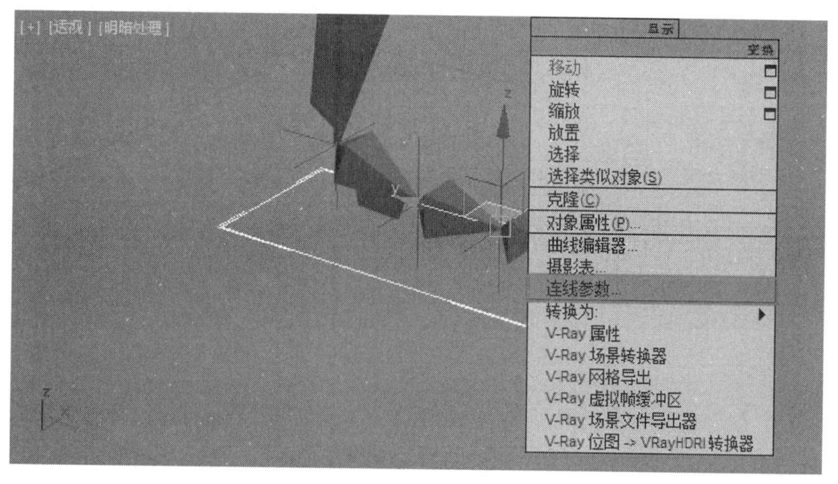

图 12-70

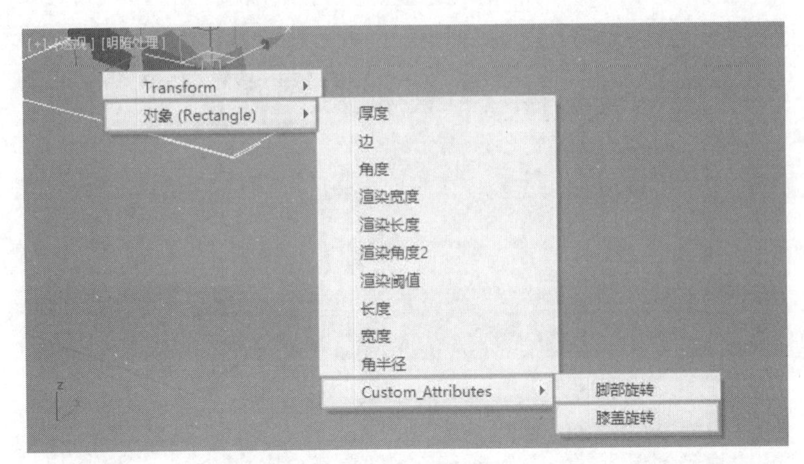

图 12-71

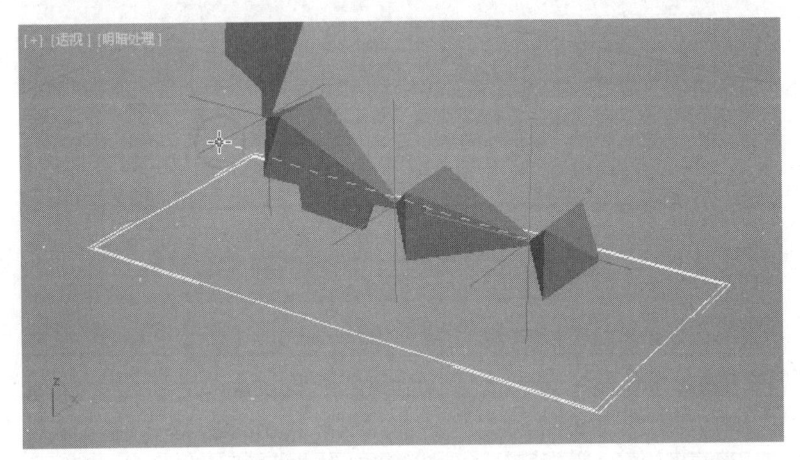

图 12-72

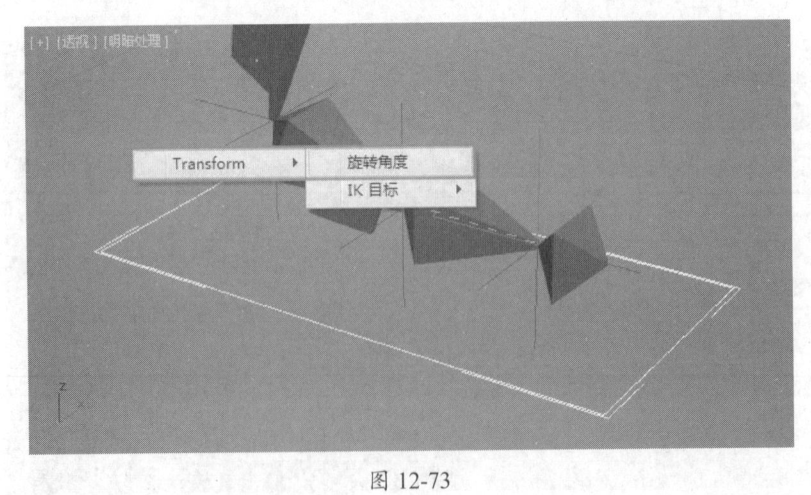

图 12-73

26 在弹出的“参数关联”对话框中单击“单向连接：左参数控制右参数”按钮 →，再单击“连接”按钮 连接 ，如图 12-74 所示。

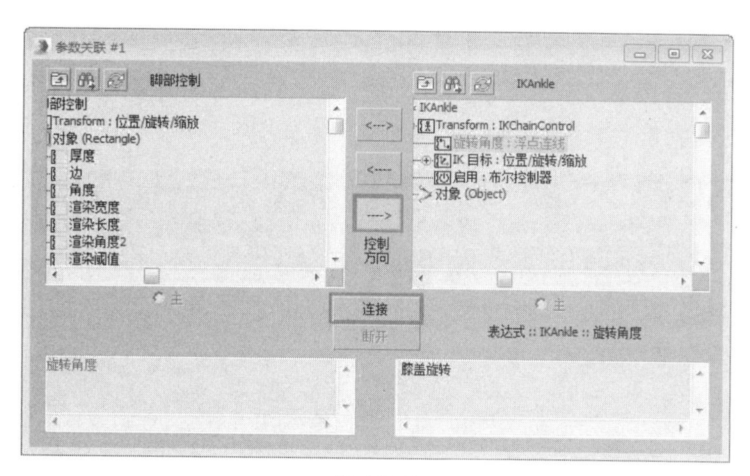

图 12-74

27 设置完成后进行测试，最终效果如图 12-75 所示。

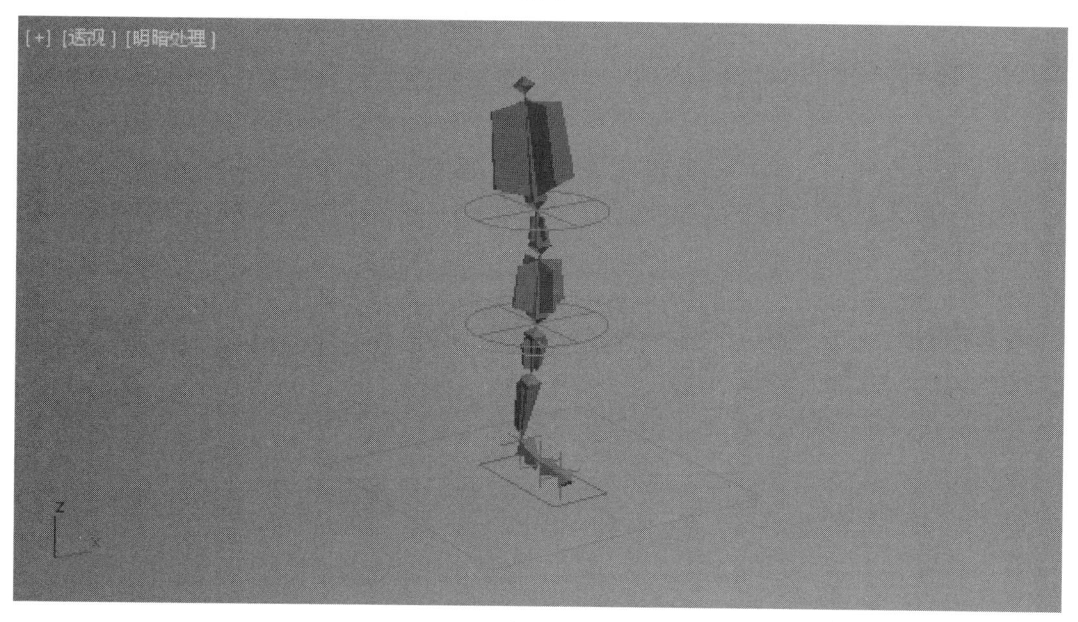

图 12-75

12.4 设置蒙皮

实例操作：设置蒙皮	
实例位置：	工程文件 \CH12\ 设置蒙皮 .max
视频位置：	视频文件 \CH12\ 实例：设置蒙皮 .mp4
实用指数：	★★★☆☆
技术掌握：	熟练使用“蒙皮”修改器对角色进行蒙皮设置

当前骨骼和角色对象还没有关系，需要使用“蒙皮”修改器将对象绑定到骨骼上，使骨骼能够控制对象的运动。“蒙皮”修改器是一种骨骼变形工具，用于模拟角色人物在运动时复杂的肌肉组织变化，进而创建出“活灵活现”的动画效果，如图12-76所示。

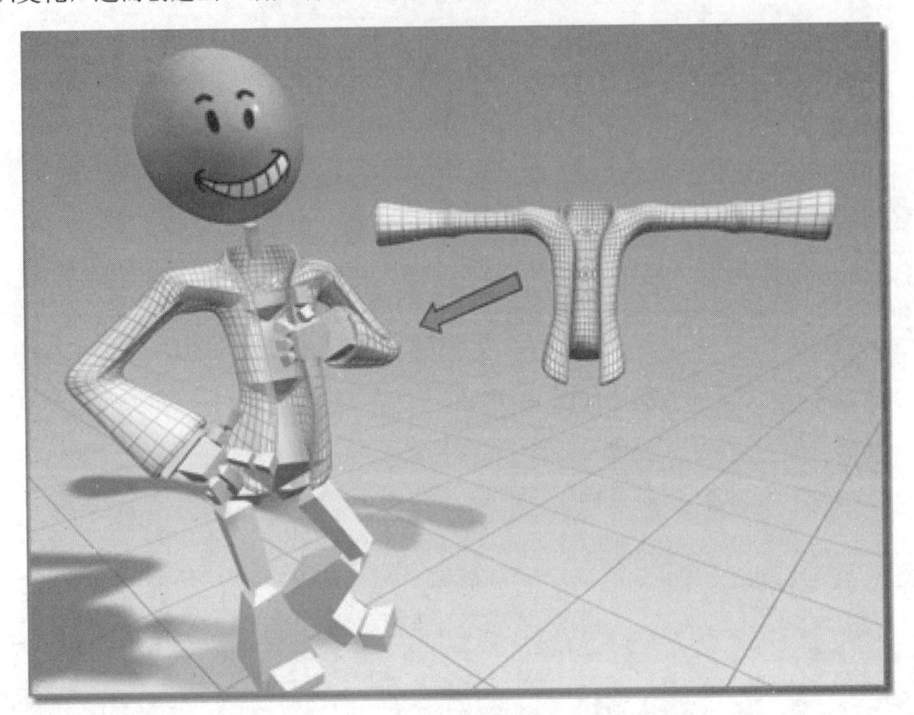

图12-76

接下来将通过实例讲解这方面的知识，如图12-77所示为本例的最终完成效果。

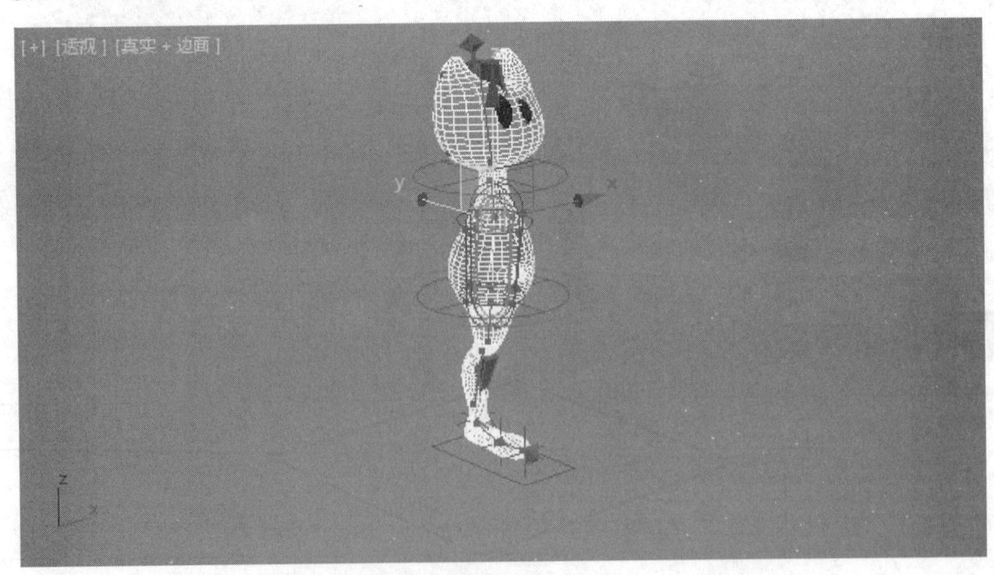

图12-77

01 继续使用上节的练习文件或者打开附带素材中的“工程文件\CH12\设置蒙皮.max”文件，该场景中已经对骨骼进行了绑定，如图12-78所示。

图 12-78

02 在视图中选择角色对象并进入“修改”面板，在“修改器列表”中为其添加“蒙皮”修改器。在“参数”卷展栏中单击“添加”按钮 添加 ，并在弹出的“选择骨骼”对话框中选择所有的骨骼对象，如图 12-79 所示。

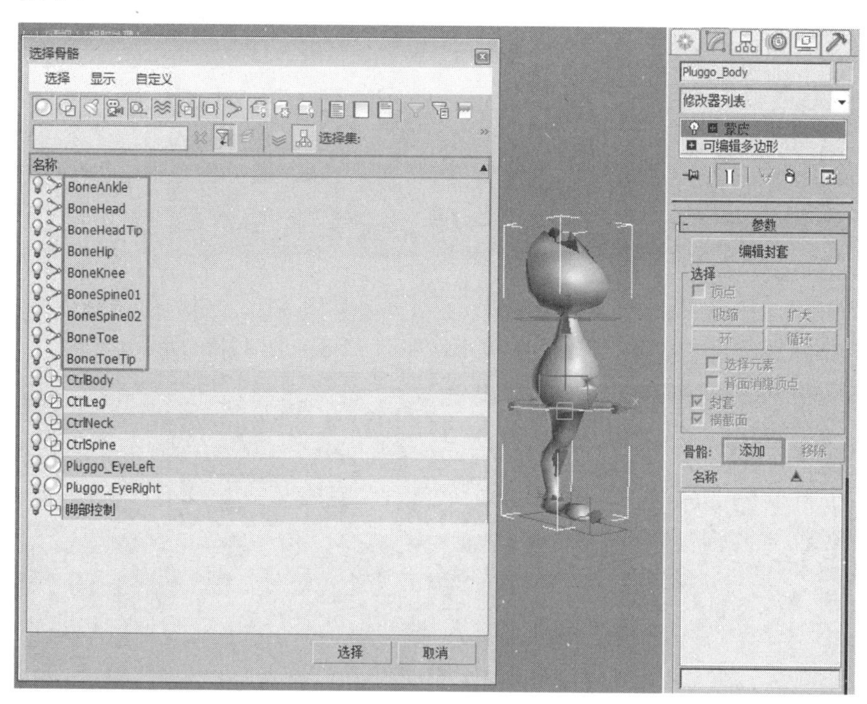

图 12-79

技巧与提示

在本例中选择除头部和脚尖部最前端的小骨骼的其他所有骨骼，在实际制作中，最前端的小骨骼一般也是不选择的。如果想将骨骼移除，可以在列表中选择相应的骨骼，然后单击“移除”按钮 移除 即可。

03 单击“编辑封套”按钮 编辑封套 ，在视图中选择头部骨骼的“封套”，并使用移动工具调整“封套”的大小，如图 12-80 所示。

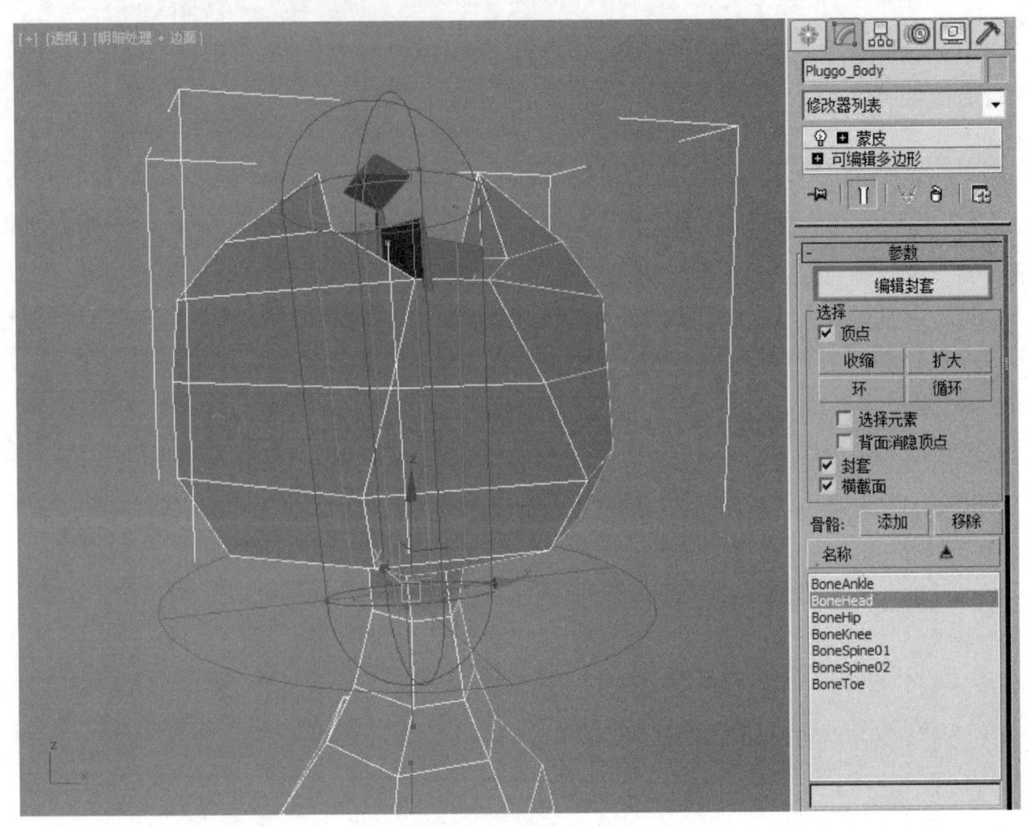

图 12-80

04 用相同的方法调节其他骨骼“封套”的大小，如图 12-81~ 图 12-86 所示。

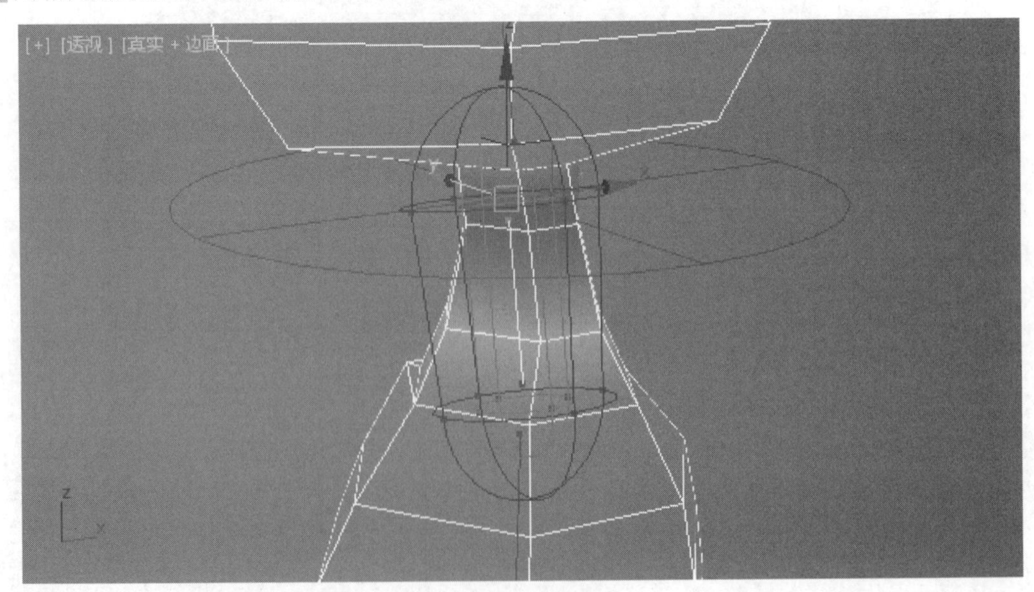

图 12-81

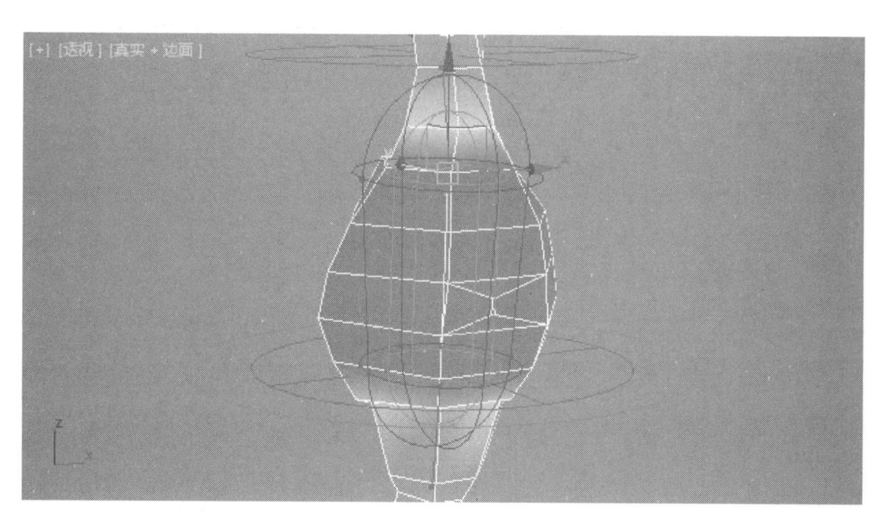

图 12-82

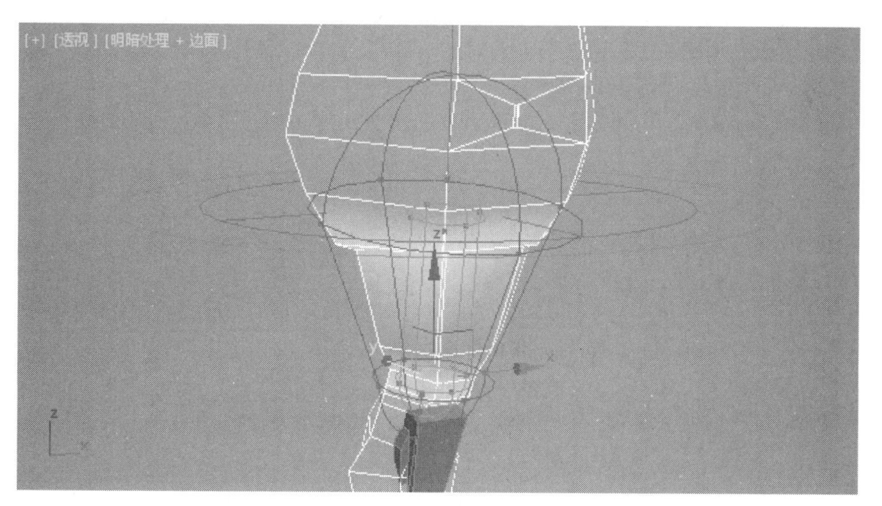

图 12-83

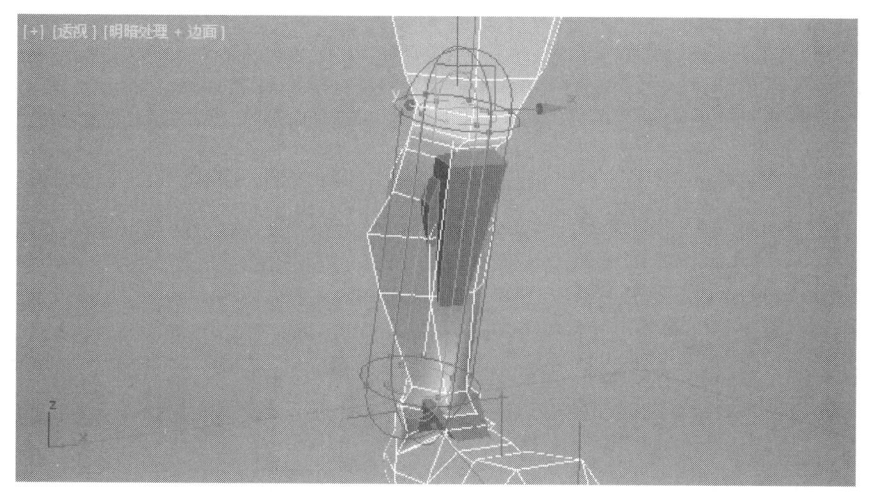

图 12-84

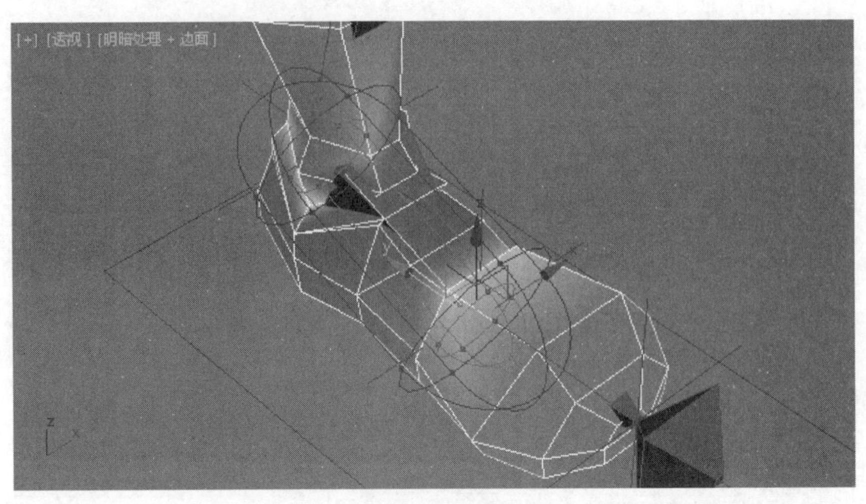

图 12-85

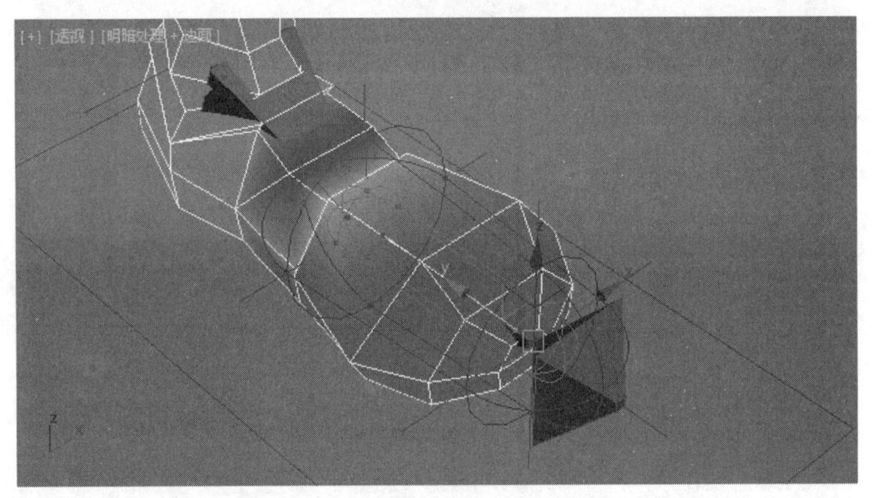

图 12-86

技巧与提示

两个骨骼的“封套”之间尽量让其有一个相互“融合”的效果。

05 在“参数”卷展栏中选中“顶点”复选框，选择头部骨骼的“封套”，并在视图中选择如图 12-87 所示的顶点，随后在“权重属性”选项组中设置“绝对效果”为 0.3，如图 12-88 所示。

技巧与提示

设置顶点权重的目的是让角色运动时“皮肤”产生合理的形变。另外，可以设置一些简单的测试动作来帮助调节顶点的权重，例如可以为角色设置一个“低头”和“转头”的动作，并根据效果来调节头部和颈部间顶点的权重效果；或者制作一个“弯腰”“抬腿”“握拳”等动作来调节相应部位的顶点权重。

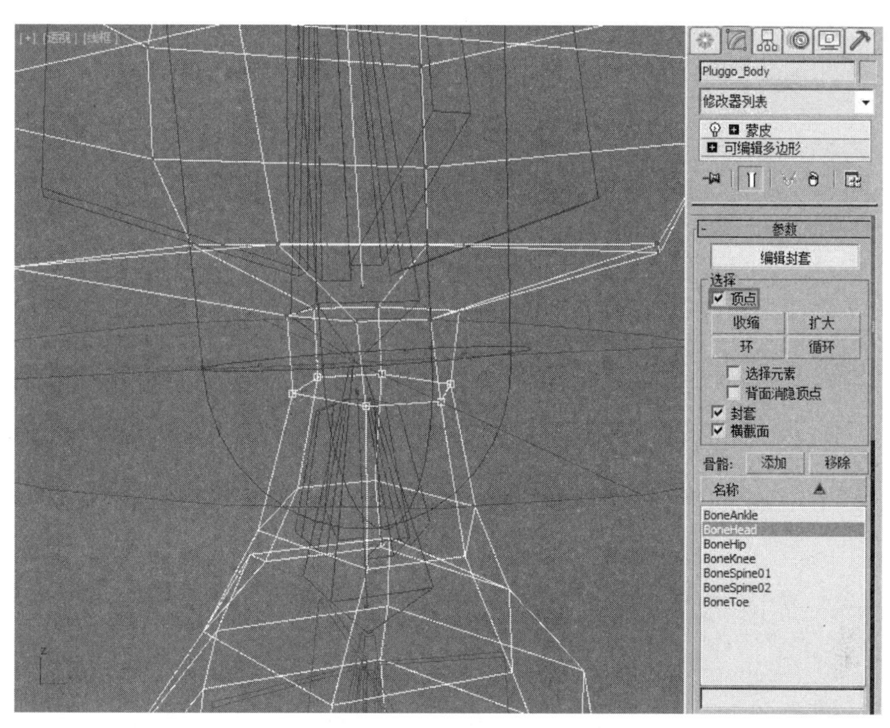

图 12-87

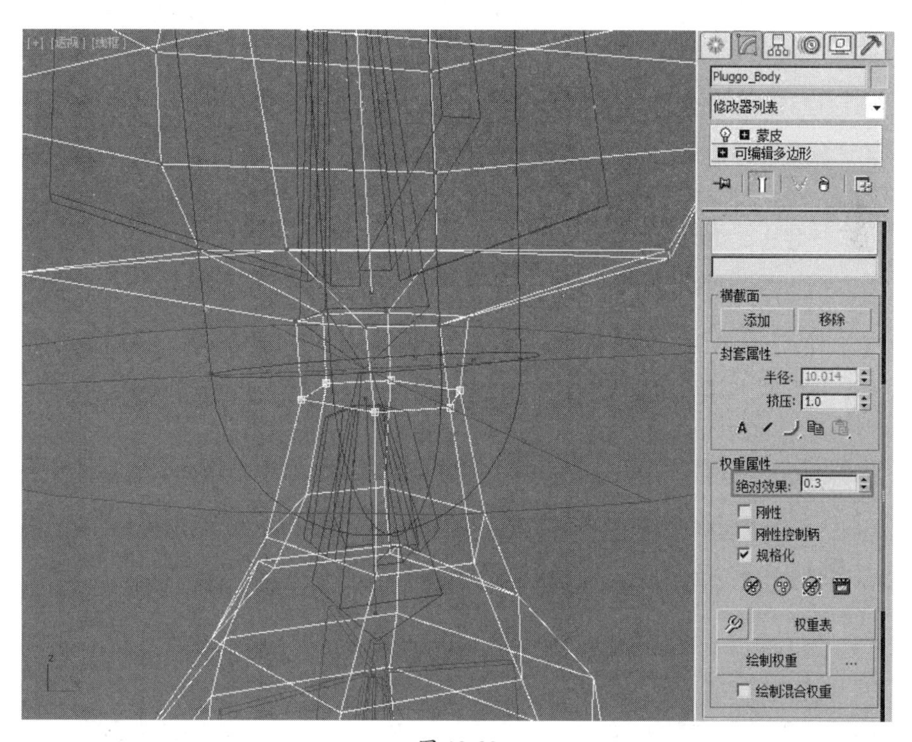

图 12-88

06 使用相同的方法调节角色各个部位的顶点权重，使角色产生合理的蒙皮变形，如图 12-89~ 图 12-91 所示。

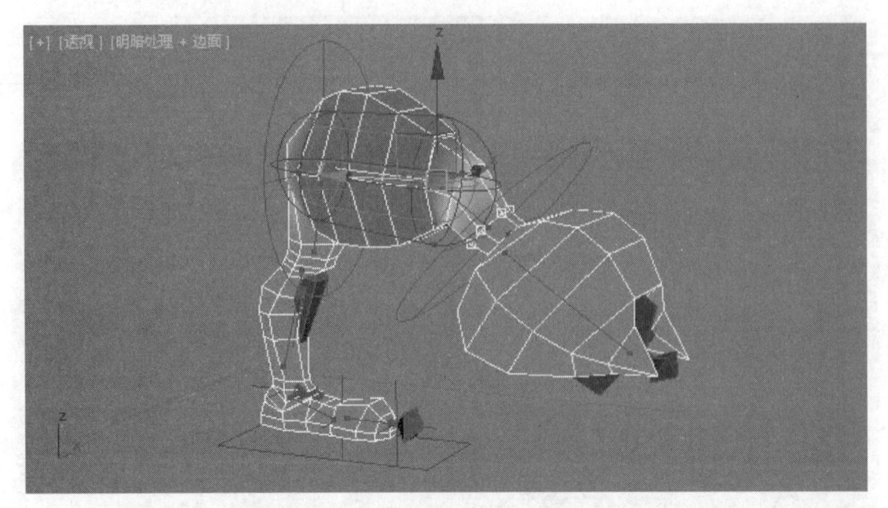

图 12-89

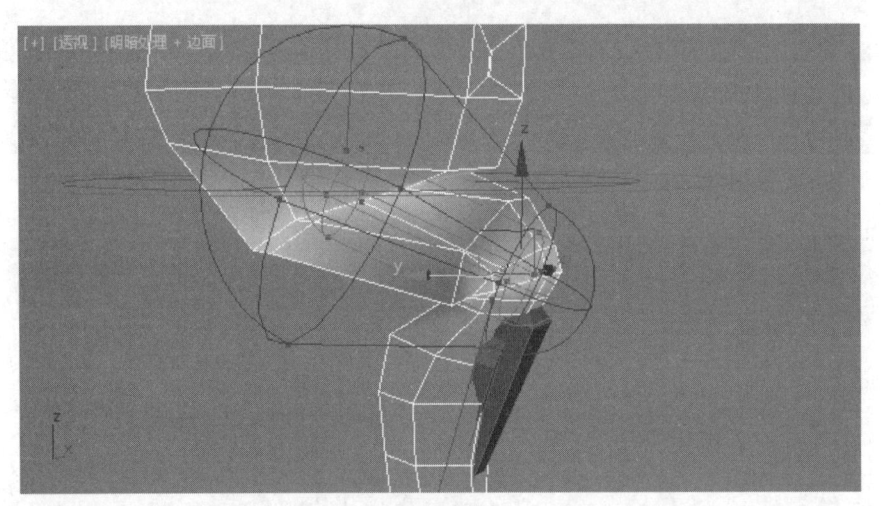

图 12-90

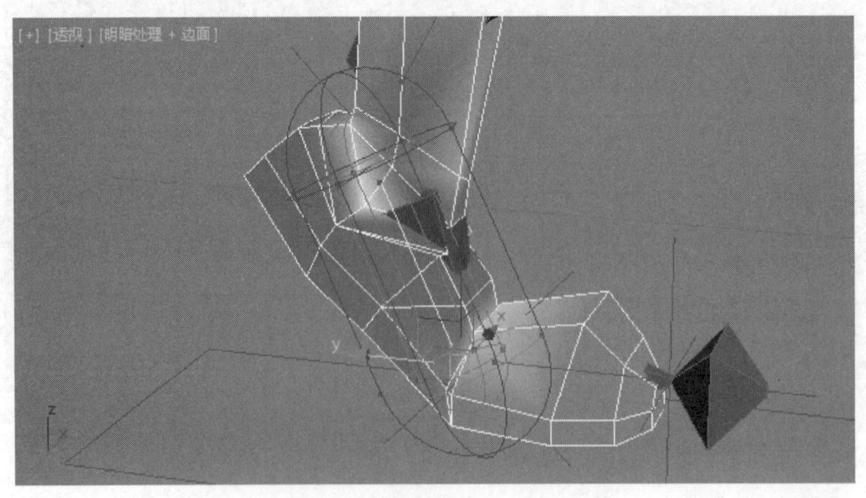

图 12-91

技巧与提示

我们可以将测试动作做得幅度大一些，如果在这样的大幅度动作下蒙皮效果没有问题，那么在以后做一些常规动作时，蒙皮效果就更没有问题了。

07 设置完成后，再调节一些简单的测试动作，最终效果如图 12-92 所示。

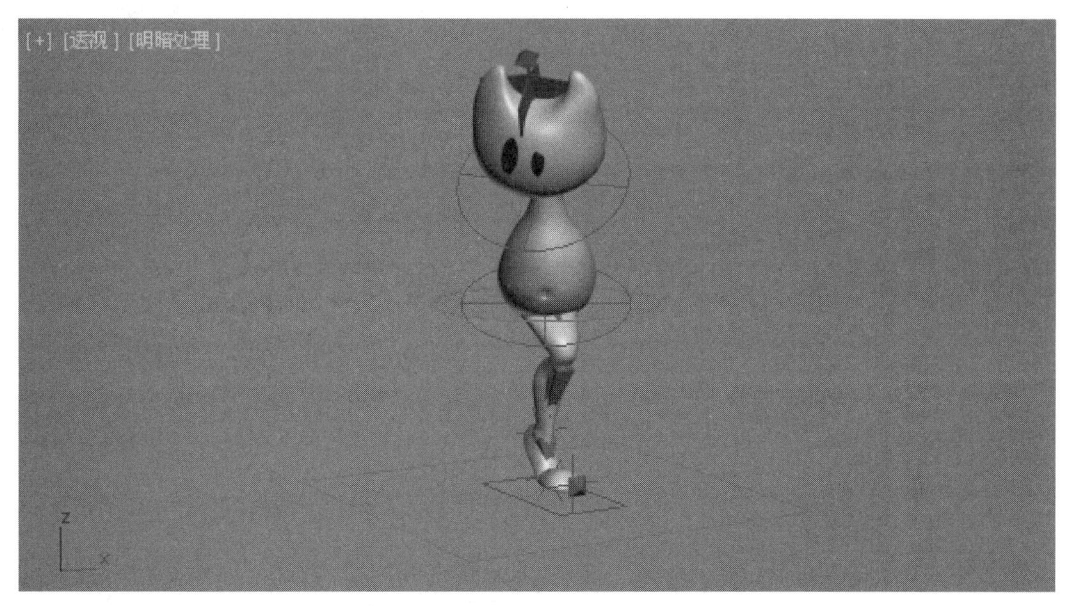

图 12-92

12.5 设置骨骼动画

实例操作：设置骨骼动画	
实例位置：	工程文件 \CH12\ 设置骨骼动画 .max
视频位置：	视频文件 \CH12\ 实例：设置骨骼动画 .mp4
实用指数：	★★★☆☆
技术掌握：	熟悉制作“骨骼”动画的基本流程

当创建完成骨骼并设置蒙皮后，即可制作骨骼动画了。角色动画的调节是一个繁杂的过程，在这期间更多是要掌握一些动画的运动规律，只有真正掌握了一些事物的运动规律后，才能调节出更为流畅的动画效果。

本例要制作一个卡通角色跳起落下，然后摇头晃脑的动画效果，由于制作角色动画相对复杂，所以本节简要叙述了实例的技术要点和制作概览，具体操作请打开附带素材中的相关教学视频进行查看和学习。如图 12-93 所示为本例的最终完成效果。

01 继续使用上节的练习文件或者打开附带素材中的“工程文件 \CH12\ 设置骨骼动画 .max”文件，该场景中已经为角色设置好了蒙皮，如图 12-94 所示。

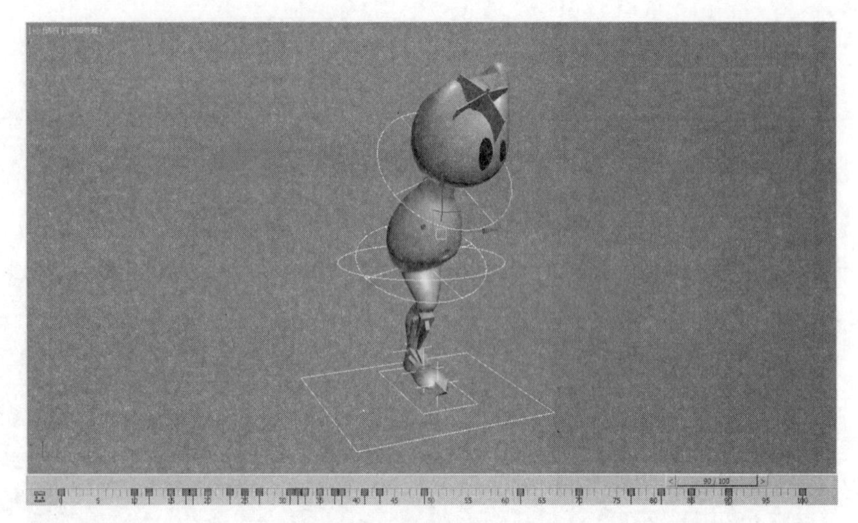

图 12-93

图 12-94

02 首先制作角色下蹲→跳起→下落→起身的动画效果，在制作该段动画时，要注意角色跳起时腿部紧绷、脚尖抬起的动作，落地时也是脚尖先着地，然后角色下蹲时腿部产生自然弯曲效果，如图 12-95~ 图 12-97 所示。

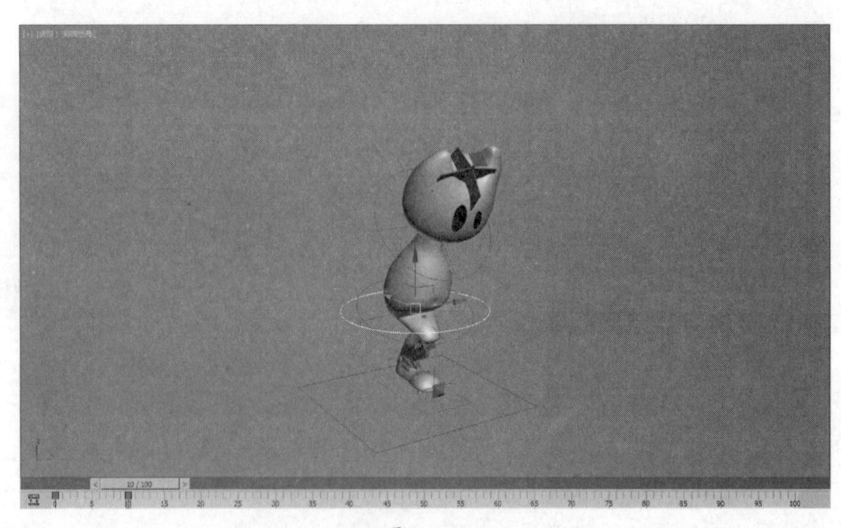

图 12-95

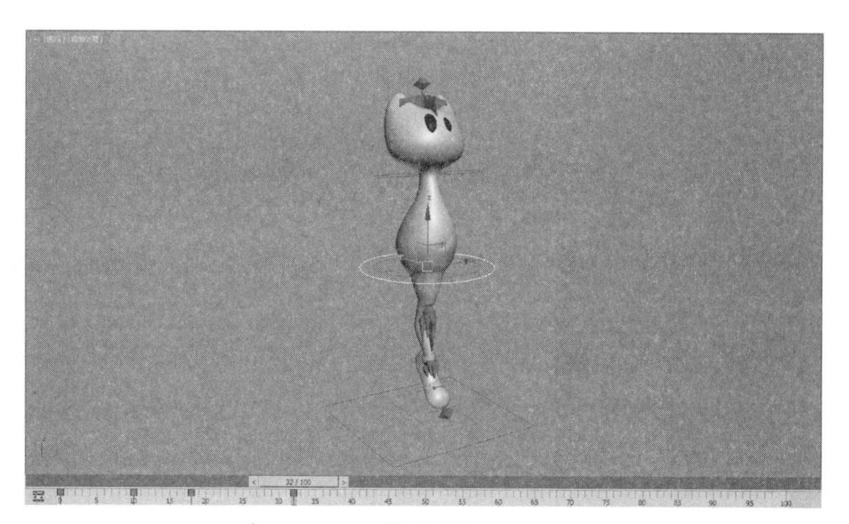

图 12-96

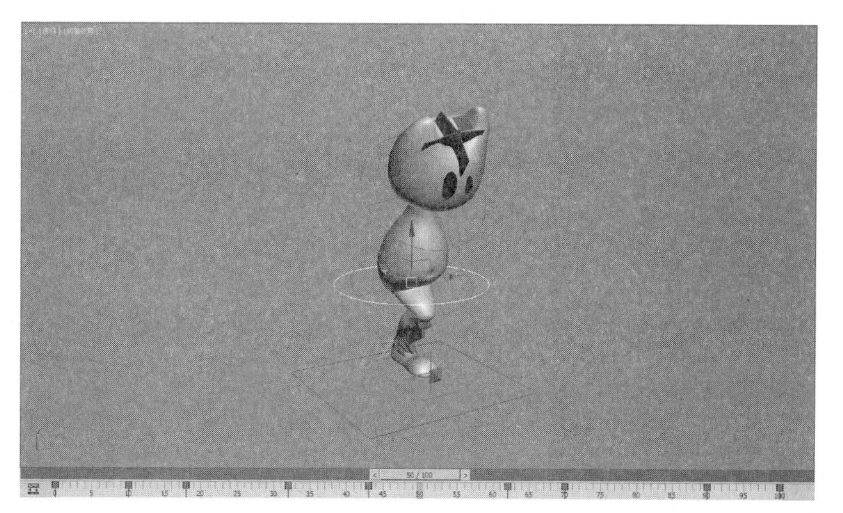

图 12-97

03 下一步为刚才制作的动画添加腰部与头部的动画，让角色有一个下蹲时弯腰蓄力的动画效果，在这段动画中要注意头部的“滞后”效果，让头部在跳起和下落时后有一个甩头的效果，如图 12-98 和图 12-99 所示。

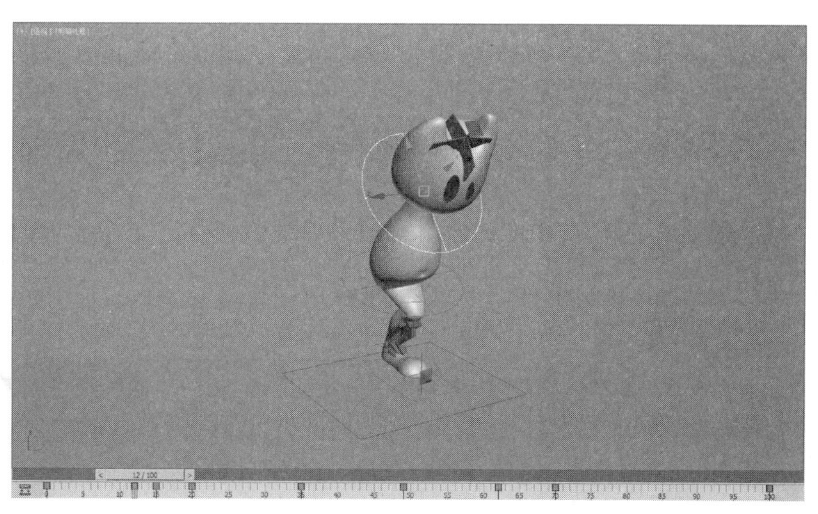

图 12-98

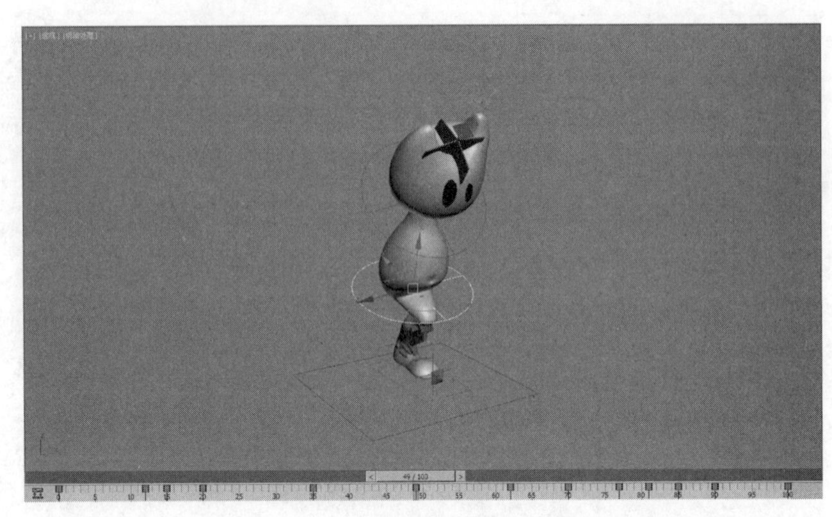

图 12-99

04 接下来制作角色落地后摇头晃脑的动画效果，在这段动画中要注意在角色晃动脑袋时，也要加入弯腰蓄力的动画，如图 12-100 和图 12-101 所示。

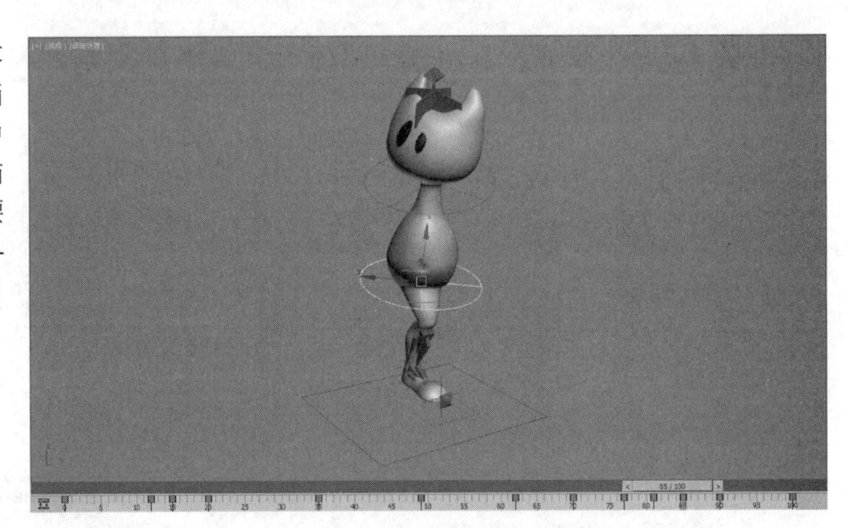

图 12-100

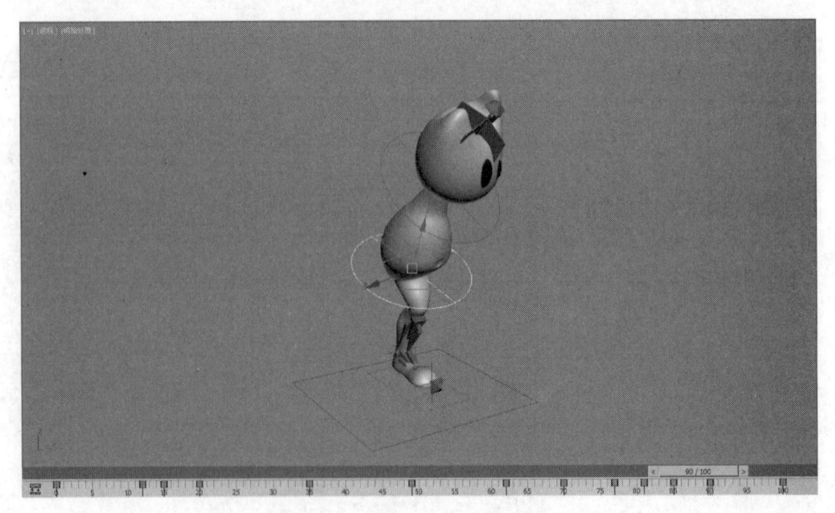

图 12-101

05 至此，全部动画制作完成，最终效果如图 12-102 所示。

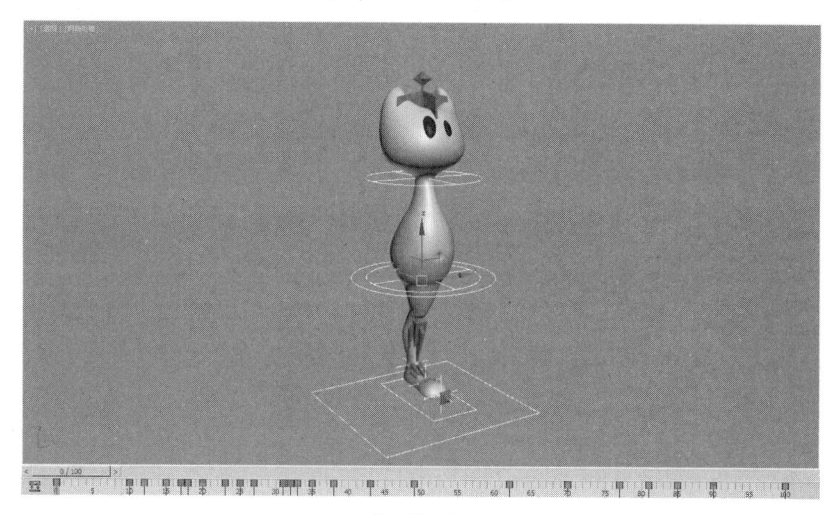

图 12-102